Marco Berger
Sebastian Werner

Die Baureihe V 100

Band 3: Privatbahnen, Ausland, Statistik

EISENBAHN KURIER
VORBILD UND MODELL

EK-Verlag

Impressum

Titelbild

Das Unternehmen Wedler Franz Logistik GmbH hat zahlreiche ehemalige Reichsbahn-V 100 in seinem Fahrzeugbestand, darunter auch **203 120** – die ehemalige 202 678. Am 12. September 2016 verlässt die Lok den Bahnhof Miltitz-Roitzschen in Richtung Nossen. AUFNAHME: FELIX SERAPHIN

Rückseite

Wie farbenfroh die Lokomotiven der DR-Baureihe V 100 erscheinen können, zeigt diese Aufnahme vom 26. August 2004 im Sächsischen Eisenbahnmuseum Chemnitz-Hilbersdorf. Anlässlich des dortigen Heizhausfestes kam es zum Aufeinandertreffen von **202 885** (DB RegioNetz Verkehrs GmbH - Erzgebirgsbahn), **V 100.01** (RP Eisenbahn GmbH), **112 708** (Regio Infra Service Sachsen GmbH) und **110 025** (DB Museum). AUFNAHME: ULRICH WEHMEYER

ISBN 978-3-8446-6075-3

www.eisenbahn-kurier.de

Bearbeitung/Gestaltung: Sebastian Werner, Sven Zander

Bildbearbeitung: Sabine Ressel, Sandra Schnellbach, Rico Schreiber, Stephanie Weber

Unser Gesamtverzeichnis erhalten Sie kostenlos unter Tel. 0761-70 310 0 oder unter service@eisenbahn-kurier.de

EK-Verlag – EK Medien GmbH
Munzinger Straße 5a – 79111 Freiburg

Inhaltsverzeichnis

△ **Bild 1 • 203 304** der Deutsche Bahn Gleisbau GmbH, Niederlassung Duisburg, ist am 26. März 2004 am Abzweig Herne-Rottbruch aus Wanne-Eickel kommend unterwegs in Richtung Bochum Nord. Die Lok entstand durch Modernisierung der zuletzt bei der DB Regio AG eingesetzten 202 416. Aufnahme: Norman Kampmann

Vorwort

Liebe Leserinnen und Leser,

da ist er nun, der dritte Band zur DR-V 100-Baureihenfamilie. Nachdem sich in den ersten beiden Bänden die jeweiligen Autoren mit der Entwicklung, dem Bau, der Technik, den Unterbaureihen und dem Betriebsdienst bei der Deutschen Reichsbahn und der DB AG beschäftigt haben, liegt der inhaltliche Fokus des dritten Bandes beim Einsatz der Lokomotiven bei privaten Eisenbahnunternehmen.

Doch bevor dieses interessante wie umfangreiche Kapitel aufgeschlagen wird, gibt es in diesem Buch noch jede Menge Tabellen mit statistische Angaben zur Baureihe V 100, die es aus Platzgründen nicht mehr in den zweiten Band geschafft hatten. Auch die Kapitel „Unfälle" und „V 100 in den Ausbesserungswerken" waren ursprünglich für eine Veröffentlichung im zweiten Band vorgesehen, mussten dann allerdings geschoben werden. Irgendwann ist eben jeder Umfang eines Buches gefüllt!

Dass den Ingenieuren im Lokomotivbau Elektrotechnische Werke „Hans Beimler" in Hennigsdorf in den sechziger Jahre mit der Entwicklung und dem Bau der V 100 eine technisch überaus erfolgreiche Lokomotive gelungen ist, zeigt auch deren bis heute währender Einsatz. Einige der bei privaten Eisenbahnverkehrsunternehmen noch vorhandenen Maschinen haben bereits weit mehr als 50 Jahre „auf dem Buckel" – und beweisen sich heute noch. Gleichsam bot die Konstruktion der V 100 hervorragende Ausgangsbedingungen für eine Modernisierung, sodass gleichsam geglückte Umbau- bzw. Modernisierungsvarianten entstanden, wie z. B. die Hybridloks der Baureihe 203.7 oder die Baureihe 203. Dabei waren die Lokomotiven in ihrer äußeren Form durch ihren Mittelführerstand und die kastenförmigen Vorbauten stets noch als V 100 auszumachen. Dass dies auch anders geht, zeigt der Umbau einer V 100 in Italien! Ein Aufnahme dieser äußerst skurrilen Lok finden Sie im Kapitel „Die DR-V 100 im Ausland".

Die Beschäftigung mit dem Thema „V 100 bei privaten Eisenbahnunternehmen" ist gleichermaßen interessant wie aktuell, und letzteres macht die Arbeit an einem solchen Buch, dass auch eine Bestandsaufnahme sein soll, recht schwierig. Warum? Der Markt an privaten EVUs ist ständig in Bewegung! Hier entstehen neue Unternehmen, dort geht ein anderes EVU in die Insolvenz, an anderer Stelle wird ein Tochterunternehmen gegründet, gleichzeitig kauft eine Holdinggesellschaft eine Firma auf … Die dadurch entstandenen Firmengeflechte zu entwirren und verständlich darzustellen, kostete schon sehr viel Zeit. Ein abgeschlossenes Jura-Studium wäre dabei in einigen Bereichen hilfreich gewesen. Mit dieser Bewegung verbunden sind selbstverständlich auch häufige Eigentümerwechsel bei den Fahrzeugen, die allerdings nicht immer sofort erkennbar sind bzw. bekanntgemacht werden. Zudem werden Lokomotiven auch vermietet (gerne auch an die eigenen Tochterunternehmen) und dann wiederum untervermietet. Dabei einigermaßen den Überblick zu behalten, war eines der Hauptziele der beiden Autoren dieses Buches, und eine ständige Aktualisierung der Statistiken eine ihrer Hauptaufgaben. Bei allen Bemühungen um verlässliche Angaben und Daten sei allerdings darauf hingewiesen, dass sich bis zum Erscheinen dieses Buches aufgrund der schnelllebigen Zeit schon wieder einige Änderungen bei den Eigentumsverhältnissen der Lokomotiven ergeben haben können – oder gar ein neues EVU sich einer V 100 angenommen hat.

So ist es eben, wenn sich eine Baureihe noch „im Betrieb" befindet.

Ein solches Werk können selbstverständlich nicht zwei Autoren allein bewerkstelligen. Das Buch ist in Zusammenarbeit mit vielen weiteren Personen entstanden, die bereitwillig ihre Informationen weitergegeben haben. Da ist Andreas Stange zu nennen, der neben den Statistiken zu den Reichsbahn-V 100 auch das Kapitel „Unfälle" und Zuarbeiten zum Thema „V 100 in den Ausbesserungswerken" geliefert hat. Dafür möchten sich die Autoren recht herzlich bedanken. Gleichsam geht ein persönliches Dankeschön an Volker Lucas, der speziell in den letzten Monaten vor der Fertigstellung des Buches stets ein verlässlicher Partner bei der Gestellung von Bildmaterial und der Beantwortung statistischer Fragen war.

Grundsätzlich gilt der Dank all den zahlreichen Bildautoren, die sich mit ihren Aufnahmen an der Bebilderung des dritten Bandes zur DR-V 100 beteiligt und dafür gesorgt haben, dass es – im Hauptkapitel – ein „kunterbuntes" Buch geworden ist. Besonders sei hier Felix Seraphin, Stephan Karkowski, Marco Heyde, Jens Gießler und Frank Weimer gedankt, die geduldig die meist kurzfristigen Bildanfragen beantwortet haben.

Selbstverständlich sei ausdrücklich auch den Damen und dem Herrn in der Bildbearbeitung des EK-Verlags für ihre hervorragende Arbeit gedankt. Ohne deren fachliches Können wäre so manches Bild im elektronischen Papierkorb gelandet.

Und zu guter Letzt danken die Autoren auch den Leserinnen und Lesern für die Geduld beim Warten auf dieses Buch!

Wir wünschen viel Spaß bei Lesen!

Marco Berger
Sebastian Werner

Indienststellung, Erstbeheimatung, z-Stellung und Verbleib

Statistik V 100 001 - 055

Lok	Indienststellung	Erstbeheimatung	z-Stellung	letztes Bw	Ausmusterung & Verbleib
V 100 001	11.05.1964	Halle P	13.07.1967	Leipzig Hbf Süd	ums Leipzig Hbf West
V 100 001''	18.01.1968	Neustrelitz	30.05.1994	Stralsund	20.02.95 verk Prora
V 100 002''	29.10.1969	Erfurt	09.03.1995	Eisenach	20.12.95 ++ 09.01.98 Erfurt
V 100 003	11.01.1968	Halle P	05.07.1994	Lu-Wittenberg	21.11.94 an BSW-Gruppe Lu-Wittenberg
V 100 004	01.02.1967	Halle P	05.07.1994	Lu-Wittenberg	21.11.94 verk 9/94 Espenhain
V 100 005	13.03.1967	Halle P	13.10.1994	Wustermark	31.12.94 ++ .04.98 Cottbus
V 100 006	01.02.1967	Halle P	28.12.1993	Lu-Wittenberg	21.11.94 ++ 21.04.99 Lu-Wittenberg
V 100 007	11.02.1967	Halle P	21.09.1994	Chemnitz	31.05.95 ++ .10.99 Gröditz
V 100 008	01.02.1967	Halle P	30.05.1994	Lu-Wittenberg	21.11.94 ++ .05.95 Lu-Wittenberg
V 100 009	02.02.1967	Halle P	08.08.1994	Hoyerswerda	31.12.94 ++ . .97 Frankfurt (O)
V 100 010	02.02.1967	Halle P	31.12.1993	Lu-Wittenberg	04.01.94 ++ 16.03.94 Stendal
V 100 011	01.03.1967	Halle P	06.01.1994	Angermünde	30.11.94 ++ 11.10.94 Neustrelitz
V 100 012	16.02.1967	Halle P	14.10.1993	Zittau	15.02.94 ++ 20.04.94 Görlitz
V 100 013	16.02.1967	Halle P	13.10.1994	Wustermark	31.12.94 ++ 03.98 Cottbus
V 100 014	15.02.1967	Halle P	07.07.1994	Halle G	30.11.94 ++ .03.97 Espenhain
V 100 015	15.02.1967	Halle P	18.07.1994	Lu-Wittenberg	31.05.95 ++ .09.97 Falkenberg (E)
V 100 016	17.02.1967	Rostock	01.01.1994	Neustrelitz	31.12.94 ++ . .97 Rostock Seehafen
V 100 017	01.03.1967	Freiberg	30.05.1994	Schwerin	30.11.94 ++
V 100 018	01.03.1967	Reichenbach (Vogtl)	14.10.1993	Riesa	15.02.94 ++ 04.05.94 Stendal
V 100 019	01.03.1967	Reichenbach (Vogtl)	01.01.1994	Neustrelitz	31.12.94 verk Hei Na Ganzlin e.V.
V 100 020	30.03.1967	K.-M.-Stadt-Hilbersdorf	08.08.1994	Wustermark	31.12.94 ++ .04.98 Cottbus
V 100 021	18.03.1967	K.-M.-Stadt-Hilbersdorf	14.10.1993	Dresden	15.02.94 ++ 26.05.94 Stendal
V 100 022	01.03.1967	Reichenbach (Vogtl)	14.10.1993	Dresden	15.02.94 ++ 03.06.94 Stendal
V 100 023	03.03.1967	Reichenbach (Vogtl)	08.08.1994	Wustermark	31.12.94 ++ .03.98 Cottbus
V 100 024	18.03.1967	Halle P	03.01.1995	Chemnitz	30.11.95 ++ .01.98 Zeitz
V 100 025	18.03.1967	Karl-Marx-Stadt	03.01.1995	Chemnitz	30.11.95 an DB Museum (SEM Ch-Hilbersd.)
V 100 026	22.03.1967	K.-M.-Stadt-Hilbersdorf	30.05.1994	Stralsund	30.11.94 verk Prignitzer Eisenbahn
V 100 027	24.03.1967	Schwerin	10.12.1969	Rostock Seehafen	02.08.72 ++ 04.04.73 Cottbus
V 100 028	24.03.1967	Rostock	30.05.1994	Wittenberge	30.11.94 ITB ++ 26.06.18 Nordhausen
V 100 029	24.03.1967	K.-M.-Stadt-Hilbersdorf	18.07.1994	Eisenach	30.11.94 ++ 21.01.98 Erfurt
V 100 030	01.04.1967	K.-M.-Stadt-Hilbersdorf	04.07.1994	Schwerin	30.11.94 ++ 22.12.98 Ludwigslust
V 100 031	01.04.1967	Halle P	31.12.1993	Halle G	04.01.94 ++ 02.03.94 Stendal
V 100 032	01.04.1967	Halle P	30.05.1994	Lu-Wittenberg	21.11.94 ++ .06.98 Roßlau (Elbe)
V 100 033	01.04.1967	Rostock	30.05.1994	Wittenberge	31.12.94 ++ .05.98 Brandenburg
V 100 034	01.04.1967	K.-M.-Stadt-Hilbersdorf	21.10.1975	Glauchau (Sachs)	20.10.75 ++ .12.76 Cottbus
V 100 035	05.04.1967	Rostock	30.05.1994	Stralsund	31.07.95 ++ .05.98 Stralsund
V 100 036	11.04.1967	Halle P	30.10.1995	Halle G	30.11.95 ++ .03.97 Espenhain
V 100 037	11.04.1967	Halle P	18.10.1995	Lu-Wittenberg	31.10.95 ++ 26.08.97 Falkenberg (E)
V 100 038	16.04.1967	Rostock	26.10.1995	Neustrelitz	30.11.95 ++ .08.98 Templin
V 100 039	10.01.1968	Halle P	14.10.1993	Görlitz	15.02.94 ++ .10.94 Görlitz
V 100 040	16.04.1967	Rostock	04.07.1994	Neustrelitz	30.06.95 ++ .08.98 Templin
V 100 041	16.04.1967	Halle P	10.10.1994	Halle G	20.02.95 ++ .01.98 Md-Rothensee
V 100 042	16.04.1967	K.-M.-Stadt-Hilbersdorf	15.11.1993	Glauchau (Sachs)	15.02.94 ++ .04.95 Görlitz
V 100 043	25.04.1967	Leipzig Hbf Süd	15.04.1994	Neustrelitz	31.07.95 ++ .10.97 Neustrelitz
V 100 044	02.04.1968	Karl-Marx-Stadt	31.08.1993	Nossen	umb in 298 044
V 100 045	02.04.1968	Karl-Marx-Stadt	28.04.1992	Halle G	umb in 298 045
V 100 046	02.04.1968	Halle P	27.11.1992	Halle G	umb in 298 046
V 100 047	02.04.1968	Dresden	18.09.1992	Zittau	umb in 298 047
V 100 048	02.04.1968	Dresden	09.08.1993	Nossen	umb in 298 048
V 100 049	29.04.1968	Weißenfels	06.10.1993	Weißenfels	29.03.94 verk Bernd Falz
V 100 050	16.08.1968	Dresden	15.07.1993	Nossen	umb in 298 050
V 100 051	26.04.1968	Weißenfels	08.05.1992	Weißenfels	umb in 298 051
V 100 052	27.04.1968	Weißenfels	20.01.1992	Weißenfels	umb in 298 052
V 100 053	27.04.1968	Weißenfels	12.06.1995	Eisenach	20.12.95 ++ .11.96 Gera
V 100 054	27.04.1968	Karl-Marx-Stadt	11.05.1992	Wittenberge	umb in 298 054
V 100 055	30.04.1968	Karl-Marx-Stadt	08.09.1992	Seddin	umb in 298 055

'' = Loknummer in Zweitbesetzung ums = Umsetzung umb = Umbau verk = verkauft HKW = Heizkraftwerk ++ zerlegt

Bild 2 ▷
Die Baumusterlok **V 100 001** auf einer Messfahrt der VES/M Halle (S) im Jahr 1964. Vermutlich wurde bei dieser Fahrt die Leistung der V 100 ermittelt, da hinter der Lok der Messwagen 1 für lauf- und leistungstechnische Messungen und am Ende 19 015 als Bremslok zu sehen sind.

Aufnahme: Hans Müller, Archiv Jörg Sauter

Bild 3 ▷
Die am 3. März 1967 im Bw Reichenbach (Vogtl) in Dienst gestellte **110 023** hatte es Anfang der achtziger Jahre ins Bw Frankfurt (Oder) verschlagen. In dessen Triebfahrzeug-Einsatzstelle Wriezen wartet die Lok am 5. Mai 1981 auf ihre nächste Leistung.

Aufnahme: Rainer Heinrich

Bild 4 ▷
Im Winter 1968/69 entstand diese Aufnahme der **V 100 031** im Bw Leipzig Hbf Süd. Nach der Indienststellung im Bw Halle P wechselte die Lok im September 1968 nach Leipzig Süd und blieb dort bis Dezember 1980 beheimatet. Im Hintergrund ist die – im wahrsten Sinne – kalt abgestelle 44 1039 zu sehen, die ab September 1970 im VEB Molkerei Dessau als Dampfspenderin diente.

Aufnahme: Dieter Wünschmann

△ **Bild 5** • Bei der Deutschen Reichsbahn wurden alle Güter, die weiter als 50 km transportiert werden mussten, auf dem Schienenweg befördert. Entsprechend gab es entlang aller Haupt- und Nebenbahnen Anschlussgleise und Güterrampen. So auch in Limbach-Oberfrohna, wo am 28. April 1970 die frisch ins EDV-Nummernsystem eingereihte **110 071** (ex V 100 071) des Bw Karl-Marx-Stadt einen Güterwagen abholt. Betriebsalltag bei der DR zu jener Zeit.

Aufnahme: Wolfgang Ziemert, Sammlung Jörg Leuthardt

△ **Bild 6** • Auch wenn die V 100 durchaus leistungsstark waren, so dürften sie auf einigen Streckenabschnitten an ihre Leistungsgrenzen gekommen sein, wie hier zwischen Markersbach (Erzgeb) und Scheibenberg, wo auf knapp 7,5 km Streckenlänge immerhin 139 Höhenmeter zu überwinden waren. Am 25. August 1976 hat **110 073** (Bw Aue/Sa) mit einem Reisezug den Bahnhof Markersbach (Erzgeb) verlassen und überquert soeben den bekannten Markersbacher Viadukt. Aufnahme: Detlef Winkler

Statistik V 100 056 - 115

Lok	Indienststellung	Erstbeheimatung	z-Stellung	letztes Bw	Ausmusterung & Verbleib	
V 100 056	30.04.1968	Karl-Marx-Stadt	16.10.1987	Karl-Marx-Stadt	verk	HKW Karl-Marx-Stadt Nord
V 100 057	03.05.1968	Karl-Marx-Stadt	31.05.1989	Luckau	umb	in 112 057
V 100 058	30.04.1968	Karl-Marx-Stadt	26.08.1992	Karl-Marx-Stadt	umb	in 298 058
V 100 059	30.04.1968	Weißenfels	12.06.1995	Weißenfels	20.12.95	++ 30.05.99 Gera
V 100 060	03.05.1968	Weißenfels	08.05.1992	Weißenfels	umb	in 298 060
V 100 061	30.04.1968	Weißenfels	11.12.1970	Weißenfels	30.04.71	++ 30.12.72 Cottbus
V 100 062	30.04.1968	Weißenfels	16.07.1992	Neuruppin	umb	in 298 062
V 100 063	25.05.1968	Weißenfels	30.01.1989	Güsten	umb	in 112 063
V 100 064	31.05.1968	Dresden	19.12.1994	Chemnitz	30.11.95	++ .01.98 Zeitz
V 100 065	25.05.1968	Weißenfels	24.06.1992	Weißenfels	umb	in 298 065
V 100 066	25.05.1968	Karl-Marx-Stadt	11.04.1990	Berlin Ostbahnhof	umb	in 112 066
V 100 067	25.05.1968	Karl-Marx-Stadt	16.10.1987	Karl-Marx-Stadt	verk	HKW Karl-Marx-Stadt Nord
V 100 068	25.05.1968	Dresden	30.05.1994	Stendal	30.11.94	Werk Stendal
V 100 069	25.05.1968	Dresden	25.09.1992	Karl-Marx-Stadt	umb	in 298 069
V 100 070	01.06.1968	Weißenfels	12.06.1995	Weißenfels	20.12.95	verk 8/97 Stahlwerk Thüringen
V 100 071	29.05.1968	Karl-Marx-Stadt	09.07.1992	Zittau	umb	in 298 071
V 100 072	29.05.1968	Karl-Marx-Stadt	06.08.1992	Zittau	umb	in 298 072
V 100 073	29.05.1968	Dresden	12.01.1995	Dresden	30.11.95	++ .01.99 Zeitz
V 100 074	31.05.1968	Dresden	29.10.1992	Berlin-Pankow	umb	in 298 074
V 100 075	01.06.1968	Seddin	07.09.1994	Neustrelitz	20.03.95	verk RAG Nr.632
V 100 076	01.06.1968	Weißenfels	12.06.1995	Weißenfels	20.12.95	++ .07.97 Naumburg
V 100 077	01.06.1968	Seddin	09.09.1994	Chemnitz	20.05.95	++ .01.99 Zeitz
V 100 078	09.06.1968	Karl-Marx-Stadt	30.03.1989	Karl-Marx-Stadt	umb	in 112 078
V 100 079	02.06.1968	Karl-Marx-Stadt	29.07.1993	Zittau	umb	in 298 079
V 100 080	09.06.1968	Rostock	18.12.1992	Zittau	umb	in 298 080
V 100 081	28.06.1968	Karl-Marx-Stadt	28.07.1992	Dresden	umb	in 298 081
V 100 082	26.06.1968	Weißenfels	12.06.1995	Weißenfels	30.11.95	++ .05.99 Gera
V 100 083	28.06.1968	Halle P	12.07.1994	Seddin	31.12.94	++ .06.98 Seddin
V 100 084	30.06.1968	Neustrelitz	20.07.1992	Neustrelitz	umb	in 298 084
V 100 085	28.06.1968	Karl-Marx-Stadt	11.06.1992	Karl-Marx-Stadt	umb	in 298 085
V 100 086	30.06.1968	Neustrelitz	13.05.1993	Zittau	umb	in 298 086
V 100 087	18.07.1968	Neustrelitz	29.08.1994	Chemnitz	31.05.95	++ .04.99 Gröditz
V 100 088	30.06.1968	Karl-Marx-Stadt	24.06.1992	Zittau	umb	in 298 088
V 100 089	28.06.1968	Karl-Marx-Stadt	15.11.1993	Glauchau (Sachs)	15.02.94	++ 30.06.94 Görlitz
V 100 090	30.06.1968	Weißenfels	28.03.1995	Weißenfels	30.11.95	++
V 100 091	30.06.1968	Karl-Marx-Stadt	10.12.1992	Zittau	umb	in 298 091
V 100 092	18.07.1968	Seddin	08.08.1994	Berlin-Pankow	31.12.94	++ .09.97 Falkenberg (E)
V 100 093	02.07.1968	Karl-Marx-Stadt	09.11.1994	Chemnitz	31.05.95	verk VSM Apeldoorn (NL)
V 100 094	02.07.1968	Seddin	17.11.1992	Neustrelitz	umb	in 298 094
V 100 095	23.07.1968	Karl-Marx-Stadt	03.01.1995	Chemnitz	30.10.95	++ .12.97 Deuben
V 100 096	31.07.1968	Karl-Marx-Stadt	01.01.1994	Neustrelitz	31.07.95	++ 1997 Rostock Seehafen
V 100 097	20.07.1968	Neustrelitz	30.05.1994	Eisenach	30.11.94	++ 27.06.95 Gera
V 100 098	01.08.1968	Neustrelitz	28.03.1989	Neustrelitz	umb	in 112 098
V 100 099	31.07.1968	Neustrelitz	25.05.1992	Güsten	umb	in 298 099
V 100 100	01.08.1968	Neustrelitz	04.11.1992	Weißenfels	umb	in 298 100
V 100 101	01.08.1968	Karl-Marx-Stadt	12.01.1995	Chemnitz	30.11.95	verk BSW-Gruppe Nossen
V 100 102	26.11.1968	Dresden	24.06.1992	Karl-Marx-Stadt	umb	in 298 102
V 100 103	01.08.1968	Karl-Marx-Stadt	19.07.1978	Glauchau (Sachs)	21.06.83	++ 30.06.83 Stendal
V 100 104	29.04.1969	Dresden	16.06.1993	Zittau	umb	in 298 104
V 100 105	29.03.1969	Güsten	12.03.1990	Jerichow	umb	in 112 105
V 100 106	29.03.1969	Güsten	30.05.1994	Güsten	21.11.94	++ .09.97 Güsten
V 100 107	29.03.1969	Güsten	06.04.1990	Nordhausen	verk	BKW Cottbus
V 100 108	30.03.1969	Magdeburg	31.05.1990	Jerichow	verk	BKW Jänschwalde
V 100 109	01.04.1969	Merseburg	30.09.1988	Merseburg	umb	in 112 109
V 100 110	01.04.1969	Halle P	08.05.1992	Neuruppin	umb	in 298 110
V 100 111	10.04.1969	Halle P	20.04.1994	Lu-Wittenberg	21.11.94	++ .01.98 Mg-Rothensee
V 100 112	19.04.1969	Stralsund	11.04.1994	Neuruppin	31.12.94	++ .06.98 Neuruppin
V 100 113	19.04.1969	Rostock	01.01.1994	Neustrelitz	30.11.94	++ 1997 Rostock Seehafen
V 100 114	19.04.1969	Dresden	28.02.1989	Salzwedel	umb	in 112 114
V 100 115	25.04.1969	Karl-Marx-Stadt	31.03.1988	Bitterfeld	umb	in 112 115

HKW = Heizkraftwerk EF = Eisenbahnfreunde BSW = Bahnsozialwerk BKW = Braunkohlenwerk verk = verkauft umb = Umbau
++ = zerlegt

Statistik V 100 116 – 110 205

Lok	Indienststellung	Erstbeheimatung	z-Stellung	letztes Bw	Ausmusterung & Verbleib
V 100 116	25.04.1969	Stralsund	28.06.1989	Stralsund	21.07.89 ++ .07.89 Stralsund
V 100 117	01.05.1969	Dresden	12.07.1990	Reichenbach (Vogtl)	verk BKK Cottbus
V 100 118	29.04.1969	Nordhausen	31.05.1996	Reichenbach (Vogtl)	26.08.96 ++ .12.97 Deuben
V 100 119	29.04.1969	Nordhausen	05.09.1981	Saalfeld	18.08.81 ++ 31.10.81 Saalfeld
V 100 120	01.05.1969	Dresden	27.07.1994	Berlin-Pankow	31.05.95 ++ .09.97 Falkenberg (E)
V 100 121	01.05.1969	Seddin	28.05.1990	Seddin	verk BKK Cottbus
V 100 122	13.05.1969	Seddin	25.06.1992	Berlin-Pankow	umb in 298 122
V 100 123	17.05.1969	Stralsund	26.10.1995	Neustrelitz	30.11.95 ++ .09.97 Rostock
V 100 124	21.05.1969	Neustrelitz	24.05.1993	Zittau	umb in 298 124
V 100 125	21.05.1969	Seddin	26.10.1995	Neustrelitz	30.11.95 ++ .09.97 Rostock
V 100 126	29.05.1969	Leipzig Hbf Süd	30.05.1994	Stralsund	31.12.94 verk Prignitzer Eisenbahn
V 100 127	31.05.1969	Stralsund	30.04.1989	Falkenberg (E)	umb in 112 127
V 100 128	31.05.1969	Jüterbog	26.03.1990	Güsten	verk BKW Cottbus
V 100 129	17.06.1969	Stralsund	09.07.1992	Stralsund	umb in 298 129
V 100 130	19.06.1969	Dresden	25.06.1993	Zittau	umb in 298 130
V 100 131	19.06.1969	Neustrelitz	12.04.1990	Neustrelitz	verk BKW Cottbus
V 100 132	24.06.1969	Rostock	20.02.1998	Reichenbach (Vogtl)	10.06.98 ++ 15.09.99 Espenhain
V 100 133	24.06.1969	Neustrelitz	18.10.1995	Lu-Wittenberg	31.10.95 ++ .01.98 Mg-Rothensee
V 100 134	24.06.1969	Neustrelitz	28.03.1994	Neustrelitz	29.03.94 ++ 20.12.94 Neustrelitz
V 100 135	26.06.1969	Dresden	05.07.1993	Zittau	umb in 298 135
V 100 136	29.06.1969	Rostock	19.07.1983	Rostock	umb in 112 136
V 100 137	29.06.1969	Rostock	13.07.1983	Rostock	umb in 112 137
V 100 138	01.07.1969	Leipzig Hbf Süd	28.02.1990	Neustrelitz	verk BKW Cottbus
V 100 139	01.07.1969	Leipzig Hbf Süd	30.07.1993	Zittau	umb in 298 139
V 100 140	01.07.1969	Leipzig Hbf Süd	05.07.1994	Lu-Wittenberg	21.11.94 ++ .04.98 Wolfen
V 100 141	22.07.1969	Leipzig Hbf Süd	30.05.1994	Lu-Wittenberg	21.11.94 ++ .01.98 Mg-Rothensee
V 100 142	22.07.1969	Dresden	28.06.1993	Nossen	umb in 298 142
V 100 143	22.07.1969	Dresden	26.10.1995	Rostock	30.11.95 an DB Museum (BSW Rostock)
V 100 144	01.08.1969	Erfurt	26.02.1990	Aue (Sa)	umb in 112 144
V 100 145	01.08.1969	Nordhausen	03.06.1994	Chemnitz	31.05.95 ++ .12.98 Hagenwerder
V 100 146	29.07.1969	Jüterbog	28.02.1989	Bautzen	verk BKW Jänschwalde
V 100 147	01.08.1969	Reichenbach (Vogtl)	03.06.1994	Chemnitz	31.05.95 ++ .01.99 Gröditz
V 100 148	01.08.1969	Rostock	30.06.1990	Neuruppin	verk BKW Cottbus
V 100 149	06.08.1969	Seddin	08.08.1994	Hoyerswerda	28.02.95 ++
V 100 150	01.11.1969	Magdeburg	27.05.1992	Güsten	umb in 298 150
V 100 151	31.12.1969	Dresden	22.07.1993	Nossen	umb in 298 151
V 100 152	20.11.1969	Reichenbach (Vogtl)	29.02.1988	Karl-Marx-Stadt	umb in 112 152
V 100 153	20.11.1969	Erfurt	30.05.1994	Eisenach	30.11.94 ++ 23.09.94 Meiningen
V 100 154	20.11.1969	Jüterbog	13.10.1994	Wustermark	30.10.95 ++ 1998 Berlin-Grunewald
V 100 155	20.11.1969	Magdeburg	04.05.1993	Berlin-Pankow	umb in 298 155
V 100 156	20.11.1969	Halle P	31.12.1984	Halle G	umz in 108 156
V 100 157	20.11.1969	Schwerin	11.04.1994	Wittenberge	30.11.94 ++ .06.98 Neuruppin
V 100 158	27.11.1969	Leipzig Hbf Süd	26.10.1995	Neustrelitz	30.11.95 ++ .02.99 Neustrelitz
V 100 159	29.11.1969	Leipzig Hbf Süd	30.04.1990	Neuruppin	verk BKW Cottbus
V 100 160	29.11.1969	Magdeburg	25.01.1988	Brandenburg	umb in 112 160
V 100 161	02.12.1969	Halle P	31.12.1984	Halle G	umz in 108 161
V 100 162	04.12.1969	Reichenbach (Vogtl)	20.02.1989	Nossen	umb in 112 162
V 100 163	13.12.1969	Leipzig Hbf Süd	20.08.1992	Karl-Marx-Stadt	umb in 298 163
V 100 164	13.12.1969	Leipzig Hbf Süd	24.01.1989	Merseburg	umb in 112 164
V 100 165	13.12.1969	Reichenbach (Vogtl)	22.03.1998	Reichenbach (Vogtl)	30.08.98 ++ .09.99 Espenhain
V 100 166	18.12.1969	Dresden	29.01.1990	Nossen	umb in 112 166
V 100 167	20.12.1969	Dresden	30.04.1989	Nossen	umb in 112 167
V 100 168	20.12.1969	Leipzig Hbf Süd	26.01.1995	Lu-Wittenberg	20.02.95 ++ .01.98 Mg-Rothensee
V 100 169	20.12.1969	Dresden	15.02.1988	Eisenach	umb in 112 169
V 100 170	31.12.1969	Dresden	14.10.1993	Riesa	15.02.94 ++ 20.05.94 Stendal
V 100 171	31.12.1969	Erfurt	12.06.1995	Weißenfels	30.11.95 verk 8/96 Stahlwerk Thüringen
V 100 201	20.11.1969	Jüterbog	30.12.1985	Jüterbog	umb in 112 201
V 100 202	31.12.1969	Reichenbach (Vogtl)	14.10.1993	Zittau	15.02.94 ++ 16.05.94 Görlitz
110 203	15.01.1970	Leipzig Hbf Süd	31.12.1980	Leipzig Hbf Süd	umz in 112 203
110 204	24.01.1970	Zittau	14.10.1993	Zittau	15.02.94 ++ 31.05.94 Görlitz
110 205	23.01.1970	Nordhausen	30.09.1989	Aue (Sa)	umb in 112 205

Hinweis: Die Loknummern V 100 172 bis 200 wurden nicht vergeben! BKK = Braunkohlenkombinat BKW = Braunkohlenwerk verk = verkauft
umb = Umbau umz = Umzeichnung ++ = zerlegt

Bild 7 ▷
Gleich zwei Maschinen der Baureihe 110 bespannten am 22. September 1974 einen Eilzug auf der Relation Dresden – Görlitz, hier aufgenommen in der Rampe zwischen Dresden-Klotzsche und und Langebrück (Sachs) Als Vorspannlok diente **110 120**, als Zuglok war **110 104** im Einsatz. Beide Loks waren im Bw Dresden beheimatet.

AUFNAHME: DIETRICH RICHTER, SAMMLUNG JÖRG LEUTHARDT

Bild 8 ▷
110 139 des Bw Leipzig Hbf Süd erreicht am 27. Mai 1978 mit einem Personenzug den Bahnhof Lützen an der Strecke Leipzig-Plagwitz – Pörsten und kreuzt einen mit 65 1024 (Bw Altenburg) bespannten Sonderzug, der anlässlich des Abschieds der Baureihe 65^{10} an jenem Tag verkehrte.

AUFNAHME: HORST R. SCHRÖDTER

Bild 9 ▷
In Taubenheim (Spree) an der Strecke Dresden – Wilthen – Zittau ist **110 204** am 25. Juni 1978 mit einem Personenzug eingefahren. Die Lok wurde am 24. Januar 1970 im Bw Zittau in Dienst gestellt und blieb dieser Dienststelle bis März 1983 – nur unterbrochen von einem kurzzeitigen Gastspiel in anderen Bahnbetriebswerken – treu.

AUFNAHME: FRANK EBERMANN

Statistik 110 206 – 265

Lok	Indienststellung	Erstbeheimatung	z-Stellung	letztes Bw	Ausmusterung & Verbleib	
110 206	24.01.1970	Neustrelitz	15.04.1994	Neustrelitz	31.12.94	++ .08.97 Rostock
110 207	29.01.1970	Zittau	08.09.1983	Görlitz	umb	in 112 207
110 208	29.01.1970	Eisenach	30.05.1994	Nordhausen	20.06.95	++ 10.04.95 Nordhausen
110 209	29.01.1970	Stralsund	31.10.1985	Stralsund	umb	in 112 209
110 210	29.01.1970	Schwerin	01.01.1994	Neustrelitz	30.11.94	++ 1997 Rostock Seehafen
110 211	31.01.1970	Reichenbach (Vogtl)	30.05.1994	Zwickau	31.05.95	verk 6/99 AMP Bahnlogistik
110 212	31.01.1970	Schwerin	30.05.1994	Schwerin	30.11.94	++ .03.99 Rostock
110 213	31.01.1970	Jüterbog	23.01.1995	Berlin-Pankow	30.10.95	++ 16.09.97 Senftenberg
110 214	02.02.1970	Zittau	19.10.1989	Cottbus	umb	in 112 214
110 215	03.02.1970	Zittau	26.10.1995	Neustrelitz	30.11.95	++ 28.11.97 Neustrelitz
110 216	13.02.1970	Leipzig Hbf Süd	03.06.1994	Chemnitz	31.05.95	++ .03.99 Chemnitz
110 217	22.05.1970	Görlitz	30.05.1994	Magdeburg	21.11.94	++ 1997 Magdeburg
110 218	19.02.1970	Leipzig Hbf Süd	10.01.1984	Weißenfels	umb	in 112 218
110 219	20.02.1970	Leipzig Hbf Süd	11.10.1983	Nordhausen	umb	in 112 219
110 220	25.02.1970	Leipzig Hbf Süd	07.08.1989	Güsten	umb	in 112 220
110 221	21.02.1970	Stralsund	30.05.1994	Stralsund	30.06.95	++ .05.98 Stralsund
110 222	25.02.1970	Erfurt	12.06.1995	Weißenfels	30.11.95	verk KEG (dort: 0604)
110 223	01.03.1970	Neustrelitz	17.12.1991	Neustrelitz	umb	in 114 223
110 224	01.03.1970	Jüterbog	05.07.1994	Lu-Wittenberg	21.11.94	++ .01.98 Mg-Rothensee
110 225	01.03.1970	Güsten	18.10.1995	Lu-Wittenberg	31.10.95	++ .01.98 Mg-Rothensee
110 226	01.03.1970	Reichenbach (Vogtl)	14.10.1993	Zittau	15.02.94	++ 30.03.94 Görlitz
110 227	01.03.1970	Reichenbach (Vogtl)	14.10.1993	Zittau	15.02.94	++ .06.96 Görlitz
110 228	01.03.1970	Seddin	30.05.1994	Seddin	10.03.95	an DB Museum (Belzig)
110 229	18.03.1970	Halberstadt	30.05.1994	Stendal	21.11.94	++ 12.01.99 Oebisfelde
110 230	18.03.1970	Jüterbog	08.08.1994	Seddin	10.03.95	++ .06.98 Seddin
110 231	21.03.1970	Dresden	16.05.1989	Reichenbach (Vogtl)	umb	in 112 231
110 232	25.03.1970	Eisenach	02.09.1983	Eisenach	umb	in 112 232
110 233	25.03.1970	Jüterbog	03.01.1995	Berlin-Pankow	30.10.95	++ .07.98 Ebeleben
110 234	25.03.1970	Güsten	28.05.1986	Güsten	umb	in 112 234
110 235	07.04.1970	Dresden	23.10.1986	Falkenberg (E)	umb	in 112 235
110 236	01.04.1970	Berlin-Karlshorst	15.12.1982	Frankfurt (O)	umb	in 112 236
110 237	18.04.1970	Görlitz	31.01.1983	Weißenfels	umb	in 112 237
110 238	28.04.1970	Brandenburg	14.09.1981	Leipzig Hbf Süd	umb	in 112 238
110 239	28.04.1970	Berlin-Karlshorst	16.01.1995	Berlin-Pankow	30.11.95	++ .05.98 Berlin-Pankow
110 240	23.04.1970	Görlitz	16.02.1984	Kamenz (Sachs)	umb	in 112 240
110 241	04.08.1970	Leipzig Hbf Süd	20.07.1981	Leipzig Hbf Süd	umb	in 112 241
110 242	01.07.1970	W.-Pieck-Stadt Guben	16.02.1981	W.-Pieck-Stadt Guben	umb	in 112 242
110 243	30.09.1970	Dresden	28.03.1995	Lu-Wittenberg	31.10.95	++ 05.08.97 Halle (S)
110 244	23.09.1970	Gera	01.11.1974	Glauchau (Sachs)	07.07.76	++ .08.76 Cottbus
110 245	23.09.1970	Eisenach	28.06.1986	Sangerhausen	umb	in 112 245
110 246	30.09.1970	Leipzig Hbf Süd	27.12.1984	Merseburg	umb	in 114 246
110 247	01.10.1970	Stendal	30.05.1994	Güsten	21.11.94	++ .06.97 Erfurt
110 248	01.10.1970	Magdeburg	31.07.1984	Magdeburg	umb	in 112 248
110 249	01.10.1970	Eisenach	22.04.1985	Eisenach	umb	in 112 249
110 250	27.09.1970	Reichenbach (Vogtl)	27.04.1983	Dresden	umb	in 112 250
110 251	01.10.1970	Eisenach	06.01.1981	Sangerhausen	umb	in 112 251
110 252	01.10.1970	Eisenach	29.07.1983	Eisenach	umb	in 115 252
110 253	27.09.1970	Reichenbach (Vogtl)	15.11.1982	Gera	umb	in 112 253
110 254	27.09.1970	Berlin Ostbahnhof	27.04.1981	Berlin Ostbahnhof	umb	in 112 254
110 255	27.09.1970	Berlin-Pankow	30.08.1983	Jüterbog	umb	in 112 255
110 256	23.09.1970	Schwerin	31.10.1984	Wittenberge	umb	in 112 256
110 257	24.09.1970	Wustermark	30.11.1990	Nordhausen	umb	in 114 257
110 258	01.09.1970	Erfurt	13.11.1972	Erfurt	11.05.74	++ 24.07.74 Erfurt
110 259	07.07.1970	Weißenfels	03.01.1995	Chemnitz	30.11.95	++ 2000 Gröditz
110 260	29.06.1970	Eisenach	31.08.1983	Eisenach	umb	in 112 260
110 261	29.06.1970	Eisenach	31.05.1983	Weißenfels	umb	in 115 261
110 262	29.06.1970	Magdeburg	13.12.1982	Stendal	umb	in 112 262
110 263	01.07.1970	Jüterbog	13.05.1985	Frankfurt (O)	umb	in 112 263
110 264	07.07.1970	Wilhelm-Pieck-Stadt Guben	14.09.1984	Cottbus	umb	in 112 264
110 265	01.07.1970	Güsten	13.01.1981	Güsten	umb	in 112 265

umb = Umbau verk = verkauft ++ = zerlegt KEG = Karsdorfer Eisenbahn-Gesellschaft

Statistik 110 266 – 325					
Lok	**Indienststellung**	**Erstbeheimatung**	**z-Stellung**	**letztes Bw**	**Ausmusterung & Verbleib**
110 266	01.07.1970	Magdeburg	26.11.1986	Salzwedel	umb in 112 266
110 267	08.07.1970	Magdeburg	28.03.1983	Stendal	umb in 112 267
110 268	01.09.1970	Erfurt	31.12.1980	Sangerhausen	umz in 112 268
110 269	01.09.1970	Dresden	30.09.1982	Neuruppin	umb in 112 269
110 270	01.09.1970	Güsten	29.05.1981	Halberstadt	umb in 112 270
110 271	01.09.1970	Reichenbach (Vogtl)	29.11.1985	Reichenbach (Vogtl)	umb in 112 271
110 272	01.09.1970	Stralsund	04.12.1982	Heringsdorf	umb in 112 272
110 273	30.07.1970	Wustermark	19.06.1995	Reichenbach (Vogtl)	30.09.95 ++ .12.97 Deuben
110 274	26.07.1970	Weißenfels	31.08.1984	Erfurt	umb in 114 274
110 275	27.10.1970	Pasewalk	07.01.1983	Eberswalde	umb in 112 275
110 276	26.07.1970	Güsten	31.03.1982	Güsten	umb in 112 276
110 277	26.07.1970	Magdeburg	27.04.1983	Glauchau (Sachs)	umb in 112 277
110 278	26.07.1970	Seddin	14.12.1982	Halle G	umb in 112 278
110 279	31.07.1970	Güsten	23.01.1984	Güsten	umb in 112 279
110 280	30.07.1970	Dresden	27.04.1982	Dresden	umb in 112 280
110 281	31.07.1970	Leipzig Hbf Süd	31.12.1993	Lu-Wittenberg	04.01.94 ++ 06.06.94 Stendal
110 282	01.08.1970	Eisenach	25.01.1985	Eisenach	umb in 114 282
110 283	01.08.1970	Magdeburg	31.03.1994	Güsten	21.11.94 ++ .06.97 Erfurt
110 284	01.09.1970	Berlin-Pankow	03.01.1995	Berlin-Pankow	30.11.95 ++ .09.97 Kirchmöser
110 285	01.09.1970	Berlin Ostbahnhof	03.01.1995	Chemnitz	31.10.95 ++ .01.98 Zeitz
110 286	01.09.1970	Wustermark	11.04.1985	Berlin Ostbahnhof	umb in 112 286
110 287	03.09.1970	Berlin Ostbahnhof	18.05.1981	Jüterbog	umb in 112 287
110 288	01.09.1970	Reichenbach (Vogtl)	12.06.1984	Gera	umb in 112 288
110 289	01.09.1970	Stralsund	16.10.1984	Stralsund	umb in 112 289
110 290	01.09.1970	Leipzig Hbf Süd	22.11.1982	Leipzig Hbf Süd	umb in 112 290
110 291	01.09.1970	Weißenfels	28.10.1982	Weißenfels	umb in 112 291
110 292	01.09.1970	Eisenach	18.08.1982	Erfurt	umb in 112 292
110 293	01.11.1970	Leipzig Hbf Süd	21.07.1981	Leipzig Hbf Süd	umb in 112 293
110 294	01.11.1970	Erfurt	14.06.1982	Erfurt	umb in 112 294
110 295	04.11.1970	Berlin-Pankow	21.07.1989	Jüterbog	umb in 112 295
110 296	01.11.1970	W.-Pieck-Stadt Guben	15.04.1982	Magdeburg	umb in 112 296
110 297	24.11.1970	Eisenach	26.09.1985	Haldensleben	umb in 112 297
110 298	26.11.1970	Aue (Sa)	11.01.1985	Nossen	umb in 114 298
110 299	26.11.1970	Nordhausen	18.05.1982	Saalfeld	umb in 112 299
110 300	30.11.1970	Dresden	19.09.1983	Nossen	umb in 112 300
110 301	30.11.1970	Leipzig Hbf Süd	09.06.1981	Leipzig Hbf Süd	umb in 112 301
110 302	08.12.1970	Berlin-Pankow	21.11.1985	Erfurt	umz in 112 302
110 303	08.12.1970	Leipzig Hbf Süd	27.11.1985	Leipzig Hbf Süd	umb in 112 303
110 304	08.12.1970	Reichenbach (Vogtl)	30.05.1994	Eisenach	30.06.95 ++ .11.03 Stendal
110 305	30.11.1970	Frankfurt (O)	12.07.1985	Seddin	umb in 112 305
110 306	01.12.1970	Dresden	19.07.1978	Dresden	09.12.81 ++ 30.10.82 Dresden
110 307	08.12.1970	Leipzig Hbf Süd	07.04.1981	Leipzig Hbf Süd	umb in 112 307
110 308	08.12.1970	Halberstadt	30.05.1994	Güsten	21.11.94 verk Lappwaldbahn (dort: 121)
110 309	08.12.1970	Leipzig Hbf Süd	21.07.1982	Leipzig Hbf Süd	umb in 112 309
110 310	19.12.1970	Leipzig Hbf Süd	13.06.1985	Zeitz	umz in 112 310
110 311	19.12.1970	Leipzig Hbf Süd	14.10.1983	Reichenbach (Vogtl)	umb in 112 311
110 312	19.12.1970	Leipzig Hbf Süd	29.03.1985	Salzwedel	umb in 112 312
110 313	31.12.1970	Saalfeld	03.12.1984	Nordhausen	umb in 112 313
110 314	31.12.1970	Saalfeld	21.02.1983	Erfurt	umb in 115 314
110 315	31.12.1970	Saalfeld	13.12.1982	Weißenfels	umb in 112 315
110 316	31.12.1970	Saalfeld	31.12.1980	Sangerhausen	umz in 112 316
110 317	31.12.1970	Nordhausen	31.12.1980	Eisenach	umz in 112 317
110 318	31.12.1970	Nordhausen	31.12.1980	Eisenach	umz in 112 318
110 319	05.01.1971	Nordhausen	31.03.1981	Nordhausen	umb in 112 319
110 320	31.12.1970	Karl-Marx-Stadt	28.05.1985	Seddin	umb in 112 320
110 321	05.01.1971	Karl-Marx-Stadt	31.12.1980	Sangerhausen	umz in 112 321
110 322	22.01.1971	Nordhausen	03.12.1985	Gera	umz in 112 322
110 323	02.02.1971	Karl-Marx-Stadt	30.05.1985	Nossen	umb in 112 323
110 324	02.02.1971	Görlitz	31.12.1980	Bautzen	umz in 112 324
110 325	02.02.1971	Eberswalde	31.10.1982	Eberswalde	umb in 112 325

umb = Umbau   umz = Umzeichnung   ++ = zerlegt

◁ **Bild 10**
110 210 des Bw Wittenberge steht am 19. März 1990 mit einem Personenzug im Bahnhof Neustadt (Dosse). Die Lok ist am 29. Januar 1970 im Bw Schwerin in Dienst gestellt worden und war somit eine der ersten Vertreterinnen ihrer Baureihe, die bereits als 110 angeliefert wurden. Insgesamt leistete 110 210 über 24 Jahre ihre Dienste.

Aufnahme:
Andreas Stange

◁ **Bild 11**
Vor der östlichen Durchgangshalle des Dresdner Hauptbahnhofes präsentiert sich **110 306** (Bw Dresden) am 12. April 1973. Sie wird bereits 1978 z-gestellt.

Aufnahme:
Matthias Hengst

◁ **Bild 12**
Mit einer sehenswerten Wagengarnitur am Haken erreicht **110 378** des Bw Güsten am 2. April 1974 aus Richtung Sangerhausen kommend den Bahnhof Hettstedt. Die Lok war als 110 von der Indienststellung im Juni 1971 bis zum Umbau zur 112 zehn Jahre später stets im Bw Güsten beheimatet.

Aufnahme:
Detlef Winkler

Statistik 110 326 – 385

Lok	Indienststellung	Erstbeheimatung	z-Stellung	letztes Bw	Ausmusterung & Verbleib	
110 326	02.02.1971	Schwerin	31.12.1980	Wismar	umz	in 112 326
110 327	02.02.1971	Magdeburg	31.12.1980	Haldensleben	umz	in 112 327
110 328	02.03.1971	Nordhausen	20.04.1983	Erfurt	umb	in 115 328
110 329	04.03.1971	Schwerin	31.12.1980	Wismar	umz	in 112 329
110 330	17.02.1971	Berlin-Pankow	03.12.1990	Seddin	umb	in 112 330
110 331	28.02.1971	Bautzen	31.12.1980	Bautzen	umz	in 112 331
110 332	07.05.1971	Seddin	23.07.1981	Jüterbog	umb	in 112 332
110 333	02.03.1971	Schwerin	22.11.1984	Neustrelitz	umb	in 112 333
110 334	02.03.1971	Bautzen	31.12.1980	Bautzen	umz	in 112 334
110 335	02.03.1971	Leipzig Hbf Süd	31.12.1980	Schwerin	umz	in 112 335
110 336	27.02.1971	Schwerin	14.05.1985	Wittenberge	umb	in 112 336
110 337	02.03.1971	Magdeburg	20.04.1981	Haldensleben	umb	in 112 337
110 338	27.02.1971	Schwerin	27.05.1981	Schwerin	umb	in 112 338
110 339	02.03.1971	Neustrelitz	04.07.1994	Neustrelitz	30.06.95	++ .10.97 Neustrelitz
110 340	02.03.1971	Berlin-Pankow	31.12.1980	Berlin-Pankow	umz	in 112 340
110 341	30.03.1971	Magdeburg	23.05.1985	Salzwedel	umb	in 112 341
110 342	23.03.1971	Karl-Marx-Stadt	28.05.1982	Glauchau (Sachs)	umb	in 112 342
110 343	23.03.1971	Magdeburg	15.04.1994	Neustrelitz	30.06.95	++ .08.98 Templin
110 344	23.03.1971	Nordhausen	31.12.1980	Eisenach	umz	in 112 344
110 345	23.03.1971	Nordhausen	29.04.1982	Nordhausen	umb	in 112 345
110 346	30.03.1971	Stralsund	27.07.1983	Stralsund	umb	in 112 346
110 347	31.03.1971	Halle P	10.10.1983	Gera	umb	in 112 347
110 348	31.03.1971	Schwerin	27.12.1985	Weißenfels	umb	in 112 348
110 349	01.04.1971	Bautzen	31.12.1980	Bautzen	umz	in 112 349
110 350	01.04.1971	Magdeburg	28.03.1983	Salzwedel	umb	in 112 350
110 351	01.04.1971	Cottbus	31.12.1980	Elsterwerda	umz	in 112 351
110 352	01.04.1971	Hoyerswerda	31.12.1980	Elsterwerda	umz	in 112 352
110 353	01.04.1971	Leipzig Hbf Süd	31.12.1980	Hagenow Land	umz	in 112 353
110 354	13.04.1971	Magdeburg	18.05.1982	Roßlau (Elbe)	umb	in 112 354
110 355	21.04.1971	Güstrow	22.10.1982	Leipzig Hbf Süd	umb	in 112 355
110 356	21.04.1971	Wittenberge	21.02.1979	Wittenberge	03.08.81	++ 12.03.82 Stendal
110 357	24.04.1971	Eberswalde	02.11.1987	Güsten	umz	in 112 357
110 358	01.05.1971	Berlin Ostbahnhof	29.05.1981	Roßlau (Elbe)	umb	in 112 358
110 359	30.04.1971	Eisenach	26.03.1985	Weißenfels	umb	in 114 359
110 360	30.04.1971	Stralsund	29.02.1984	Stralsund	umb	in 112 360
110 361	01.05.1971	Berlin Ostbahnhof	12.12.1983	Jüterbog	umb	in 112 361
110 362	01.05.1971	Eberswalde	30.08.1988	Bautzen	umb	in 112 362
110 363	01.05.1971	Güsten	23.09.1985	Halberstadt	umb	in 112 363
110 364	06.05.1971	Güsten	30.01.1986	Güsten	umz	in 112 364
110 365	06.05.1971	Güsten	09.10.1983	Heringsdorf	umb	in 112 365
110 366	06.05.1971	Güsten	31.01.1985	Güsten	umb	in 114 366
110 367	28.05.1971	Senftenberg	18.08.1994	Berlin-Pankow	20.05.95	++ .09.97 Falkenberg (E)
110 368	28.05.1971	Senftenberg	12.03.1981	Kamenz (Sachs)	umb	in 112 368
110 369	28.05.1971	Senftenberg	20.01.1982	Görlitz	umb	in 112 369
110 370	28.05.1971	Pasewalk	20.10.1982	Stralsund	umb	in 112 370
110 371	29.05.1971	Eisenach	31.12.1980	Sangerhausen	umz	in 112 371
110 372	28.05.1971	Eisenach	26.01.1984	Saalfeld	umb	in 112 372
110 373	02.06.1971	Eberswalde	31.12.1980	Pasewalk	umz	in 112 373
110 374	02.06.1971	Nordhausen	09.02.1981	Nordhausen	umb	in 112 374
110 375	02.06.1971	Halberstadt	30.09.1985	Halberstadt	umb	in 112 375
110 376	02.06.1971	Güsten	20.12.1983	Güsten	umb	in 112 376
110 377	01.07.1971	Halle P	31.12.1980	Pasewalk	umz	in 112 377
110 378	30.06.1971	Güsten	24.06.1981	Güsten	umb	in 112 378
110 379	30.06.1971	Saalfeld	08.06.1984	Erfurt	umb	in 112 379
110 380	01.07.1971	Leipzig Hbf Süd	01.01.1995	Stralsund	20.06.95	verk UBB
110 381	30.06.1971	Kamenz (Sachs)	17.02.1981	Kamenz (Sachs)	umb	in 112 381
110 382	01.07.1971	Wustermark	31.12.1980	Berlin-Pankow	umz	in 112 382
110 383	01.07.1971	Kamenz (Sachs)	31.12.1980	Bautzen	umz	in 112 383
110 384	30.06.1971	Erfurt	31.12.1980	Eisenach	umz	in 112 384
110 385	01.07.1971	Stralsund	27.09.1985	Heringsdorf	umb	in 112 385

umb = Umbau   umz = Umzeichnung   ++ = zerlegt   UBB = Usedomer Bäderbahn GmbH

Statistik 110 386 – 445

Lok	Indienststellung	Erstbeheimatung	z-Stellung	letztes Bw	Ausmusterung & Verbleib	
110 386	01.07.1971	Magdeburg	17.09.1985	Magdeburg	umb	in 112 386
110 387	01.07.1971	Erfurt	20.01.1981	Erfurt	umb	in 112 387
110 388	01.07.1971	Kamenz (Sachs)	31.12.1980	Pasewalk	umz	in 112 388
110 389	23.07.1971	Dresden	31.12.1980	Elsterwerda	umz	in 112 389
110 390	28.07.1971	Kamenz (Sachs)	16.06.1982	Kamenz (Sachs)	umb	in 112 390
110 391	28.07.1971	Stralsund	04.07.1994	Neustrelitz	30.06.95	++ 27.11.97 Neustrelitz
110 392	31.07.1971	Eberswalde	31.10.1986	Eberswalde	umb	in 112 392
110 393	04.12.1971	Karl-Marx-Stadt	12.06.1995	Weißenfels	30.11.95	++ .02.98 Gera
110 394	05.12.1971	Berlin-Pankow	31.12.1980	Frankfurt (O)	umz	in 112 394
110 395	05.12.1971	Magdeburg	31.10.1986	Güsten	umb	in 112 395
110 396	15.12.1971	Halle P	12.07.1985	Haldensleben	umb	in 112 396
110 397	01.12.1971	Kamenz (Sachs)	02.01.1981	Kamenz (Sachs)	umb	in 112 397
110 398	01.12.1971	Magdeburg	31.12.1980	Elsterwerda	umz	in 112 398
110 399	07.12.1971	Güsten	21.02.1985	Güsten	umb	in 114 399
110 400	05.12.1971	Eisenach	31.12.1980	Eisenach	umz	in 112 400
110 401	05.12.1971	Eisenach	28.09.1984	Sangerhausen	umb	in 114 401
110 402	07.12.1971	Schwerin	21.12.1983	Schwerin	umb	in 112 402
110 403	07.12.1971	Hagenow Land	31.12.1980	Güstrow	umz	in 112 403
110 404	05.12.1971	Eberswalde	05.07.1984	Eberswalde	umb	in 112 404
110 405	19.12.1971	Eisenach	31.12.1980	Eisenach	umz	in 112 405
110 406	24.12.1971	Brandenburg	20.05.1983	Güsten	umb	in 112 406
110 407	01.01.1972	Jüterbog	31.12.1980	Berlin-Pankow	umz	in 112 407
110 408	19.12.1971	Leipzig Hbf Süd	14.05.1984	Hagenow Land	umb	in 112 408
110 409	19.12.1971	Eisenach	31.12.1980	Eisenach	umz	in 112 409
110 410	28.12.1971	Jüterbog	18.08.1994	Berlin-Pankow	31.05.95	++ .09.97 Falkenberg (E)
110 411	22.12.1971	Magdeburg	18.09.1986	Magdeburg	umb	in 112 411
110 412	22.12.1971	Magdeburg	12.05.1981	Brandenburg	umb	in 112 412
110 413	22.12.1971	Magdeburg	26.04.1985	Stendal	umb	in 112 413
110 414	30.12.1971	Rostock	31.12.1980	Güstrow	umz	in 112 414
110 415	07.01.1972	Hagenow Land	31.12.1980	Hagenow Land	umz	in 112 415
110 416	29.12.1971	Neustrelitz	30.03.1983	Angermünde	umb	in 112 416
110 417	31.12.1971	Saalfeld	31.12.1980	Eisenach	umz	in 112 417
110 418	04.01.1972	Stralsund	31.12.1980	Bautzen	umz	in 112 418
110 419	04.01.1972	Heringsdorf	27.07.1995	Lu-Wittenberg	31.10.95	++ 27.06.97 Halle (S)
110 420	04.01.1972	Schwerin	31.12.1980	Wismar	umz	in 112 420
110 421	05.01.1972	Brandenburg	29.02.1984	Brandenburg	umb	in 112 421
110 422	04.01.1972	Wittenberge	19.06.1986	Gera	umb	in 112 422
110 423	27.02.1972	Karl-Marx-Stadt	26.10.1982	Karl-Marx-Stadt	umb	in 112 423
110 424	27.01.1972	Hoyerswerda	29.08.1994	Lu-Wittenberg	20.02.95	++ .09.97 Falkenberg (E)
110 425	01.02.1972	Magdeburg	18.02.1981	Haldensleben	umb	in 112 425
110 426	01.02.1972	Halberstadt	22.01.1982	Halberstadt	umb	in 112 426
110 427	01.02.1972	Hoyerswerda	28.02.1987	Cottbus	umb	in 112 427
110 428	01.02.1972	Nordhausen	31.12.1980	Eisenach	umz	in 112 428
110 429	01.02.1972	Leipzig Hbf Süd	27.09.1983	Angermünde	umb	in 112 429
110 430	01.02.1972	Magdeburg	11.03.1982	Reichenbach (Vogtl)	umb	in 112 430
110 431	24.02.1972	Güstrow	31.12.1980	Güstrow	umz	in 112 431
110 432	26.02.1972	Nordhausen	31.12.1980	Sangerhausen	umz	in 112 432
110 433	01.03.1972	Cottbus	31.12.1980	Bautzen	umz	in 112 433
110 434	01.03.1972	Halberstadt	27.04.1982	Halberstadt	umb	in 112 434
110 435	01.03.1972	Leipzig Hbf Süd	09.05.1984	Nordhausen	umz	in 112 435
110 436	01.03.1972	Karl-Marx-Stadt	29.04.1982	Karl-Marx-Stadt	umb	in 112 436
110 437	01.03.1972	Güstrow	31.12.1980	Wismar	umz	in 112 437
110 438	01.03.1972	Leipzig Hbf West	15.07.1985	Güsten	umb	in 112 438
110 439	01.03.1972	Leipzig Hbf West	30.07.1985	Stralsund	umb	in 112 439
110 440	04.03.1972	Stendal	28.03.1994	Neustrelitz	29.03.94	++ 03.06.94 Neustrelitz
110 441	29.03.1972	Berlin Ostbahnhof	21.06.1982	Weißenfels	umb	in 112 441
110 442	29.03.1972	Berlin Ostbahnhof	31.12.1980	Elsterwerda	umz	in 112 442
110 443	29.03.1972	Berlin Ostbahnhof	27.11.1985	Schwerin	umz	in 112 443
110 444	28.03.1972	Berlin Ostbahnhof	31.12.1980	Haldensleben	umz	in 112 444
110 445	30.03.1972	Berlin-Pankow	22.03.1983	Weißenfels	umb	in 115 445

umb = Umbau umz = Umzeichnung ++ = zerlegt

Bild 13 ▷
Mit einem Personenzug nach Kamenz (Sachs) fährt **110 383** des Bw Kamenz (Sachs) am diesigen 3. März 1976 im Haltepunkt Dresden Industriegelände ein.

Aufnahme: Joachim Volkhardt

Bild 14 ▷
110 427 steht hier am 25. März 1983 mit einem Personenzug im Bahnhof Cottbus bereit. Sie wurde im Februar 1972 im Bw Hoyerswerda in Dienst gestellt und wechselte im Dezember 1975 in den Bestand des Bw Cottbus, wo sie viele Jahre von der Einsatzstelle Luckau aus zum Einsatz kam.

Aufnahme: Olaf Fröhlich

Bild 15 ▷
Zu den mit leistungsstärkeren 1.200-PS-Motoren ausgerüsteten Vertreterinnen der Baureihe 110 gehörte u. a. auch **110 437** des Bw Wismar. Sie wurde im Dezember 1978 umgebaut, allerdings erst zum 31. Dezember 1980 in 112 437 umgezeichnet. Die Aufnahme zeigt die Lok am 9. Dezember 1987 in Wismar.

Aufnahme: Volker Lucas, Sammlung A. Zika

◁ **Bild 16**
Die hier am 1. Juli 1993 mit einem Personenzug den Bahnhof Sternberg (Meckl) verlassende **202 480** (Bw Schwerin) ist im Juni 1972 bei Bw Halle P als 110 480 in Dienst gestellt worden, wurde im März 1979 mit einem 1.200 PS-Motor ausgerüstet, erhielt im zum 31. Dezember 1980 ihre neue Loknummer 112 480 und wurde im Umzeichnungsplan DR/DB mit der Loknummer 202 480 versehen.

AUFNAHME: DETLEF WINKLER

◁ **Bild 17**
Unterwegs im Tal der Zschopau war **110 496** des Bw Aue (Sa) am 30. Juni 1984 auf der Fahrt von Flöha nach Annaberg-Buchholz.

AUFNAHME: GUNTER VON HARTWIG

◁ **Bild 18**
Auf der Leipziger Messe 1973 am Stand des LKM Babelsberg als „500. Lokomotive der Baureihe 110 für die Deutsche Reichsbahn" präsentiert – obwohl sie dies stückzahlmäßig gar nicht war –, ist **110 500** anschließend beim Bw Hoyerswerda in Dienst gestellt worden. Hier ist sie nach Ausrüstung mit 1.200 PS-Motor und entsprechender Umzeichnung als 112 500 am 12. Juli 1984 unterwegs bei Oberoderwitz.

AUFNAHME: JOACHIM VOLKHARDT

Statistik 110 446 – 505

Lok	Indienststellung	Erstbeheimatung	z-Stellung	letztes Bw	Ausmusterung & Verbleib	
110 446	29.03.1972	Berlin Ostbahnhof	31.12.1980	Haldensleben	umz	in 112 446
110 447	30.03.1972	Seddin	08.01.1981	Haldensleben	umb	in 112 447
110 448	30.03.1972	Berlin-Pankow	27.06.1983	Stendal	umb	in 115 448
110 449	31.03.1972	Rostock	17.03.1981	Schwerin	umb	in 112 449
110 450	31.03.1972	Halberstadt	20.06.1984	Güsten	umb	in 112 450
110 451	31.03.1972	Gera	25.04.1989	Reichenbach (Vogtl)	umb	in 112 451
110 452	31.03.1972	Gera	17.06.1982	Nossen	umb	in 112 452
110 453	31.03.1972	Wittenberge	31.12.1980	Güstrow	umz	in 112 453
110 454	31.03.1972	Nordhausen	31.12.1980	Eisenach	umz	in 112 454
110 455	31.03.1972	Hoyerswerda	31.12.1980	Bautzen	umz	in 112 455
110 456	31.03.1972	Nordhausen	08.03.1982	Weißenfels	umb	in 112 456
110 457	31.03.1972	Leipzig Hbf Süd	31.12.1980	Leipzig Hbf Süd	umz	in 112 457
110 458	31.03.1972	Güsten	31.01.1986	Güsten	umz	in 112 458
110 459	29.04.1972	Zittau	26.03.1982	Bautzen	umb	in 112 459
110 460	29.04.1972	Leipzig Hbf Süd	31.12.1980	Sangerhausen	umz	in 112 460
110 461	29.04.1972	Halle P	19.01.1982	Pasewalk	umb	in 112 461
110 462	29.04.1972	Berlin Ostbahnhof	20.01.1984	Eberswalde	umb	in 112 462
110 463	29.04.1972	Berlin-Pankow	28.12.1983	Angermünde	umb	in 112 463
110 464	29.04.1972	Berlin Ostbahnhof	27.12.1984	Frankfurt (O)	umb	in 114 464
110 465	29.04.1972	Leipzig Hbf Süd	31.12.1980	Berlin-Pankow	umz	in 112 465
110 466	05.05.1972	Halle P	31.12.1980	Eisenach	umz	in 112 466
110 467	03.05.1972	Neubrandenburg	05.05.1987	Haldensleben	umz	in 112 467
110 468	03.05.1972	Neubrandenburg	15.08.1983	Neubrandenburg	umb	in 112 468
110 469	03.05.1972	Neubrandenburg	26.02.1985	Eberswalde	umb	in 114 469
110 470	03.05.1972	Neubrandenburg	26.04.1984	Neubrandenburg	umb	in 112 470
110 471	13.05.1972	Leipzig Hbf Süd	31.05.1986	Güsten	umz	in 112 471
110 472	13.05.1972	Wismar	31.12.1980	Wismar	umz	in 112 472
110 473	10.05.1972	Leipzig Hbf West	15.09.1981	Halberstadt	umb	in 112 473
110 474	17.05.1972	Frankfurt (O)	31.12.1980	Frankfurt (O)	umz	in 112 474
110 475	17.05.1972	Berlin-Pankow	30.07.1986	Heringsdorf	umb	in 112 475
110 476	17.05.1972	Schwerin	28.01.1982	Schwerin	umb	in 112 476
110 477	24.05.1972	Nordhausen	31.12.1980	Eisenach	umz	in 112 477
110 478	24.05.1972	Neubrandenburg	31.12.1980	Haldensleben	umz	in 112 478
110 479	01.06.1972	Brandenburg	11.02.1981	Brandenburg	umb	in 112 479
110 480	01.06.1972	Halle P	31.12.1980	Wismar	umz	in 112 480
110 481	01.06.1972	Leipzig Hbf Süd	31.05.1982	Hagenow Land	umb	in 112 481
110 482	01.06.1972	Halle P	31.05.1983	Brandenburg	umb	in 115 482
110 483	01.06.1972	Leipzig Hbf Süd	18.01.1983	Güsten	umb	in 112 483
110 484	01.06.1972	Eisenach	31.12.1980	Gera	umz	in 112 484
110 485	01.06.1972	Erfurt	23.01.1985	Gera	umb	in 114 485
110 486	01.06.1972	Halberstadt	30.11.1985	Salzwedel	umb	in 112 486
110 487	14.06.1972	Saalfeld	31.12.1980	Eisenach	umz	in 112 487
110 488	21.06.1972	Rostock	31.12.1980	Wismar	umz	in 112 488
110 489	27.06.1972	Rostock	31.12.1980	Wismar	umz	in 112 489
110 490	28.06.1972	Neubrandenburg	22.07.1982	Neubrandenburg	umb	in 112 490
110 491	01.07.1972	Rostock	27.02.1979	Wismar	17.07.79	++ 27.02.80 Schwerin
110 492	14.06.1972	Neubrandenburg	30.10.1991	Karl-Marx-Stadt	umb	in 114 492
110 493	23.11.1972	Zittau	30.05.1994	Schwerin	30.06.95	++ .01.99 Ludwigslust
110 494	23.11.1972	Berlin Ostbahnhof	31.03.1987	Seddin	umb	in 112 494
110 495	24.11.1972	Berlin Ostbahnhof	31.12.1980	Berlin-Pankow	umz	in 112 495
110 496	24.11.1972	Berlin-Pankow	20.09.1985	Aue (Sa)	umz	in 112 496
110 497	01.12.1972	Cottbus	19.03.1987	Luckau	umb	in 112 497
110 498	20.12.1972	Karl-Marx-Stadt	31.01.1984	Karl-Marx-Stadt	umb	in 112 498
110 499	23.11.1972	Cottbus	26.07.1984	Cottbus	umb	in 112 499
110 500	30.03.1973	Hoyerswerda	28.01.1984	Kamenz (Sachs)	umb	in 112 500
110 501	23.11.1972	Wittenberge	13.08.1986	Wittenberge	umb	in 112 501
110 502	30.11.1972	Berlin Ostbahnhof	17.06.1981	Dresden	umb	in 112 502
110 503	30.11.1972	Berlin Ostbahnhof	25.09.1984	Karl-Marx-Stadt	umb	in 112 503
110 504	19.12.1972	Leipzig Hbf Süd	24.09.1987	Karl-Marx-Stadt	umb	in 112 504
110 505	01.12.1972	Güsten	31.07.1983	Güsten	umb	in 112 505

umb = Umbau umz = Umzeichnung ++ = zerlegt

Statistik 110 506 - 565

Lok	Indienststellung	Erstbeheimatung	z-Stellung	letztes Bw	Ausmusterung & Verbleib	
110 506	01.12.1972	Salzwedel	31.05.1986	Halberstadt	umz	in 112 506
110 507	01.12.1972	Berlin-Pankow	17.02.1982	Gera	umb	in 112 507
110 508	21.12.1972	Karl-Marx-Stadt	30.05.1994	Zwickau	31.05.95	++ .12.97 Deuben
110 509	01.12.1972	Görlitz	31.12.1980	Elsterwerda	umz	in 112 509
110 510	16.12.1972	Rostock	26.10.1995	Wittenberge	30.10.95	++ .08.98 Brandenburg
110 511	23.12.1972	Rostock	02.07.1983	Rostock	umz	in 112 511
110 512	22.12.1972	Rostock	15.07.1983	Neuruppin	umz	in 112 512
110 513	25.11.1972	Brandenburg	21.02.1983	Brandenburg	umb	in 115 513
110 514	17.03.1973	Reichenbach (Vogtl)	04.02.1994	Zwickau	21.03.94	++ 30.06.94 Stendal
110 515	17.03.1973	Saalfeld	22.02.1982	Erfurt	umb	in 112 515
110 516	17.03.1973	Karl-Marx-Stadt	23.09.1982	Karl-Marx-Stadt	umb	in 112 516
110 517	24.04.1973	Berlin Ostbahnhof	31.12.1980	Frankfurt (O)	umz	in 112 517
110 518	28.03.1973	Jüterbog	31.12.1980	Frankfurt (O)	umz	in 112 518
110 519	24.03.1973	Berlin Ostbahnhof	31.12.1980	Frankfurt (O)	umz	in 112 519
110 520	28.03.1973	Berlin Ostbahnhof	31.12.1980	Berlin-Pankow	umz	in 112 520
110 521	31.03.1973	Görlitz	27.08.1985	Berlin Ostbahnhof	umb	in 112 521
110 522	31.03.1973	Halle P	31.12.1980	Leipzig Hbf Süd	umz	in 112 522
110 523	30.03.1973	Wittenberge	31.12.1980	Güstrow	umz	in 112 523
110 524	11.04.1973	Eilsleben	30.06.1986	Schwerin	umb	in 112 524
110 525	09.05.1973	Neustrelitz	24.10.1985	Neustrelitz	umb	in 112 525
110 526	11.04.1973	Saalfeld	13.01.1983	Nordhausen	umb	in 112 526
110 527	14.04.1973	Saalfeld	15.11.1985	Gera	umb	in 112 527
110 528	14.04.1973	Saalfeld	26.01.1982	Nordhausen	umb	in 112 528
110 529	18.04.1973	Magdeburg	28.08.1985	Salzwedel	umb	in 112 529
110 530	19.04.1973	Cottbus	31.12.1980	Wilhelm-Pieck-Stadt Guben	umz	in 112 530
110 531	20.04.1973	Saalfeld	31.12.1980	Pasewalk	umz	in 112 531
110 532	20.04.1973	Hoyerswerda	31.12.1980	Elsterwerda	umz	in 112 532
110 533	28.04.1973	Karl-Marx-Stadt	26.06.1984	Karl-Marx-Stadt	umb	in 112 533
110 534	28.04.1973	Wittenberge	16.10.1986	Halberstadt	umb	in 112 534
110 535	09.05.1973	Leipzig Hbf Süd	30.04.1985	Brandenburg	umb	in 112 535
110 536	10.05.1973	Halle P	21.03.1988	Neustrelitz	umb	in 112 536
110 537	11.05.1973	Neustrelitz	28.02.1982	Neustrelitz	umb	in 112 537
110 538	16.05.1973	Saalfeld	01.11.1983	Eisenach	umb	in 112 538
110 539	16.05.1973	Saalfeld	31.12.1980	Sangerhausen	umz	in 112 539
110 540	18.05.1973	Saalfeld	01.06.1981	Weißenfels	20.05.81	++ 08.08.81 Stendal
110 541	26.05.1973	Saalfeld	01.12.1979	Weißenfels	20.05.81	++ 30.10.79 Espenhain
110 542	31.05.1973	Neustrelitz	16.08.1984	Neustrelitz	umb	in 112 542
110 543	26.05.1973	Saalfeld	31.12.1980	Sangerhausen	umz	in 112 543
110 544	15.06.1973	Meiningen	31.12.1980	Eisenach	umz	in 112 544
110 545	02.06.1973	Neustrelitz	04.05.1981	Neubrandenburg	umb	in 112 545
110 546	06.06.1973	Roßlau (Elbe)	17.06.1984	Roßlau (Elbe)	umb	in 112 546
110 547	02.06.1973	Schwerin	31.12.1980	Schwerin	umz	in 112 547
110 548	14.06.1973	Cottbus	08.11.1982	Elsterwerda	umb	in 112 548
110 549	14.06.1973	Rostock	26.11.1982	Roßlau (Elbe)	umb	in 112 549
110 550	20.06.1973	Dresden	30.06.1989	Aue (Sa)	umb	in 112 550
110 551	23.06.1973	Dresden	04.02.1994	Zwickau	21.03.94	++ 15.06.94 Stendal
110 552	20.06.1973	Dresden	14.10.1993	Zittau	15.02.94	++ 31.07.94 Cottbus
110 553	30.06.1973	Schwerin	25.10.1983	Schwerin	umb	in 112 553
110 554	11.07.1973	Cottbus	22.11.1985	Luckau	umb	in 112 554
110 555	31.08.1973	Reichenbach (Vogtl)	24.04.1985	Gera	umb	in 112 555
110 556	30.06.1973	Reichenbach (Vogtl)	06.08.1986	Reichenbach (Vogtl)	umb	in 112 556
110 557	30.06.1973	Rostock	15.04.1994	Neustrelitz	30.06.95	++ .08.98 Templin
110 558	03.07.1973	Görlitz	31.03.1982	Zittau	umb	in 112 558
110 559	10.07.1973	Neuruppin	29.03.1984	Nordhausen	umb	in 112 559
110 560	13.07.1973	Halle P	15.08.1984	Gera	umb	in 112 560
110 561	14.07.1973	Leipzig Hbf Süd	20.12.1985	Reichenbach (Vogtl)	umb	in 112 561
110 562	14.07.1973	Leipzig Hbf Süd	11.06.1986	Reichenbach (Vogtl)	umb	in 112 562
110 563	14.07.1973	Leipzig Hbf Süd	30.06.1986	Reichenbach (Vogtl)	umb	in 112 563
110 564	19.07.1973	Halle P	31.12.1980	Güstrow	umz	in 112 564
110 565	24.07.1973	Meiningen	30.09.1982	Meiningen	umb	in 112 565

umb = Umbau umz = Umzeichnung ++ = zerlegt

Statistik 110 566 - 625

Lok	Indienststellung	Erstbeheimatung	z-Stellung	letztes Bw	Ausmusterung & Verbleib	
110 566	25.07.1973	Cottbus	07.12.1994	Wustermark	30.11.95	++ .03.98 Wustermark
110 567	25.07.1973	Berlin Ostbahnhof	18.11.1983	Leipzig Hbf Süd	umb	in 112 567
110 568	28.07.1973	Görlitz	27.09.1982	Görlitz	umb	in 112 568
110 569	28.07.1973	Berlin Ostbahnhof	30.05.1983	Leipzig Hbf Süd	umb	in 112 569
110 570	28.07.1973	Wustermark	18.10.1995	Halle G	31.10.95	++ 27.06.97 Halle (S)
110 571	02.11.1973	Güstrow	28.06.1982	Wittenberge	umb	in 112 571
110 572	25.08.1973	Leipzig Hbf Süd	19.08.1983	Leipzig Hbf Süd	umb	in 112 572
110 573	25.08.1973	Leipzig Hbf Süd	30.09.1983	Leipzig Hbf Süd	umb	in 112 573
110 574	31.08.1973	Reichenbach (Vogtl)	25.07.1985	Reichenbach (Vogtl)	umb	in 112 574
110 575	25.08.1973	Reichenbach (Vogtl)	17.03.1983	Gera	umb	in 112 575
110 576	25.08.1973	Reichenbach (Vogtl)	17.10.1983	Reichenbach (Vogtl)	umb	in 112 576
110 577	25.08.1973	Reichenbach (Vogtl)	12.06.1995	Eisenach	20.12.95	verk an D&D
110 578	31.08.1973	Reichenbach (Vogtl)	17.03.1986	Karl-Marx-Stadt	umb	in 112 578
110 579	31.08.1973	Reichenbach (Vogtl)	16.09.1986	Reichenbach (Vogtl)	umb	in 112 579
110 580	24.07.1973	Saalfeld	10.01.1983	Saalfeld	umb	in 112 580
110 581	08.09.1973	Reichenbach (Vogtl)	30.04.1986	Reichenbach (Vogtl)	umb	in 112 581
110 582	04.09.1973	Magdeburg	29.07.1986	Halberstadt	umb	in 112 582
110 583	21.09.1973	Reichenbach (Vogtl)	14.10.1993	Zittau	15.02.94	++ .11.94 Görlitz
110 584	21.09.1973	Karl-Marx-Stadt	29.12.1989	Heringsdorf	umb	in 114 584
110 585	21.09.1973	Karl-Marx-Stadt	09.03.1983	Dresden	umb	in 112 585
110 586	21.09.1973	Reichenbach (Vogtl)	03.08.1983	Dresden	umb	in 112 586
110 587	22.09.1973	Dresden	30.04.1987	Karl-Marx-Stadt	umb	in 112 587
110 588	26.09.1973	Karl-Marx-Stadt	14.10.1993	Zittau	15.02.94	++ .10.94 Görlitz
110 589	28.09.1973	Karl-Marx-Stadt	04.09.1985	Dresden	umz	in 112 589
110 590	28.09.1973	Bautzen	11.11.1982	Schwerin	umb	in 112 590
110 591	26.09.1973	Karl-Marx-Stadt	24.05.1984	Karl-Marx-Stadt	umb	in 112 591
110 592	28.09.1973	Neuruppin	18.12.1984	Haldensleben	umb	in 114 592
110 593	01.11.1973	Bautzen	23.04.1985	Stralsund	umb	in 112 593
110 594	23.10.1973	Jüterbog	11.10.1984	Frankfurt (O)	umb	in 112 594
110 595	23.10.1973	Jüterbog	30.07.1986	Frankfurt (O)	umb	in 112 595
110 596	01.11.1973	Roßlau (Elbe)	06.01.1984	Roßlau (Elbe)	umb	in 112 596
110 597	25.10.1973	Jüterbog	25.07.1990	Seddin	umb	in 112 597
110 598	24.10.1973	Jüterbog	15.08.1985	Seddin	umb	in 112 598
110 599	26.10.1973	Jüterbog	30.06.1985	Jüterbog	umb	in 112 599
110 600	24.10.1973	Jüterbog	19.01.1983	Jüterbog	umb	in 112 600
110 601	25.10.1973	Meiningen	16.11.1982	Saalfeld	umb	in 112 601
110 602	31.10.1973	Meiningen	07.02.1984	Eisenach	umb	in 112 602
110 603	31.10.1973	Güsten	31.01.1986	Güsten	umz	in 112 603
110 604	31.10.1973	Hagenow Land	15.02.1995	Weißenfels	20.06.95	++ .08.95 Erfurt
110 605	01.11.1973	Meiningen	27.02.1985	Gera	umb	in 114 605
110 606	01.11.1973	Roßlau (Elbe)	23.01.1981	Wismar	umb	in 112 606
110 607	09.11.1973	Magdeburg	22.06.1989	Güsten	umb	in 114 607
110 608	21.11.1973	Magdeburg	04.07.1994	Neustrelitz	30.06.95	++ .10.97 Neustrelitz
110 609	21.11.1973	Görlitz	11.04.1994	Wittenberge	30.06.95	++ .06.98 Neuruppin
110 610	21.11.1973	Güsten	28.11.1986	Güsten	umb	in 112 610
110 611	23.11.1973	Aue (Sa)	06.07.1990	Aue (Sa)	umb	in 112 611
110 612	23.11.1973	Görlitz	24.05.1989	Bautzen	umb	in 114 612
110 613	23.11.1973	Gera	13.06.1985	Gera	umb	in 112 613
110 614	23.11.1973	Gera	30.07.1985	Gera	umb	in 112 614
110 615	30.11.1973	Zittau	30.08.1985	Cottbus	umb	in 112 615
110 616	08.12.1973	Halle P	25.01.1985	Kamenz (Sachs)	umb	in 114 616
110 617	01.12.1973	Güsten	31.08.1988	Aue (Sa)	umb	in 112 617
110 618	06.12.1973	Aue (Sa)	30.05.1994	Zwickau	10.02.96	verk 02.12.94 Regental Fahrz.
110 619	06.12.1973	Güsten	28.08.1996	Halle G	30.11.96	verk KEG
110 620	06.12.1973	Aue (Sa)	25.11.1983	Aue (Sa)	umb	in 112 620
110 621	08.12.1973	Halle P	04.12.1984	Karl-Marx-Stadt	umb	in 112 621
110 622	08.12.1973	Halle P	30.06.1983	Karl-Marx-Stadt	umb	in 115 622
110 623	11.12.1973	Karl-Marx-Stadt	25.11.1986	Aue (Sa)	umb	in 112 623
110 624	11.12.1973	Karl-Marx-Stadt	28.07.1983	Karl-Marx-Stadt	umb	in 112 624
110 625	14.12.1973	Leipzig Hbf Süd	15.11.1983	Karl-Marx-Stadt	umb	in 112 625

umb = Umbau umz = Umzeichnung ++ = zerlegt D&D = D&D Eisenbahngesellschaft, Hagenow

KEG = Karsdorfer Eisenbahngesellschaft

◁ **Bild 19**
Blick in die Schuppenrunde der Est Zwickau des Groß-Bw Reichenbach (Vogtl) am 9. Juni 1979. An jenem Tag waren dort u. a. anwesend (v. l. n. r.): **110 504**, **110 561**, **110 022** und **110 562** sowie – abweichend von der Traktionsart – 250 013.

Aufnahme:
Rainer Heinrich

◁ **Bild 20**
In Schlettau kam es am 12. August 1989 zum Nebeneinander von **110 551** und 86 501 – beide Maschinen vom Bw Aue (Sa). Während die 110 den P 16653 nach Annaberg-Buchholz Süd beförderte, bespannte die 86 anlässlich des Jubiläums „100 Jahre Eisenbahnstrecken Schwarzenberg – Annaberg-Buchholz und Walthersdorf – Crottendorf" den P 19639 (Schlettau – Crottendorf ob Bf).

Aufnahme:
Joachim Volkhardt

◁ **Bild 21**
Vom Bahnhof Wolkenstein an der Strecke Karl-Marx-Stadt – Bärenstein (Kr Annaberg) gab es in Richtung Thermalbad Wiesenbad auf knapp 2 km Länge ein Dreischienengleis 1.435 mm/750 mm, welches auch der Preßnitztalbahn diente. Am 22. April 1983 hat **110 611** (Bw Aue/Sa) mit einem Personenzug die Abzweigstelle erreicht.

Aufnahme:
Frank Ebermann

Bild 22 ▷
Die Baureihe 110 erhielt im gemeinsamen Nummernschema DR/DB die neue Baureihennummer 201. Hier ist **201 604** (Bw Weißenfels) – die ehemalige 110 604 – am 26. Februar 1993 mit einem Personenzug unterwegs bei Luckenau (Strecke Weißenfels – Zeitz).

Aufnahme: Gero Istel

Bild 23 ▷
Im „110-Doppelpack" befördern Vorspannlok **110 620** und Zuglok **110 761** (beide Bw Aue/Sa) im Juni 1976 den D 561 (Berlin – Schwarzenberg/Erzgeb) und passieren hier den Bahnhof Wilkau-Haßlau.

Aufnahme: Günter Scheibe, Slg. Jörg Leuthardt

Bild 24 ▷
Zugkreuzung in Dresden-Klotzsche am 20. April 1976. Es fährt ein die **110 381** (Bw Kamenz/Sachs), während sich **110 586** des Bw Dresden in Kürze mit ihrem Personenzug nach Königsbrück aufmacht. Die Signalbrücke hatte zu diesem Zeitpunkt bereits ausgedient.

Aufnahme: Frank Ebermann

◁ **Bild 25**
Das Ende März im Erzgebirge noch Schnee liegt, war „früher" oft der Fall. Am 24. März 1976 ist **110 677** des Bw Aue (Sa) mit dem D 561 nach Schwarzenberg (Erzgeb) unterwegs bei Fährbrücke.

Aufnahme: Wolfgang Ziemert, Slg. Jörg Leuthardt

◁ **Bild 26**
110 679 des Bw Falkenberg (Elster) steht am 1. November 1986 mit einer Garnitur Bag-Wagen am Haken mit einem Personenzug nach Potsdam im Bahnhof Jüterbog. Nur drei Monate später wurde diese Lok umgebaut und in 112 679 umgezeichnet.

Aufnahme: Volker Lucas, Sammmlung A. Zika

◁ **Bild 27**
Im Bereich des unteren Bahnhofs in Eibenstock gab es diesen Schrankenposten, der hier am 17. August 1974 von der fast noch fabrikneuen **110 690** des Bw Aue (Sa) – Indienststellung: 22. Juli 1974 – passiert wird. Das Areal liegt heute in einem Stausee …

Aufnahme: Detlef Winkler

Statistik 110 626 - 685						
Lok	**Indienststellung**	**Erstbeheimatung**	**z-Stellung**	**letztes Bw**	**Ausmusterung & Verbleib**	
110 626	20.12.1973	Dresden	23.01.1985	Dresden	umb	in 114 626
110 627	15.12.1973	Brandenburg	22.02.1988	Zeitz	umb	in 112 627
110 628	15.12.1973	Brandenburg	17.08.1994	Halberstadt	20.02.95	++ .04.97 Güsten
110 629	20.12.1973	Aue (Sa)	13.12.1985	Aue (Sa)	umb	in 112 629
110 630	22.12.1973	Hagenow Land	15.09.1988	Neuruppin	umb	in 112 630
110 631	22.12.1973	Görlitz	17.11.1994	Frankfurt (O)	30.11.95	++ .03.98 Wustermark
110 632	10.01.1974	Zittau	20.04.1983	Görlitz	umb	in 112 632
110 633	30.12.1973	Karl-Marx-Stadt	29.06.1984	Karl-Marx-Stadt	umb	in 112 633
110 634	30.12.1973	Karl-Marx-Stadt	14.10.1993	Zittau	15.02.94	++ .10.94 Görlitz
110 635	10.01.1974	Karl-Marx-Stadt	02.10.1985	Dresden	umz	in 112 635
110 636	17.01.1974	Karl-Marx-Stadt	01.01.1994	Neustrelitz	30.06.95	++ 1997 Rostock Seehafen
110 637	17.01.1974	Güsten	25.01.1983	Güsten	umb	in 112 637
110 638	23.01.1974	Saalfeld	27.05.1983	Saalfeld	umb	in 115 638
110 639	23.01.1974	Saalfeld	30.10.1991	Gera	umb	in 114 639
110 640	05.02.1974	Gera	31.07.1984	Gera	umb	in 112 640
110 641	26.01.1974	Saalfeld	26.10.1984	Eisenach	umb	in 114 641
110 642	05.02.1974	Saalfeld	03.11.1982	Weißenfels	umb	in 112 642
110 643	09.02.1974	Roßlau (Elbe)	09.03.1983	Güsten	umb	in 112 643
110 644	06.02.1974	Halle P	26.10.1995	Neustrelitz	30.11.95	++ .08.98 Templin
110 645	07.02.1974	Leipzig Hbf Süd	22.06.1984	Leipzig Hbf Süd	umb	in 112 645
110 646	21.02.1974	Leipzig Hbf Süd	31.12.1980	Leipzig Hbf Süd	umz	in 112 646
110 647	21.02.1974	Güsten	15.12.1987	Güsten	umb	in 112 647
110 648	21.02.1974	Neubrandenburg	16.12.1985	Angermünde	umb	in 112 648
110 649	01.03.1974	Pasewalk	24.02.1983	Schwerin	umb	in 112 649
110 650	23.02.1974	Saalfeld	14.03.1983	Saalfeld	umb	in 115 650
110 651	02.03.1974	Stralsund	23.05.1985	Stralsund	umb	in 112 651
110 652	02.03.1974	Stralsund	27.03.1984	Stralsund	umb	in 112 652
110 653	04.03.1974	Elsterwerda	24.05.1994	Hoyerswerda	30.11.95	++ 05.06.97 Hoyerswerda
110 654	01.03.1974	Pasewalk	28.07.1983	Pasewalk	umb	in 112 654
110 655	09.03.1974	Gera	16.01.1995	Berlin-Pankow	30.11.95	++ 1997 Frankfurt (O)
110 656	01.05.1974	Elsterwerda	15.03.1984	Gera	umb	in 112 655
110 657	01.05.1974	Pasewalk	29.11.1988	Nossen	umb	in 112 656
110 658	01.05.1974	Hoyerswerda	19.04.1988	Angermünde	umb	in 112 657
110 659	01.05.1974	Aue (Sa)	30.11.1988	Cottbus	umb	in 112 658
110 660	29.05.1974	Magdeburg	29.08.1986	Wittenberge	umb	in 112 659
110 661	09.05.1974	Aue (Sa)	22.01.1985	Rostock	umb	in 114 660
110 662	24.05.1974	Meiningen	28.10.1982	Aue (Sa)	umb	in 112 661
110 663	25.05.1974	Halberstadt	23.05.1984	Meiningen	umb	in 112 662
110 664	31.05.1974	Güstrow	31.03.1986	Halberstadt	umb	in 112 663
110 665	25.05.1974	Cottbus	28.06.1983	Wittenberge	umb	in 115 664
110 666	30.05.1974	Wittenberge	29.10.1986	Wittenberge	umb	in 112 666
110 667	24.05.1974	Magdeburg	27.01.1988	Brandenburg	umb	in 112 667
110 668	26.05.1974	Saalfeld	30.05.1994	Eisenach	31.05.95	++ 08.12.94 Meiningen
110 669	01.06.1974	Cottbus	26.10.1995	Neustrelitz	30.11.95	++ 25.03.99 Rostock Seehafen
110 670	31.05.1974	Elsterwerda	17.06.1985	Wilhelm-Pieck-Stadt Guben	umb	in 112 670
110 671	01.06.1974	Meiningen	22.09.1983	Meiningen	umb	in 114 671
110 672	01.06.1974	Karl-Marx-Stadt	18.07.1984	Karl-Marx-Stadt	umb	in 112 672
110 673	07.06.1974	Leipzig Hbf Süd	11.04.1984	Leipzig Hbf Süd	umb	in 114 673
110 674	14.06.1974	Wismar	18.08.1983	Schwerin	umb	in 112 674
110 675	13.06.1974	Leipzig Hbf Süd	25.04.1983	Leipzig Hbf Süd	umb	in 112 675
110 676	21.06.1974	Meiningen	21.12.1982	Meiningen	umb	in 112 676
110 677	21.06.1974	Aue (Sa)	26.09.1986	Reichenbach (Vogtl)	umb	in 112 677
110 678	22.06.1974	Stendal	20.09.1985	Stendal	umb	in 112 678
110 679	22.06.1974	Halle P	31.01.1987	Falkenberg (E)	umb	in 112 679
110 680	28.06.1974	Meiningen	21.09.1984	Meiningen	umb	in 114 680
110 681	29.06.1974	Aue (Sa)	25.10.1983	Aue (Sa)	umb	in 112 681
110 682	28.06.1974	Halberstadt	10.05.1988	Halberstadt	umb	in 112 682
110 683	29.06.1974	Güsten	27.06.1985	Güsten	umb	in 112 683
110 684	05.07.1974	Wittenberge	23.05.1984	Magdeburg	umb	in 112 684
110 685	05.07.1974	Meiningen	18.07.1984	Meiningen	umb	in 112 685

umb = Umbau umz = Umzeichnung ++ = zerlegt

Statistik 110 686 – 745

Lok	Indienststellung	Erstbeheimatung	z-Stellung	letztes Bw	Ausmusterung & Verbleib
110 686	09.07.1974	Magdeburg	26.02.1985	Brandenburg	umb in 114 686
110 687	11.07.1974	Reichenbach (Vogtl)	06.09.1983	Reichenbach (Vogtl)	umb in 112 687
110 688	03.08.1974	Bautzen	18.07.1994	Halberstadt	20.02.95 ++ .05.98 Ebeleben
110 689	20.07.1974	Haldensleben	30.11.1987	Bautzen	umb in 112 689
110 690	20.07.1974	Aue (Sa)	24.10.1985	Aue (Sa)	umb in 112 690
110 691	26.07.1974	Neuruppin	31.05.1986	Frankfurt (O)	umb in 112 691
110 692	26.07.1974	Güstrow	08.08.1994	Frankfurt (O)	10.03.95 ++ .08.97 Falkenberg (E)
110 693	26.07.1974	Dresden	17.12.1987	Karl-Marx-Stadt	umb in 112 693
110 694	26.07.1974	Zittau	13.10.1994	Berlin-Pankow	31.05.95 ++ .09.97 Falkenberg (E)
110 695	03.08.1974	Aue (Sa)	29.10.1985	Aue (Sa)	umb in 112 695
110 696	03.08.1974	Aue (Sa)	13.08.1985	Aue (Sa)	umb in 112 696
110 697	09.08.1974	Güstrow	30.09.1983	Schwerin	umb in 112 697
110 698	09.08.1974	Falkenberg (E)	29.01.1985	Falkenberg (E)	umb in 114 698
110 699	13.08.1974	Salzwedel	06.08.1993	Magdeburg	30.11.94 ++ .01.99 Ferchland
110 700	20.08.1974	Bautzen	21.03.1984	Kamenz (Sachs)	umb in 112 700
110 701	13.08.1974	Güsten	26.08.1985	Güsten	umb in 112 701
110 702	24.08.1974	Aue (Sa)	12.02.1986	Reichenbach (Vogtl)	umb in 112 702
110 703	20.08.1974	Kamenz (Sachs)	24.02.1983	Kamenz (Sachs)	umb in 112 703
110 704	24.08.1974	Aue (Sa)	26.10.1995	Neustrelitz	30.11.95 ++ .09.97 Rostock
110 705	07.09.1974	Stendal	31.05.1985	Jüterbog	umb in 112 705
110 706	06.09.1974	Wustermark	27.09.1984	Schwerin	umb in 112 706
110 707	14.09.1974	Hoyerswerda	28.12.1987	Hoyerswerda	umb in 112 707
110 708	14.09.1974	Senftenberg	31.05.1984	Hoyerswerda	umb in 112 708
110 709	14.09.1974	Haldensleben	08.01.1995	Halberstadt	31.05.95 ++ .05.98 Ebeleben
110 710	14.09.1974	Berlin-Pankow	12.02.1985	Jüterbog	umb in 114 710
110 711	14.09.1974	Berlin-Pankow	17.11.1994	Wustermark	30.11.95 ++ .03.98 Wustermark
110 712	14.09.1974	Stendal	09.02.1989	Jerichow	umb in 114 712
110 713	18.09.1974	Wustermark	21.11.1986	Neustrelitz	umb in 112 713
110 714	24.09.1974	Halberstadt	30.04.1986	Halberstadt	umb in 112 714
110 715	21.09.1974	Falkenberg (E)	30.09.1985	Falkenberg (E)	umb in 112 715
110 716	27.09.1974	Falkenberg (E)	31.08.1985	Falkenberg (E)	umb in 112 716
110 717	27.09.1974	Wustermark	26.12.1974	Wismar	21.02.75 ++ .01.75 Warin
110 718	01.10.1974	Wustermark	17.04.1986	Karl-Marx-Stadt	umb in 112 718
110 719	01.10.1974	Berlin-Pankow	30.03.1984	Nossen	umb in 112 719
110 720	01.10.1974	Berlin Ostbahnhof	26.05.1986	Dresden	umb in 112 720
110 721	03.10.1974	Saalfeld	19.01.1984	Saalfeld	umb in 112 721
110 722	03.10.1974	Saalfeld	15.08.1985	Falkenberg (E)	umb in 112 722
110 723	03.10.1974	Saalfeld	12.02.1985	Weißenfels	umb in 114 723
110 724	12.10.1974	Hoyerswerda	27.03.1984	Hoyerswerda	umb in 112 724
110 725	18.10.1974	Hoyerswerda	26.05.1988	Falkenberg (E)	umb in 112 725
110 726	18.10.1974	Wismar	30.08.1989	Neuruppin	umb in 112 726
110 727	25.10.1974	Gera	23.05.1984	Gera	umb in 112 727
110 728	22.10.1974	Gera	24.02.1986	Gera	umb in 112 728
110 729	29.10.1974	Schwerin	31.05.1988	Neuruppin	umb in 112 729
110 730	29.10.1974	Hoyerswerda	20.12.1985	Luckau	umb in 112 730
110 731	29.10.1974	Hoyerswerda	14.11.1986	Hoyerswerda	umb in 112 731
110 732	31.10.1974	Brandenburg	26.07.1985	Brandenburg	umb in 112 732
110 733	01.11.1974	Dresden	24.04.1986	Dresden	umb in 112 733
110 734	02.11.1974	Görlitz	28.08.1996	Halle G	30.11.96 ++ .03.97 Espenhain
110 735	01.11.1974	Dresden	30.08.1986	Dresden	umb in 112 735
110 736	16.11.1974	Neuruppin	06.03.1986	Stendal	umb in 112 736
110 737	12.11.1974	Karl-Marx-Stadt	24.04.1986	Stralsund	umb in 112 737
110 738	12.11.1974	Saalfeld	02.05.1988	Gera	umb in 112 738
110 739	21.11.1974	Bautzen	13.10.1994	Hoyerswerda	28.02.95 ++ .02.98 Cottbus
110 740	19.11.1974	Görlitz	07.06.1995	Halle G	30.11.95 ++ .03.97 Espenhain
110 741	23.11.1974	Güsten	31.05.1989	Salzwedel	umb in 112 741
110 742	23.11.1974	Salzwedel	18.07.1994	Lu-Wittenberg	27.09.94 verk DWU Espenhain
110 743	29.11.1974	Karl-Marx-Stadt	25.02.1988	Aue (Sa)	umb in 112 743
110 744	29.11.1974	Karl-Marx-Stadt	26.03.1985	Karl-Marx-Stadt	umb in 112 744
110 745	01.12.1974	Wittenberge	12.01.1995	Chemnitz	30.11.95 ++ .10.99 Gröditz

umb = Umbau umz = Umzeichnung ++ = zerlegt

Bild 28 ▷
Ausrücken zum Dienst: **110 688** verlässt am 29. August 1985 ihr damaliges Heimat-Bw Brandeburg.

Aufnahme: Andreas Stange

Bild 29 ▷
Im Bahnhof Ebersbach (Sachs) gab es am 11. März 1982 diese Szenerie, als 52 8195 die **110 694** (Bw Zittau) überholte.

Aufnahme: Joachim Volkhardt

Bild 30 ▷
201 742 (Bw Stendal) – die ehemalige 110 742 – hat am 18. Juli 1993 aus Salzwedel kommend den Bahnhof Steinfeld (Altmark) erreicht und wird in Kürze die Fahrt nach Stendal fortsetzen. Interessant ist, dass diese Station bahnamtlich stets Steinfeld (bei Stendal) hieß, wie es auch am Empfangsgebäude angeschrieben ist. Bis auf einen vierwöchigen Einsatz im Frühjahr 1985 beim Bw Magdeburg war 110 742 von der Neuanlieferung im November 1974 bis Februar 1992 immer in Salzwedel beheimatet.

Aufnahme: Gero Istel

Statistik 110 746 - 805

Lok	Indienststellung	Erstbeheimatung	z-Stellung	letztes Bw	Ausmusterung & Verbleib	
110 746	07.12.1974	Kamenz (Sachs)	21.05.1986	Hoyerswerda	umb	in 112 746
110 747	01.12.1974	Halberstadt	23.02.1987	Halberstadt	umb	in 112 747
110 748	01.12.1974	Berlin Ostbahnhof	11.10.1983	Berlin Ostbahnhof	umb	in 112 748
110 749	01.12.1974	Magdeburg	16.09.1986	Brandenburg	umb	in 112 749
110 750	07.12.1974	Görlitz	24.10.1985	Stralsund	umb	in 112 750
110 751	15.12.1974	Rostock	21.08.1986	Dresden	umb	in 112 751
110 752	12.12.1974	Berlin Ostbahnhof	30.04.1987	Brandenburg	umb	in 112 752
110 753	15.12.1974	Güstrow	16.03.1988	Güsten	umb	in 112 753
110 754	18.12.1974	Halberstadt	27.11.1988	Halberstadt	umz	in 112 754
110 755	20.12.1974	Wismar	15.04.1994	Neustrelitz	30.06.95	++ 20.10.97 Neustrelitz
110 756	18.12.1974	Aue (Sa)	12.01.1995	Chemnitz	30.11.95	++ .03.99 Chemnitz
110 757	21.12.1974	Aue (Sa)	14.10.1993	Zittau	15.02.94	++ .05.94 Reichenbach (Vogtl)
110 758	21.12.1974	Aue (Sa)	13.09.1983	Aue (Sa)	umb	in 114 758
110 759	01.01.1975	Halle P	04.07.1994	Neustrelitz	10.03.95	++ .08.98 Templin
110 760	03.01.1975	Halle P	16.06.1983	Falkenberg (E)	umb	in 115 760
110 761	11.01.1975	Aue (Sa)	30.04.1989	Eisenach	umb	in 114 761
110 762	11.01.1975	Elsterwerda	01.05.1978	Elsterwerda	20.05.81	++ 12.08.81 Stendal
110 763	21.01.1975	Magdeburg	07.06.1995	Lu-Wittenberg	31.07.95	++ .04.98 Mg-Rothensee
110 764	15.01.1975	Pasewalk	03.08.1983	Angermünde	umb	in 112 764
110 765	18.01.1975	Bautzen	25.05.1987	Hoyerswerda	umb	in 112 765
110 766	21.01.1975	Neubrandenburg	30.11.1987	Angermünde	umb	in 112 766
110 767	08.02.1975	Cottbus	30.05.1994	Eisenach	30.06.95	++ .11.03 Stendal
110 768	23.01.1975	Wismar	17.06.1985	Güstrow	umb	in 112 768
110 769	01.02.1975	Gera	13.11.1984	Gera	umb	in 114 769
110 770	01.02.1975	Aue (Sa)	12.01.1995	Chemnitz	30.11.95	++ .01.98 Zeitz
110 771	01.02.1975	Aue (Sa)	26.02.1987	Aue (Sa)	umb	in 112 771
110 772	07.02.1975	Eberswalde	15.12.1988	Angermünde	umb	in 112 772
110 773	08.02.1975	Aue (Sa)	04.02.1994	Zwickau	21.03.94	++ 05.07.94 Stendal
110 774	19.02.1975	Neuruppin	14.01.1985	Neuruppin	umb	in 114 774
110 775	25.02.1975	Cottbus	27.10.1988	Luckau	umb	in 112 775
110 776	12.04.1975	Aue (Sa)	29.03.1985	Aue (Sa)	umb	in 112 776
110 777	16.04.1975	Luckau	17.08.1983	Luckau	umb	in 112 777
110 778	01.05.1975	Leipzig Hbf Süd	19.03.1987	Karl-Marx-Stadt	umb	in 112 778
110 779	17.04.1975	Cottbus	30.05.1994	Wittenberge	10.03.95	++ .08.98 Brandenburg
110 780	19.04.1975	Cottbus	09.01.1989	Luckau	umb	in 112 780
110 781	19.04.1975	Aue (Sa)	30.11.1985	Aue (Sa)	umb	in 112 781
110 782	30.04.1975	Leipzig Hbf Süd	01.03.1980	Cottbus	06.11.81	++ 31.08.82 Hoyerswerda
110 783	01.05.1975	Halle P	28.12.1988	Heringsdorf	umb	in 112 783
110 784	30.04.1975	Halle P	19.10.1985	Görlitz	umz	in 112 784
110 785	30.04.1975	Halle P	30.03.1985	Luckau	umb	in 112 785
110 786	01.05.1975	Leipzig Hbf Süd	29.04.1985	Nossen	umb	in 112 786
110 787	01.05.1975	Halle P	23.12.1982	Karl-Marx-Stadt	umb	in 112 787
110 788	14.05.1975	Jüterbog	10.12.1984	Karl-Marx-Stadt	umb	in 112 788
110 789	14.05.1975	Frankfurt (O)	26.10.1990	Berlin-Pankow	umb	in 114 789
110 790	21.05.1975	Stralsund	16.09.1983	Stralsund	umb	in 114 790
110 791	22.05.1975	Aue (Sa)	23.10.1986	Aue (Sa)	umb	in 112 791
110 792	28.05.1975	Pasewalk	30.05.1994	Stralsund	10.03.95	verk UBB
110 793	28.05.1975	Güsten	23.09.1986	Brandenburg	umb	in 112 793
110 794	01.06.1975	Falkenberg (E)	21.04.1986	Falkenberg (E)	umb	in 112 794
110 795	01.06.1975	Meiningen	31.12.1987	Gera	umb	in 112 795
110 796	01.06.1975	Aue (Sa)	30.03.1984	Aue (Sa)	umb	in 112 796
110 797	01.06.1975	Güstrow	12.11.1985	Hagenow Land	umz	in 112 797
110 798	01.06.1975	Neubrandenburg	15.04.1994	Neustrelitz	10.03.95	++ .08.98 Templin
110 799	13.06.1975	Falkenberg (E)	18.03.1987	Falkenberg (E)	umb	in 112 799
110 800	18.06.1975	Güstrow	31.12.1980	Güstrow	umz	in 112 800
110 801	20.06.1975	Wittenberge	27.02.1979	Wittenberge	17.07.79	++ 30.08.79 Schwerin
110 802	19.06.1975	Stendal	27.10.1994	Halle G	20.06.95	++ .03.97 Espenhain
110 803	27.06.1975	Güsten	31.03.1989	Güsten	umb	in 114 803
110 804	27.06.1975	Güstrow	30.09.1985	Wittenberge	umb	in 112 804
110 805	26.06.1975	Güsten	31.03.1989	Güsten	umb	in 114 805

umb = Umbau umz = Umzeichnung verk = verkauft ++ = zerlegt UBB = Usedomer Bäderbahn

△ **Bild 31** • Auf der Fahrt nach Aue (Sa) hat **110 758** (Bw Aue/Sa) am 10. Juli 1982 den 347 m langen Schlemaer Tunnel durchfahren und überquert nun die Zwickauer Mulde. Die Lok erhielt im Folgejahr einen 1.400 PS-Motor und wurde zur 114 758 umgezeichnet.

▽ **Bild 32** • Aus Richtung Pörsten kommend passiert **110 882** (Bw Leipzig Hbf Süd) am 25. September 1978 die Anlagen des ehemaligen Bw Plagwitz, wird in Kürze auf die Strecke Zeitz – Leipzig einbiegen und den Bahnhof Leipzig-Plagwitz erreichen. Aufnahmen (2): Detlef Winkler

◁ **Bild 33**
Nach Ankunft mit dem P 11283 im Bahnhof Potsdam Stadt ist für **112 808** (ex 110 808) am 19. September 1988 die Fahrt erst einmal beendet. Nun heißt es umsetzen für die Fahrt als P 11284 nach Nauen. Die Lok war erst im Jahr zuvor zur 112 umgebaut worden und gehörte zum Zeitpunkt der Aufnahme zum Bestand des Bw Wittenberge.

Aufnahme:
Andreas Stange

◁ **Bild 34**
Nur wenige Wochen nach ihren Indienststellungen entstand am 28. August 1975 diese Aufnahme der **110 822** und **110 821** in Aue (Sa). Beide kamen gemeinsam am 1. August jenes Jahres in den Betriebsbestand der DR und wurden im Bw Aue (Sa) beheimatet.

Aufnahme:
Horst R. Schrödter

◁ **Bild 35**
Mit einem aus Zementsilowagen gebildeten Ganzzug ist **110 855** des Bw Stendal am 3. Juni 1985 in Gardelegen unterwegs.

Aufnahme:
Andreas Stange

Statistik 110 806 - 864

Lok	Indienststellung	Erstbeheimatung	z-Stellung	letztes Bw	Ausmusterung & Verbleib	
110 806	26.06.1975	Neubrandenburg	13.10.1988	Neustrelitz	umb	in 112 806
110 807	28.06.1975	Wittenberge	26.10.1995	Neustrelitz	30.11.95	++ 25.03.99 Rostock Seehafen
110 808	01.07.1975	Wittenberge	29.01.1987	Wittenberge	umb	in 112 808
110 809	01.07.1975	Wittenberge	30.06.1989	Wittenberge	umb	in 112 809
110 810	01.07.1975	Güsten	23.06.1986	Güsten	umb	in 112 810
110 811	04.07.1975	Güsten	15.11.1985	Güsten	umb	in 112 811
110 812	02.08.1975	Dresden	25.06.1995	Halberstadt	31.07.95	verk RFW Reichenbach (Vogtl)
110 813	11.07.1975	Neubrandenburg	12.01.1995	Chemnitz	30.11.95	++ .04.02 Gröditz
110 814	12.07.1975	Stendal	14.01.1987	Stendal	umb	in 112 814
110 815	19.07.1975	Wittenberge	26.10.1995	Neustrelitz	30.11.95	++ .08.98 Templin
110 816	19.07.1975	Meiningen	27.10.1988	Gera	umb	in 112 816
110 817	19.07.1975	Wittenberge	23.07.1986	Wittenberge	umb	in 112 817
110 818	19.07.1975	Güsten	07.06.1985	Güsten	umb	in 112 818
110 819	19.07.1975	Falkenberg (E)	31.07.1989	Falkenberg (E)	umb	in 112 819
110 820	26.07.1975	Schwerin	07.12.1990	Gera	umb	in 114 820
110 821	01.08.1975	Aue (Sa)	28.04.1978	Aue (Sa)	09.12.81	++ 29.03.82 Stendal
110 822	01.08.1975	Aue (Sa)	31.05.1984	Aue (Sa)	umb	in 112 822
110 823	02.08.1975	Schwerin	30.05.1994	Wittenberge	10.03.95	++ .08.98 Brandenburg
110 824	02.08.1975	Cottbus	03.10.1988	W.-Pieck-Stadt Guben	umb	in 112 824
110 825	12.08.1975	Roßlau (Elbe)	31.07.1984	Falkenberg (E)	umb	in 112 825
110 826	21.08.1975	Hoyerswerda	15.08.1996	Halle G	30.11.96	++ .04.97 Espenhain
110 827	20.08.1975	Aue (Sa)	25.08.1986	Aue (Sa)	umb	in 112 827
110 828	20.08.1975	Reichenbach (Vogtl)	30.05.1994	Zwickau	31.05.95	verk 12/95 Augsburg
110 829	20.08.1975	Aue (Sa)	12.01.1995	Chemnitz	30.11.95	++ > 10/99 Gröditz
110 830	28.08.1975	Falkenberg (E)	30.10.1995	Halle G	30.11.95	++ .03.97 Espenhain
110 831	26.08.1975	Hoyerswerda	21.06.1988	W.-Pieck-Stadt Guben	umb	in 112 831
110 832	04.09.1975	Salzwedel	14.06.1988	Salzwedel	umb	in 112 832
110 833	04.09.1975	Reichenbach (Vogtl)	31.03.1994	Zwickau	30.11.94	verk 5/95 Adtranz
110 834	11.09.1975	Reichenbach (Vogtl)	21.09.1989	Reichenbach (Vogtl)	umb	in 114 834
110 835	11.09.1975	Reichenbach (Vogtl)	24.06.1988	Reichenbach (Vogtl)	umb	in 112 835
110 836	01.07.1976	Stralsund	31.10.1988	Eberswalde	umb	in 112 836
110 837	10.07.1976	Pasewalk	08.06.1994	Schwerin	10.03.95	++ 1997 Neustrelitz
110 838	14.07.1976	Neustrelitz	29.10.1990	Neustrelitz	umb	in 114 838
110 839	15.07.1976	Nordhausen	12.06.1995	Gera	20.12.95	++ .05.96 Gera
110 840	14.07.1976	Neustrelitz	15.04.1994	Neustrelitz	10.03.95	++ 1997 Neustrelitz
110 841	14.07.1976	Neustrelitz	31.05.1984	Neustrelitz	umb	in 112 841
110 842	17.07.1976	Nordhausen	04.11.1983	Nordhausen	umb	in 112 842
110 843	29.07.1976	Stralsund	25.03.1988	Angermünde	umb	in 112 843
110 844	23.07.1976	Aue (Sa)	21.01.1988	Aue (Sa)	umb	in 112 844
110 845	28.07.1976	Aue (Sa)	13.02.1990	Aue (Sa)	umb	in 114 845
110 846	28.07.1976	Stralsund	12.04.1988	Stralsund	umb	in 112 846
110 847	05.08.1976	Halle P	15.07.1988	Güsten	umb	in 112 847
110 848	13.08.1976	Güstrow	26.02.1989	Aue (Sa)	umb	in 114 848
110 849	20.08.1976	Aue (Sa)	18.05.1988	Aue (Sa)	umb	in 112 849
110 850	20.08.1976	Aue (Sa)	14.01.1988	Aue (Sa)	umb	in 112 850
110 851	26.08.1976	Aue (Sa)	10.06.1996	Reichenbach (Vogtl)	05.09.96	++ .12.97 Deuben
110 852	21.08.1976	Berlin Ostbahnhof	11.03.1988	Berlin Ostbahnhof	umb	in 112 852
110 853	21.08.1976	Frankfurt (O)	26.01.1984	Frankfurt (O)	umb	in 112 853
110 854	26.08.1976	Stendal	17.02.1988	Magdeburg	umb	in 112 854
110 855	01.09.1976	Stendal	13.09.1988	Stendal	umb	in 112 855
110 856	01.09.1976	Bautzen	07.12.1994	Wustermark	20.05.95	++ .03.98 Wustermark
110 857	04.09.1976	Bautzen	28.02.1990	Lu-Wittenberg	umb	in 114 857
110 858	08.09.1976	Bautzen	18.11.1991	Roßlau (Elbe)	umb	in 114 858
110 859	08.09.1976	Güstrow	31.07.1984	Halle G	umb	in 112 859
110 860	14.09.1976	Aue (Sa)	17.04.1989	Aue (Sa)	umb	in 114 860
110 861	14.09.1976	Aue (Sa)	31.05.1990	Aue (Sa)	umb	in 199 861
110 862	16.09.1976	Halle P	29.06.1983	Güsten	umb	in 115 862
110 863	18.09.1976	Stendal	31.10.1988	Güsten	umb	in 199 863
110 864	06.10.1976	Neuruppin	30.05.1994	Stralsund	10.03.95	verk Adtranz

umb = Umbau umz = Umzeichnung verk = verkauft ++ = zerlegt

RFW Reichenbach (Vogtl) = Regental Fahrzeugwerkstätten GmbH, Reichenbach (Vogtl)

△ **Bild 36 • 110 875** des Bw Aue (Sa) erreicht am 4. Februar 1990 aus Richtung Aue (Sa) kommend den Zwickauer Hauptbahnhof. AUFNAHME: VOLKER LUCAS, SAMMLUNG A. ZIKA

Statistik 110 865 – 896

Lok	Indienststellung	Erstbeheimatung	z-Stellung	letztes Bw	Ausmusterung & Verbleib	
110 865	03.10.1976	Berlin Ostbahnhof	31.03.1994	Güsten	30.11.94	verk LWB
110 866	12.10.1976	Karl-Marx-Stadt	30.06.1983	Karl-Marx-Stadt	umb	in 112 866
110 867	15.10.1976	Halle P	30.10.1995	Halle G	30.11.95	++ .03.97 Espenhain
110 868	13.10.1976	Reichenbach (Vogtl)	21.05.1998	Reichenbach (Vogtl)	30.08.98	++ .01.00 Espenhain
110 869	13.10.1976	Reichenbach (Vogtl)	18.12.1991	Reichenbach (Vogtl)	umb	in 114 869
110 870	03.10.1976	Neuruppin	25.11.1990	Neuruppin	umb	in 199 870
110 871	28.10.1976	Stendal	30.12.1988	Güsten	umb	in 199 871
110 872	01.11.1976	Neustrelitz	16.01.1990	Neustrelitz	umb	in 199 872
110 873	29.10.1976	Aue (Sa)	03.06.1994	Chemnitz	30.11.95	++ .03.99 Chemnitz
110 874	09.11.1976	Reichenbach (Vogtl)	29.11.1990	Reichenbach (Vogtl)	umb	in 199 874
110 875	18.11.1976	Seddin	03.02.1998	Reichenbach (Vogtl)	10.06.98	++ .09.99 Espenhain
110 876	17.11.1976	Seddin	07.06.1995	Lu-Wittenberg	30.11.95	++ .04.98 Mg-Rothensee
110 877	07.03.1978	Brandenburg	13.12.1990	Neustrelitz	umb	in 199 877
110 878	13.12.1977	Aue (Sa)	21.09.1994	Chemnitz	31.05.95	verk 5/95 Adtranz
110 879	13.12.1977	Aue (Sa)	18.10.1990	Aue (Sa)	umb	in 199 879
110 880	15.12.1977	Aue (Sa)	25.11.1983	Aue (Sa)	umb	in 112 880
110 881	15.12.1977	Aue (Sa)	30.05.1994	Zwickau	31.10.95	verk 12/94 RFW Reichenbach (V)
110 882	21.12.1977	Leipzig Hbf Süd	28.08.1990	Halle G	umb	in 112 882
110 883	11.01.1978	Falkenberg (E)	05.07.1994	Lu-Wittenberg	verk	Espenhain
110 884	13.01.1978	Berlin-Pankow	13.10.1994	Wustermark	31.07.95	verk 1/96 Adtranz
110 885	01.03.1978	Rostock	22.08.1990	Neuruppin	umb	in 112 885
110 886	26.01.1978	Falkenberg (E)	03.01.1995	Berlin-Pankow	30.10.95	++ .09.97 Kirchmöser
110 887	09.03.1978	Leipzig Hbf Süd	12.01.1995	Chemnitz	30.11.95	++ .03.99 Chemnitz
110 888	11.02.1978	Seddin	12.01.1995	Chemnitz	30.11.95	++ .03.99 Chemnitz
110 889	01.03.1978	Halle P	25.09.1994	Halle G	30.06.95	verk 7/95 Adtranz
110 890	21.02.1978	Halle P	30.05.1994	Lu-Wittenberg	30.11.94	verk 1/95 Adtranz
110 891	30.03.1978	Dresden	30.10.1990	Aue (Sa)	umb	in 199 891
110 892	21.02.1978	Hoyerswerda	20.12.1990	Erfurt	umb	in 199 892
110 893	01.03.1978	Magdeburg	31.05.1984	Magdeburg	umb	in 112 893
110 894	01.03.1978	Güsten	30.03.1984	Güsten	umb	in 112 894
110 895	09.03.1978	Dresden	30.04.1996	Reichenbach (Vogtl)	27.08.96	++ .12.97 Deuben
110 896	16.03.1978	Brandenburg	17.03.1993	Frankfurt (O)	01.04.93	++ 25.04.94 Stendal

verk = verkauft umb = Umbau ++ = zerlegt LWB = Lappwaldbahn GmbH RFW = Regental Fahrzeugwerkstätten GmbH, Reichenbach (V)

Bild 37 ▷
Fotografenpech anno 1976! Der 86 245 war am 8. Juni 1976 die **110 849** vorgespannt, um den Güterzug auf die Höhen des Erzgebirges zu befördern – oder auch nur, um eine Lz-Fahrt einzusparen. Die Aufnahme entstand in Lauter (Sachs).

Aufnahme: Detlef Winkler

Bild 38 ▷
Sie war die letzte 201 im Betriebsbestand der DB AG: **201 868** (ex 110 868) des Betriebshofes Zwickau. Sie war am 9. April 1998 zum letzten Mal planmäßig im Einsatz und stand noch am 14. April jenes Jahres mit der Anschrift des letzten Dienstes im Zwickauer Betriebshof.

Aufnahme: Rainer Heinrich

Bild 39 ▷
110 888 war eine der Loks ihrer Baureihe mit den höchsten Betriebsnummern. Hier steht die bereits auf das gemeinsame Nummernschema DR/DB zu **201 888** (Bw Reichenbach/Vogtl) umgezeichnete Maschine am 16. Juni 1992 im Bahnhof Hirschberg (Saale).

Aufnahme: Gunter von Hartwig

◁ **Bild 40**
Die LEW-Type V 100.5 wurde in Zusammenarbeit der DR und der ČSD für den Einsatz an Grabenräumeinheiten (GRE) entwickelt. Bei der DR sind die Loks als Baureihe 110.9 eingereiht worden. Hier ist **110 962** im Jahr 1985 bei einem Probeeinsatz einer GRE bei Vrútky in der heutigen Slowakei zu sehen.

Aufnahme: K. Traxdorf, Slg. Lennart Fehr

Statistik 110 961 – 970, 110 980 und 201 999

Lok	Indienststellung	Erstbeheimatung	z-Stellung	letztes Bw	Verbleib	
110 961	.05.1982	Eisenach	13.09.1981	W.-Pieck-Stadt Guben	ums	Gerät Obw W.-Pieck-Stadt Guben
110 962	20.05.1983	Magdeburg	01.01.1986	Eisenach	ums	Gerät Obw Neudietendorf
110 963	20.05.1983	Magdeburg	30.04.1985	Magdeburg	ums	Gerät Obw Magdeburg
110 964	27.05.1983	Berlin-Pankow	23.05.1984	Magdeburg	ums	Gerät Obw Königsborn
110 965	03.06.1983	Eisenach	01.01.1986	Eisenach	ums	Gerät Obw Neudietendorf
110 966	17.06.1983	Eberswalde	.10.1986	Eisenach	ums	Gerät Obw
110 967	02.07.1983	Leipzig Hbf Süd	01.10.1984	Eberswalde	ums	Gerät Obw Eberswalde
110 968	16.06.1983	Neustrelitz	26.02.1986	Leipzig Hbf Süd	ums	Gerät Obw Leipzig
110 969	22.06.1983	Güstrow	30.05.1986	Dresden	ums	> 1987 an ČSD
110 970	02.08.1983	Nossen	.12.1986	Karl-Marx-Stadt	ums	Gerät Obw
110 980	16.11.1976	W.-Pieck-Stadt Guben	13.09.1981	W.-Pieck-Stadt Guben	ums	Gerät Obw W.-P.-Stadt Guben*
201 999	22.10.1996	Leipzig Hbf Süd	29.04.1997	Leipzig Hbf Süd	zurück	Adtranz-Mietlok, ex 110/201 881
ums = Umsetzung		Obw = Oberbauwerk	* nach 1987 Umzeichnung der Lok in 110 960			

◁ **Bild 41**
Eine besondere „Symbiose" ereilte der ehemaligen 110 881, die von Adtranz als Versuchsträger modernisiert, anschließend von der DB AG angemietet und als **201 999** benummert wurde. Sie kam vom Bh Leipzig Hbf Süd aus meist vor RB-Zügen in Richtung Chemnitz zum Einsatz. Die Aufnahme zeigt die Lok am 23. April 1997 mit der RB 7314 im Bahnhof Geithain, als sie von 219 127 überholt wird.

Aufnahme: Gunter von Hartwig

Bild 42 ▷
Von den insgesamt 37 bei der DR in Dienst gestellten Loks der Baureihe 111 waren sieben Maschinen im Bw Altenburg beheimatet, drei von ihnen kamen direkt vom LEW Hennigsdorf nach Altenburg. Zu ihnen gehörte auch die hier am 16. Mai 1983 aufgenommene **111 035**. Auf demselben Gleis hinter ihr steht 111 034.

Aufnahme: Detlef Winkler

Statistik 111 001 - 037

Lok	Indienststellung	Erstbeheimatung	z-Stellung	letztes Bw	Verbleib	
111 001	13.06.1981	Neuruppin	18.12.1991	Leipzig Hbf Süd	umb	in 108 301
111 002	13.06.1981	Neuruppin	29.11.1991	Leipzig Hbf Süd	umb	in 108 302
111 003	13.06.1981	Neuruppin	29.10.1992	Rostock Seehafen	umb	in 298 303
111 004	19.06.1981	Neuruppin	27.04.1993	Rostock Seehafen	umb	in 298 304
111 005	19.06.1981	Neuruppin	15.12.1992	Falkenberg (E)	umb	in 298 305
111 006	27.06.1981	Wittenberge	22.04.1992	Rostock Seehafen	umb	in 298 306
111 007	27.06.1981	Wittenberge	17.12.1991	Wittenberge	umb	in 108 307
111 008	01.07.1981	Wittenberge	22.04.1992	Rostock Seehafen	umb	in 298 308
111 009	01.07.1981	Wittenberge	11.12.1991	Wittenberge	umb	in 108 309
111 010	01.07.1981	Wittenberge	02.12.1991	Wittenberge	umb	in 108 310
111 011	13.02.1982	Rostock Seehafen	22.04.1993	Rostock Seehafen	umb	in 298 311
111 012	17.02.1982	Wittenberge	08.05.1992	Rostock Seehafen	umb	in 298 312
111 013	18.02.1982	Rostock Seehafen	23.04.1992	Rostock Seehafen	umb	in 298 313
111 014	24.02.1982	Wittenberge	16.10.1992	Rostock Seehafen	umb	in 298 314
111 015	24.02.1982	Wittenberge	10.01.1992	Falkenberg (E)	umb	in 298 315
111 016	02.03.1982	Wittenberge	06.12.1991	Wittenberge	umb	in 108 316
111 017	02.03.1982	Rostock Seehafen	15.05.1992	Rostock Seehafen	umb	in 298 317
111 018	02.03.1982	Rostock Seehafen	13.12.1991	Rostock	umb	in 108 318
111 019	04.03.1982	Rostock Seehafen	10.12.1991	Rostock Seehafen	umb	in 108 319
111 020	12.03.1982	Wittenberge	22.04.1992	Rostock Seehafen	umb	in 298 320
111 021	01.04.1983	Falkenberg (E)	12.12.1991	Falkenberg (E)	umb	in 108 321
111 022	07.04.1983	Falkenberg (E)	26.11.1992	Falkenberg (E)	umb	in 298 322
111 023	07.04.1983	Falkenberg (E)	02.09.1992	Falkenberg (E)	umb	in 298 323
111 024	09.04.1983	Leipzig Hbf Süd	05.10.1992	Falkenberg (E)	umb	in 298 324
111 025	15.04.1983	Leipzig Hbf Süd	08.05.1992	Halle G	umb	in 298 325
111 026	21.04.1983	Leipzig Hbf Süd	17.12.1991	Leipzig Hbf Süd	umb	in 108 326
111 027	21.04.1983	Falkenberg (E)	09.07.1992	Falkenberg (E)	umb	in 298 327
111 028	21.04.1983	Röblingen a. S.	10.01.1992	Leipzig Hbf Süd	umb	in 298 328
111 029	23.04.1983	Falkenberg (E)	10.08.1992	Falkenberg (E)	umb	in 298 329
111 030	25.04.1983	Altenburg	16.01.1992	Leipzig Hbf Süd	umb	in 298 330
111 031	29.04.1983	Falkenberg (E)	15.01.1992	Falkenberg (E)	umb	in 298 331
111 032	29.04.1983	Leipzig Hbf Süd	20.04.1993	Falkenberg (E)	umb	in 298 332
111 033	29.04.1983	Leipzig Hbf Süd	27.05.1993	Falkenberg (E)	umb	in 298 333
111 034	30.04.1983	Altenburg	25.06.1992	Leipzig Hbf Süd	umb	in 298 334
111 035	05.05.1983	Altenburg	28.11.1991	Falkenberg (E)	umb	in 108 335
111 036	06.05.1983	Leipzig Hbf Süd	23.05.1990	Leipzig Hbf Süd	umb	in 108 036
111 037	06.05.1983	Leipzig Hbf Süd	28.11.1990	Altenburg	umb	in 108 037
111 991	03.06.1982	Röblingen a. S.	30.04.1983	Leipzig Hbf Süd	zurück	BKW Deuben

◁ **Bild 43**
Hinter der Loknummer **710 967** verbirgt sich die ehemalige GRE-Lok 110 967, die im Zusammenhang mit der Einführung des einheitlichen Nummernsystems DR/DB als Bahndienstfahrzeug diese Bezeichnung erhielt. Am 7. November 1997 steht sie mit einem Hilfszug im Bahnhof Mockrehna.

Aufnahme: Gunter von Hartwig

◁ **Bild 44**
Bei Pritzerbe – gelegen zwischen Rathenow und Brandenburg – leistet **111 010** (Bw Wittenberge) der 52 8161 am 4. August 1984 an einem Güterzug als Vorspannlok.

Aufnahme: Detlef Winkler

◁ **Bild 45**
Am 7. April 1990 steht **111 015** des Bw Wittenberge mit einem kurzen Güterzug in Perleberg.

Aufnahme: Volker Lucas, Sammlung A. Zika

△ **Bild 46** • Sowohl 110 107 als auch 110 128 wurden für den Einsatz im BKK Cottbus umgebaut und in die Baureihe 111 eingreiht. Allerdings kam der Umbau zu spät, denn das Braunkohlenkombinat hatte nach der Fertigstellung der Loks keinen Bedarf mehr an ihnen. Zurück bei der DR erhielten sie 1992 gemäß dem Umzeichnungsplan die Nummern **293 107** und **293 128**. Die Aufnahme zeigt die beiden Loks am 28. September 1997 im Bh Falkenberg (Elster) unt Bf. AUFNAHME: VOLKER LUCAS, SLG. A. ZIKA

Baureihe 111 – Umbau aus Baureihe 110

Lok	Indienststellung	Erstbeheimatung	z-Stellung	letztes Bw	Ausmusterung & Verbleib
111 107	25.10.90	Halle G	06.04.98	Lu-Wittenberg	10.10.98 ++ 01.04.99 Halle (S)
111 128	25.10.90	Halle G	25.03.98	Lu-Wittenberg	10.10.98 ++ 23.04.99 Halle (S)

Beide Loks waren für das Braunkohlenkombinat Cottbus vorgesehen, wurden aber nicht mehr abgenommen und gelangten zurück an die DR.

▽ **Bild 47** • Mit einer Übergabe aus dem Elbekies-Werken in Mühlberg (Elbe) erreicht **293 107** am 10. Juli 1996 den Bahnhof Neuburxdorf, gelegen zwischen Falkenberg (Elster) und Riesa. AUFNAHME: DETLEF WINKLER

Statistik 112 (I)

Lok	Indienststellung	Erstbeheimatung	z-Stellung	letztes Bw	Ausmusterung & Verbleib
112 057	01.06.1989*	Luckau	19.10.1995	Stendal	31.10.95 verk Lappwaldbahn
112 063	31.01.1989*	Güsten	23.12.1998	Dresden	15.01.99 ++ .04.99 Dresden
112 066	12.04.1990*	Seddin	01.09.1999	Cottbus	31.03.00 verk PBSV-Verkehrs GmbH
112 078	31.03.1989*	Karl-Marx-Stadt	01.03.1999	Görlitz	05.04.00 verk Uwe Adam
112 098	29.03.1989*	Dresden	01.09.1999	Chemnitz	05.04.00 verk AHG Handel & Logistik
112 105	13.03.1990*	Jerichow	28.08.1996	Halle G	30.11.96 ++ .03.97 Espenhain
112 109	01.10.1988*	Stendal	01.03.1998	Stendal	17.04.98 ++ 2015 Werk Stendal
112 114	01.03.1989*	Salzwedel	27.02.1998	Chemnitz	28.02.98 ++ 24.02.99 Chemnitz
112 115	01.04.1988*	Röblingen a.S.	17.07.1997	Halle G	31.01.98 ++ 30.11.98 Espenhain
112 127	01.05.1989*	Röblingen a.S.	23.07.1997	Stendal	17.04.98 ++ 2014 Werk Stendal
112 136	19.07.1983**	Rostock	30.09.1998	Neustrelitz	30.09.98 ++ 07.06.99 Rostock Seehafen
112 137	14.07.1983**	Rostock	30.03.1998	Neustrelitz	31.03.98 ++ 07.06.99 Rostock Seehafen
112 144	27.02.1990*	Dresden	24.03.1997	Dresden	28.02.98 ++ 2019 Stendal
112 152	01.03.1988*	Dresden	27.02.1998	Chemnitz	28.02.98 ++ .01.99 Chemnitz
112 160	26.01.1988*	Brandenburg	26.05.1998	Magdeburg	31.05.98 ++ 2004 Werk Stendal
112 162	21.02.1989*	Nossen	27.02.1998	Chemnitz	28.02.98 ++ .06.99 Chemnitz
112 164	25.01.1989*	Merseburg	28.08.1996	Halle G	30.11.96 ++ 14.06.97 Halle (S)
112 166	30.01.1990*	Nossen	01.12.1999	Görlitz	05.04.00 + Werk Stendal
112 167	01.05.1989*	Nossen	15.01.1999	Chemnitz	15.01.99 + Werk Stendal
112 169	16.02.1988*	Eisenach	15.01.2001	Cottbus	15.01.01 an DB Bahnbau (203 311)
112 201	31.12.1985*	Jüterbog	30.06.1997	Seddin	02.07.97 ++ .06.98 Seddin
112 203	01.01.1981**	Leipzig Hbf Süd	31.03.1983	Leipzig Hbf Süd	umz in 115 203
112 205	01.10.1989*	Aue (Sa)	26.08.1997	Berlin-Pankow	31.01.98 ++ .07.98 Ebeleben
112 207	09.09.1983*	Zittau	01.09.1999	Cottbus	31.03.00 verk TLG GmbH
112 209	01.11.1985*	Stralsund	14.08.1998	Meiningen	15.08.98 ++ 2015 Werk Stendal
112 214	20.10.1989*	Cottbus	30.07.1998	Cottbus	31.07.98 ++ 05.03.99 Cottbus
112 218	11.01.1984*	Erfurt	04.10.1995	Erfurt	13.12.95 ++ .06.98 Ebeleben
112 219	12.10.1983*	Pasewalk	31.05.2000	Meiningen	31.05.00 verk Redler-Service
112 220	08.08.1989*	Güsten	12.05.1998	Halberstadt	31.07.98 + Werk Stendal
112 231	17.05.1989*	Reichenbach (Vogtl)	01.11.1999	Görlitz	15.11.99 ++ 2014 Werk Stendal
112 232	03.09.1983*	Erfurt	04.10.1995	Erfurt	13.12.95 ++ .06.98 Ebeleben
112 234	29.05.1986*	Güsten	16.04.1998	Halberstadt	17.04.98 ++ .05.98 Ebeleben
112 235	24.10.1986*	Zeitz	24.04.1997	Cottbus	02.07.97 ++ 04.03.99 Cottbus
112 236	16.12.1982*	Frankfurt (O)	01.03.1999	Cottbus	31.03.99 ++ 2014 Werk Stendal
112 237	01.02.1983*	Nordhausen	30.04.2000	Erfurt	30.04.00 verk WSET GmbH
112 238	15.09.1981*	Leipzig Hbf Süd	28.08.1996	Halberstadt	30.11.96 ++ 1998 Rockensußra
112 240	17.02.1984*	Kamenz (Sachs)	22.12.2000	Görlitz	22.12.00 verk Uwe Adam
112 241	21.07.1981*	Leipzig Hbf Süd	31.05.2000	Stendal	31.05.00 verk Uwe Adam
112 242	17.02.1981*	Bautzen	30.04.2000	Halle G	31.05.00 verk NEG mbH
112 245	29.06.1986*	Sangerhausen	12.04.1997	Dresden	28.02.98 ++ 1998 Gröditz
112 248	01.08.1984*	Magdeburg	14.05.1996	Dresden	30.08.96 + Espenhain
112 249	23.04.1985*	Eisenach	28.08.1996	Lu-Wittenberg	30.11.96 verk Adtranz (dort ++)
112 250	28.04.1983*	Karl-Marx-Stadt	27.02.1998	Chemnitz	28.02.98 ++ .07.04 Stendal
112 251	07.01.1981*	Sangerhausen	04.10.1995	Erfurt	13.12.95 ++ .06.98 Ebeleben
112 253	16.11.1982*	Erfurt	02.09.1997	Lu-Wittenberg	17.04.98 ++ 14.04.99 Lu-Wittenberg
112 254	28.04.1981*	Frankfurt (O)	01.05.1999	Cottbus	15.05.99 ++ 2014 Werk Stendal
112 255	31.08.1983*	Jüterbog	31.01.1999	Cottbus	31.01.99 ++ 10.03.99 Cottbus
112 256	01.11.1984*	Wittenberge	30.03.1998	Erfurt	31.03.98 ++ .04.99 Ebeleben
112 260	01.09.1983*	Nordhausen	01.03.1998	Halberstadt	17.04.98 Lokpool SFZ Stendal (203 501)
112 262	14.12.1982*	Blankenburg (Harz)	02.09.1997	Lu-Wittenberg	17.04.98 ++ 07.04.99 Lu-Wittenberg
112 263	14.05.1985*	Frankfurt (O)	30.05.1998	Lu-Wittenberg	31.05.98 ++ 15.04.99 Lu-Wittenberg
112 264	22.11.1985**	Görlitz	01.09.1999	Görlitz	30.04.00 Lokpool SFZ Stendal (203 504)
112 265	14.01.1981*	Haldensleben	15.01.2001	Cottbus	15.01.01 verk VWE GmbH
112 266	27.11.1986*	Stendal	01.03.1998	Stendal	17.04.98 + Werk Stendal
112 267	29.03.1983*	Brandenburg	01.03.1999	Görlitz	30.04.00 verk Zugkraft GmbH
112 268	01.01.1981**	Sangerhausen	01.09.1999	Dresden	30.04.00 ++ .07.04 Stendal
112 269	01.10.1982*	Hagenow Land	01.09.1999	Cottbus	31.03.00 verk Kallfelz & Stuch GmbH
112 270	30.05.1981*	Halberstadt	27.02.1998	Chemnitz	28.02.98 ++ .07.04 Stendal
112 271	30.11.1985*	Reichenbach (Vogtl)	15.01.2001	Cottbus	15.01.01 verk Bocholter Eisenbahn
112 272	05.12.1982*	Neubrandenburg	30.03.1998	Neustrelitz	31.03.98 ++ .02.99 Neustrelitz
112 275	08.01.1983*	Neubrandenburg	30.08.1998	Neustrelitz	31.08.98 ++ .02.99 Neustrelitz
112 276	01.04.1982*	Blankenburg (Harz)	26.03.1996	Pasewalk	31.03.96 ++ .09.97 Angermünde

* nach Umbau   ** Umzeichnung

△ **Bild 48** • Die hier im Bw Sangerhausen porträtierte **112 234** des Groß-Bw Güsten entstand im Frühjahr 1986 aus der 110 234. Sie gehört zu den wenigen Maschinen ihrer Baureihe mit dem „Knick" an der Oberkante des Vorbaus.
Aufnahme: Sammlung Jörg Leuthardt

▽ **Bild 49** • Am 27. Oktober 1987 ist **112 240** (Bw Kamenz/Sachs) mit einem Personenzug unterwegs bei Leutersdorf (Strecke Zittau – Eibau – Ebersbach).
Aufnahme: Detlef Winkler

Statistik 112 (II)

Lok	Indienststellung	Erstbeheimatung	z-Stellung	letztes Bw	Ausmusterung & Verbleib
112 277	28.04.1983*	Karl-Marx-Stadt	16.04.1998	Lu-Wittenberg	31.05.98 ++ 07.04.99 Lu-Wittenberg
112 278	15.12.1982*	Röblingen a.S.	09.08.1997	Halberstadt	31.01.98 ++ .05.98 Ebeleben
112 279	24.01.1984*	Magdeburg	31.05.2000	Stendal	31.05.00 verk TLG GmbH
112 280	28.04.1982*	Rostock	31.05.2000	Halberstadt	31.05.00 an DB Bahnbau (203 305)
112 286	12.04.1985*	Berlin Ostbahnhof	30.03.1998	Meiningen	31.03.98 Umbau Hybridlok 1001 010
112 287	19.05.1981*	Frankfurt (O)	01.05.1999	Cottbus	15.05.99 verk PBSV Verkehrs GmbH
112 288	13.06.1984*	Sangerhausen	23.04.1996	Chemnitz	15.09.96 ++ .06.98 Hagenwerder
112 289	17.10.1984*	Stralsund	26.03.1996	Rostock	20.09.96 ++ 07.06.99 Rostock Seehafen
112 290	23.11.1982*	Röblingen a.S.	15.01.1999	Chemnitz	15.01.99 Umbau Hybridlok 1001 008
112 291	29.10.1982*	Erfurt	30.03.1998	Meiningen	31.03.98 Umbau Hybridlok 1001 009
112 292	19.08.1982*	Erfurt	04.10.1995	Meiningen	13.12.95 ++ .09.04 Stendal
112 293	17.11.1981*	Leipzig Hbf Süd	31.05.2000	Cottbus	31.05.00 Umbau Hybridlok 1001 011
112 294	15.06.1982*	Erfurt	15.12.2000	Gera	15.12.00 ++ 2019 Werk Stendal
112 295	22.07.1989*	Jüterbog	30.10.1998	Cottbus	31.01.99 ++ 13.03.99 Cottbus
112 296	16.04.1982*	Rostock	30.08.1998	Neustrelitz	31.08.98 ++ .02.99 Neustrelitz
112 297	27.09.1985*	Haldensleben	04.09.1998	Stendal	30.09.98 verk PRESS GmbH
112 299	19.05.1982*	Erfurt	30.09.1998	Cottbus	30.09.98 ++ 25.06.18 Nordhausen
112 300	20.09.1983*	Glauchau (Sachs)	31.05.1996	Chemnitz	26.08.96 ++ .07.04 Stendal
112 301	10.06.1981*	Leipzig Hbf Süd	14.08.1998	Saalfeld	15.08.98 ++ 19.05.99 Gera
112 302	22.11.1985**	Erfurt	31.05.2000	Gera	31.05.00 verk Ilmebahn GmbH
112 303	28.11.1985*	Leipzig Hbf Süd	15.01.1999	Leipzig Hbf Süd	15.01.99 ++ .09.04 Stendal
112 305	13.07.1985*	Frankfurt (O)	30.01.1998	Berlin-Pankow	31.01.98 ++ 02.03.99 Cottbus
112 307	08.04.1981*	Leipzig Hbf Süd	21.01.1998	Reichenbach (Vogtl)	28.02.98 ++ 1999 Gröditz
112 309	23.07.1982*	Röblingen a.S.	31.10.2000	Erfurt	31.10.00 ++ .12.00 Ebeleben
112 310	13.06.1985**	Zeitz	14.06.2001	Görlitz	31.07.01 verk RAR Service AG
112 311	15.10.1983*	Glauchau (Sachs)	14.06.2001	Görlitz	31.07.01 verk PRESS GmbH
112 312	30.03.1985*	Magdeburg	01.03.1998	Magdeburg	17.04.98 ++ Espeinhain
112 313	04.12.1984*	Nordhausen	27.02.1998	Görlitz	28.02.98 ++ .12.98 Charlottenhof
112 315	14.12.1982*	Karl-Marx-Stadt	04.03.1996	Reichenbach (Vogtl)	27.08.96 ++ .02.98 Walddrehna
112 316	01.01.1981**	Sangerhausen	11.08.1996	Neustrelitz	10.09.96 ++ .10.97 Neustrelitz
112 317	01.01.1981**	Eisenach	15.01.1999	Chemnitz	15.01.99 ++ 18.02.99 Chemnitz
112 318	01.01.1981**	Eisenach	01.08.1999	Erfurt	01.01.00 Abgabe 11/99 an Kosovo
112 319	01.04.1981*	Sangerhausen	30.03.1998	Meiningen	31.03.98 verk D&D GmbH
112 320	29.05.1985*	Berlin-Pankow	01.06.1998	Cottbus	31.07.98 ++ 05.03.99 Cottbus
112 321	01.01.1981**	Sangerhausen	01.06.1998	Cottbus	31.07.98 ++ 09.03.99 Cottbus
112 322	04.12.1985**	Gera	24.03.1998	Seddin	30.09.98 ++ 01.03.99 Cottbus
112 323	31.05.1985*	Nossen	27.02.1998	Reichenbach (Vogtl)	28.02.98 verk Rotterdam Rail Feeding
112 324	01.01.1981**	Bautzen	25.05.1998	Görlitz	15.08.98 verk PBSV Verkehrs GmbH
112 325	01.11.1982*	Stralsund	30.08.1998	Neustrelitz	31.08.98 verk NEB GmbH (Basdorf)
112 326	01.01.1981**	Wismar	01.06.1999	Neustrelitz	30.06.99 SFZ-Mietpool (203 505)
112 327	01.01.1981**	Haldensleben	30.03.1998	Meiningen	31.03.98 verk LEG mbH
112 329	01.01.1981**	Wismar	27.06.1998	Neustrelitz	31.08.98 ++ .02.99 Neustrelitz
112 330	04.12.1090*	Seddin	31.10.2000	Cottbus	31.10.00 verk TSD GmbH
112 331	01.01.1981**	Bautzen	01.12.1999	Dresden	30.04.00 verk OSEF e.V. Löbau
112 332	24.07.1981*	Jüterbog	28.08.1997	Berlin-Pankow	31.01.98 ++ .06.98 Ebeleben
112 333	23.12.1984*	Stralsund	30.03.1998	Neustrelitz	31.03.98 ++ 1998 Rostock
112 334	01.01.1981**	Bautzen	15.12.2000	Gera	15.12.00 an DB Bahnbau (203 310)
112 335	01.01.1981**	Schwerin	31.08.2000	Gera	31.08.00 verk Leo Weiß
112 336	15.05.1985*	Schwerin	30.08.1998	Neustrelitz	31.08.98 ++ .02.99 Neustrelitz
112 337	21.04.1981*	Haldensleben	12.06.1996	Halberstadt	30.11.96 ++ .12.98 Oebisfelde
112 338	28.05.1981*	Schwerin	30.05.1998	Halle G	31.05.98 ++ 20.09.98 Halle P
112 340	01.01.1981**	Berlin-Pankow	01.03.1999	Cottbus	31.03.99 verk Spitzke Spoorbouw (NL)
112 341	25.05.1985*	Haldensleben	05.09.1998	Magdeburg	30.09.98 SFZ-Mietpool (203 102)
112 342	29.05.1982*	Glauchau (Sachs)	22.12.2000	Görlitz	22.12.00 verk HVLE
112 344	01.01.1981**	Eisenach	23.04.1996	Erfurt	10.09.96 ++ .06.98 Ebeleben
112 345	30.04.1982*	Rostock	26.03.1996	Rostock	23.04.96 verk NVAG
112 346	28.07.1983*	Karl-Marx-Stadt	30.04.1996	Chemnitz	30.08.96 ++ .11.98 Hagenwerder
112 347	11.10.1983*	Pasewalk	14.08.1998	Meiningen	15.08.98 verk MTEG mbH
112 348	28.12.1985*	Meiningen	12.06.1996	Görlitz	05.09.96 ++ .08.97 Charlottenhof
112 349	01.01.1981**	Bautzen	17.06.1998	Görlitz	15.08.98 Mietpool (dort: 203 001)
112 350	29.03.1983*	Blankenburg (Harz)	31.05.2000	Halberstadt	31.05.00 verk PRESS GmbH

* nach Umbau ** Umzeichnung

Statistik 112 (III)

Lok	Indienststellung	Erstbeheimatung	z-Stellung	letztes Bw	Ausmusterung & Verbleib	
112 351	01.01.1981**	Elsterwerda	01.09.1999	Görlitz	30.04.00	SFZ-Mietpool (202 351)
112 352	01.01.1981**	Elsterwerda	02.06.1998	Dresden	15.08.98	++ 22.04.99 Dresden
112 353	01.01.1981**	Hagenow Land	10.07.1998	Erfurt	15.08.98	++ .04.99 Ebeleben
112 354	19.05.1982*	Güstrow	01.03.1998	Magdeburg	17.04.98	verk MTEG mbH
112 355	23.10.1982*	Röblingen a. S.	19.10.1995	Halle G	31.10.95	++ .05.98 Ebeleben
112 357	03.11.1987**	Güsten	17.12.1998	Halberstadt	30.06.99	++ .09.04 Stendal
112 358	30.05.1981*	Leipzig Hbf Süd	31.03.1983	Leipzig Hbf Süd	umz	in 115 358
112 360	01.03.1984*	Stralsund	27.06.1998	Neustrelitz	31.08.98	++ .02.99 Neustrelitz
112 361	13.12.1983*	Jüterbog	01.06.1998	Stendal	31.07.98	++ .07.04 Stendal
112 362	31.08.1988*	Bautzen	27.06.1998	Neustrelitz	31.08.98	++ .02.99 Neustrelitz
112 363	24.09.1985*	Stendal	05.05.1998	Halle G	31.07.98	++ .12.98 Halle (S)
112 364	31.01.1986**	Güsten	30.04.2000	Halle G	31.05.00	verk NetLog
112 365	11.10.1983*	Pasewalk	30.03.1998	Neustrelitz	31.03.98	++ .02.99 Neustrelitz
112 368	13.03.1981*	Bautzen	19.02.1998	Chemnitz	15.08.98	SFZ-Mietpool (202 368)
112 369	21.01.1982*	Bautzen	18.06.1998	Görlitz	15.08.98	verk ITL GmbH
112 370	21.10.1982*	Neubrandenburg	07.12.1998	Görlitz	15.01.99	SFZ-Mietpool (203 113)
112 371	01.01.1981**	Sangerhausen	25.06.1998	Leipzig Hbf Süd	30.04.00	++ .09.04 Stendal
112 372	27.01.1984*	Erfurt	23.04.1996	Erfurt	25.09.96	++ .06.97 Erfurt
112 373	01.01.1981**	Pasewalk	01.01.1999	Meiningen	31.12.99	verk TSD GmbH
112 374	10.02.1981*	Erfurt	14.06.2001	Görlitz	31.07.01	verk Stock-Transport
112 375	01.10.1985*	Halberstadt	17.07.1997	Halle G	31.01.98	++ 30.11.98 Espenhain
112 376	21.12.1983*	Güsten	30.05.1998	Halberstadt	31.05.98	verk rt&l GmbH
112 377	01.01.1981**	Pasewalk	17.07.1997	Halle G	31.01.98	++ 30.11.98 Espenhain
112 378	25.06.1981*	Güsten	01.09.1999	Cottbus	15.09.99	verk D&D GmbH
112 379	09.06.1984*	Erfurt	26.07.2000	Erfurt	27.07.00	verk Zugkraft GmbH
112 381	18.02.1981*	Bautzen	26.03.1996	Wittenberge	26.03.96	++ .08.98 Brandenburg
112 382	01.01.1981*	Berlin-Pankow	29.08.1997	Berlin-Pankow	31.01.98	++ 09.03.99 Cottbus
112 383	01.01.1981**	Bautzen	01.10.1996	Magdeburg	30.11.96	++ .07.04 Stendal
112 384	01.01.1981*	Eisenach	15.12.2000	Erfurt	15.12.00	an DB Bahnbau (203 309)
112 385	28.09.1985**	Stralsund	15.12.2000	Erfurt	15.12.00	verk rt&l GmbH
112 386	18.09.1985*	Magdeburg	27.08.1997	Berlin-Pankow	31.01.98	++ .07.98 Ebeleben
112 387	21.01.1981*	Erfurt	31.01.1999	Cottbus	31.01.99	++ 13.03.99 Cottbus
112 388	01.01.1981**	Pasewalk	27.06.1998	Neustrelitz	31.08.98	verk NEB AG
112 389	01.01.1981**	Elsterwerda	12.06.1996	Görlitz	05.09.96	++ .08.97 Charlottenhof
112 390	17.06.1982*	Zittau	31.05.2000	Magdeburg	31.05.00	verk Leo Weiß
112 392	01.11.1986*	Stralsund	26.03.1996	Pasewalk	27.03.96	++ .09.97 Angermünde
112 394	01.01.1981**	Frankfurt (O)	07.07.1998	Cottbus	31.01.99	++ 10.03.99 Cottbus
112 395	01.11.1986*	Güsten	25.06.1996	Stendal	30.11.96	++ .12.98 Oebisfelde
112 396	13.07.1985*	Haldensleben	30.01.1998	Cottbus	31.01.98	++ 15.03.99 Cottbus
112 397	03.01.1981*	Bautzen	23.04.1996	Erfurt	15.08.98	++ .04.99 Ebeleben
112 398	01.01.1981**	Elsterwerda	01.03.1998	Magdeburg	17.04.98	++ .09.04 Stendal
112 400	01.01.1981**	Eisenach	27.02.1998	Leipzig Hbf Süd	28.02.98	++ 26.11.98 Leipzig
112 402	22.12.1983*	Schwerin	26.11.1987	Schwerin	08.12.87	++ 29.02.88 Stendal
112 403	01.01.1981**	Güstrow	22.09.1997	Seddin	31.01.98	++ .08.98 Seddin
112 404	06.07.1984*	Stendal	11.10.1985	Magdeburg	08.07.86	++ .10.85 Eilsleben
112 405	01.01.1981**	Eisenach	15.12.2000	Görlitz	15.12.00	SFZ-Mietpool (203 405)
112 406	21.05.1985*	Güsten	01.03.1099	Halberstadt	30.06.99	SFZ-Mietpool (203 406)
112 407	01.01.1981**	Berlin-Pankow	15.12.2000	Görlitz	15.12.00	verk Rotterdam Rail Feeding
112 408	15.05.1984*	Hagenow Land	11.08.1996	Neustrelitz	20.09.96	++ .10.97 Neustrelitz
112 409	01.01.1981**	Eisenach	25.03.1996	Erfurt	15.08.98	++ .09.04 Stendal
112 411	19.09.1986*	Brandenburg	01.03.1998	Seddin	30.09.98	++ 1999 Brandenburg
112 412	13.05.1981*	Haldensleben	01.03.1998	Magdeburg	17.04.98	verk STRABAG
112 413	27.04.1985*	Haldensleben	02.03.1998	Halberstadt	17.04.98	verk VolkerRail (NL)
112 414	01.01.1981**	Güstrow	27.06.1998	Neustrelitz	31.08.98	++ .02.99 Neustrelitz
112 415	01.01.1981**	Hagenow Land	27.06.1998	Neustrelitz	31.08.98	++ .09.04 Stendal
112 416	31.03.1983*	Karl-Marx-Stadt	14.06.2001	Görlitz	31.07.01	an DB Bahnbau (203 304)
112 417	01.01.1981**	Eisenach	30.01.1998	Seddin	31.01.98	++ .09.98 Seddin
112 418	01.01.1981**	Bautzen	12.12.1988	Hoyerswerda	26.02.89	++ 22.08.89 Hoyerswerda
112 420	01.01.1981**	Wismar	26.03.1996	Rostock	24.04.96	++ 2004 Stendal
112 421	01.03.1984*	Brandenburg	22.06.1998	Halle G	31.07.98	verk Rotterdam Rail Feeding

* nach Umbau ** Umzeichnung

△ **Bild 50** • Als am 6. Oktober 1991 diese Aufnahme der **112 293** (Bw Leipzig Hbf Süd) bei Pörsten entstand, lag deren Umbau bereits zehn Jahre zurück. Sie erhielt im Herbst 1981 einen 1.200-PS-Motor und wurde daraufhin auch in der Baureihenbezeichnung entsprechend „hochgestuft". AUFNAHME: HENNING FOLZ

▽ **Bild 51** • **112 351** des Bw Zittau ist am 13. Juli 1984 mit einem Personenzug aus Richtung Ebersbach (Sachs) kommend bei Mittelherwigsdorf (Sachs) unterwegs nach Zittau. Links zweigt die Nebenstrecke über Großschönau, Varnsdorf (ČSSR/Tschechien) und Seifhennersdorf nach Eibau ab. AUFNAHME: JOACHIM VOLKHARDT

△ **Bild 52** • Der Bahnhof Hadmersleben befindet sich an der Strecke Magdeburg – Halberstadt zwischen Blumenberg und Oschersleben (Bode). Am 28. August 1988 fährt **112 361** des Bw Halberstadt mit dem P 8453 (Halberstadt – Magdeburg) am Haken ein. Pünktlich! Aufnahme: Joachim Volkhardt

▽ **Bild 53** • **112 409** – hier aufgenommen am 6. Oktober 1991 im Bahnhof Gera – entstand durch den Einbau eines 1.200 PS Motors bereits im Dezember 1978. Die entsprechende Umzeichnung der Lok fand allerdings erst zum 1. Januar 1981 statt. Zum Zeitpunkt der Aufnahme dieses Bildes gehörte 112 409 zum Bestand des Bw Gera. Aufnahme: Henning Folz

◁ **Bild 54**
Auf der heute nicht mehr existenten Verbindung Merseburg – Leipzig-Leutzsch leistete **202 407** (ex 112 407, ex 110 407) am 8. Juni 1997 ihren Dienst. Hier verlässt sie mit dem P 8185 den Bahnhof Zöschen.

Aufnahme: Gunter von Hartwig

◁ **Bild 55**
Mit dem – nicht nur an jenem Tag – letzten Zug nach Pörsten steht **202 457** (ex 112 457, ex 110 475) am 23. Mai 1998 in Leipzig-Leutzsch.

Aufnahme: Detelf Winkler

◁ **Bild 56**
Der Haltepunkt Irfersgrün befindet sich zwischen Zwickau und Lengenfeld (Vogtl) an der Strecke nach Falkenstein (Vogtl). Am 6. Juni 1991 erreicht **112 496** (Bw Reichenbach/Vogtl) mit dem P 16617 (Zwickau – Klingenthal) die iyllisch gelegene Station.

Aufnahme: Henning Folz

Statistik 112 (IV)

Lok	Indienststellung	Erstbeheimatung	z-Stellung	letztes Bw	Ausmusterung & Verbleib
112 422	20.06.1986*	Gera	30.01.1998	Cottbus	31.01.98 ++ 08.03.99 Cottbus
112 423	27.10.1982*	Karl-Marx-Stadt	27.06.1998	Görlitz	15.08.98 SFZ-Mietpool (202 423)
112 425	19.02.1981*	Haldensleben	15.12.2000	Görlitz	15.12.00 verk LEG mbH
112 426	23.01.1982*	Halberstadt	02.09.1997	Halle G	31.01.98 ++ 30.11.98 Espenhain
112 427	01.03.1987*	Luckau	01.12.1999	Görlitz	30.04.00 ++ 2019 Werk Stendal
112 428	01.01.1981**	Eisenach	23.04.1996	Erfurt	30.11.96 ++ .06.97 Erfurt
112 429	28.09.1983*	Glauchau (Sachs)	12.06.1996	Chemnitz	05.09.96 ++ .08.04 Stendal
112 430	12.03.1982*	Glauchau (Sachs)	15.12.2000	Görlitz	15.12.00 verk NEG mbH
112 431	01.01.1981**	Güstrow	27.06.1998	Neustrelitz	31.08.98 ++ .02.99 Neustrelitz
112 432	01.01.1981**	Sangerhausen	01.08.1999	Erfurt	01.01.00 Abgabe 11/99 an Kosovo
112 433	01.01.1981**	Bautzen	16.06.1998	Görlitz	15.08.98 verk HVLE
112 434	28.04.1982*	Halberstadt	25.06.1998	Leipzig Hbf Süd	15.08.98 ++ 19.11.98 Leipzig
112 435	10.05.1984**	Nordhausen	11.12.1995	Erfurt	20.12.95 ++ .06.98 Ebeleben
112 436	30.04.1982*	Wismar	01.04.1998	Chemnitz	15.08.98 ++ 1999 Stendal
112 437	01.01.1981**	Wismar	30.03.1998	Neustrelitz	31.03.98 ++ .02.99 Neustrelitz
112 438	16.07.1985*	Güsten	30.05.1998	Stendal	31.05.98 ++ .09.04 Stendal
112 439	31.07.1985*	Stralsund	30.03.1998	Meiningen	31.03.98 verk EBM Dieringhausen
112 441	22.06.1982*	Erfurt	11.12.1995	Erfurt	20.12.95 ++ 09.04 Stendal
112 442	01.01.1981**	Elsterwerda	02.09.1997	Magdeburg	17.04.98 SFZ-Mietpool (203 442)
112 443	28.11.1985**	Schwerin	01.03.1999	Stendal	30.06.99 SFZ-Mietpool (203 443)
112 444	01.01.1981**	Haldensleben	22.07.1997	Schwerin	31.03.98 ++ .03.99 Wittenberge
112 446	01.01.1981**	Haldensleben	22.12.2000	Görlitz	22.12.00 verk Montafonerbahn AG
112 447	09.01.1981*	Haldensleben	16.08.1997	Berlin-Pankow	31.01.98 ++ .06.98 Ebeleben
112 449	18.03.1981*	Schwerin	30.08.1998	Neustrelitz	31.08.98 ++ 07.06.99 Rostock Seehafen
112 450	21.06.1984*	Güsten	02.03.1998	Halberstadt	17.04.98 SFZ-Mietpool (203 115)
112 451	25.04.1989*	Reichenbach (Vogtl)	15.01.1999	Chemnitz	15.01.99 ++ 22.02.99 Chemnitz
112 452	18.06.1982*	Glauchau (Sachs)	27.02.1998	Chemnitz	28.02.98 ++ 19.02.99 Chemnitz
112 453	01.01.1981**	Güstrow	30.08.1999	Lu-Wittenberg	30.08.99 verk RaR Service GmbH
112 454	01.01.1981**	Eisenach	11.01.2001	Görlitz	11.01.01 verk Rotterdam Rail Feeding
112 455	01.01.1981**	Bautzen	13.06.1997	Cottbus	02.07.97 ++ 03.03.99 Cottbus
112 456	09.03.1982*	Erfurt	24.10.1995	Halle G	31.10.95 ++ 21.06.97 Halle (S)
112 457	01.01.1981**	Leipzig Hbf Süd	28.06.1998	Leipzig Hbf Süd	15.08.98 an DB Museum
112 458	31.01.1986**	Güsten	28.08.1996	Halberstadt	30.11.96 verk Lappwaldbahn
112 459	27.03.1982*	Bautzen	01.01.1994	Görlitz	22.12.00 2004 an SG-LHG Service GmbH
112 460	01.01.1981**	Sangerhausen	09.09.1996	Wittenberge	20.09.96 ++ .03.99 Wittenberge
112 461	20.01.1982*	Pasewalk	30.05.1997	Neustrelitz	31.05.97 verk NVAG
112 462	21.01.1984*	Neubrandenburg	30.03.1998	Neustrelitz	31.03.98 ++ .03.99 Wittenberge
112 463	29.12.1983*	Neubrandenburg	23.11.1985	Neubrandenburg	15.08.86 ++ 10.12.87 Neubrandenburg
112 465	01.01.1981**	Berlin-Pankow	30.06.1997	Seddin	02.07.97 ++ .08.98 Seddin
112 466	01.01.1981*	Eisenach	15.12.2000	Erfurt	15.12.00 verk NetLog
112 467	05.05.1987**	Haldensleben	28.08.1996	Halberstadt	30.11.96 ++ .05.98 Ebeleben
112 468	16.08.1983*	Neubrandenburg	23.11.1985	Neubrandenburg	25.11.86 ++ 19.02.87 Stendal
112 470	27.04.1984*	Magdeburg	28.08.1996	Lu-Wittenberg	30.11.96 ++ .03.98 Oebisfelde
112 471	31.05.1986**	Güsten	19.10.1995	Halberstadt	31.10.95 ++ .05.98 Ebeleben
112 472	01.01.1981*	Wismar	30.05.1998	Halle G	31.05.98 ++ 14.09.98 Halle P
112 473	16.09.1981*	Halberstadt	31.01.1999	Cottbus	31.01.99 ++ 11.03.99 Cottbus
112 474	01.01.1981**	Frankfurt (O)	31.01.1999	Cottbus	31.01.99 ++ 16.03.99 Cottbus
112 475	31.07.1986*	Stralsund	27.05.1996	Stralsund	30.08.96 ++ .05.98 Stralsund
112 476	29.01.1982*	Schwerin	30.08.1998	Neustrelitz	31.08.98 ++ .02.99 Neustrelitz
112 477	01.01.1981**	Eisenach	11.12.1995	Erfurt	13.12.95 ++ .07.98 Ebeleben
112 478	01.01.1981**	Haldensleben	30.05.1998	Lu-Wittenberg	31.05.98 ++ 20.04.99 Lu-Wittenberg
112 479	12.02.1981*	Haldensleben	26.05.1998	Görlitz	15.08.98 ++ .12.98 Charlottenhof
112 480	01.01.1981**	Wismar	26.10.1995	Schwerin	30.10.95 ++ .01.99 Ludwigslust
112 481	01.06.1982*	Hagenow Land	01.08.1999	Halberstadt	30.08.99 verk RP Eisenbahn
112 483	19.01.1983*	Blankenburg (Harz)	01.09.1999	Neustrelitz	11.10.99 umb im SFZ Stendal (203 502)
112 484	01.01.1981**	Gera	15.12.2000	Erfurt	15.12.00 verk LEG mbH
112 486	01.12.1985*	Röblingen a. S.	23.02.1999	Dresden	31.12.99 Alstom-Lokpool (203 117)
112 487	01.01.1981**	Eisenach	01.09.1999	Gera	31.03.00 verk EBM-Verkehrs Gesellschaft
112 488	01.01.1981**	Wismar	01.09.1999	Cottbus	31.03.00 verk TLG GmbH
112 489	01.01.1981**	Wismar	27.06.1998	Neustrelitz	31.08.98 ++ .03.99 Wittenberge
112 490	23.07.1982*	Neubrandenburg	22.12.2000	Görlitz	22.12.00 SFZ-Mietpool (203 701)
112 494	01.04.1987*	Seddin	15.01.2001	Cottbus	15.01.01 verk TLG GmbH

* nach Umbau ** Umzeichnung

Statistik 112 (V)

Lok	Indienststellung	Erstbeheimatung	z-Stellung	letztes Bw	Ausmusterung & Verbleib
112 495	01.01.1981**	Berlin-Pankow	01.03.1998	Berlin-Pankow	31.07.98 ++ 16.03.99 Cottbus
112 496	20.09.1985**	Aue (Sa)	01.03.1998	Magdeburg	17.04.98 SFZ-Mietpool (202 496)
112 497	20.03.1987*	Stendal	30.03.1998	Erfurt	31.03.98 ++ .07.04 Stendal
112 498	01.02.1984*	Dresden	14.06.1997	Dresden	28.02.98 ++ 1999 Gröditz
112 499	26.07.1984*	Kamenz (Sachs)	01.10.1996	Magdeburg	30.11.96 ++ .08.04 Stendal
112 500	29.01.1984*	Kamenz (Sachs)	01.10.2000	Görlitz	01.10.00 ++ .12.00 Ebeleben
112 501	14.08.1986*	Wittenberge	27.06.1998	Neustrelitz	31.08.98 ++ .02.99 Neustrelitz
112 502	18.06.1981*	Dresden	27.02.1998	Chemnitz	28.02.98 ++ 17.02.99 Chemnitz
112 503	26.09.1984*	Dresden	01.03.1998	Chemnitz	15.08.98 ++ .01.99 Chemnitz
112 504	25.09.1987*	Karl-Marx-Stadt	04.03.1996	Reichenbach (Vogtl)	27.08.96 ++ .02.98 Walddrehna
112 505	01.08.1983*	Güsten	01.03.1999	Halberstadt	30.06.99 verk RIM (Italien)
112 506	31.05.1986**	Halberstadt	10.04.1997	Halberstadt	31.01.98 ++ .05.98 Ebeleben
112 507	18.02.1982*	Sangerhausen	30.01.1998	Cottbus	31.01.98 ++ 03.03.99 Cottbus
112 509	01.01.1981**	Elsterwerda	22.07.1997	Schwerin	31.03.98 verk Mittelweserbahn GmbH
112 511	02.07.1983**	Rostock	27.06.1998	Neustrelitz	31.08.98 ++ .05.99 Rostock Seehafen
112 512	15.07.1983**	Neuruppin	15.02.1990	Rostock	29.06.90 ++ 16.10.90 Stendal
112 515	23.02.1982*	Erfurt	14.08.1998	Erfurt	15.08.98 ++ .04.99 Ebeleben
112 516	24.09.1982*	Glauchau (Sachs)	01.09.1999	Dresden	01.01.00 Abgabe 11/99 an Kosovo
112 517	01.01.1981**	Frankfurt (O)	19.05.1998	Berlin-Pankow	31.01.99 ++ 05.03.99 Cottbus
112 518	01.01.1981**	Frankfurt (O)	01.03.1999	Cottbus	31.03.99 verk VolkerRail (NL)
112 519	01.01.1981**	Frankfurt (O)	27.08.1997	Berlin-Pankow	31.01.98 ++ .07.98 Ebeleben
112 520	01.01.1981**	Berlin-Pankow	15.01.2001	Cottbus	15.01.01 verk Uwe Adam
112 521	27.08.1985*	Berlin Ostbahnhof	28.08.1997	Berlin-Pankow	31.01.98 ++ .07.98 Ebeleben
112 522	01.01.1981**	Leipzig Hbf Süd	28.08.1996	Halle G	30.11.96 ++ .10.03 Espenhain
112 523	01.01.1981**	Güstrow	22.12.2000	Görlitz	22.12.00 SFZ-Mietpool (203 157)
112 524	01.07.1986*	Schwerin	27.06.1998	Neustrelitz	31.08.98 ++ .07.04 Stendal
112 525	25.10.1985*	Stralsund	15.12.2000	Gera	15.12.00 verk PRESS GmbH
112 526	14.01.1983*	Nordhausen	10.04.1997	Halberstadt	31.01.98 ++ .05.98 Ebeleben
112 527	16.11.1985*	Gera	27.07.2000	Erfurt	27.07.00 verk Rotterdam Rail Feeding
112 528	27.01.1982*	Sangerhausen	22.12.2000	Dresden	22.12.00 verk Spitzke Logistik GmbH
112 529	29.08.1985*	Blankenburg (Harz)	23.07.1997	Stendal	17.04.98 verk Spitzke Logistik GmbH
112 530	01.01.1981**	Elsterwerda	07.08.1998	Görlitz	15.08.98 verk EBM EVG mbH
112 531	01.01.1981**	Pasewalk	31.05.2000	Meiningen	31.05.00 verk TLG GmbH
112 532	01.01.1981**	Elsterwerda	26.03.1996	Neustrelitz	20.09.96 ++ .02.99 Neustrelitz
112 533	27.06.1984*	Blankenburg (Harz)	17.06.1997	Görlitz	28.02.98 ++ .12.98 Charlottenhof
112 534	17.10.1986*	Halberstadt	20.06.1997	Chemnitz	28.02.98 ++ 26.02.99 Chemnitz
112 535	01.05.1985*	Brandenburg	19.09.2001	Görlitz	19.10.01 SFZ-Mietpool (203 535)
112 536	22.03.1988*	Stendal	23.07.1997	Stendal	31.01.98 verk Spitzke Logistik GmbH
112 537	01.03.1982*	Neubrandenburg	04.03.1996	Reichenbach (Vogtl)	27.08.96 ++ .02.98 Walddrehna
112 538	02.11.1983*	Erfurt	11.12.1995	Erfurt	13.12.95 ++ .07.98 Ebeleben
112 539	01.01.1981**	Sangerhausen	23.07.1997	Stendal	17.04.98 ++ .07.04 Stendal
112 542	17.08.1984*	Neustrelitz	23.07.1997	Stendal	17.04.98 ++ .07.04 Stendal
112 543	01.01.1981**	Sangerhausen	15.12.2000	Erfurt	15.12.00 verk PRESS GmbH
112 544	01.01.1981*	Eisenach	31.07.2001	Görlitz	31.07.01 ++ .07.00 Rostock
112 545	05.05.1981*	Pasewalk	09.09.1996	Pasewalk	20.09.96 ++ .09.97 Angermünde
112 546	19.06.1984*	Zeitz	27.02.1998	Leipzig Hbf Süd	28.02.98 ++ 23.11.98 Leipzig
112 547	01.01.1981**	Schwerin	30.03.1998	Neustrelitz	31.03.98 verk Spitzke Logistik GmbH
112 548	09.11.1982*	Zittau	01.03.1998	Stendal	17.04.98 verk Vattenfall
112 549	27.11.1982*	Röblingen a.S.	31.01.1999	Cottbus	31.01.99 ++ 12.03.99 Cottbus
112 550	01.07.1989*	Aue (Sa)	01.10.2000	Dresden	01.10.00 verk RIM (Italien)
112 553	26.10.1983*	Schwerin	01.06.1998	Cottbus	31.07.98 ++ 08.03.99 Cottbus
112 554	23.11.1985*	Röblingen a.S.	12.06.1996	Halle G	30.11.96 ++ .01.97 Espenhain
112 555	25.04.1985*	Gera	31.05.2000	Erfurt	31.05.00 an DB Bahnbau (203 302)
112 556	07.08.1986*	Reichenbach (Vogtl)	30.10.1995	Chemnitz	30.11.95 ++ .06.98 Hagenwerder
112 558	01.04.1982*	Zittau	15.01.1999	Leipzig Hbf Süd	15.01.99 SFZ-Mietpool (202 558)
112 559	30.03.1984*	Nordhausen	27.02.1998	Chemnitz	28.02.98 ++ .09.04 Stendal
112 560	13.06.1986**	Meiningen	10.06.1997	Chemnitz	28.02.98 ++ .01.99 Chemnitz
112 561	21.12.1985*	Dresden	23.04.1996	Dresden	15.09.96 ++ .01.99 Chemnitz
112 562	12.06.1986*	Dresden	22.12.2000	Görlitz	22.12.00 SFZ-Mietpool (203 116)
112 563	01.07.1986*	Haldensleben	25.06.1998	Görlitz	15.08.98 an DLW Meiningen
112 564	01.01.1981**	Güstrow	31.05.1996	Chemnitz	26.08.96 ++ .01.99 Chemnitz

* nach Umbau ** Umzeichnung

Bild 57 ▷ Die Umzeichnung der DR-Lokomotiven gemäß dem einheitlichen Nummernplan der DR/DB vollzog sich auch innerhalb einer Dienststelle nicht „über Nacht", wie hier der Blick ins Bw Stendal am 28. Dezember 1991 zeigt. Neben den bereits umgezeichneten **202 438** (ex 112 438) und **201 243** (ex 110 243) steht **112 548**.

Bild 58 ▷ Am 15. Mai 1989 erreicht **112 524** des Bw Schwerin mit einem Personenzug den Bahnhof Bad Kleinen.

Aufnahmen (2): Volker Lucas, Sammlung A. Zika

▽ **Bild 59** • Im Herbst 1980 ist **110 547** des Bw Leipzig Hbf Süd mit einem Personenzug unterwegs nach Pörsten, hier aufgenommen auf dem Rippachtalviadukt bei Röcken. Der Umbau der Lok fand im Juni jenes Jahres statt, die Umzeichnung erst zum 1. Januar 1981.

Aufnahme: Matthias Nieke

◁ **Bild 60**
Mit einem kurzen Personenzug aus Richtung Teuchern kommend, ist **202 594** (ex 112 594) am 22. Mai 1994 an der Abzweigstelle Zeitz-Zangenberg (auch als Zeitz Nord bezeichnet) unterwegs nach Zeitz.

Aufnahme:
Detlef Winkler

◁ **Bild 61**
Am 6. Oktober 1991 passiert **112 596** des Bw Leipzig Hbf Süd als Lz-Fahrt die Anlagen des Bw Weißenfels.

Aufnahme:
Henning Folz

◁ **Bild 62**
Die hier am 9. Mai 1988 im Bahnhof Glauchau (Sachs) aufgenommene **112 625** (Bw Glauchau/Sachs) wurde als 110 625 im Dezember 1973 im Bw Leipzig Hbf Süd in Dienst gestellt, im November 1983 umgebaut und anschließend sofort in 112 625 umgezeichnet.

Aufnahme:
Andreas Stange

Statistik 112 (VI)

Lok	Indienststellung	Erstbeheimatung	z-Stellung	letztes Bw	Ausmusterung & Verbleib
112 565	01.10.1982*	Erfurt	31.08.2000	Gera	31.08.00 verk PRESS GmbH
112 567	19.11.1983*	Leipzig Hbf Süd	25.06.1998	Leipzig Hbf Süd	15.08.98 ++ 24.11.98 Leipzig
112 568	28.09.1982*	Zittau	12.06.1996	Görlitz	05.09.96 verk EBM EVG mbH
112 569	31.05.1983*	Röblingen a. S.	30.03.1998	Neustrelitz	31.03.98 verk EBM EVG mbH
112 571	29.06.1982*	Wismar	27.02.1998	Chemnitz	28.02.98 ++ 24.02.99 Chemnitz
112 572	20.08.1983*	Leipzig Hbf Süd	18.06.1997	Leipzig Hbf Süd	28.02.98 ++ 25.11.98 Leipzig
112 573	01.10.1983*	Leipzig Hbf Süd	15.01.2001	Cottbus	15.01.01 SFZ-Mietpool (203 211)
112 574	26.07.1985*	Nossen	27.02.1998	Chemnitz	28.02.98 ++ .01.99 Chemnitz
112 575	18.03.1983*	Meiningen	30.01.1997	Erfurt	31.03.98 ++ .07.98 Ebeleben
112 576	18.10.1983*	Glauchau (Sachs)	26.11.1997	Chemnitz	28.02.98 ++ 17.02.99 Chemnitz
112 578	18.03.1986*	Karl-Marx-Stadt	01.03.1998	Chemnitz	15.08.98 ++ .01.99 Chemnitz
112 579	17.09.1986*	Reichenbach (Vogtl)	14.05.1996	Chemnitz	27.08.96 ++ .01.99 Chemnitz
112 580	11.01.1983*	Nordhausen	27.06.1998	Neustrelitz	30.09.98 ++ .02.99 Neustrelitz
112 581	01.05.1986*	Karl-Marx-Stadt	01.03.1998	Chemnitz	15.08.98 ++ 24.02.99 Chemnitz
112 582	30.07.1986*	Halberstadt	16.05.1998	Halberstadt	31.07.98 verk Vattenfall
112 585	10.03.1983*	Karl-Marx-Stadt	31.05.1997	Chemnitz	28.02.98 ++ 25.02.99 Chemnitz
112 586	04.08.1983*	Dresden	22.12.2000	Dresden	22.12.00 verk PRESS GmbH
112 587	01.05.1987*	Karl-Marx-Stadt	15.01.1999	Chemnitz	15.01.99 verk OHE-Spandau AG
112 589	05.09.1985**	Dresden	26.05.1998	Chemnitz	30.08.99 ++ 12.04.99 Dresden
112 590	12.11.1982*	Schwerin	27.06.1998	Neustrelitz	31.08.98 ++ .11.98 Neustrelitz
112 591	25.05.1984*	Karl-Marx-Stadt	27.02.1998	Chemnitz	28.02.98 ++ 24.02.99 Chemnitz
112 593	24.04.1985*	Nossen	02.06.1997	Chemnitz	28.02.98 ++ .01.99 Chemnitz
112 594	13.10.1984*	Frankfurt (O)	17.09.2001	Görlitz	17.09.01 Mietpool (dort: 203 594)
112 595	31.07.1986*	Frankfurt (O)	30.01.1998	Seddin	31.01.98 ++ .06.98 Seddin
112 596	07.01.1984*	Halle G	27.02.1998	Leipzig Hbf Süd	28.02.98 ++ 20.11.98 Leipzig
112 597	26.07.1990*	Seddin	01.05.1999	Cottbus	31.05.99 verk Uwe Adam
112 598	16.08.1985*	Seddin	21.04.1998	Seddin	30.09.98 ++ 1999 Brandenburg
112 599	01.07.1985*	Jüterbog	30.06.1997	Seddin	02.07.97 ++ .05.98 Seddin
112 600	20.01.1983*	Frankfurt (O)	31.03.1998	Berlin-Pankow	30.09.98 ++ 12.03.99 Cottbus
112 601	17.11.1982*	Meiningen	04.03.1996	Reichenbach (Vogtl)	27.08.96 ++ .02.98 Walddrehna
112 602	08.02.1984*	Meiningen	30.03.1998	Meiningen	31.03.98 verk D&D GmbH
112 603	31.01.1986**	Güsten	11.12.1995	Erfurt	13.12.95 ++ .06.97 Erfurt
112 606	24.01.1981*	Wismar	30.08.1998	Neustrelitz	31.08.98 ++ .03.99 Wittenberge
112 610	29.11.1986*	Stendal	30.05.1998	Halberstadt	31.05.98 SFZ-Mietpool (202 610)
112 611	06.07.1990*	Aue (Sa)	10.08.1996	Chemnitz	05.09.96 ++ 26.02.99 Chemnitz
112 613	14.06.1985*	Gera	01.08.1999	Erfurt	01.01.00 Abgabe 11/99 an Kosovo
112 614	31.07.1985*	Gera	17.11.1994	Seddin	30.11.95 ++ .06.98 Seddin
112 615	31.08.1985*	Görlitz	01.09.1999	Dresden	01.01.00 Abgabe 11/99 an Kosovo
112 617	01.09.1988*	Aue (Sa)	21.05.1998	Chemnitz	15.08.98 ++ 22.02.99 Chemnitz
112 620	26.11.1983*	Glauchau (Sachs)	31.05.1996	Chemnitz	26.08.96 ++ .06.98 Hagenwerder
112 621	05.12.1984*	Dresden	20.06.1997	Dresden	28.02.98 ++ 16.04.99 Dresden
112 623	26.11.1986*	Magdeburg	12.06.1996	Chemnitz	05.09.96 ++ .01.99 Chemnitz
112 624	29.07.1983*	Karl-Marx-Stadt	23.05.1997	Chemnitz	28.02.98 ++ .01.99 Chemnitz
112 625	15.11.1983*	Glauchau (Sachs)	22.12.2000	Görlitz	22.12.00 an DB Bahnbau (203 315)
112 627	23.02.1988*	Röblingen a. S.	30.03.1998	Neustrelitz	31.03.98 ++ .05.99 Rostock Seehafen
112 629	14.12.1985*	Aue (Sa)	27.05.1996	Wittenberge	30.08.96 ++ .08.98 Brandenburg
112 630	16.09.1988*	Neuruppin	01.11.1999	Rostock	15.11.99 verk Mittelweserbahn GmbH
112 632	21.04.1983*	Zittau	19.05.1998	Chemnitz	15.08.98 ++ 23.02.99 Chemnitz
112 633	30.06.1984*	Dresden	14.08.1998	Chemnitz	15.08.98 ++ 1999 Gröditz
112 635	02.10.1985**	Dresden	10.08.1996	Görlitz	26.08.96 ++ .07.97 Charlottenhof
112 637	26.01.1983*	Brandenburg	30.04.2000	Görlitz	30.04.00 Abgabe 7/00 an Kosovo
112 640	01.08.1984*	Nordhausen	23.07.1997	Stendal	31.01.98 ++ .01.04 Stendal
112 642	04.11.1982*	Meiningen	28.08.1996	Halberstadt	30.11.96 ++ 1998 Oebisfelde
112 643	10.03.1983*	Güsten	02.09.1997	Lu-Wittenberg	17.04.98 ++ 13.04.99 Lu-Wittenberg
112 645	22.06.1984*	Zeitz	01.03.1999	Lu-Wittenberg	30.06.99 verk BBL Logistik GmbH
112 646	01.01.1981**	Leipzig Hbf Süd	19.09.2001	Görlitz	19.10.01 an DB RegioNetz - Erzgebirgsbahn
112 647	16.12.1987*	Bautzen	30.07.1998	Cottbus	31.07.98 ++ 09.03.99 Cottbus
112 648	17.12.1985*	Stendal	30.03.1998	Meiningen	31.03.98 ++ Werk Stendal
112 649	25.02.1983*	Schwerin	26.11.1987	Schwerin	08.12.87 ++ 29.04.88 Stendal

* nach Umbau ** Umzeichnung

Statistik 112 (VII)

Lok	Indienststellung	Erstbeheimatung	z-Stellung	letztes Bw	Ausmusterung & Verbleib
112 651	24.05.1985*	Stralsund	22.12.2000	Görlitz	22.12.00 SFZ-Mietpool (203 111)
112 652	28.03.1984*	Stralsund	15.05.1997	Magdeburg	17.04.98 SFZ-Mietppol (203 652)
112 654	29.07.1983*	Pasewalk	23.04.1996	Erfurt	15.08.98 verk OHE-Spandau AG
112 655	16.03.1984*	Meiningen	27.02.1998	Chemnitz	28.02.98 ++ .01.99 Chemnitz
112 656	30.11.1988*	Nossen	27.02.1998	Reichenbach (Vogtl)	28.02.98 SFZ-Mietpool (203 118)
112 657	20.04.1988*	Bautzen	30.07.1998	Cottbus	31.07.98 ++ 26.02.99 Cottbus
112 658	03.12.1988*	W.-Pieck-Stadt Guben	01.01.2000	Dresden	30.04.00 Abgabe 7/00 an Kosovo
112 659	30.08.1986*	Wittenberge	22.02.1987	Wittenberge	14.05.87 ++ .07.87 Stendal
112 661	29.10.1982*	Aue (Sa)	22.12.2000	Görlitz	22.12.00 SFZ-Mietpool (203 506)
112 662	24.05.1984*	Meiningen	04.10.1995	Erfurt	13.12.95 ++ .07.98 Ebeleben
112 663	01.04.1986*	Halberstadt	30.05.1997	Reichenbach (Vogtl)	28.02.98 ++ 1999 Gröditz
112 666	30.10.1986*	Wittenberge	30.03.1998	Neustrelitz	31.03.98 ++ .05.99 Rostock Seehafen
112 667	28.01.1988*	Brandenburg	01.06.1997	Chemnitz	28.02.98 ++ 24.02.99 Chemnitz
112 670	18.06.1985*	Görlitz	16.04.1998	Lu-Wittenberg	17.04.98 ++ 11.04.99 Lu-Wittenberg
112 672	19.07.1984*	Dresden	19.09.2001	Görlitz	19.10.01 an DB Bahnbau (203 316)
112 674	19.08.1983*	Schwerin	22.12.1998	Lu-Wittenberg	30.06.99 ++ 2019 Stendal
112 675	26.04.1983*	Röblingen a. S.	31.05.2000	Halle G	31.05.00 an DB Bahnbau (203 301)
112 676	22.12.1982*	Meiningen	11.12.1995	Erfurt	13.12.95 ++ .06.97 Erfurt
112 677	27.09.1986*	Stendal	10.06.1997	Chemnitz	28.02.98 verk Spitzke Logistik GmbH
112 678	21.09.1985*	Halberstadt	02.03.1998	Halberstadt	17.04.98 SFZ-Mietpool (203 120)
112 679	01.02.1987*	Leipzig Hbf Süd	22.12.2000	Görlitz	22.12.00 an DB Bahnbau (203 303)
112 681	26.10.1983*	Glauchau (Sachs)	10.06.1996	Chemnitz	26.08.96 ++ .01.99 Chemnitz
112 682	11.05.1988*	Halberstadt	25.06.1998	Leipzig Hbf Süd	15.08.98 verk Rotterdam Rail Feeding
112 683	28.06.1985*	Güsten	12.08.1997	Magdeburg	17.04.98 ++ .08.04 Stendal
112 684	24.05.1984*	Magdeburg	09.09.1997	Berlin-Pankow	31.01.98 ++ .07.98 Ebeleben
112 685	19.07.1984*	Meiningen	31.05.2000	Meiningen	31.05.00 an DB Bahnbau (203 307)
112 687	07.09.1983*	Glauchau (Sachs)	21.05.1998	Chemnitz	15.08.98 ++ .03.99 Chemnitz
112 689	01.12.1987*	Bautzen	04.07.1997	Görlitz	28.02.98 SFZ-Mietpool (202 689)
112 690	25.10.1985*	Aue (Sa)	22.12.2000	Chemnitz	22.12.00 verk Spitzke Spoorbouw (NL)
112 691	01.06.1986*	Frankfurt (O)	01.03.1999	Cottbus	31.03.99 verk Volker Stevin Rail (NL)
112 693	18.12.1987*	Karl-Marx-Stadt	21.05.1998	Chemnitz	15.08.98 ++ 23.02.99 Chemnitz
112 695	30.10.1985*	Aue (Sa)	25.06.1996	Magdeburg	30.11.96 ++ .08.99 Ebeleben
112 696	14.08.1985*	Aue (Sa)	01.03.1998	Stendal	17.04.98 an DB Regio – S-Bahn München
112 697	01.10.1983*	Schwerin	07.02.1998	Neustrelitz	28.02.98 ++ .08.98 Schwerin
112 700	22.03.1984*	Kamenz (Sachs)	30.01.1998	Cottbus	31.01.98 ++ 23.02.99 Cottbus
112 701	27.08.1985*	Halberstadt	30.01.1998	Seddin	31.01.98 ++ .06.98 Seddin
112 702	13.02.1986*	Reichenbach (Vogtl)	04.03.1996	Reichenbach (Vogtl)	27.08.96 ++ .02.98 Walddrehna
112 703	25.02.1983*	Zittau	22.12.2000	Görlitz	22.12.00 verk LEG mbH
112 705	01.06.1985*	Berlin-Pankow	15.04.1998	Berlin-Pankow	31.01.99 ++ 10.03.99 Cottbus
112 706	28.09.1984*	Schwerin	07.06.1995	Halle G	31.10.95 ++ .03.97 Espenhain
112 707	29.12.1987*	Bautzen	31.05.1996	Görlitz	05.09.96 ++ .07.97 Charlottenhof
112 708	01.06.1984*	Stendal	01.09.1999	Cottbus	15.09.99 verk Rail Infra Service Sachsen
112 713	22.11.1986*	Eisenach	30.09.1998	Cottbus	30.09.98 ++ 25.02.99 Cottbus
112 714	01.05.1986*	Kamenz (Sachs)	30.01.1998	Cottbus	31.01.98 ++ 13.03.99 Cottbus
112 715	01.10.1985*	Leipzig Hbf Süd	31.01.1999	Cottbus	31.01.99 ++ 08.03.99 Cottbus
112 716	01.09.1985*	Leipzig Hbf Süd	02.03.1998	Halberstadt	17.04.98 Lokpool (203 119)
112 718	18.04.1986*	Dresden	03.06.1998	Chemnitz	15.08.98 verk EBM EVG mbH
112 719	31.03.1984*	Dresden	15.01.1999	Dresden	15.01.99 verk rt&l GmbH
112 720	27.05.1986*	Dresden	09.09.1996	Magdeburg	30.11.96 verk Wetzel (Weferlingen)
112 721	20.01.1984*	Erfurt	11.12.1995	Erfurt	13.12.95 ++ .07.98 Ebeleben
112 722	16.08.1985*	Halle G	11.01.2001	Görlitz	11.01.01 verk PRESS GmbH
112 724	28.03.1984*	Hoyerswerda	30.09.1998	Cottbus	30.09.98 ++ 01.03.99 Cottbus
112 725	27.05.1988*	Röblingen a. S.	01.12.1999	Dresden	30.04.00 verk Mittelweserbahn GmbH
112 726	31.08.1989*	Neuruppin	15.01.2000	Rostock	15.01.00 verk Lappwaldbahn
112 727	24.05.1984*	Meiningen	27.02.1998	Chemnitz	28.02.98 ++ 03.03.99 Chemnitz
112 728	25.02.1986*	Gera	15.01.1999	Görlitz	15.01.99 SFZ-Mietpool (202 728)
112 729	01.06.1988*	Neuruppin	30.08.1998	Neustrelitz	31.08.98 ++ .05.99 Rostock Seehafen
112 730	21.12.1985*	Luckau	02.09.1997	Magdeburg	17.04.98 verk Rotterdam Rail Feeding
112 731	15.11.1986*	Kamenz (Sachs)	30.06.1997	Cottbus	02.07.97 ++ 24.02.99 Cottbus
112 732	27.07.1985*	Brandenburg	07.07.1998	Cottbus	31.05.99 verk NVAG
112 733	25.04.1986*	Dresden	30.07.1998	Cottbus	31.07.98 ++ 26.02.99 Cottbus
112 735	31.08.1986*	Dresden	11.06.2001	Görlitz	31.07.01 verk D&D GmbH

* nach Umbau ** Umzeichnung

△ **Bild 63** • Von 1897 bis 1945 gab es eine Querverbindung von Zeitz nach Camburg (Saale), die nach dem Zweiten Weltkrieg im Abschnitt Molau – Camburg (Saale) als Reparationsleistung abgebaut und 1965 auf das Reststück Zeitz – Osterfeld eingekürzt wurde. Beim Umsetzen in Osterfeld hat **112 715** (Bw Leipzig Hbf Süd) am 24. Oktober 1990 das Streckenende erreicht.

▽ **Bild 64** • Am Nachmittag des 24. Oktober 1990 steht **202 728** des Bw Gera mit einem für diese Zeit typisch kurzen Nebenbahn-Personenzug in Eisenberg (Thür). Noch ist Betrieb auf diesem Endpunkt der Verbindung aus Crossen an der Elster, die bis 1969 noch bis Porstendorf an der Strecke Camburg (Saale) – Saalfeld führte. Die Lok kam im Oktober 1974 als 110 728 direkt vom LEW Hennigsdorf zum Bw Gera, wurde Anfang 1986 umgebaut und blieb als 112 728 (bzw. ab 1992: 202 728) noch bis Mai 1995 in Gera beheimatet.

Aufnahmen (2): Gunter von Hartwig

Statistik 112 (VIII)

Lok	Indienststellung	Erstbeheimatung	z-Stellung	letztes Bw	Ausmusterung & Verbleib
112 736	07.03.1986*	Magdeburg	31.03.1998	Berlin-Pankow	30.09.98 ++ 25.02.99 Cottbus
112 737	25.04.1986*	Stralsund	27.06.1998	Neustrelitz	31.08.98 SFZ-Mietpool (203 737)
112 738	03.05.1988*	Eisenach	31.05.2000	Gera	31.05.00 verk Uwe Adam
112 741	01.06.1989*	Salzwedel	10.04.1997	Lu-Wittenberg	31.01.98 ++ .03.98 Oebisfelde
112 743	26.02.1988*	Reichenbach (Vogtl)	22.12.2000	Chemnitz	22.12.00 verk Uwe Adam
112 744	27.03.1985*	Dresden	22.12.2000	Görlitz	22.12.00 verk Spitzke Spoorbouw (NL)
112 746	22.05.1986*	Luckau	12.06.1997	Görlitz	28.02.98 ++ .12.98 Charlottenhof
112 747	24.02.1987*	Halberstadt	25.03.1998	Berlin-Pankow	31.01.99 ++ 11.03.99 Cottbus
112 748	12.10.1983*	Frankfurt (O)	09.09.1998	Lu-Wittenberg	30.09.98 ++ 09.04.99 Lu-Wittenberg
112 749	17.09.1986*	Magdeburg	30.08.1998	Neustrelitz	31.08.98 ++ .02.99 Neustrelitz
112 750	25.10.1985*	Stralsund	19.09.2001	Görlitz	19.10.01 an DB Bahnbau (203 314)
112 751	22.08.1986*	Stendal	31.05.2000	Halle G	31.05.00 an DB Bahnbau (203 306)
112 752	01.05.1987*	Magdeburg	01.03.1999	Lu-Wittenberg	30.06.99 verk Mittelweserbahn GmbH
112 753	17.03.1988*	Güsten	26.03.1998	Lu-Wittenberg	17.04.98 ++ 19.04.99 Lu-Wittenberg
112 754	28.11.1988**	Halberstadt	28.05.2001	Görlitz	31.07.01 SFZ-Mietpool (203 165)
112 764	04.08.1983*	Karl-Marx-Stadt	01.06.1997	Görlitz	28.02.98 ++ .12.98 Charlottenhof
112 765	26.05.1987*	Hoyerswerda	23.04.1996	Dresden	15.09.96 ++ 1999 Charlottenhof
112 766	01.12.1987*	Bautzen	27.06.1998	Neustrelitz	31.08.98 ++ 1999 Gröditz
112 768	18.06.1985*	Schwerin	15.01.1999	Chemnitz	15.01.99 ++ 18.02.99 Chemnitz
112 771	27.02.1987*	Aue (Sa)	04.04.1998	Chemnitz	15.08.98 ++ 1999 Gröditz
112 772	16.12.1988*	Bautzen	01.09.1999	Dresden	22.12.00 verk ITL GmbH
112 775	28.10.1988*	Luckau	31.01.1999	Cottbus	31.01.99 ++ 17.03.99 Cottbus
112 776	30.03.1985*	Aue (Sa)	22.12.2000	Görlitz	22.12.00 verk ITL GmbH
112 777	18.08.1983*	Zittau	22.12.2000	Chemnitz	22.12.00 verk
112 778	20.03.1987*	Stendal	30.01.1998	Cottbus	31.01.98 ++ 02.03.99 Cottbus
112 780	10.01.1989*	Luckau	11.01.2001	Cottbus	11.01.01 ++ Cottbus
112 781	01.12.1985*	Aue (Sa)	31.03.2005	Chemnitz	31.03.05 ++ .01.06 Chemnitz
112 783	29.12.1988*	Luckau	01.03.1999	Cottbus	31.03.99 verk Volker Stevin Rail (NL)
112 784	19.10.1985**	Görlitz	01.03.1998	Seddin	30.09.98 verk Stahlwerk Thüringen
112 785	31.03.1985*	Görlitz	30.01.1998	Seddin	31.01.98 ++ .06.98 Seddin
112 786	30.04.1985*	Nossen	01.08.1999	Dresden	01.01.00 Abgabe 11/99 an Kosovo
112 787	24.12.1982*	Karl-Marx-Stadt	01.09.1999	Cottbus	15.09.99 umb 203 503
112 788	11.12.1984*	Dresden	30.01.1998	Seddin	31.01.98 ++ .09.98 Seddin
112 791	24.10.1986*	Aue (Sa)	18.08.2001	Görlitz	17.09.01 an DB Bahnbau (203 308)
112 793	24.09.1986*	Stendal	08.01.1995	Stendal	30.11.95 ++ .07.04 Stendal
112 794	22.04.1986*	Leipzig Hbf Süd	30.03.1998	Erfurt	31.03.98 ++ .04.99 Ebeleben
112 795	01.01.1988*	Bautzen	30.07.1998	Cottbus	31.07.98 ++ 15.03.99 Cottbus
112 796	31.03.1984*	Dresden	21.05.1997	Chemnitz	28.02.98 verk duisport rail
112 797	13.11.1985**	Hagenow Land	26.03.1996	Neustrelitz	27.03.96 ++ 25.03.99 Rostock Seehafen
112 799	19.03.1987*	Stendal	01.05.1998	Lu-Wittenberg	31.05.98 ++ 13.04.99 Lu-Wittenberg
112 800	01.01.1981**	Güstrow	30.03.1998	Neustrelitz	31.03.98 ++ .02.99 Neustrelitz
112 804	01.10.1985*	Wittenberge	22.12.2000	Görlitz	22.12.00 verk LOCON
112 806	14.10.1988*	Stendal	27.02.1998	Reichenbach (Vogtl)	28.02.98 verk LOCON
112 808	30.01.1987*	Wittenberge	30.03.1998	Neustrelitz	31.03.98 ++ .02.99 Neustrelitz
112 809	01.07.1989*	Wittenberge	07.05.1998	Neustrelitz	31.08.98 ++ .02.99 Neustrelitz
112 810	24.06.1986*	Güsten	15.12.1998	Magdeburg	30.06.99 verk Vattenfall
112 811	16.11.1985*	Stendal	22.12.2000	Görlitz	22.12.00 verk Nordic Rail Service GmbH
112 814	15.01.1987*	Stendal	15.01.1999	Leipzig Hbf Süd	15.01.99 verk HVLE
112 816	28.10.1988*	Gera	01.09.1999	Görlitz	31.05.00 verk HVLE
112 817	24.07.1986*	Wittenberge	11.06.2001	Görlitz	31.07.01 verk PRESS GmbH
112 818	08.06.1985*	Güsten	31.05.2000	Halle G	31.05.00 verk rt&l GmbH
112 819	01.08.1989*	Haldensleben	01.09.1999	Chemnitz	31.12.00 an BSW-Gruppe Arnstadt/hist.
112 822	01.06.1984*	Stendal	31.05.2000	Stendal	31.05.00 verk Mittelweserbahn GmbH
112 824	04.10.1988*	W.-Pieck-Stadt Guben	30.01.1998	Cottbus	31.01.98 ++ 04.03.99 Cottbus
112 825	01.08.1984*	Zeitz	30.04.2000	Chemnitz	31.05.00 an DB Bahnbau (203 313)
112 827	26.08.1986*	Stendal	23.06.1998	Görlitz	15.08.98 verk Rail Center Nürnberg GmbH
112 831	22.06.1988*	W.-Pieck-Stadt Guben	30.03.1998	Meiningen	31.03.98 verk HVLE
112 832	15.06.1988*	Haldensleben	27.06.2001	Görlitz	08.08.01 an DB Bahnbau (203 312)
112 835	25.06.1988*	Reichenbach (Vogtl)	09.09.1996	Magdeburg	30.11.96 ++ .05.98 Ebeleben
112 836	01.11.1988*	Dresden	17.10.1995	Reichenbach (Vogtl)	30.04.96 ++ 1996 Aue (Sa)

* nach Umbau ** Umzeichnung

△ **Bild 65 • 112 859** (Bw Leipzig Hbf Süd) erreicht mit einem Personenzug am 24. Oktober 1990 den Haltepunkt Waldau (b Zeitz) im Verlauf der Strecke Zeitz – Osterfeld (b Zeitz). Die im Sommer 1984 aus 110 859 umgebaute Lok war eine der 112 mit der höchsten Betriebsnummer. Sie wurde noch in 202 859 umgezeichnet und im Juni 1998 z-gestellt.

AUFNAHME: GUNTER VON HARTWIG

Statistik 112 (IX)

Lok	Indienststellung	Erstbeheimatung	z-Stellung	letztes Bw	Ausmusterung & Verbleib	
112 841	01.06.1984*	Stendal	22.12.2000	Chemnitz	22.12.00	verk STRABAG
112 842	05.11.1983*	Nordhausen	25.09.1994	Halberstadt	30.11.95	++ .01.98 Mg-Rothensee
112 843	26.03.1988*	Görlitz	15.01.1999	Görlitz	15.01.99	verk Eisenbahn Logistik Leipzig
112 844	22.01.1988*	Dresden	27.06.2001	Görlitz	08.08.01	verk PRESS GmbH
112 846	13.04.1988*	Stendal	01.06.1997	Görlitz	28.02.98	verk Spitzke Logistik GmbH
112 847	16.07.1988*	Güsten	18.08.1997	Magdeburg	17.04.98	verk Spitzke Logistik GmbH
112 849	19.05.1988*	Dresden	01.08.1999	Dresden	22.12.00	verk Mittelweserbahn gmbH
112 850	15.01.1988*	Aue (Sa)	12.04.1997	Chemnitz	28.02.98	umb 203 101
112 852	12.03.1988*	Berlin Ostbahnhof	27.08.1997	Berlin-Pankow	31.01.98	++ .07.98 Ebeleben
112 853	27.01.1984*	Frankfurt (O)	02.08.1995	Frankfurt (O)	30.11.95	++ .07.98 Ebeleben
112 854	18.02.1988*	Magdeburg	25.06.1996	Stendal	30.11.96	++ .12.98 Oebisfelde
112 855	14.09.1988*	Stendal	01.03.1999	Lu-Wittenberg	30.06.99	verk Stahlwerk Thüringen
112 859	01.08.1984*	Zeitz	05.06.1998	Leipzig Hbf Süd	15.08.98	++ .11.03 Stendal
112 866	01.07.1983*	Karl-Marx-Stadt	30.06.1997	Cottbus	02.07.97	++ 03.03.99 Cottbus
112 880	26.11.1983*	Glauchau (Sachs)	29.08.1997	Chemnitz	28.02.98	++ .01.99 Chemnitz
112 882	29.08.1990*	Leipzig Hbf Süd	14.06.2001	Görlitz	31.07.01	++ .07.01 Rostock
112 885	23.08.1990*	Neuruppin	12.11.2002	Chemnitz	12.11.02	verk DB RegioN.-Erzgebirgsbahn
112 893	01.06.1984*	Magdeburg	11.09.1997	Berlin-Pankow	31.01.98	++ .07.98 Ebeleben
112 894	31.03.1984*	Güsten	30.05.1998	Lu-Wittenberg	31.05.98	++ 19.04.99 Lu-Wittenberg

* nach Umbau ** Umzeichnung

Baureihe 114 – Umbau aus BR 110/Umzeichnung aus BR 112 (I)

Lok	Indienststellung	Erstbeheimatung	z-Stellung	letztes Bw	Ausmusterung & Verbleib
114 203[1]	01.04.1983**	Leipzig Hbf Süd	05.09.2002	Mg-Rothensee	14.08.03 ++ 16.10.03 Espenhain
114 223	18.12.1991*	Nordhausen	27.11.2001	Dresden	27.11.01 ++ .11.04 Chemnitz
114 246	28.12.1984*	Wittenberge	11.10.2001	Saalfeld	11.10.01 ++ .11.04 Chemnitz
114 252	30.07.1983*	Saalfeld	16.08.2001	Dresden	16.08.01 ++ .11.04 Chemnitz
114 257	01.12.1990*	Nordhausen	03.04.2003	Saalfeld	19.01.04 ++ .02.04 Espenhain
114 261[1]	01.06.1983*	Saalfeld	11.10.2001	Dresden	11.10.01 ++ .11.04 Chemnitz
114 274	01.09.1984*	Saalfeld	27.11.2001	Dresden	27.11.01 ++ .11.04 Chemnitz
114 282	26.01.1985*	Kamenz (Sachs)	11.10.2001	Dresden	11.10.01 ++ .11.04 Chemnitz
114 298	12.01.1985*	Saalfeld	19.03.2002	Zwickau	06.03.03 ++ .05.03 Espenhain
114 314[1]	22.02.1983*	Saalfeld	15.11.2003	Leipzig Hbf Süd	16.02.12 verk 2012 PRESS
114 328[1]	21.04.1983*	Saalfeld	11.10.2001	Seddin	19.11.04 ++ .12.04 Magdeburg
114 358[1]	01.04.1983**	Leipzig Hbf Süd	25.10.2001	Mg-Rothensee	14.11.01 verk MEG GmbH
114 359	27.03.1985*	Saalfeld	31.07.2002	Seddin	19.11.04 ++ .11.04 Magdeburg
114 366	01.02.1985*	Kamenz (Sachs)	02.01.2002	Mg-Rothensee	30.06.02 verk NS Railion
114 399	22.02.1985*	Kamenz (Sachs)	02.01.2002	Mg-Rothensee	30.06.02 verk NS Railion
114 401	29.09.1984*	Saalfeld	11.10.2001	Seddin	22.12.04 ++ .12.04 Espenhain
114 445[1]	23.03.1983*	Saalfeld	06.08.2001	Mg-Rothensee	14.08.03 ++ .10.03 Espenhain
114 448	28.06.1983*	Saalfeld	27.11.2001	Dresden	27.11.01 ++ 14.12.04 Espenhain
114 464	28.12.1984*	Wittenberge	20.08.2003	Leipzig Hbf Süd	03.02.04 ++ .01.04 Espenhain
114 469	27.02.1985*	Kamenz (Sachs)	01.11.2004	Leipzig Hbf Süd	26.11.04 verk MEG
114 482[1]	01.06.1983*	Saalfeld	27.11.2001	Dresden	06.12.02 verk 12/2002 Ungarn
114 485	24.01.1985*	Saalfeld	30.11.2002	Dresden	07.01.03 verk Ungarn
114 492	31.10.1991*	Karl-Marx-Stadt	02.01.2002	Saalfeld	30.06.02 verk NS Railion
114 513[1]	22.02.1983*	Saalfeld	06.08.2001	Mg-Rothensee	14.08.03 ++ 2006 Stendal
114 584	30.12.1989*	Saalfeld	11.10.2001	Saalfeld	11.10.01 ++ .11.04 Chemnitz
114 592	19.12.1984*	Saalfeld	24.02.2009	Saalfeld	21.06.10 vk Rumänien ++ 10/21 Bulgarien
114 605	28.02.1985*	Kamenz (Sachs)	31.07.2008	Saalfeld	28.12.10 verk Rumänien
114 607	23.06.1989*	Saalfeld	19.05.2008	Saalfeld	21.06.10 verk Bulgarien
114 612	25.05.1989*	Saalfeld	11.10.2001	Erfurt	11.10.01 ++ .11.04 Chemnitz
114 616	26.01.1985*	Kamenz (Sachs)	02.01.2002	Dresden	30.06.02 verk NS Railion
114 622	01.07.1983*	Saalfeld	01.01.2002	Erfurt	19.01.04 ++ .01.04 Espenhain
114 626	24.01.1985*	Saalfeld	21.09.2001	Zwickau	30.06.02 verk NS Railion
114 638[1]	28.05.1983*	Saalfeld	16.08.2001	Zwickau	16.08.01 ++ 2003 Zwickau
114 639	31.10.1991*	Nordhausen	31.07.2002	Seddin	22.12.04 ++ .12.04 Espenhain
114 641	27.10.1984*	Saalfeld	31.07.2008	Saalfeld	28.12.10 verk Rumänien
114 650[1]	15.03.1983*	Saalfeld	16.04.2002	Saalfeld	19.01.04 ++ .03.04 Espenhain
114 660	23.01.1985*	Saalfeld	26.08.2001	Zwickau	26.09.01 verk Rumänien
114 664	29.06.1983*	Wittenberge	01.01.2002	Saalfeld	19.01.04 ++ .05.04 Espenhain
114 671	23.09.1983*	Saalfeld	01.12.2008	Saalfeld	28.12.10 verk Rumänien
114 673	12.04.1984*	Leipzig Hbf Süd	01.06.2002	Seddin	19.11.04 ++ .10.04 Magdeburg
114 680	22.09.1984*	Saalfeld	01.01.2002	Erfurt	19.01.04 ++ 29.01.04 Espenhain
114 686	27.02.1985*	Kamenz (Sachs)	11.07.2001	Dresden	27.11.01 ++ .11.04 Chemnitz
114 698	30.01.1985*	Kamenz (Sachs)	30.11.2002	Dresden	07.01.03 verk Ungarn
114 710	13.02.1985*	Kamenz (Sachs)	21.10.2002	Dresden	07.01.03 verk Ungarn
114 712	10.02.1989*	Saalfeld	25.03.2001	Erfurt	11.10.01 ++ .11.04 Chemnitz
114 723	13.02.1985*	Kamenz (Sachs)	26.10.2001	Dresden	26.10.01 verk Ungarn
114 758	14.09.1983*	Saalfeld	21.10.2002	Mg-Rothensee	07.01.03 verk Ungarn
114 760	17.06.1983*	Saalfeld	11.10.2001	Seddin	22.12.04 ++ .12.04 Espenhain
114 761	01.05.1989*	Saalfeld	01.11.2004	Leipzig Hbf Süd	26.11.04 verk MEG
114 769	14.11.1984*	Saalfeld	27.11.2001	Erfurt	27.11.01 verk Rumänien
114 774	15.01.1985*	Rostock	01.11.2004	Leipzig Hbf Süd	26.11.04 verk MEG GmbH
114 789	27.10.1990*	Lu-Wittenberg	01.01.2002	Saalfeld	05.05.04 ++ .05.04 Espenhain
114 790	17.09.1983*	Saalfeld	27.11.2001	Erfurt	27.11.01 ++ .11.04 Chemnitz
114 803	01.04.1989*	Saalfeld	12.02.2008	Saalfeld	18.03.08 verk Rumänien
114 805	01.04.1989*	Saalfeld	15.05.2009	Saalfeld	21.06.10 verk Bulgarien
114 820	08.12.1990*	Nordhausen	01.01.2002	Saalfeld	19.01.04 ++ 12.02.04 Espenhain
114 834	23.09.1989*	Saalfeld	27.11.2001	Saalfeld	27.11.01 ++ .11.04 Chemnitz
114 838	30.10.1990*	Lu-Wittenberg	01.01.2002	Saalfeld	07.02.02 ++ 2006 Chemnitz
114 845	14.02.1990*	Saalfeld	11.10.2001	Zwickau	11.10.01 ++ .05.03 Espenhain
114 848	28.02.1989*	Saalfeld	29.09.2003	Leipzig Hbf Süd	03.02.04 ++ .03.04 Espenhain
114 857	01.03.1990*	Saalfeld	27.11.2001	Zwickau	27.11.01 ++ .05.03 Espenhain

[1] geliefert als 115 xxx   * nach Umbau   ** Umzeichnung

Bild 66 ▷ Am Vorbau leicht lädiert präsentiert sich **114 664** des Bw Wittenberge am 6. Juni 1985 im Bahnhof Güstrow. Sie entstand im Juni 1983 durch Umbau direkt aus 110 664.

Aufnahme: Andreas Stange

Baureihe 114 – Umbau aus BR 110/Umzeichnung aus BR 112 (II)

Lok	Indienststellung	Erstbeheimatung	z-Stellung	letztes Bw	Ausmusterung & Verbleib
114 858[2)]	19.11.1991*	Lu-Wittenberg	27.11.2001	Zwickau	27.11.01 ++ .05.03 Espenhain
114 860	18.04.1989*	Saalfeld	01.11.2004	Leipzig Hbf Süd	26.11.04 verk MEG GmbH
114 862	30.06.1983*	Saalfeld	11.10.2001	Zwickau	11.10.01 ++ .10.03 Espenhain
114 869[2)]	19.12.1991*	Nordhausen	15.11.2003	Leipzig Hbf Süd	03.02.04 verk PRESS GmbH

[2)] bereits als 204 xxx ausgeliefert * nach Umbau

△ **Bild 67** • Endlich Bananen! Mit einem aus zwei Kühlwagen bestehenden Zug zum Anschluss eines Kühlhauses in Auerbach (Vogtl) ob Bf steht **204 805** am 17. Juli 1998 in Zwickau. Ihr Umbau aus 110 805 fand im März 1989 statt.

Aufnahme: Rainer Heinrich

◁ **Bild 68**
Die hier am 7. Mai 1983 im Betriebsteil oberer Bahnhof des Bw Falkenberg (Elster) aufgenommene und noch fabrikneue **111 023** (Rangierfunkname „Reiner 19") wurde zum 1. Januar 1992 zur 293 023 umgezeichnet und im September jenes Jahres durch Umbau zur 298 323.

AUFNAHME: OLAF FRÖHLICH

◁ **Bild 69**
Am 17. Mai 1997 wurde diese Aufnahme der **298 050** in Coswig (Bez Dresden) „gelöst". Die Lok entstand im Juli 1993 durch Umbau der 201 050 (ex 110 050).

AUFNAHME: VOLKER LUCAS, SAMMLUNG A. ZIKA

◁ **Bild 70**
298 079 ist am 1. August 2007 mit einer Übergabe von der Getreide AG unterwegs in Großschirma (Strecke Nossen – Freiberg/Sachs). Zum Zeitpunkt der Aufnahme gehörte die Lok, die im Juli 1993 aus 201 079 (ex 110 079) entstand, zum Bestand des Bh Halle G.

AUFNAHME: FELIX SERAPHIN

Umzeichnung/Umbau aus BR 110/201/111/293					
Lok	Indienststellung	Erstbeheimatung	z-Stellung	letztes Bw	Ausmusterung & Verbleib
298 044	01.09.1993	Dresden	01.10.2009	Seddin	13.04.12 verk MEG GmbH
298 045	29.04.1992	Halle G	30.11.2007	Rostock Seehafen	05.10.11 ++ 17.04.13 Espenhain
298 046	28.11.1992	Halle G	26.01.2009	Mg-Rothensee	08.07.11 Umbau Hybridlok 1001 006
298 047	19.09.1992	Glauchau (Sachs)	01.11.2008	Dresden	26.04.12 Umbau Hybridlok 203 705
298 048	10.08.1993	Dresden	03.07.2009	Zwickau	13.04.12 verk MEG GmbH
298 050	16.07.1993	Dresden	09.03.2009	Zwickau	09.11.10 verk Stahlwerk Thüringen
298 051	09.05.1992	Erfurt	19.08.2005	Dresden	08.07.11 ++ 2015 Stendal
298 052	21.01.1992	Erfurt	12.11.2007	Seddin	16.11.07 verk MEG GmbH
298 054	12.05.1992	Neubrandenburg	01.08.2008	Senftenberg	26.04.12 ++ 2015 Stendal
298 055	09.09.1992	Cottbus	01.08.2008	Seddin	22.07.11 ++ 03.05.13 Espenhain
298 058	27.08.1992	Chemnitz	01.08.2008	Senftenberg	05.10.11 ++ 23.08.13 Magdeburg
298 060	09.05.1992	Erfurt	11.09.2008	Rostock Seehafen	12.02.15 ++ 2015 Stendal
298 062	17.07.1992	Stralsund	21.02.2006	Seddin	22.07.11 ++ 08.05.13 Espenhain
298 065	25.06.1992	Erfurt	26.02.2006	Seddin	09.05.07 verk Rumänien
298 069	26.09.1992	Chemnitz	17.02.2006	Seddin	08.07.11 ++ 2015 Stendal
298 071	10.07.1992	Chemnitz	01.09.2008	Saalfeld	11.06.11 ++ 2015 Stendal
298 072	07.08.1992	Chemnitz	09.03.2007	Dresden	08.07.11 ++ 2015 Stendal
298 074	30.10.1992	Frankfurt (O)	30.10.2008	Seddin	01.11.12 Umbau Hybridlok 1001 007
298 079	30.07.1993	Dresden	01.08.2009	Seddin	22.07.11 ++ 07.05.13 Espenhain
298 080	19.12.1992	Reichenbach (Vogtl)	05.01.2009	Seddin	12.08.13 ++ 21.08.13 Magdeburg
298 081	29.07.1992	Chemnitz	28.11.2008	Seddin	05.10.11 ++ 24.04.13 Espenhain
298 084	21.07.1992	Stralsund	17.06.2007	Mg-Rothensee	08.07.11 ++ 2015 Stendal
298 085	12.06.1992	Chemnitz	05.10.2008	Rostock Seehafen	08.07.11 verk Stahlwerk Thüringen
298 086	14.05.1993	Glauchau (Sachs)	28.11.2008	Seddin	05.10.11 ++ 24.04.13 Espenhain
298 088	25.06.1992	Chemnitz	12.11.2007	Dresden	16.11.07 verk MEG GmbH
298 091	11.12.1992	Reichenbach (Vogtl)	15.02.2009	Seddin	22.07.11 ++ 18.04.13 Espenhain
298 094	18.11.1992	Reichenbach (Vogtl)	04.05.2007	Zwickau	11.06.11 Umbau Hybridlok 1001 004
298 099	28.05.1992	Halle G	13.01.2006	Senftenberg	22.07.11 ++ 18.04.13 Espenhain
298 100	05.11.1992	Weißenfels	15.12.2008	Halle G	11.06.11 ++ 2015 Stendal
298 102	25.06.1992	Chemnitz	06.04.2006	Seddin	06.04.06 verk MEG GmbH
298 104	17.06.1993	Reichenbach (Vogtl)	17.06.2009	Seddin	12.08.13 ++ .08.13 Magdeburg
298 110	09.05.1992	Neubrandenburg	12.07.2008	Halle G	11.06.11 ++ 2015 Stendal
298 122	26.06.1992	Cottbus	02.08.2008	Zwickau	12.02.15 ++ 2015 Stendal
298 124	25.05.1993	Chemnitz	06.02.2009	Seddin	05.10.11 ++ 30.04.13 Espenhain
298 129	10.07.1992	Stralsund	10.04.2007	Seddin	12.02.15 ++ 2015 Stendal
298 130	26.06.1993	Dresden	02.03.1994	Dresden	verk Stahlwerk Thüringen
298 135	06.07.1993	Dresden	02.03.1994	Dresden	verk Stahlwerk Thüringen
298 139	31.07.1993	Dresden	17.11.2008	Seddin	08.11.10 ++ 2015 Stendal
298 142	29.06.1993	Dresden	23.09.2002	Seddin	28.10.04 ++ .02.03 Wöhlsdorf
298 150	28.05.1992	Leipzig Hbf Süd	10.12.2004	Halle G	10.12.04 ++ 2015 Stendal
298 151	23.07.1993	Dresden	18.05.2009	Seddin	24.07.13 verk MEG GmbH
298 155	05.05.1993	Frankfurt (O)	28.02.2009	Seddin	12.08.13 ++ .08.13 Magdeburg
108 156	01.01.1985**	Halle G	30.09.2006	Halle G	08.07.11 ++ 2015 Stendal
108 161	01.01.1985**	Halle G	18.12.2008	Seddin	18.12.08 an DB Museum
298 163	21.08.1992	Chemnitz	08.12.2007	Halle G	12.02.15 ++ 2015 Stendal
298 301	19.12.1991	Leipzig Hbf Süd	06.08.2012	Mg-Rothensee	29.01.13 verk MEG GmbH
298 302	30.11.1991	Leipzig Hbf Süd	04.11.2013	Seddin	09.02.15 ++ Espenhain
298 303	30.10.1992	Reichenbach (Vogtl)	08.11.2023	Seddin	abgestellt in Seddin
298 304	28.04.1993	Chemnitz	25.03.2009	Senftenberg	24.04.15 ++ 19.12.15 Espenhain
298 305	16.12.1992	Leipzig Hbf Süd	26.01.2009	Mg-Rothensee	29.10.14 ++ 15.07.15 DD-Friedrichstadt
298 306	23.04.1992	Neubrandenburg	03.12.2015	Seddin	abgestellt in Cottbus
298 307	18.12.1991	Rostock Seehafen	?	Seddin	abgestellt in Seddin
298 308	23.04.1992	Neubrandenburg		Seddin	
298 309	12.12.1991	Dresden	03.12.2015	Seddin	
298 310	03.12.1991	Rostock Seehafen		Seddin	
298 311	23.04.1993	Chemnitz	26.01.2009	Halle G	01.08.12 ++ .03.11 Espenhain
298 312	09.05.1992	Rostock Seehafen	04.05.2024	Seddin	abgestellt in Seddin
298 313	24.04.1992	Leipzig Hbf Süd	27.06.2024	Seddin	abgestellt in Seddin
298 314	17.10.1992	Reichenbach (Vogtl)	01.08.2004	Halle G	.09.09 ++ .09.09 Cottbus
298 315	11.01.1992	Leipzig Hbf Süd	26.08.2015	Seddin	08.04.16 ++ 15.12.16 Espenhain

* nach Umbau ** Umzeichnung

△ **Bild 71** • Am Abzweig Mückenhain gibt es eine Verbindungskurve von der Strecke Görlitz – Weißwasser (Oberlausitz) – Cottbus zur Strecke Elsterwerda – Ruhland – Horka (– Węgliniec). Über dieser Kurve kommt **298 335** am 9. Oktober 2007 aus Richtung Niesky gefahren und wird in Kürze auf die Strecke nach Görlitz einfädeln. Über dem zweiten Wagen ist das Einfahrsignal des Bahnhof Horka unt Bf zu erkennen. 298 335 wurde im Mai 1983 beim Bw Altenburg als 111 035 in Dienst gestellt, im November 1991 zur 298 umgebaut und mit der Betriebsnummer 298 335 versehen. Sie war bis zu ihrer z-Stellung im April 2013 bei der DB AG im Einsatz und wurde 2017 in Espenhain verschrottet. Aufnahme: Felix Seraphin

Umzeichnung/Umbau aus BR 110/201/111/293

Lok	Indienststellung	Erstbeheimatung	z-Stellung	letztes Bw	Ausmusterung & Verbleib
298 316	07.12.1991	Rostock Seehafen	08.11.2023	Seddin	abgestellt in Seddin
298 317	16.05.1992	Seddin		Seddin	
298 318	14.12.1991	Rostock Seehafen	08.11.2023	Seddin	abgestellt in Seddin
298 319	11.12.1991	Leipzig Hbf Süd		Seddin	
298 320	23.04.1992	Rostock Seehafen	16.02.2024	Seddin	abgestellt in Seddin
298 321	13.12.1991	Leipzig Hbf Süd		Seddin	
298 322	27.11.1992	Leipzig Hbf Süd	16.02.2024	Seddin	.02.26 verk Maik Ampft Eisenbahndienst.
298 323	03.09.1992	Leipzig Hbf Süd	08.11.2023	Seddin	abgestellt in Seddin
298 324	06.10.1992	Leipzig Hbf Süd	08.11.2023	Seddin	. .26 verk MaS Bahnconsult
298 325	09.05.1992	Halle G		Seddin	
298 326	18.12.1991	Leipzig Hbf Süd	08.11.2023	Seddin	abgestellt in Seddin
298 327	10.07.1992	Leipzig Hbf Süd	08.11.2023	Seddin	abgestellt in Seddin
298 328	11.01.1992	Leipzig Hbf Süd	08.11.2023	Seddin	abgestellt in Seddin
298 329	11.08.1992	Halle G	08.11.2023	Seddin	abgestellt in Seddin
298 330	17.01.1992	Leipzig Hbf Süd		Seddin	
298 331	16.01.1992	Seddin		Seddin	
298 332	21.04.1993	Leipzig Hbf Süd	26.02.2009	Halle G	20.11.14 ++ .03.15 Magdeburg
298 333	28.05.1993	Leipzig Hbf Süd	12.03.2009	Halle G	20.11.14 ++ .03.15 Magdeburg
298 334	26.06.1992	Leipzig Hbf Süd		Seddin	abgestellt in Rostock
298 335	30.11.1991	Leipzig Hbf Süd	09.04.2013	Seddin	05.12.17 ++ 2017 Espenhain
298 336 [1]	24.05.1990	Halle G	08.11.2023	Seddin	04.07.25
298 337 [2]	29.11.1990	Halle G	08.11.2023	Seddin	.12.25 verk IntEgro Verkehr GmbH
* nach Umbau	** Umzeichnung		[1] ex DR-108 036		[2] ex DR-108 037

Bild 72 ▷
Im Mai 2021 gab es – pandemiebedingt – nur einen eingeschränkten Betrieb bei den Harzer Schmalspurbahnen. Am 16. Mai 2021 bespannte **199 861** die Züge von Wernigerode nach Schierke. Nach der Rückkehr in Wernigerode setzt die ehemalige 110 861 im dortigen Bahnhof an das andere Zugende um.

Umbau aus Baureihe 110 auf 1.000-mm-Schmalspur

Lok	Umbau aus	Indienststellung	Erstbeheimatung	verkauft	Verbleib
199 861	110 861	01.06.1990	Wernigerode-Westerntor	01.02.1993	HSB GmbH
199 863	110 863	01.11.1988	Wernigerode-Westerntor	01.02.1993	HSB GmbH, 09/1998 Adtranz (Umbau 293)
199 870	110 870	26.11.1990	Wernigerode-Westerntor	01.02.1993	HSB GmbH, 09/1998 Adtranz
199 871	110 871	31.12.1988	Wernigerode-Westerntor	01.02.1993	HSB GmbH
199 872	110 872	17.01.1990	Wernigerode-Westerntor	01.02.1993	HSB GmbH
199 874	110 874	30.11.1990	Wernigerode-Westerntor	01.02.1993	HSB GmbH
199 877	110 877	14.12.1990	Wernigerode-Westerntor	01.02.1993	HSB GmbH
199 879	110 879	19.10.1990	Wernigerode-Westerntor	01.02.1993	HSB GmbH, 09/1998 Adtranz
199 891	110 891	31.10.1990	Wernigerode-Westerntor	01.02.1993	HSB GmbH, 09/1998 Adtranz (Umbau 293)
199 892	110 892	21.12.1990	Wernigerode-Westerntor	01.02.1993	HSB GmbH

Bild 73 ▷
Auf die noch im Bestand befindlichen und betriebsfähigen 199^8 kann die HSB GmbH weiterhin nicht verzichten. Am 6. März 2025 war **199 872** mit Schüttgutwagen unterwegs zur Beladung mit Schotter im Anschluss des Hartsteinwerkes Unterberg, hier aufgenommen bei Eisfelder Talmühle.

Aufnahmen (2): Lennart Fehr

◁ **Bild 74**
Am 12. September 2016 entstand diese Aufnahme der **203 120** in Nossen. Bei der Lok handelt es sich um die ehemalige 110 678 (Indienststellung: Juli 1974), die im September 1985 zur 112 678 und bei Alstom in Stendal zur 203 120 umgebaut wurde. Seit 2014 gehört 203 120 zum Bestand der Wedler & Franz Logistik GmbH (WFL).

Umbau in Baureihe 203

Lok	Indienststellung	Erstbeheimatung	letztes Bw	z-Stellung	Verbleib
203 002	umb	30.09.2009	München 6	12.03.2016	München 6, 12.03.16, verk. MEG GmbH, ex 202 696
203 111	umb	12.01.2005	Nürnberg [1]	22.12.2010	Halle G, Mietende 22.12.10, ex 202 443
203 112	umb	27.01.2005	Nürnberg [1]	22.12.2010	Halle G, Mietende 22.12.10, ex 202 683
203 113	umb	18.02.2005	Nürnberg [1]	22.12.2010	Halle G, Mietende 22.12.10, ex 202 370
203 114	umb	24.02.2005	Nürnberg [1]	22.12.2010	Halle G, Mietende 22.12.10, ex 202 415
203 115	ID	09.03.2005	Nürnberg [2]	22.12.2010	Halle G, Mietende 22.12.10, ex 202 450
203 116	ID	08.11.2005	Regensburg	04.01.2010	Regensburg, Mietende 04.01.10, ex 202 726
203 117	ID	22.12.2005	Regensburg	04.01.2010	Halle G, Mietende 04.01.10, ex 202 486
203 118	ID	30.12.2005	Regensburg [3]	04.01.2010	Halle G, Mietende 04.01.10, ex 202 290
203 119	ID	01.12.2005	Würzburg	04.01.2010	Halle G, Mietende 04.01.10, ex 202 716
203 120	ID	01.02.2006	Würzburg	04.01.2010	Würzburg, Mietende 04.01.10, ex 202 678
203 442	ID	17.12.2008	Mg-Rothensee *	11.01.2011	Mg-Rothensee, Mietende 11.01.11, ex 202 442
203 496	ID	23.03.2009	Saalfeld	11.01.2011	Saalfeld, Mietende 11.01.11, ex 202 496
203 523	ID	16.04.2009	Mg-Rothensee [1]	11.01.2011	Mg-Rothensee, Mietende 11.01.11, ex 202 523
203 658	ID	07.07.2009	Mg-Rothensee *	11.01.2011	Mg-Rothensee, Mietende 11.01.11, ex 202 658

umb = Umbau   ID = Indienststellung   Mg-Rothensee = Magdeburg-Rothensee   * = Einsatz nur von Halle G aus   [1] = Einsatz ab 01/10 von Halle G aus
Nürnberg [1] = Einsatz bereits ab 02/09 von Halle G aus   Nürnberg [2] = Einsatz bereits ab 04/07 von Halle G aus
Regensburg [3] = Einsatz bereits ab 02/09 von Halle G aus

◁ **Bild 75**
Aus der im Juni 1971 in Dienst gestellten 110 370 entstand durch Umbau im Oktober 1982 die 112 370 (ab 1992: 202 370). Bei der DB AG im Januar 1999 ausgemustert, gelangte die Lok über das Schienenfahrzeugzentrum Stendal im November 2002 zur Alstom Lokomotiven Service GmbH Stendal, wo sie im Rahmen des Umbaukonzeptes Baureihe 203.1 zur **203 118** umgebaut wurde. Hier ist sie als Lok der WFL am 1. August 2020 als Vorspann vor **203 113** im Einsatz in Chemnitz.

Aufnahmen (2): Felix Seraphin

Bild 76 ▷
Bei der hier am 30. Mai 2020 in Köln-Kalk Nord aufgenommenen **293 007** der Bahnbau Gruppe handelt es sich um die ehemalige DR-110 967, die 1992 in 710 967 umgezeichnet und 1998 zur 293 umgebaut wurde. Die Umzeichnung in 293 007 fand im Verlauf des Jahres 2011 statt.

Aufnahme: Georg Dollwet

Wieder-ID Baureihe 710, ex 110^{9}

Lok	Indienststellung	am	Erstbeheimatung	z-Stellung	letztes Bw	Verbleib
710 960	Umzeichnung	01.01.1992	Cottbus	01.01.1997	Cottbus	verk DGT
710 961	Umzeichnung	01.01.1992	Eisenach	01.01.1997	Eisenach	verk DGT
710 962	Umzeichnung	01.01.1992	Berlin-Pankow	01.01.1997	Berlin-Pankow	verk DGT
710 963	Umzeichnung	01.01.1992	Magdeburg	01.01.1997	Magdeburg	verk DGT
710 964	Umzeichnung	01.01.1992	Eisenach	01.01.1997	Eisenach	verk DGT
710 965	Umzeichnung	01.01.1992	Magdeburg	01.01.1997	Magdeburg	verk DGT
710 966	Umzeichnung	01.01.1992	Eberswalde	01.01.1997	Pasewalk	verk DGT
710 967	Umzeichnung	01.01.1992	Leipzig Hbf Süd	01.01.1997	Leipzig Hbf Süd	verk DGT
710 968	Umzeichnung	01.01.1992	Güstrow	01.01.1997	Rostock	verk DGT
710 970	Umzeichnung	01.01.1992	Chemnitz	01.01.1997	Chemnitz	verk DGT

DGT = Deutsche Gleis- und Tiefbau GmbH, Berlin

Bild 77 ▷
Am 25. März 2007 sind **710 966**^{II} und **710 967** der Deutschen Gleis- und Tiefbau Gmb (Berlin) unterwegs in Prödel (zwischen Zerbst/Anhalt und Gommern). Bei der Vorspannlok 710 966 handelt es sich um eine Zweitbesetzung der Nummer. Die originale 710 966 befand sich nach einem Umbau zur 293 seit 2000 bei der GSG Knape Gleissanierung GmbH.

Aufnahme: Gunter von Hartwig

Unfälle mit Beteilung von V 100 bzw. deren Varianten

Die Aufzählung umfasst alle bekannt gewordenen Unfälle mit Beteiligung einer Lokomotive der Baureihe V 100 bzw. der Baureihen 110, 111, 112 und 114. Es werden allerdings nur Ereignisse mit größeren Schäden an den Lokomotiven aufgeführt, also einfache Entgleisungen und Zusammenstöße mit Pkw in der Regel weggelassen.
Alle Angaben: Andreas Stange

1967

- Am 21. April entgleiste **V 100 024** (Bw Halle P) als Schlusslok des P 811 (Lossa/Finne – Naumburg) in Laucha (Unstrut) mit allen Achsen.
- In Querfurt kam es am 16. Oktober in einem Militäranschluss zur Flankenfahrt der **V 100 041** (Bw Halle G) mit einer Wagengruppe.
- Im LEW Hennigsdorf rollte **V 100 026** (Bw Karl-Marx-Stadt) am 23. Oktober mit einem Drehgestell in die dortige Schiebebühne.
- Am 19. November kam es in Angersdorf zu einem Heizkesselbrand bei **V 100 012** des Bw Halle P, als diese den P 583 (Nordhausen – Halle/S) beförderte.

1968

- Der P 1353 (Zeitz – Weißenfels) fuhr am 10. Juni in Langendorf auf den Dg 6905 auf, wobei die Zuglok des Personenzuges, **V 100 061** (Bw Weißenfels), so schwer beschädigt wurde, dass ihre Ausmusterung folgte.
- Bei Billroda (Strecke Lossa/Finne – Laucha/Unstrut) stieß die Zuglok der Üb 15689, **V 100 076** (Bw Weißenfels), am 12. Juni mit einem Militärfahrzeug zusammen.
- Am 25. Oktober stießen in Wildpark (heute: Potsdam Park Sanssouci) der Postzug 5214 (Zuglok: **V 100 077** des Bw Seddin) mit der Rangierlok V 15 2334 (Bw Seddin) zusammen.
- Einem Großbrand im Raw Cottbus am 19. Dezember fielen u. a. die Lokomotiven **V 100 001** (Bw Neustrelitz), **002** (Bw Halle G), **027** (Bw Rostock) und 061 (Bw Weißenfels) zum Opfer und wurden daraufhin nicht wieder aufgearbeitet. Die bei diesem Brand ebenfalls in Mitleidenschaft gezogenen **V 100 012** (Bw Halle P) und **043** (Bw Leipzig Hbf Süd) erhielten wieder eine Hauptuntersuchung.

1969

- Am 18. Januar rollte **V 100 073** (Bw Dresden) in Bad Schandau in die Drehscheibengrube.
- In Geising (Strecke Heidenau – Altenberg/Erzgeb) entgleisten am 2. Juni **V 100 088** (Bw Dresden) und zwei Personenzugwagen.
- **V 100 043** (Bw Leipzig Hbf Süd) entgleiste am 29. August in Leipzig-Leutzsch bei einer Flankenfahrt mit V 200 228 des Bw Leipzig-Wahren.
- In Holzthaleben (Strecke Greußen – Ebeleben – Keula/Thür) entgleisten am 13. September die Zuglok **V 100 145** (Bw Nordhausen) und zwei Wagen des P 1574 (Ebeleben – Keula/Thür).
- **V 100 103** (Bw Karl-Marx-Stadt) und 86 470 (Bw Aue) wurden am 14. September bei einer Flankenfahrt in Annaberg-Buchholz Süd beschädigt.
- In Rostock Hbf fuhr **V 100 035** (Bw Rostock) am 4. Oktober auf einen Gleisabschluss und entgleiste.
- Am 13. Oktober fuhr **V 100 137** (Bw Rostock) ebenfalls im Rostocker Hauptbahnhof auf einen Gleisabschluss.
- Am 1. November kam es in Dresden-Friedrichstadt zu einer Flankenfahrt zwischen 58 1374 und **V 100 120** (beide Bw Dresden).
- In Keula (Thür) entgleiste am 9. November die **V 100 145** des Bw Nordhausen vor dem P 1574 mit allen Achsen.
- Der P 3334 (Bretleben – Sondershausen) mit der Zuglok **V 100 060** (Bw Weißenfels) stieß am 15. November bei Göllingen mit einem Lkw zusammen.
- Am 20. November entgleiste in Laucha (Unstrut) die **V 100 053** des Bw Weißenfels als Zuglok des P 3419 (Bad Bibra – Laucha/Unstrut) mit allen Achsen.
- Bei Lützen stieß die Zuglok des P 2828 (Leipzig-Plagwitz – Pörsten), **V 100 138** (Bw Leipzig Hbf Süd), am 6. Dezember mit einem Traktor zusammen.
- Am 20. Dezember rollte **V 100 113** (Bw Wismar) mit zwei Achsen in die Drehscheibe ihres heimatlichen Bahnbetriebswerkes.

1970

- In Niederau (Strecke Leipzig – Dresden) entgleiste am 8. Januar die **110 120** (Bw Dresden) mit allen Achsen.
- In Rövershagen fuhr am 6. März der P 871 (Rostock – Stralsund) in eine Schneewehe, wobei die Zuglok **110 129** (Bw Stralsund) mit allen Achsen entgleiste.
- Bei Tautenhain (Strecke Leipzig – Karl-Marx-Stadt/Chemnitz) entgleiste am 7. März die **110 007** des Bw Leipzig Hbf Süd in einer Schneewehe.
- Am 9. März rollte **110 207** (Bw Zittau) in ihrem Heimat-Bw in die Drehscheibe.
- In Kranichfeld entgleiste am 26. März die Zuglok des P 901 (Kranichfeld – Weimar), **110 002** (Bw Erfurt), mit allen Achsen.
- Am 17. Juli entgleiste **110 115** (Bw Dresden) in Pirna-Neundorf (Strecke Pirna – Gottleuba) vor einem Personenzug.
- In Hartenstein (Strecke Zwickau/Sachs – Schwarzenberg/Erzgeb) fuhr **110 047** (Bw Aue) am 1. August in einen im Gleis liegenden Baum und entgleiste mit zwei Achsen.
- **110 099** (Bw Pasewalk) stieß am 7. September bei Eggesin (Strecke Pasewalk – Ueckermünde) mit einem Traktor zusammen. Bereits am Folgetag kam es auf derselben Strecke mit derselben Lok vor dem P 691 bei Jatznick zum Zusammenstoß mit einem Tank-Lkw, wodurch 110 099 in Brand geriet.
- Am 10. Oktober entgleisten in Bad Bibra die **110 259** (Bw Weißenfels) und zwei Wagen des P 3418 (Naumburg – Bad Bibra) mit allen Achsen.
- In Naumburg fuhr am 21. Oktober der Ng 61453 mit der Zuglok **110 059** der 120 064 (beide Bw Weißenfels) in die Flanke.
- Am 10. November fuhr in Coswig (b Dresden) die **110 069** des Bw Dresden mit ihrem Nahgüterzug auf einen Gleisabschluss.
- **110 030** (Bw Güstrow) fuhr am 14. November in Schwaan auf den P 2521 (Güstrow – Rostock) auf.

1971

- In Werder (b Jüterbog) stieß am 11. Januar die **110 230** (Bw Jüterbog) als Zuglok des P 3164 (Königs Wusterhausen – Zossen – Jüterbog) mit einem Militärfahrzeug zusammen.
- Am 21. Februar entgleisten in Schernberg (Strecke Hohenebra – Mühlhausen/Thür) die Zuglok **110 145** (Bw Nordhausen) und vier Wagen des P 1584 (Hohenebra – Ebeleben).
- In Bad Bibra entgleisten am 24. Februar die Zuglok **110 291** (Bw Weißenfels) so-

Bild 78 ▷
Am 19. Mai 1970 entstand im Raw in Karl-Marx-Stadt diese Aufnahme der **110 021** (Bw Karl-Marx-Stadt) mit etwas „lädiertem" Vorbau.

Aufnahme: Sammlung Ullrich Wallun

wie ein Wagen des P 3419 (Bad Bibra – Laucha/Unstrut) mit allen Achsen.

- Am 8. Mai entgleiste bei Rautenkranz (Strecke Aue/Sachs – Adorf/Vogtl) die **110 298** des Bw Aue vor einem Personenzug mit allen Achsen.
- In Schöneicher Plan stieß am 1. Juni der die **110 213** des Bw Jüterbog als Zuglok des P 3161 (Jüterbog – Zossen – Königs Wusterhausen) mit einem Militär-Lkw zusammen. Nur zwei Tage später gab es am selben Ort erneut einen Zusammenstoß mit einem Militär-Lkw, an dem **110 230** (Bw Jüterbog) als Zuglok des Ng 62111 beteiligt war.
- Am 13. Juni entgleiste **110 072** (Bw Aue) vor einem Personenzug in Antonsthal (Strecke Zwickau/Sachs – Johanngeorgenstadt) mit allen Achsen.
- In Bernburg-Waldau stießen am 15. Juni der P 2355 (Güsten – Könnern) und der P 2810 (Bernburg – Calbe/Saale Ost) zusammen. Zugloks waren **110 265** und 52 1439 (beide Bw Güsten).
- **110 319** (Bw Sangerhausen) entgleiste in Stolberg (Harz) am 17. Juni als Zuglok des P 1711 (Stolberg/Harz – Berga-Kelbra) mit allen Achsen.
- Am 30. Juni entgleiste in Bretleben die Zuglok des Ng 62413, **110 322** (Bw Nordhausen).
- **110 139** (Bw Wittenberge) fuhr am 7. Juli in Parchim auf eine Wagengruppe auf.
- In Caputh-Geltow fuhr am 28. Juli die **110 287** (Bw Jüterbog) als Zuglok des P 3657 (Jüterbog – Potsdam Hbf) über einen Gleisabschluss und entgleiste mit allen Achsen.
- **110 168** (Bw Leipzig Hbf Süd) entgleiste am 29. August in Leipzig Hbf mit allen Achsen.
- Am 30. August fuhr **110 355** (Bw Wittenberge) in Parchim auf den Dg 53876 auf.
- In Gerstungen stießen am 21. September der P 731 (Gerstungen – Eisenach) mit der Zuglok **110 359** und die rückkehrende Schiebelok 120 305 (beide Bw Eisenach) zusammen.
- **110 134** (Bw Neuruppin) stieß am 26. September bei Rheinsberg (Mark) als Zuglok eines Personenzuges mit einem Militär-Lkw zusammen.
- Am 30. September kam es bei Söllichau (Strecke Eilenburg – Lutherstadt Wittenberg) zum Zusammenstoß zwischen **110 015** (Bw Lu-Wittenberg) als Zuglok des Ng 66631 und einem Traktor.
- Bei Kartlow fuhr am 2. Oktober der P 2620 (Rostock – Wismar) mit der Zuglok **110 028** (Bw Güstrow) in eine Rinderherde, am selben Tag entgleiste **110 369** (Bw Kamenz) in Kamenz mit allen Achsen.
- Am 4. Oktober rollte **110 028** des Bw Güstrow im Bw Wismar in die Drehscheibengrube.
- In Seddin stießen am 8. Oktober die Lz-fahrende **110 125** und die Rangierlok 106 392 (beide Bw Seddin) zusammen.
- Die **110 355** (Bw Wittenberge) prallte am 12. Oktober als Zuglok des P 823 (Pritzwalk – Neustrelitz Süd) bei Groß Haßlow mit einem Traktor zusammen.
- Am 13. Oktober entgleisten in Körner die **110 297** (Bw Nordhausen) und vier Wagen des P 1549 (Mühlhausen/Thür – Ebeleben) mit allen Achsen.
- In Jacobsdorf entgleiste am 5. November die Kö 100 119 als Schlusslok eines Güterzuges, woraufhin der entgegenkommende P 3302 (Frankfurt/Oder – Erkner) mit der Zuglok **110 382** in die entgleiste Kö fuhr. Beide Loks waren beim Bw Frankfurt (Oder) beheimatet.
- Am 16. November streifte die Zuglok des P 452 (Frankfurt/Oder – Eberswalde), **110 392** (Bw Eberswalde), in Letschin den Lgo 59520 im Profil.
- **110 095** (Bw Reichenbach/Vogtl) rollte am 22. Dezember im Bahnbetriebswerk Dresden-Friedrichstadt in die dortige Schiebebühne.

1972

- In Glasower Damm fuhr **101 307**(Bw Pankow) am 1. Februar als Lz auf den von **110 233** (Bw Ostbahnhof) geschobenen Piw 1314 auf.
- Am 6. Februar entgleiste **110 120** (Bw Dresden) mit einem Schneepflug bei Helmsdorf (b Pirna) an der Strecke Pirna – Dürrröhrsdorf – Neustadt/Sachs mit allen Achsen in einer Schneewehe.
- In Ganzlin (Strecke Pritzwalk – Karow/Meckl – Güstrow) stieß am 10. Februar der von **110 030** (Bw Güstrow) bespannte Ng 63870 mit einem Traktor zusammen.
- Am 2. März rollte **110 390** (Bw Kamenz) in ihrem Heimat-Bw in die Drehscheibengrube.
- In Rostock Hbf entgleiste **110 136** (Bw Rostock) am 16. März nach dem Überfahren eines Gleisabschlusses.
- **110 273** (Bw Wustermark) entgleiste am 13. April in Wustermark Rbf mit allen Achsen.
- Am 14. Juni stießen im Rostocker Hauptbahnhof die Zuglokomotive des P 968 (Saßnitz – Rostock), **110 365** (Bw Stralsund), und die Rangierlokomotive 106 027 (Bw Rostock) zusammen.

△ **Bild 79** • Zu einem folgenschweren Unfall kam es hier bei einem Zusammenstoß einer V 100 als Zuglok eines Personenzuges mit einem Lkw aus den Niederlanden. Nach den Löscharbeiten bot sich dieser Anblick. Aufnahme: Fritz Witt

- In Bad Wilsnack fuhr am 19. Juni die **110 443** (Bw Wittenberge) als Zuglok eines Personenzuges über einen Gleisabschluss. Die Lok und ein Wagen entgleisten.
- Am 9. Juli fuhr **110 258** (Bw Erfurt) in Erfurt Nord mit dem Ng 62419 auf eine Wagengruppe auf. Die Lok wurde dabei so schwer beschädigt, dass sie ausgemustert werden musste.
- Der P 2622 (Rostock – Wismar) mit Zuglok **110 038** (Bw Wismar) fuhr am 23. Juli bei Hornstorf in eine Rinderherde.
- Am 2. August fuhr **110 377** (Bw Wittenberge) mit dem P 2022 (Güstrow – Wittenberge) bei Ganzlin in eine Rinderherde.
- Der Dg 56895 mit Zuglok **110 431** (Bw Güstrow) und Vorspannlok **110 335** (Bw Wittenberge) fuhren am 6. August bei Kavelstorf (Kr Rostock) in eine Rinderherde.
- In Jüterbog fuhr am 8. August die **110 410** auf die 118 045 (beide vom Bw Jüterbog) auf.
- Am 6. September stieß **110 019** (Bw Rostock) als Zuglok des P 3615 (Rostock – Tessin) bei Broderstorf mit einem Traktor zusammen.
- In Oertzenhof (Strecke Pasewalk – Neubrandenburg) stießen am 7. September der TDe 44502 und Ng 61501 zusammen, deren Zugloks **110 470** (Bw Neubrandenburg) und 118 004 (Bw Neustrelitz) wurden schwer beschädigt.
- Am 7. Oktober fuhr **110 415** (Bw Hagenow Land) in Hagenow Land auf einen Gleisabschluss.
- In Forst Zinna striff der P 3516 (Teltow – Jüterbog) mit **110 465** (Bw Jüterbog) eine Lademaßsendung aus dem Dg 88601.
- Am 13. November stießen der P 2986 und der P 2987 in Sitzendorf (Strecke Rottenbach – Katzhütte) zusammen. Die Zugloks **110 314** und **110 417** (beide Bw Saalfeld) wurden dabei erheblich beschädigt.
- In Templin rollte am 29. November eine ablaufende Wagengruppe auf **110 504** und **110 508** auf, die sich auf einer Abnahmefahrt befanden.
- Am 17. Dezember fuhr in Staßfurt eine Güstener 110 auf den P 1467 (Staßfurt – Egeln) stark auf.

1973

- **110 366** (Bw Güsten) prallte als Zuglok des P 2813 (Calbe/Saale Ost – Bernburg) am 12. Januar bei Calbe (Saale) auf einen Traktor.
- In Großbartloff entgleisten am 25. Februar die **110 432** (Bw Nordhausen) und ein Wagen des P 1774 (Leinefelde – Geismar) mit allen Achsen.
- **110 014** (Bw Leipzig Hbf Süd) entgleiste am 4. April in Leipzig-Plagwitz mit allen Achsen.
- Am 7. April fuhr **110 169** (Bw Dresden) in Dresden-Friedrichstadt der 254 040 (Bw Halle P) in die Flanke.
- In Nesselgrund (südlicher Berliner Außenring) fuhren **110 113** und **110 136** (beide Bw Wittenberge) am 18. Mai mit dem Dg 50851 auf einen Gleisabschluss, wobei 110 113 entgleiste.
- Am 19. Mai stieß **110 446** (Bw Angermünde) als Zuglok des P 1534 (Bad Freienwalde/Oder – Angermünde) bei Angermünde mit einem Traktor zusammen.
- **110 163** (Bw Leipzig Hbf Süd) stieß Lz-fahrend bei Beucha Ost (Strecke Beucha – Trebsen/Mulde) am 2. Juli mit einem Lkw zusammen.
- Am 16. Juli fuhr **110 227** (Bw Reichenbach) in Siebenbrunn (Strecke Aue/Sachs – Adorf/Vogtl) auf einen Gleisabschluss und entgleiste mit allen Achsen.
- In Dresden-Neustadt entgleiste am 19. Juli die **110 285** (Bw Seddin).
- Bei einer Flankenfahrt des Piw 7151 und des Lg 59794 am 15. September in Rostock-Kassebohm wurden **110 510** (Bw Rostock) und 50 0008 (Bw Wittenberge) beschädigt.

- Am 21. September fuhr **110 055** (Bw Karl-Marx-Stadt) in Niederbobritzsch (Strecke Karl-Marx-Stadt/Chemnitz – Dresden) auf einen Gleisabschluss und entgleiste.
- In Markneukirchen (Strecke Adorf/Vogtl – Erlbach/Vogtl) entgleisten am 24. September die **110 575** (Bw Aue) und ein Wagen mit allen Achsen.
- Der Ng 65124 mit Zuglok **110 094** (Bw Seddin) prallt am 26. September in Seddin auf eine im Profil stehende Wagengruppe.
- Am 23. Oktober fuhr **110 449** (Bw Rostock) in Bützow (Strecke Schwerin – Rostock) beim Umfahren auf den P 3219 auf.
- Bei Ohrdruf (Strecke Gotha – Gräfenroda) stieß am 16. November die Lz-fahrende **110 359** (Est Gotha) mit einem Militär-Lkw zusammen.
- Am 20. November fuhr **110 165** (Bw Dresden) mit einem Personenzug in Krippen (Dresden – Bad Schandau) auf einen Güterzug auf.
- In Leipzig-Plagwitz entgleiste **110 111** (Bw Leipzig Hbf Süd) am 22. November mit allen Achsen.
- **110 475** (Bw Pasewalk) fuhr am 17. Dezember in Bernau (b Berlin) beim Umfahren des P 5101 auf einen Gleisabschluss und entgleist.

1974

- In Adorf (Vogtl) entgleiste am 1. Januar die **110 162** (Bw Reichenbach) mit allen Achsen.
- Am 10. Januar entgleisten in Lehnitz bei Oranienburg die **110 284** (Bw Pankow) und ein Wagen des Gex 2521 mit allen Achsen.
- Bei Storkow (Strecke Königs Wusterhausen – Beeskow – Grunow/Niederlausitz) stieß am 6. Februar der P 17965 mit einem Militär-Lkw zusammen, wobei die Zuglok **110 361** (Bw Jüterbog) beschädigt wurde.
- **110 643** rollte am 8. Februar im LEW Hennigsdorf in die Grube der Schiebebühne.
- Am 26. Februar stieß **110 361** (Bw Jüterbog) als Zuglok der Üb 74145 bei Zossen mit einem Militär-Lkw zusammen.
- In Stralsund entgleiste am 4. März die **110 289** (Bw Stralsund) als Zuglok des P 9186 mit allen Achsen.
- Der P 15729 (Zossen – Jüterbog) stieß am 19. März bei Kummersdorf Gut mit einem Militär-Lkw zusammen, die Zuglok **110 201** (Bw Jüterbog) wird dabei beschädigt.
- Am 27. März entgleisten **110 297** (Bw Eisenach) und ein Packwagen vom P 18815 in Rockensußra (Strecke Ebeleben – Mühlhausen/Thür).

△ **Bild 80** • Im Raw Cottbus entstand im Juni 1974 diese Aufnahme der **110 138**, die bei einem Unfall schwer beschädigt wurde. Aufnahme: Sammlung Andreas Stange

- In Karsdorf (Strecke Naumburg – Artern) fahren **110 053** und **110 065** (beide vom Bw Weißenfels) am 9. April auf einen Gleisabschluss, wobei 110 053 mit allen Achsen entgleiste.
- **110 555** des Bw Reichenbach entgleiste am 18. Juli in Herlasgrün (zwischen Plauen/Vogtl ob Bf und Reichenbach/Vogtl ob Bf) mit allen Achsen.
- Am 29. Juli stieß in Naunhof die **110 071** (Bw Glauchau) als Zuglok des P 4751 (Leipzig – Großbothen) mit einem Traktor zusammen.
- Der P 6721 (Mittweida – Karl-Marx-Stadt) fuhr in Karl-Marx-Stadt Hbf am 19. August auf einen Gleisabschluss, wodurch die Zuglok **110 588** (Bw Karl-Marx-Stadt) entgleiste.
- Bei einer Flankenfahrt im Bw Stralsund wurden am 27. August die **110 129** (Bw Stralsund) und die 118 227 (Bw Neustrelitz) beschädigt.
- Am 30. August stießen in Lichtenstein (Sachs) der P 18699 (St. Egidien – Neuoelsnitz) und eine Übergabe frontal zusammen, dabei wurden **110 034** und **110 244** (beide Bw Glauchau/Sachs) stark beschädigt und daraufhin ausgemustert.
- In Fichtengrund fuhr der P 4158 (Berlin-Schönefeld – Neustrelitz) mit der Zuglok **110 468** (Bw Neubrandenburg) am 2. Oktober über einen Gleisabschluss.
- Am 4. Oktober fuhr im Bahnbetriebswerk Eberswalde die **110 373** der 44 0576 (beide vom Bw Eberswalde) in die Flanke.
- In Schwerin Hbf fuhr am 6. Oktober die **110 348** (Bw Schwerin) auf einen Leerwagenpark auf.
- Der Ng 61801 fuhr am 2. November in Brahlstorf (Strecke Schwerin – Schwanheide) auf einen Gleisabschluss, wobei **110 480** (Bw Hagenow Land) und ein Packwagen entgleisten.
- Am 6. November entgleiste **110 117** (Bw Dresden) in Dresden-Neustadt mit allen Achsen.
- In Mertendorf (Strecke Naumburg – Teuchern) stieß am 7. November der P 15089 mit einer Stopfmaschine zusammen, dabei wurde **110 076** (Bw Weißenfels) erheblich beschädigt.
- Die **110 132** vom Bw Wittenberge rollte am 22. November im Lokschuppen in Parchim durch die Schuppenwand.
- Am 12. Dezember wurde **110 493** (Bw Bautzen) in Pommritz (zwischen Löbau/Sachs und Bautzen) bei einem Auffahrunfall erheblich beschädigt.
- In Hohenebra (Strecke Nordhausen – Erfurt) entgleiste **110 145** (Bw Nordhausen) am 13. Dezember mit allen Achsen, am selben Tag fuhr **110 488** (Bw Wittenberge) in Schwerin Hbf auf die 118 108 des Bw Schwerin auf.
- Am 21. Dezember stießen in Schneidlingen der P 15485 (Blumenberg – Staßfurt) und der Ng 65708 frontal zusammen, wobei **110 364** sowie **110 505** (beide vom Bw Güsten) schwer beschädigt wurden.
- Bei Warin (zwischen Wismar und Blankenberg/Meckl) stießen am 26. Dezember der Ng 63854 und der Gag 56863 zusammen, dabei wurden die beiden Zugloks **110 717** und 50 0063 (beide vom Bw Wismar) schwer beschädigt. Während die ölgefeuerte Dampflok 50 0063 nach einem Rahmentausch wieder aufgebaut wurde, ging 110 717 in den Schrott.

△ **Bild 81 • 110 034** und **110 244**, beide vom Bw Glauchau, hatten am 30. August 1974 in Lichtenstein (Sachs) einen Frontalzusammenstoß und wurden dabei schwer beschädigt. Am 30. September 1974 stehen sie in ihrem Heimat-Bw. Aufnahme: Reinhard Lehmann

1975

- Am 7. Januar entgleiste in Dresden die **110 243** (Bw Dresden) mit allen Achsen.
- **110 353** (Bw Hagenow Land) stieß als Zuglok des Ng 61833 am 17. Januar bei Eldena (Meckl) (Strecke Ludwigslust – Dömitz) mit einem Traktor zusammen.
- In Wusterhausen (Dosse) (Strecke Pritzwalk – Neustadt/Dosse) striff **110 664** (Bw Güstrow) am 19. Januar als Zuglok des Lg 59822 den letzten Wagen des Dg 54853.
- Am 19. Februar entgleiste in Leipzig Hbf die **110 646** (Bw Leipzig Hbf Süd) mit allen Achsen.
- In Eldena (Meckl) stieß am 4. März der P 17374 (Ludwigslust – Dömitz) mit einem Lkw zusammen, die Zuglok **110 481** (Bw Hagenow Land) wurde dabei beschädigt.
- Der P 17705 mit der Zuglok **110 361** (Bw Jüterbog) stieß am 6. Mai in Sperenberg (Strecke Zossen – Jüterbog) mit einem Lkw zusammen.
- Die **110 772** vom Bw Eberswalde entgleiste am 10. Mai in Frankfurt (Oder) Pbf mit allen Achsen.
- Am 27. Mai fuhr in Leinefelde die Zuglok des Ng 61410, **110 477**, der 44 0354 (beide vom Bw Nordhausen) in die Flanke.
- Die **110 430** (Bw Magdeburg) stieß am 29. Mai bei Loburg (Strecke Magdeburg – Biederitz – Altengrabow) auf einen Lkw.
- In Rostock Hbf entgleiste am 20. Juni die **110 157** (Bw Rostock) mit allen Achsen.
- Der P 15339 mit der Zuglok **110 414** (Bw Wittenberge) stieß am 30. Juni bei Crivitz (Strecke Schwerin – Parchim) mit einem Traktor zusammen.
- Am 24. Juli entgleiste **110 120** (Bw Dresden) in Dresden Hbf mit allen Achsen.
- **110 214** (Bw Zittau) entgleiste am 8. August in Dresden Hbf mit allen Achsen.
- In Bienenmühle (Strecke Freiberg/Sachs – Holzhau) entgleiste am 13. August die **110 025** (Bw Karl-Marx-Stadt) mit allen Achsen.
- Am 9. Oktober stieß **110 410** (Bw Jüterbog) als Zuglok des P 15726 (Jüterbog – Zossen) in Kummersdorf Gut mit einem Militär-Lkw zusammen.
- Die **110 599** (Bw Jüterbog) prallte am 13. Oktober in Ludwigsfelde mit einem Lkw zusammen.
- Bei Plate (Strecke Schwerin – Parchim) kam es am 10. Dezember zum Zusammenstoß des P 15336 (Zuglok **110 333**) (Bw Schwerin) und einem Lkw. Am selben Tag fuhr **110 726** (Bw Wismar) als Zuglok des E 412 (Wismar – Rostock) in Kröpelin in ein Förderband.
- Am 21. Dezember fuhr **110 600** (Bw Jüterbog) in Zossen über einen Gleisabschluss und entgleiste.
- Vom Pmg 18251 (Malchin – Dargun) entgleisten am 24. Dezember in Schorrentin die Zuglok **110 131** (Bw Neustrelitz) und vier Wagen.
- In Bad Kösen (zwischen Naumburg und Großheringen) fuhr am 28. Dezember der Ng 63431 auf den Dg 53401 auf, **110 063** (Bw Weißenfels) wurde dabei erheblich beschädigt.

1976

- Am 1. Januar prallte **110 407** (Bw Jüterbog) als Zuglok des P 3457 (Jüterbog – Zossen) bei Sperenberg mit einem Militär-Lkw zusammen.
- In Rövershagen (Strecke Rostock – Stralsund) entgleiste **110 157** (Bw Rostock) am 9. Februar mit allen Achsen.
- Der Dg 56186 fuhr am 25. Februar in Ludwigsfelde auf einen Gleisabschluss, dabei entgleiste **110 094** (Bw Seddin) mit allen Achsen.
- Am 12. März entgleisten bei Dollstädt die **110 384** (Bw Erfurt) und sieben Wagen des P 7907 (Bad Langensalza – Erfurt Nord).
- **110 712** (Bw Stendal) wurde am 13. März bei einer Entgleisung erheblich beschädigt.
- Bei Göhrenz-Albersdorf (Strecke Leipzig-Plagwitz – Pörsten) stieß am 7. April der P 16562 mit einem Traktor zusammen, wobei die Zuglok **110 140** (Bw Leipzig Hbf Süd) entgleiste.
- Der Dg 50109 und eine Hilfslok als Sperrfahrt stießen am 16. April bei Sternebeck (Strecke Werneuchen – Wriezen) zusammen, **110 305** und 132 336 (beide vom Bw Frankfurt/Oder) wurden dabei erheblich beschädigt.
- Am 7. Mai entgleiste **110 353** des Bw Hagenow Land in Jasnitz (Strecke Ludwigslust – Zarrentin/Meckl) mit allen Achsen.
- In Königsbrück entgleisten am 17. Mai die **110 231** (Bw Dresden) und ein Wagen des P 4859 (Straßgräbchen-Bernsdorf – Dresden Hbf).

- **110 549** (Bw Rostock) entgleiste am 24. Mai in Ribnitz-Damgarten West (Strecke Rostock – Stralsund) als Zuglok des Ng 65860 mit allen Achsen.
- Eine ablaufende Wagengruppe rollte am 3. Juni in Glauchau (Sachs) auf **110 103** (Bw Glauchau), die Lok wurde dabei schwer beschädigt.
- Am 23. Juni prallte der Ng 67833 bei Alt Karstädt (Strecke Ludwigslust – Dömitz) mit einem Traktor zusammen, Zuglok war **110 630** (Bw Hagenow Land).
- Bei Ermsleben (Strecke Frose – Gernrode/Harz – Quedlinburg) stieß **110 438** (Bw Güsten) als Zuglok des P 8409 (Quedlinburg – Aschersleben) am 10. August mit einem Lkw zusammen.
- Am 19. August fuhr **110 402** (Bw Schwerin) in Wittenberge auf den D 536 (Berlin – Wismar) auf.
- Der P 4852 (Dresden Hbf – Straßgräbchen-Bernsdorf) mit der Zuglok **110 381** (Bw Kamenz) stieß am 21. August in Ottendorf-Okrilla Süd mit einem Lkw zusammen.
- Im Bw Eberswalde fuhr am 22. August die **110 357** der **110 772** (beide Bw Eberswalde) in die Flanke.
- Am 25. August stieß der Ng 63854 mit **110 726** (Bw Wismar) als Zuglok bei Dabel (Strecke Wismar – Blankenberg/Meckl – Karow/Meckl) mit einem Lkw zusammen.
- In Karow (Meckl) fuhren **110 431** und **110 571** (beide vom Bw Güstrow) am 8. September auf den Ng 62803 auf. Am selben Tag striff **110 466** (Bw Nordhausen) in Silberhausen (Strecke Gotha – Leinefelde) mit dem Dg 53468 den Dg 89211 im Profil.
- **110 528** (Bw Saalfeld) entgleiste am 9. September bei Auma als Zuglok des P 18071 (Triptis – Lobenstein/Thür) nach dem Aufprall auf einen Baum mit allen Achsen.
- Der von **110 564** und **110 659** (beide vom Bw Güstrow) bespannte Dg 89051 überfuhr am 16. September in Devwinkel (zwischen Teterow und Güstrow) einen Gleisabschluss, wobei beide Lokomotiven entgleisten.
- Am 21. September stießen in Groß Brütz (Strecke Schwerin – Rehna) die Lzv 63820 und Lrz 9301 zusammen, **110 329** und 106 275 (beide Bw Schwerin) wurden erheblich beschädigt.
- Bei Neubuckow stieß am 28. September die **110 849** (Bw Güstrow) als Zuglok des P 15125 (Rostock – Wismar) mit einem Traktor zusammen.
- Der P 18212 (Rostock – Tessin) mit der Zuglok **110 033** (Bw Rostock) prallte am 4. Oktober bei Dalwitzhof auf einen Traktor.
- Am 14. Oktober stieß **110 832** (Bw Salzwedel) als Zuglok des P 7307 (Salzwedel – Stendal) bei Hohenwulsch mit einem Lkw zusammen.
- Bei Bantin stieß am 14. November der mit **110 604** (Bw Hagenow Land) bespannte P 9369 (Zarrentin – Ludwigslust) mit einem Traktor zusammen.
- **110 798** (Bw Neubrandenburg) fuhr am 15. November in Demmin (Strecke Neubrandenburg – Stralsund) auf eine Wagengruppe auf.
- Am 29. November entgleiste **110 117** (Bw Dresden) in Dresden-Neustadt mit allen Achsen.
- In Kummersdorf Gut kam es am 16. Dezember zum Zusammenstoß des P 15703 mit der Zuglok **110 474** (Bw Jüterbog) und einem Lkw.

1977

- **110 462** (Bw Eberswalde) entgleiste am 5. Januar mit allen Achsen, während am selben Tag die **110 341** (Bw Magdeburg) in Oschersleben (Strecke Magdeburg – Halberstadt) mit einem Traktor zusammenstieß.
- In Berlin-Lichtenberg fuhr am 13. Januar die **110 713** des Bw Ostbahnhof einer Wagengruppe in die Flanke.
- Am 15. Januar fuhr **110 726** (Bw Wismar) in Blankenberg (Meckl) auf eine Wagengruppe auf.
- In Potsdam Stadt fuhr **110 077** (Bw Seddin) am 21. Januar auf den Psi 11509 auf.
- **110 650** (Bw Saalfeld) und zwei Wagen des P 15048 (Pößneck unt Bf – Orlamünde) entgleisten am 24. Januar bei Freienorla.
- Am 29. Januar rollte **110 648** (Bw Neubrandenburg) in ihrem Heimat-Bw in die Drehscheibe.
- In Karl-Marx-Stadt Hbf entgleiste am 30. Januar die **110 101** (Bw Karl-Marx-Stadt) mit allen Achsen.
- Der P 15252 (Jüterbog – Beelitz Stadt – Wildpark) mit der Zuglok **110 201** (Bw Jüterbog) stieß am 8. Februar bei Tiefenbrunnen mit einem Panzer zusammen.
- Am 22. Februar entgleiste die **110 021** (Bw Karl-Marx-Stadt) mit allen Achsen in Klingenberg-Colmnitz.
- In Schwerin-Görris fuhr am 27. Februar die **110 256** (Bw Schwerin) auf einen Gleisabschluss.
- **110 800** (Bw Rostock) fuhr am 14. März in Rostock Hbf auf einen Gleisabschluss.
- Am 22. März stieß **110 407** (Bw Jüterbog) als Zuglok des P 15729 (Zossen – Jüterbog) bei Sperenberg mit einem Kettenfahrzeug zusammen.
- In Stralsund fuhr am 27. März die **110 790** (Bw Stralsund) der Lz-fahrenden 41 1062 (Bw Neubrandenburg) in die Flanke.
- Der P 15251 (Potsdam Hbf – Beelitz Stadt – Jüterbog) mit Zuglok **110 154** (Bw Seddin) stieß am 31. März in Jüterbog Altes Lager mit einem Kettenfahrzeug. Am selben Tag entgleisten **110 467** und **110 468** (beide Bw Neubrandenburg) in Neustrelitz mit allen Achsen.
- Am 4. Mai fuhr **110 306** (Bw Dresden) in Heidenau (Strecke Dresden – Bad Schandau) auf einen Güterzug auf und wurde schwer beschädigt.
- In Züssow entgleiste am 6. Juni die **110 843** des Bw Stralsund mit allen Achsen.
- **110 744** (Bw Karl-Marx-Stadt) stieß am 14. Juni in Thalheim mit einem Lkw zusammen.
- Der Lrz 15153 mit Zuglok **110 255** (Bw Berlin-Pankow) fuhr am 18. Juni bei Ruhlsdorf-Zerpenschleuse (Strecke Basdorf – Groß Schönebeck) in eine Rinderherde.
- Die **110 149** (Bw Wustermark) rollte Anfang Juli 1977 in Wustermark in die Drehscheibengrube.
- Am 3. August stieß der P 17707 (Freiberg/Sachs – Holzhau) bei Mulda (Sachs) mit einem Lkw zusammen, dabei entgleiste die Zuglok **110 026** (Bw Aue).
- In Berlin-Eichgestell fuhr am 3. September der D 1191 auf den Ng 64117 auf, die Zuglok des Ng, **110 762** (Bw Elsterwerda), wurde dabei total zerstört.
- Die **110 600** (Bw Jüterbog) als Zuglok des P 15704 (Jüterbog – Zossen) stieß am 16. September bei Sperenberg mit einem Militär-Lkw zusammen.
- Am 15. Oktober kam es in Rechlin Nord (Strecke Mirow – Rechlin Nord) zum Zusammenstoß der Üb 74521 mit Zuglok **110 813** (Bw Neubrandenburg) und einem Traktor.
- In Neukirch Ost fuhr **110 243** (Bw Dresden) vom P 4898 (Neustadt/Sachs – Neukirch West) am 7. November beim Umsetzen auf einen Gleisabschluss.
- Die **110 040** (Bw Rostock) als Lzv 92240 fuhr am 22. November bei Schönfließ (bei Berlin-Blankenburg) auf den Sonderzug 86125 auf.
- Am 25. November fuhr in Stralsund die **110 289** auf die 120 252 (beide Bw Stralsund) auf.
- In Friedland (Meckl) (Strecke Neubrandenburg – Friedland/Meckl) stieß am 29. November die **110 478** (Bw Neubrandenburg) mit einem Lkw zusammen.
- Die **110 445** (Bw Angermünde) entgleiste als Zuglok des P 7178 (Angermünde – Tantow) am 13. Dezember in Angermünde mit allen Achsen.

△ **Bild 82** • Die Dresdner **110 306** hatte am 4. Mai 1977 zwischen Heidenau und Pirna einen Auffahrunfall. Wenige Tage später, am 10. Mai 1977, entstand diese Aufnahme der Lok im Bw Dresden, Betriebsteil Friedrichstadt. Aufnahme: Rudi Lehmann, Sammlung Andreas Stange

△ **Bild 83** • Nach ihrem schweren Zusammenstoß am 3. September 1977 in Berlin Eichgestell gelangte **110 762** des Bw Elsterwerda ins Raw Cottbus, wo wenige Tage später diese Aufnahme entstand. Die Lok kam nicht wieder „ins Rennen" … Aufnahme: Sammlung Andreas Stange

△ **Bild 84** • Am 3. April 1978 stieß **110 821** vom Bw Aue (Sa) in Schönheide Ost mit einer Rangierabteilung zusammen. Noch am Unfallort wurde die Lok am 16. April 1978 von Günter Meyer fotografiert. AUFNAHME: GÜNTER MEYER, SAMMLUNG MANFRED MEYER

1978

- Am 19. Januar stieß **110 361** (Bw Jüterbog) als Zuglok des P 15714 (Jüterbog – Zossen) bei Sperenberg mit einem Militär-Lkw zusammen.
- In Bützow (Strecke Schwerin – Rostock) fuhr **110 446** des Bw Neubrandenburg am 22. Januar auf einen Gleisabschluss.
- Die **110 372** (Bw Eisenach) stieß bei einer Lz-Fahrt am 27. Januar bei Kaltennordheim (Strecke Bad Salzungen – Dorndorf/Rhön – Kaltennordheim) mit einem Linienbus zusammen.
- Am 7. Februar kam es bei Jänickendorf zum Zusammenstoß der **110 230** (Bw Jüterbog) als Zuglok des P 15711 (Zossen – Jüterbog) mit einem Militär-Lkw.
- In Staßfurt fuhr am 17. Februar die **110 701** (Bw Güsten) auf den Lgg 58811 auf.
- Der P 15726 (Jüterbog – Zossen) mit Zuglok **110 201** (Bw Jüterbog) stieß am 7. März bei Jänickendorf mit einem Militär-Lkw zusammen.
- Am 13. März stieß **110 475** (Bw Heringsdorf) bei Karlshagen Dorf (Strecke Zinnowitz – Peenemünde Dorf) mit einem Traktor zusammen und entgleiste schwer.
- In Scharmützelsee fuhr der P 17959 (Grunow/Niederl – Königs Wusterhausen) mit der Zuglok **110 518** (Bw Jüterbog) am 27. März in einen Lkw.
- Am 3. April stieß eine unbesetzte, talwärts rollende Wagengruppe in Schönheide Ost mit dem P 17672 (Schönheide Ost – Muldenberg) zusammen, dessen Zuglok, **110 821** (Bw Aue), dabei schwer beschädigt wurde.
- In Basdorf (bei Berlin) entgleiste am 18. April die **110 394** (Bw Pankow) als Zuglok des Piw 11838 mit allen Achsen.
- Der P 17962 (Königs Wusterhausen – Grunow/Niederl) mit Zuglok **110 332** des Bw Jüterbog stieß am 23. April an einem Bahnübergang bei Beeskow mit einem Traktor zusammen.
- Am 24. Mai fuhr **110 736** (Bw Neuruppin) in Wittenberge über einen Gleisabschluss.
- Im Rostocker Hauptbahnhof fuhr am 28. Mai die **110 651** des Bw Stralsund einer Wagengruppe in die Flanke.
- Der Ng 64121 und die Lz 71117 stießen am 31. Mai in Berlin Wriezener Bf zusammen, dabei wurden **110 107** (Bw Frankfurt/Oder) und 105 028 (Bw Schöneweide) beschädigt.
- Am 5. Juli prallte **110 206** (Bw Neustrelitz) bei Neustadt-Glewe (Strecke Ludwigslust – Parchim – Karow/Meckl) auf einen Lkw.
- In Pretzsch stieß am 7. Juli die **110 799** vom Bw Falkenberg/Elster als Zuglok des P 19936 (Torgau – Pretzsch) mit einem Traktor zusammen.
- Bei Beeskow kam es am 2. August zum Zusammenstoß des von **110 518** (Bw Jüterbog) beförderten P 17966 (Königs Wusterhausen – Grunow/Niederl) mit einem Traktor.
- Am 16. August prallte **110 209** (Bw Stralsund) als Lzz 715 bei Pastitz (Strecke Bergen/Rügen – Putbus) auf einen Traktor.
- In Zinnowitz stieß am 29. August die **110 419** (Bw Heringsdorf) mit einem Lkw zusammen.
- Der mit **110 447** vom Bw Haldensleben bespannte Dg 53734 fuhr am 29. August in Weferlingen (Strecke Haldensleben – Weferlingen) auf den abgestellten LVT 171 011 (Bw Haldensleben).
- Am 2. September stießen bei Mellenbach-Glasbach (Strecke Rottenbach – Katzhütte) der Ng 66411 und eine Sperrfahrt zusammen. Daran beteiligt waren **110 076** und **110 722** (beide Bw Saalfeld).
- Bei Ahlbeck (Usedom) fuhr **110 339** (Bw Heringsdorf) am 15. Oktober in eine Rinderherde.

- Die **110 657** (Bw Pasewalk) prallte am 22. November bei Eggesin (Strecke Pasewalk – Ueckermünde) auf einen Lkw.
- Am 23. November stieß der P 17231 (Magdeburg – Altengrabow) bei Büden mit einem Lkw zusammen. Zuglok war **110 312** (Bw Magdeburg).
- Der P 18140 mit Zuglok **110 356** (Bw Wittenberge) stieß am 28. November bei Wesenberg (Strecke Pritzwalk – Neustrelitz Süd) mit einem Militär-Lkw zusammen, die Lok kippte dabei um und wurde schwer beschädigt.
- In Groitzsch (Strecke Leipzig – Neukieritzsch) fuhr am 5. Dezember die **110 569** (Bw Leipzig Hbf Süd) auf die 100 924 (Bw Leipzig-Wahren) auf.

1979

- Am 10. Januar stieß der P 15724 (Zossen – Jüterbog) mit der Zuglok **110 230** (Bw Jüterbog) bei Jänickendorf mit einem Militär-Lkw zusammen.
- Der P 3457 mit der Zuglok **110 628** des Bw Brandenburg prallte am 22. Januar bei Beelitz Stadt (Strecke Jüterbog – Potsdam) mit einem Kettenfahrzeug zusammen.
- In Elmenhorst (zwischen Grimmen und Stralsund) kam es am 25. Januar zum Zusammenstoß der **110 468** (Bw Neubrandenburg) als Zuglok eines Personenzuges mit einem Schneepflug.
- Am 15. Februar fuhr in Saaten-Neuendorf (Strecke Angermünde – Bad Freienwalde/Oder) die **110 416** (Bw Eberswalde) auf einen eingeschneiten Zug auf.
- In Halberstadt fuhr am 20. Februar die **110 714** (Bw Halberstadt) auf eine Lok der Baureihe 132 auf und wurde dabei erheblich beschädigt.
- Die Züge Gex 2731 und Lg 58752 stießen am 27. Februar in Bad Kleinen frontal zusammen, dabei wurden **110 801** (Bw Wittenberge) als Zuglok des Gex sowie **110 491** als Vorspann- und **110 751** (beide Bw Wismar) als Zuglok des Lg schwer beschädigt. 110 491 und 110 801 mussten aufgrund der Schäden daraufhin verschrottet werden.
- Am 1. März prallte **110 221** (Bw Stralsund) in Lubmin Werkbahnhof (KKW Nord bei Greifswald) auf einen Lkw.
- Als Zuglok des Ng 62823 stieß **110 774** (Bw Neuruppin) am 5. März bei Wildberg (Strecke Neustadt/Dosse – Neuruppin) mit einem Linienbus zusammen.
- In Neutrebbin (Strecke Frankfurt/Oder – Eberswalde) striff der P 6951 mit Zuglok **110 404** (Bw Eberswalde) am 11. März den letzten Wagen vom Dg 51248 im Profil.
- Am 24. März fuhr **110 518** (Bw Jüterbog) mit dem P 11600 in Teltow auf eine Wagengruppe auf; am selben Tag stieß **110 599** (Bw Jüterbog) in Großbeeren mit einem Traktor zusammen.
- Die Üb 75121 mit Zuglok **110 236** (Bw Frankfurt/Oder) prallte am 3. April in Seelow (Strecke Frankfurt/Oder – Eberswalde) mit einem Traktor zusammen.
- In Camburg fuhr am 9. April der P 5034 (Saalfeld – Camburg) auf die Lzz 44853 auf, dabei wurden **110 601** und 01 0509 (beide Bw Saalfeld) beschädigt.
- Am 6. August stieß der Ng 61833 bei Dömitz (Strecke Ludwigslust – Dömitz) mit einem Traktor zusammen, wobei die Zuglok **110 403** (Bw Hagenow Land) umstürzte.
- Bei Buttstädt (Strecke Straußfurt – Großheringen) stießen am 28. September die Nahgüterzüge 61485 und 61486 zusammen, dabei wurden **110 540** und **110 541** (beide vom Bw Weißenfels) total zerstört.
- In Dürrröhrsdorf (Strecke Pirna – Neustadt/Sachs) entgleiste **110 786** (Bw Dresden) am 31. Oktober mit allen Achsen.
- Die **110 686** (Bw Magdeburg) wurde am 9. November in Magdeburg-Brückfeld bei einem Auffahrunfall beschädigt.
- Am 17. Dezember stieß der von **110 201** (Bw Jüterbog) beförderte P 15729 (Zossen – Jüterbog) bei Sperenberg mit einem Tankfahrzeug zusammen.

1980

- Der P 4724 (Meißen – Leipzig) mit Zuglok **110 147** (Bw Nossen) stieß am 2. Januar bei Roßwein auf einen Lkw.
- In Ahrensfelde (bei Berlin) kam es am 8. Januar zum Zusammenstoß der Zuglok des P 19909, **110 236** (Bw Frankfurt/Oder), mit einem Lkw.
- Am 10. Januar fuhr der P 18382 (Waren/Müritz – Ludwigslust) mit Zuglok **110 449** (Bw Wittenberge) bei Malchow (Meckl) in ein Fäkalienfahrzeug.
- Die **110 782** (Bw Cottbus) fuhr am 16. Januar in Cottbus der 118 114 (Bw Görlitz) in die Flanke. Die 110 wurde anschließend nicht wieder aufgebaut.
- In Wesenberg (Strecke Pritzwalk – Neustrelitz Süd) fuhr am 18. Januar der Dg 58861 auf eine Wagengruppe auf, wobei **110 659** und **110 666** (beide Bw Wittenberge) erheblich beschädigt wurden.
- Am 4. März stieß bei Rakith (Strecke Eilenburg – Lutherstadt Wittenberg) der P 17541 mit Zuglok **110 010** (Bw Lu-Wittenberg) mit einem Bus zusammen.
- **110 697** (Bw Güstrow) fuhr am 17. März im Rostocker Hauptbahnhof auf einen Gleisabschluss auf.
- Am 25. März stieß der von 110 332 (Bw Jüterbog) beförderte P 17965 (Grunow/Niederl – Königs Wusterhausen) in Friedersdorf mit einem Traktor zusammen.
- Bei Neustadt (Sachs) kam es am 7. April zum Zusammenstoß der Üb 71330 mit einer „entlaufenen" Wagengruppe, wobei **110 786** (Bw Dresden) erheblich beschädigt wurde.
- Ein von **110 477** (Bw Eisenach) beförderter Hilfszug stieß am 28. April in Bad Langensalza mit einer Schraubmaschine für den Gleisbau zusammen.
- Am 29. April fuhr in Wittenberge die **110 335** (Bw Schwerin) auf 132 513 (Bw Wittenberge) auf.
- In Leipzig Dresdner Gbf wurden am 30. April die **110 646** (Bw Leipzig Hbf Süd) und 250 043 (Bw Leipzig Hbf West) bei einer Flankenfahrt schwer beschädigt.
- P 17573 und Lgo 59656 stießen am 23. Mai in Braunsbedra (Strecke Merseburg – Querfurt) zusammen, dabei wurden **110 041** (Bw Halle G) und 52 8119 (Bw Röblingen) erheblich beschädigt. Am selben Tag prallte **110 660** (Bw Magdeburg) bei Loburg auf einen Traktor.
- Am 31. Mai fuhr in Klein Warnow (Strecke Schwerin – Rostock) der Ng 61850 über einen Gleisabschluss, wobei **110 630** (Bw Hagenow Land) und **110 377** (Bw Wittenberge) entgleisten.
- Bei Ulbersdorf (zwischen Sebnitz/Sachs und Bad Schandau) fuhr am 5. Juni der P 18862 mit Zuglok **110 626** (Bw Dresden) in eine Rinderherde.
- Der P 18260 mit Zuglok **110 751** (Bw Wismar) fuhr am 13. Juli bei Hornstorf (Strecke Blankenberg/Meckl – Wismar) in eine Rinderherde.
- Am 10. August stieß in Falkenhagen (Prignitz) die Zuglok des P 15236 (Wittenberge Süd – Güstrow), **110 564** (Bw Güstrow) mit einem Traktor zusammen.
- Bei Neustadt-Glewe (Strecke Waren/Müritz – Ludwigslust) kam es am 1. September zum Zusammenstoß der Zuglok des P 4115, **110 063** (Bw Neustrelitz), mit einem Lkw.
- Am 4. September stieß der Schadzug 79350, befördert von **110 495** (Bw Jüterbog) bei Jüterbog Altes Lager mit einem Lkw zusammen.
- **110 559** (Bw Rostock) fuhr am 8. September in Rövershagen auf eine Wagengruppe auf.
- Bei Droyßig kam es am 16. September zum Zusammenstoß des P 15022 (Zeitz – Osterfeld/b Zeitz) mit einem Lkw. Zuglok war **110 007** (Est Zeitz).
- Am 22. September fuhr in Meiningen die **110 671** der 131 076 (beide Bw Meiningen) in die Flanke.

- In Werder (bei Neuruppin) stieß am 16. Oktober der Ng 62820 mit Zuglok **110 592** (Bw Neuruppin) mit einem Traktor zusammen.
- **110 136** und **110 511** (beide Bw Rostock) stießen als Vorspann- bzw. Zuglok des Ng 65821 bei Sanitz (Kr Rostock) am 28. Oktober auf einen Traktor.
- Am 10. November prallte der P 15248 (Wittenberge – Güstrow) mit Zuglok **110 501** (Bw Wittenberge) in Weisen auf einen Lkw.
- Der P 15720 (Jüterbog – Zossen) mit Zuglok **110 361** (Bw Jüterbog) stieß am 13. November bei Kummersdorf Gut mit einem Militär-Lkw zusammen.
- Bei Karpin (Strecke Pasewalk – Ueckermünde) prallte der Gmp 68512 mit Zuglok **110 542** (Bw Neustrelitz) am 2. Dezember auf einen Traktor.
- Am 4. Dezember kam es in Schwinkendorf (Strecke Waren/Müritz – Malchin) zum Zusammenstoß des Dg 53597 mit der Zuglok 110 134 (Bw Neustrelitz) und einem Traktor.
- **110 219** (Bw Erfurt) stieß als Zuglok des P 17505 (Weimar – Kranichfeld) am 11. Dezember in Kranichfeld mit einem Lkw zusammen.

△ **Bild 85** • Ein verheerendes Zugunglück gab es am 13. Juni 1981 bei Wöhlsdorf zwischen Saalfeld und Bad Blankenburg (Thür). Von der beteiligten Saalfelder **110 119** blieb nicht viel übrig. AUFNAHME: SAMMLUNG ANDREAS STANGE

1981

- In Gera-Zwötzen (zwischen Gera und Weida) entgleisten am 9. Januar die Zuglok **110 304** des Bw Gera sowie drei Wagen aus dem Lrz 18689.
- Am 13. Januar stieß die Zuglok **110 653** (Bw Kamenz) des Leerreisezuges 19804 in Weixdorf (Strecke Dresden – Königsbrück) mit einem Traktor zusammen. Am selben Tag kam es bei Wriezen zum Zusammenstoß des von **112 518** (Bw Frankfurt/Oder) beförderten P 17992 mit einem Traktor, und bei Sperenberg stieß die **110 884** (Bw Jüterbog) mit einem Militär-Lkw zusammen.
- **110 005** (Bw Frankfurt/Oder) fuhr am 16. Januar in Berlin-Marzahn auf einen Gleisabschluss auf.
- In Laage (Meckl) (Strecke Rostock – Güstrow) fuhr am 26. Januar die Lz-fahrende **112 564** (Bw Güstrow) auf den Dg 55875 auf.
- Am 16. Februar fuhr **110 462** (Bw Eberswalde) als Zuglok des P 4845 bei Schönfließ Dorf (Strecke Frankfurt/Oder – Eberswalde) in eine Schafherde.
- Bei Gielow (Strecke Waren/Müritz – Malchin) stieß am 23. Februar der Dg 53593 mit Zuglok **110 098** (Bw Neustrelitz) mit einem Lkw zusammen.
- Die Zuglok des P 15258 (Jüterbog – Wildpark), **110 410** (Bw Jüterbog), stieß am 4. März bei Tiefenbrunnen mit einem Militär-Lkw zusammen.
- Am 6. März kam es bei Neustadt (Sachs) zum Zusammenstoß des von **110 166** (Bw Dresden) beförderten Gmp 68313 mit einem Lkw.
- In Ahrensfelde (bei Berlin) fuhr der P 19900 mit Zuglok **112 474** (Bw Frankfurt/Oder) am 7. März in den im Profil stehenden Schluss des Dg 87149.
- **110 273** (Bw Wustermark) entgleiste am 9. April als Zuglok des Ps 11209 bei Berlin-Wartenberg mit allen Achsen.
- In Ludwigslust prallte **110 001**^{II} des Bw Neustrelitz am 22. April auf einen Lkw.
- Die Üb 71337 mit Zuglok **110 552** des Bw Dresden stieß am 30. April in Dürrröhrsdorf mit einem Traktor zusammen.
- Am 13. Mai fuhr in Querfurt der Lr 15528 mit Zuglok **110 109** (Est Merseburg) auf einen Personenzug auf.
- Zwischen Saalfeld und Bad Blankenburg (Thür) stießen am 13. Juni der Gag 57442 und der Ng 66404 zusammen, wobei **110 119** (Bw Saalfeld) und 118 234 (Bw Arnstadt) zerstört wurden.
- Der P 19903 (Berlin Otto-Winzer-Straße – Werneuchen), Zuglok **112 254** (Bw Frankfurt/O), prallte am 28. Juni bei Blumberg (b Berlin) auf einen Militär-Lkw.
- Am 9. August fuhr die **110 107** des Bw Berlin Ostbahnhof als Zuglok des P 5904 in Rotes Luch (zwischen Müncheberg/Mark und Strausberg) in eine Schafherde.
- Bei Dölzig fuhr am 11. August der P 17588 (Leipzig-Leutzsch – Merseburg) mit Zuglok **110 310** (Bw Leipzig Hbf Süd) in eine Schafherde.
- Der P 17696 (St. Egidien – Wüstenbrand) mit Zuglok **110 451** (Bw Glauchau) stieß am 28. August bei Lugau mit einem Traktor zusammen.
- Am 2. September entgleiste **112 564** (Bw Güstrow) in Güstrow mit allen Achsen.
- Bei Gielow fuhr der P 17203 (Malchin – Waren/Müritz) am 10. September in eine Rinderherde, wobei die Zuglokomotive **110 133** (Bw Neustrelitz) entgleiste.
- Der P 19803 und der Gag 57228 stießen am 21. September in Königsbrück zusammen, **110 493** (Bw Kamenz) und 120 092 (Bw Senftenberg) waren daran beteiligt.
- Am 9. Oktober kam es bei Kyritz (Strecke Pritzwalk – Neustadt/Dosse) zum Zusammenstoß des Dg 54851 mit einem Traktor, die Zugloks **110 256** und **110 815** (beide Bw Neuruppin) wurden dabei beschädigt.
- **110 341** (Bw Magdeburg) entgleiste am 11. Oktober in Magdeburg-Rothensee mit allen Achsen.
- Bei Auma (Strecke Triptis – Lobenstein/Thür) fuhr am 12. Oktober die Üb 75448 mit Zuglok **110 641** (Bw Saalfeld) in eine Rinderherde.
- Am 26. Oktober wurde **110 386** (Bw Magdeburg) in Magdeburg Hbf bei einem Auffahrunfall beschädigt.
- **110 537** (Bw Neustrelitz) fuhr am 7. November als Lz in Strelitz Alt (zwischen Fürstenberg/Havel und Neustrelitz) auf den Dg 89170 auf.
- Am 14. November entgleiste die **110 331** (Bw Bautzen) als Zuglok des Ng 60316 in Neukirch Ost mit allen Achsen.
- Bei Groß Leuthen (Strecke Beeskow – Luckau) stieß am 18. November die Zuglokomotive des P 15902, **110 554** (Bw Cottbus, Einsatzstelle Luckau), mit einem Lkw zusammen.

△ **Bild 86** • Im Bw Magdeburg – Betriebsteil Hauptbahnhof – war am 28. August 1982 die **110 804** des Bw Wittenberge abgestellt. Wenige Tage zuvor fuhr die Lok als Zuglok eines Güter-Expresszuges in Wolmirstedt auf einen Leergüterzug auf. AUFNAHME: SAMMLUNG ANDREAS STANGE

- Der Ng 62328 mit Zuglok **110 277** (Bw Glauchau) fuhr am 28. November bei Tanndorf (zwischen Großbothen und Döbeln) in eine Rinderherde.
- Am 1. Dezember stieß die Lz-fahrende **110 125** (Bw Wittenberge) in Rathenow Nord (Strecke Brandenburg – Neustadt/Dosse) mit einem Lkw zusammen und geriet in Brand.

1982

- In Niederschmalkalden stieß am 12. Januar der P 17079 (Wernshausen – Schmalkalden) mit einem Lkw zusammen, dabei entgleiste die Zuglok **110 662** (Bw Meiningen) mit zwei Achsen.
- Am 21. Januar kam es in Bad Berka (Strecke Weimar – Kranichfeld) zum Zusammenstoß des Ng 63464, befördert von **110 220** (Bw Erfurt), mit einem Traktor.
- Am 23. Januar fuhr die Zuglok des Ng 62405, **112 321** (Bw Sangerhausen), bei Edersleben (Strecke Erfurt – Sangerhausen) in eine Schafherde.
- Bei Leuenberg (Strecke Werneuchen – Wriezen) prallte der P 19913 mit Zuglok **110 005** (Bw Frankfurt/Oder) am 3. Februar auf eine ablaufende Wagengruppe.
- Am 6. Februar stieß der Güter-Expresszug 2735 mit Zuglok **110 652** (Bw Stralsund) bei Kummerow (Kr Stralsund) (Strecke Stralsund – Rostock) mit einen Sattelschlepper zusammen und kippt um. Am selben Tag fuhr **110 361** (Bw Jüterbog) mit dem P 17969 (Beeskow – Königs Wusterhausen) bei Friedersdorf (Kr Königs Wusterhausen) in eine Schafherde.
- Der P 17759 (Rochlitz/Sachs – Karl-Marx-Stadt) mit Zuglok **110 081** (Bw Glauchau/Sachs) stieß am 16. Februar bei Markersdorf-Taura mit einem Lkw zusammen.
- **112 474** (Bw Frankfurt/Oder) gerät als Zuglok des Dg 54131 am 2. März bei Trebnitz (Mark) (Strecke Berlin-Lichtenberg – Kietz) in Brand.
- Bei Schleiz (Strecke Schleiz – Saalburg/Saale) stieß am 9. März der P 16682 mit **110 050** (Bw Reichenbach) mit einem Lkw zusammen.
- Am 19. März kam es bei Jänickendorf zum Zusammenstoß des P 15714 (Jüterbog – Zossen), Zuglok **110 154** (Bw Jüterbog), mit einen Militär-Lkw. Am selben Tag prallte bei Guttau (Sachs) (Strecke Löbau/Sachs – Radibor/Sachs) der Ng 66251 mit Zuglok **112 331** (Bw Bautzen) auf einen Lkw
- In Strelitz Alt (bei Neustrelitz) fuhr **110 467** (Bw Neubrandenburg) am 24. März auf eine Lok der Baureihe 132 auf.
- Der Ng 61536 stieß am 2. April bei Bürgerhorst (bei Neustrelitz) mit einem Militär-Lkw zusammen, die Zuglok **111 008** (Bw Wittenberge) geriet dabei in Brand.
- Am 9. April prallte der P 6048 (Glauchau/Sachs – Gera) mit Zuglok **110 575** (Bw Gera) in Schmölln (Bz Leipzig) auf einen Bagger.
- In Lübben Süd (Strecke Beeskow – Luckau) stieß am 14. April der P 5707 mit Zuglok **110 780** (Est Luckau) mit einem Militär-Lkw zusammen.
- Am 20. April fuhren im Bw Saalfeld die **110 145** und **110 738** auf die Heizlok 01 1514 (alle Bw Saalfeld) auf. Am selben Tag prallte **110 013** (Bw Halle P, Est Bitterfeld) mit dem Ng 66686 bei Sandersdorf (Strecke Bitterfeld – Stumsdorf) auf einen Lkw.
- Der Dg 55492 striff in Saalfeld am 23. April den letzten Wagen des Dg 50625, dabei wurde die Zuglok des 55492, **110 641** (Bw Saalfeld), beschädigt.
- In Brandenburg Hbf fuhr am 24. April die **110 396** der **110 877** (beide Bw Brandenburg) in die Flanke.
- Am 28. April stieß **110 269** (Bw Neuruppin) als Zuglok des Ng 62820 bei Wildberg (Strecke Neustadt/Dosse – Neuruppin) mit einem Traktor zusammen.
- In Waren (Müritz) kam es am 10. Mai zum Zusammenstoß der Üg 75582 und der Lzz 56584, beteiligt waren **110 131** und 130 046 (beide Bw Neustrelitz).
- Der Gex 2602 und der T 16020 stießen am 21. Mai in Frankenhain (Strecke Gotha – Gräfenroda) zusammen, dabei wurden **110 252** und der LVT 172 162 (beide Bw Eisenach) erheblich beschädigt.
- Am 25. Mai stieß der P 4107 mit **110 336** (Bw Wittenberge) als Zuglok bei Weisen (zwischen Wittenberge und Perleberg) mit einem Traktor zusammen.
- In Stralsund entgleiste am 1. Juni die **112 531** (Bw Pasewalk) mit allen Achsen.

- Der P 19581 (Stumsdorf – Bitterfeld) mit Zuglok **110 013** (Est Bitterfeld) prallte am 3. Juni bei Zörbig auf einen Lkw.
- Am 15. Juni stieß in Dürrröhrsdorf die **110 550** (Bw Dresden) als Zuglok der Üa 71328 mit einem Bagger zusammen.
- **110 284** (Bw Pankow) fuhr am 17. Juni in Oranienburg auf eine Wagengruppe auf.
- Bei Moldenthin (zwischen Wismar und Bad Kleinen) fuhren **110 524** und **110 726** (beide Bw Wittenberge) als Lz 89579 am 18. Juni in eine Rinderherde.
- Der P 19341 (Stendal – Tangermünde) mit Zuglok **110 855** (Bw Stendal) stieß am 28. Juni bei Bindfelde mit einem Lkw zusammen.
- Am 30. Juli prallte die **110 779** (Bw Görlitz) als Zuglok des P 17822 (Zittau – Löbau/Sachs) bei Eibau auf einen Traktor.
- Bei Siedenlangenbeck (Strecke Oebisfelde – Salzwedel) fuhr am 14. August der Dg 56706 mit Zuglok **110 506** (Bw Salzwedel) in eine Rinderherde.
- Der Gex 2739 fuhr am 20. August in Wolmirstedt (Strecke Magdeburg – Stendal) auf den Lg 58813 auf, **110 804** (Bw Wittenberge) wurde dabei schwer beschädigt.
- Am 21. August fuhr der Ng 63462 mit Zuglok **112 387** (Bw Erfurt) bei Holzdorf (Strecke Weimar – Kranichfeld) in eine Rinderherde.
- In Prora (Strecke Lietzow/Rügen – Binz) prallte der Pmg 69564 mit Zuglok **110 360** (Bw Stralsund) am 12. September auf einen Lkw.
- Der Lgo 59361 und der P 18797 (Flöha – Annaberg-Buchholz Süd) stießen am 13. September in Erdmannsdorf-Augustusburg zusammen, beteiligt waren **110 618** und **110 661** (beide Bw Aue).
- Am 17. September fuhr der P 11903 (Berlin Otto-Winzer-Str. – Werneuchen) mit Zuglok **110 518** (Bw Frankfurt/Oder) bei Seefeld in eine Schafherde.
- Bei Pritzwalk fuhr am 9. Oktober die **111 004** (Bw Neuruppin) in eine im Gleis stehende Rinderherde.
- **110 243** und **110 876** (beide vom Bw Stendal) stießen Lz-fahrend am 20. Oktober in Rathenow Nord mit einem Lkw zusammen.
- Am 21. Oktober kam es bei Lengefeld zum Zusammenstoß des von **112 374** (Bw Erfurt) bespannten Ng 63467 mit einem Lkw.
- Bei Olbernhau-Grünthal prallte am 22. Oktober der P 19757 (Flöha – Neuhausen/Erzgeb) mit Zuglok **110 704** (Bw Karl-Marx-Stadt) auf einen Traktor.
- Der P 18200 (Rostock – Tessin) mit Zuglok **112 377** (Bw Rostock) stieß am 28. Oktober bei Dalwitzhof mit einem Militär-Lkw zusammen.
- Am 4. November fuhr bei Niederschlottwitz (Strecke Dresden – Altenberg/Erzgeb) der Ng 61382 mit Zuglok **110 235** (Bw Dresden) in eine Schafherde.
- In Nachterstedt (Strecke Halle/S – Halberstadt) fuhr am 13. November der Lgo 59741 auf den Lg 59634 auf, dabei wurde **110 234** (Bw Güsten) schwer beschädigt.
- Der P 6559 (Güsten – Wiesenburg/Mark) mit Zuglok **110 582** (Bw Güsten) fuhr am 15. November bei Barby in eine Rinderherde.
- Am 19. November fuhr der Dg 57442 mit **110 020** und **110 738** (beide Bw Saalfeld) bei Leutenberg (Saalfeld – Wurzbach/Thür) in eine Rinderherde.
- Bei Weisen (zwischen Wittenberge und Perleberg) stießen am 10. Dezember der Dg 84757 und eine abrollende Wagengruppe zusammen, dabei wurden **111 014** und **111 015** (beide Bw Wittenberge) beschädigt.
- Am 14. Dezember rollte im Rostocker Güterbahnhof eine ablaufende Wagengruppe auf **112 523** (Bw Güstrow) auf.
- Bei Kohlsdorf stieß am 25. Dezember der mit **110 780** (Bw Luckau) bespannte P 15904 (Lübben Süd – Beeskow) mit einem Lkw zusammen.

1983

- Ein Personenzug Kranichfeld – Weimar mit Zuglok **112 374** (Bw Erfurt) stieß am 18. Januar bei Bad Berka mit einem Lkw zusammen.
- Am 23. Januar fuhr **110 870** (Bw Neuruppin) in Neustadt (Dosse) auf eine im Profil stehende Wagengruppe auf.
- In Halle (S) Hbf fuhr am 13. Februar die 242 059 (Bw Lu-Wittenberg) auf die **110 847** (Bw Güsten) auf.
- **110 746** und 106 764 (beide Bw Kamenz) stießen am 19. Februar in Kamenz zusammen.
- Am 24. Februar fuhr **110 275** (Bw Stendal) mit einem Personenzug in Borstel (Kr Stendal) über einen Gleisabschluss und kam erst an einer Hauswand zum Stehen. Am selben Tag prallte der Ng 66780 mit Zuglok **110 486** (Bw Salzwedel) bei Schadeberg (Strecke Salzwedel – Diesdorf/ Altmark) auf einen Traktor.
- In Salzwedel stieß am 7. März der mit **110 699** (Bw Salzwedel) bespannte Ng 62780 mit einem Traktor zusammen.
- Der P 18563 (Leinefelde – Geismar) mit Zuglok **110 245** (Bw Sangerhausen) prallte am 15. März im Küllstedter Tunnel auf drei Rinder.
- Am 18. April stieß der mit **110 113** (Bw Güstrow) bespannte P 15242 (Wittenberge – Güstrow) bei Pritzwalk mit einem Militär-Lkw zusammen.
- In Priort (Berliner Außenring, zwischen Potsdam und Wustermark) fuhren am 23. April die **110 848** und **110 885** (beide Bw Neuruppin) mit dem Dg 50853 auf den TDe 47980 auf.
- Der P 16543 (Lu-Wittenberg – Eilenburg) mit Zuglok **110 830** (Bw Lu-Wittenberg) stieß am 25. April bei Pratau mit einem Traktor zusammen. Am selben Tag kam es zum Zusammenstoß eines mit **112 268** (Bw Sangerhausen) bespannten Personenzuges bei Esperstedt (Strecke Röblingen a. S. – Querfurt) mit einem Feuerwehrfahrzeug.
- Am 27. April striff der Lgo 59531 die Schlusslok am P 3150 in Rövershagen, **110 439** (Bw Stralsund) und **112 345** (Bw Rostock) wurden beschädigt.
- In Falkenstein (Vogtl) fuhr am 1. Mai die **110 562** (Bw Reichenbach/Vogtl) auf eine Wagengruppe auf.
- Der Gmp 69315 mit Zuglok **110 271** (Bw Reichenbach/Vogtl) stieß am 5. Mai bei Treuen (Strecke Falkenstein/Vogtl – Herlasgrün) mit einem Traktor zusammen.
- Am 19. Mai prallte der P 19725 (Großbothen – Penig) mit Zuglok **110 048** (Bw Glauchau) bei Penig auf einen Traktor.
- Bei Schwetzin stieß der GmP 68875 (Gnoien – Teterow) mit Zuglok **110 019** (Bw Güstrow) am 1. Juni mit einem Traktor zusammen.
- Der Ng 63380 mit Zuglok **112 423** (Bw Karl-Marx-Stadt) prallte am 14. Juni bei Olbernhau-Grünthal (Strecke Flöha – Neuhausen/Erzgeb) mit einem Lkw zusammen.
- Am 15. Juni stieß der mit **110 742** (Bw Salzwedel) bespannte Ng 62781 bei Dähre (Strecke Salzwedel – Diesdorf/Altmark) mit einem Militär-Lkw zusammen.
- In Pößneck unt Bf kam es am 1. Juli zum Zusammenstoß des GmP 69454 mit einem Lkw, dabei wurde **110 145** (Bw Saalfeld) erheblich beschädigt.
- Der P 15133 mit Zuglok **112 420** (Bw Wismar) stieß am 13. Juli bei Neubukow (zwischen Bad Doberan und Wismar) mit einem Traktor zusammen.
- Am 18. Juli prallte die Zuglok des P 19765, **110 533** (Bw Karl-Marx-Stadt), bei Reifland-Wünschendorf auf einen Felsabgang.
- Bei Olbersleben stieß am 19. Juli die Zuglok des P 16210 (Großheringen – Straußfurt), **110 639** (Bw Weißenfels), mit einem Traktor zusammen.
- Am 25. Juli kam es bei Lubmin (Strecke Greifswald – Lubmin) zum Zusammenstoß des Dg 55558, bespannt mit **110 651** (Bw Stralsund), mit einem Traktor.
- In Fürstenwalde (Spree) Süd (Strecke Fürstenwalde/Spree – Beeskow) stießen

△ **Bild 87** • Die Brandenburger **112 637** war am 5. September 1983 in einen Unfall mit einem Sattelschlepper verwickelt. Am 8. September 1983 steht die Maschine im Lokschuppen in Brandenburg Altstadt.
Aufnahme: Jens-Peter Fried

am 26. Juli die Üg 70178 (Zuglok **110 005** des Bw Frankfurt/Oder) und ein Lkw zusammen.

- Der P 4115 (Ludwigslust – Waren/Müritz), Zuglok **110 223** (Est Waren/Müritz) stieß am 28. Juli bei Malchow (Meckl) auf einen Militär-Lkw.
- Am 30. Juli kam es bei Koserow (Strecke Seebad Ahlbeck – Wolgaster Fähre) zum Zusammenstoß des P 18181 (Zuglok **110 339** vom Bw Heringsdorf) mit einem Traktor.
- Der Ng 62011 mit Zuglok **112 400** (Bw Eisenach) stieß am 4. August bei Ohrdruff (Strecke Gotha – Gräfenroda) mit einem Lkw zusammen.
- Bei Wittstock (Dosse) prallte am 17. August die **110 666** (Est Wittstock) als Zuglok des P 4107 (Pritzwalk – Neustrelitz) auf ein Kettenfahrzeug.
- **110 763** (Bw Magdeburg) wurde am 20. August in Magdeburg Hbf bei einer Flankenfahrt beschädigt.
- Am 27. August fuhr der Ng 63785 bei Möckern (b Magdeburg) in eine Rinderherde, dabei wurde bei der Zuglok **112 337** (Bw Haldensleben) der Tank beschädigt.
- Der P 6204 mit Zuglok **112 507** (Bw Sangerhausen) fuhr am 29. August bei Bretleben (Strecke Sondershausen – Bretleben) in eine Rinderherde, wobei auch bei 112 507 der Tank beschädigt wurde.
- Bei Gerbstedt (Strecke Hettstedt – Heiligenthal) stieß der Ng 60733 (Zuglok **110 847** des Bw Halle P) am 31. August mit einem Lkw zusammen.
- Am 3. September fuhr der mit **110 886** (Bw Cottbus) bespannte Ng 62258 bei Briesnig (Strecke Cottbus – Forst/Lausitz) in eine Rinderherde.
- Der P 19236 (Brandenburg Hbf – Neustadt/Dosse) mit Zuglok **112 637** (Bw Brandenburg) stieß am 5. September in Pritzerbe mit einem Sattelschlepper zusammen. Die Lok wurde dabei erheblich beschädigt.
- Bei Schönberg prallte am 11. September der P 8661 (Plauen/Vogtl ob Bf – Schleiz) mit Zuglok **110 869** (Bw Reichenbach/Vogtl) auf einen Traktor.
- Am 15. September fuhr der Ng 61901 mit Zuglok **110 050** (Bw Reichenbach/Vogtl) in Schönberg (Vogtl) in eine Rinderherde.
- Bei Mühlhausen (Thür) fuhr am 16. September der mit **112 466** (Bw Eisenach) bespannte Piw 8907 in eine Rinderherde.
- Die **110 609** (Bw Görlitz) fuhr am 3. Oktober in Görlitz-Weinhübel auf einen Leerwagenpark auf.
- Am 6. Oktober stieß **110 486** (Bw Salzwedel) als Zuglok des P 7300 (Stendal – Salzwedel) bei Pretzier (Altm) mit einem Lkw zusammen.
- In Schleiz West prallte der mit **110 874** (Bw Reichenbach) bespannte Pmg 16688 (Saalburg – Schleiz) am 13. Oktober mit einem Traktor zusammen.
- **112 420** (Bw Wismar) stieß als Zuglok des P 15128 (Wismar – Rostock) am 16. Oktober bei Hornstorf mit einem Traktor zusammen.
- Am 28. Oktober kam es in Ziegenrück (Strecke Triptis – Lobenstein/Thür) zum Zusammenstoß des Dg 59487 (Zuglok **110 622** des Bw Saalfeld) mit einem Traktor.
- In Klötze striff der P 6440 (Haldensleben – Salzwedel) mit Zuglok **110 699** (Bw Salzwedel) am 6. November den Ng 62711 im Profil.
- De 110 357 (Bw Eberswalde) fuhr am 10. November in Eberswalde einem Leerwagenpark in die Flanke, am selben Tag stieß der P 4890 (Sebnitz/Sachs – Bautzen) mit Zuglok **112 459** (Bw Bautzen) bei Neukirch West mit einem Traktor zusammen.
- Am 11. November prallte in Olbernhau-Grünthal (Strecke Flöha – Neuhausen/Erzgeb) der Ng 63380 (Zuglok **112 423**

des Bw Karl-Marx-Stadt) mit einem Lkw zusammen.

- Der P 6440 mit **110 832** (Bw Salzwedel) stieß am 12. November bei Dambeck (Altm) mit einem Lkw zusammen. Am selben Tag überfuhr **112 394** (Bw Frankfurt/Oder) in Ahrensfelde (bei Berlin) einen Gleisabschluss.
- Am 17. November rollte **110 595** (Bw Frankfurt/Oder) in Wriezen in die Drehscheibengrube.
- Ebenfalls in Wriezen entgleiste **110 005** (Bw Frankfurt/Oder) am 18. November als Zuglok des Lrz 19912 nach dem Überfahren eines Gleisabschluss.
- Die **110 838** (Bw Neustrelitz) fuhr am 1. Dezember als Zuglok des P 9210 mit in Klockow (Kr Waren/Müritz) über einen Gleisabschluss und entgleiste mit allen Achsen.
- Am 21. Dezember fuhr **112 532** (Bw Wismar) in Rostock-Seehafen einer Wagengruppe in die Flanke.
- Die **110 127** (Bw Stralsund) fuhr am 29. Dezember Kummerow (Kreis Stralsund) in eine Schafherde.

1984

- Bei Nossen fuhr am 4. Januar die Üg 72349 mit Zuglok **110 135** (Bw Nossen) in einen umgekippten Baum.
- Am 15. Januar stieß der mit **110 726** des Bw Wittenberge bespannte P 17354 (Wittstock/Dosse – Pritzwalk) bei Heiligengrabe mit einem Militär-Lkw zusammen.
- Der P 4101 (Pritzwalk – Neustrelitz Süd) mit Zuglok **110 809** (Bw Wittenberge) prallte am 21. Januar bei Wittstock (Dosse) auf einen Militär-Lkw.
- Bei Dranse (zwischen Wittstock/Dosse und Neustrelitz) stieß der Dg 50570, bespannt mit **111 012** (Est Wittstock/Dosse), am 7. Februar mit einem Militär-Lkw zusammen.
- Am 9. Februar kam es bei Waldkirchen (Erzgeb) zum Zusammenstoß des von **110 611** (Bw Aue/Sachs) geführten P 18764 (Bärenstein – Flöha) mit einem Lkw.
- Der P 19251 (Brandenburg-Altstadt – Belzig) mit Zuglok **110 877** (Bw Brandenburg) stieß am 1. März bei Krahne mit einem Traktor zusammen.
- Bei Feldberg (Meckl) prallte am 15. März der Gmp 68511 mit Zuglok **110 026** (Bw Neustrelitz) auf einen Traktor.
- Am 11. April stieß in Scharmützelsee der mit 110 155 (Bw Jüterbog) bespannte P 17958 (Königs Wusterhausen – Scharmützelsee) mit einem Lkw zusammen. Am selben Tag prallte der Gmp 15924 mit Zuglok **110 775** (Est Luckau) bei Schlieben (Strecke Luckau – Falkenberg/Elster) auf einen Traktor.
- Bei Teterow kam es am 16. April zum Zusammenstoß des Ng 68873 (Zuglok **110 019** vom Bw Güstrow) mit einem Lkw.
- Die Üg 75127, Zuglokomotive war **112 853** (Bw Frankfurt/O), stieß am 25. April in Seelow (Mark) mit einem Traktor zusammen.
- Am 1. Mai fuhr der E 1771 (Leipzig – Meißen) mit Zuglok **114 203** (Bw Leipzig Hbf Süd) bei Niederstriegis in eine Schafherde.
- Der P 15708 (Kummersdorf Gut – Zossen) mit Zuglok **110 710** (Bw Jüterbog) prallte am 9. Mai bei Zossen auf einen Traktor.
- Am 21. Mai stieß **112 487** (Bw Eisenach) bei Grabe (Strecke Mühlhausen – Schlotheim) mit einem Lkw zusammen.
- In Pasewalk kam es am 29. Mai zum Zusammenstoß von **110 099** und **110 112** (beide Bw Pasewalk).
- Die **110 017** (Bw Wismar) stieß am 12. Juni bei Jabel (Meckl) (zwischen Karow/Meckl und Waren/Müritz) mit einem Traktor zusammen.
- Am 15. Juni rollte **110 597** (Bw Ostbahnhof) im Bw Berlin-Lichtenberg in die Drehscheibengrube.
- Im Bw Stralsund fuhr am 17. Juni die **112 347** (Bw Pasewalk) der 132 186 (Bw Stralsund) in die Flanke.
- Die **112 580** (Bw Nordhausen) striff als Zuglok des P 6917 am 27. Juli in Hohenebra (Strecke Erfurt – Nordhausen) den Schluss vom Ng 62445.
- Am 4. August stieß in Prora die **110 651** des Bw Stralsund mit einem Lkw zusammen.
- In Wolfshain kam es am 7. August zum Zusammenstoß des mit **110 767** (Bw Cottbus) bespannten P 15970 (Weißwasser/Oberlausitz – Forst/Lausitz) mit einem Lkw-Anhänger.
- Der Lgo 59856 mit Zuglok **112 354** (Bw Güstrow) prallte am 13. August bei Ganzlin (zwischen Pritzwalk und Güstrow) auf einen Mähdrescher.
- Am 20. August prallte bei Schönberg (Vogtl) der Pmg 18601 – Zuglok **110 095** (Bw Reichenbach/Vogtl) mit einem Traktor zusammen.
- Der mit **112 365** (Bw Pasewalk) bespannte P 17162 stieß am 24. August bei Eggesin (Strecke Pasewalk – Ueckermünde) mit einem Lkw zusammen.
- Im Bw Pasewalk rollte am 30. August die dort beheimatete **110 837** in die Drehscheibengrube.
- Am 7. September prallte der Lgo 86824 mit Zuglok **110 018** (Bw Güstrow) bei Glave (zwischen Güstrow und Meyenburg) auf einen Traktor.
- Der mit **112 687** (Bw Glauchau/Sachs) bespannte Personenzug 17691 fuhr am 21. September bei Wüstenbrand (Strecke Wüstenbrand – Neuoelsnitz) in eine im Gleis stehende Rinderherde.
- Bei Wechselburg stieß am 29. September die Zuglok des P 19739 (Rochlitz/Sachs – Wechselburg), **112 687** (Bw Glauchau/Sachs), mit einem Traktor zusammen.
- Am 7. Oktober stieß der mit **112 661** (Bw Karl-Marx-Stadt) bespannte Gmp 68349 bei Pockau-Lengefeld mit einem Traktor zusammen.
- In Hohen Mistorf fuhr am 17. Oktober der P 3212 (Neubrandenburg – Güstrow) dem Lg 59538 in die Flanke, **110 157** (Bw Güstrow) und **112 272** (Bw Neubrandenburg) wurden dabei beschädigt.
- Am 31. Oktober fuhr in Zwickau Hbf der P 16619 mit Zuglok **110 101** auf die 250 013 (beide Bw Reichenbach/Vogtl) auf.
- Die **112 353** (Bw Hagenow Land) fuhr am 2. November in Rastow (zwischen Ludwigslust und Schwerin) auf eine Wagengruppe auf.
- Bei Gielow (Strecke Waren/Müritz – Malchin) prallte am 12. November der P 17203 mit Zuglok **110 133** (Bw Neustrelitz) auf einen Lkw
- Am 15. November stieß die Üb 76343 – Zuglok **112 625** (Bw Glauchau/ Sachs) – bei Lunzenau (zwischen Rochlitz/Sachs und Glauchau/Sachs) mit einem Lkw zusammen.
- Die mit **112 423** (Bw Karl-Marx-Stadt) bespannte Üb 70499 stieß am 27. November bei Marienberg (Sachs) mit einem Traktor zusammen.
- In Zwickau-Pöhlau kam es am 6. Dezember zum Zusammenstoß des Nahgüterzuges 66311 – Zuglokomotive war **110 860** (Bw Aue/Sachs) – mit einem Sattelschlepper.
- Am 7. Dezember stieß der P 18441 (Eilsleben – Schönebeck/Elbe) mit Zuglok **112 279** (Bw Magdeburg) bei Wanzleben (b Magdeburg) mit einem Lkw zusammen.
- Die **110 962** (Bw Magdeburg) fuhr am 18. Dezember im Magdeburger Hauptbahnhof auf eine Wagengruppe auf.
- Im Rostocker Bahnbetriebswerk fuhr am 19. Dezember die **112 136** der 106 022 (beide Bw Rostock) in die Flanke.
- Der Personenzug 15338 mit Zuglokomotive **110 706** (Bw Schwerin) stieß am 21. Dezember an einem Bahnübergang bei Parchim mit einem Traktor der hiesigen LPG zusammen.

△ **Bild 88** • Eilsleben am 11. Oktober 1985: Der Zusammenstoß einer Lz-fahrenden 132 mit dem von **112 404** beförderten Personenzug forderte 13 Todesopfer. AUFNAHME: SAMMLUNG ANDREAS STANGE

1985

- Am 5. Januar prallte der P 8968 (Cottbus – Guben) mit Zuglok **110 005** (Bw Frankfurt/Oder) bei Merzdorf auf einen Militär-Lkw.
- In Zirtow (zwischen Wittstock/Dosse – Neustrelitz Süd) entgleisten am 6. Januar die **114 664** (Bw Wittenberge) und drei Wagen aus dem Lg 58518 mit allen Achsen.
- Der mit **110 845** (Bw Aue/Sachs) bespannte P 18872 fuhr am 7. Januar in Annaberg-Buchholz Süd auf eine Wagengruppe auf.
- Am 8. Januar stieß der P 18143 (Neustrelitz Süd – Feldberg/Meckl) mit Zuglok **110 713** (Bw Neustrelitz) bei Weitendorf mit einem Lkw zusammen.
- Der P 15720 (Jüterbog – Zossen) mit Zuglok **112 255** (Bw Jüterbog) stieß am 30. Januar in Kummersdorf Gut mit einem Militär-Lkw zusammen.
- Bei Wüstermarke (zwischen Uckro und Falkenberg/Elster) kam es am 2. Februar zum Zusammenstoß des mit **110 665** (Bw Cottbus, Est Luckau) bespannten Ng 63200 mit einem Schützenpanzerwagen der NVA.
- Der Dg 50833 mit Zuglok **114 246** (Bw Wittenberge) prallte am 13. Februar bei Mirow (zwischen Wittstock/Dosse und Neustrelitz Süd) auf einen Lkw.
- Am 21. Februar stieß der P 15923 (Luckau – Falkenberg/Elster) mit Zuglok **110 858** (Bw Cottbus, Est Luckau) in Herzberg Stadt mit einem Lkw zusammen.
- In Zwickau Hbf fuhr am 26. Februar die **110 791** (Bw Aue/Sachs) über einen Gleisabschluss und entgleiste mit allen Achsen.
- Der mit **112 453** (Bw Güstrow) bespannte P 15236 (Glöwen – Wittenberge – Güstrow) prallt am 28. Februar bei Groß Pankow auf einen Traktor.
- Am 7. März stieß die Üg 71694, Zuglok **110 041** (Bw Halle P, Est Merseburg), bei Querfurt mit einem Traktor zusammen.
- In Saßnitz stießen am 11. März die Lz 41563 und der P 9102 (Lietzow/Rügen – Saßnitz) zusammen, daran beteiligt waren **112 652** (Bw Stralsund) und 118 576 (Bw Oebisfelde).
- Die **111 013** fuhr am 29. März in Rostock-Seehafen auf **111 019** (beide vom Bw Rostock-Seehafen) auf.
- Am 4. April entgleisten in Angermünde die Zuglok **110 077** (Bw Eberswalde) und ein Wagen des P 6110 (Angermünde – Schwedt/Oder).
- Bei Mörtitz (Strecke Eilenburg – Lutherstadt Wittenberg) stieß am 3. Mai die **110 722** (Bw Falkenberg) mit einem Lkw zusammen und entgleiste.
- Ein Personenzug mit Zuglok **114 671** (Bw Saalfeld) prallte am 11. Mai bei Wurzbach (Thür) auf fünf im Gleis stehende Rinder.
- Am 4. Juni stieß der mit **114 469** (Bw Kamenz) bespannte P 6980 (Arnsdorf/b Dresden – Cottbus) bei Cunnersdorf (b Kamenz) mit einem Panzer zusammen.
- Bei Wesenberg prallte am 5. Juni der P 4102 (Neustrelitz Süd – Wittstock/Dosse) mit Zuglok **114 664** (Bw Wittenberge) auf einen Traktor.
- Der P 4895 (Bautzen – Bad Schandau) mit Zuglok **112 331** (Bw Bautzen) stieß am 19. Juni bei Sebnitz (Sachs) mit einem Traktor zusammen.
- Am 21. Juni kam es bei Falkenberg (Mark) zum Zusammenstoß des mit **110 815** (Bw Eberswalde) bespannten P 4932 (Wriezen – Eberswalde) mit einem Traktor.
- Bei Körner prallte am 24. Juni der P 18902 (Mühlhausen – Schlotheim) mit Zuglok **112 487** (Bw Erfurt) auf einen Traktor.
- **112 724** (Bw Hoyerswerda) fuhr am 10. Juli in Uhyst (zwischen Hoyerswerda und Horka) über einen Gleisabschluss.
- Am 18. Juli stieß bei Pinnow (Strecke Angermünde – Schwedt/Oder) die mit **110 492** des Bw Angermünde bespannte Üb 71580 an einem Bahnübergang mit einem Traktor zusammen.
- Der mit **110 659** (Bw Wittenberge) bespannte P 15235 (Meyenburg – Wittenberge) prallte bei Weisen am 27. Juli mit einem Militär-Lkw zusammen, dabei geriet die Lok in Brand.
- Am 4. August fuhr ein Personenzug mit Zuglok **112 398** (Zittau) bei Großschönau (Sachs) in eine Rinderherde.
- Bei Groß Haßlow fuhr am 5. August der P 4110 (Neustrelitz Süd – Pritzwalk) mit Zuglok **110 501** (Bw Wittenberge) in fünf im Gleis stehende Rinder.
- Nach einem Unwetter entgleiste **110 577** (Bw Gera) als Zuglok des Tdg 48497 am 16. August in Weida-Altstadt mit allen Achsen.
- Am 25. August fuhr der P 16600 (Falkenstein/Vogtl – Zwickau) mit Zuglok **110 833** (Bw Reichenbach/Vogtl) bei Auerbach (Vogtl) in eine Rinderherde.
- Bei Luckau stieß am 27. August der mit **110 730** (Est Luckau) bespannte P 15924 (Luckau – Lübben) mit einem Lkw zusammen.
- Der P 15484 (Staßfurt – Blumenberg) mit Zuglok **110 805** (Bw Güsten) prallte am 4. September bei Egeln auf einen Traktor.
- **110 725** (Bw Falkenberg/Elster) stieß am 19. September in Herzberg (Elster) West als Zuglok des P 7713 mit einem Lkw zusammen.
- Im Bw Angermünde rollte am 23. September die dort beheimatete **110 634** in die Drehscheibengrube.
- Der P 18259 (Dargun – Malchin) mit Zuglok **110 131** (Bw Neustrelitz) fuhr bei Neukalen am 24. September in eine Schafherde.
- Am 10. Oktober stieß der Ng 62434, Zuglok **112 249** (Bw Sangerhausen), bei Bad Frankenhausen auf einen Lkw.
- Bei Eilsleben stießen am 11. Oktober der P 9476 (Magdeburg Hbf – Marienborn) mit Zuglok **112 404** und die Lz-fahrende 132 479 (beide Bw Magdeburg) zusammen, beide wurden dabei total zerstört.
- Der P 19574 (Bitterfeld – Stumsdorf) mit Zuglok **110 018** (Bw Halle G) prallte

Bild 89 ▷ Totalschaden bei **112 659**: Kurz nach ihrer Ausrüstung mit einem 1.200-PS-Motor erlitt die ehemalige 110 659 am 4. November bei einem Auffahrunfall in Blankenberg (Meckl) irreparable Schäden. Die Aufnahme zeigt die Lok am 26. November 1986 im Bw Wittenberge.

Aufnahme: Sammlung Andreas Stange

am 15. Oktober bei Sandersdorf (Kr Bitterfeld) auf einen Lkw, dabei kippte die Zuglok um.

- Am 22. Oktober striff der Dg 53852 in Wittenberge einen Kran im Profil, dabei wurden **111 003** und **111 004** (beide Bw Neuruppin) beschädigt.
- Bei Sternberg (Meckl) prallte am 23. Oktober der mit **112 326** (Bw Wismar) bespannte Gmp 68850 auf einen Traktor.
- Der P 6805 (Lübbenau/Spreewald – Arnsdorf/b Dresden) mit Zuglok **114 710** (Bw Kamenz) fuhr am 29. Oktober in Pulsnitz in einen Radlader.
- Am 30. Oktober stieß der Ng 86216 mit Zuglok **112 397** (Bw Bautzen) bei Großdehsa (Strecke Löbau/Sachs – Bautzen) mit einem Traktor zusammen.
- In Löbau (Sachs) fuhr am 30. Oktober die **112 368** (Bw Bautzen) dem mit 52 8099 (Bw Zittau) bespannten TDg 45393 in die Flanke.
- Am 19. November stießen in Eggesin der P 17163 (Ueckermünde – Pasewalk) und der P 17164 (Pasewalk – Ueckermünde) frontal zusammen, die Zugloks **112 373** und **112 388** (beide Bw Pasewalk) wurden erheblich beschädigt.
- Am 23. November kam es bei Trollenhagen (Strecke Neubrandenburg – Friedland/Meckl) zum Frontalzusammenstoß des Gmp 68653 und der Üb 74560, dabei erlitten **112 463** und **112 468** (beide Bw Neubrandenburg) jeweils einen Totalschaden.
- Bei Auma stieß am 29. November der mit **114 482** (Bw Saalfeld) bespannte P 18068 (Lobenstein/Thür – Triptis) mit einem Traktor zusammen.
- Am 30. November kam es bei Dambeck (Altm) zum Zusammenstoß des P 18333 (Salzwedel – Oebisfelde) mit einem mit Zuckerrüben beladenen Lkw. Zuglok war **110 741** vom Bw Salzwedel.

1986

- Am 15. Januar stieß der mit **114 686** des Bw Kamenz bespannte P 4867 (Straßgräbchen-Bernsdorf – Dresden Hbf) bei Ottendorf-Okrilla mit einem Lkw zusammen.
- Bei Schönberg (Vogtl) prallte am 31. Januar der Gmp 69362 (Schleiz – Schönberg/Vogtl) mit Zuglok **110 259** (Bw Reichenbach/Vogtl) auf einen Traktor.
- Der P 16267 (Sondershausen – Artern) mit Zuglok **112 528** (Bw Sangerhausen) stieß am 4. Februar bei Sondershausen mit einem Lkw zusammen.
- Am 5. Februar kam es bei Kranichfeld zum Zusammenstoß des mit **112 441** (Bw Erfurt) bespannten P 17512 (Kranichfeld – Weimar) mit einem Sattelschlepper.
- Bei Schöneicher Plan (bei Zossen) stieß am 9. Februar der mit **112 201** (Bw Jüterbog) bespannte Ng 65113 mit einem Militär-Lkw zusammen.
- **112 364** (Bw Güsten) fuhr am 18. Februar in Halberstadt über einen Gleisabschluss und entgleiste mit allen Achsen.
- Am 19. Februar rollte **112 386** (Bw Frankfurt/O) in die Drehscheibengrube der Einsatzstelle Wriezen.
- In Stendal fuhr am 21. Februar die **110 266** (Bw Salzwedel) auf den LVT 171 838 (Bw Stendal) auf. Am selben Tag stieß die Zuglok des P 7306 (Stendal – Salzwedel), **110 742** (Bw Salzwedel), bei Pretzier mit einem Traktor zusammen.
- Am 18. April kam es bei Tiefensee zum Zusammenstoß des mit **112 519** (Bw Frankfurt/Oder) bespannten P 19905 (Werneuchen – Wriezen) mit einem Traktor.
- Am 30. April prallte der P 15720 (Jüterbog – Zossen) mit Zuglok **110 213** (Bw Jüterbog) bei Mellensee auf einen Lkw.
- Bei Ebersbach (b Görlitz) stieß am 13. Mai die Zuglok des P 16856 (Görlitz – Königshain-Hochstein), **112 700** (Bw Görlitz), mit einem Bagger zusammen.
- Mit einem Lkw stieß die **112 461** (Bw Pasewalk) am 1. Juni bei Hoppenwalde (Strecke Pasewalk – Ueckermünde) zusammen.
- Am 6. Juni fuhr in Pegau (Strecke Leipzig – Zeitz) die **112 646** (Bw Leipzig Hbf Süd) auf einen Personenzug auf.
- Bei Kummersdorf Gut stieß der P 15714 (Jüterbog – Zossen) mit Zuglok **112 201** (Bw Jüterbog) am 5. August mit einem Militär-Lkw zusammen.
- Der Dg 56201 mit Zuglok **110 618** (Bw Aue/Sachs) fuhr am 21. August in Scharfenstein in eine Rinderherde.
- Am 28. August stieß bei Thale Hbf die Üb 74721 mit einem Traktor zusammen, dabei wurden die Lokomotiven **112 262** und **112 350** (beide Bw Blankenburg/Harz) beschädigt.

- Bei Pretzsch (Strecke Eilenburg – Lu-Wittenberg) fuhr die **110 004** (Bw Lu-Wittenberg) mit ihrem Nahgüterzug am 2. September in eine Rinderherde.
- Der Lg 58508 mit Zuglok **111 014** (Est Wittstock/Dosse) prallte am 27. September bei Wittstock (Dosse) auf einen Traktor.
- Am 4. November fuhr in Blankenberg (Meckl) der Gex 2731 auf den Dg 54802 auf, dabei erlitt **112 659** (Bw Wittenberge) einen Totalschaden.
- Bei Neu Kaliß stieß am 18. November der mit **110 755** (Bw Hagenow Land) bespannte P 17373 (Ludwigslust – Dömitz) mit einem Lkw zusammen.

1987

- Der Personenzug 19912 (Wriezen – Werneuchen) mit Zuglokomotive **112 394** (Bw Frankfurt/O) stieß am 1. Januar in Werneuchen mit einem Militär-Lkw zusammen
- Am 7. Januar kam es in Frose zum Zusammenstoß des mit **112 643** (Bw Güsten) bespannten P 8408 (Aschersleben – Quedlinburg) mit einem Lkw.
- In Erfurt Nord entgleiste am 13. Januar die **112 484** (Bw Eisenach) als Zuglok des P 7922 (Erfurt Hbf – Erfurt Nord) mit allen Achsen.
- Die **110 410** (Bw Jüterbog) stieß am 16. Januar bei Treuenbrietzen mit einem Militär-Lkw zusammen.
- Am 25. Januar prallte **112 602** (Bw Erfurt) bei Bad Berka (Strecke Weimar – Kranichfeld) auf einen Lkw.
- Am 1. Februar kam es bei Altengrabow (Strecke Magdeburg – Altengrabow) zum Zusammenstoß der **112 893** (Bw Magdeburg) mit einem Militär-Lkw.
- Ebenfalls mit einem Militär-Lkw stieß am 13. Februar bei Jänickendorf die **112 599** (Bw Jüterbog) als Zuglokomotive des P 15711 (Zossen – Jüterbog) zusammen.
- Die **112 697** (Bw Schwerin) fuhr am 23. Februar in Crivitz auf den P 15348 (Crivitz – Schwerin) auf.
- Am 7. April stieß **112 817** (Bw Wittenberge) als Zuglok des P 3303 (Pritzwalk – Neustadt/Dosse) bei Kyritz mit einem Lkw zusammen.
- In Lietzow (Rügen) fuhr am 16. April der TDe 44944 dem im Profil stehenden TDe 40303 in die Flanke, wodurch die Vorspannlok **112 360** (Bw Stralsund) beschädigt wurde.
- Am 22. Mai stieß in Ottendorf-Okrilla die **112 488** (Bw Kamenz) als Zuglok des P 19805 (Straßgräbchen-Bernsdorf – Dresden-Klotzsche) mit einem Sattelschlepper zusammen.
- Der P 18277 (Wismar – Borkow) mit Zuglok **112 437** (Bw Wismar) prallte am 11. Juni bei Hornstorf auf einen Häcksler.
- Bei Frose stieß am 26. Juni der P 8420 (Klostermansfeld – Quedlinburg) mit einem Sattelschlepper zusammen, wodurch die Zuglok **110 128** (Bw Güsten) entgleiste und umkippte.
- Am 13. Juli prallte **114 464** (Bw Wittenberge) bei Weisen auf einen Militär-Lkw.
- Bei Holdorf stießen am 3. August der P 19309 (Rehna – Schwerin Hbf) und eine Hilfslok als Sperrfahrt zusammen, dabei erlitten **112 402** und **112 649** (beide Bw Schwerin) Totalschaden.
- Der Ng 63894 mit Zuglok **110 019** (Bw Güstrow) stieß am 6. August bei Röbel (Meckl) mit einem Traktor zusammen. Am selben Tag entgleiste **110 860** (Bw Aue/Sachs) in Schönfeld-Wiesa.
- Am 14. August fuhr der P 7941 (Berlin Ostbahnhof – Frankfurt/Oder) mit Zuglok **112 519** (Bw Frankfurt/O) bei Frankfurt (O)-Rosengarten in einen umgestürzten Lkw.
- Die **112 260** (Bw Nordhausen) stieß am 3. September in Heiligenstadt mit einem Lkw zusammen.
- Bei Laußig (b Düben) (Strecke Eilenburg – Lutherstadt Wittenberg) kam es am 26. September zum Zusammenstoß der **110 008** (Bw Lu-Wittenberg) mit einem Lkw.
- Am 14. Oktober stieß die Üb 73676 mit Zuglok **112 696** (Bw Reichenbach(V) in Zwotental (Strecke Adorf/ Klingenthal – Zwickau) mit einem Lkw zusammen.
- Der P 15714 (Jüterbog – Zossen) mit Zuglok **110 284** (Bw Jüterbog) stieß am 23. Oktober in Schönefeld (Kr Luckenwalde) mit einem Traktor zusammen.
- Bei Voigtsgrün prallte am 27. November der P 16610 (Klingenthal – Zwickau Hbf) mit Zuglok **110 683** (Est Zwickau) auf einen Traktor.
- Am 11. Dezember stieß in Zinnowitz die **110 557** (Bw Heringsdorf) mit einem Lkw zusammen.
- Die **112 420** (Bw Schwerin) stieß als Zuglok des P 19277 (Malchow/Meckl – Waren/Müritz) am 19. Dezember bei Malchow (Meckl) mit einem Traktor zusammen.

1988

- Bei Ludwigslust kam es am 17. Februar zum Zusammenstoß des mit **112 480** (Bw Hagenow Land) bespannten P 17374 (Ludwigslust – Dömitz) mit einem Traktor und dessen Anhänger.
- Am 24. Februar stieß der P 18274 (Karow/Meckl – Wismar) mit Zuglok **112 425** (Bw Wismar) bei Brüel (Meckl) mit einem Traktor zusammen.
- Ebenfalls mit einem Traktor stieß die **110 028** (Bw Güstrow) als Zuglok des Ng 63891 am 3. März bei Röbel (Meckl) zusammen.
- Am 17. April geriet die **112 893** (Bw Magdeburg) bei Niederndodeleben (Strecke Magdeburg – Marienborn) in Brand.
- In Ilsenburg entgleiste am 11. Juni die **112 377** (Bw Blankenburg/Harz) vom Piw 17454.
- Am 1. Juli prallte der Ng 63573 mit Zuglok **112 276** (Bw Stralsund) bei Tribsees (Strecke Velgast – Tribsees) auf einen Tieflader.
- Die **112 545** (Bw Eberswalde) fuhr am 19. Juli in Eberswalde auf einen Gleisabschluss und entgleiste.
- Bei Pretzsch (Strecke Eilenburg – Lutherstadt Wittenberg) stieß **110 032** (Bw Lu-Wittenberg) am 30. August mit einem Traktor zusammen.
- Am 19. August kam es bei Quoos (Strecke Bautzen – Hoyerswerda) zum Zusammenstoß des Nahgüterzuges 64224 – Zuglok **112 689** (Bw Bautzen) – mit einem Lkw.
- Bei Breitendorf (zwischen Bautzen und Löbau/Sachs) geriet am 22. September die **112 703** (Bw Zittau) in Brand.
- Der Dg 53861, bespannt mit **110 134** und **110 885** (beide Bw Neuruppin), fuhr am 1. Oktober bei Neuruppin in eine Rinderherde.
- Am 6. Oktober fuhr **112 752** (Bw Magdeburg) in Magdeburg Hbf auf einen Gleisabschluss und entgleiste.
- In Eberswalde-Finow stieß am 25. November die **110 011** (Bw Eberswalde) mit einem Lkw zusammen.
- Am 3. Dezember kam es zwischen Horka Gbf und Węgliniec (Polen, deutsch: Kohlfurt) zum Zusammenstoß des Dienstpersonenzuges 2241 mit einem Güterzug, dabei erlitten **112 418** des Bw Hoyerswerda und eine Diesellokomotive der Polnischen Staatsbahnen (PKP) jeweils einen Totalschaden.

1989

- Die **110 163** (Bw Karl-Marx-Stadt) entgleiste am 3. Januar mit allen Achsen.
- Am 12. Januar fuhr in Werneuchen die **112 517** (Bw Frankfurt/O) auf die 102 040 (Bw Pankow) auf.
- In Bautzen wurden am 16. Februar die **112 747** und 106 111 (beide Bw Bautzen) bei einer Flankenfahrt erheblich beschädigt.
- Am 27. Februar stieß **110 008** (Bw Lu-Wittenberg) bei Eilenburg Ost mit einem Traktor zusammen.

Bild 90 ▷ Die Aufnahme von der Unglücksstelle in Samtens auf Rügen vom 29. März 1989 zeigt den Zustand der **110 116** des Bw Stralsund nach ihrem Zusammenstoß mit 132 369.

Aufnahme: Sammlung Andreas Stange

- In Rheinsberg (Mark) stieß die **110 138** (Bw Neustrelitz) am 1. März mit einem Lkw zusammen und geriet in Brand.
- Der mit **114 712** und **114 758** (beide vom Bw Saalfeld) bespannte Dg 86485 fuhr am 10. März bei Lichtentanne (Thür) (Strecke Saalfeld – Lobenstein/Thür) in abgängige Felsbrocken.
- Die **112 531** (Bw Eisenach) wurde am 13. März in Dorndorf (Rhön) von einem umstürzenden Schornstein getroffen.
- Bei Koserow (Strecke Seebad Ahlbeck – Wolgaster Fähre) stieß am 19. März die **110 343** (Bw Heringsdorf) mit einem Lkw zusammen.
- Am 29. März stießen die **110 116** (Bw Stralsund) und 132 369 (Bw Neubrandenburg) in Samtens (zwischen Stralsund und Bergen/Rügen) zusammen, am selben Tag entgleiste **112 562** (Bw Dresden) in Sebnitz (Sachs) mit allen Achsen.
- In Bentwisch (zwischen Rostock und Ribnitz-Damgarten) fuhr die Üb 75860 am 3. April auf eine Wagengruppe auf, dabei wurden **111 019** und **111 020** (beide Bw Rostock-Seehafen) erheblich beschädigt.
- Die **112 652** (Bw Haldensleben) fuhr am 10. April in Magdeburg Hbf auf einen Leerwagenpark auf.
- Bei Calbe/Saale West stieß der P 19445 (Calbe/Saale Ost – Bernburg – Lu-Wittenberg) mit Zuglok **110 709** (Bw Güsten) am 21. Juli mit einem Traktor zusammen.
- Am 8. September prallte der mit **110 159** und **112 729** (beide Bw Neuruppin) bespannte Dg 82414 in Krakow am See auf einen Traktor.
- Der Ng 67623 mit Zuglok **110 032** (Bw Lu-Wittenberg) stieß am 29. August bei Pretzsch mit einem Traktor zusammen.
- Bei Belzig stieß am 31. August die Üb 75174, bespannt mit **112 506** (Bw Brandenburg), mit einem Traktor zusammen.
- Der P 15921 (Luckau – Falkenberg/E) mit Zuglok **112 473** (Bw Cottbus) fuhr am 4. September bei Schlieben in eine Rinderherde.
- Am 8. September stieß der mit **112 846** (Bw Görlitz) bespannte P 16856 (Görlitz – Königshain-Hochstein) bei Königshain mit einem Traktor zusammen.
- In Primerwald (Priemerburg/Güstrow) prallte am 14. September die **110 110** (Bw Neuruppin) auf einen Traktor.
- Am 15. September fuhr **112 724** (Bw Cottbus) in Merzdorf (Kr Cottbus) auf eine Wagengruppe auf
- Der Ng 65371 mit Zuglok **110 101** (Bw Glauchau/Sachs) prallte am 27. September bei Colditz (zwischen Großbothen und Rochlitz/Sachs) auf einen Traktor.
- Am 29. August stieß der Gmp 68430 (Mühlhausen – Schlotheim) mit Zuglok **112 428** (Bw Eisenach) bei Körner mit einem Lkw zusammen.
- Bei Neustadt (Sachs) kam es am 7. Oktober zum Zusammenstoß des mit **112 561** (Bw Dresden) bespannten Dg 52391 mit einem Traktor.
- Der P 4725 (Leipzig Hbf – Meißen), Zuglok mit **112 743** (Bw Nossen), prallte bei Westerwitz-Hochweitzschen am 28. Oktober auf einen Traktor.
- Am 18. November fuhr der P 15973 (Forst/Lausitz – Weißwasser/Oberlausitz) mit Zuglok **112 708** (Bw Cottbus) bei Simmersdorf in eine Rinderherde.
- Bei Schönfeld-Wiesa (zwischen Wolkenstein und Annaberg-Buchholz) prallte am 28. November die Üb 71939 – Zuglok war **110 024** (Bw Karl-Marx-Stadt) – auf einen Lkw. Am selben Tag stießen in Leinefelde die Üb 70489 und der Ng 61443 zusammen, daran waren **112 253** (Bw Nordhausen) und 119 128 (Bw Halle G) beteiligt.

1990

- Am 7. Januar stießen in Eberswalde der TEM 48942 (Zuglok 243 096 vom Bw Pasewalk) und die umsetzende **112 360** (Bw Eberswalde) zusammen.
- In Rövershagen stießen am 15. Februar der P 16138 (Rövershagen – Graal-Müritz) mit Zuglok **112 512** (Bw Rostock) und die Lz-fahrende 132 436 (Bw Stralsund) zusammen. Am selben Tag prallte die **112 559** (Bw Eisenach) als Zuglok des E 695 (Leinefelde – Erfurt Hbf) bei Dollstädt auf einen Sattelschlepper.
- Am 28. Februar stieß der mit **114 758** (Bw Saalfeld) bespannte P 18067 (Triptis – Lobenstein/Thür) bei Triptis mit einem Lkw zusammen.
- In Senftenberg kam es am 20. März zum Zusammenstoß des Gag 56213 (Zuglok 120 150 vom Bw Senftenberg) mit der umsetzenden **114 686** des Bw Kamenz.
- Die **112 396** (Bw Blankenburg/Harz) entgleiste am 25. März in Halberstadt mit allen Achsen.
- Am 3. Mai stieß der mit **112 400** (Bw Eisenach) bespannte Ng 62011 bei Luisenthal (Thür) (Strecke Gräfenroda – Gotha) mit einem Lkw zusammen.

- Bei Elxleben stieß am 17. Mai die **112 538** (Bw Erfurt) als Zuglok des P 7916 (Erfurt Hbf – Bad Langensalza) mit einem Lkw zusammen.
- Am 20. Mai entgleiste die **110 050** (Bw Reichenbach/Vogtl) in Adorf (Vogtl) mit allen Achsen.
- Bei Barsikow (Strecke Neustadt/Dosse – Neuruppin) stieß am 2. Juni der mit **111 003** (Bw Neuruppin) bespannten Ng 62820 mit einem Traktor zusammen.
- Am 17. Juni fuhr in Marienberg (Sachs) die Üb 70995 mit Zuglok **112 277** (Bw Chemnitz) auf eine Wagengruppe auf.
- Die Zuglok **110 618** (Bw Aue/Sachs) des P 19631 (Schlettau/Erzgeb – Crottendorf ob Bf) prallte am 2. Juli bei Walthersdorf (Erzgeb) auf einen Bus.
- Am 3. Juli stieß die **110 081** (Bw Glauchau/Sachs) als Zuglok des P 17759 bei Steudten (Strecke Rochlitz/Sachs – Chemnitz) mit einem Lkw zusammen. Am selben Tag kam es zum Zusammenstoß des mit **114 680** (Bw Saalfeld) bespannten P 18077 (Saalfeld – Lobenstein/Thür) bei Leutenberg mit einem Langholz-Lkw.
- In Wernshausen (Strecke Eisenach – Meiningen) fuhr **112 575** (Bw Meiningen) am 13. Juli auf eine Wagengruppe auf.
- **112 371** (Bw Sangerhausen) stieß als Zuglok des P 3226 (Erfurt Hbf – Schönebeck-Salzelmen) bei Erfurt-Ost am 23. Juli mit einem Bagger zusammen.
- Am 5. August fuhr **112 421** (Bw Brandenburg) mit dem P 19256 (Brandenburg Hbf – Belzig) dem Lgo 559719 in Brandenburg Süd in die Flanke.
- Bei Ortrand prallte **110 566** (Bw Cottbus) mit dem P 3959 (Cottbus – Dresden Hbf) am 28. August auf einen Lkw.
- Der P 19453 (Calbe/Saale Ost – Könnern) mit Zuglok 112 242 (Bw Güsten) stieß am 1. Oktober bei Bebitz mit einem Sattelschlepper zusammen.
- Am 16. Oktober prallte der P 16210 (Großheringen – Straußfurt) mit Zuglok **110 172** (Bw Weißenfels) bei Buttstädt auf einen Lkw.
- Bei Elsnig (Elbe) fuhr am 9. November der mit **110 003** (Bw Lu-Wittenberg) bespannte P 19931 (Pretzsch – Torgau) in vier im Gleis stehende Pferde.
- Der P 15683 (Greiz – Neumark/Sachs) mit Zuglok **110 577** (Bw Gera) stieß am 14. Dezember am Haltepunkt Brunn (Sachs) mit einem Lkw zusammen, und am selben Tag entgleiste in Luckau die 112 370 (Bw Cottbus) mit allen Achsen.
- Am 19. Dezember kam es bei Bebitz (zwischen Baalberge und Könnern) zum Zusammenstoß der **110 709** (Bw Güsten) mit einem Lkw.

1991

- Bei Radibor (Sachs) stieß **112 459** (Bw Bautzen) mit dem Ng 66253 am 21. Januar mit einem Traktor zusammen.
- Mit einem Traktor kollidierte der mit **112 300** (Bw Glauchau/Sachs) bespannte P 17755 (Rochlitz/Sachs – Chemnitz) am 29. Januar in Wittgensdorf.
- Am 13. Februar entgleiste in Groß Kreutz die **112 637** (Bw Brandenburg) mit allen Achsen.
- In Güstrow fuhr am 18. Februar die **110 016** (Bw Güstrow) auf den P 5247 (Güstrow – Teterow) auf.
- Die Üb 71309 mit Zuglok **112 849** (Bw Dresden) stieß am 16. März bei Dürrröhrsdorf mit einem Fahrzeug der Feuerwehr zusammen.
- Am 22. April kam es bei Bad Berka zum Zusammenstoß des P 17505 (Weimar – Kranichfeld) mit einem Lkw. Zuglok war **112 232** (Bw Erfurt).
- Bei Spaatz stieß am 23. April der P 19230 (Rathenow – Neustadt/Dosse) mit Zuglok **112 788** (Bw Brandenburg) mit einem Lkw zusammen.
- **112 643** (Bw Halberstadt) prallte mit dem P 8408 (Aschersleben – Quedlinburg) am 26. April bei Bad Suderode auf einen Lkw.
- Am 29. April stieß in Rackith (Elbe) der mit **110 883** vom Bw Lu-Wittenberg bespannten P 17541 (Lu-Wittenberg – Bad Düben) mit einem Lkw zusammen.
- In Rostock-Seehafen fuhr **111 006** (Bw Rostock-Seehafen) am 7. Mai auf einen Gleisabschluss und entgleiste.
- Am 16. Mai entgleiste in Walldorf (Werra) die **112 544** (Bw Meiningen) mit allen Achsen.
- Der P 17790 (Marienberg/Sachs – Pockau-Lengefeld) mit Zuglok **112 661** (Bw Chemnitz) fuhr am 22. Mai bei Zöblitz-Pobershau in eine Rinderherde.
- Bei Vogelsang (Kr Gransee) stieß der mit **110 440** (Bw Neustrelitz) bespannte P 4193 (Templin – Löwenberg/Mark) mit einem Lkw zusammen.
- Am 11. Juni kam es bei Jänickendorf (Strecke Zossen – Jüterbog) zum Zusammenstoß des P 15720 (Zuglok **110 631** vom Bw Jüterbog) mit einen Militär-Lkw. Am selben Tag stieß in Bad Lauchstädt der P 17532 (Merseburg – Schafstädt) mit einem Lkw und dessen Anhänger zusammen. Zuglok war **112 536** (Bw Halle G)
- Die **110 029** (Bw Eisenach) wurde am 14. Juni bei einem Auffahrunfall erheblich beschädigt.
- Am 20. Juni fuhr **112 279** (Bw Blankenburg/Harz) in Langenstein (Harz) auf einen Gleisabschluss und entgleiste.
- In Niedergörne stieß am 21. Juni der mit **112 610** (Bw Stendal) bespannte P 15313 (Niedergörne – Stendal) mit einem Traktor zusammen.
- Der Ng 64150 mit Zuglok **112 114** (Bw Salzwedel) prallte am 26. Juni bei Klötze (Strecke Oebisfelde – Salzwedel) auf einen Lkw.
- Am 5. Juli stieß der P 16218 mit Zuglok **110 070** (Bw Weißenfels) bei Buttstädt (Strecke Großheringen – Straußfurt) mit einem Lkw zusammen.
- Ebenfalls mit einem Lkw stieß am 13. Juli die **114 805** (Bw Saalfeld) als Zuglok des P 18043 bei Bad Blankenburg (Thür) zusammen.
- Bei Hockeroda prallte **114 834** (Bw Saalfeld) am 23. Juli auf einen Lkw.
- Der P 16544 mit Zuglok **110 008** (Bw Lu-Wittenberg) stieß am 24. Juli bei Pretzsch mit einem Lkw zusammen.
- Am 30. Juli stieß **112 344** (Bw Sangerhausen) bei Rottleben (Kyffh) (Strecke Bretleben – Sondershausen) mit einem Traktor zusammen. Am selben Tag fuhr der P 7039 mit Zuglok **112 544** (Bw Meiningen) bei Grimmenthal in eine im Gleis stehende Schafherde.
- Der P 18375 (Ludwigslust – Waren/Müritz) mit Zuglok **112 420** (Bw Schwerin) prallte am 8. August bei Parchim auf einen Lkw.
- Am 25. September stieß **112 396** des Bw Blankenburg (Harz) bei Timmerode (Strecke Blankenburg/Harz – Thale Bodetal) mit einem Lkw zusammen.
- Die **114 314** (Bw Saalfeld) prallte am 7. Oktober bei Orlamünde auf einen Sattelschlepper.
- Bei Ermsleben (Strecke Frose – Quedlinburg) stieß der mit **112 847** (Bw Güsten) bespannte P 8404 am 24. Oktober mit einem Lkw zusammen.
- Am 28. Oktober kam es in Stollberg (Sachs) zum Zusammenstoß der **110 101** (Bw Glauchau/Sachs) mit einem Lkw.
- Im Bw Brandenburg rollte am 9. Dezember die dort beheimatete **112 776** in die Drehscheibengrube.
- Am 20. Dezember fuhr **112 324** (Bw Bautzen) mit dem P 4891 (Bautzen – Bad Schandau) bei Ulbersdorf in im Gleis liegende Felsbrocken.

1992

- Der N 19261 mit Zuglok **201 111** (Bw Neustrelitz) stieß am 21. Januar bei Teterow mit einem Lkw zusammen.
- In Lutherstadt Wittenberg entgleiste die **204 445** (Bw Lu-Wittenberg) am 28.01.92 mit allen Achsen.
- Am 27. Februar prallte die **202 522** (Bw Halle G) mit dem N 95563 bei Wallwitz

(Saalkr) (zwischen Halle/S und Könnern) auf einen Autokran.

- Bei Schlotheim (Strecke Mühlhausen/Thür – Schlotheim) stieß am 23. März der N 18905 mit einem Traktor zusammen. Zuglok war **202 477** (Bw Nordhausen).
- Am 8. April entgleiste **202 814** (Bw Haldensleben) in Haldensleben mit allen Achsen.
- Der mit **202 374** (Bw Brandenburg) bespannte N 19218 stieß am 9. April in Brandenburg Altstadt mit 345 065 (Bw Brandenburg) zusammen.
- Bei Ballenstedt (Strecke Frose – Quedlinburg) kam es am 10. April zum Zusammenstoß des mit **202 376** (Bw Güsten) bespannten N 8408 mit einem Lkw.
- Am 11. April stießen in Güsten der N 3222 (Zuglok **201 619**) und die 346 613 (beide Loks vom Bw Güsten) zusammen.
- Bei Roßla (zwischen Sangerhausen und Nordhausen) prallte am 11. Mai der Lrz 4523 mit Zuglok **202 344** (Bw Sangerhausen) auf eine Planierraupe.
- Vom N 4061 entgleisten am 14. Juni bei Wünschendorf (Elster) die Zuglok **201 839** (Bw Gera) sowie ein Wagen und gerieten in Schräglage.
- Am 27. Mai prallte in Weimar Berkaer Bf der N 17507 mit Zuglok **202 379** (Bw Erfurt) auf einen Lkw.
- In Dresden-Neustadt fuhr am 4. Juni die **202 405** (Bw Dresden) auf einen Gleisabschluss und entgleiste.
- Die **202 253** (Bw Magdeburg) fuhr am 15. Juni in Güterglück über einen Gleisabschluss hinaus in ein Wohnhaus.
- Am 22. Juni fuhr der mit **204 860** (Bw Saalfeld) bespannte N 15236 (Lobenstein/Thür – Triptis) bei Ziegenrück in eine Rinderherde.
- Bei Dollstädt stieß am 20. August der N 7532 (Erfurt Hbf – Leinefelde) mit einem Traktor zusammen. Zuglok war **202 218** (Bw Erfurt).
- Der mit **201 073** (Bw Glauchau/Sachs) bespannte N 8971 (Stollberg/Sachs – Chemnitz) prallte am 11. September in Pfaffenhain auf einen Bus.
- Am 14. Oktober stieß in Bad Langensalza erneut der N 7532 (Erfurt Hbf – Leinefelde), an jenem Tag bespannt mit **202 372** (Bw Erfurt), mit einem Lkw zusammen.
- Bei Georgenthal fuhr am 25. Oktober der N 14178 (Gräfenroda – Gotha) mit Zuglok **202 738** (Bw Eisenach) in eine Rinderherde.
- Am 28. Oktober fuhr **202 736** (Bw Magdeburg) bei Bergzow-Parchen (zwischen Genthin und Burg/b Magdeburg) ebenfalls in eine Rinderherde.
- Der N 15232 (Lobenstein/Thür – Triptis) mit Zuglok **204 622** (Bw Saalfeld) prallte am 29. Oktober bei Moßbach auf einen Lkw.
- Die **204 445** (Bw Lu-Wittenberg) stieß am 31. Oktober bei Mörtitz (Strecke Lutherstadt Wittenberg – Eilenburg) auf einen Lkw.
- Am 1. November rollte **202 407** (Bw Leipzig Hbf Süd) in die Drehscheibengrube ihres Heimat-Bw.
- Bei Oelsnitz (Erzgeb) stieß am 19. November der N 5918 mit einem Traktor zusammen. Zuglok war **202 778** (Bw Chemnitz).
- Am 20. November kam es bei Könnern zum Zusammenstoß des mit **202 537** (Bw Güsten) bespannten N 8536 (Könnern – Bernburg) mit einem Lkw.
- Am 16. Dezember stieß in Zernsdorf der N 5984 (Königs Wusterhausen – Beeskow) mit einem Lkw zusammen. Zuglok war die **201 896** des Bw Frankfurt/O.
- **201 415** vom Bw Rostock entgleiste am 21. Dezember in Pasewalk mit allen Achsen.
- Die **201 711** (Bw Berlin-Pankow) fuhr am 23. Dezember in Berlin-Tegel auf einen Gleisabschluss und entgleiste.

1993

- Am 16. Januar stieß **201 083** (Bw Frankfurt/O) bei Wriezen mit einem Lkw zusammen.
- In Chemnitz Hbf fuhr am 6. März die **201 813** auf die **202 623** (beide Bw Chemnitz) auf.
- Am 17. März stieß **201 010** (Bw Lu-Wittenberg) bei Laußig (b Düben) mit einem Lkw zusammen.
- Am 28. Mai kam es in Loburg zum Zusammenstoß der **202 248** (Bw Magdeburg) mit einem Lkw.
- In Haldensleben fuhr am 14. Juni der LVT 771 010 (Bw Güsten) auf die **202 265** (Bw Haldensleben) auf.
- Am 28. Juni prallte bei Brandenburg die **202 472** (Bw Brandenburg) auf einen Lkw.
- Bei Westerwitz-Hochweitzschen kollidierte am 12. Juli der mit **202 561** (Bw Nossen) bespannte N 7440 (Meißen – Leißnig) mit einem Lkw.
- Am 14. Juli stieß **202 386** (Bw Frankfurt/O) bei Wriezen mit einem Traktor zusammen.
- In Hoyerswerda entgleiste am 9. August die **201 367** (Bw Hoyerswerda) mit allen Achsen.
- **202 201** (Bw Jüterbog) stieß am 24. August bei Treuenbrietzen mit einem Lkw zusammen.
- Bei einem Zusammenstoß mit einem Lkw wurde am 14. September die **204 482** (Bw Aue/Sachs) beschädigt.
- Am 15. Oktober fuhr **298 139** (Bw Dresden) in Großenhain Cottb. Bf auf eine Wagengruppe auf.
- Bei Aue (Sachs) prallte **201 745** (Bw Aue/Sachs) am 18. Oktober auf einen Lkw.
- Am 8. November kam es in Kummersdorf Gut zum Zusammenstoß der mit **202 327** (Bw Jüterbog) bespannten RB 5273 (Zossen – Jüterbog) mit einem Lkw.
- Am 11. November entgleiste die **298 051** des Bw Reichenbach/Vogtl mit allen Achsen.
- Bei Laußig stieß am 16. Dezember die **201 006** (Bw Lu-Wittenberg) mit einem Lkw zusammen.
- Am 29. Dezember kam es bei Eilenburg Ost zum Zusammenstoß der **201 140** (Bw Lu-Wittenberg) mit einem Traktor.

1994

- Mitte Februar stieß bei Neustadt (Orla) die **204 834** (Betriebshof/Bh Saalfeld) mit einem Lkw zusammen.
- Am 7. März kam es in Haldensleben zu einer Flankenfahrt der **202 696** und der 202 854 (beide Bh Magdeburg).
- In Chemnitz fuhr am 16. März die **202 516** auf die **202 687** (beide Bh Chemnitz) auf.
- Am 13. April fuhr in Hohenbocka (zwischen Senftenberg und Kamenz/Sachs bzw. zwischen Elsterwerda-Biehla und Hoyerswerda) die **201 653** (Bh Hoyerswerda) auf einen Gleisabschluss und entgleiste mit allen Achsen.
- Die **202 610** fuhr am 8. Mai in ihrem Heimat-Bh Magdeburg auf die dort ebenfalls beheimatete **202 882** auf.
- Bei Laußig stieß am 27. April die **204 203** (Bh Lu-Wittenberg) mit einem Lkw zusammen.
- Am 30. Mai stieß **201 837** (Bh Schwerin) mit einem Lkw zusammen und geriet dabei in Brand.
- Die **201 883** (Bh Lu-Wittenberg) stieß am 16. Juni bei Laußig mit einem Lkw zusammen.
- In Wustermark geriet am 23. Juni die **201 886** (Bh Wustermark) als Schlusslok an einer Regionalbahn in Brand.
- Am 29. August stieß eine mit **201 087** (Bh Chemnitz) bespannte Regionalbahn bei Berthelsdorf mit einem Traktor und dessen Anhänger zusammen.
- Zwischen Mosel und Zwickau kam es am 7. September zu einem Getriebebrand bei der geschleppten **298 047** (Bh Zwickau).

△ **Bild 91** • Noch am 10. März 1997 stand die am 16. Dezember 1993 verunfallte **201 006** im Bh Lu-Wittenberg.
AUFNAHME: GUNTER VON HARTWIG

- Am 5. Oktober stießen in Staßfurt die **202 253** (Bh Magdeburg) und 232 321 (Bh Halberstadt) zusammen.
- Bei einer Flankenfahrt am 12. Oktober wurde **202 614** (Bh Seddin) erheblich beschädigt.
- Am 8. November stieß der mit **202 595** (Bh Wustermark) bespannte Ng 66902 in Berlin-Moabit an einer Bauschranke mit einem Lkw zusammen.
- Bei Mechau (Strecke Wittenberge – Salzwedel) stieß am 22. November die **202 793** (Bh Stendal) mit einem Lkw zusammen.
- Bei Hermsdorf (b Dresden) (Strecke Straßgräbchen-Bernsdorf – Dresden-Klotzsche) kam es am 21. Dezember zum Zusammenstoß der **204 723** (Bh Kamenz) mit einem Traktor.

1995

- In Rothenstein (Saale) fuhr am 4. Februar die **201 604** (Bh Weißenfels) im Baugleis in eine Baugrube und entgleiste mit allen Achsen.
- Am 24. Februar stieß die mit **202 775** (Bh Bautzen) bespannte RB 7470 (Bad Schandau – Bautzen) bei Sebnitz (Sachs) mit einem Lkw zusammen.
- Bei Mörtitz (Strecke Eilenburg – Lu-Wittenberg) kam es am 13. Mai zum Zusammenstoß der **201 876** (Bh Lu-Wittenberg) mit einem Pkw, dabei wurde die Lok erheblich beschädigt.
- Die **201 763** (Bh Lu-Wittenberg) war am 18. Mai an einem Unfall beteiligt und wurde anschließend z-gestellt, ebenfalls **201 125** (Bh Neustrelitz) nach Unfall am 29. Mai.
- In Königs Wusterhausen fuhr am 4. Juni die **202 853** (Bh Frankfurt/O) auf einen Gleisabschluss und entgleiste mit allen Achsen.
- Nach einem Unfall am 9. Juni wurde **202 480** (Bh Schwerin) z-gestellt.
- Am 3. Juli stieß **201 419** (Bh Lu-Wittenberg) bei Zörbig (Strecke Bitterfeld – Stumsdorf) mit einem Lkw zusammen.
- In Erfurt Hbf fuhr am 9. September die **298 065** (Bh Erfurt) auf eine Wagengruppe auf.
- Die RB 7474 mit Zuglok **202 707** (Bh Görlitz) stieß am 28. September bei Neukirch West mit einem Lkw zusammen.
- Am 10. Oktober fuhr in Seddin die **202 411** (Bh Magdeburg-Rothensee) der **202 330** (Bh Seddin) in die Flanke.
- Bei Teichwolframsdorf stießen am 16. Oktober der IR 25554 und die RB 8371 (Weida – Werdau) frontal zusammen, dabei erlitten 232 476 und **202 836** (beide Bh Reichenbach/Vogtl) jeweils einen Totalschaden.
- Am 11. Dezember stieß bei Golzow (Strecke Brandenburg – Belzig) die **202 472** (Bh Magdeburg-Rothensee) mit einem Sattelschlepper zusammen.

1996

- Die **202 420** (Bh Rostock) wurde am 18. Januar nach einem Auffahrunfall z-gestellt.
- Bei Beeskow stieß die **202 748** (Bh Berlin-Pankow) am 13. Februar mit einem Lkw zusammen.
- Am 26. Mai kam es in Zittau zu einem Brand der **202 707** (Bh Görlitz).
- **202 554** (Bh Halle G) wurde nach einem Auffahrunfall am 28. Mai z-gestellt.
- In Dresden Hbf fuhr am 4. Juli die **204 223** auf die **204 641** (beide Bh Dresden) auf.

1997

- Am 7. April stieß **202 245** (Bh Riesa) bei Riesa mit einem Traktor zusammen.
- In Großheringen fuhr am 3. Juni die **204 838** (Bh Erfurt) der 143 134 (Bh Halle P) in die Flanke.
- Die **298 122** (Bh Dresden) entgleiste in Pirna am 2. August nach Überfahren eines Gleisabschluss.
- Am 26. August stießen bei Lotschesee der Lr 34511 und die RB 16505 zusammen, die **202 684** (Bh Berlin-Pankow) und der Steuerwagen des anderen Zuges wurden erheblich beschädigt.
- In Leipzig Hbf entgleiste am 29. August die **298 335** (Bh Leipzig Hbf Süd) mit allen Achsen.
- Am 25. November fuhr in Freiberg (Sachs) der ORT 711 003 (Bh Dresden) der **202 687** (Bh Chemnitz) in die Flanke, die 202 geriet dabei in Schräglage.

1998

- In Mukran stießen am 15. Januar die **298 045** und **298 315** (beide Bh Rostock-Seehafen) zusammen.
- Am 16. Januar stieß **202 697** (Bh Neustrelitz) als Zuglok der RB 4658 (Parchim – Schwerin – Rehna) bei Crivitz mit einem Traktor zusammen.
- Bei Mörtitz kam es am 7. April zum Zusammenstoß der **202 674** (Bh Lu-Wittenberg) mit einem Lkw.
- Am 30. April stieß **202 352** (Bh Dresden) bei Bulleritz-Großgrabe (Strecke Straßgräbchen-Bernsdorf – Dresden-Klotzsche) auf einen Sattelschlepper.
- Am 11. Dezember fuhr **202 271** (Bh Cottbus) in Berlin-Lichtenberg dem LVT 772 413 (Bh Neuruppin) in die Flanke.

1999

- In Wismar fuhr am 3. Februar die **298 045** auf die 364 900 (beide Bh Rostock-Seehafen) auf.

2000

- Am 11. Dezember stießen in Wittenberge die **298 309** (Bh Rostock-Seehafen) und die 143 307 (Bh Rostock) zusammen.

2001

- In Neustadt (Sachs) geriet am 10. Juni die **202 735** (Bh Görlitz) als Zuglok des Lr 74348 in Brand.
- Ebenfalls in Brand geriet die **298 155** (Bh Seddin) am 23. Juli bei Lindthal (zwischen Finsterwalde und Calau) als Zuglok der CB 59234.

2002

- In Haynsburg (zwischen Zeitz und Gera) fuhr am 13. Mai die **298 328** (Bh Halle G) als Zuglok der CB 59010 auf einen Gleisabschluss und entgleiste.
- Am 21. Juni fuhr in Staßfurt **298 301** (Bh Magdeburg) über einen Gleisabschluss.
- Die in der CB 59700 als Wagen mitgeführte **298 142** (Bh Erfurt) brannte am 15. Juli bei Straußfurt (Strecke Nordhausen – Erfurt) komplett ab.

2003

- Am 10. Januar fuhr in Frankfurt (O) Rbf die **298 091** auf die **298 330** (beide Bh Seddin) auf.
- In Crailsheim fuhr am 27. Oktober die **203 501** der **203 503** (beide EfW-Verkehrsgesellschaft mbH) in die Flanke.

2004

- Am 6. Mai fuhr im Bahnhof Frankfurt (O)-Oderbrücke die **298 163** auf die 155 078 (beide Bh Seddin) auf.
- In Freital-Hainsberg geriet am 23. Juli die **298 314** (Bh Dresden) in Brand.
- **298 334** (Bh Halle G) überfuhr am 16. September in Teutschenthal (Strecke Halle/S – Lu-Eisleben) einen Gleisabschluss.
- **298 323** (Bh Magdeburg) entgleiste am 24. November im Anschluss der Sodawerke in Staßfurt mit allen Achsen.

2005

- In Engelsdorf entgleiste am 5. Januar die **298 319** (Bh Leipzig Hbf Süd) nach einer Flankenfahrt mit Kesselwagen.
- Am 13. Februar fuhr **203 111** in Nürnberg Hbf auf 143 128 (beide Bh Nürnberg).
- In Zwickau geriet am 9. April die **298 081** (Bh Zwickau) in Brand.
- Die **203 007** (Mittelweserbahn GmbH) fuhr am 28. April in Gremberg dem IRC 51525 in die Flanke.
- Am 8. September geriet in Magdeburg Hbf die **298 315** (Bh Magdeburg) als Zuglok der CB 57140 in Brand.

2006

- In Nürnberg Hbf fuhr am 7. März die **203 114** (Bh Nürnberg) auf einen Triebzug der Baureihe 610 auf.
- Die **298 301** (Bh Seddin) stieß am 17. März im Anschluss der BASF in Ruhland mit einer Werklok zusammen.
- In Regensburg fuhr am 16. Mai die **203 117** auf die **203 117** (beide Bh Regensburg) auf.
- Am 16. August kam es bei Leipzig-Knauthain (zwischen Leipzig und Zeitz) zum Brand der **298 156** (Bh Halle G).
- In Obervellmar (bei Kassel) fuhr **203 004** (Nordfriesische Verkehrsbetriebe AG) mit einem Arbeitszug am 1. November dem CFN 44983 und dessen Zuglok 155 190 (Bh Seddin) in die Flanke. Beide Loks erlitten dabei einen Totalschaden.

2007

- Am 14. September geriet in Schkeuditz die **298 163** (Bh Halle G) als Schlusslok des FR 52570 in Brand.

2008

- In Dessau Gbf fuhr am 12. September die **298 333** (Bh Halle G) auf einen Gleisabschluss und entgleiste mit allen Achsen.
- Am 2. Oktober geriet in Nesselgrund (südlicher Berliner Außenring) die **298 086** (Bh Seddin) als Zuglok des FZT 53041 in Brand.

2009

Keine bekannten Unfälle oder betriebliche Vorkommnisse mit Lokomotiven aus der „V 100-Familie".

2010

- In Großkorbetha überfuhren am 4. März die **203 114** und **203 115** (beide Bh Halle G) einen Gleisabschluss und entgleisten.
- Am 22. März fuhr in Brieselang (zwischen Nauen und Berlin-Spandau) die **298 327** auf die 232 593 (beide Bh Seddin) auf.
- In Abelitz (zwischen Emden und Norden) entgleiste am 17. August die **203 147** (Eisenbahngesellschaft Ostfriesland-Oldenburg mbH) als Zuglok des Dg 89331 mit allen Achsen.

2011

- Am 15. Juni stießen in Neubrandenburg die **298 308** und **298 320** (beide Bh Rostock-Seehafen) zusammen.
- In Hennigsdorf (bei Berlin) entgleiste am 13. Juli die **298 327** (Bh Seddin).
- Die **203 001** (Schienen Güter Logistik GmbH) entgleiste am 5. August in Halle-Nietleben mit allen Achsen.
- **203 007** (Bocholter Eisenbahn GmbH) fuhr am 14. August in Berlin-Lichtenberg der 363 816 (Bh Seddin) in die Flanke.

2012

- In Berlin-Hohenschönhausen geriet am 15. Oktober die **298 336** (Bh Seddin) in Brand.
- Die **293 002** (rt&l) entgleiste am 27. Oktober in Cuxhaven mit allen Achsen.

2013

- Am 27. April entgleiste die **202 726** (Hessische Güterbahn GmbH) in Völklingen mit drei Achsen.

2014

- In Fürstenwalde (Spree) fuhr am 21. Januar die **298 336** (Bh Seddin) dem abgestellten Triebzug 650 739 der ODEG in die Flanke.
- Die **293 022** der Muldental-Eisenbahnverkehrsgesellschaft mbH überfuhr am 4. Dezember in Rackwitz (zwischen Leipzig und Delitzsch) einen Gleisabschluss und entgleiste daraufhin mit allen Achsen.

2015

- Am 17. Oktober fuhren **203 005** und **203 006** (beide Spitzke Logistik GmbH) in Fulda auf einen Schotterpflug auf.

2016

- In Erfurt Gbf fuhr am 7. Oktober die **204 009** (PRESS) auf Dgv 79223 auf.

2017

Für jenes Jahr liegen keine bekannten Unfälle oder betriebliche Vorkommnisse mit Lokomotiven aus der „V 100-Familie" vor.

2018

- **298 336** (Bh Seddin) geriet am 10. August bei Schönwalde (Berliner Außenring) als Schlusslok des EK 53118 in Brand.
- In Hamburg Hbf entgleiste am 16. Oktober die **203 158** (SLG) mit drei Achsen.
- Am 21. Mai entgleiste **298 334** (Bh Seddin) in Rostock-Seehafen mit allen Achsen.

2019

- In Neubrandenburg entgleiste am 29. Juli die **298 303** (Bh Seddin) mit allen Achsen.
- Die **203 124** (HSL Logistik) entgleiste am 20. November im Bremer Rangierbahnhof ebenfalls mit allen Achsen.

Die V 100 in den Ausbesserungswerken

△ **Bild 92** • "fertig" steht am Vorbau der **112 443**, die hier am 27. Mai 1988 im Raw Stendal aufgenommen wurde. Als 110 443 im März 1972 beim Bw Berlin Ostbahnhof in Dienst gestellt, ist sie im Herbst 1984 remotorisiert worden und erhielt im November 1985 ihre neue Loknummer 112 443. Zum Zeitpunkt der Aufnahme befand sich die Lok im Bestand des Bw Schwerin. Über der Maschine sind die Trichter der Abzugsanlage zu sehen, mit denen die Dieselabgase bei laufendem Motor abgesaugt wurden.

AUFNAHME: ANDREAS STANGE

Raw Karl-Marx-Stadt/ Chemnitz

Das Raw „Wilhelm Pieck" Karl-Marx-Stadt – den Ehrennamen Wilhelm Pieck, von 1949 bis 1960 der erste und einzige Präsident der DDR, erhielt das Werk im Jahr 1951 – übernahm nach dem Ende der dortigen Dampflokunterhaltung ab Anfang der sechziger Jahre vom Raw Dessau zunächst die Ausbesserung der Diesellokbaureihe V 36. Nachdem die Schlosser in Karl-Marx-Stadt mit den Dieselloks vertraut waren, kam auch die Unterhaltung der V 15, V 23, V 60 und V 180 hinzu. Im Jahr 1967 führte das Raw an drei Lokomotiven der Baureihe V 100 Unfall-Ausbesserungen aus. Eine dieser Loks, V 100 034, wurde im Rahmen einer V2-Ausbesserung vom 26. April bis zum 30. Juni 1967 nicht nur ausgebessert, sondern es wurde mit der Maschine auch eine Probezerlegung durchgeführt.

Die V 100-Unterhaltung fand planmäßig im Raw Cottbus statt. Doch nach dem Großbrand auf dem dortigen Werksgelände im Dezember 1968 weilten mit V 100 029 und V 100 031 noch einmal zwei Vertreterinnen dieser Baureihe im Frühjahr 1969 zu einer V2-Ausbesserung in den Hallen des Karl-Marx-Städter Ausbesserungswerkes.

In der Endphase des nunmehrigen DB-Ausbesserungswerkes Chemnitz wurden dort auch wieder V 100 bzw. Maschinen aus der „V 100-Familie" unterhalten. In den Jahren 2000 und 2001 wurden in den dortigen Werkhallen u. a. insgesamt 38 Vertreterinnen der Baureihe 298^{0-3} mit einer neuen Hauptuntersuchung versehen. Als Abschluss bekam am 3. Januar 2005 die 202 646, zu diesem Zeitpunkt im Bestand der DB RegioNetz Verkehrs GmbH – Erzgebirgsbahn (Chemnitz) war, eine HU. Außerdem wurden auf dem Geländes des Aw Chemnitz die Baureihen 201 und 204 nach deren Fristablauf gesammelt. Einige dieser Lokomotiven sind verkauft worden, der Rest kam nach 2003/2004 zur Zerlegung nach Espenhain.

Raw Cottbus

Im Frühjahr 1968 bekam das Reichsbahn-Ausbesserungswerk „Hermann Matern" in Cottbus (Hermann Matern war ein deutscher Kommunist und u. a. von 1949 bis 1971 Leiter der Zentralen Parteikontrollkommission in der DDR) parallel zur Dampflokausbesserung die Baureihe V 100 als zu unterhaltende Baureihe zugewiesen. Im Mai 1968 wurden die ersten V2 an Maschinen dieser Baureihe ausgeführt.

Am 19. Dezember 1968 kam es in der großen Richthalle des Werkes zu einer Brandkatastrophe, der u. a. V 100 001, V 100 002, V 100 027 und V 100 061 zum Opfer fielen. Allerdings war es anschließend im Raw Cottbus relativ schnell wieder möglich, die Lokausbesserung – auch an den V 100 – fortzusetzen. Bereits im April 1969 verließen die ersten Loks nach einer V2-Ausbesserung das Werk.

Im Jahr 1973 endete in Cottbus die Dampflokausbesserung. Drei Jahre später, 1976, kam es dann bei der Deutschen

Bild 93 ▷
Blick in die Werkhalle des Aw Cottbus am 17. Januar 1995, als neben Großdiesellokomotiven aus sowjetischer Produktion auch **202 777** eine Hauptuntersuchung erhielt.

Reichsbahn zu einer grundsätzlichen Neuordnung der Diesellok-Unterhaltung. Das Raw Dessau gab aufgrund der Zunahme an E-Lokomotiven die Unterhaltung der Diesellokbaureihen 120, 130, 131, 132 und 142 nach Cottbus ab. Das Raw Cottbus wiederum gab dafür die Baureihe 110 zum Raw Stendal weiter. Im Dezember 1976 wurde in Cottbus die letzte V 7 an einer 110 ausgeführt.

Erst im Juli 1995 führte dann das nunmehrige Aw Cottbus der DB AG noch mal an einer V 100 eine Revision aus: 202 777 (DB AG Geschäftsbereich Traktion) wurde am 26. Juli jenes Jahres nach einer dort abgeschlossenen Hauptuntersuchung dem Betrieb übergeben.

Nachdem die DB AG das Aw Stendal an die Firma Alstom abgegeben hatte und die Anzahl der Revisionen an den Baureihen 232, 233 und 234 sanken, wurde in Cottbus ab Mitte 2005 auch die Baureihe 298^3 mit neuen Hauptuntersuchungen versehen. Demgegenüber wurden in Cottbus zwar die 298^{0-1} gesammelt, eine Hauptuntersuchung fand an diesen Lokomotiven aber nicht mehr statt.

In den folgenden Jahren wurden auch Maschinen aus der „V 100-Familie“ privater Verkehrsunternehmen und die Loks dieser Baureihe von DB Bahnbau in Cottbus unterhalten.

Raw Stendal

Das Raw „Fritz Heckert“ Stendal (der 1936 in Moskau verstorbene Fritz Heckert war u. a. Mitbegründer der Kommunistischen Partei Deutschlands) war bis 1975 für die Ausbesserung von Dampflokomotiven, zuletzt der Baureihen 50 und 52, zuständig.

Ab Anfang 1975 übernahm das Werk vom Raw Cottbus die Unterhaltung der Baureihe 110. Als erste Vertreterin ihrer Baureihe erhielt 110 122 am 14. März 1975 eine Hauptuntersuchung (6a) in Stendal. Ab Januar 1977 befanden sich schließlich alle 110 im Unterhaltungsbestand des Raw Stendal. Die dortige Dampflokunterhaltung ging allerdings erst 1979 an das Raw Meiningen über, sodass sich die Schlosser in Stendal erst ab jenem Jahr ganz der Unterhaltung der Baureihe 110 widmen konnten. Dies war auch notwendig, denn das Stendaler Raw entwickelte sich zu dem V100-Werk bei der Deutschen Reichsbahn. Dort fanden in den Folgejahren auch die Umbauten bzw. die Modernisierungen der 110 statt, die das Werk anschließend als 112 und 114 verließen. Hinzu kamen zwischen 1988 und 1991 die Umbauten der zehn 110 zur 199^8. Auch die Baureihe 111 wurde in Stendal unterhalten, ebenso die wenigen Werklok-V 100. Von 1990 bis 1993 wurden außerdem alle 37 Lokomotiven der Baureihe 111 zur 293^3 sowie 42 Maschinen der Baureihe 110^{0-1} zur 298^{0-1} umgebaut.

Nach 1992 kamen auch die Bundesbahn-Baureihen 211 und 212 unterhaltungsmäßig nach Stendal.

Als letzte ex DR-110 erhielt 201 734 Anfang 1993 in Stendal eine Hauptuntersuchung, die am 3. März 1993 abgeschlossen

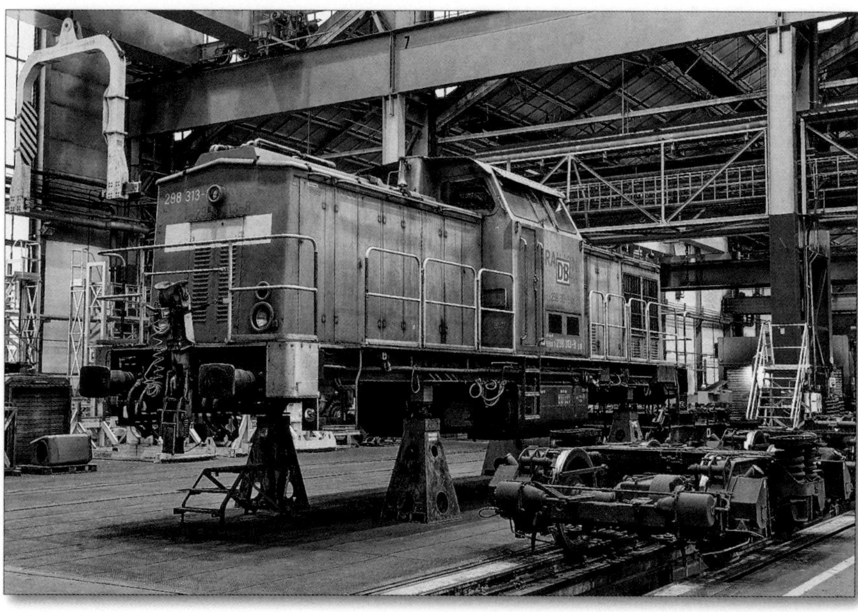

Bild 94 ▷
Am 8. November 2022 war **298 313** von DB Cargo im Aw Cottbus in Arbeit.

Aufnahmen (2): Frank Heilmann

◁ **Bild 95**
Das Raw Stendal im Juli 1986: Für eine Ausbesserung ist **112 576** des Bw Reichenbach (Vogtl) zu Gast. Sie hatte als 110 576 im Oktober 1983 einen 1.200-PS-Motor erhalten und wurde daraufhin in 112 576 umgezeichnet.

Aufnahme: Jens-Peter Fried

war, während als letzte hauptuntersuchte 202 (ex 112) die 202 743 am 30. Juni 1998 das Werk verließ. Ein Jahr später endeten in Stendal die Untersuchungen an der Baureihe 298. Bevor die Unterhaltung zum Aw Chemnitz wechselte, wurde bei 298 045 am 30. November 1999 die letzte HU an einer 298 in Stendal abgeschlossen.

Derweil stand die Baureihe 204 noch zwei Jahre im Unterhaltungsbestand des Aw Stendal. Das Ende kam im Frühjahr 2001: Am 21. Mai 2001 verließen 204 805 und 204 641 nach abgeschlossener Hauptuntersuchung die Stendaler Werkhallen – es waren die letzten dort ausgebesserten Maschinen ihrer Baureihe.

Im Jahr 2002 gründeten die DB AG und Alstom in Stendal das Gemeinschaftsunternehmen „Alstom Lokomotiven Service GmbH“ (ALS), das 2012 vollständig von Alstom übernommen wurde. Bereits 2000 hatte das Werk Stendal fünf abgestellte Loks der Baureihe 202 zur Baureihe 203 (203 501 bis 505) modernisiert und privaten EVU zur Miete angeboten. Ab 2002 wurden viele Jahre bei ALS in Stendal eine ganze Reihe abgestellter oder bereits ausgemusterter Maschinen der Baureihen 201, 202, 204 und 298 mehr oder minder stark umgebaut und meist an in- aber auch ausländische EVU verkauft.

Für DB Bahnbau baute das Werk Stendal in den Jahren 2001 bis 2003 insgesamt 16 Loks zur Baureihe 203[3] um. Im Jahr 2007 entstand aus der 202 490 die erste Hybrid-V 100, die dann als 203 701, später als 1001 001 für verschiedenen Mieter im Einsatz war. Dazu kamen noch zehn weitere Hybrid-Loks, die z. T. bei der MEG oder

◁ **Bild 96**
Frisch lackiert, remotorisiert und umgezeichnet präsentiert sich **112 630** am 15. September 1988 im Raw Stendal. Sie kam als 110 630 vom Bw Neuruppin und wird als 112 630 auch wieder dorthin zurückkehren.

Aufnahme: Andreas Stange

als Mietloks z. T. bis heute im Einsatz sind bzw. ihre Dienste leisteten.

Adtranz Kassel

Zu den Werken, die mit Maschinen aus der V 100-Familie zu tun hatten, gehört auch das Adtranz-Werk in Kassel. Dieses aus ABB Verkehrssysteme und den Verkehrstechniksparten von Daimler Benz zum 1. Januar 1996 gebildete Konsortium ABB Daimler Benz Transportation (Adtranz) entwickelte ein Konzept zur langfristigen Weiternutzung der Maschinen durch deren umfassende Modernisierung.

Dabei entstanden nahezu vollständig neue Lokomotiven, denn von den Spendermaschinen wurden nur der Rahmen, die Vorbauten und das Führerhaus genutzt. Alle weiteren Baugruppen bzw. Bauteile sind erneuert worden, so z. B. der Motor (MTU oder Caterpillar), das Getriebe, Luftanlage, Elektrik usw. Dabei war es möglich, bezüglich einer individuellen technischen Ausrüstung einer einzelnen Lokomotiven auch auf spezielle Kundenwünsche einzugehen. Somit entstanden Maschinen verschiedener Leistungsklassen und mit unterschiedlichen Höchstgeschwindigkeiten.

△ **Bild 97** • Die Last einer kompletten V 100 vermochte der Kran in der Werkhalle des ehemaligen Raw Stendal – seit 2002 „Alstom Lokomotiven Service GmbH" heben und bewegen. Am 15. September 2007 wurde auf diese Weise eine leider unbekannt gebliebene V 100 innerhalb der Halle versetzt. AUFNAHME: JENS-PETER FIRED

Da es am Ende bei einigen der aufgearbeiteten Lokomotiven nicht mehr nachvollziehbar war, welche Maschine für die Modernisierung herangezogen worden war und es sich – wie bereits erwähnt – fast um komplette Neubauten handelte, erhielten die Adtranz-Loks nicht nur eine neue Baureihennummer (293), sondern 21 Lokomotiven auch jeweils ein neues Betriebsbuch sowie eine neue Fabriknummer. Insgesamt wurden 59 Maschinen bei Adtranz in Kassel modernisiert.

Noch heute sind zahlreiche „Adtranz-V 100" bei privaten Eisenbahnverkehrsunternehmen im Einsatz und leisten dort zuverlässig ihre Dienste im Güter-, Bau-, Arbeits- und Rangierdienst.

▽ **Bild 98** • Blick ins Aw Stendal am 29. Mai 2000. Zu diesem Zeitpunkt war das Werk die Sammelstelle für Maschinen der Baureihe 202, von denen sich damals bis zu 150 Exemplare auf dem Werksgelände befanden. Darunter waren u. a. die hier zu sehenden **202 373**, **202 290**, **202 850**, **202 267**, **202 268** und **202 505**. AUFNAHME: CHRISTIAN ERNST

V 100 und deren Unterbaureihen bei privaten EVU

△ **Bild 99** • Die AAE GmbH hatte nur eine Maschine der ehemaligen Baureihe 110 in ihrem Fahrzeugbestand. Hier ist „**Alstätte II**" – so der Name der ehemaligen 110 878 – am 25. Mai 2001 unterwegs bei Coesfeld. Die Farbgebung stammte noch vom Vorbesitzer, der Lokpool Verwaltungsgesellschaft mbH & Co. Vermietungs KG, Kassel, woher auch die Bezeichnung „Red Bull" für die Lok basiert. AUFNAHME: JOSEF HÖGEMANN

Ahaus-Alstätter Eisenbahn GmbH

Die im Februar 1989 gegründete Ahaus-Alstätter Eisenbahn GmbH – kurz AAE – entwickelte sich zu einem der größten Güterwagenvermieter in Europa. Das Unternehmen – seit 2002 mit Sitz in Baar in der Schweiz – gehört seit 2015 zur Vereinigten Tanklager und Transportmittel GmbH (VTG). Im Fahrzeugbestand der AAE befand sich von April 1998 bis zum 28. Februar 2009 die ehemalige 110 878 (seit 01.01.1992: 201 878), die bei der ABB Daimler Benz Transportation GmbH (Adtranz) gemäß dem Umbaukonzept 293 im Sommer 1995 umgebaut wurde. Bei AAE erhielt die Lok die Bezeichnung „Alstätte II" und war von März 2007 bis Ende Februar 2009 an die Logistik & Consulting AG (LOCON) vermietet, welche die Maschine anschließend auch übernahm.

AAE – Ahaus-Alstätter Eisenbahn GmbH

Typ	ex DB AG	Hersteller	Fabriknr.	Baujahr	Nr. bei EVU	Bemerkung	Motor	NVR-Nummer
V 100.1	201 878	LEW	16372	1977	„Alstätte II"	04/98 – 03/09 bei AAE	MTU 12V 396 TC14	–

△ **Bild 100** • Die **AHG-Lok 01** ist am 15. April 2019 mit einem kurzen Bauzug unterwegs bei Flöha. Bei ihr handelt es sich um die im August 1968 in Dienst gestellte V 100 098. AUFNAHME: FELIX SERAPHIN

AHG Industry GmbH

Das EVU mit Sitz in Cottbus – bis April 2008: AHG Handel & Logistik GmbH & Co. KG – bietet seine Dienstleistungen vornehmlich in der Lausitz bzw. im mitteldeutschen Gebiet an. Dafür stehen Diesellokomotiven der Baureihen V 23, V 60 und V 100 zur Verfügung. Seit Juli 2001 befindet sich 202 098 (ex V 100 098, ex 110 098, ex 112 098) im Bestand der AHG, wo sie mit der Nummer 01 versehen wurde. Im Jahr 2006 erwarb das Unternehmen die Werklok WL 4 der Stadtwerke Chemnitz GmbH – die ehemalige 110 067 – und ordnete sie mit der Nummer 4 ein. Aktuell ist diese Lok nicht betriebsfähig in Luckau (Niederlausitz) abgestellt. Im Verlauf des Jahres 2009 gehörte auch 204 761 zum Fahrzeugbestand der AHG, die von der Mitteldeutschen Eisenbahngesellschaft (MEG) angemietet wurde. Sie wurde noch im selben Jahr wieder zurückgegeben.

AHG – Industry GmbH & Co. KG (bis 2008: AHG Handel & Logistik GmbH & Co. KG)

Typ	ex DB AG	Hersteller	Fabriknr.	Baujahr	Nr. bei EVU	Bemerkung	Motor	NVR-Nummer
V 100.1	202 098-0	LEW	11936	1968	01	seit 07/01 bei AHG	CAT 3512 DI-TA	98 80 3202 098-0 D-AHG
V 100.1	110 067-6	LEW	11905	1968	4	seit ?/06 bei AHG	12 KVD 18/21 A-3	98 80 3201 067-6 D-AHG
V 100.1	202 483-4	LEW	13522	1972	203 502-0	12/01 – 01/02 Mietlok von SFZ (Stendal)	12 KVD 18/21 AL-4	–
V 100.1	204 761-1	LEW	14462	1974	204 761-1	05/09 – ?/09 Mietlok von MEG	12 KVD 18/21 A-5	92 80 1204 761-1 D-MEG

Bild 101 ▷ In ihrer „natürlichen“ Umgebung ist die **AHG-Lok 01** am 5. September 2012 unterwegs: Mit einem Kohle-Ganzzug fährt sie durch den Bahnhof Schwarzkollm zwischen Ruhland und Hoyerswerda.

Aufnahme: Josef Högemann

Alstom Lokomotiven Service GmbH

Der französische Konzern Alstom – 1928 entstanden und vorwiegend auf dem Gebiet der Herstellung von Schienenfahrzeugen tätig – stieg im Jahr 2002 im damaligen Schienenfahrzeugzentrum Stendal, dem ehemaligen Reichsbahn-Ausbesserungswerk, ein. Gemeinsam mit der DB wurde das Unternehmen Alstom Lokomotiven Service GmbH (ALS) gegründet, welches 2012 zu 100 % von Alstom übernommen wurde. Zu den Hauptaufgaben des Unternehmens gehörte u. a. die Modernisierung der DR-Baureihen 110, 112 und 114, wofür verschiedene Umbaukonzepte entstanden, wie z. B. die Entwicklung und der Bau einer Hybridlok (Baureihe 203.7). Speziell die Vollmodernisierung der Baureihe 202 zur neuen Baureihe 203 wurde für ALS bzw. Alstom ein wirtschaftlicher Volltreffer, denn zahlreiche private Eisenbahnverkehrsunternehmen erwarben diese neue Lokgeneration, die – dank des angewandten Baukastenprinzips – z. T. auch auf spezielle Kundenwünsche

△ **Bild 102** • Zu den angebotenen Leistungen der AHG gehört u. a. auch die Beförderung von Sonderzügen. Am 30. November 2024 bespannt **Lok 01** einen Sonderzug des DBV Förderverein Niederlausitzer Eisenbahn e. V. von Luckau über Lübbenau und Cottbus nach Görlitz, hier aufgenommen bei Biehain.

Aufnahme: Frank Heilmann

Bild 103 ▷ Aus 202 291 (ex 110 291, ex 112 291) entstand bei der Alstom Lokomotiven Service GmbH in Stendal gemäß dem Umbaukonzept „Baureihe 203.7“ die Hybridlok **1001 009-2**, die im November 2013 in Betrieb genommen wurde. Sie kam als Mietlok zur DB Regio Mitteldeutschland AG und wurde bis April 2022 am Standort Halle (S) eingesetzt, bevor sie von Alstom an die Stadler Pankow GmbH vermietet wurde. Die Aufnahme zeigt die Lok am 15. Juli 2015 vor der damals noch neuen Werkstatthalle von DB Regio in Halle (S).

Aufnahme: Volker Lucas, Sammlung A. Zika

Bild 104
Am 26. Februar 2017 entstand diese Aufnahme der Alstom-Hybrid-Lok **1001 007-6** mit einer Talgo-Garnitur unterwegs im Berliner Stadtgebiet zwischen den Bahnhöfen Lichtenberg und Ostkreuz. Die am 31. Januar 2013 nach Umbau in Betrieb genommene Lok war von November 2016 bis Juli 2017 an die Talgo Deutschland GmbH vermietet.

Aufnahme: Volker Lucas, Sammlung A.Zika

hin gefertigt wurden. Gleichsam vermietete das Unternehmen die neuen Lokomotiven sowohl an die einzelnen Sparten der DB AG als auch an private EVU. Dabei arbeitete bereits das Schienenfahrzeugwerk Stendal als Nachfolger des DB-Werks Stendal und Vorgänger des ALS bzw. Alstom-Werkes nicht ausschließlich für den deutschen Bahn-Konzern, sondern durfte seine Fahrzeuge an Dritte verkaufen oder auf dem freien Markt anbieten.

Bild 105
Aus dem Lokpool von Alstom stammt auch **203 111**, die hier am 1. Mai 2011 mit einem Ganzzug bei Erdeborn (zwischen Lutherstadt Eisleben und Halle/S) unterwegs ist. Nicht ganz zu ermitteln war, für welches EVU die Lok, die im Jahr 2002 aus der ehemaligen 202 651 (ex 112 651, ex 110 651) entstand, damals im Einsatz stand. Bis Januar 2011 gehörte sie zur DB Schenker Rail Deutschland AG (Niederlassung Halle/S), ab dem 23. Mai 2011 war 203 111 an die Chemion Logistik GmbH, Leverkusen, vermietet.

Aufnahme: Michael Zinner

Alstom Lokomotiven Service GmbH

Typ	ex DB AG	Hersteller	Fabriknr.	Baujahr	Nr. bei EVU	Bemerkung	Motor	NVR-Nummer
V 100.1	298 074-6	LEW	11912	1968	1001 007-6	vermiet. an DB Regio AG, Regio Südost	Deutz TCD 2013 L6 2V	90 80 1001 007-6 D-ALS
V 100.1	202 291-1	LEW	12755	1970	1001 009-2	vermiet. an Stadler Pankow GmbH	Deutz TCD 2013 L6 2V	90 80 1001 009-2 D-ALS
V 100.1	202 286-1	LEW	12750	1970	1001 010-0	vermiet. an DB Regio AG, Regio Südost	Deutz TCD 2013 L6 2V	90 80 1001 010-0 D-ALS
V 100.1	202 293-7	LEW	12757	1970	1001 011-8	vermiet. an DB Fernverkehr, Hannover	Deutz TCD 2013 L6 2V	90 80 1001 011-8 D-ALS
V 100.1	202 746-4	LEW	14447	1974	202 746-4	aktueller Mieter unbekannt	CAT 3512 DI-TA	98 80 3202 746-4 D-ALS
V 100.1	202 768-8	LEW	14469	1975	203 102-9	vermiet. an SW-Landesverkehrs-GmbH [1]	CAT 3512 DI-TA	92 80 1203 102-9 D-ALS
V 100.1	202 827-2	LEW	14891	1975	203 103-7	vermiet. an SW-Landesverkehrs-GmbH	CAT 3512 DI-TA	92 80 1203 103-7 D-ALS
V 100.1	202 651-6	LEW	14078	1974	203 111-0	vermiet. an SW-Landesverkehrs-GmbH	CAT 3512 DI-TA	92 80 1203 111-0 D-ALS
V 100.1	202 524-5	LEW	13563	1973	203 127-6	vermiet. an Stadler Pankow GmbH	CAT 3512 DI-TA	92 80 1203 127-6 D-ALS
V 100.1	202 786-0	LEW	14843	1975	203 162-3	vermiet. an SW-Landesverkehrs-GmbH[1]	CAT 3512 DI-TA	92 80 1203 162-3 D-ALS
V 100.1	204 805-6	LEW	15077	1975	204 805-6	vermiet. an PSL GmbH [2]	MTU 8V 4000 R43L	92 80 1204 805-6 D-ALS
V 100.1	202 490-9	LEW	13529	1972	1001 001-9	mit Fristablauf abgestellt	Deutz TCD 2013 L6 2V	90 80 1001 001-9 D-ALS
V 100.1	202 166-5	LEW	12467	1969	202 166-5	mit Fristablauf abgestellt/Arbeitsvorrat	12 KVD 18/21 AL-4	92 80 1202 166-5 D-ALS
V 100.1	202 167-3	LEW	12468	1969	202 167-3	mit Fristablauf abgestellt/Arbeitsvorrat	12 KVD 18/21 AL-4	92 80 1202 167-3 D-ALS
V 100.1	202 209-3	LEW	12491	1970	202 209-3	mit Fristablauf abgestellt/Arbeitsvorrat	12 KVD 18/21 AL-4	92 80 1202 209-3 D-ALS
V 100.1	202 220-0	LEW	12502	1970	202 220-0	mit Fristablauf abgestellt/Arbeitsvorrat	12 KVD 18/21 AL-4	92 80 1202 220-0 D-ALS
V 100.1	202 266-3	LEW	12548	1970	202 266-3	mit Fristablauf abgestellt/Arbeitsvorrat	12 KVD 18/21 AL-4	92 80 1202 266-3 D-ALS
V 100.1	202 648-2	LEW	14075	1974	202 648-2	mit Fristablauf abgestellt/Arbeitsvorrat	12 KVD 18/21 AL-4	92 80 1202 648-2 D-ALS
V 100.1	204 358-6	LEW	12867	1971	204 358-6	mit Fristablauf abgestellt/Arbeitsvorrat	12 KVD 18/21 AL-5	92 80 1204 358-6 D-ALS
V 100.1	204 485-7	LEW	13524	1972	204 485-7	02/26 verkauft an BM Bahndienste GmbH	12 KVD 18/21 AL-5	98 80 3204 485-7 D-BMB
V 100.1	204 607-6	LEW	13925	1973	204 607-6	07/25 verkauft an BM Bahndienste GmbH	12 KVD 18/21 AL-5	98 80 3204 607-6 D-BMB
V 100.1	204 671-2	LEW	14372	1974	204 671-2	mit Fristablauf abgestellt/Arbeitsvorrat	12 KVD 18/21 AL-5	92 80 1204 671-2 D-ALS
V 100.5	745 603-1	LEW	17320	1981	745 603-1	mit Fristablauf abgestellt/Arbeitsvorrat	12 KVD 18/21 A-3	–
V 100.5	745 604-9	LEW	17321	1981	745 604-9	mit Fristablauf abgestellt/Arbeitsvorrat	12 KVD 18/21 A-3	–

[1] Südwestdeutsche Landesverkehrs-GmbH [2] Personal + Schienentransport Logistik PSL GmbH

Anschlussbahn-Servicegesellschaft Pressnitztalbahn mbH (ASP)								
Typ	ex DB AG	Hersteller	Fabriknr.	Baujahr	Nr. bei EVU	Bemerkung	Motor	NVR-Nummer
V 100.1	202 753-0	LEW	14454	1974	112 753-9	seit 12/22 bei ASP	CAT 3512 DI-TA	92 80 1202 753-0 D-PRESS
V 100.1	202 439-6	LEW	13478	1972	204 009-9	seit 08/14 bei ASP	CAT 3512 DI-TA	98 80 3202 439-6 D-PRESS
V 100.1	202 811-6	LEW	15083	1975	204 044-6	seit 06/14 bei ASP	CAT 3512 DI-TA	98 80 3202 811-6 D-PRESS
V 100.1	202 388-5	LEW	12897	1971	293 046-7	06/14 – 11/17 bei ASP	CAT 3512 DI-TA	92 80 1293 505-4 D-PRESS

Anschlussbahn-Servicegesellschaft Pressnitztalbahn mbH

Für Leistungen im Bereich der Anschlussbahnbedienung und Verkehrslogistik sowie u. a. dem Betreiben von Eisenbahninfrastrukturen und der Instandhaltung von Schienenfahrzeugen wurde die Anschlussbahn-Servicegesellschaft Pressnitztalbahn mbH (ASP) mit Sitz in Lübbenau gegründet. Zum Fahrzeugbestand gehören drei Maschinen der Baureihe V 100: 112 753, 204 009 und 204 044. Bei den beiden als 204 eingereihten Maschinen handelt es sich allerdings nicht um Vertreterinnen der DR-Baureihe 114, die zum 1. Januar 1992 zur Baureihe 204 umbezeichnet wurde. Es sind beides ehemalige 202 bzw. 112.

Von Juni 2014 bis Ende Oktober 2016 befand sich zudem eine 293 (ex 202 388, ex 112 388, ex 110 388) bei der ASP, die als 293 046 eingereiht wurde.

△ **Bild 106** • Zum Bestand der ASP gehörte zwischenzeitlich auch **293 046**, die hier am 9. April 2016 in Lübbenau aufgenommen wurde. Aufnahme: Volker Lucas, Sammlung A. Zika

ArcelorMittal Eisenhüttenstadt Transport GmbH

Die ArcelorMittal Eisenhüttenstadt GmbH entstand im Jahr 2006 durch die Fusion der Arcelor Eisenhüttenstadt GmbH mit der niederländischen Mittal Steel Company. Das Eisenhüttenkombinat an sich wurde ab 1950 (Baubeginn am 18. August) errichtet, nahm – noch unter dem Namen „Hüttenwerk Hermann Matern" – am 19. September 1951 den Betrieb auf, ist aber in den Folgejahren ständig erweitert worden. Zwischenzeitlich als Eisenhüttenkombinat „Josef Wissarionowitsch Stalin" betitelt, erhielt das bedeutendste Hüttenwerk der DDR im Jahr 1963 den Namen Eisenhüttenkombinat Ost (EKO). Die ArcelorMittal Eisenhüttenstadt Transport GmbH (AMEH Trans) ist die Nachfolgegesellschaft der EKO Transportgesellschaft GmbH, die 1997 aus der Anschlussbahn des EKO heraus gegründet wurde, um als Unternehmen beim Eisenbahnbetrieb zum und vom Werk eigenständig agieren zu können.

△ **Bild 107** • **Lok 62** und **Lok 63** der ArcelorMittal Transport GmbH bespannen am 22. März 2022 gemeinsam einen Kesselwagenzug, hier aufgenommen in Frankfurt (Oder). Aufnahme: Mathias Cantzler

ArcelorMittal Eisenhüttenstadt Transport GmbH (ex Eisenhüttenkombinat Ost/EKO)								
Typ	ex DB AG	Hersteller	Fabriknr.	Baujahr	Nr. bei EVU	Bemerkung	Motor	NVR-Nummer
V 100.1	201 890-1	LEW	16384	1978	60	seit 1998 bei EKO/Arcelor	CAT 3512 DI-TA	98 80 3293 060-0 D-EKO
V 100.4	–	LEW	17850	1982	61[II]	seit 01/99 bei EKO/Arcelor	CAT 3512 DI-TA	98 80 3293 061-8 D-EKO
V 100.4	–	LEW	17852	1982	62	seit 03/82 bei EKO/Arcelor	CAT 3512 DI-TA	98 80 3293 062-6 D-EKO
V 100.1	201 618-6	LEW	13936	1973	63	seit 06/96 bei EKO/Arcelor	CAT 3512 DI-TA	98 80 3293 063-4 D-EKO
V 100.4	–	LEW	17730	1983	64	seit 07/83 bei EKO/Arcelor	CAT 3512 DI-TA	–
V 100.4	–	LEW	17733	1983	65	seit 07/83 bei EKO/Arcelor	CAT 3512 DI-TA	98 80 3293 065-9 D-EKO

◁ **Bild 108**
Mit einem aus Zementsilo- und Kesselwagen gebildeten Güterzug sind (Vorspann-) **Lok 60** und (Zug-)**Lok 64** am 20. August 2001 bei Eberswalde unterwegs in Richtung Süden und passieren die bekannte Brücke des Oder-Havel-Kanals zwischen Eberswalde und Britz.

Aufnahme: Matthias Röseler

Zum Fahrzeugbestand der AMEH Trans gehören sechs Lokomotiven, die aus der V 100-Familie stammen. Bei den mit den Betriebsnummern 61^{II}, 62, 64 und 65 versehenen Maschinen handelt es sich um Loks der LEW-Version V 100.4, welche direkt vom Herstellerwerk in Hennigsdorf als Werkloks geliefert wurden. Dabei kamen die Loks 62, 64 und 65 gleich zum EKO nach Eisenhüttenstadt, während Lok 61^{II} zunächst bei den Leuna-Werken „Walter Ulbricht“ (und nachfolgend bei InfraLeuna) als Werklok 135 im Einsatz stand und erst nach dem Umbau bei der Regental Fahrzeugwerkstätten GmbH (Umbaukonzept Baureihe 293) im Januar 1999 in den Bestand der EKO Transportgesellschaft wechselte. Auch die Lokomotiven 60, 62, 63, 64 und 65 erhielten 1996/97 in den Regental Fahrzeugwerkstätten eine Modernisierung bzw. einen Umbau gemäß dem Konzept Baureihe 293. Bis auf Lok 64 sind alle Maschinen für Einsätze auf dem Streckennetz der DB AG zugelassen.

Augsburger Localbahn GmbH

Bereits seit 1889 gibt es die Augsburger Localbahn GmbH, die als Aktiengesellschaft gegründet wurde und am 24. Januar jenes Jahres die Konzession zum Betrieb einer normalspurigen Güterbahn im Augsburger Stadtgebiet erhielt. Es entstand in den folgenden Jahrzehnten u. a. eine fast 50 km lange Ringbahn, die Gesamtlänge

Augsburger Localbahn GmbH (AL)

Typ	ex DB AG	Hersteller	Fabriknr.	Baujahr	Nr. bei EVU	Bemerkung	Motor	NVR-Nummer
V 100.1	201 828-1	LEW	14892	1975	41	seit 04/98 bei AL	CAT 3512 DI-TA	98 80 3293 828-0 D-AULOC
V 100.1	201 884-4	LEW	16378	1978	42	seit 04/98 bei AL	CAT 3512 DI-TA	98 80 3293 884-3 D-AULOC
V 100.1	299 118-0 [1]	LEW	16385	1978	43	seit 05/99 bei AL	CAT 3512 DI-TA	98 80 3293 891-8 D-AULOC
BR 293	–	Adtranz	72580	2001	44	seit 02/01 bei AL	CAT 3512 DI-TA	98 80 3293 908-0 D-AULOC
V 100.4	–	LEW	16677	1981	45	01/10 – 05/22 bei AL	CAT 3512 DI-TA	98 80 3293 907-2 D-AULOC
V 100.4	–	LEW	16581	1981	46	12/10 – 05/22 bei AL	CAT 3512 DI-TA	98 80 3293 903-1 D-AULOC
V 100.1	202 613-5	LEW	13931	1973	203 163-1	11/09 – 12/09 Mietlok von NbE [2]	CAT 3512 DI-TA	92 80 1203 163-1 D-NBEG
V 100.1	202 388-5	LEW	12897	1971	V 146	2009 Mietlok von VCD [3]	CAT 3512 DI-TA	92 80 1293 505-4 D-RBB

1) 1.000 mm Schmalspurlok (ex 199 891-3)   2) Nordbayerische Eisenbahngesellschaft mbH   3) Veolia Cargo Deutschland GmbH

◁ **Bild 109**
In Geltendorf (Landkreis Landsberg am Lech) steht **Lok 45** der Augsburger Localbahn GmbH am 24. Oktober 2012 mit einem Güterzug zur Abfahrt bereit.

Aufnahme: Georg Dollwet

der Gleisanlagen lag 1932 bei über 80 km. Erst ab 1998 führte das Unternehmen auch Leistungen auf anderen Strecken durch.

Dem Fahrzeugbestand der Augsburger Localbahn GmbH gehören u. a. auch vier Lokomotiven an, die aus der V 100-Baureihenfamilie stammen, weitere vier Maschinen waren zwischenzeitlich im Unternehmensbestand, wobei zwei Loks (203 163 und V 146) von anderen EVU angemietet wurden. Bei der AL-Lok 43 handelt es sich um die ehemalige 1.000-mm-Schmalspurlok 199 891, die 1990 aus der 110 891 entstand, auf den Schmalspurstrecken im Harz im Einsatz stand, im September von der Harzer Schmalspurbahnen GmbH an Adtranz abgegeben wurde und in Kassel einen Umbau gemäß dem Konzept Baureihe 293 erhielt. Im Mai 1999 kam die Maschine zur Augsburger Localbahn GmbH.

Während bei AL-Lok 44 – ebenfalls eine bei Adtranz in Kassel nach dem Umbaukonzept Baureihe 293 entstandene Maschine – die Spenderlok nicht bekannt ist, handelte es sich bei den Loks 45 und 46 ursprünglich um Werkloks aus dem Bestand des VEB Leuna-Werke „Walter Ulbricht“, die bei den Regental Fahrzeugwerkstätten umgebaut worden waren.

△ **Bild 110 • V 43** der Augsburger Localbahn, aufgenommen am 12. Oktober 2004 im Bahnhof Schongau.

Aufnahme: Roland Hertwig

Ascherslebener Verkehrsgesellschaft mbH

Die in Egeln ansässige Ascherslebener Verkehrsgesellschaft mbH (A.V.G.) wurde 2001 als A.V.G. Mirko Mokry e. K. gegründet und ist daraus im Jahr 2007 als Bahnbetriebsunternehmen abgespalten worden. Die A.V.G. ist bundesweit im Schienengüterverkehr sowie im Bereich von Dienstleistungen in der Baustellenlogistik tätig und Betreiber der Eisenbahnstrecke Staßfurt – Egeln (Etgersleben). Zum ehemaligen Fahrzeugbestand des Unternehmens gehören drei Vertreterinnen der Baureihe V 100: 203 001-3, 203 004-7 und V 100.01. Während sich die beiden ersten Lokomotiven im Eigentum der A.V.G. befanden und aus dem Lokpool von Alstom stammten, war die V 100.01 von der RP Eisenbahn GmbH (RPE) angemietet worden.

Ascherslebener Verkehrsgesellschaft mbH (A.V.G.), bis 2007: A.V.G. Mirko Mokry e. K. (A.V.G. MM)

Typ	ex DB AG	Hersteller	Fabriknr.	Baujahr	Nr. bei EVU	Bemerkung	Motor	NVR-Nummer
V 100.1	202 746-4	LEW	14447	1974	202 001-4	06/06 – ?/06 Mietlok von ALS [1]	CAT 3512 DI-TA	–
V 100.1	202 349-7	LEW	12858	1971	203 001	09/08 –?/09 bei A.V.G.	MTU 12V 4000 R10	–
V 100.1	202 345-5	LEW	12854	1971	203.004	08/06 – 09/06 Mietlok von ALS [1]	MTU 12V 4000 R10	–
V 100.1	202 569-0	LEW	13887	1973	203 004-7	03/06 – ?/09 bei A.V.G. MM/A.V.G. [2]	MTU 12V 4000 R10	–
V 100.1	202 481-8	LEW	13520	1972	V 100.01	05/10 – 10/10 Mietlok von RPE [3]	12 KVD 18/21 AL-4	92 80 1202 481-8 D-RPE
V 100.4	–	LEW	17849	1982	293 023-8	?/06 – ?/06 Mietlok von MTEG [4]	CAT 3508 DI-TA	–

[1] ALSTOM Lokomotiven Service GmbH [2] 08/07 vermietet an BEG, Bochum; 09/08 an hvle [3] RP Eisenbahn GmbH [4] Muldental-Eisenbahnverkehrs GmbH

▽ **Bild 111 • 203 004-7** der A.V.G. ist am 3. Mai 2008 im (ehemaligen) Bahnhof Egeln unterwegs.

Aufnahme: Udo Steinwasser

△ **Bild 112** • Von Juli 2000 bis Oktober 2001 befand sich die ehemalige **201 211** (ex 110 211) im Bestand der AMP Bahnlogistik GmbH und trug dort die Loknummer 6. Die Aufnahme der Lok entstand am 12. Juli 2000 im AW Cottbus.
Aufnahme: Frank Heilmann

AMP Bahnlogistik GmbH								
Typ	ex DB AG	Hersteller	Fabriknr.	Baujahr	Nr. bei EVU	Bemerkung	Motor	NVR-Nummer
V 100.1	201 211-0	LEW	12493	1970	6	07/00 – 10/01 bei AMP	12 KVD 18/21 A-3	–

AMP Bahnlogistik GmbH

Seit 2014 als up schienenfahrzeugtechnik firmierend, wurde das Vorgängerunternehmen – die AMP Bahnlogistik GmbH mit Sitz in Hörselberg-Hainich (Thüringen) – im Jahr 1998 gegründet. Zu deren Fahrzeugpark gehörte u. a. auch eine V 100, die im Plandienst bei der DB AG die Nummer 201 211-0 trug. Die ehemalige 110 211-0 wurde am 31. Mai 1995 im Betriebshof Zwickau ausgemustert (z-Stellung am 30.05.1994), wurde von AMP im Juli 2000 übernommen, wechselte aber bereits im Oktober des Folgejahres an die Uwe Adam Transporte GmbH.

Anhaltinisch-Brandenburgische Eisenbahn GmbH

Als Spezialist für Güterwagen bietet die heute in Hamburg ansässige Anhaltinisch-Brandenburgische Eisenbahngesellschaft mbH vornehmlich Dienstleistungen im Bereich der Vermietung von Güterwagen, Wagenmeistern und sogenannten Spot-Verkehren an. Für letztere befanden sich zwischenzeitlich auch vier Lokomotiven im Bestand des Unternehmens, die aus der V 100-Familie stammten: 202 535^{II} (ex Werklok 2 des VEB Kaliwerk „Ernst Thälmann“ Merkers), 202 547 (ex 112 547, ex 110 547), 203 008-8 (Umbau es 202 568, ex 112 568, ex 110 568) und 293 005 (Umbau bei ABB Daimler Benz Transportation aus 201 833, ex 110 833).

Die 202 535^{II} war über die Oak Capital Locolease GmbH untervermietet worden, die Lok selbst befand sich zu diesem Zeitpunkt im Eigentum der Deutschen Logistik GmbH & Co. KG (deLog). Ihre Nummer in Zweitbesetzung erhielt die Maschine erst als sie – seit 2007 in Privateigentum – von April 2008 bis Herbst 2009 an die Dampflokfreunde Salzwedel e. V. verliehen und dort als V 100 535 bezeichnet wurde. Mit der Vermietung an die SES Logistik GmbH (ab 11/2009) erhielt sie die Nummer 202 535^{II}.

Anhaltinisch-Brandenburgische Eisenbahngesellschaft mbH (ABEG)								
Typ	ex DB AG	Hersteller	Fabriknr.	Baujahr	Nr. bei EVU	Bemerkung	Motor	NVR-Nummer
V 100.4	–	LEW	17732	1983	202 535-1	01/12 – 02/12 Mietlok von OCL [1]	12 KVD 18/21 A-3	98 80 3202 535-1 D-HAEG
V 100.1	202 547-6	LEW	13586	1973	202 547-6	01/21 – ?/22 Mietlok von ENON [2]	12 KVD 18/21 AL-4	98 80 3202 547-6 D-EGP
V 100.1	202 568-2	LEW	13886	1973	203 008-8	10/12 – 11/12 Mietlok von EAH [3]	MTU 12V 4000 R10	92 80 1203 008-8 D-BUVL
V 100.1	201 833-1	LEW	14897	1975	293 005-5	01/12 – 02/12 Mietlok von SES [4]	CAT 3508 DI-TA	92 80 1293 005-5 D-SES

[1] Oak Capital Locolease GmbH & Co. KG
[2] ENON Gesellschaft mbH & Co. KG
[3] Eisenbahn Anlagen Handel GmbH
[4] SES Logistik GmbH

Bild 113 ▷
Am 2. September 2016 ist die ehemalige 201 833 als **293 005** für die Wilke Logistics GmbH unterwegs auf der Güterumgehungsbahn Hannover bei Ahlten. Die Lok leistete knapp viereinhalb Jahre zuvor – im Januar und Februar 2012 – als Mietlok von der SES Logistik GmbH ihre Dienste bei der ABEG.

AUFNAHME: STEPHAN KARKOWSKI

Arcelor/Stahlwerk Thüringen GmbH

Die Maxhütte in Unterwellenborn bei Saalfeld ist als eines der ehemals größten Stahl- und Walzwerke auf dem Gebiet der ehemaligen DDR überregional bekannt. Nach dessen Schließung im Jahr 1992 entstand noch im selben Jahr an diesem Standort das Stahlwerk Thüringen (SWT), welches zwischen 2001 und 2007 zur Arcelor-Gruppe gehörte, dann von der spanischen Grupo Alfonso Gallardo übernommen wurde und seit Anfang 2012 ein Bestandteil der brasilianischen Stahlgruppe Companhia Siderúrgica Nacional (CSN) ist. Entsprechend wechselten auch die Lokomotiven des hauseigenen Eisenbahnverkehrsunternehmens in den Eigentumsverhältnissen. Dazu gehören aktuell u. a. sechs Maschinen des Typs V 100.1, 13 weitere Loks aus der V 100-Familie befanden sich zwischen 1981 und 2015 im Fahrzeugbestand des Unternehmens.

Als erste Werklok eines V 100-Typs wurde im Mai 1981 die V 100.4-22 vom Herstellerwerk LEW Hennigsdorf an den damaligen VEB Maxhütte Unterwellenborn geliefert, der ein Jahr später – am 28. April 1982 – die V 100.4-23 folgte. Die Lokomotiven dienten dem internen Werksverkehr in Unterwellenborn bis zum Übergabebahnhof des Stahlwerks in Könitz.

Im Frühjahr 1994 kamen zwei Maschinen der Baureihe 298 in den Fahrzeugbestand der Stahlwerk Thüringen GmbH, die als 298-24 und 298-25 eingereiht wurden und bis zum Fristablauf im Februar (298-24) bzw. April (298-25) 2013 im Einsatz waren. Beide Loks sind im Dezember 2015 an LOK OST verkauft worden und kamen nach den fälligen Hauptuntersuchungen wieder in Betrieb.

Dem Transportaufkommen entsprechend, lag der Bedarf immer bei vier bis fünf Lokomotiven, die nun nicht mehr ausschließlich dem internen Werksverkehr dienten, sondern mit ihren Leistungen für das Stahlwerk auch auf dem Streckennetz der DB AG unterwegs waren.

Von den sechs derzeit im Bestand des EVU Stahlwerk Thüringen befindlichen ehemaligen Reichsbahn-V 100, sind vier Maschinen Umbauten gemäß dem Konzept Baureihe 203 (SFZ Stendal bzw. Alstom) und zwei der Baureihe 298. Diese werden sowohl auf dem 28 km langen internen Schienennetz als auch bei der Auslieferung der Produkte des Unternehmens und der Anlieferung von Schrott eingesetzt.

Bild 114 ▷
Am 21. Mai 2019 sind **203-29** und **203-28** der Stahlwerk Thüringen GmbH mit einem Ganzzug aus Wagen der Gattung E unterwegs bei Gutenfürst.

AUFNAHME: GEORG DOLLWET

◁ **Bild 115**
Die hier am 28. August 1998 in Saalfeld aufgenommene **100.4-22** wurde im Mai 1981 direkt von LEW Hennigsdorf als Werklok an den VEB Maxhütte Unterwellenborn geliefert. Im Juli 2003 wechselte sie in den Bestand der MTEG.

Aufnahme: Volker Lucas, Sammlung A. Zika

Arcelor/Stahlwerk Thüringen GmbH (SWT, ex Maxhütte Unterwellenborn/MHU)

Typ	ex DB AG	Hersteller	Fabriknr.	Baujahr	Nr. bei EVU	Bemerkung	Motor	NVR-Nummer
V 100.1	201 171-6	LEW	12452	1969	201-26	08/96 – 08/11 bei SWT)	12 KVD 18/21 A-5	–
V 100.1	201 070-0	LEW	11908	1968	201-27	08/96 – 08/06 bei SWT	12 KVD 18/21 A-3	–
V 100.1	202 855-3	LEW	15240	1976	203-28	seit 01/02 bei SWT/Arcelor	MTU 12V 4000 R10	92 80 1203 003-9 D-SWT
V 100.1	202 784-5	LEW	14841	1975	203-29	seit 04/03 bei SWT/Arcelor	MTU 12V 4000 R10	92 80 1203 013-8 D-SWT
V 100.1	298 130-6	LEW	12431	1969	298-24	03/94 – 11/15 bei SWT	CAT 3508 DI-TA	–
V 100.1	298 135-5	LEW	12436	1969	298-25	03/94 – 11/15 bei SWT	CAT 3508 DI-TA	–
V 100.1	298 050-6	LEW	11888	1968	298-30	seit 02/12 bei SWT	CAT 3508 DI-TA	98 80 3298 050-6 D-SWT
V 100.1	298 085-2	LEW	11923	1968	298-31	seit 03/12 bei SWT	CAT 3508 DI-TA	98 80 3298 085-2 D-SWT
V 100.1	201 881-0	LEW	16375	1977	201 999-0	04/97 – 06/97 Mietlok von Lokpool 1)	CAT 3508 DI-TA	–
V 100.1	202 746-4	LEW	14447	1974	202 001-4	12/04 – 02/05 Mietlok von ALS 2)	CAT 3512 DI-TA	–
V 100.1	202 385-1	LEW	12894	1971	203 148-2	11/11 – 02/12 Mietlok von rt&l *)	CAT 3512 DI-TA	92 80 1203 148-2 D-RTUL
V 100.1	202 818-1	LEW	15090	1975	203 152-4	11/11 – 03/12 Mietlok von ALS	CAT 3512 DI-TA	92 80 1203 152-4 D-ALS
V 100.1	202 383-6	LEW	12892	1971	203 383-5	seit 08/12 bei SWT 3)	CAT 3512 DI-TA	92 80 1203 149-0 D-ALS
V 100.1	202 405-7	LEW	12914	1971	203 405-6	seit ?/12 bei SWT 3)	CAT 3512 DI-TA	92 80 1203 151-6 D-ALS
V 100.1	202 326-5	LEW	12835	1971	203 505-3	02/03 – 04/03 Mietlok von ALS	CAT 3512 DI-TA	–
V 100.1	202 737-3	LEW	14438	1974	203 737	11/08 – 11/11 Mietlok von ALS	CAT 3512 DI-TA	92 80 1203 136-7 D-SWT
V 100.1	202 728-2	LEW	14429	1974	203 738	08/08 – 11/11 Mietlok von ALS	CAT 3512 DI-TA	92 80 1203 135-9 D-SWT
V 100.4	–	LEW	16584	1981	V 100.4-22	05/81 – 06/03 bei MHU/SWT 4)	12 KVD 18/21 A-3	–
V 100.4	–	LEW	17849	1983	V 100.4-23	04/82 – 06/03 bei MHU/SWT 4)	CAT 3508 DI-TA	–

1) Lokpool Verwaltungsgesellschaft mbH & Co. Vermietungs KG
2) Alstom Lokomotiven Service GmbH
3) Halterschaft weiterhin bei Alstom
4) geliefert als Werklok zur Maxhütte Unterwellenborn
*) rt&l - Rail Technology & Logistics GmbH (Insolvent 07/11)

◁ **Bild 116**
203 405 und **203 383** des Stahlwerks Thüringen verlassen mit einem Güterzug am 24. Mai 2019 den Bahnhof Oberkotzau.

Aufnahme: Georg Dollwet

ARCO Transportation GmbH

Das heute als ARCO Transportation Kereskedelmi és Szolgáltató kft., Niederlassung Deutschland, firmierende Unternehmen mit Sitz in Elsteraue (Burgenlandkreis) in Sachsen-Anhalt, hatte zwischen 2004 und 2008 zwei Lokomotiven des LEW-Typs V 100.1 und drei des Typs V 100.4 im Bestand. Alle fünf Maschinen kamen im Oktober 2004 zur damaligen ARCO Transportation GmbH und wurden mit den Nummern 1001 bis 1005 bezeichnet. Dabei handelte es sich bei den nunmehrigen ARCO-1001, 1003 und 1004 um ehemalige Werkbahnloks: 1001 ist vom LEW Hennigsdorf direkt an den VEB Kaliwerk „Ernst Thälmann" Merkers (dort: Werklok 1) geliefert worden, während 1003 und 1004 ursprünglich bei Werkbahnen in der ČSSR zum Einsatz kamen. Die 1003 als T 436.4528 diente bei einer Kohlenbahn im Raum Ostrava (Oberschlesisches Kohlebecken), die 1004 leistete ihre Dienste als 745 709-6 bei einem Unternehmen in Liberec. Beide Maschinen gelangten Anfang/Mitte der neunziger Jahre nach Deutschland zur Karsdorfer Eisenbahngesellschaft (KEG) und dann zur ARCO Transportation GmbH. Auch die ARCO-Loks 1002 (ex 201 222, ex 110 222) sowie 1005 (ex 201 619, ex 110 619) befanden sich seit 1997 im Bestand der KEG.

Nachdem im Februar 2007 die 1004 zur PRESS GmbH abgegeben wurde, gelangte die ARCO-1001 im Mai jenes Jahres zur Uwe Adam Eisenbahnverkehrsunternehmen GmbH. Im Verlauf des Jahres 2008 wurden die restlichen ARCO-V 100 – 1002, 1003 und 1005 – an die Redler Service e. K. verkauft. Interessant ist, dass keine dieser Lokomotiven während ihrer Zeit bei der ARCO Transportation GmbH (und zuvor auch bei der KEG) jemals im Einsatz war! Vielmehr wurden 201 619 und 201 222 mehr oder minder vom Schrottplatz weggekauft. Alle fünf Maschinen besaßen keinerlei Fristen, bekamen von ARCO auch keine notwendigen Hauptuntersuchungen finanziert und wechselten „ungebraucht" anschließend den Eigentümer.

△ **Bild 117** • Noch abgestellt in Karsdorf gehörte die bei der ARCO Transportation GmbH als **1003** bezeichnete Lok mit der LEW-Fabriknummer 16328 zum Zeitpunkt dieser Aufnahme – am 22. März 2005 – bereits fünf Monate offiziell zum Bestand dieses Unternehmens. Diese Maschine wurde vom LEW Hennigsdorf nach Ostrava geliefert und gelangte Anfang der neunziger Jahre zur KEG.

ARCO Transportation GmbH

Typ	ex DB AG	Hersteller	Fabriknr.	Baujahr	Nr. bei EVU	Bemerkung	Motor	NVR-Nummer
V 100.4	–	LEW	17729	1983	1001	10/04 – 05/07 bei ARCO	CAT 3512 DI-TA	–
V 100.1	201 222-7	LEW	12504	1970	1002	10/04 – ?/08 bei ARCO	12 KVD 18/21 A-3	–
V 100.4	–	LEW	16328	1981	1003	10/04 – ?/08 bei ARCO	12 KVD 18/21 A-3	–
V 100.4	–	LEW	17709	1983	1004	10/04 – 05/07 bei ARCO	12 KVD 18/21 A-3	–
V 100.1	201 619-4	LEW	13937	1973	1005	10/04 – ?/08 bei ARCO	CAT 3512 DI-TA	–

Bild 118 ▷ Zwar zum Bestand der ARCO Transportation GmbH gehörend, für dieses Unternehmen aber nie im Einsatz war die als **1005** bezeichnete ehemalige 201 619 (ex 110 619). Sie blieb – wie hier am 13. Mai 2005 in Tröglitz – vier Jahre abgestellt.

AUFNAHMEN (2): VOLKER LUCAS, SAMMLUNG A. ZIKA

△ **Bild 119** • Während ihrer Zeit bei der Bahnlogistik24 GmbH trug **202 725** noch die blau-gelbe Farbgebung der Mittelweserbahn GmbH, von der die Lok im April 2021 übernommen wurde. Die Aufnahme zeigt die Lok am 4. Oktober 2021 in Wismar. Aufnahme: Felix Seraphin

Bahnlogistik24 GmbH (Bl24)

Typ	ex DB AG	Hersteller	Fabriknr.	Baujahr	Nr. bei EVU	Bemerkung	Motor	NVR-Nummer
V 100.1	202 725-8	LEW	14426	1974	202 725	04/21 – 07/25 bei Bl24	CAT 3512 DI-TA	92 80 1202 725-8 D-BLC

Bahnlogistik24 GmbH

Das in Dresden ansässige Unternehmen Bahnlogistik24 GmbH hatte von April 2021 bis Juli 2025 die 202 275 im Bestand. Die Lok war am 1. Dezember 1999 beim Betriebshof Dresden z-gestellt und zum 30. April 2000 ausgemustert worden, und gelangte noch im selben Jahr über das Schienenfahrzeugzentrum Stendal zur Mittelweserbahn GmbH (MWB), wo sie die Nummer V 1203 erhielt. Nach mehreren Vermietungen durch die MWB an andere EVUs, übernahm die Bahnlogistik24 GmbH die Maschine. Trotz ihrer mehr als vierjährigen Einsatzzeit für dieses Unternehmen blieb 202 275 in der typischen blau-gelben Lackierung der MWB. Lediglich die Initialen der Vorbesitzerin wurden von der Lok entfernt, zudem kam sie mit ihrer alten Nummer 202 275 und nicht als V 1203 zum Einsatz. Im Juli 2025 wurde die Lok von der PRESS erworben, seit November 2025 ist sie bei Redler-Service.

◁ **Bild 120**
Im Eigentum der Bahnservice BB GmbH befand sich **202 483**, als sie am 30. Oktober 2023 bei Mühlenbeck-Mönchmühle (nördlich von Berlin gelegen) im Arbeitszugdienst im Einsatz war.

Aufnahme: Michael Uhren

Bahnservice BB GmbH (BBB)								
Typ	ex DB AG	Hersteller	Fabriknr.	Baujahr	Nr. bei EVU	Bemerkung	Motor	NVR-Nummer
V 100.1	202 483-4	LEW	13522	1972	202 483-4	?/23 – 05/24 bei BBB	12 KVD 18/21 AL-4	98 80 3202 483-4 D-BSBB

Bahnservice BB GmbH

Im Frühsommer des Jahres 2023 erwarb die Bahnservice BB GmbH aus Berlin von der WFL GmbH die 202 483 (bei WFL: Lok 24) und verlieh diese Lok weiter an den DBV Förderverein Niederlausitzer Eisenbahn e. V. in Luckau. Dennoch leistete die Maschine weiterhin auch Dienste vor Arbeits- und Bauzügen. Im Mai 2024 übernahm die Lausitzbahn GmbH die Lok.

BASF AG – Servicecenter Schienenverkehr

Für den Güterverkehr der BASF orderte das in Ludwigshafen ansässige Servicecenter Schienenverkehr des Chemiekonzerns im Jahr 1998 seine erste Maschine der Baureihe 293, die bei den Regental Fahrzeugwerkstätten gemäß dem Umbaukonzept der ABB Daimler Benz Transportation GmbH entstand. Die ehemalige 201 812 (ex 110 812) erhielt bei der BASF die Nummer 1001 und aufgrund ihrer Farbgebung den Spitznamen „Grüner Klaus“. Von Juni 2006 bis ins Jahr 2014 war diese Lok an BASF in Antwerpen vermietet. Anschließend ist sie an die Eisenbahn Anlagen Handel GmbH in Duisburg verkauft worden.

Im Jahr 1999 kamen zwei weitere 293 nach Ludwigshafen, die zuvor bei Adtranz in Kassel aus unbekannten Spenderloks umgebaut wurden. Sie erhielten bei der BASF die Nummern 1002 („Heinerle“) und 1003 („Grüne Minna“). Am 12. August 2008 waren beide Maschinen in Mannheim-Käfertal in einen Unfall verwickelt, als sie auf eine Wagengruppe auffuhren. Während „Heinerle“ im Dezember 2010 an die S&N Metall UG in Dieburg verkauft wurde, gelangte die „Grüne Minna“ im Oktober 2011 zur Bayernhafen GmbH & Co. KG nach Aschaffenburg.

Zu den insgesamt acht Lokomotiven des Servicecenters Schienenverkehr der BASF die der V 100-Familie entstammten, gehört mit der 203 786-0 (ALS-Umbau aus 202 786 ex 112 786) auch eine Maschine, die es nach ihrer z-Stellung bei der DB AG – 1. September 1999 beim Betriebshof Dresden – von November 1999 bis Juni 2007 als

△ **Bild 121** • Mit einem „klassischen“ BASF-Zug ist die BASF-**Lok 1003** am 24. Juni 2000 unterwegs in Langenlonsheim zwischen Bingen (Rhein) und Bad Kreuznach.

△ **Bild 122** • Die BASF-**1003** war am 13. Juli 2005 mit einem Containerzug unterwegs bei Heiligenstein (Strecke Schifferstadt – Wörth).

Aufnahmen (2): Marco Berger

BASF AG – Servicecenter Schienenverkehr								
Typ	ex DB AG	Hersteller	Fabriknr.	Baujahr	Nr. bei EVU	Bemerkung	Motor	NVR-Nummer
V 100.1	201 812-5	LEW	15084	1975	1001	?/98 – ?/14 bei BASF	MTU 12V 396 TC14	92 80 1293 514-6 D-BASF
BR 293 1)	–	Adtranz	72030	1999	1002	04/99 – 12/10 bei BASF 2)	MTU 12V 396 TC14	–
BR 293 1)	–	Adtranz	70110	1999	1003	08/99 – 10/11 bei BASF 2)	MTU 12V 396 TC14	92 80 1293 515-3 D-BASF
BR 293 1)	–	Bombardier	72540	2002	72540	01/03 – 04/03 + 12/03 – 03/04 3)	CAT 3512 DI-TA	–
BR 293 1)	–	Bombardier	72550	2002	72550	01/03 – 04/03 + 12/03 – 03/04 3)	CAT 3512 DI-TA	–
BR 293 1)	–	Adtranz	72570	2000	72570	?/00 – 10/00 Mietlok von TLG	CAT 3512 DI-TA	–
V 100.1	202 490-9	LEW	13529	1972	203 701-8	01/10 – 03/10 Mietlok von ALS 4)	Deutz TCD 2013 L6 2V	90 80 1001 001-9 D-ALS
V 100.1	202 786-0	LEW	14843	1975	203 786-9	01/10 – ?/10 Mietlok von ALS	CAT 3512 DI-TA	92 80 1203 162-3 D-ALS

1) Spenderfahrzeug nicht bekannt 2) Unfall am 12.08.2009 in Mannheim-Käfertal 3) jeweils als Mietlok von Lokpool bei BASF 4) diente für Testfahrten

△ **Bild 123** • Die BASF hatte auch die „Grüne Minna" im Fahrzeugbestand. Am 8. Juli 2004 passiert sie – offiziell mit der Nummer **1002** versehen – als Vorspannlok vor einer weiteren BASF-Lok mit einem aus Staubbehälterwagen gebildeten Ganzzug die Station Ludwigshafen-Mundenheim. AUFNAHME: MARCO BERGER

Lokspende in den Kosovo (ex Jugoslawien) verschlagen hatte. Dabei wechselte die Maschine in diesem Zeitraum dreimal die Nationalität: im Februar 2003 von der Bundesrepublik nach Serbien und Montenegro sowie im Juni 2006 nach Serbien. Über die PRESS GmbH kam die Lok im Juni 2007 zurück nach Deutschland, im Juli jenes Jahres zu Alstom nach Stendal und wurde nach Umbau im November 2009 als 203 786 wieder in Betrieb genommen. Im Jahr 2010 war sie kurzzeitig als Mietlok von Alstom im Fahrzeugbestand der BASF.

Bayerische CargoBahn GmbH

Insgesamt sieben Maschinen der ehemaligen Baureihe V 100 hatte die Bayerische CargoBahn GmbH (BCB) als Mietlokomotiven in ihrem Bestand. Das Unternehmen war im Mai 2001 in Holzkirchen als Tochterunternehmen der Connex Cargo Logistics GmbH gegründet worden, verlegte seinen Hauptsitz im August 2005 nach Neu-Ulm, verschmolz allerdings zum 1. Januar 2015 mit der Teutoburger Wald-Eisenbahn AG zur Captrain Deutschland CargoWest GmbH.

Die Lokomotiven waren – wie bereits erwähnt – alle angemietet und befanden sich nicht im Eigentum des Unternehmens. Einige dieser Fahrzeuge nutzte die BCB in Untervermietung. In solch einem Fall war das EVU, von dem die Maschine angemietet war, selbst nicht der Eigentümer. Interessant war die BCB-V 145, bei der es sich um die ehemalige 1.000-mm-Schmalspurlok 199 863 handelt, die 1988 für den Einsatz im Harz aus der 110 863 entstand.

Bayerische CargoBahn GmbH (BCB)

Typ	ex DB AG	Hersteller	Fabriknr.	Baujahr	Nr. bei EVU	Bemerkung	Motor	NVR-Nummer
V 100.1	201 864-6	LEW	15382	1976	V 142	02/03 – 04/04 Mietlok von RBB [1]	CAT 3512 DI-TA	–
V 100.1	299 111-5 [2]	LEW	15381	1976 [3]	V 145	09/03 – 12/03, 12/04 – ?/07 … [4]	CAT 3512 DI-TA	92 80 1293 504-7 D-RBB [6]
V 100.1	202 388-5	LEW	12897	1971	V 146	Mietlok von RBB und VCD [5]	CAT 3512 DI-TA	92 80 1293 505-4 D-RBB [6]
V 100.1	202 325-7	LEW	12834	1971	V 147	Mietlok von RBB und VCD [7]	CAT 3512 DI-TA	92 80 1293 506-2 D-RBB [6]
V 100.1	202 466-9	LEW	13505	1972	V 203 01	08/06 Mietlok von EMN [7]	CAT 3512 DI-TA	–
V 100.1	202 364-6	LEW	12873	1971	V 203 02	07/06 – 08/06 Mietlok von EMN [8]	CAT 3512 DI-TA	–
BR 293	– [8]	Adtranz	72350	1999	V 100 001	02/02 – 04/03 Mietlok von Lokpool	CAT 3512 DI-TA	–

1) Untervermietung der Regiobahn Bitterfeld GmbH (RBB), die Lok selbst war im Eigentum der Connex Cargo Logistics GmbH (CCL)
2) ex 199 863-2 (1.000-mm-Schmalspurlok), ex 110 863-8
3) Umbau 1988
4) 09/03 – 12/03 + 12/04 – ?/07 Untervermietung der RBB, die Lok selbst war im Eigentum der CCL, 2009 als Mietlok der Veolia Cargo Deutschland GmbH (VCD)
5) 12/02 – 02/03 als Untervermietung der RBB, die Lok selbst war im Eigentum der CCL, ?/05 – 07/05 Mietlok der RBB, ?/08 – 09/08 und 2009 Mietlok der VCD
6) Nummer zum 01.01.2007 vergeben
7) 12/04 als Untervermietung der RBB, die Lok selbst war im Eigentum der CCL, ?/05 – 07/05 Mietlok der RBB, 12/06 – ? Mietlok von VCD
8) EMN = Eisenbahnbetriebe Mittlerer Neckar GmbH

◁ **Bild 124** Die Bayerische CargoBahn GmbH – BCB – hatte nur angemietete DR-V 100 im Bestand. Diese kamen u. a. von Connex, denn die BCB gehörte zu deren Tochterunternehmen. Hier ist die **V 145**, die mehrmals als Mietlok für die BCB ihre Dienste leistete, am 11. April 2004 im Einsatz in Bitterfeld.

AUFNAHME: VOLKER LUCAS, SAMMLUNG A. ZIKA

Bild 125 ▷ Die **203 214** – hier aufgenommen am 10. Juni 2016 als Lok der Sonata Rail GmbH bei Elm – war von August 2008 bis April 2010 als Mietlok von der Nordbayerischen Eisenbahngesellschaft mbH bei der Bayernhafen GmbH im Einsatz.

Aufnahme: Stephan Karkowski

Bayernhafen GmbH & Co. KG

Typ	ex DB AG	Hersteller	Fabriknr.	Baujahr	Nr. bei EVU	Bemerkung	Motor	NVR-Nummer
V 100.1	202 726-6	LEW	14427	1974	203 001-3	03/11 – 06/11 Mietlok von GLG [1]	CAT 3512 DI-TA	92 80 1202 726-6 D-GLG
V 100.1	201 577-4	LEW	13896	1973	203 214-2	08/08 – 04/10 Mietlok von NbE [2]	CAT 3512 DI-TA	92 80 1203 214 2 D-NBEG
V 100.1	201 812-5	LEW	15084	1975	293 514-6	10/19 – 05/20 Mietlok von EAH [3]	MTU 12V 396 TC14	92 80 1293 514-6 D-BUVL
BR 293	– [4]	Adtranz	70110	1999	293 515-3	10/11 – 05/21 bei Bayernhafen [5]	MTU 12V 396 TC14	92 80 1293 515-3 D-BR

[1] GLG = Gmeinder Lokomotivenfabrik GmbH, Mosbach
[2] NbE = Nordbayerische Eisenbahngesellschaft mbH, Aschaffenburg
[3] EAH = Eisenbahn Anlagen Handel GmbH, Duisburg
[4] Spenderlok für Umbau unbekannt
[5] 10/19 Abstellung wegen Fristablauf

Bayernhafen GmbH & Co. KG

Die Bayernhafen GmbH & Co. KG mit Sitz in Regensburg ist Eigentümerin und Betreiberin der Häfen in Aschaffenburg, Bamberg, Regensburg und Passau, zudem Eigentümerin der Häfen in Nürnberg und Roth. Das Unternehmen ist seit 2006 ein genehmigtes EVU für Güter- und Personenverkehr.

Für den Dienst in den Häfen sowie den Gütertransport hatte die Bayernhafen GmbH & Co. KG zwischen 2008 und 2011 sowie in den Jahren 2019 und 2021 insgesamt vier Maschinen aus der V 100-Baureihenfamilie im Bestand, von denen drei Lokomotiven von verschiedenen anderen EVU angemietet wurden.

Nur die im Jahr 1999 bei Adtranz aus einer unbekannten V 100 entstandene 293 515 befand sich ab Oktober 2011 im Eigentum des Unternehmens. Sie ist allerdings mit Fristablauf bereits im Oktober 2019 abgestellt worden und wechselte im August 2021 zur ESL GmbH nach Lübbenau (Spreewald).

BBL Logistik GmbH

Die am 8. Juli 2005 gegründete BBL Logistik GmbH mit Hauptsitz in Hannover ist mit ihren Fahrzeugen bundesweit im Arbeits- und Bauzugdienst tätig. Zum Lokbestand gehören neben modernen Maschinen der Baureihen 192 und 159 auch Vertreterinnen älterer Bundes- und Reichsbahnbaureihen, darunter auch DR-V 100 – wenngleich in modernisierter Variante als Typ 203.1. Mit Stand 31. Dezember 2025 be-

Bild 126 ▷ Mit einem Langschienenzug am Haken ist die **BBL 06**II am 16. März 2012 in der „Vehrter Fotokurve" unterwegs in Fahrtrichtung Osnabrück.

Aufnahme: André Schafstall-Klecker

BBL Logistik GmbH

Typ	ex DB AG	Hersteller	Fabriknr.	Baujahr	Nr. bei EVU	Bemerkung	Motor	NVR-Nummer
V 100.1	202 486-7	LEW	13525	1972	06	03/10 – 11/10 Mietlok von ALS [1]	CAT 3512 DI-TA	92 80 1203 117-7 D-ALS
V 100.1	202 645-8	LEW	14072	1974	06II	seit 03/12 bei BBL	CAT 3512 DI-TA	92 80 1203 615-0 D-BBL
V 100.1	202 716-7	LEW	14417	1974	07	03/10 – ?/12 Mietlok von ALS	CAT 3512 DI-TA	92 80 1203 119-3 D-ALS
V 100.1	202 385-1	LEW	12894	1971	07II	seit 03/12 bei BBL	CAT 3512 DI-TA	92 80 1203 148-2 D-BBL
V 100.1	202 324-0	LEW	12833	1971	08	seit 04/10 bei BBL	CAT 3512 DI-TA	92 80 1203 121-9 D-BBL
V 100.1	202 610-2	LEW	13928	1973	09	seit 04/10 bei BBL	CAT 3512 DI-TA	92 80 1203 122-7 D-BBL
V 100.1	202 743-1	LEW	14444	1974	10	2010 Mietlok von Uwe Adam GmbH	CAT 3512 DI-TA	–
V 100.1	202 523-7	LEW	13562	1973	11	seit 2011 bei BBL	CAT 3512 DI-TA	92 80 1203 157-3 D-BBL
V 100.1	202 496-6	LEW	13535	1972	12	seit 04/11 bei BBL	CAT 3512 DI-TA	92 80 1203 156-5 D-BBL
V 100.1	202 443-8	LEW	13482	1972	25	seit 08/17 bei BBL	CAT 3512 DI-TA	92 80 1203 155-7 D-BBL
V 100.1	202 656-5	LEW	14357	1974	203 118-5	02/10 Mietlok von ALS	CAT 3512 DI-TA	92 80 1203 118-5 D-ALS

[1] Alstom Lokomotiven Service GmbH

BCG Officeconsult

Typ	ex DB AG	Hersteller	Fabriknr.	Baujahr	Nr. bei EVU	Bemerkung	Motor	NVR-Nummer
V 100.1	202 302-6	LEW	12766	1970	112 302-5	eingestellt bei ESL GmbH	12 KVD 18/21 AL-4	98 80 3202 302-6 D-ESLNL

BLG RailTec GmbH

Typ	ex DB AG	Hersteller	Fabriknr.	Baujahr	Nr. bei EVU	Bemerkung	Motor	NVR-Nummer
V 100.1	202 816-5	LEW	15088	1975	203 143-3	12/13 – ?/14 Mietlok von hvle	CAT 3512 DI-TA	92 80 1203 143-3 D-HVLE
V 100.1	202 728-2	LEW	14429	1974	203 728 [1]	12/11 – 08/16 Mietlok von ALS [2]	CAT 3512 DI-TA	92 80 1203 135-9 D-TRG
V 100.1	202 737-3	LEW	14438	1974	203 737 [3]	12/11 – 11/16 Mietlok von ALS	CAT 3512 DI-TA	92 80 1203 136-7 D-TRG
V 100.1	202 439-6	LEW	13478	1972	204 009-9	01/15 Mietlok von ASP [4]	CAT 3512 DI-TA	98 80 3202 439-6 D-PRESS
V 100.1	202 436-2	LEW	13475	1972	204 013-3	01/15 Mietlok von PRESS	CAT 3512 DI-TA	92 80 1203 216-7 D-PRESS
V 100.1	202 811-6	LEW	15083	1975	204 044-6	03/16 – 04/16 Mietlok von ASP	CAT 3512 DI-TA	98 80 3202 811-6 D-PRESS
V 100.1	202 237-4	LEW	12519	1970	204 237-2	04/16 – 07/16 Mietlok von WSET [5]	CAT 3512 DI-TA	92 80 1202 237-4 D-MTEG

[1] Name: „Elster" [2] Alstom Lokomotiven Service GmbH, Lok war bei der Triangula Logistik GmbH eingestellt [3] Name: „Falke" [4] Anschlussbahn-Servicegesellschaft Pressnitztalbahn mbH [5] Westsächsische Eisenbahntransport Gesellschaft mbH, Einsatz der Lok durch Muldental-Eisenbahnverkehrsgesellschaft mbH,

BM Bahndienste GmbH (BMB)

Typ	ex DB AG	Hersteller	Fabriknr.	Baujahr	Nr. bei EVU	Bemerkung	Motor	NVR-Nummer
V 100.1	204 485-7	LEW	13524	1972	204 485-7	seit 02/26 bei BMB	MTU 8V 4000 R43L	92 80 3204 485-7 D-BMB
V 100.1	204 607-6	LEW	13925	1973	204 607-6	seit 07/25 bei BMB	MTU 8V 4000 R43L	98 80 3204 607-6 D-BMB

fanden sich sieben Loks im Bestand der BBL, die aus der V 100-Familie stammen und teilweise bereits seit 15 Jahren ihre Dienste für das Unternehmen leisten. Weitere vier Maschinen waren zwischenzeitlich als Mietloks für BBL im Einsatz. Die aktuell als 06II und 07II eingereihten Loks erhielten ihre Nummern in der Zweitbesetzung, da es bereits zuvor Maschinen mit diesen Nummern bei BBL gab.

BCG Officeconsult

Das in Finsterwalde ansässige Unternehmen hat u. a. Schulungen im Bereich Verkehrstechnik sowie die Erbringung von Eisenbahninfrastruktur- und Eisenbahnverkehrsdienstleistungen in seinem Portfolio stehen. Im März 2016 gelangte 202 302 (ex 112 302, ex 110 302) von der Ilmebahn GmbH in Einbeck zu BCG. Die Lok wurde ab Juni 2018 vom Lausitzer Dampflok-Club e. V. (LDC) (als V 100 02 und in grüner Lackierung) eingesetzt, dem auch die Halterschaft oblag. Diese wechselte im Verlauf des Jahres 2024 vom LDC zur ESL GmbH in Lübbenau (Spreewald), die Lok blieb aber im Eigentum der BCG.

BLG RailTec GmbH

Im Juli 2011 wurde die BLG RailTec GmbH mit Sitz in Falkenberg (Elster) gegründet. Das Unternehmen führt den Betrieb auf dem dortigen Rangierbahnhof durch, bietet als EVU aber auch Güterzugleistungen im nationalen wie im internationalen Verkehr an, darunter z. B. Autotransport-Ganzzüge. Zwischen 2011 und 2016 befanden sich insgesamt sieben ehemalige Reichsbahn-V 100 im Bestand der BLG RailTec, die alle angemietet wurden. Drei Maschinen waren bei Alstom zur Baureihe 203.1 umgebaut worden, während die vier als 204 eingereihten Loks keine solch umfassende Modernisierung erhalten hatten.

BM Bahndienste GmbH

Im Jahr 2011 wurde die 2008 von Jochen Benz gegründete Pfeil-Logistik GmbH in BM Bahndienste GmbH umbenannt, wobei das Kürzel BM für die ersten Buchstaben der Gründer Jochen Benz und Manfred Merkel stehen. Zwei Jahre später – 2013 – ist das Unternehmen als öffentliches EVU zugelassen worden. In der Fahrzeugflotte der BM Bahndienste GmbH befinden sich zwei Loks der Baureihe V 100, die noch zu DR-Zeiten mit 1.400-PS-Motoren ausgerüstet wurden. Beide Maschinen gelangten 2010 nach ihrer Ausmusterung bei der DB AG zunächst zu DB Schenker Rail nach Bulgarien, kamen im Dezember 2021 als Rückführung nach Deutschland zur PRESS GmbH, im Mai 2022 zu Alstom in Stendal und wurden dort gemäß dem Umbaukonzept Baureihe 204 modernisiert. Im Jahr 2025 erwarb das Karlsruher Unternehmen BM Bahndienste die Lokomotiven.

Bild 127 ▷
Die **BBL 12** war am 23. Mai 2012 im Bauzugdienst in Ostercappeln an der Strecke Osnabrück – Bremen im Einsatz.

Aufnahme: André Schafstall-Klecker

Bild 128 ▷
Erneut ist es ein Langschienenzug, den eine Lok von BBL am Haken hat. Am 16. September 2020 ist die **BBL 07** unterwegs bei Groß Gleidingen an der Strecke Hannover – Braunschweig.

Aufnahme: Georg Dollwet

Bild 129 ▷
Hier als V 100 02 bezeichnet und in grüner Lackierung, steht **202 302** der BCG Officeconsult am 19. Januar 2019 im AW Cottbus. Die Halterschaft der Lok oblag zu dieser Zeit dem Lausitzer Dampflok-Club e. V.

Aufnahme: Frank Heilmann

◁ **Bild 130**
Mit ihrer Reichsbahnnummer 112 302 war die im Eigentum von BCG Officeconsult befindliche **202 302** am 1. Mai 2021 im Einsatz in Falkenberg (Elster). Sie brachte einen Autotransportzug vom unteren zum oberen Rangierbahnhof und passiert bei der Einfahrt in den oberen Rbf das Stellwerk B 3.

Aufnahme:
Lennart Fehr

◁ **Bild 131**
Die Loks der BLG RailTec GmbH leisteten ihre Dienste vorwiegend auf dem Gelände des Rangierbahnhofes Falkenberg (Elster), kamen darüberhinaus aber auch vor Autotransportzügen zum Einsatz. Am 28. Juli 2014 entstand auf Höhe des ehemaligen Bw Falkenberg (Elster) ob Bf diese Aufnahme der **203 728** („Falke").

Aufnahme:
Marco Heyde

◁ **Bild 132**
Am 1. März 2026 präsentiert sich **204 485** der BM Bahndienste GmbH in Offenburg.

Aufnahme:
Marco Berger

△ **Bild 133** • Mit einer Gleisstopfmaschine im Schlepp fährt **202 271** der Bocholter Eisenbahngesellschaft mbH am 14. Oktober 2012 durch den Bahnhof Hasbergen.
Aufnahme: André Schafstall-Klecker

Bocholter Eisenbahngesellschaft mbH

Seit 2002 gibt es die Bocholter Eisenbahngesellschaft mbH (BEG), die von vier Mitgliedern des „Vereins zur Erhaltung und Förderung des Schienenverkehrs e. V." in Bocholt gegründet wurde. Im Februar 2005 erhielt das Unternehmen die Zulassung als EVU, seitdem etablierte sich die BEG mit ihren Leistungen im Güter- und Anschlussbahnverkehr, bei Überführungen von Baumaschinen usw.

Für diese Dienste hatte die BEG zwischen 2007 und 2016 insgesamt sieben ehemalige Reichsbahn-V 100 im Bestand, von denen sechs Maschinen angemietet waren. Dabei leisteten 203 004, 203 316 und 204 022 ihre Dienste nur wenige Tage für die BEG, während sich die 202 271 von Juli 2007 bis Februar 2016 als einzige Lok aus der Ost-V 100-Familie im Eigentum des Unternehmens befand.

Bei zwei von anderen EVU angemieteten Maschinen gab es einen kleinen „Nummernsalat": Im April 2011 mietete die BEG von der Eisenbahn Anlagen Handel GmbH, Duisburg (EAH), die Lok 203 006-2 an, die zum 1. Januar 2007 die NVR-Nummer 92 80 1203 007-0 D-DPR erhalten hatte. Nun stimmten allerdings Lok- und NVR-Nummer nicht überein, was jedoch über Jahre wohl kein (rechtliches) Problem darstellte. Denn erst im Mai 2011 ist die Loknummer der NVR-Nummer angeglichen worden, und die Maschine war fortan als 203 007-0 unterwegs. Dabei kam es wenig später wiederum zu einer Nummernüberschneidung mit einer Lok, welche die BEG ab August ebenfalls von EAH anmietete und die auch die Loknummer 203 007-0 trug, deren NVR-Nummer seit Februar 2010 aber 92 80 1203 008-8 D-BUVL lautete (die Lok war zu diesem Zeitpunkt bei der B&V Leipzig GmbH eingestellt). Um Verwechslungen mit der bereits vorhandenen 203 007-0 zu vermeiden, wurde bei der neuen „007" zunächst kurzerhand die Kontrollziffer von „0" in „6" geändert. Erst im Dezember 2011 ist die Lok in 203 008-8 umgezeichnet und damit der NVR-Nummer angeglichen worden. Mit dieser Loknummer war die Maschine dann vom 5. Juli 2012 bis zum 7. August 2012 noch einmal für die Bocholter Eisenbahngesellschaft mbH im Einsatz.

Seit der Abgabe der 202 271 im Februar 2016 an die Muldental-Eisenbahnverkehrsgesellschaft mbH (MTEG, dort als 204 271 eingereiht), kam keine weitere Vertreterin der Reichsbahn-Baureihe V 100 mehr zur BEG.

Bocholter Eisenbahngesellschaft mbH (BEG)

Typ	ex DB AG	Hersteller	Fabriknr.	Baujahr	Nr. bei EVU	Bemerkung	Motor	NVR-Nummer
V 100.1	202 271-3	LEW	12553	1970	202 271-3	07/07 – 02/16 bei BEG	CAT 3512 DI-TA	92 80 1203 226-6 D-BOEG
V 100.1	202 569-0	LEW	13887	1973	203 004-7	08/07 Mietlok von A.V.G. MM [1]	MTU 12V 4000 R10	–
V 100.1	202 718-3	LEW	14419	1974	203 007-0 [2]	04/11 – ?/? Mietlok von EAH [3]	MTU 12V 4000 R10	92 80 1203 007-0 D-BUVL
V 100,1	202 568-2	LEW	13886	1973	203 007/008 [4]	08/11 – 12/11 + 07/12 – 08/12 Ml. v. EAH	MTU 12V 4000 R10	92 80 1203 008-8 D-BUVL
V 100.1	202 351-3	LEW	12860	1971	203 110-2	04/07 – 07/07 Mietlok von D&D [5]	CAT 3512 DI-TA	92 80 1203 110-2 D-DUD
V 100.1	202 672-2	LEW	14373	1974	203 316-5	08/07 Mietlok von DB Netz AG [6]	CAT 3512 DI-TA	92 80 1203 316-5 D-DB
V 100.1	202 317-4	LEW	12826	1970	204 022-2	08/09 Mietlok von PRESS [7]	CAT 3512 DI-TA	92 80 1203 225-8 D-PRESS

1) Ascherslebener Verkehrsgesellschaft Mirko Mokry e. K.; Lok war nur 2./3.08.2007 bei BEG
2) Lok kam als 203 006-2 zur BEG, die Nummer wurde bereits im Mai 2011 der NVR-Nummer gemäß in 203 007-0 geändert
3) Eisenbahn Anlagen Handel GmbH; Ende der Mietzeit ist nicht bekannt; Lok wechselte 2013 zur Capital Locolease GmbH
4) Lok kam als 203 007-6 zur BEG, im Dezember 2011 zur Anpassung an die NVR-Nummer Umzeichnung in 203 008-8
5) D&D Eisenbahngesellschaft mbH
6) Lok war nur am 6./7.08.2007 angemietet.
7) Lok war nur vom 13. bis zum 25.08.2009 angemietet.

◁ **Bild 134**
Im Einsatz für den Verein Kleinbahn Leeste e.V. war die **BTE-1001** am 6. Juni 2010, als eine „Fernfahrt" die Fahrgäste zum Spargelessen nach Bad Essen brachte. Die Aufnahme zeigt den Zug kurz vor Erreichen des Zielbahnhofs.

AUFNAHME: ANDRÉ SCHAFSTALL-KLECKER

Bremen-Thedinghauser Eisenbahn GmbH

Im Februar 2000 wurde die Bremen-Thedinghauser Eisenbahn GmbH (BTE) gegründet, die seitdem vornehmlich den regionalen Güterverkehr auf der knapp 26 km langen Strecke zwischen Bremen und Thedinghausen durchführt. Das in Weyhe ansässige Unternehmen hatte zwischen 2001 und 2013 drei Maschinen in seinem Fahrzeugbestand, die aus der V 100-Baureihenfamilie stammten, wobei sich nur eine Lok, die 1001, im Eigentum der BTE befand. Die beiden anderen Maschinen waren 2003 (203 503) bzw. 2005 (203 005) für einige Monate angemietet worden.

Die BTE-1001 erlangte aufgrund ihrer auffälligen „Kuhflecken-Lackierung" eine gewisse Berühmtheit. Diese Lok des LEW-Typ V 100.4 wurde vom Hersteller in Hennigsdorf im Jahr 1981 als Werklok zum VEB Braunkohlenwerk „Alfred Scholz" in Welzow (Niederlausitz) geliefert (dort als Di 485-100-B4 im Einsatz), gelangte noch in den achtziger Jahren zum VEB Braunkohlenwerk Cottbus und im Juni 1990 zur neugegründeten Lausitzer Braunkohle AG (dort 110-01). Nach ihrer Abstellung kam sie über einen Lokhändler im November 1992 zur Eisenbahn Bremen-Thedinghausen und wurde dort als V 105 bezeichnet. Im Jahr 2001 übernahm die BTE die Lok und zeichnete sie in 1001 um. Neben Einsätzen im Güter- und Bauzugverkehr leistete diese Maschine ihre Dienste auch im Museumsbetrieb des Vereins Kleinbahn Leeste e. V. („Pingelheini") auf der Strecke Bremen – Thedinghausen. Gleichsam wurde die 1001 auch an andere Eisenbahndienstleistungsunternehmen vermietet. Im Juni übernahm die Raildox GmbH in Erfurt die Lok.

Bremen-Thedinghauser Eisenbahn GmbH (BTE)

Typ	ex DB AG	Hersteller	Fabriknr.	Baujahr	Nr. bei EVU	Bemerkung	Motor	NVR-Nummer
V 100.4	–	LEW	16672	1981	1001	?/01 – 05/13 bei BTE	CAT 3512 DI-TA	98 80 3293 002-2 D-BTE
V 100.1	202 530-2	LEW	13569	1973	203 005-4	09/05 – 11/05 bei BTE	MTU 12V 4000 R10	–
V 100.1	202 787-8	LEW	14844	1975	203 503-8	02/03 – 05/03 bei BTE	12 KVD 18/21 AL-4	–

◁ **Bild 135**
Am 29. Juni 2001 nahm die **Lok 1001** der Bremen-Thedinghauser Eisenbahn an einer Fahrzeugpräsentation im Bremer Hauptbahnhof teil.

AUFNAHME: ROLAND HERTWIG

Bild 136 ▷
Vor ihrem Einsatz für die BSL GmbH befand sich **293 005** im Eigentum der Gleisbau Martin Rose GmbH. Die Aufnahme zeigt die Lok mit dem Namen „Georg" versehen am 18. Oktober 2007 im Bahnhof Gießen.

Aufnahme: Marco Berger

Betrieb-Service-Logistik GmbH (BSL)								
Typ	**ex DB AG**	**Hersteller**	**Fabriknr.**	**Baujahr**	**Nr. bei EVU**	**Bemerkung**	**Motor**	**NVR-Nummer**
V 100.1	201 833-1	LEW	14897	1975	293 005-5	?/? – ?/09 bei BSL	CAT 3508 DI-TA	92 80 1293 005-5 D-BSL

Betrieb-Service-Logistik GmbH

Das im April 2002 gegründet Unternehmen mit Hauptsitz in Mittenwalde (Brandenburg) hatte mit 293 005-5 eine ehemalige Reichsbahn-V 100 in seinem Fahrzeugbestand.

Wann genau die Lok zur Betrieb-Service-Logistik GmbH (BSL) kam, ist nicht bekannt, allerdings war sie ab Juli 2008 von BSL bereits vermietet worden. Auch der genaue Zeitpunkt der Abgabe der 293 005-5 an die SES Logistik GmbH ist unklar. Vor dem Eigentümerwechsel im Jahr 2009 war die Lok von der BSL GmbH bis März 2009 an die Seehafen Kiel GmbH vermietet.

Bei 293 005-5 handelt es sich um die zuletzt als 201 833-1 eingereihte ehemalige 110 833, die 1995 bei der ABB Daimler Benz Transportation GmbH gemäß dem Konzept Baureihe 293 umgebaut wurde.

BUG Vermietungsgesellschaft mbH

Die in Berlin-Hoppegarten ansässige BUG Vermietungsgesellschaft mbH wurde im Mai 1990 als Firma „Bau und Unterhaltung von Gleisanlagen" gegründet und entwickelte sich zu einem führenden Unternehmen im Bereich der Logistik des Gleis-, Tief- und Ingenieurbaus in all seinen für den Eisenbahnbetrieb notwendigen Facetten.

Bild 137 ▷
Am 22. Mai 2016 stand die als **V 100-BUG-03** bezeichnete ehemalige 202 520 abgestellt im Bahnhof Chemnitz Süd. Mittlerweile ist der Streckenabschnitt zwischen dem Chemnitzer Hauptbahnhof und Chemnitz Süd elektrifiziert.

Aufnahme: Felix Seraphin

BUG Vermietungsgesellschaft mbH								
Typ	**ex DB AG**	**Hersteller**	**Fabriknr.**	**Baujahr**	**Nr. bei EVU**	**Bemerkung**	**Motor**	**NVR-Nummer**
V 100.1	110 108-8	LEW	12409	1969	V 100-BUG-01	09/02 – 03/14 bei BUG	CAT 3508 DI-TA	98 80 3201 110-4 D-BUG
V 100.1	202 547-6	LEW	13586	1973	V 100-BUG-01[II]	seit 03/24 bei BUG	12 KVD 18/21 AL-4	98 80 3202 547-6 D-BUG
V 100.4	–	LEW	17729	1983	V 100-BUG-02 [1)]	seit 12/11 bei BUG	CAT 3512 DI-TA	98 80 3202 501-3 D-BUG
V 100.1	202 520-3	LEW	13559	1973	V 100-BUG-03	03/14 – 03/21 bei BUG	CAT 3512 DI-TA	92 80 1202 520-3 D-BUG
V 100.1	202 240-8	LEW	12522	1970	V 100-BUG-04	seit 07/16 bei BUG	CAT 3512 DI-TA	92 80 1202 240-8 D-BUG
V 100.1	202 804-1	LEW	15076	1975	203-BUG-05	seit 01/20 Mietlok von hvle	CAT 3512 DI-TA	92 80 1203 141-7 D-HVLE
V 100.1	202 433-9	LEW	13472	1972	203-BUG-06	seit 01/20 Mietlok von hvle [2)]	CAT 3512 DI-TA	92 80 1203 105-2 D-HVLE
V 100.1	202 814-0	LEW	15086	1975	203-BUG-07	seit ?/21 Mietlok von hvle	CAT 3512 DI-TA	92 80 1203 109-4 D-BUG
V 100.1	201 068-4	LEW	11906	1968	201 068-4	seit 03/24 bei BUG [3)]	12 KVD 18/21 A-3	–

[1)] 05/25 Umzeichnung in 202-BUG-02 [2)] seit 04/24 mit Unfallschaden abgestellt [3)] abgestellt in Pasewalk

Bahnservice Mannheim GmbH (BSM)								
Typ	**ex DB AG**	**Hersteller**	**Fabriknr.**	**Baujahr**	**Nr. bei EVU**	**Bemerkung**	**Motor**	**NVR-Nummer**
V 100.1	202 349-7	LEW	12858	1971	203 001-3	?/11 – ?/? Mietlok von GSG*	MTU 12V 4000 R10	92 80 1203 001-3 D-SGL

*GSG = GSG Knape Gleissanierung GmbH, Kirchheim

Im Jahr 2025 befanden sich noch drei Lokomotiven des LEW-Typ V 100.1 und eine des Typs V 100.4 im Eigentum der BUG, von denen allerdings eine Maschine – 201 068 – nicht einsatzfähig in Pasewalk abgestellt war. Drei weitere V 100.1 sind von der Havelländischen Eisenbahn AG seit 2020 bzw. 2021 langfristig angemietet. Allerdings ist die als 203-BUG-06 eingereihte Lok nach einem Unfall im April 2024 – Entgleisung mit anschließender Kollision mit einem Prellbock – schadhaft abgestellt. Zwei ehemalige Reichsbahn-V 100, die sich über mehrere Jahre im Eigentum der BUG befanden, wurden 2014 bzw. 2021 verkauft.

Bei der einzigen V 100.4 im Fahrzeugbestand der BUG – seit Mai 2025 als 202-BUG-02 bezeichnet – handelt es sich um die ehemalige Werklokomotive mit der Nummer 1 des VEB Kaliwerk „Ernst Thälmann“ in Merkers bzw. ab Juni 1990 dessen Nachfolgebetriebs, der Mitteldeutschen Kali AG. Im März des Jahres 1983 wurde diese Maschine vom VEB LEW „Hans Beimler“ Hennigsdorf an den Kalibetrieb in Thüringen geliefert, gelangte dann Anfang der neunziger Jahre zur Eisenbahn-Betriebs-Gesellschaft (Prora) und nach zahlreichen weiteren Eigentümerwechseln schließlich im Dezember 2011 zur BUG.

Bahnservice Mannheim GmbH

Das Unternehmen Bahnservice Mannheim (BSM) hatte im Jahr 2011 die 203 001 angemietet, die bei der damaligen Eigentümergesellschaft, der GSG Knape Gleissanierung GmbH, als V 180.07 bezeichnet war. Wann die Mietzeit bei der BSM beendet wurde, ist nicht bekannt. Im Februar 2013 befand sich die Lok – die 1999/2000 im Schienenfahrzeugzentrum Stendal aus der 202 349 entstand – wieder als V 180.07 im Bestand der Knape Gruppe Holding GmbH.

△ **Bild 138** • Im Arbeitszugeinsatz pausiert die **V 100-BUG-01** am 9. August 2003 auf dem Gelände des S-Bahn-Bw Hundekehle in Berlin. Im Hintergrund ist die ehemalige Triebwagenhalle zu sehen.
Aufnahme: Matthias Röseler

boxXpress.de GmbH

Seit dem Jahr 2001 ist das Eisenbahnverkehrsunternehmen boxXpress.de GmbH mit Hauptsitz in Hamburg auf dem Markt aktiv und setzt dabei mit einer eigenen Fahrzeugflotte sein Hauptaugenmerk auf den Containerverkehr zwischen den deutschen sowie niederländischen Nordseehäfen und den Metropolregionen in Deutschland, Österreich und Ungarn.

Nicht zwingend für derlei Langläufe, sondern eher für Ortsdienste oder Leistungen im mittleren Entfernungsbereich befanden sich zwischen 2001 und 2005 auch zwei Reichsbahn-V 100 im Bestand der boxXpress.de GmbH: 202 364 (ex 112 364, ex 110 364) und 202 466 (ex 112 466, ex 110 466). Beide Maschinen wurden im Oktober 2001 direkt vom Schienenfahrzeugzentrum Stendal übernommen, als sie von der DB AG dorthin gelangten. Einen Umbau bzw. eine Modernisierung hatten diese Lokomotiven zuvor – bis auf die Ausrüstung mit 1.200 PS Motoren im Jahr 1984 (110 364) bzw. 1979 (110 466) – nicht erhalten.

△ **Bild 139** • Die hier am 4. September 2004 bei Alstom in Stendal aufgenommene **203 001** stand 2011 als Mietlok bei der Bahnservice Mannheim GmbH im Einsatz. Aufnahme: Andreas Stange

Die Loks wurden bei boxXpress.de als 206 364 sowie 206 466 geführt und blieben bis August 2005 im Eigentum des Unternehmens. Dann wechselten beide Maschinen zur Eisenbahnbetriebe Mittlerer Neckar GmbH nach Kornwestheim.

boxXpress.de GmbH

Typ	ex DB AG	Hersteller	Fabriknr.	Baujahr	Nr. bei EVU	Bemerkung	Motor	NVR-Nummer
V 100.1	202 364-6	LEW	12873	1971	206 364-6	10/01 – 08/05 bei boxXpress	CAT 3512 DI-TA	–
V 100.1	202 466-9	LEW	13505	1972	206 466-5	10/01 – 08/05 bei boxXpress	CAT 3512 DI-TA	–

△ **Bild 140** • Nach dem Plandienst bei der DR und der DB AG gelangte 202 466 (ausgemustert am 15.12.2000 beim Bh Erfurt) über das Schienenfahrzeugzentrum Stendal im Oktober 2001 zur boxXpress.de GmbH, wo die Lok die Nummer **206 466-5** erhielt. Die Aufnahme zeigt die Maschine am 28. September 2002 in Fürth. Nach mehreren nachfolgenden Eigentümerwechseln steht sie seit Mai 2021 – wieder als 202 466 bezeichnet – in Diensten der SKL Magdeburg GmbH. Aufnahme: Marco Heyde

Captrain Deutschland GmbH								
Typ	**ex DB AG**	**Hersteller**	**Fabriknr.**	**Baujahr**	**Nr. bei EVU**	**Bemerkung**	**Motor**	**NVR-Nummer**
V 100.5	710 960-6	LEW	15395	1976	202 960-1*	seit 07/18 bei Captrain, Einsatz durch ITL[1]	CAT 3512 DI-TA	98 80 3202 960-1 D-ITL
V 100.1	202 613-6	LEW	13931	1973	203 163	seit 07/18 bei Captrain, Einsatz durch ITL[1]	CAT 3512 DI-TA	92 80 1203 163-1 D-ITL
BR 293	–	Adtranz	72510	1999	V 140	seit 01/24 bei Captrain, Einsatz durch RBB[2]	CAT 3512 DI-TA	92 80 1293 501-3 D-RBB
V 100.4	–	LEW	17728	1983	V 141	seit 01/10 bei Captrain	CAT 3512 DI-TA	98 80 3293 901-5 D-RBB
V 100.1	201 864-6	LEW	15382	1976	V 142	seit 01/10 bei Captrain	CAT 3512 DI-TA	98 80 3293 900-7 D-RBB
V 100.5	710 960-6	LEW	15395	1976	V 143	02/06 – 01/10 bei Captrain [3]	CAT 3512 DI-TA	98 80 3202 960-1 D-HTB
V 100.1	299 111-5[4]	LEW	15381	1976	V 145	01/10 – 11/10 bei Captrain	CAT 3512 DI-TA	92 80 1293 504-7 D-RBB
V 100.1	202 388-5	LEW	12897	1971	V 146	01/10 – 01/11 geleast bei Captrain	CAT 3512 DI-TA	92 80 1293 505-4 D-RBB
V 100.1	202 325-7	LEW	12834	1971	V 147	01/10 – 08/11 bei Captrain	CAT 3512 DI-TA	92 80 1293 506-2 D-RBB
V 100.1	202 368-7	LEW	12877	1971	101	01/10 – 06/16 bei Captrain	CAT 3512 DI-TA	92 80 1203 137-5 D-ITL
V 100.1	202 369-5	LEW	12878	1971	102	01/10 – 06/16 bei Captrain [5]	CAT 3512 DI-TA	92 80 1203 138-3 D-ITL
V 100.1	202 777-9	LEW	14658	1975	103	01/10 – 06/16 bei Captrain [6]	CAT 3512 DI-TA	92 80 1203 139-1 D-ITL
V 100.1	202 775-3	LEW	14476	1975	104	01/10 – 06/16 bei Captrain[7]	CAT 3512 DI-TA	92 80 1203 140-9 D-ITL

* bis 2020 als V 143 bezeichnet [1] ITL Eisenbahngesellschaft mbH [2] Regiobahn Bitterfeld Berlin GmbH [3] durchgängig eingesetzt durch Hörseltalbahn GmbH
[4] ex 199 863-2 (1.000-mm-Schmalspurlok), ex 110 863-8 [5] ?/12 – 03/14 vermietet an TrainGroup B.V., Ridderkerk (NL) [6] 03/08 – 06/16 Einsatz durch ITL Benelux B.V., dabei ?/12 – 10/14 vermietet an TrainGroup B.V., Ridderkerk und 10/14 – ?/16 an TrainServices B.V. Oud-Beijerland (NL) [7] 03/08 – 06/16 Einsatz durch ITL Benelux B.V., dabei 09/12 – 01/14 vermietet an Rotterdam Rail Feeding B.V., 01/14 – 10/14 an TrainGroup B.V., Ridderkerk und 10/14 – ?/16 an TrainServices B.V. Oud-Beijerland

Captrain Deutschland CargoWest GmbH								
Typ	**ex DB AG**	**Hersteller**	**Fabriknr.**	**Baujahr**	**Nr. bei EVU**	**Bemerkung**	**Motor**	**NVR-Nummer**
V 100.1	202 293-7	LEW	12757	1970	1001 011-8	05/16 – ?/17 Mietlok von ALS*	Deutz TCD 2013 L6 2V	90 80 1001 011-8 D-ALS

* Alstom Lokomotiven Service GmbH, Stendal

Captrain Deutschland GmbH

In der Captrain Deutschland GmbH haben sich mehrere im Schienengüterverkehr aktive Eisenbahnverkehrs- und -infrastrukturunternehmen zu einer Holdinggesellschaft zusammengeschlossen. Bis Januar 2010 firmierte das Unternehmen als Veolia Cargo Deutschland GmbH. Zur „Captrain-Gruppe“ gehören u. a. die Dortmunder Eisenbahn, die Niederbarnimer Eisenbahn AG, die ITL und die Regiobahn Bitterfeld Berlin. Mit fast 200 Lokomotiven, mehr als 3.000 Güterwagen und ca. 1.300 Mitarbeitern im Bestand gehört die Captrain Deutschland GmbH zu den führenden Dienstleistungsanbietern im Bereich der Schienenlogistik.

Zu den von Captrain eingesetzten Lokomotiven gehören bzw. gehörten auch einige Maschinen, die aus der V 100-Familie stammen. Dabei sind einige besondere Exemplare dabei, deren bisherige Loklebensläufe überaus interessant sind. So war die heute als 203 163 eingesetzte ex 202 613 eines jener Fahrzeuge, die es als „Aufbauhilfe“ im Jahr 1999 in den Kosovo verschlug, während es sich bei V 145 – die nur 2010 im Captrain-Bestand war – um eine ehemalige 1.000-mm-Schmalspurlok handelte, die 1988 für den Einsatz auf den Harzer Schmalspurbahnen aus 110 863 umgebaut wurde. Sie ist im September 1998 von der HSB GmbH an Adtranz in Kassel verkauft und dort gemäß dem Konzept Baureihe 293 umgebaut worden.

Auch die als V 140 bei Captrain eingereihte Lok entstand 1999 bei Adtranz, allerdings ist deren Spenderlokomotive nicht bekannt.

◁ **Bild 141**
Vor der historischen Kulisse Dresdens passiert eine Captrain-V 100 am 17. Juni 2021 auf der Marienbrücke die Elbe in Richtung Dresden-Neustadt.

Aufnahme: Felix Seraphin

Bild 142 ▷
Die hier am 14. Juli 2023 in Hannover Hbf aufgenommene **1001 011-8** war bei zahlreichen Unternehmen als Mietlok im Einsatz. Darunter befand sich von Mai 2016 bis ins Jahr 2017 hinein auch die Captrain Deutschland CargoWest GmbH.

Aufnahme: Marco Berger

Cargo Logistik Rail-Service GmbH (CLR)

Typ	ex DB AG	Hersteller	Fabriknr.	Baujahr	Nr. bei EVU	Bemerkung	Motor	NVR-Nummer
V 100.1	202 327-3	LEW	12836	1971	202 327-3	seit 06/16 bei CLR	CAT 3512 DI-TA	92 80 1203 227-4 D-CLR
V 100.1	202 453-7	LEW	13492	1972	202 453-7	02/10 als Mietlok von WFL*	CAT 3512 DI-TA	92 80 1203 217-5 D-WFL
V 100.1	202 484-2	LEW	13523	1972	202 484-2	seit 01/15 bei CLR	CAT 3512 DI-TA	92 80 1203 229-0 D-CLR
V 100.1	202 822-3	LEW	15094	1975	202 822-3	02/10 – 04/10 als Mietlok von WFL	CAT 3512 DI-TA	98 80 3202 822-3 D-WFL

* Wedler & Franz Lokomotivdienstleistungen GbR, Potsdam

Dem LEW-Typ V 100.4 entspricht die heutige Captrain-V 141, die im April 1983 an den VEB Bandstahlkombinat „Herman Matern" in Eisenhüttenstadt Ost geliefert wurde und dort als Werklok 63 bis 1991/92 im Einsatz stand.

Im Jahr 2025 befanden sich noch fünf ehemalige Reichsbahn-V 100 im Fahrzeugbestand der Captrain Deutschland GmbH.

Cargo Logistik Rail Service GmbH

Das in Barleben bei Magdeburg ansässige Unternehmen Cargo Logistik Rail Service GmbH (CLR) hat Ende 2025 noch zwei Lokomotiven des LEW-Typs V 100.1 im Fahrzeugbestand, die auch mit ihren DB-Loknummern bezeichnet sind: 202 327 und 202 484. Letztere wurde im Januar 2015 von der Leipziger Eisenbahnverkehrsgesellschaft (LEG) übernommen, während 202 327 im Juni 2016 von der LEG zur CLR wechselte.

Im Jahr 2010 hatte CLR zwei ehemalige DR-V 100 von der WFL angemietet, wobei die 202 453 (bei der WFL Lok 16) nur wenige Tage – vom 18. bis zum 27. Februar – für die CLR im Einsatz war.

Captrain Deutschland CargoWest GmbH

Um eine 100 %-ige Unternehmenstochter der Captrain Deutschland GmbH handelt es sich bei der Captrain Deutschland CargoWest GmbH. Sie entstand im August 2015 durch den Zusammenschluss der Bayerischen CargoBahn GmbH und der Teutoburger Wald Eisenbahn Bahnbetriebs GmbH. Über Standorte in Hamburg, Lengerich, Neu-Ulm sowie Gütersloh – wo sich auch der Unternehmenssitz befindet – führt das EVU bundesweite und internationale Gütertransporte auf dem Schienenweg durch.

Für den Einsatz im VW-Werk Wolfsburg hatte die Captrain Deutschland CargoWest GmbH von Mai 2016 bis ins Jahr 2017 die Hybridlok 1001 011-8 von Alstom angemietet.

△ **Bild 143** • Aufgrund ihrer Lackierung in Reichsbahnfarben ist die **CLR-202 484** prädestiniert für die Bespannung von Fotosonderzügen. Mit einem solchen Zug ist die Lok am 22. September 2019 unterwegs zwischen Zeitz und Gera, hier aufgenommen in Haynsburg. Aufnahme: Udo Steinwasser

◁ **Bild 144**
Die hier am 4. Mai 2011 in Herzlake mit einem Futtermittelzug stehende **1404** von D&D war von 2008 bis März 2010 als Mietlok für die CC-Logistik GmbH im Einsatz. Dabei blieb die Lok stets als 1404 bezeichnet und trug auch weiterhin die blau-weiße Farbgebung des Eigentümerunternehmens.

Aufnahme: André Schafstall-Klecker

CC-Logistik GmbH & Co. KG

Typ	ex DB AG	Hersteller	Fabriknr.	Baujahr	Nr. bei EVU	Bemerkung	Motor	NVR-Nummer
V 100.1	202 264-8	LEW	12546	1970	202 264-8	05/11 – 02/12 Mietlok von WFL 1)	12 KVD 18/21 AL-4	98 80 3202 264-8 D-WFL
V 100.1	202 735-7	LEW	14436	1974	1404	?/08 – 03/10 Mietlok von D&D 2)	CAT 3512 DI-TA	92 80 1203 221-7 D-DUD

1) Wedler & Franz Lokomotivdienstleistungen GbR
2) D&D Eisenbahngesellschaft mbH

CC-Logistik GmbH & Co. KG

Die CC-Logistik GmbH & Co. KG (CCL), deren Hauptsitz sich in Straupitz (Spreewald) befindet, hatte von 2008 bis 2010 sowie von Mai 2011 bis Februar 2012 jeweils eine Maschine der ex DR-Baureihe V 100 angemietet. Zunächst war es 202 735-7, die als Mietlok von der D&D Eisenbahngesellschaft mbH im Verlauf des Jahres 2008 zu CCL kam und für dieses Unternehmen bis März 2010 ihre Dienste leistete. Bei der zweiten angemieteten Lok handelte es sich um 202 264-8, die sich im Zeitraum der Anmietung im Eigentum der WFL GbR befand. Beide Fahrzeuge blieben während ihrer gesamten Einsatzzeit für CCL in den Farbgebungen der Eigentümerunternehmen, auch bei den Loknummern gab es keine Änderungen.

CFL cargo Deutschland

Die in Duisburg ansässige CFL cargo Deutschland GmbH ist ein Tochterunternehmen von CFL cargo und gehört damit zur Firmengruppe der Société Nationale des Chemins de Fer Luxembourgeois (CFL) – der Staatsbahn Luxemburgs. Zwei Lokomotiven aus der V 100-Familie hatte die CFL cargo Deutschland zwischen November 2006 und 2010 im Bestand, die beide mit der Übernahme der Güterverkehrsaktivitäten der Norddeutschen Eisenbahngesellschaft Niebüll GmbH (neg) zum Unternehmen gelangten. Die neg ist seit ihrer Gründung zum 1. Januar 2004 ein Tochterunternehmen der CFL. Die Lokomotiven blieben bis 2010 bei CFL cargo Deutschland, wurden dann an CFL cargo S.A. – einem Konsortium aus CFL und ArcelorMittal – abgegeben, blieben aber weiterhin in Niebüll stationiert.

◁ **Bild 145**
Aus dem Bestand der neg wechselte im November 2006 u. a. die dort als 04 eingereihte, ehemalige DB AG-202 430 zur CFL cargo Deutschland GmbH, wo sie im August 2007 zur **1152** umgezeichnet wurde. Am 13. Oktober 2009 entstand diese Aufnahme der Lok im Bahnhof Westerland (Sylt).

Aufnahme: Roland Hertwig

△ **Bild 146** • Zu den zahlreichen ex DR-V 100, die sich im Bestand der Chemion Logistik GmbH befanden, gehört u. a. auch **203 443**, die hier am 12. April 2014 mit zwei Kesselwagen in Köln-Kalk unterwegs ist.
AUFNAHME: GEORG DOLLWET

CFL cargo Deutschland GmbH

Typ	ex DB AG	Hersteller	Fabriknr.	Baujahr	Nr. bei EVU	Bemerkung	Motor	NVR-Nummer
V 100.1	202 242-4	LEW	12524	1970	1151 [1]	11/06 – ?/10 bei CFL cargo D	CAT 3512 DI-TA	–
V 100.1	202 430-5	LEW	12939	1972	1152 [2]	11/06 –?/10 bei CFL cargo D	CAT 3512 DI-TA	92 80 1203 210-0 D-CFLDE

[1] 11/06 – 08/07 als „03" benummert [2] 11/06 – 08/08 als „04" benummert

Chemion Logistik GmbH

Als „Starker Partner für Chemie-Logistik" präsentiert sich die Chemion Logistik GmbH (Leverkusen), die zum 1. Juli 2001 aus Teilen der „Zentralen Logistik" des Bayer-Konzerns entstand. Zwischen 2010 und 2024 hatte das Unternehmen insgesamt 14 Lokomotiven im Bestand, die aus ehemaligen Reichsbahn-V 100 entstanden, darunter befand sich mit 1001 010-0 kurzzeitig auch eine Hybridlok. Bei der als 1001 bezeichneten Lok handelt es sich um eine Vertreterin des LEW-Typs V 100.4, die als Werklok im Juni 1981 an den VEB Braunkohlenwerk „Alfred Scholz" in Welzow geliefert wurde. Drei 203 kamen zweimal als Mietloks zu Chemion, wobei 203 117 bei ihren Diensten jeweils dieselbe Nummer trug. Nicht so bei den beiden anderen Loks: Die von Mai 2016 bis November 2017 von Alstom angemietete 203 535 kam im November 2023 als Mietlok von der PRESS GmbH mit der neuen Nummer 203 051 zu Chemion, und 203 558 wurde nach ihrem ersten Einsatz in 203 126 umgezeichnet.

Chemion Logistik GmbH

Typ	ex DB AG	Hersteller	Fabriknr.	Baujahr	Nr. bei EVU	Bemerkung	Motor	NVR-Nummer
V 100.4	–	LEW	16672	1981	1001	01/11 – 02/11 Mietlok von BTE [1]	CAT 3512 DI-TA	98 80 3293 002-2 D-BTE
V 100.1	202 286-1	LEW	12750	1970	1001 010-0	08/22 – 09/22 Mietlok von ALS [2]	Deutz TCD 2013 L6 2V	90 80 1001 010-0 D-ALS
V 100.1	202 535-1	LEW	13574	1973	203 535-0	05/16 – 11/17 Mietlok von ALS	CAT 3512 DI-TA	92 80 1203 535-0 D-ALS
					203 051-8	11/23 – 04/24 Mietlok von PRESS/ALS [3]	CAT 3512 DI-TA	92 80 1203 535-0 D-PRESS
V 100.1	202 651-6	LEW	14078	1974	203 111-0	05/11 – 04/12 Mietlok von ALS	CAT 3512 DI-TA	92 80 1203 111-0 D-ALS
V 100.1	202 683-9	LEW	14384	1974	203 112-8	06/11 – 02/13 Mietlok von ALS	CAT 3512 DI-TA	92 80 1203 112-8 D-ALS
V 100.1	202 486-7	LEW	13525	1972	203 117-7	11/10 – ?/11 & ?/12 – 12/13 von ALS	CAT 3512 DI-TA	92 80 1203 117-7 D-ALS
V 100.1	202 656-5	LEW	14357	1974	203 118-5	06/11 – ?/? Mietlok von ALS	CAT 3512 DI-TA	92 80 1203 118-5 D-ALS
V 100.1	202 678-9	LEW	14379	1974	203 120-1	05/11 – 01/14 Mietlok von ALS	CAT 3512 DI-TA	92 80 1203 120-1 D-ALS
V 100.1	202 558-3	LEW	13876	1973	203 558-2	08/10 – ?/10 Mietlok von ALS	CAT 3512 DI-TA	92 80 1203 126-8 D-ALS
					203 126-8 [4]	12/13 – 05/14 Mietlok von ALS	CAT 3512 DI-TA	92 80 1203 126-8 D-ALS
V 100.1	202 406-5	LEW	12915	1971	203 406-4	?/? – 04/16 Mietlok von ALS	CAT 3512 DI-TA	92 80 1203 153-2 D-ALS
V 100.1	202 442-0	LEW	13481	1972	203 442-9	06/11 – ?/16 Mietlok von ALS	CAT 3512 DI-TA	92 80 1203 154-0 D-ALS
V 100.1	202 443-7	LEW	13482	1972	203 443-7	05/11 – ?/17 Mietlok von ALS	CAT 3512 DI-TA	92 80 1203 155-7 D-ALS
V 100.1	202 728-2	LEW	14429	1974	203 728	12/16 – ?/17 Mietlok von ALS	CAT 3512 DI-TA	92 80 1203 135-9 D-ALS
V 100.1	202 764-7	LEW	14465	1975	203 764-6	06/11 – 04/17 Mietlok von ALS	CAT 3512 DI-TA	92 80 1203 165-6 D-ALS

[1] Bremen-Thedinghauser Eisenbahn GmbH, Weyhe-Leeste [2] Alstom Lokomotiven Service GmbH, Stendal [3] ex 203 535, Lok war im Eigentum der PRESS GmbH, allerdings von dieser an Alstom vermietet und von Alstom an Chemion untervermietet worden. [4] ex 203 558

◁ **Bild 147**
Ein Connex-Cargo-Doppel – angeführt von **Lok V 141** – erreicht am 24. Mai 2008 aus Richtung Bitterfeld kommend den Güterbahnhof in Halle (S). Bis auf V 143 waren alle CCL-V 100 an die Regiobahn Bitterfeld Berlin (RBB) GmbH vermietet.

Connex Cargo Logistic

Die Connex Cargo Logistik GmbH (CCL) war als Verkehrsgeschäft ein Teil des französischen Vivendi Environnement-Konzerns, der 2003 in Veolia umbenannt wurde. Am 15. Februar 2006 ist dann auch der Name der Connex Cargo Logistik GmbH in Veolia Cargo Deutschland geändert und gleichzeitig der Hauptsitz von Frankfurt (M) nach Dortmund verlegt worden.

CCL war vornehmlich in Frankreich und Deutschland aktiv – sowohl im Güter- als auch im Reisezugdienst. Zum Fahrzeugbestand des Unternehmens gehörten von 2000 bis zur Umbenennung im Februar 2006 insgesamt sechs Lokomotiven der ehemaligen Reichsbahn-Baureihe V 100, die als V 141 bis V 143 und V 145 bis V 147 nummeriert waren. Mit der im Jahr 1976 als 110 980 vom LEW Hennigsdorf an die DR gelieferte und bei CCL als V 143 bezeichneten Lok befand sich darunter auch eine Maschine, die ursprünglich ihre Dienste vor Grabenräumeinheiten geleistet hat (LEW-Typ V 100.5). Sie trug bei der DB AG als Bahndienstfahrzeug zuletzt die Nummer 710 960. Bei der V 145 handelte es sich um die ex 110 863, die 1988 zur 1.000-mm-Schmalspurlok für den Einsatz auf den Harzer Schmalspurbahnen umgespurt wurde und dort als 199 863 unterwegs war. Währenddessen hatte die CCL-V 141 nie eine Reichsbahn- oder DB AG-Nummer erhalten. Die Lok des LEW-Typs V 100.4 wurde 1983 als Werklok an das Bandstahlkombinat „Herman Matern“ in Eisenhüttenstadt geliefert.

Zu bemerken ist, dass sich sämtliche Maschinen zwar im Eigentum der CCL GmbH befanden, für dieses Unternehmen allerdings selbst wohl nie im Einsatz waren. Denn während die V 143 ständig von der Hörseltalbahn eingesetzt wurde, leisteten die anderen Loks vom ersten Tag an als Mietloks bei der Regiobahn Bitterfeld Berlin GmbH ihre Dienste.

◁ **Bild 148**
Die Connex-**Lok V 147** – die ehemalige 112 325 – steht am 11. April 2004 in Erwartung neuer Aufgaben auf dem Werksgelände in Bitterfeld-Wolfen.

Aufnahmen (2): Volker Lucas, Sammlung A. Zika

Connex Cargo Logistik Deutschland GmbH (CCL)

Typ	ex DB AG	Hersteller	Fabriknr.	Baujahr	Nr. bei EVU	Bemerkung	Motor	NVR-Nummer
V 100.4	–	LEW	17728	1983	V 141	12/00 – 12/04 bei CCL [1]	CAT 3512 DI-TA	–
V 100.1	201 864-6	LEW	15382	1976	V 142	12/00 – 02/06 bei CCL [1]	CAT 3512 DI-TA	–
V 100.5	710 960-6	LEW	15395	1976	V 143	12/00 – 02/06 bei CCL [2]	CAT 3512 DI-TA	–
V 100.1	299 111-5	LEW	15381	1976	V 145	10/02 – 02/06 bei CCL [1]	CAT 3512 DI-TA	–
V 100.1	202 388-5	LEW	12897	1971	V 146	11/02 – 02/06 bei CCL [1]	CAT 3512 DI-TA	–
V 100.1	202 325-7	LEW	12834	1971	V 147	06/03 – 02/06 bei CCL [1]	CAT 3512 DI-TA	–

[1] über die ganze Zeit vermietet an Regiobahn Bitterfeld Berlin GmbH, Bitterfeld, zeitweise weiter untervermietet [2] über die ganze Zeit Einsatz durch die Hörseltalbahn GmbH, Eisenach

D & D Eisenbahngesellschaft mbH

Typ	ex DB AG	Hersteller	Fabriknr.	Baujahr	Nr. bei EVU	Bemerkung	Motor	NVR-Nummer
V 100.1	202 319-0	LEW	12828	1970	1401	03/02 – 04/24 bei D & D [1]	CAT 3512 DI-TA	92 80 1203 205-0 D-DUD
V 100.1	202 378-6	LEW	12887	1971	1402	04/03 – 04/24 bei D & D [2]	CAT 3512 DI-TA	92 80 1203 208-4 D-DUD
V 100.1	201 577-4	LEW	13896	1973	1403	03/04 – 06/08 bei D & D	CAT 3512 DI-TA	92 80 1203 214-2 D-DUD
V 100.1	202 735-7	LEW	14436	1974	1404	06/06 – 04/24 bei D & D [3]	CAT 3512 DI-TA	92 80 1203 221-7 D-DUD
V 100.1	202 351-3	LEW	12860	1971	1701	01/07 – 04/24 bei D & D [4]	CAT 3512 DI-TA	92 80 1203 110-2 D-DUD
V 100.1	202 602-9	LEW	13920	1973	1702	11/07 – 04/24 bei D & D [5]	CAT 3512 DI-TA	92 80 1203 130-0 D-DUD
V 100.1	202 746-4	LEW	14447	1974	202 001-4	11/06 Mietlok von PRESS [6]	CAT 3512 DI-TA	–
V 100.1	202 461-0	LEW	13500	1972	203.005	01/06 – 02/06 Mietlok von ALS [7]	MTU 12V 4000 R10	–

[1] 01/09 – 03/09 vermietet an RTT-Railtransport, Sokolov (Tschechien) [2] vom 4. - 10.04.2009 vermietet an RTT-Railtransport, Sokolov [3] ?/08 – 03/10 vermietet an CCL GmbH

[4] 04/07 – 07/07 vermietet an BEG mbH [5] 02/08 – 05/08 vermietet an ALS, Stendal; 03/03 – 05/08 untervermietet an Railion Deutschland AG

[6] 16.11. – 01.12.2006 Mietlok von der Eisenbahn-Bau- und Betriebsgesellschaft Pressnitztalbahn mbH [7] Alstom Lokomotiven Service GmbH

D & D Eisenbahn GmbH

Von 1996 bis zum 1. Mai 2024 gab es die Firma D & D Eisenbahngesellschaft mbH, die ab November 1999 ihren Sitz in Hagenow hatte (zuvor in Niebüll). Von Dörte Dehns gegründet, entwickelte sich das Unternehmen – welches von 1996 bis 1999 als D & D Eisenbahn-Transportlogistik GmbH firmierte – speziell nach dem Eintritt von Christian Dehns im Jahr 2000 zu einem Vorreiter im Kampf für den freien Zugang privater Eisenbahnverkehrsunternehmen auf das Netz der DB AG. Zum 1. Mai 2024 übernahmen die Hamburger Railservice GmbH bzw. die Adem Gülaz Vermögensverwaltung GmbH die D & D Eisenbahn GmbH.

Zum Fahrzeugbestand von D & D gehörten u. a. acht Loks aus der V 100-Baureihenfamilie, wobei sich sechs dieser Ma-

△ **Bild 149** • Ein D & D-Doppel mit Vorspannlok **1701** und Zuglok **1702** ist am 19. April 2014 mit einem Getreidesilowagen-Ganzzug unterwegs bei Brunnen, gelegen an der „Paartalbahn" Ingolstadt – Augsburg-Hochzoll.

Aufnahme: Josef Högemann

Bild 150 ▷ Bei der D & D-Lok **1402** handelt es sich um die ehemalige 110 378, die im Juni 1981 remotorisiert und daraufhin in 112 378 umgezeichnet wurde. Am 26. März 2010 ist sie im Rahmen der Sanierung des Abschnitts Schneverdingen – Handeloh der „Heidebahn" im Bauzugdienst in Handeloh im Einsatz.

Aufnahme: Dierk Lawrenz

△ **Bild 151** • Bei der Überführung eines Gleisbauzuges von DB Bahnbau machte sich die **D & D-1701** am 14. Mai 2020 nützlich und passiert aus Richtung Köthen kommend kurz vor Halle (S) die Blockstelle Braschwitz.

Aufnahme: Gunter von Hartwig

schinen im Eigentum des Unternehmens befanden und zwei Loks (202 001 und 203.005) nur kurzzeitig angemietet waren. Die eigenen Maschinen wurden auch vermietet, wodurch die D & D-Loks 1401 und 1402 zeitweilig für die tschechische Firma RTT-Railtransport s.r.o. in Sokolov im Einsatz standen (dort als 203 205 und 203 208 bezeichnet).

Von den acht V 100, die ihre Dienste für D & D leisteten, handelte es sich nur bei 1701 und 1702 um Alstom-Umbauten gemäß dem Konzept Baureihe 203.1.

Deponie-Wirtschaft und Umweltschutztechnik GmbH

Die in Espenhain (bei Leipzig) ansässige Deponie-Wirtschaft Umweltschutztechnik GmbH (DWU) – heute: Mitteldeutsche Umwelt- und Entsorgungs GmbH – entstand bereits 1990 als Dienstleister für die Beseitigung der Folgen der durch Braunkohleabbau und Braunkohleverwertung aufgetretenen Umweltschäden in dieser Region. Bereits am 27. September 1994 übernahm das Unternehmen drei V 100 für die Transporte von Abraum und (kontaminierter) Böden zu Deponien. Die Loks waren erst unmittelbar zuvor bei der DB AG z-gestellt und mit dem Tag der Übernahme ausgemustert worden. Dabei handelte es sich um 201 742 (z-Stellung am 18.07.1994), 201 004 und 201 883 (beide am 05.07.1994 z-gestellt), die zuletzt in Diensten des Bh Lu-Wittenberg standen. Die DWU gehört damit zu den ersten Privatunternehmen, die Reichsbahn-V 100 in ihren Bestand übernahmen.

Deponie- Wirtschaft und Umweltschutztechnik GmbH (DWU)

Typ	ex DB AG	Hersteller	Fabriknr.	Baujahr	Nr. bei EVU	Bemerkung	Motor	NVR-Nummer
V 100.1	201 004-9	LEW	11212	1966	13	09/94 – ? bei DWU	CAT 3508 DI-TA	–
V 100.4	–	LEW	16327	1981	13II	09/95 – 07/01 bei DWU	CAT 3508 DI-TA	–
V 100.1	201 742-4	LEW	14443	1974	14	09/94 – ?/00 bei DWU	CAT 3508 DI-TA	–
V 100.1	201 883-6	LEW	16377	1977	15	09/94 – 03/01 bei DWU	12 KVD 18/21 A-3	–

◁ **Bild 152**
Diese Aufnahme der **201 004** entstand am 6. April 1994 in Pretzsch an der Strecke Lu-Wittenberg – Torgau/ Eilenburg. Drei Monate später wurde die Lok z-gestellt und im September jenes Jahres von der DWU GmbH übernommen.

Aufnahme: Detlef Winkler

Bild 153 ▷ Der „Wilde Willy" der DIE-LEI GmbH steht – gezähmt durch Fristablauf – am 21. September 2013 auf dem Gelände des Alstom-Werkes in Stendal. Die **203 003** entstand im dortigen Schienenfahrzeugzentrum aus der ehemaligen 202 732.

Aufnahme: Andreas Stange

DIE-LEI Dienstleistungen für den Gleisbau GmbH

Typ	ex DB AG	Hersteller	Fabriknr.	Baujahr	Nr. bei EVU	Bemerkung	Motor	NVR-Nummer
V 100.5	710 970-5	LEW	16756	1983	202 970-5	06/07 – 02/15 bei DIE-LEI [1]	CAT 3512 DI-TA	98 80 3202 500-5 D-DLI
V 100.1	202 732-4	LEW	14433	1974	203 003	10/06 – 01/14 bei DIE-LEI [2]	MTU 12V 4000 R10	92 80 1202 623-5 D-DLI
V 100.1	202 345-5	LEW	12854	1971	203 004	10/06 – 10/10 [3]	MTU 12V 4000 R10	–
V 100.1	202 461-0	LEW	13500	1972	203 005	02/07 – ?/13 bei DIE-LEI	MTU 12V 4000 R10	92 80 1202 624-3 D-DLI

[1] 15.06. – 25.06.2007 noch als Mietlok der Westfälischen Almetalbahn GmbH, im Jahr 2012 vermietet an die Holzlogistik und Güterbahn GmbH

[2] 19.07. – 26.10.2006 noch als Mietlok (203.003) von Alstom, Stendal; 06/10 Abstellung mit Fristablauf [3] 01.11.2006 Unfall in Kassel-Obervellmar, verschrottet im Oktober 2010 in Stendal

DIE-LEI GmbH

Die im Jahr 2002 in Kassel gegründete DIE-Lei Dienstleistungen für den Gleisbau GmbH hat seit 2020 ihren Sitz in Homberg (Efze) und ist – wie es der Firmenname verrät – mit der Schienenlogistik im Gleisbau tätig. Dabei tritt das Unternehmen in diesem Bereich größtenteils als Vermieter von Schienenfahrzeugen auf.

Zum umfangreichen Fahrzeugbestand der DIE-LEI GmbH gehörten u. a. auch vier ehemalige Reichsbahn-V 100, darunter mit der als 202 970 bezeichneten Maschine eine Vertreterin des LEW-Typs V 100.5, die vom LEW Hennigsdorf für den Einsatz vor Grabenräumeinheiten gebaut wurde. Bei der DR war diese Lok als 110 970 im August 1983 beim Bw Nossen in Dienst gestellt worden und trug als Bahndienstfahrzeug bei der DB AG die Nummer 710 970.

Wie bei anderen privaten EVUs auch geläufig, bekamen die Loks bei DIE-LEI neben ihren offiziellen Nummern auch Spitznamen: die 203 003 hieß „Wilder Willy", die 203 005 „Starker Anton" und die 202 970 wurde als „Odysseus" bezeichnet – letztere hoffentlich nicht aufgrund von Irrfahrten …

Bild 154 ▷ **202 970** der DIE-LEI GmbH war im Verlauf des Jahres 2012 an die Holzlogistik und Güterbahn Gmbh, Bebra, vermietet. Mit einem Leerwagenpark ist die Lok am 22. Mai jenes Jahres unterwegs bei Merkers.

Aufnahme: Markus Schmidt

◁ **Bild 155**
Am 24. März 2011 steht die WFL-Lok 12 abgestellt im Bahnhof Leipzig-Wiederitzsch. Wenige Wochen später wird diese Maschine von der dispo-Tf Ltd. angemietet und unter der Bezeichnung **293 021** eingesetzt.

Aufnahme: Daniel Berg

dispo-Tf Ltd.

Typ	ex DB AG	Hersteller	Fabriknr.	Baujahr	Nr. bei EVU	Bemerkung	Motor	NVR-Nummer
V 100.1	201 101-3	LEW	11939	1968	201 101-3	02/12 Mietlok von WFL	12 KVD 18/21 A-3	98 80 3201 101-3 D-WFL
V 100.4	–	LEW	16580	1981	293 021-2	05/11 – ?/? Mietlok von WFL	?	98 80 3293 021-2 D-WFL

Dortmunder Eisenbahn GmbH

Typ	ex DB AG	Hersteller	Fabriknr.	Baujahr	Nr. bei EVU	Bemerkung	Motor	NVR-Nummer
V 100.1	110 056-9	LEW	11894	1968	1807	06/00 – 04/01 Mietlok von Lokpool	CAT 3508 DI-TA	–
V 100.1	202 881-0	LEW	16375	1978	807	06/97 – 01/99 Mietlok von Lokpool	CAT 3508 DI-TA	–
V 100.1	201 004-9	LEW	11212	1966	809	03/97 – 03/99 Mietlok von Lokpool	CAT 3508 DI-TA	–

dispo-Tf Ltd.

Nur kurzzeitig nutzte das dispo-Tf Eisenbahnverkehrsunternehmen Ltd., Berlin, zwei ehemalige DR-V 100, um mit diesen Loks Rangierdienste für die HTRS Süd GmbH (Husa Transportation Railway Services) durchzuführen. Von der WFL wurde dafür ab 1. Mai 2011 die Lok 12 angemietet, die als 293 021 zum Einsatz kam. Wann das Mietverhältnis endete, ist nicht genau bekannt. Ab Oktober 2012 leistete diese Lok ihre Dienste allerdings für die HSL Logistik GmbH – ebenfalls als Mietlok. Vom 20. bis zum 24. Februar 2012 war die WFL Lok 18 als 201 101 für die dispo-Tf Ltd. im Einsatz. Bei ihr handelte es sich um eine Maschine des LEW-Typs V 100.4, die als Werklokomotive im Jahr 1981 nach Sušice in die damalige ČSSR (heute: Tschechien) geliefert wurde.

△ **Bild 156** • Angemietet von der Lokpool GmbH war die ehemalige 202 881 der DB AG als **DE 807** von Juni 1997 bis Januar 1999 für die Dortmunder Eisenbahn im Einsatz. Kurz zuvor steht sie noch als 201 999 vom GB Traktion angemietet am 10. April 1997 im Bh Leipzig Hbf Süd. Aufnahme: Horst Schrödter

Dortmunder Eisenbahn

Die heutige Dortmunder Eisenbahn GmbH (DE) wurde bereits 1899 als Hafenbahn gegründet und firmiert sei Dezember 1972 unter der jetzigen Bezeichnung. Zunächst noch im Besitz der Dortmunder Stadtwerke und der Dortmunder Hafen AG (mit der ThyssenKrupp AG als Aktionär). Mit Ausstieg der ThyssenKrupp AG im Jahr 2004 wurde die damalige Connex-Gruppe (ab 2006 Veolia Verkehr GmbH, seit 2015 Transdev GmbH) der Hauptanteilseigner. In diesem Zusammenhang ist die DE in die Bereiche EVU (DE Transport GmbH) und EIU (DE Infrastruktur GmbH) aufgespalten worden. Im Jahr 2009 wurde die Gütersparte der Dortmunder Eisenbahn an die Captrain Deutschland GmbH verkauft.

Drei ex DR-V 100 waren zwischen 1996 und 2001 zeitweilig bei der DE als Mietlokomotiven im Einsatz, die sich zu diesem

△ **Bild 157 • 202 001** und **203 003** (ab 2011: 203 004) mit dem Chemie-Shuttle von den Chemischen Werken Marl-Hüls nach Duisburg-Ruhrort bei der Ausfahrt Oberhausen-Osterfeld Süd, aufgenommen am 7. Februar 2005.
Aufnahme: Norman Kampmann

duisport rail GmbH

Typ	ex DB AG	Hersteller	Fabriknr.	Baujahr	Nr. bei EVU	Bemerkung	Motor	NVR-Nummer
V 100.1	202 746-4	LEW	14447	1974	202 001-4	04/02 – 02/04 bei duisport rail	CAT 3512 DI-TA	–
V 100.1	202 778-7	LEW	14659	1975	202 001-4II	seit 01/04 bei duisport rail	CAT 3512 DI-TA	98 80 3202 778-7 D-DPR
V 100.1	202 796-9	LEW	14853	1975	203 004-7 1)	seit 01/02 bei duisport rail	MTU 12V 4000 R10	92 80 1203 004-7 D-DPR
V 100.1	202 718-3	LEW	14419	1974	203 006-2	12/06 – ?/11 Mietlok von SFW 2)	MTU 12V 4000 R10	92 80 1203 007-0 D-DPR
V 100.1	202 568-1	LEW	13886	1973	203 007-0	03/06 – 01/10 Mietlok von SFW 2)	MTU 12V 4000 R10	92 80 1203 008-8 D-DPR
V 100.1	202 587-2	LEW	13905	1973	V 160.2	?/15 – ?/? Mietlok von EAH 3)	MTU 12V 4000 R10	92 80 1203 014-6 D-BUVL
V 100.1	201 812-5	LEW	15084	1975	293 514-6	10/24 – ?/25 bei duisport rail	MTU 12V 396 TC14	92 80 1293 514-6 D-DPR
BR 293	–	Adtranz	72030	1999	293 516-1	10/24 – ?/25 bei duisport rail	MTU 12V 396 TC14	92 80 1293 516-1 D-DPR

1) bis 2011 als 203 003-9 bezeichnet 2) Schienenfahrzeugwerk Delitzsch GmbH 3) Eisenbahn Anlagen Handel GmbH, Duisburg

Zeitpunkt alle im Eigentum der Lokpool Verwaltungsgesellschaft mbH & Co. Vermietungs KG, Kassel, befanden. Über eigene Ost-V 100 verfügte die Dortmunder Eisenbahn zu keiner Zeit.

duisport rail GmbH

Die duisport rail GmbH wurde im April 2001 gegründet und ist eine 100 %-ige Unternehmenstochter der Duisport-Gruppe, zu der u. a. auch die Duisburger Hafen AG gehört. Das Tätigkeitsfeld der Fahrzeuge der duisport rail GmbH beschränkt sich nicht alleine auf das 200 km umfassende Schienennetz des Duisburger Hafens, sondern schließt regionale und bundesweite Dienstleistungen im Schienengüterverkehr mit ein.

Ende 2025 befanden sich zwei Lokomotiven im Unternehmensbestand, die aus der V 100-Familie stammen. Sechs weitere Maschinen leisteten zwischen 2002 und 2025 über verschiedene Zeiträume ihre Dienste für die duisport rail GmbH, darunter befanden sich auch drei Mietlokomotiven.

Eisenbahn Anlagen Handel GmbH

Ausschließlich auf Dienstleistungen im Bereich der Vermietung, den Handel und die Vermittlung von Lokomotiven spezialisiert hat sich die Eisenbahn Anlagen Handel GmbH (EAH) in Duisburg bzw. Moers. Zum Bestand der zu vermietenden Lokomotiven gehörten u. a. auch sechs ehemalige Reichsbahn-V 100, die – dem Unternehmensgegenstand entsprechend – häufig den Mieter wechselten. So war z. B. die als 293 516 bei EAH eingereihte Lok zwischen 2011 und ihrer Abstellung im September 2023 (Fristablauf) an vier andere EVUs vermietet, wechselte aber zwischen diesen Firmen insgesamt sechsmal.

Alle Lokomotiven waren bei der B&V Leipzig GmbH eingestellt, da die EAH GmbH selbst kein Eisenbahnverkehrsunternehmen ist.

EBM Cargo GmbH & Co. KG

Von Dezember 2002 an gab es das in Gummersbach ansässige Privatbahnunternehmen EBM Cargo, welches aus der Umwandlung der erst im Februar jenes Jahres gegründeten Zugkraft GmbH & Co. KG entstand und zunächst alle Verkehre der Eisenbahn-Verkehrs-Gesellschaft mbH im Bergisch-Märkischen Raum (EBM) übernahm. Allerdings musste das Unternehmen bereits im Sommer 2004 Insol-

Bild 158
Der Chemie-Shuttle von Marl Chemische Werke Hüls nach Duisburg-Ruhrort war eine der Planleistungen von duisport rail. Hier ist **203 003** mit diesem Zug am 27. Oktober 2005 unterwegs bei Gladbeck West.

Bild 159
Gleich im Doppel kamen die EBW Cargo-**203 006** und **203 004** am 4. April 2003 mit einem Güterzug durch Wuppertal-Vohwinkel gefahren.

Aufnahmen (2): Norman Kampmann

Bild 160
202 330 war von September 2011 bis Ende September 2015 im Fahrzeugbestand der EBM Cargo GmbH. Die Aufnahme zeigt die Lok am 2. Juli 2015 vor einem Arbeitszug in Neuwied.

Aufnahme: Georg Dollwet

Bild 161 ▷ Mit einem aus vier Flachwagen gebildeten Ganzzug war **202 439** von EBM Cargo am 1. August 2003 auf der rechten Rheinstrecke unterwegs und passiert dabei den Bahnhof Bonn-Oberkassel.

Aufnahme: Norman Kampmann

venz anmelden. Am 29. Januar 2010 wurde die „zweite" EBM Cargo GmbH gegründet, erneut mit Sitz in Gummersbach und mit Übernahme desselben Logos. Nun stand EBM für Eisenbahnbetriebsgesellschaft Mittelrhein mbH. Doch auch diesem Unternehmen war keine allzu lange Lebensdauer vergönnt: Im September 2015 übernahm die Rail Cargo Group – das Gütertransportunternehmen der ÖBB – die EBM Cargo GmbH. Zu diesem Zeitpunkt befanden sich noch vier ex DR-V 100 im Bestand vom EBM Cargo. Insgesamt leisteten 15 Maschinen dieser Baureihe ihre Dienste für EBM Cargo.

Eisenbahn Anlagen Handel GmbH (EAH)

Typ	ex DB AG	Hersteller	Fabriknr.	Baujahr	Nr. bei EVU	Bemerkung	Motor	NVR-Nummer
V 100.1	202 718-3	LEW	14419	1974	203 007-0 [1]	02/10 – ?/13 bei EAH	MTU 12V 4000 R10	92 80 1203 007-0 D-BUVL
V 100.1	202 568-2	LEW	13886	1973	203 008-8 [2]	02/10 – ?/13 bei EAH	MTU 12V 4000 R10	92 80 1203 008-8 D-BUVL
V 100.1	202 654-0	LEW	14081	1974	203 012-0	11/13 – 01/19 bei EAH	MTU 12V 4000 R10	92 80 1203 012-0 D-BUVL
V 100.1	202 587-2	LEW	13905	1973	203 014-6	11/13 – 03/20 bei EAH	MTU 12V 4000 R10	92 80 1203 014-6 D-BUVL
V 100.1	201 812-5	LEW	15084	1975	293 514-6	?/14 – 09/24 bei EAH	MTU 12V 396 TC14	92 80 1293 514-6 D-BUVL
BR 293	– [3]	Adtranz	72030	1999	293 516-1	07/11 – 09/24 bei EAH [4]	MTU 12V 396 TC14	92 80 1293 516-1 D-BUVL

[1] Lok kam als 203 006-2 zur EAH, die Nummer wurde im Mai 2011 der NVR-Nummer gemäß in 203 007-0 geändert

[2] Lok kam als 203 007-6 zur EAH, im Dezember 2011 zur Anpassung an die NVR-Nummer Umzeichnung in 203 008-8

[3] Spenderfahrzeug für Umbau unbekannt

[4] 09/23 Abstellung mit Fristablauf

EBM Cargo GmbH & Co. KG (EBM C)

Typ	ex DB AG	Hersteller	Fabriknr.	Baujahr	Nr. bei EVU	Bemerkung	Motor	NVR-Nummer
V 100.1	202 269-7	LEW	12551	1970	202 269-7	10/02 – 02/04 Mietlok von K&S GT [1]	CAT 3512 DI-TA	–
V 100.1	202 330-7	LEW	12839	1971	202 330-7	09/11 – 09/15 bei EBM C [2]	CAT 3512 DI-TA	92 80 1202 330-7 D-EBM
V 100.1	202 439-6	LEW	13478	1972	202 439-6	10/02 – 09/04 bei EBM C	CAT 3512 DI-TA	–
V 100.1	202 487-5	LEW	13526	1972	202 487-5	10/02 – 09/03 Mietlok von EBM EVG [3]	12 KVD 18/21 AL-4	–
V 100.1	202 569-0	LEW	13887	1973	203 004-7	10/02 – 09/04 bei EBM C [4]	MTU 12V 4000 R10	–
V 100.1	202 530-2	LEW	13569	1973	203 005-4	10/02 – 09/04 bei EBM C [4]	MTU 12V 4000 R10	–
V 100.1	202 718-3	LEW	14419	1974	203 006-2	10/02 – 09/04 bei EBM C [4]	MTU 12V 4000 R10	–
V 100.1	202 568-2	LEW	13886	1973	203 007-0	10/02 – 09/04 bei EBM C [4]	MTU 12V 4000 R10	–
V 100.1	202 651-6	LEW	14078	1974	203 111-0	04/12 – 09/15 bei EBM C [5]	CAT 3512 DI-TA	92 80 1203 111-0 D-EBM
V 100.1	202 450-3	LEW	13489	1972	203 115-1	03/11 – 09/15 bei EBM C	CAT 3512 DI-TA	92 80 1203 115-1 D-EBM
V 100.1	202 558-3	LEW	13876	1973	203 126-8	?/13 – ?/13 Mietlok von ALS	CAT 3512 DI-TA	92 80 1203 126-8 D-ALS
V 100.1	202 818-1	LEW	15090	1975	203 152-4	09/12 – 09/15 bei EBM C	CAT 3512 DI-TA	92 80 1203 152-4 D-EBM
V 100.1	202 267-1	LEW	12549	1970	203 203-5	12/02 – 09/04 bei EBM C	CAT 3512 DI-TA	–
V 100.1	202 379-4	LEW	12888	1971	203 204-3	12/02 – 09/04 bei EBM C	CAT 3512 DI-TA	–
V 100.1	202 850-4	LEW	15235	1976	203.101	04/04 – 06/04 Mietlok von ALS	CAT 3512 DI-TA	–

[1] Kallfelz & Stuch Gleis und Tiefbau GmbH

[2] 02/12 – 03/12 vermietet an Bocholter Eisenbahngesellschaft mbH

[3] EBM Eisenbahn-Verkehrs-Gesellschaft im Bergisch-Märkischen Raum mbH

[4] 10/02 – 12/02 vermietet an Vulkan-Eifel-Bahn Betriebsgesellschaft

[5] 04/12 noch als Mietlok von Alstom, Stendal (ALS)

Eisenbahn-Bau- und Betriebsgesellschaft Pressnitztalbahn mbH (PRESS)

Typ	ex DB AG	Hersteller	Fabriknr.	Baujahr	Nr. bei EVU	Bemerkung	Motor	NVR-Nummer
V 100.1	202 708-4	LEW	14409	1974	110 722-6 [1]	10/06 Mietlok von RIS [2]	CAT 3512 DI-TA	92 80 1202 708-4 D-PRESS
V 100.1	202 331-5	LEW	12840	1971	112 331-4	06/05 bei der PRESS	12 KVD 18/21 AL-4	–
V 100.1	202 516-1	LEW	13555	1973	112 516-0	seit 06/07 bei der PRESS [3]	12 KVD 18/21 AL-4	92 80 1202 516-1 D-PRESS
V 100.1	202 565-8	LEW	13883	1973	112 565-7 [4]	seit 07/07 bei der PRESS	12 KVD 18/21 AL-4	92 80 1202 565-8 D-PRESS
V 100.1	202 753-0	LEW	14454	1974	112 753-9	Eigentum ASP [5]	CAT 3512 DI-TA	92 80 1202 753-0 D-PRESS
V 100.1	202 703-5	LEW	14404	1974	114 703-2	Eigentum MTEG [6]	CAT 3512 DI-TA	92 80 1203 230-8 D-PRESS
V 100.1	204 774-4	LEW	14475	1975	114 774-3	02/20 – 02/23 bei der PRESS [7]	12 KVD 18/21 A-5	92 80 1204 774-4 D-PRESS
V 100.1	201 865-3	LEW	15383	1976	201 865-3	10/23 – 04/24 bei der PRESS	12 KVD 18/21 A-3	98 80 3201 865-3 D-PRESS
V 100.1	202 630-0	LEW	13948	1973	202 021-7	Eigentum IntEgro [8]	CAT 3512 DI-TA	92 80 1202 630-0 D-PRESS
V 100.1	202 057-6	LEW	11895	1968	202 057-6	seit 02/25 bei der PRESS	12 KVD 18/21 AL-4	98 80 3202 057-6 D-PRESS
V 100.1	202 248-1	LEW	12530	1970	202 248-1	seit 09/17 bei der PRESS [9]	12 KVD 18/21 AL-4	98 80 3202 248-1 D-PRESS
V 100.1	202 297-8	LEW	12761	1970	202 297-8	seit 08/17 bei der PRESS [9]	12 KVD 18/21 AL-4	98 80 3202 297-8 D-PRESS
V 100.1	202 312-5	LEW	12796	1970	202 312-5	seit 11/14 bei der PRESS [9]	12 KVD 18/21 AL-4	98 80 3202 312-5 D-PRESS
V 100.1	202 318-2	LEW	12827	1970	202 318-2	06/07 – 07/07 bei der PRESS	CAT 3512 DI-TA	–
V 100.1	202 432-1	LEW	12941	1972	202 432-1	06/07 – 12/07 bei der PRESS	CAT 3512 DI-TA	–
V 100.1	202 484-2	LEW	13523	1972	202 484-2	07/10 Mietlok von LEG [10]	CAT 3512 DI-TA	92 80 1203 229-0 D-LEG
V 100.1	202 487-5	LEW	13526	1972	202 487-5	02/25 – 08/25 bei der PRESS	CAT 3512 DI-TA	98 80 3202 487-5 D-PRESS
V 100.1	202 543-5	LEW	13582	1973	202 543-5	07/07 – 10/08 bei der PRESS	CAT 3512 DI-TA	92 80 1202 543-5 D-PRESS
V 100.1	202 613-6	LEW	13931	1973	202 613-6	06/07 – 12/07 bei der PRESS	CAT 3512 DI-TA	–
V 100.1	202 615-1	LEW	13933	1973	202 615-1	06/07 – 07/07 bei der PRESS	CAT 3512 DI-TA	–
V 100.1	202 637-5	LEW	13955	1974	202 637-5	06/07 – 07/07 bei der PRESS	CAT 3512 DI-TA	–
V 100.1	202 646-6	LEW	14073	1974	202 646-6	04/05 Mietlok von EGB [11]	12 KVD 18/21 AL-4	–
V 100.1	202 658-1	LEW	14359	1974	202 658-1	06/07 – 07/07 bei der PRESS	CAT 3512 DI-TA	–
V 100.1	202 722-5	LEW	14423	1974	202 722-5	09/17 – 10/19 bei der PRESS [12]	?	–
V 100.1	202 725-8	LEW	14426	1974	202 725	07/25 – 11/25 bei der PRESS	CAT 3512 DI-TA	92 80 1202 725-8 D-PRESS
V 100.1	202 786-0	LEW	14843	1975	202 786-0	06/07 – 07/07 + 04/10 – 05/10 b. d. PRESS [13]	CAT 3512 DI-TA	92 80 1203 162-3 D-NBEG
V 100.1	202 885-0	LEW	16379	1978	202 885-0	Eigentum IntEgro [8]	12 KVD 18/21 AL-4	92 80 1202 885-0 D-PRESS
V 100.1	202 349-7	LEW	12858	1971	203 001-3	11/09 – ?/10 Mietlok von ALS [14]	MTU 12V 4000 R10	92 80 1203 001-3 D-ALS
V 100.1	202 654-0	LEW	14081	1974	203 012-0	05/13 – 07/13 Mietlok von hvle [15]	MTU 12V 4000 R10	92 80 1203 012-0 D-HVLE
V 100.1	202 587-2	LEW	13905	1973	203 014-6	05/13 – 07/13 Mietlok von hvle [15]	MTU 12V 4000 R10	92 80 1203 014-6 D-HVLE
V 100.1	202 535-1	LEW	13574	1973	203 051-8	seit 11/17 bei der PRESS [16]	CAT 3512 DI-TA	92 80 1203 535-0 D-PRESS
V 100.1	202 764-7	LEW	14465	1975	203 052-7	seit 11/17 bei der PRESS [17]	CAT 3512 DI-TA	92 80 1203 165-6 D-PRESS
V 100.1	202 524-5	LEW	13563	1973	203 127-6	11/23 – 04/24 Mietlok von ALS	CAT 3512 DI-TA	92 80 1203 127-6 D-ALS
V 100.1	202 483-4	LEW	13522	1972	203 502-0	04/04 + 03/05 – 04/06 Mietlok von ALS	12 KVD 18/21 AL-4	–
V 100.1	202 787-8	LEW	14844	1975	203 503-8	04/05 – 05/05 Mietlok von ALS	CAT 3512 DI-TA	–
V 100.1	202 652-4	LEW	14079	1974	203 652-3	04/07 – 05/07 Mietlok von ALS	CAT 3512 DI-TA	92 80 1203 125-0 D-ALS
V 100.1	202 350-5	LEW	12859	1971	204 005-3	seit 08/02 bei der PRESS [18]	CAT 3512 DI-TA	92 80 1203 350-4 D-PRESS
V 100.1	202 439-6	LEW	13478	1972	204 009-9	Eigentum ASP [5]	CAT 3512 DI-TA	98 80 3202 439-6 D-PRESS
V 100.1	199 870-7	LEW	15388	1976	204 010-6	seit 07/03 bei der PRESS [19]	CAT 3512 DI-TA	92 80 1203 211-8 D-PRESS
V 100.1	202 844-7	LEW	15229	1976	204 011-5	seit 09/03 bei der PRESS [20]	CAT 3512 DI-TA	92 80 1203 212-6 D-PRESS
V 100.1	202 525-2	LEW	13564	1973	204 012-4 [21]	seit 03/03 bei der PRESS [22]	CAT 3512 DI-TA	92 80 1203 215-9 D-PRESS
V 100.1	202 436-2	LEW	13475	1972	204 013-3	seit 06/04 bei der PRESS [23]	CAT 3512 DI-TA	92 80 1203 216-7 D-PRESS
V 100.1	204 314-9	LEW	12823	1970	204 016-0	seit 02/12 bei der PRESS [24]	CAT 3512 DI-TA	92 80 1204 314-9 D-PRESS
V 100.1	202 317-4	LEW	12826	1970	204 022-2	seit 12/06 bei der PRESS [25]	CAT 3512 DI-TA	92 80 1203 225-8 D-PRESS
V 100.1	202 326-5	LEW	12835	1971	204 031-1 [26]	seit 05/06 bei der PRESS	CAT 3512 DI-TA	92 80 1203 228-2 D-PRESS
V 100.1	202 817-3	LEW	15089	1975	204 033-9 [27]	seit 08/09 bei der PRESS [28]	CAT 3512 DI-TA	92 80 1202 817-3 D-PRESS

[1] bis 2019 als 112 708-3 und 202 708-4 im Einsatz, dann Umzeichnung in 110 722-6

[2] RIS = Regio Infra Service Sachsen GmbH, Chemnitz; Lok befindet sich seit 09/16 im Eigentum der Muldental Eisenbahnverkehrsgesellschaft mbH (MTEG), Glauchau, der Einsatz erfolgt seit 2018 durch die PRESS

[3] seit 09/07 als Dauerleihgabe beim Verein Sächsischer Eisenbahnfreunde e. V., Schwarzenberg (Erzgebirge)

[4] bis 08/08 als 202 565-8 benummert

[5] ASP = Anschlussbahn-Servicegesellschaft Pressnitztalbahn mbH, Lübbenau; Einsatz durch die PRESS

[6] Einsatz erfolgt durch die PRESS

[7] Lok als Dauerleihgabe beim Dampflokfreunde Salzwedel e. V., Wittenberge

[8] IntEgro Verkehr GmbH, Reichenbach (Vogtl), Halterschaft bei PRESS

[9] abgestellt in Espenhain, Ersatzteilspenderin

[10] LEG = Leipziger Eisenbahnverkehrsgesellschaft mbH, Leipzig

[11] EGB - DB RegioNetz Verkehrs GmbH - Erzgebirgsbahn, Chemnitz

[12] Lok wurde am 9. Oktober 2019 in Espenhain verschrottet

[13] 04/10 – 05/10 als Mietlok der Nordbayerische Eisenbahngesellschaft mbH, Aschaffenburg

[14] Alstom Lokomotiven Service GmbH, Stendal

[15] hvle - Havelländische Eisenbahn AG, Berlin-Spandau

[16] 13. – 29. November 2017 noch als Mietlok (203 535-0) von ALS; 11/23 – 04/24 vermietet an ALS und untervermietet an Chemion Logistik GmbH, Leverkusen

[17] seit 02/24 vermietet an D&C Logistics GmbH, Erkner

[18] 12/04 vermietet an STOCK -Transport, Mainz; 10/08 – 11/08 vermietet an RBG - Regental Bahnbetriebs-GmbH (Regental Cargo), Neuenmarkt; 12/14 – 03/15 vermietet an METRANS Rail (Deutschland) GmbH, Leipzig (MTRD)

[19] ?/18 – 10/18 vermietet an MTRD

[20] 12/18 – ?/? vermietet am MTRD

[21] bis 30. April 2004 als 204 006-2 benummert

[22] 06/07 – 08/07 vermietet an KŽC doprava, s.r.o., Praha; 09/08 – ?/? vermietet an Nordic Rail Service GmbH, Lübeck

[23] 01/15 vermietet an BLG RailTec GmbH, Falkenberg (Elster); 02/19 – 05/19 vermietet an MTRD

[24] 01/14 vermietet an MTRD

[25] 08/09 vermietet an Bocholter Eisenbahngesellschaft mbH, Bocholt

[26] bis 02/07 als 203 505-3 bezeichnet, dann bis 11/08 als 112 326

[27] bis 05/10 als 202 817-3 bezeichnet

[28] 12/14 – 05/18 vermietet an MTRD

Eisenbahn-Bau- und Betriebsgesellschaft Pressnitztalbahn mbH

Grundlage für die Gründung der Eisenbahn-Bau- und Betriebsgesellschaft Pressnitztalbahn mbH – abgekürzt und besser bekannt als „die PRESS" – ist der Verein IG Preßnitztalbahn, der sich im November 1990 aus einer bereits seit 1988 bestehenden Ortsgruppe des DDR-Kulturbundes heraus gegründet hatte. Ziel des Vereins war zunächst die Erhaltung der letzten Erinnerungsstücke der 1986 stillgelegten Preßnitztalbahn, einer 750-mm-Schmalspurbahn zwischen Wolkenstein und Jöhstadt. Mit den Möglichkeiten, die sich nach 1990 boten, wurde daraus der Wiederaufbau des Streckenabschnitts Jöhstadt – Steinbach und des Bahnhofs Oberschmiedeberg. Der Wiederaufbau der Verbindung Steinbach – Oberschmiedeberg ist in Planung.

Einerseits für die Finanzierung der IG Preßnitztalbahn, andererseits auch, um für deren aktiven Vereinsmitglieder die Möglichkeit einer beruflichen Perspektive im Eisenbahnbetrieb zu schaffen, wurde im Januar 2000 die Eisenbahn-Bau- und Betriebsgesellschaft Pressnitztalbahn mbH gegründet, zu deren Gesellschaftern auch die IG Preßnitztalbahn gehörte.

Zunächst begann das Unternehmen ausschließlich mit Dienstleistungen im Bereich der Bau- und Arbeitszuglogistik sowie im Güterverkehr. Dafür standen der PRESS anfangs vorwiegend ehemalige Reichsbahn-Diesellokomotiven zur Verfügung. Innerhalb weniger Jahre entwickelte sich das Unternehmen zu einem der führenden privaten EUV in Deutschland, was auch eine Erweiterung des Fahrzeugparks mit sich brachte. Seit 2008 betreibt die PRESS GmbH den SPNV auf den Strecken Bergen auf Rügen – Putbus – Lauterbach Mole sowie Putbus – Binz – Göhren („Rügensche Bäderbahn").

Zu dem umfangreichen Fahrzeugbestand der PRESS GmbH gehörten und gehören zahlreiche Lokomotiven der DR-Baureihe V 100. Darunter befinden sich auch Lokomotiven, die das Unternehmen aus dem Ausland zurückgeholt hat, wie z. B. im Jahr 2006 aus Serbien (Provinz Kosovo) die 202 613, 202 615, 202 637 und 202 658, die 1999 als Aufbauhilfen in den Kosovo verschickt wurden. Auch ehemalige „ČSD-V 100" gelangten über die PRESS zurück nach Deutschland (745 603, 745 604 und 745 607). Bei ihnen handelt es sich um Loks des LEW-Typs V 100.5, also

Eisenbahn-Bau- und Betriebsgesellschaft Pressnitztalbahn mbH

Typ	ex DB AG	Hersteller	Fabriknr.	Baujahr	Nr. bei EVU	Bemerkung	Motor	NVR-Nummer
V 100.1	202 586-4	LEW	13904	1973	204 036-6 [29]	seit 09/09 bei der PRESS	12 KVD 18/21 AL-4	92 80 1202 586-4 D-PRESS
V 100.1	202 811-6	LEW	15083	1975	204 044-6	Eigentum ASP [5]	CAT 3512 DI-TA	98 80 3202 811-6 D-PRESS
V 100.1	204 482-4	LEW	13521	1972	204 067-8	seit 12/21 bei der PRESS	MTU 8V 4000 R43L	92 80 1204 482-4 D-PRESS
V 100.1	202 237-4	LEW	12519	1970	204 237-2	Eigentum WSET [30]	CAT 3512 DI-TA	92 80 1202 237-4 D-PRESS
V 100.1	202 271-3	LEW	12553	1970	204 271-1	Eigentum MTEG [31]	CAT 3512 DI-TA	92 80 1203 226-6 D-PRESS
V 100.1	202 311-7	LEW	12795	1970	204 311-5	Eigentum MTEG [32]	CAT3512 DI-TA	92 80 1202 311-7 D-PRESS
V 100.1	202 347-1	LEW	12856	1971	204 347-9	Eigentum MTEG [33]	CAT 3512 DI-TA	98 80 3202 347-1 D-PRESS
V 100.1	202 354-7	LEW	12863	1971	204 354-5	Eigentum MTEG [34]	CAT 3512 DI-TA	98 80 3202 354-7 D-PRESS
V 100.1	204 358-6	LEW	12867	1971	204 358-6	06/15 – 07/24 bei der PRESS	12 KVD 18/21 AL-5	92 80 1204 358-6 D-PRESS
V 100.1	202 425-5	LEW	12934	1972	204 425-3	Eigentum MTEG [35]	CAT 3512 DI-TA	92 80 1203 220-9 D-PRESS
V 100.1	204 469-1	LEW	13508	1972	204 469-1	seit 11/14 bei der PRESS [9]	12 KVD 18/21 AL-5	92 80 1204 469-1 D-PRESS
V 100.1	204 485-7	LEW	13524	1972	204 485-7	12/21 – 05/22 bei der PRESS	MTU 8V 4000 R43L	92 80 1204 485-7 D-PRESS
V 100.1	204 605-0	LEW	13923	1973	204 605-0	12/21 – 05/22 bei der PRESS	MTU 8V 4000 R43L	98 52 1756 605-0 BG-PRESS
V 100.1	204 607-6	LEW	13925	1973	204 607-6	12/21 – 05/22 bei der PRESS	MTU 8V 4000 R43L	98 52 1756 607-6 BG-PRESS
V 100.1	204 671-2	LEW	14372	1974	204 671-2	12/21 – 05/22 bei der PRESS	12 KVD 18/21 AL-5	98 52 1756 671-2 BG-PRESS
V 100.1	204 761-1	LEW	14462	1974	204 761-1	seit 12/15 bei der PRESS [9]	12 KVD 18/21 AL-5	92 80 1204 761-1 D-PRESS
V 100.1	204 805-6	LEW	15077	1975	204 805-6	12/21 – 05/22 bei der PRESS	MTU 8V 4000 R43L	98 52 1756 805-6 BG-PRESS
V 100.1	204 860-1	LEW	15378	1976	204 860-1	seit 2015 bei der PRESS [9]	12 KVD 18/21 AL-5	92 80 1204 860-1 D-PRESS
V 100.4	–	LEW	16327	1981	293 016-3	01/05 – 11/11 bei der PRESS	CAT 3508 DI-TA	98 80 3293 016-2 D-PRESS
V 100.1	201 881-0	LEW	16375	1977	293 021-6	09/05 – 05/22 bei der PRESS [36]	CAT 3508 DI-TA	92 80 1293 881-9 D-PRESS
V 100.4	–	LEW	16584	1981	293 022-0	Eigentum MTEG [33]	12 KVD 18/21 A-3	98 80 3293 022-0 D-PRESS
V 100.4	–	LEW	17849	1982	293 023-8	Eigentum MTEG [37]	CAT 3508 DI-TA	98 80 3293 023-8 D-PRESS
V 100.1	202 746-4	LEW	14447	1974	293 026-1	09/07 – 08/18 bei der PRESS [38]	CAT 3512 DI-TA	98 80 3202 746-4 D-PRESS
V 100.4	–	LEW	16581	1981	293 903-1	Eigentum IntEgro [39]	CAT 3512 DI-TA	98 80 3293 903-1 D-PRESS
V 100.4	–	LEW	16677	1981	293 907-2	Eigentum IntEgro [40]	CAT 3512 DI-TA	98 80 3293 907-2 D-PRESS
V 100.4	298 330-2	LEW	17719	1983	298 330-2	Eigentum IntEgro [41]	CAT 3508 DI-TA	98 80 3298 330-2 D-PRESS
V 100.5	–	LEW	17320	1981	745 603-1	08/07 – 08/09 bei der PRESS	12 KVD 18/21 A-3	–
V 100.5	–	LEW	17321	1981	745 604-9	08/07 – 08/09 bei der PRESS	12 KVD 18/21 A-3	–
V 100.5	–	LEW	17538	1981	745 607-2	08/07 – 08/09 bei der PRESS [42]	12 KVD 18/21 A-3	–
V 100.1	202 661-5	LEW	14362	1974	745 702-1 [43]	seit 02/24 bei der PRESS	CAT 3512 DI-TA	92 54 2745 702-1 CZ-PRESS
V 100.4	–	LEW	17709	1983	745 709-6	02/07 – 07/07 bei der PRESS	12 KVD 18/21 A-3	–

[29] bis 08/11 als 202 586-4 bezeichnet

[30] WSET = Westsächsische Eisenbahntransport Gesellschaft mbH, Glauchau; seit 11/18 Einsatz der Lok durch die PRESS; 09/10 – 11/19 vermietet an MTRD

[31] seit 2019 Einsatz der Lok durch die PRESS; ?/20 – ?/? vermietet an MTRD

[32] Lok wurde von März bis Juli 2018 von der PRESS eingesetzt

[33] seit 2019 Einsatz der Lok durch die PRESS

[34] seit 2019 Einsatz der Lok durch die PRESS; 09/22 – ?/? vermietet an MTRD

[35] seit 2019 Einsatz der Lok durch die PRESS; 11/19 – ?/? + ?/21 – 09/22 vermietet an MTRD

[36] 03/15 – 04/15 vermietet an Stickstoffwerke Piesteritz GmbH, Lu-Wittenberg-Piesteritz

[37] seit 2019 Einsatz der Lok durch die PRESS; 03/22 vermietet an Stadler Pankow GmbH, Berlin

[38] 24.10. – 16.11.2006 bereits als Mietlok (202 001-4) von ALS bei der PRESS; 03/08 – 07/08 vermietet an SWEG Südwestdeutsche Verkehrs-Aktiengesellschaft, Lahr (Schwarzwald)

[39] Lok war von 05/22 bis 12/25 in der Halterschaft der PRESS

[40] Lok war von 05/22 bis 10/25 in der Halterschaft der PRESS

[41] Lok seit 11/24 in der Halterschaft der PRESS

[42] Lok wurde am 23. Juli 2013 in Espenhain verschrottet

[43] seit 01/26 als 204 066-9 bezeichnet

△ **Bild 162** • In einer originalen Reichsbahnfarbgebung präsentierte sich **112 565** der PRESS, als sie am 22. Mai 2018 mit einem Unkrautspritzzug im Stadtgebiet von Aue (Sa) in Richtung Schwarzenberg (Erzgeb) unterwegs war. Aufnahme: Felix Seraphin

Maschinen für den Einsatz an Grabenräumeinheiten (GRE), die 1981 vom LEW Hennigsdorf an die tschechoslowakischen Staatsbahnen (ČSD) geliefert wurden.

Neben eigenen V 100 standen auch immer wieder Mietlokomotiven dieser Baureihe für die PRESS im Einsatz, gleichzeitig wurden (und werden) Fahrzeuge auch vermietet.

Die in Jöhstadt ansässige Firma tritt gleichsam als Halter von Lokomotiven anderer Unternehmen auf und setzt auch V 100 anderer Unternehmen für ihre Leistungen ein.

War es anfangs typisch, dass die PRESS ihre Loks im markanten Blau der Firma lackierte („PRESS-Blau"), erhielten in den vergangenen Jahren einige Maschinen wieder eine Farbgebung in Weinrot der Deutschen Reichsbahn. Ende 2025 befanden sich noch 23 ex DR-V 100 im PRESS-Eigentum.

△ **Bild 163** • Mit einem Holzzug ist 293 026 der PRESS am 21. November 2016 bei Mückenhain unterwegs in Richtung Görlitz. Diese Lok war als Mietlok unter der Nummer 202 004-1 bereits im Oktober 2004 und vom 24. Oktober bis zum 16. November 2006 für die PRESS GmbH im Einsatz. Am 1. September 2007 erwarb das Unternehmen die Maschine und nummerte sie in 293 026 um. Bis Ende August 2018 blieb 293 026 im Eigentum der PRESS und wurde zum 31. August jenes Jahres an die Alstom Lokomotiven Service GmbH in Stendal verkauft. Links ist übrigens die Verbindungskurve zur Strecke Horka – Hoyerswerda zu erkennen. Aufnahme: Gunter von Hartwig

Bild 164 ▷
Das umfangreiche Leistungsangebot der PRESS GmbH beinhaltet auch heute noch den klassischen Arbeitszugdienst. Am 23. April 2024 sind dabei **204 033** und **204 237** in Annaberg-Buchholz Süd im Einsatz.

Aufnahme: Thomas Bartels

Bild 165 ▷
204 005 der PRESS hatte am 7. April 2015 einige „Emils" (Wagen der Gattung Eaos) am Haken, als sie in Hopfgarten (Strecke Flöha – Cranzahl) am Standort des Fotografen vorbeikam.

Aufnahme: Felix Seraphin

Bild 166 ▷
204 031 der PRESS GmbH steht mit einigen (ebenfalls „PRESS-blauen") Res-Wagen am Haken im Vorfeld des Würzburger Hauptbahnhofes. Der ICE „Treuchtlingen" (403 013) drängelte sich mit aufs Bild.

Aufnahme: Matthias Kümmel

◁ **Bild 167**
Eine illustre Fuhre stand am 27. Mai 2005 im Bahnhof Bad Bentheim Nord der Bentheimer Eisenbahn: EBW Cargo **V 150.01** + Arco Transportation 5200.04 + EBW Cargo V 270.06. Also eine V 100, eine V 180 und eine V 200. Alle drei Loks wurden für Arbeitszüge genutzt.

Aufnahme: Roland Hertwig

Eisenbahnbewachungs GmbH, NI Cargo

Die Eisenbahnbewachungs GmbH (EBW) – gegründet 1979 in Dachau und aufgrund von Insolvenz im März 2010 für zahlungsunfähig erklärt und damit aufgelöst worden – bot, wie der Unternehmername bereits verdeutlicht, vornehmlich die Bewachung von Eisenbahnen und Gleisanlagen an, hatte allerdings nach der Zulassung als EVU (März 2003) auch die Erbringung von Eisenbahnverkehrsleistungen im Portfolio. Dafür wurde von EBW extra die „Niederlassung Cargo“ gebildet. Zu den darin eingesetzten Lokomotiven gehörten u. a. auch Vertreterinnen der DR-Baureihe V 100, die sich sowohl im Eigentum des Unternehmens befanden als auch angemietet wurden. Dabei handelte es sich bei den Mietlokomotiven der GSG Knape Gleissanierung GmbH ausnahmslos um Maschinen des LEW-Typs V 100.5 (ex DR-Baureihe 110^9), ehemalige GRE-V 100.

Die bei EBW als V 100.18 geführte Lok war die ehemalige V 100 001^{II}, die – im März 1969 zunächst als Werklok an den VEB Kali- und Steinsalzwerk Bernburg geliefert, noch im selben Jahr zur Deutschen Reichsbahn gelangte und diese Loknummer in Zweitbesetzung erhielt. Die originale V 100 001 hatte es nicht bis zur EDV-Umzeichnung geschafft: Sie wurde unfallbedingt bereits 1967 z-gestellt und ausgemustert.

Zum Einsatz kamen die EBW-Loks bundesweit vor Arbeits- und Bauzügen sowie im Güterverkehr. Mit der Insolvenz gelangten sieben der acht zu diesem Zeitpunkt im Eigentum des Unternehmens befindliche V 100 an die Rail Transport Service Germany GmbH, München. Nur V 100.18 blieb noch in der Insolvenzmasse und wurde am 6. September 2012 von der Erfurter Bahnservice GmbH (EBS) übernommen.

◁ **Bild 168**
Am 16. August 2009 war **V 130.13** von EBW Cargo im Arbeitszugdienst in Osnabrück im Einsatz. Das Streckengleis aus Lüstringen (einem Ortsteil von Osnabrück) in Richtung Osnabrück Hbf wurde zuvor ausgetauscht. Die Aufnahme entstand von der Schellenbergbrücke aus. Im Vordergrund die Gleise der Magistrale Berlin – Minden – Rheine – Bad Bentheim, links zweigt die Verbindung zum oberen Bahnhofsteil (Strecke Münster – Osnabrück – Bremen) ab.

Aufnahme: André Schafstall-Klecker

Eisenbahnbewachungs GmbH (EBW)								
Typ	ex DB AG	Hersteller	Fabriknr.	Baujahr	Nr. bei EVU	Bemerkung	Motor	NVR-Nummer
V 100.1	201 883-1	LEW	14897	1975	293 005-5	12/07 – ?/? Mietlok von Gleisbau Rose [1]	12 KVD 18/21 A-3	–
V 100.5	710 961-4	LEW	17310	1983	V 150.01	?/04 – 07/07 Mietlok von GSG Knape [2]	CAT 3512 DI-TA	92 80 1293 507-0 D-EPOOL
V 100.5	710 962-2	LEW	17311	1983	V 150.02	?/04 – 07/07 Mietlok von GSG Knape	CAT 3512 DI-TA	92 80 1293 508-8 D-EPOOL
V 100.5	710 963-0	LEW	17312	1983	V 150.03	?/04 – 07/07 Mietlok von GSG Knape	CAT 3512 DI-TA	92 80 1293 509-6 D-EPOOL
V 100.5	710 966-3	LEW	17315	1983	V 150.04	?/04 – 07/07 Mietlok von GSG Knape	CAT 3512 DI-TA	92 80 1293 510-4 D-EPOOL
V 100.1	202 267-1	LEW	12549	1970	V 150.11	12/06 – 03/10 bei EBW	CAT 3512 DI-TA	92 80 1203 500-4 D-EBW
V 100.1	202 379-4	LEW	12888	1971	V 150.12	12/06 – 03/10 bei EBW	CAT 3512 DI-TA	92 80 1203 501-2 D-EBW
BR 293	– [3]	Adtranz	72340	1999	V 130.13	12/06 – 03/10 bei EBW	CAT 3512 DI-TA	92 80 1293 001-4 D-EBW
BR 293	– [3]	Adtranz	72360	2000	V 130.14	12/06 – 03/10 bei EBW	CAT 3512 DI-TA	92 80 1293 002-2 D-EBW
V 100.1	202 279-6	LEW	12561	1970	V 130.15	12/06 – 03/10 bei EBW	CAT 3512 DI-TA	92 80 1293 003-0 D-EBW
V 100.1	202 531-0	LEW	13570	1973	V 130.16	12/06 – 03/10 bei EBW	CAT 3512 DI-TA	92 80 1293 004-8 D-EBW
V 100.4	–	LEW	17851	1982	V 100.17	12/06 – 03/10 bei EBW	CAT 3512 DI-TA	98 80 3293 001-4 D-EBW
V 100.1	201 001-5	LEW	12403	1969	V 100.18	12/06 – 09/12 bei EBW	12 KVD 18/21 A-3	92 80 1204 900-5 D-EBW

[1] Gleisbau Martin Rose GmbH & Co. KGl [2] GSG Knape Gleissanierung GmbH [3] Spenderfahrzeug für Umbau nicht bekannt

Eisenbahn-Betrieb-Gesellschaft mbH (EBG)								
Typ	ex DB AG	Hersteller	Fabriknr.	Baujahr	Nr. bei EVU	Bemerkung	Motor	NVR-Nummer
V 100.4	–	LEW	16675	1981	1	08/99 – 12/99 bei EBG	CAT 3512 DI-TA	–
V 100.1	201 126-0	LEW	12427	1969	2	?/9x – ?/9x bei EBG	?	–
V 100.1	201 001-5	LEW	12403	1969	3	02/99 – ?/99 bei EBG	12 KVD 18/21 A-3	–
V 100.4	–	LEW	17851	1982	4	02/99 – ?/99 bei EBG	CAT 3512 DI-TA	–
V 100.4	–	LEW	17729	1983	5	?/9x – ?/93 bei EBG	CAT 3512 DI-TA	–

Eisenbahn-Betriebs-Gesellschaft mbH

Einst in Bergen auf Rügen ansässig, war die 1991 gegründete Eisenbahn-Betriebs-Gesellschaft mbH (EBG) eines der Tochterunternehmen der Westfälischen Almetalbahn GmbH (WAB). Aus der EBG wurde im Sommer 2006 die Klützer Kleinbahn GmbH, die wiederum im November desselben Jahres mit der WAB verschmolz. Aufgrund der etwas undurchsichtigen Dokumentenlage, scheint die EBG lediglich als „Durchgangsunternehmen" für Schienenfahrzeuge gedient zu haben, denn die im Eigentum dieser Firma vorhandenen V 100 blieben wohl nur kurze Zeit im Bestand und wurden alsbald weiterverkauft. Exakte Daten sind nur partiell bekannt.

Mit den als Lokomotiven 1, 4 und 5 eingereihten Maschinen waren auch drei Loks darunter, die nie eine Reichsbahnnummer trugen. Die Loks 1 und 4 wurde vom LEW Hennigsdorf im Mai 1981 bzw. April 1982 an den VEB Petrolchemisches Kombinat in Schwedt (Oder) geliefert (dort V 100.4-16 und V 100.4-17), Lok 5 kam im März 1983 zum VEB Kaliwerk „Ernst Thälmann" in Merkers (dort Werklok 1).

Eisenbahn-Betriebs-Gesellschaft Oberelbe

Von Februar 2000 bis Juli 2010 gab es die in Pirna ansässige Eisenbahn-Betriebs-Gesellschaft Oberelbe mbH (EBGO). Das Unternehmen war mit seinen Fahrzeugen im Bereich des Angebots von Leistungen und der Betriebsführung im Eisenbahnbetrieb sowie der Vermietung und dem Verleasen von Schienenfahrzeugen tätig.

Im Bestand der EBGO befanden sich insgesamt drei Lokomotiven, deren Ursprungsfahrzeuge aus der DR-V 100 stammten. Alle drei Maschinen wurden über verschiedene Zeiträume zwischen

Bild 169 ▷
Am 30. Mai 2003 steht die WAB-Lok 11 in Klostermansfeld-Benndorf als Arbeitsvorrat auf dem Abstellgleis der MaLoWa-Bahnwerkstatt. Die Lok befand sich als **Lok 1** in der zweiten Jahreshälfte 1999 für einige Monate im Bestand der EBG und gelangte von dort zur WAB.

Aufnahme: Matthias Röseler

Eisenbahn-Betriebs-Gesellschaft Oberelbe mbH (EBGO)								
Typ	ex DB AG	Hersteller	Fabriknr.	Baujahr	Nr. bei EVU	Bemerkung	Motor	NVR-Nummer
BR 293	–[1]	Adtranz	72350	1999	72350	11/00 – 02/02[2]	CAT 3512 DI-TA	–
BR 293	–[1]	Adtranz	72510	1999	V 115 001	12/00 – 05/01 Mietlok von Lokpool	CAT 3512 DI-TA	–
BR 293	–[1]	Adtranz	72520	2000	V 115 002	12/00 – 05/01 Mietlok von Lokpool	CAT 3512 DI-TA	–

[1] Spenderfahrzeug nicht bekannt [2] 03/01 – 07/01 untervermietet an Cargo Service GmbH, Linz; 07/01 – 09/01 untervermietet an EuroRail Deutschland GmbH

△ **Bild 170** • Die **EBGO-72350** war am 29. November 2000 gemeinsam mit einer V180 der WAB in Haspelmoor über einen Prellbock gefahren und entgleist. AUFNAHME: FRANK WEIMER

November 2000 und Februar 2002 von der Lokpool Verwaltungsgesellschaft in Kassel angemietet, nachdem sie zuvor bei Adtranz aus Reichsbahn-V 100 gemäß dem Konzept Baureihe 293 umgebaut worden waren. Von keiner der drei Lokomotiven ist allerdings das Spenderfahrzeug bekannt.

Eine EBGO-Lok – 72350 – wurde während ihrer Zeit bei diesem Unternehmen an weitere Firmen untervermietet. Die Maschinen erhielten keine gesonderte EBGO-Lackierung, sondern standen in den Farbgebungen des Vorbesitzers im Einsatz. Während diesbezüglich V 115 001 und 002 in der grünen Lackierung der WAB daherkamen, trug die 72350 eine weiße Lackierung mit zwei durchlaufenden blauen Streifen – ohne weitere Kennzeichnungen der EBGO.

Eisenbahn Bremen – Thedinghausen

Die Eisenbahn Bremen-Thedinghausen – aus der im Jahr 2001 die Bremen-Thedinghauser Eisenbahn GmbH entstand – hatte von November 1992 an eine Lok des LEW-Typ V 100.4 im Bestand, die im Juni 1981 an den VEB Braunkohlewerk „Alfred Scholz“ in Welzow geliefert wurde und dort als Di 485-100-B4 im Einsatz stand. Als V 105 bezeichnet und noch in der typischen orangenen Farbgebung einer Werklok-V 100, erlangte die Lok später aufgrund ihrer markanten wie einzigartigen Lackierung einige Aufmerksamkeit.

Eisenbahngesellschaft Ostfriesland-Oldenburg

Die heutige Eisenbahngesellschaft Ostfriesland-Oldenburg mbH – kurz e.g.o.o. – mit Hauptsitz in Hildesheim entstand aus der Interessengemeinschaft zur Reaktivierung der Bahnstrecke Abelitz – Aurich heraus. Zunächst führte das Unternehmen ab 2007 die Zuliefer- und Zwischenwerksverkehre für ENERCON – einem Herstel-

◁ **Bild 171** Am 20. Juni 2014 ist **203 147** der e.g.o.o. mit einem Güterzug von Aurich nach Emden unterwegs zwischen Aurich und Abelitz. Bei der Lok handelt es sich um die ehemalige 202 357 der DB AG.

AUFNAHME: STEPHAN KARKOWSKI

△ **Bild 172 • V 105** der Eisenbahn Bremen-Thedinghausen rangiert am 17. Mai 1993 im Bahnhof Leeste. Sie zeigt sich noch im Erscheinungsbild einer typischen Werklok-V 100, wird aber später als „Kuhflecken-Lok“ einige Berühmtheit erlangen.

AUFNAHMEN (2): ROLAND HERTWIG

Eisenbahn Bremen-Thedinghausen (BTh)

Typ	ex DB AG	Hersteller	Fabriknr.	Baujahr	Nr. bei EVU	Bemerkung	Motor	NVR-Nummer
V 100.4	–	LEW	16672	1981	V 105	?/92 – ?/01 bei BTh	?	–

ler von Windkraftanlagen mit Sitz in Aurich und Produktionsstandorten u. a. in Aurich (Sandhorst) und Magdeburg – durch. Seit 2012 ist e.g.o.o. deutschland- und europaweit auch im Drittkundengeschäft tätig. Zum 1. Dezember 2020 wurde das Unternehmen von der Hermann Bettels GmbH & Co. KG aufgekauft, blieb aber innerhalb dieses Firmengeflechts weiterhin eigenständig.

Bild 173 ▷
203 318 der Eisenbahngesellschaft Ostfriesland-Oldenburg (e.g.o.o.) bespannt am 3. Juni 2014 einen Containerzug von Aurich nach Rheine, der hier in Salzbergen zu sehen ist.

Eisenbahngesellschaft Ostfriesland-Oldenburg mbH (e.g.o.o.)

Typ	ex DB AG	Hersteller	Fabriknr.	Baujahr	Nr. bei EVU	Bemerkung	Motor	NVR-Nummer
V 100.1	202 349-7	LEW	12858	1971	203 001-3	03/08 – 09/08 Mietlok von ALS 1)	MTU 12V 4000 R10	–
V 100.1	202 654-9	LEW	14081	1974	203 012-0	?/? – ?/? Mietlok von hvle 2)	MTU 12V 4000 R10	92 80 1203 012-0 D-HVLE
V 100.1	202 433-9	LEW	13472	1972	203 105-2	10/15 – ?/15 Mietlok von hvle	CAT 3512 DI-TA	92 80 1203 105-2 D-HVLE
V 100.1	202 814-0	LEW	15086	1975	203 109-4	?/11 – ?/? Mietlok von hvle	CAT 3512 DI-TA	92 80 1203 109-4 D-HVLE
V 100.1	202 357-0	LEW	12866	1971	203 147-4	08/08 – 11/20 bei e.g.o.o., jetzt HBG 3)	CAT 3512 DI-TA	92 80 1203 147-4 D-EGOO
V 100.1	202 613-6	LEW	13931	1973	203 163-1	02/10 – ?/? Mietlok von NbE 4)	CAT 3512 DI-TA	92 80 1203 163-1 D-NBEG
V 100.1	202 318-2	LEW	12827	1970	203 318-1	03/11 – 11/20 bei e.g.o.o., jetzt HBG 5)	CAT 3512 DI-TA	92 80 1203 318-1 D-EGOO
V 100.1	201 889-3	LEW	16383	1978	20	05/22 – 08/22 + 01/24 – 04/24 Ml von EB 6)	CAT 3512 DI-TA	98 80 3293 024-6 D-EIB
V 100.1	202 725-7	LEW	14426	1974	V 1203	03/09 Mietlok von MWB 7)	CAT 3512 DI-TA	92 80 1202 725-8 D-MWB

1) Alstom Lokomotiven Service GmbH
2) Havelländische Eisenbahn AG, Berlin-Spandau
3) 08/08 – ?/11 als „V 100 e.g.o.o. 001“ bezeichnet (NVR-Nummer 92 80 1203 147-4 D-ECAU), dann Umzeichnung in 203 147-4 (NVR-Nr. 92 80 1203 147-4 D-EGOO); 01/19 – 02/19 vermietet an Emsländische Eisenbahn GmbH (EEB); seit 12/20 im Eigentum der Hermann Bettels GmbH & Co. KG, Hildesheim (HBG), Einsatz aber weiterhin durch e.g.o.o.
4) Nordbayerische Eisenbahngesellschaft mbH
5) 03/19 – ?/? vermietet an EEB; seit 12/20 bei HBG, Einsatz aber weiterhin durch e.g.o.o.
6) Mietlok von Erfurter Bahn GmbH
7) Mittelweserbahn GmbH

△ **Bild 174** • Im Einsatz für die Emsländische Eisenbahn GmbH war **203 147** der e.g.o.o. am 15. Februar 2019 mit einen Güterzug unterwegs von Dörpen nach Salzbergen, hier aufgenommen bei Leschede.

AUFNAHME: ROLAND HERTWIG

Im Verlauf der Jahre mietete e.g.o.o. immer wieder von Dritten Lokomotiven der DR-Baureihe V 100 an. Zwei Maschinen befanden sich über einen längeren Zeitraum auch im Eigentum des Unternehmens, die aber mit dem Verkauf der Firma an das neue „Mutter-Unternehmen“ gelangten. Beide Loks kommen aber weiterhin für e.g.o.o. zum Einsatz.

Eisenbahn Logistik Leipzig GmbH

Die im Juli 2005 gegründete Eisenbahn Logistik Leipzig GmbH war bis Anfang 2022 als Dienstleister im Eisenbahnbetrieb tätig und ging dann im Februar jenes Jahres in der Aus- und Weiterbildung Eisenbahnverkehr GmbH auf – blieb allerdings noch eigenständig als EVU bestehen. Unklar ist, ob das Unternehmen – Stand Ende 2025 – noch aktiv ist, denn auf der Internetseite der ELL wird darauf verwiesen, dass keine Dienstleistungen oder Personalgestellung realisiert werden kann. Das letzte Update der Seite lag zu diesem Zeitpunkt bereits fast neun Jahre zurück. Dies lässt darauf schließen, dass ELL seine Dienste entweder eingestellt oder stark eingeschränkt hat …

Neben zwei Mietlokomotiven, von denen eine – 112 708 der Regio Infra Service Sachsen GmbH, Chemnitz (RIS) – auch nur wenige Tage für die Eisenbahn Logistik Leipzig GmbH im Einsatz war (14.10. – 19.10. und 24.10. – 03.11.2008), hatte das Leipziger Unternehmen nur eine Maschine aus der V 100-Familie fest im Eigentum – dies aber über mehr als acht Jahre. Bei ihr handelte es sich um die 203 843, die bei Alstom in Stendal gemäß dem Umbaukonzept Baureihe 203.1 aus der ehemaligen 202 843 (ex 112 843, ex 110 843) entstand. Sie kam im August 2008 unmittelbar aus dem Alstom-Werk in den Bestand der ELL und wurde im September 2016 an die RIS weiterverkauft, bei der sich die Lok auch Anfang 2026 noch befand.

Eisenbahn Logistik Leipzig GmbH (ELL)

Typ	ex DB AG	Hersteller	Fabriknr.	Baujahr	Nr. bei EVU	Bemerkung	Motor	NVR-Nummer
V 100.1	202 708-4	LEW	14409	1974	112 708-3	10/08 – 11/08 Mietlok von RIS [1]	CAT 3512 DI-TA	92 80 1202 708-4 D-RIS
V 100.1	202 483-4	LEW	13522	1972	203 502-0	04/06 – ?/06 Mietlok von ALS [2]	12 KVD 18/21 AL-4	–
V 100.1	202 843-9	LEW	15228	1976	203 843-8	07/08 – 09/16 bei ELL	CAT 3512 DI-TA	92 80 1203 145-8 D-ELL

[1] Regio Infra Service Sachsen GmbH [2] Alstom Lokomotiven Service GmbH

△ **Bild 175** • Die einzige V 100 bzw. Umbau-V 100 die sich im Eigentum der Eisenbahn Logistik Leipzig GmbH befand, war **203 843**, die ihre Dienste von August 2008 bis September 2016 für dieses Unternehmen leistete. Im Anschluss wechselte sie zur RIS. Die Aufnahme entstand am 14. Juni 2017, als sich die Lok bereits bei der RIS befand. Als Vorspannlok vor 202 743 passiert sie mit einem Holzzug den Bahnhof Berthelsdorf an der Strecke Holzhau – Freiberg (Sachs).

AUFNAHME: FELIX SERAPHIN

Bild 176 ▷ Von der ESG an das Unternehmen Leonhard Weiss vermietet, war **Lok 2** am 22. August 2001 im Bauzugdienst in Neuenburg (Enz) im Einsatz.

Aufnahme: Hansjörg Brutzer

Eisenbahn Service Gesellschaft mbH (ESG)

Typ	ex DB AG	Hersteller	Fabriknr.	Baujahr	Nr. bei EVU	Bemerkung	Motor	NVR-Nummer
V 100.1	201 883	LEW	16377	1977	2	03/01 – 04/07 bei ESG [1]	12 KVD 18/21 A-3	–
V 100.4	–	LEW	16677	1981	134	06/03 – 08/03 Mietlok von RFW [2]	CAT 3512 DI-TA	–

[1] 2001 vermietet an Leonhard Weiss GmbH & Co. KG, später an Monti GmbH & Co. KG (genaue Daten nicht bekannt)
[2] Regental Fahrzeugwerkstätten GmbH, Reichenbach (Vogtl)

Eisenbahn und Häfen GmbH (EH)

Typ	ex DB AG	Hersteller	Fabriknr.	Baujahr	Nr. bei EVU	Bemerkung	Motor	NVR-Nummer
V 100.1	110 056-9	LEW	11894	1968	11894	01/96 Mietlok von Lokpool *	CAT 3508 DI-TA	–
V 100.1	201 890-1	LEW	16384	1978	902	02/97 – 11/97 Mietlok von Lokpool	CAT 3512 DI-TA	–
V 100.1	201 878-6	LEW	16372	1977	903	11/97 – 04/98 Mietlok von Lokpool	MTU 12V 396 TC14	–

* Lokpool Verwaltungsgesellschaft mbH & Co. Vermietungs KG, Kassel

Eisenbahn Service Gesellschaft mbH

Über zwei Vertreterinnen der V 100-Familie verfügte die in Vaihingen (Enz) ansässige Eisenbahn Service Gesellschaft mbH (ESG). Während eine Maschine – eine ehemalige Werklok des VEB Leuna Werke „Walter Ulbricht“ (dort „134“) – im Sommer 2003 für zwei Monate von der Regental Fahrzeugwerkstätten GmbH, Reichenbach (Vogtl), angemietet wurde, befand sich 201 883 von März 2001 bis April 2007 im Eigentum des Unternehmens. Eingereiht als „2“, ist diese Lok von der ESG auch vermietet worden. Nach ihrer Zeit bei der ESG gelangte 201 883 über einen Zwischenhändler an die Valditerra Lavori Ferroviari S.p.A., Novi Ligure (Italien).

Eisenbahn & Häfen GmbH

Im Jahr 2011 im Thyssen Steel Europe-Konzern aufgegangen, wickelte die Eisenbahn und Häfen GmbH (EH) in Duisburg bei zahlreichen Anschluss- und Werkbahnen im Ruhrgebiet mit ihren Fahrzeugen und Dienstleistungen den Eisenbahnbetrieb ab, darunter u. a. auch Thyssen-Krupp und Mannesmann. Im Januar 1996 wurde von dem Unternehmen erstmal eine bei der ABB Daimler Benz Transportation GmbH nach dem Konzept Baureihe 293 umgebaute, ehemalige DR-V 100 für einige Tage angemietet, der 1997 noch zwei weitere solche Loks folgten. Allerdings standen die Fahrzeuge nur einige Monate in Diensten der EH.

△ **Bild 177** • Nach ihrem Einsatz für die Eisenbahn und Häfen GmbH als **903** gelangte die Lok zur AAE nach Alstätte, wo am 3. Juni 1998 diese Aufnahme entstand.

Aufnahme: Roland Hertwig

△ **Bild 178** • Am 14. September 2007 entstand diese Aufnahme der **V 203.02** der Eisenbahnbetriebe Mittlerer Neckar GmbH in Untertürkheim. Als 202 364 der DB AG wurde die Lok erst im April 2000 im Betriebshof Halle G z-gestellt und zum 31. Mai jenes Jahres ausgemustert. AUFNAHME: WOLFGANG SCHIMMEYER

Eisenbahnbetriebe Mittlerer Neckar GmbH

Als EVU für die Gesellschaft zur Erhaltung von Schienenfahrzeugen e. V. (GES) wurde im November 1996 die Eisenbahnbetriebe Mittlerer Neckar (EMN) GmbH gegründet, die ihren Sitz in Kornwestheim hat. Allerdings blieb es nicht alleine bei Aufgaben für die GES, vielmehr entwickelte sich die EMN zu einem Dienstleistungsunternehmen, welches auch im Bereich des Güterverkehrs, in der Lotsen- und Lokführergestellung, bei Überführungsfahrten und im Rangierdienst tätig wurde. Im Fahrzeugbestand befanden sich zwischen August 2005 und September 2009 u. a. auch zwei ehemalige Reichsbahn-V 100, die als V 203 01 und V 203 02 eingereiht wurden. Beide Maschinen waren während ihrer Zeit im Eigentum der EMN nicht nur für das Kornwestheimer Unternehmen im Einsatz, sondern standen als Mietloks zeitweise auch in Diensten der Bayerischen CargoBahn. Im Juli 2009 übernahm die Uwe Adam EVU GmbH in Eisenach die Lokomotiven.

Aus der Eisenbahnbetriebe Mittlerer Neckar GmbH entstand 2011 die EMN-EVU GmbH.

Eisenbahnen und Verkehrsbetriebe Elbe-Weser GmbH

In Zeven bzw. im Gebäude des ehemaligen Bahnhofs Zeven Süd an der heute nur noch im Güterverkehr befahrenen Strecke

Eisenbahnbetriebe Mittlerer Neckar GmbH (EMN)

Typ	ex DB AG	Hersteller	Fabriknr.	Baujahr	Nr. bei EVU	Bemerkung	Motor	NVR-Nummer
V 100.1	202 466-9	LEW	13505	1972	V 203 01	08/05 – 07/09 bei EMN [1]	CAT 3512 DI-TA	92 80 1202 466-9 D-EMN
V 100.1	202 364-6	LEW	12873	1971	V 203 02	08/05 – 07/09 bei EMN [2]	CAT 3512 DI-TA	92 80 1202 364-6 D-EMN

[1] 08/06 vermietet an Bayerische CargoBahn (BCB) GmbH, Neu Ulm

[2] 07/06 & 08/06 vermietet an BCB

▽ **Bild 179** • West- und Ost-V 100 im Vergleich bei den Eisenbahnen und Verkehrsbetrieben Elbe-Weser (EVB) in Bremervörde. Am 1. Mai 2001 hatte diese illustre Runde ihre Feiertagsruhe: rechts: Leihlok **203 502** des Schienenfahrzeugzentrums Stendal (vermietet an die EVB), in der Mitte die EVB-Loks 286 + 285 sowie BGW-Leihlok DE 300.01, links der VT 153. AUFNAHME: ROLAND HERTWIG

Bild 180 ▷
202 753 befand sich zwar seit 1999 im Eigentum Mittelweserbahn GmbH, wurde allerdings von September 2013 bis April 2021 von der EVB eingesetzt. Vermietet an die Emsländische Eisenbahn, rangiert die Lok am 22. August 2019 im Bahnhof Meppen.

Eisenbahnen und Verkehrsbetriebe Elbe-Weser GmbH (EVB)

Typ	ex DB AG	Hersteller	Fabriknr.	Baujahr	Nr. bei EVU	Bemerkung	Motor	NVR-Nummer
V 100.4	–	LEW	16672	1981	1001	07/11 – ?/? Mietlok von BTE [1]	CAT 3512 DI-TA	98 80 3293 002-2 D-BTE
V 100.1	202 630-0	LEW	13948	1973	V 1202	Eigentum MWB [2]	CAT 3512 DI-TA	92 80 1202 630-0 D-MWB
V 100.1	202 725-8	LEW	14426	1974	202 725 [3]	Eigentum MWB [4]	CAT 3512 DI-TA	92 80 1202 725-8 D-EVB
V 100.1	202 753-0	LEW	14454	1974	202 753 [5]	Eigentum MWB [4]	CAT 3512 DI-TA	92 80 1202 753-0 D-MWB
V 100.1	202 768-8	LEW	14469	1975	203 102 [6]	Eigentum MWB [7]	CAT 3512 DI-TA	92 80 1203 102-9 D-MWB
V 100.1	202 827-2	LEW	14891	1975	202 103 [8]	Eigentum MWB [9]	CAT 3512 DI-TA	92 80 1203 103-7 D-MWB
V 100.1	202 260-6	LEW	12542	1970	203 501-2	07/01 – 09/01 Mietlok von MWB	CAT 3512 DI-TA	–
V 100.1	202 483-4	LEW	13522	1972	203 502-0	?/00 – 12/01 Mietlok von SFZ [10]	12 KVD 18/21 AL-4	–
V 100.1	202 264-8	LEW	12546	1970	203 504-6	?/00 – 10/01 Mietlok von SFZ	12 KVD 18/21 AL-4	–

[1] Bremen - Thedinghauser Eisenbahn GmbH, Weyhe-Leeste, Lok war von Vossloh Locomotives GmbH untervermietet
[2] Mittelweserbahn GmbH, Bruchhausen-Vilsen; 09/13 – ?/15 Einsatz durch EVB
[3] bis 2015 als V 1203 bezeichnet
[4] 09/13 – 04/21 Einsatz durch EVB
[5] bis 2015 als V 1201 bezeichnet
[6] bis 05/16 als V 1701 bezeichnet
[7] 09/13 – 2020 (?) Einsatz durch EVB, dann Abstellung mit Fristablauf
[8] bis 2016 als V 1702 bezeichnet
[9] ?/? – 03/21 Einsatz durch EVB
[10] Schienenfahrzeugzentrum Stendal

Bremervörde – Rotenburg (Wümme) hat die 1981 gegründete Eisenbahnen und Verkehrsbetriebe Elbe-Weser GmbH (EVB) ihren Sitz. Betrieblicher Mittelpunkt des Unternehmens ist Bremervörde. Die EVB ist sowohl im Güter- als auch Personenverkehr tätig und sorgte durch den weltweit ersten planmäßigen Einsatz von Wasserstoffzügen für Schlagzeilen.

Im Jahr 2013 übernahm die EVB die Mittelweserbahn GmbH (MWB). Deren Fahrzeuge blieben zwar im Eigentum der MWB – die fortan als Logistiksparte bei der EVB GmbH integriert war –, sie wurden aber von der EVB eingesetzt. Nicht zuletzt auch dadurch leisteten zahlreiche DR-V 100 ihre Dienste für die EVB, wobei einige Maschinen angemietet waren. Stand Ende 2025 befand sich allerdings keine solche Lokomotiven mehr im Bestand der EVB.

Bild 181 ▷
202 753 der Eisenbahnen und Verkehrsbetriebe Elbe-Weser passiert im Mieteinsatz bei der Emsländischen Eisenbahn am 22. August 2019 mit einem Müllcontainer-Zug nach Salzbergen den Bahnhof Lingen (Ems).

Aufnahmen (2): Roland Hertwig

◁ **Bild 182**
Lok 22 der Erfurter Industriebahn trug den Beinamen „Lisa 2". Am 16. Oktober 2005 entstand diese Aufnahme der Lok mit einem Müllcontainerzug am Haken in Großkorbetha.

AUFNAHME: DANIEL BERG

Erfurter Bahn GmbH (EB)

Typ	ex DB AG	Hersteller	Fabriknr.	Baujahr	Nr. bei EVU	Bemerkung	Motor	NVR-Nummer
V 100.1	201 889-3	LEW	16383	1978	20	seit 03/07 bei der EB [1]	CAT 3512 DI-TA	98 80 3293 024-6 D-EIB
BR 293	–*	Adtranz	72570	2000	22	seit 03/07 bei der EB [2]	CAT 3512 DI-TA	98 80 3293 025-3 D-EIB
V 100.4	–	LEW	16672	1981	293 002-2	?/13 – ?/? Mietlok von Raildox [3]	CAT 3512 DI-TA	98 80 3293 002-2 D-RDX
V 100.4	–	LEW	16580	1981	293 021-2	06/08 – 08/08 Mietlok von nowu [4]	CAT 3512 DI-TA	98 80 3293 021-2 D-NTW

*Spenderlok nicht bekannt
[1] 05/22 – 08/22 & 01/24 – 04/24 vermietet an Eisenbahngesellschaft Ostfriesland-Oldenburg mbH
[2] 06/07 – 09/07 vermietet an Erfurter Bahnservice Gesellschaft mbH
[3] Raildox GmbH & Co. KG
[4] nowu-trans GmbH

Erfurter Industriebahn GmbH (EIB)

Typ	ex DB AG	Hersteller	Fabriknr.	Baujahr	Nr. bei EVU	Bemerkung	Motor	NVR-Nummer
V 100.1	110 056-9	LEW	11894	1968	11894	02/96 – 12/96 Mietlok von Lokpool [1]	CAT 3508 DI-TA	–
V 100.1	201 889-3	LEW	16383	1978	20	05/96 – 03/07 bei der EIB	CAT 3512 DI-TA	98 80 3293 024-6 D-EIB
V 100.4	–	LEW	16580	1981	21	?/97 – 05/05 bei der EIB	CAT 3512 DI-TA	–
BR 293	–*	Adtranz	72570	2000	22	04/02 – 03/07 bei der EIB	CAT 3512 DI-TA	98 80 3293 025-3 D-EIB

[1] Lokpool Verwaltungsgesellschaft mbH & Co. Vermietungs KG, Kassel
* Spenderlok nicht bekannt

Erfurter Bahn GmbH

Die Erfurter Bahn (EB) GmbH entstand im März 2007 aus der Umbenennung der Erfurter Industriebahn (EIB) GmbH. Das Unternehmen befindet sich zu 100 % im Eigentum der Stadt Erfurt.

Mit der Umbenennung wechselten auch die Fahrzeuge der EIB in den Bestand der EB, darunter die bei ABB Daimler Benz Transportation GmbH bzw. Adtranz gemäß dem Konzept Umbau Baureihe 293 entstandenen Loks 20 und 22. Sie befanden sich Ende 2025 noch immer im Bestand der EB. Dabei sind die Maschinen zeitweise auch an andere Eisenbahngesellschaften vermietet worden, während die EB im Jahr 2013 sowie 2008 selbst DR-V 100 anmietete.

Erfurter Industriebahn

Bereits seit dem Jahr 1912 betrieb die Stadt Erfurt im Nordosten des Stadtgebietes eine Industriebahn, die auch zu Zeiten des real existierenden Sozialismus in der DDR seine Eigenständigkeit bewahren konnte und als städtischer Eigenbetrieb geführt wurde. Ab dem 1. Mai 1990 wurde dieser Betrieb zur Fortführung der Verkehre als Erfurter Industriebahn (EIB) GmbH geführt, wobei die Gesellschaft vollständig in den Händen der Stadt Erfurt lag.

Als erstes städtisches Unternehmen in den fünf neuen Bundesländern ist die EIB im September 1995 als öffentliches nichtbundeseigenes Eisenbahnverkehrsunternehmen anerkannt worden. Obwohl zunächst das Hauptaugenmerk auf dem Güterverkehr lag, bestand seitens der EIB GmbH von Beginn an auch das Ziel, Schienenpersonenverkehr durchzuführen, was mit der Erteilung der entsprechenden Genehmigung im April 1997 auch eisenbahnrechtlich möglich wurde. Ab Mai 1998 führte die EIB erstmals einen SPNV auf der Strecke Erfurt – Bad Langensalza – Leinefelde – Heiligenstadt durch, der in den folgenden Jahren weitere Strecken folgten.

Für den Güterverkehr hatte die EIB insgesamt vier DR-V 100 im Bestand, von denen eine Lok, die als 11894 bezeichnet wurde, von Lokpool angemietet war.

Im März 2007 wurde die EIB in Erfurter Bahn GmbH umbenannt. Damit wechselten sowohl die Fahrzeuge als auch die Verkehrsleistungen auf das neue Unternehmen über.

Bild 183 ▷
Auch **Lok 20** der Erfurter Industriebahn trug zusätzlich noch einen Beinamen: „Lisa 1". Diesen behielt sie auch nach der Umbenennung des Unternehmens in Erfurter Bahn GmbH, gleichsam wurde die Farbgebung der beiden 293 nicht geändert. Hier steht Lok 20 am 13. Oktober 2007 im Rahmen eines Eisenbahnfestes auf dem Gelände des Thüringer Eisenbahnvereins in Weimar.

Bild 184 ▷
Bei der Überführung eines Arbeitszuges leistete **Lok 22** der Erfurter Bahn am 10. August 2007 ihre Dienste. Soeben hat sie den Bahnhof Großkorbetha passiert.

Aufnahmen (2): Daniel Berg

Bild 185 ▷
110 001[II] der Erfurter Bahnservice GmbH, aufgenommen am 6. Februar 2018 in Naumburg. Die Lok erhielt die Nummer 001 bei der Deutschen Reichsbahn im Jahr 1969 in Zweitbesetzung, nachdem die originale V 100 001 nach einem Unfall verschrottet werden musste.

Aufnahme: Volker Lucas, Sammlung. A. Zika

◁ **Bild 186**
Aufgrund nicht vorhandener Anschriften nicht wirklich ersichtlich, handelt es sich bei dieser Lok um **202 738** der EBS GmbH. Am 4. Mai 2014 präsentiert sich die Maschine auf der Drehscheibe im ehemaligen Bw Gera, wobei die Lackierung der Lok noch deutlich auf den Vorbesitzer hinweist.

Erfurter Bahnservice Gesellschaft mbH (EBS)

Typ	ex DB AG	Hersteller	Fabriknr.	Baujahr	Nr. bei EVU	Bemerkung	Motor	NVR-Nummer
V 100.1	201 001-5	LEW	12403	1969	110 001-5 *	seit 09/12 bei EBS [1]	12 KVD 18/21 A-3	92 80 1204 900-5 D-EBS
V 100.1	201 865-3	LEW	15383	1976	201 865-3	12/13 – 10/23 bei EBS, Ersatzteilspender	12 KVD 18/21 A-3	98 80 3201 865-3 D-EBS
V 100.1	202 057-6	LEW	11895	1968	202 057-6	12/13 – 02/25 bei EBS [2]	12 KVD 18/21 AL-4	98 80 3202 057-6 D-EBS
V 100.1	202 240-7	LEW	12522	1970	202 240-8	04/14 – 12/14 Mietlok von Uwe Adam [3]	CAT 3512 DI-TA	92 80 1202 240-8 D-BWESA
V 100.1	202 364-6	LEW	12873	1971	202 364-6	05/14 – 12/14 Mietlok von Uwe Adam	CAT 3512 DI-TA	92 80 1202 364-6 D-BWESA
V 100.1	202 466-9	LEW	13505	1972	202 466-9	04/14 – 12/14 Mietlok von Uwe Adam	CAT 3512 DI-TA	92 80 1202 466-9 D-BWESA
V 100.1	202 487-5	LEW	13526	1972	202 487-5	12/13 – 02/25 bei EBS [4]	12 KVD 18/21 AL-4	98 80 3202 487-5 D-EBS
V 100.1	202 597-1	LEW	13915	1973	202 597-1	02/12 – 12/24 bei EBS [5]	CAT 3512 DI-TA	92 80 1202 597-1 D-EBS
V 100.1	202 738-1	LEW	14439	1974	202 738-1	10/11 – 12/24 bei EBS	CAT 3512 DI-TA	92 80 1202 738-1 D-EBS
BR 293	– [6]	Adtranz	72570	2000	22	06/07 – 09/07 Mietlok von EB [7]	CAT 3512 DI-TA	98 80 3293 025-3 D-EIB
BR 293	– [6]	Adtranz	72030	1999	293 516-1	?/14 – 04/15 Mietlok von EAH [8]	MTU 12V 396 TC14	92 80 1293 516-1 D-BUVL
BR 293	– [6]	Adtranz	72360	2000	293.070	06/10 – 08/10 Mietlok von RTS [9]	CAT 3512 DI-TA	92 80 1293 002-2 D-RTS

[*] bis 2016 als 201 001-5 bezeichnet; [1] 2024 mit Fristablauf abgestellt; [2] 2016 mit Fristablauf abgestellt; [3] Uwe Adam EVU GmbH, Eisenach; [4] ?/21 – 02/25 Leihgabe an TEV Weimar e. V.; [5] bereits 2008 durch EBS kurzzeitig von der Uwe Adam EVU GmbH angemietet; [6] Spenderlok unbekannt; [7] Erfurter Bahn GmbH, Erfurt; [8] Eisenbahn Anlagen Handel GmbH, Duisburg; [9] Rail Transport Service Germany GmbH, München

Erfurter Bahnservice

Nachdem im Jahr 2006 die Erfurter Bahnservice (EBS) GmbH gegründet wurde, erhielt das Unternehmen im Jahr darauf die Zulassung als öffentliches Eisenbahnverkehrsunternehmen. In Verbindung mit der Fahrzeugwerke Karsdorf GmbH, die zum Firmenverbund der EBS gehört, hat sich die Erfurter Bahnservice GmbH zu einem der bedeutendsten EVUs im mitteldeutschen Raum entwickelt, dessen Fahrzeuge bundesweit im Einsatz sind. Zum Bestand der EBS gehörten auch einige Vertreterinnen der DR-Baureihe V 100 bzw. deren Umbauvariante Baureihe 293. Dabei hatte die Erfurter Firma sowohl Mietloks in Nutzung als auch Maschinen

◁ **Bild 187**
Die schwarze Farbgebung ihrer Fahrzeuge ist eines der Markenzeichen der EBS GmbH. Mit einem Kesselwagenzug verlassen **202 597** und die inzwischen umlackierte **202 738** am 28. März 2024 den Bahnhof Großkorbetha in Richtung Weißenfels.

Aufnahmen (2): Volker Lucas, Sammlung A. Zika

Bild 188 ▷ Die EGP hatte nur eine ehemalige Reichsbahn-V100 im Eigentum: **202 547**. Die beiden anderen EGP-Loks aus dieser Baureihenfamilie waren angemietet. Mit einer Class 66 im Schlepp ist sie am 9. November 2008 in Gusow-Platow (Strecke Berlin – Küstrin) unterwegs in Richtung Küstrin.

Aufnahme: Gunter von Hartwig

im Eigentum. Stand Ende 2025 befand sich noch eine Lok dieser Baureihe bei der EBS GmbH: 110 001. Sie ist allerdings nach Fristablauf im Jahr 2024 nicht betriebsfähig abgestellt.

Eisenbahngesellschaft Potsdam GmbH

Die Eisenbahngesellschaft Potsdam (EGP) GmbH wurde im Februar 2005 gegründet und erhielt im April jenes Jahres die Genehmigung zur Erbringung von Schienenverkehrsleistungen im Personen- und Güterverkehr. Der ursprüngliche Sitz der Gesellschaft in Potsdam wurde 2021 nach Wittenberge verlegt.

Das Unternehmen war zunächst nur im Güterverkehr tätig, führte dann aber zwischen 2010 und 2013 über die Städtebahn Sachsen GmbH – einer EGP-Tochtergesellschaft – auch Personenverkehr im Raum Dresden durch. Ab Dezember 2012 betrieb die EGP zudem den Personenverkehr auf den Strecken Meyenburg – Pritzwalk und Pritzwalk – Neustadt (Dosse). Aus dieser „EGP-Sparte" ging 2014 die Hanseatische Eisenbahn GmbH hervor. Zu diesem Zeitpunkt gehörte EGP bereits zur ENON GmbH (Übernahme im September 2010), blieb allerdings weiterhin eigenständig.

Zum Fahrzeugbestand der EGP GmbH gehörten bisher drei DR-V 100, wobei zwei Loks nur zeitweise angemietet waren. Nur 202 547 befand sich im Eigentum der EGP.

Eisenbahngesellschaft Potsdam GmbH (EGP)

Typ	ex DB AG	Hersteller	Fabriknr.	Baujahr	Nr. bei EVU	Bemerkung	Motor	NVR-Nummer
V 100.1	202 547-6	LEW	13568	1973	202 547-6	03/07 – 09/10 bei EGP [1]	12 KVD 18/21 AL-4	98 80 3202 547-6 D-EGP
V 100.1	202 597-1	LEW	13915	1973	202 597-1	2008 Mietlok von Uwe Adam [2]	CAT 3512 DI-TA	–
V 100.1	202 718-3	LEW	14419	1974	203 007-0	02/17 – ?/? Mietlok von EWL [3]	MTU 12V 4000 R10	92 80 1203 007-0 D-EFM

[1] Lok anschließend im Eigentum der ENON Gesellschaft mbH & Co. KG, Putlitz; von EGP wieder angemietet
[2] Untervermietet von der Lotrac Eisenbahnverkehrsunternehmen GmbH, Eisenach
[3] European Wagon Lease Asset GmbH & Co. KG, Hamburg

Bild 189 ▷ Vor der Werkstatt der EGP in Meyenburg standen am 19. April 2022 u. a. die **202 547** der EGP (als Dauermietlok von der „Muttergesellschaft" ENON GmbH) und der Triebwagen 672 903 (ex Burgenlandbahn).

Aufnahme: Frank Heilmann

ECCO-Cargo-Rail GmbH (ECCO)								
Typ	ex DB AG	Hersteller	Fabriknr.	Baujahr	Nr. bei EVU	Bemerkung	Motor	NVR-Nummer
V 100.1	202 287-9	LEW	12751	1970	V 100.02	Eigentum von SETG *	CAT 3508 DI-TA	98 80 3202 287-9 D-ECCO
V 100.1	202 494-1	LEW	13533	1972	V 100.03	Eigentum von SETG *	12 KVD 18/21 AL-4	98 80 3202 494-1 D-ECCO
V 100.1	202 787-8	LEW	14844	1975	V 100.04	Eigentum von SETG *	12 KVD 18/21 AL-4	98 80 3202 787-8 D-ECCO

* Salzburger Eisenbahn TransportLogistik GmbH, Salzburg; 06/13 – 08/14 Einsatz der Lok durch ECCO

△ **Bild 190** • Am 26. Oktober 2013 stand die **V 100.04** der STEG auf der Anschlussbahn Birkus in Chemnitz vor der Halle der RIS. Zu diesem Zeitpunkt wurde die Lok von ECCO-Cargo-Rail eingesetzt. AUFNAHME: FELIX SERAPHIN

EfW-Eisenbahntours

Im September 2001 wurde die EfW-Eisenbahntours (EfW-E) GmbH mit Sitz in Köln gegründet. Das Kürzel EfW stand für die Eisenbahnfreunde Westerwald. Bereits vor ihrer Gründung erwarb die EfW-E im August 2001 von Adtranz in Kassel eine Lok der Baureihe 293, deren Spenderfahrzeug leider nicht bekannt ist. Bei der EfW-Eisenbahntours GmbH erhielt sie die Bezeichnung V 100 001. Von Juni 2002 bis Dezember 2003 war die Lok an die EfW-Verkehrsgesellschaft mbH vermietet. Allerdings wurde bereits im Mai 2002 ein Insolvenzverwalter für die EfW-E bestellt, die Liquidation der Gesellschaft begann im Juli jenes Jahres und war Ende 2005 abgeschlossen.

ECCO-Cargo-Rail GmbH

Von Juni 2013 bis August 2014 hatte die seit September 2011 in Freilassing (zuvor in Erfurt) ansässige ECCO-Cargo-Rail GmbH drei Lokomotiven angemietet, die aus der V 100-Baureihenfamilie stammten und sich zu diesem Zeitpunkt alle im Eigentum der Salzburger Eisenbahn TransportLogistik (SETG) GmbH befanden. Seit dem 21. August 2014 firmiert die ECCO-Cargo-Rail GmbH unter dem Namen S-Rail GmbH mit Sitz in Salzburg als eine der zahlreichen Tochtergesellschaften der SETG. Deren DR-V 100-Bestand ist dann in diesem Kapitel bei den EVU mit „S" gelistet.

EfW-Verkehrsgesellschaft

Kurz nach der EfW-Eisenbahntours GmbH kam es im November 2001 zur Gründung der EfW-Verkehrsgesellschaft (EfW-V) GmbH, die ihren Hauptsitz in Frechen hat und deren Tätigkeitsfeld ausschließlich im Güterverkehr liegt.

EfW-Eisenbahntours GmbH (EfW-E)								
Typ	ex DB AG	Hersteller	Fabriknr.	Baujahr	Nr. bei EVU	Bemerkung	Motor	NVR-Nummer
BR 293	–1)	Adtranz	72800	2001	V 100 001	08/01 – 12/02 bei EfW-E 2)	CAT 3512 DI-TA	–

1) Spenderlok nicht bekannt 2) 06/02 – 12/02 vermietet an an EfW-Verkehrsgesellschaft mbH, Frechen

◁ **Bild 191**
Die bei der EfW-Verkehrsgesellschaft GmbH als **203 006-2** bezeichnete und aus 202 530 entstandene Adtranz-Umbaulok war von März 2010 bis März 2018 im Fahrzeugbestand des Unternehmens. Bei dieser Aufnahme vom 25. September 2011 leistet sie ihre Dienste im Arbeitszugdienst in Heidelberg-Wieblingen.

AUFNAHME: CHARLY KISSEL

EfW-Verkehrsgesellschaft GmbH (EfW-V)

Typ	ex DB AG	Hersteller	Fabriknr.	Baujahr	Nr. bei EVU	Bemerkung	Motor	NVR-Nummer
V 100.1	202 530-2	LEW	13569	1973	203 006-2	03/10 – 03/18 bei EfW-V	MTU 12V 4000 R10	92 80 1203 006-2 D-EFW
V 100.1	202 260-6	LEW	12542	1970	203 501-2	02/03 – 09/04 Mietlok von ALS [1]	CAT 3512 DI-TA	–
V 100.1	202 483-4	LEW	13522	1972	203 502-0	01/03 – 12/03 + 07/04 – 12/04 Ml von ALS	12 KVD 18/21 AL-4	–
V 100.1	202 787-8	LEW	14844	1975	203 503-8	06/03 – 07/04 Mietlok von ALS	12 KVD 18/21 AL-4	–
BR 293	– [2]	Adtranz	72800	2001	V 100 001	06/02 – 12/02 Mietlok von EfW-E [3]	CAT 3512 DI-TA	–
BR 293	– [2]	Adtranz	72520	2000	V 100 002	03/02 – 12/02 Mietlok von Lokpool [4]	CAT 3512 DI-TA	–
V 100.1	201 075-9	LEW	11913	1968	V 100 003	08/02 – 12/02 Mietlok von Lokpool	CAT 3508 DI-TA	–
V 100.1	201 833-1	LEW	14897	1975	V 100 004	08/02 – 12/02 Mietlok von Lokpool	CAT 3508 DI-TA	–

[1] Alstom Lokomotiven Service GmbH [2] Spenderlok unbekannt [3] EfW-Eisenbahntours GmbH

[4] Lokpool Verwaltungsgesellschaft mbH & Co. Vermietungs KG

Unter den Fahrzeugen, die ihre Dienste für das Unternehmen leisteten, befinden sich auch einige Reichsbahn-V 100, wobei sich von den insgesamt acht Lokomotiven nur eine im Eigentum der EfW-Verkehrsgesellschaft befand: 203 006 (ex 202 530). Alle anderen waren für ihre Einsätze angemietet worden. Die Lok gelangte im März 2010 von der Alstom Lokomotiven Service GmbH in Stendal zur EfW-V und fünf Jahre später, im März 2018, auch wieder dorthin zurück.

△ **Bild 192 • V 100 001** der EfW-Eisenbahntours GmbH war von Juni 2002 bis Dezember 2002 an die EfW-Verkehrsgesellschaft vermietet. Am 25. November 2001 steht sie im Bauzugdienst in Buchholz in der Nordheide.

Aufnahme: Dierk Lawrenz

EKO Stahl

Unter der Überschrift EKO Stahl sollen der Einfachheit halber die EKO Stahl AG, die EKO Stahl GmbH sowie die EKO Transportgesellschaft GmbH zusammengefasst werden.

Für den Aufbau einer metallurgischen Industrie in der zum damaligen Zeitpunkt noch jungen DDR, wurde im Sommer 1950 der Beschluss für den Aufbau eines neuen Hüttenwerkes nebst daran angeschlossener Wohnstadt für die Werktätigen und deren Familien gefasst. Damit war der politische Grundstein für die Errichtung des im Osten Brandenburgs, unmittelbar an der Oder und der Grenze zu Polen gelegenen Eisenhüttenwerkes Ost (EKO) und Eisenhüttenstadt (1953 – 1961 Stalinstadt) – als „erste sozialistische Wohnstadt“ – gelegt. Bereits im September wurde der erste Hochofen in Betrieb genommen – fünf weitere kamen noch hinzu.

Bild 193 ▷ Die **EKO-Loks 61**II und **62**, aufgenommen am 15. Dezember 1999 inGroßkorbetha. Beide Maschinen entstammen dem LEW-Typ V 100.4 und wurden gemäß dem Konzept Baureihe 293 umgebaut. Während Lok 61II ihre Werkloklaufbahn im Jahr 1982 beim VEB Leuna-Werke „Walter Ulbricht“ begann, handelt es sich bei Lok 62 um eine „echte EKO-Lok“.

Aufnahme: Volker Lucas, Sammlung A. Zika

EKO Stahl AG & GmbH

Typ	ex DB AG	Hersteller	Fabriknr.	Baujahr	Nr. bei EVU	Bemerkung	Motor	NVR-Nummer
V 100.1	201 890-1	LEW	16384	1978	60	?/98 – 03/11 bei EKO [1]	CAT 3512 DI-TA	98 80 3293 060-0 D-EKO
V 100.4	–	LEW	16583	1981	61	07/81 – 09/97 bei EKO	CAT 3508 DI-TA	–
V 100.4	–	LEW	17850	1982	61^{II}	01/99 – 03/11 bei EKO [1]	CAT 3512 DI-TA	98 80 3293 061-8 D-EKO
V 100.4	–	LEW	17852	1982	62	03/82 – 03/11 bei EKO [2]	CAT 3512 DI-TA	98 80 3293 062-6 D-EKO
V 100.4	–	LEW	17728	1983	63	04/83 – ?/92 bei EKO	CAT 3512 DI-TA	–
V 100.1	201 618-6	LEW	13936	1973	63^{II}	06/96 – 03/11 bei EKO [2]	CAT 3512 DI-TA	98 80 3293 063-4 D-EKO
V 100.4	–	LEW	17730	1983	64	07/83 – 03/11 bei EKO [2]	CAT 3512 DI-TA	–
V 100.4	–	LEW	17733	1983	65	03/83 – 03/11 bei EKO [2]	CAT 3512 DI-TA	98 80 3293 065-9 D-EKO
V 100.1	201 075-9	LEW	11913	1968	11913	08/01 – 09/01 Mietlok von Lokpool [3]	CAT 3508 DI-TA	–

[1] ständig bei der EKO Transportgesellschaft mbH, Eisenhüttenstadt [2] 03/97 – 03/11 bei der EKO Transportgesellschaft mbH, Eisenhüttenstadt

[3] Lokpool Verwaltungsgesellschaft mbH & Co. Vermietungs KG, Kassel

Für den umfangreichen Werkbahnverkehr im Bereich des EKO und des Werkbahnhofes Ziltendorf wurden zunächst Leihlokomotiven von der Deutschen Reichsbahn genutzt. Noch 1970 leisteten dabei neben 21 Dieselloks auch zwölf Dampflokomotiven ihre Dienste. Anfang der achtziger Jahre kamen aus Hennigsdorf die ersten Loks des LEW-Typs V 100.4 zur Werkbahn des EKO und fanden dort Verwendung im schweren Rangierdienst sowie vor den Übergabezügen. Insgesamt erhielt das EKO – offiziell VEB Bandstahlkombinat „Hermann Matern", Eisenhüttenkombinat Ost – fünf solche Lokomotiven, welche die Werkloknummern 61 bis 65 erhielten. Diese Maschinen wechselten nach dem Ende des volkseigenen Betriebes auch geschlossen noch in den Bestand der EKO Stahl AG (ab Mai 1990), dann wurde 1992 die Lok 62 an einen Lokhändler aus Schwerte verkauft. Während die Loks 62, 63^{II} und 65 im Jahr 1997 zur EKO-internen Transportgesellschaft mbH wechselten, gelangte Lok 61 im September jenes Jahres zur InfraLeuna.

Mit der Umfirmierung der EKO zur ArcelorMittal Eisenhüttenstadt GmbH im Jahr 2006 fand gleichzeitig der Wechsel aller bei der EKO Transportgesellschaft GmbH vorhandenen Fahrzeuge zur ArcelorMittal Eisenhüttenstadt Transport GmbH statt. Darunter auch sechs Lokomotiven aus der V 100-Baureihenfamilie. Sie waren auch Ende 2025 noch betriebsfähig im Bestand dieses Unternehmens.

Eisenbahn- und Hafenbetriebsgesellschaft Region Osnabrück mbH

Unter dem etwas sperrigen Namen Eisenbahn- und Hafenbetriebsgesellschaft Region Osnabrück (EHB) GmbH versteckt sich ein 100 %-iges Tochterunternehmen der Stadtwerke Osnabrück, das für den Betrieb und die Infrastruktur des Osnabrücker Hafens zuständig ist. Dieser liegt am Ende eines Stichkanals, der bei Achmer in den Mittellandkanal führt.

Die EHB GmbH wurde im Jahr 2011 gegründet, zuvor oblagen deren Aufgaben bei der Stadtwerke Osnabrück (SWO) AG, die auch über einen entsprechenden Fahr-

△ **Bild 194 • HABA 8** der Eisenbahn- und Hafenbetriebsgesellschaft Region Osnabrück am 5. September 2015 im Bahnhof Piesberg. Sie war zuvor bereits für die Stadtwerke Osnabrück AG im Einsatz.

Aufnahme: Roland Hertwig

Bild 195 ▷
Die **HABA 8** der Eisenbahn- und Hafenbetriebsgesellschaft Region Osnabrück mbH ist hier am 24. Februar 2021 mit Kesselwagen auf der Osnabrücker Hafenbahn entlang der Rheinstraße unterwegs.

AUFNAHME: ANDRÉ SCHAFSTALL-KLECKER

Eisenbahn- und Hafenbetriebsgesellschaft Region Osnabrück (EHB)

Typ	ex DB AG	Hersteller	Fabriknr.	Baujahr	Nr. bei EVU	Bemerkung	Motor	NVR-Nummer
V 100.1	202 746-4	LEW	14447	1974	202 764-4	03/21 – ?/21 Mietlok von ALS [1)]	CAT 3512 DI-TA	98 80 3202 746-4 D-ALS
V 100.4	–	LEW	16327	1981	293 016-3	11/13 – 02/14 Mietlok von ALS	CAT 3508 DI-TA	98 80 3293 016-2 D-ALS
V 100.1	202 562-5	LEW	13880	1973	HABA 8	12/11 – 05/23 bei EHB [2)]	CAT 3512 DI-TA	92 80 1203 116-9 D-SWO

1) Alstom Lokomotiven Service GmbH
2) 31.08. – 12.09.2015 & 06/17 – ?/? vermietet an Mindener Kreisbahnen GmbH (dort: 203 116-9)

zeugpark verfügte, zu dem seit Mai 2010 bereits die Lok HABA 8 gehörte. Mit der Gründung der EHB wechselte diese Lok – die bei Alstom in Stendal aus der 202 562 entstand – zum 1. Dezember 2011 von der SWO AG zur EHB und blieb bis Mai 2023 in deren Eigentum. Zeitweise war HABA 8 an die Mindener Kreisbahnen vermietet. Neben dieser Maschine leisteten auch zwei Mietlokomotiven ihre Dienste für die EHB GmbH, die aus der V 100-Baureihenfamilie stammten.

Emsländische Eisenbahn

Die Emsländische Eisenbahn (EEB) GmbH entstand zum 1. Januar 1993 durch den Zusammenschluss der Eigenbetriebe Hümmlinger Kreisbahn und Meppen-Haselünner-Eisenbahn und ist eine 100 %-ige Tochtergesellschaft der Landkreises Emsland. Das Unternehmen ist sowohl als EVU als auch EIU tätig. So gehört z. B. auch die Bahnstrecke Ocholt – Sedelsberg zur EEB GmbH. Dort gibt es neben Güterverkehr auch den Betrieb der Museumseisenbahn Ammerland-Barßel-Saterland (MABS).

Der Fahrzeugbestand der EEB GmbH war bzw. ist stets übersichtlich und setzt sich aus modernen und älteren Diesellokomotiven sowie einem Triebwagen zusammen, wobei die „historischen" Fahrzeuge im musealen Betrieb auf der MABS und die modernen Lokomotiven im täglichen Güterverkehr zum Einsatz kommen.

Bild 196 ▷
Am 5. März 2021 hatte die **HABA 8** der EHB GmbH einen Leerwagenpark vom Stahlwerk in Georgsmarienhütte zum Hafen Osnabrück zu befördern und ist hier unterwegs bei Hasbergen.

AUFNAHME: ROLAND HERTWIG

◁ **Bild 197**
Lok 3 der Verden-Walsroder Eisenbahn war von Juni bis September 2005 an die Emsländische Eisenbahn (EEB) verliehen und kam dort als **DL 3** zum Einsatz. Am 18. August 2005 passiert sie mit einem Müllzug nach Salzbergen den Bahnhof Lingen (Ems).

Aufnahme: Roland Hertwig

Emsländische Eisenbahn GmbH (EEB)

Typ	ex DB AG	Hersteller	Fabriknr.	Baujahr	Nr. bei EVU	Bemerkung	Motor	NVR-Nummer
V 100.1	202 265-5	LEW	12547	1970	DL 3	06/05 – 09/05 + ?/11 – 03/11 MI von VWE [1]	CAT 3512 DI-TA	98 80 3202 655-7 D-VWE
V 100.1	202 725-8	LEW	14426	1974	202 725	05/19 – ?/? Mietlok von MWB [2]	CAT 3512 DI-TA	92 80 1202 725-8 D-EVB
V 100.1	202 753-0	LEW	14454	1974	202 753	06/19 – ?/19 Mietlok von MWB	CAT 3512 DI-TA	92 80 1202 753-0 D-EVB
V 100.1	202 357-0	LEW	12866	1971	203 147	01/19 – 03/19 Mietlok von e.g.o.o. [3]	CAT 3512 DI-TA	92 80 1203 147-4 D-EGOO
V 100.1	202 318-2	LEW	12827	1970	203 318-1	03/19 – ?/? Mietlok von e.g.o.o.	CAT 3512 DI-TA	92 80 1203 318-1 D-EGOO

1) Mietlok von Verden-Walsroder Eisenbahn GmbH   2) Mittelweserbahn GmbH   3) Eisenbahngesellschaft Ostfriesland-Oldenburg mbH

Für die Bewältigung der Aufgaben der EEB hatte das Unternehmen in verschiedenen Zeiträumen zwischen 2005 und 2019 insgesamt fünf Lokomotiven aus der V 100-Baureihenfamilie von drei unterschiedlichen EVUs angemietet – darunter waren allerdings keine „Langzeitanmietungen“. Im Eigentum der EEB GmbH befand sich nie eine solche Lok.

◁ **Bild 198**
Von der e.g.o.o. GmbH hatte die Emsländische Eisenbahn für einige Wochen Anfang 2019 die **203 147** angemietet. Am 14. Juni 2020 war diese Lok wieder im Einsatz für ihr „Mutter-Unternehmen“, hier aufgenommen mit einem kurzen Güterzug für Enercon von Emden kommend zum Gewerbegebiet Georgsheil am Abzweig Abelitz (Strecke Emden – Norddeich Mole).

Aufnahme: Stephan Karkowski

ENON Gesellschaft mbH

△ **Bild 199** • Für die Romantiker unter den Diesellokfreunden stellte die ENON vor dem „Eisenbahn-Romantik Hotel" in Plau am See die **201 068** auf. Sie stand dort von August 2009 bis 2014. AUFNAHME: VOLKER LUCAS, SLG. A. ZIKA

Die ENON Gesellschaft mbH & Co. KG ist eine Unternehmensgruppe mit Sitz in Putlitz (bis November 2009 in Parchim), die 2005 gegründet wurde. Zu den darin befindlichen Firmen gehört u. a. seit September 2010 die Eisenbahngesellschaft Potsdam (EGP). Im Januar 2020 erwarb die ENON Gesellschaft 51 % der Anteile am Netinera-Werk in Neustrelitz, woraufhin dessen Umbenennung in Ostmecklenburgische Fahrzeugwerke GmbH erfolgte.

Im Eigentum von ENON befanden sich auch zwei Reichsbahn-V 100: 201 068 und 202 547. Während letztere bei der Übernahme der EGP in den Bestand der ENON GmbH wechselte (und dann wieder an die EGP vermietet wurde), ist 201 068 bewusst erworben worden, allerdings nicht für Einsätze im Betriebsdienst. Denn zu den Eigentümern von ENON gehörte auch ein „Eisenbahnromantik Hotel" in Plau am See. Und für die Diesellok-Romantiker wurde vor diesem Hotel im August 2009 die 201 068 aufgestellt. Allerdings fanden wohl zu wenige Eisenbahnromantiker den Weg nach Plau am See, und das Haus wurde 2014 in Hotel Garni umbenannt, zwei Jahre später die Lokomotive vom „Sockel" geholt und zur Abstellung nach Meyenburg transportiert. Im April 2024 holte sie die neue Eigentümerin – die BUG Vermietungsgesellschaft mbH – dort ab.

ENON Gesellschaft mbH

Typ	ex DB AG	Hersteller	Fabriknr.	Baujahr	Nr. bei EVU	Bemerkung	Motor	NVR-Nummer
V 100.1	201 068-4	LEW	11906	1968	201 068-4	06/05 – 03/24 bei ENON	12 KVD 18/21 A-3	–
V 100.1	202 547-6	LEW	13586	1973	202 547-6	09/10 – 03/24 bei ENON *	12 KVD 18/21 AL-4	98 80 3202 547-6 D-EGP

*) ?/? – ?/21 vermietet an EGP GmbH, Potsdam; 12/21 – ?/22 vermietet an Anhaltinisch-Brandenburgische Eisenbahngesellschaft mbH, Hamburg

Eisenbahn-Verkehrs-Gesellschaft im Bergisch Märkischen Raum mbH

△ **Bild 200** • Am 18. März 2002 ist **202 269** mit einem Güterzug aus Köln-Kalk in Remscheid eingetroffen. Die Lok war zu diesem Zeitpunkt für die Eisenbahn-Verkehrs-Gesellschaft im Märkischen Raum mbH als Mietlok von der Kallfelz & Stuch Gleis und Tiefbau GmbH im Einsatz. AUFNAHME: ZENO PILLMANN

Nur relativ zehn Jahre gab es die Eisenbahn-Verkehrs-Gesellschaft im Märkischen Raum mbH (EBM V), die 1995 gegründet wurde und deren Liquidation im Juni 2005 begann. Der Firmensitz befand sich in Gummersbach. Die Gründung der EBM V stand in unmittelbarer Verbindung mit dem Eisenbahnmuseum Dieringhausen, welches als juristische Person einer der beiden Gesellschafter darstellte.

Das Unternehmen erhielt 1996 die Konzession als EVU, war aber zunächst nur in der Gestellung von Sonderzügen im musealen Betrieb tätig. Ab 1998 begann die EBM V sich mit eigenen Fahrzeugen im Bau- und Arbeitszugdienst sowie mit Überführungsfahrten zu etablieren. Dafür wurden ab dem Jahr 2000 auch Lokomotiven der DR-Baureihe V 100 bzw. deren Umbauvariante 203 erworben, zeitweise kamen auch Mietloks dieser Baureihe zum Einsatz. Die Maschinen leisteten ihre Dienste nun auch im Güterverkehr – zumindest bis Ende September 2002, denn zum 1. Oktober jenes Jahres übernahm die EBM Cargo GmbH & Co. KG (EMB C) diese Aufgaben. In diesem Zusammenhang wechselten auch fast alle zu diesem Zeitpunkt im Bestand der EBM V stehenden 202 und 203 zur EBM C. Nur 202 487 bleib noch bis Oktober 2004 bei der EBM V und wurde dann an die Lappwaldbahn GmbH in Weferlingen verkauft.

Eisenbahn-Verkehrs-Gesellschaft im Bergisch Märkischen Raum mbH (EBM V)								
Typ	**ex DB AG**	**Hersteller**	**Fabriknr.**	**Baujahr**	**Nr. bei EVU**	**Bemerkung**	**Motor**	**NVR-Nummer**
V 100.1	202 269-7	LEW	12551	1970	202 269-7	01/01 – 10/02 Mietlok von K&S GT [1)]	CAT 3512 DI-TA	–
V 100.1	202 439-6	LEW	13478	1972	202 439-6	01/01 – 10/02 bei EBM V	CAT 3512 DI-TA	–
V 100.1	202 487-5	LEW	13526	1972	202 487-5	03/00 – 10/04 bei EBM V [2)]	12 KVD 18/21 AL-4	–
V 100.1	202 349-7	LEW	12858	1971	203 001-3	?/01 – ?/02 Mietlok von SFZ [3)]	MTU 12V 4000 R10	–
V 100.1	202 569-0	LEW	13887	1973	203 004-7	07/02 – 09/02 bei EBM V [4)]	MTU 12V 4000 R10	–
V 100.1	202 530-2	LEW	13569	1973	203 005-4	08/02 – 09/02 bei EBM V [4)]	MTU 12V 4000 R10	–
V 100.1	202 718-3	LEW	14419	1974	203 006-2	06/02 – 09/02 bei EBM V [4)]	MTU 12V 4000 R10	–
V 100.1	202 568-2	LEW	13886	1973	203 007-0	?/02 – 09/02 bei EBM V [4)]	MTU 12V 4000 R10	–
V 100.1	202 260-6	LEW	12542	1970	203 501-2	12/01 – 04/02 Mietlok von SFZ)	CAT 3512 DI-TA	–
V 100.1	202 787-8	LEW	14844	1975	203 503-8	01/02 – 02/02 Mietlok von SFZ	12 KVD 18/21 AL-4	–
V 100.1	202 264-8	LEW	12546	1970	203 504-6	02/02 – 03/02 Mietlok von SFZ	12 KVD 18/21 AL-4	–

1) Kallfelz & Stuch Gleis und Tiefbau GmbH 2) 10/02 – 09/03 vermietet an EBM Cargo GmbH & Co. KG 3) Schienenfahrzeugzentrum Stendal
4) ganzzeitig vermietet an Vulkan-Eifel-Bahn Betriebsgesellschaft mbH

EUREGIO Verkehrsschienennetz GmbH								
Typ	**ex DB AG**	**Hersteller**	**Fabriknr.**	**Baujahr**	**Nr. bei EVU**	**Bemerkung**	**Motor**	**NVR-Nummer**
V 100.5	710 961-4	LEW	17310	1983	V 150.01	?/02 – ?/04 Mietlok von GSG [*)]	CAT 3512 DI-TA	–
V 100.5	710 962-2	LEW	17311	1983	V 150.02	?/02 – ?/04 Mietlok von GSG	CAT 3512 DI-TA	–
V 100.5	710 963-0	LEW	17312	1983	V 150.03	?/02 – ?/04 Mietlok von GSG	CAT 3512 DI-TA	–
V 100.5	710 966-3	LEW	17315	1983	V 150.04	?/02 – ?/04 Mietlok von GSG	CAT 3512 DI-TA	–

*) Knape Gleissanierung GmbH

EUREGIO Verkehrsschienennetz GmbH

Das in Stolberg (Rheinland) ansässige Unternehmen EUREGIO Verkehrsschienennetz GmbH (EVS) wurde im Jahr 1999 von der BSR Naturstein-Aufbereitungs GmbH gegründet. Die EVS betreibt als Euregiobahn – Stand Ende 2025 – im Großraum Aachen insgesamt vier Strecken im Schienenpersonennahverkehr, darunter mit der „Eschweiler Talbahn" auch eine Neubaustrecke, die im September 2004 eröffnet wurde, ist aber auch im Güterverkehr tätig.

Im Verlauf des Jahres 2002 mietete die EVS vier Loks von der Knape Gleissanierung GmbH (GSG) an, die bis ins Jahr 2004 für das Stolberger Unternehmen im Einsatz standen. Bei den Maschinen handelte es sich durchweg um Vertreterinnen des LEW-Typs V 100.5, der bei der Deutschen Reichsbahn als Baureihe 110^{9} eingereiht wurde. Die Loks sind ursprünglich für Dienste vor bzw. mit sogenannten Grabenräumeinheiten entwickelt und gebaut worden. Als Bahndienstfahrzeuge erhielten sie bei der Umzeichnung im Jahr 1992 die Baureihenbezeichnung 710^{9}. Die von der EVS angemieteten Loks waren alle Anfang 1999 bei der Regental Fahrzeugwerkstätten GmbH in Reichenbach (Vogtl) gemäß dem Umbaukonzept Baureihe 293 der ABB Daimler Benz Transportation GmbH umgebaut worden. Während ihrer Zeit bei der EVS behielten sie sowohl die Farbgebung als auch die Nummern der GSG.

◁ **Bild 201**
Von 2002 bis 2004 stand **V 150.02** der Knape Gleissanierung GmbH (GSG) als Mietlokomotive in Diensten der Euregio Verkehrsschienennetz GmbH. Die Aufnahme zeigt die ehemalige 710 962 am 9. April 2003 in Friedberg (Hessen).

Aufnahme:
Marco Berger

Bild 202 ▷
Aus der ehemaligen 201 833 der DB AG entstand 1995 bei der ABB Daimler Benz Transportation GmbH eine Lok der Baureihe 293, die zunächst mit ihrer LEW-Fabriknummer 14897 bei der Lokpool Verwaltungs GmbH wieder in Betrieb ging. Als Mietlok war die **„14897"** von Juli bis Dezember 2001 bei der EuroRail GmbH im Einsatz. Die Aufnahme zeigt die Lok bereits am 1. Mai 2000 vor einem Lokschuppen in Hanau.

Aufnahme: Marco Berger

EuroRail Deutschland GmbH (ER)

Typ	ex DB AG	Hersteller	Fabriknr.	Baujahr	Nr. bei EVU	Bemerkung	Motor	NVR-Nummer
V 100.1	201 075-9	LEW	11913	1968	11913	09/01 Mietlok von Lokpool [1]	CAT 3508 DI-TA	–
V 100.1	201 833-1	LEW	14897	1975	14897	07/01 – 12/01 Mietlok von Lokpool	CAT 3508 DI-TA	–
BR 293	– [2]	Adtranz	72350	1999	72350	07/01 – 09/01 Mietlok von Lokpool	CAT 3512 DI-TA	–

[1] Lokpool Verwaltungsgesellschaft mbH & Co. Vermietungs KG
[2] Spenderfahrzeug nicht bekannt

ESL GmbH

Typ	ex DB AG	Hersteller	Fabriknr.	Baujahr	Nr. bei EVU	Bemerkung	Motor	NVR-Nummer
V 100.1	202 302-6	LEW	12766	1970	112 302-5	Eigentum BCG Officeconsult*	12 KVD 18/21 AL-4	98 80 3202 302-6 D-ESLNL
BR 293	–	Adtranz	70110	1999	293 515-3	seit 08/21 bei ESL	MTU 12V 396 TC14	92 80 1293 515-3 D-ESLNL
V 100.1	201 881-0	LEW	16375	1977	293 881-9	seit 05/22 bei ESL	CAT 3508 DI-TA	92 80 1293 881-9 D-ESLNL

*Lok ist seit 2024 in Halterschaft der ESL GmbH

EuroRail Deutschland

Die EuroRail Deutschland GmbH gehörte als Unternehmenstochter zur Schweizer Firma EuroRail AG, die im Oktober 2001 – nach nur 17 Monaten des Bestehens – Konkurs anmelden musste. Die Fahrzeuge der EuroRail waren allesamt angemietet und kamen bundesweit ausschließlich im Güterverkehr, vornehmlich im Mineralöl- und Holzverkehr, zum Einsatz. Ausbleibende Mietzahlungen an die Lokvermieter, verbunden mit zunehmenden Klagen ob der schlechten technischen Zustände der Loks und der Wagen, verbunden mit teilweisen Stilllegungen von Fahrzeugen seitens des EBAs sorgten dann für ein schnelles Ende des Unternehmens.

Im Jahr 2008 wurde eine Firma gleichen Namens gegründet, die heute ihren Sitz in Bitterfeld-Wolfen hat.

ESL GmbH

Die in Lübbenau (Spreewald) ansässige ESL GmbH setzt ihre Tätigkeitsschwerpunkte bei Transport- und Bahndienstleistungen im Güterverkehr, zudem stellt das Unternehmen auch Triebfahrzeugführer und Wagenmeister (über die Wagenmeister Service Lübbenau/WSL GmbH) für Dritte zur Verfügung. Stand Ende 2025 befanden sich zwei Loks aus der V 100-Baureihenfamilie im Eigentum der ESL (293 515 und 293 881) und eine Maschine – 112 302 – in deren Halterschaft. Die Fahrzeuge kommen im Bau- und Arbeitszugdienst, bei der Überführung u. a. von Baumaschinen, bei der Bedienung von Anschlussstellen sowie im Güterverkehr zum Einsatz; 112 302 aufgrund ihrer Reichsbahnlackierung auch bei Sonderfahrten.

Bild 203 ▷
293 881 der ESL GmbH zeigt sich hier am 17. September 2023 „Lz" in Rodleben.

Aufnahme: Volker Lucas, Sammlung A. Zika

◁ **Bild 204**
Bevor sie im März 2020 zur EWL gelangte, war die als **202 535** bezeichnete ehemalige Werklok 2 des VEB Kaliwerk „Ernst Thälmann" im Eigentum der Rail Care and Management GmbH. Am 2. Mai 2018 stand die Lok in Mukran.

Aufnahme: Andreas Stange

European Wagon Lease Asset GmbH & Co. KGaA

Die European Wagon Lease Asset (EWL) GmbH &Co. KGaA hat ihren Sitz in Hamburg und bietet neben dem An- und Verkauf von Schienenfahrzeugen auch deren Vermietung für den europaweiten Einsatz an. Das Unternehmen entstand aus der im Jahr 2011 gegründeten Oak Capital Locolease GmbH (Ellerbeck), deren Name dann im April 2017 geändert worden ist. Aus dem Fahrzeugbestand gelangte die 203 007 zur EWL. Ihr folgte im Jahr 2020 eine als 202 535 bezeichnete Lok des LEW-Typs V 100.4, die unter der Fabriknummer 17732 ursprünglich an den VEB Kaliwerk „Ernst Thälmann" Merkers geliefert wurde. Sie kam 2008 über eine Privatperson als Leihgabe an den Verein Dampflokfreunde Salzwedel e. V., bei dem die Lok die Bezeichnung V 100 535 erhielt. Die Maschine war bereits von Dezember 2011 bis August 2015 an die Oak Capital Locolease GmbH vermietet.

Seit 2023 gehört auch 203 214 zum Bestand der EWL. Bei ihr handelt es sich um die ehemalige 201 577, die am 20. Dezember 1995 im Betriebshof Eisenach ausgemustert wurde. Die Loks werden an EVUs im gesamten Bundesgebiet vermietet. Da die EWL selbst kein EVU ist, sind die Fahrzeuge bei der European Fleet Management GmbH & Co. KG eingestellt.

EVU René Rück

Das EVU René Rück, Darmstadt, hatte im März 2001 die Adtranz-Lok 70120 von der Lokpool Verwaltungsgesellschaft angemietet. Nach einer Insolvenz (2010 mit RNE Eisenbahndienstleistungen) ist René Rück heute über TVT-Vermietung aktiv.

European Wagon Lease Asset GmbH & Co. KG (EWLA)

Typ	ex DB AG	Hersteller	Fabriknr.	Baujahr	Nr. bei EVU	Bemerkung	Motor	NVR-Nummer
V 100.4	–	LEW	17732	1983	202 535-1	seit 03/20 bei EWLA	12 KVD 18/21 A-3	98 80 3202 535-1 D-EFM
V 100.1	202 718-3	LEW	14419	1974	203 007-0	seit ?/16 bei EWLA [1]	MTU 12V 4000 R10	92 80 1203 007-0 D-OCRM
V 100.1	201 577-4	LEW	13896	1973	203 214-2	seit ?/23 bei EWLA [2]	CAT 3512 DI-TA	92 80 1203 214-2 D-EFM

[1] Lok war ab 02/17 vermietet an Eisenbahngesellschaft Potsdam mbH; ab 03/20 an ProLok GmbH, Stand 12/25 an Swietelsky Baugesellschaft mbH
[2] Lok war 2024/2025 vermietet an H. Klostermann Baugesellschaft mbH; seit 06/25 an InterTourex GmbH, Stand 02/26 defekt abgestellt in Glauchau (Sachs)

EVU René Rück

Typ	ex DB AG	Hersteller	Fabriknr.	Baujahr	Nr. bei EVU	Bemerkung	Motor	NVR-Nummer
BR 293	– [1]	Adtranz	70120	2001	70120	03/01 Mietlok von Lokpool [2]	MTU 12V 396 TC14	–

[1] Spenderlok nicht bekannt
[2] Lokpool Verwaltungsgesellschaft mbH & Co. Vermietungs KG

◁ **Bild 205**
Dem Unternehmenszweck entsprechend, werden die Loks der European Wagon Lease Asset (EWL) GmbH &Co. KGaA mehrheitlich vermietet und können somit im gesamten Bundesgebiet angetroffen werden. Am 12. Mai 2024 steht die aufgrund der ungeschützten Abstellung im Freien bereits verunzierte **203 007** in Luckau. Die Lok war zu diesem Zeitpunkt für ProLok im Einsatz.

Aufnahme: Volker Lucas, Sammlung A. Zika

Fahrzeugwerk Brandenburg (FWB)								
Typ	ex DB AG	Hersteller	Fabriknr.	Baujahr	Nr. bei EVU	Bemerkung	Motor	NVR-Nummer
V 100.1	201 028-8	LEW	11457	1967	54	?/0? – ?/08 bei FWB	12 KVD 18/21 A-3	–
V 100.1	202 299-4	LEW	12763	1970	88	?/0? – ?/08 bei FWB	12 KVD 18/21 AL-4	–

Fahrzeugwerk Karsdorf GmbH & Co. KG (FWK)								
Typ	ex DB AG	Hersteller	Fabriknr.	Baujahr	Nr. bei EVU	Bemerkung	Motor	NVR-Nummer
V 100.4	298 301-3	LEW	16678	1981	298 301-3	01/23 – 05/25 bei FWK *	CAT 3508 DI-TA	98 80 3298 301-3 D-TRL

* seit 05/23 Einsatz durch timberrail logistics GmbH, Karsdorf

Fahrzeugwerk Niedersachswerfen GmbH (FWN)								
Typ	ex DB AG	Hersteller	Fabriknr.	Baujahr	Nr. bei EVU	Bemerkung	Motor	NVR-Nummer
V 100.1	201 028-8	LEW	11457	1967	54	?/08 an FWN	12 KVD 18/21 A-3	–
V 100.1	202 299-4	LEW	12763	1970	88	?/08 an FWN	12 KVD 18/21 AL-4	–

Fahrzeugwerk Brandenburg

Das Fahrzeugwerk Brandenburg (FWB) – seit dem 1. Januar 2021 Teil des französischen Unternehmens INVEHO, welches wiederum zur ERMEWA-Gruppe gehört – bietet u. a. Dienstleistungen im Bereich der Wartung und Reinigung von Lokomotiven und Güterwagen an. Von 1996 bis Ende 2020 gehörte es zur Villmann-Unternehmensgruppe.

Im Unternehmenseigentum befanden sich bis 2008 zwei Maschinen aus der V 100-Baureihenfamilie, die allerdings nicht betriebsfähig und äußerlich auch in einem sehr schlechten Zustand waren: Lok 54 (ex 201 028) und Lok 88 (ex 202 299). Wann genau die beiden Maschinen zum FWB kamen, ist nicht bekannt. Sie standen allerdings bereits 2003 in Brandenburg abgestellt. Im Verlauf des Jahres 2008 wechselten sie zum Fahrzeugwerk Niedersachswerfen.

△ **Bild 206** • Um eine historisch durchaus wertvolle Lokomotive handelt es sich bei der hier zu sehenden **298 301**, ist es doch „im Kern" die 111 001. Die heute im Eigentum der FWK GmbH befindliche und von der timberrail GmbH eingesetzte Lok stand am 14. Oktober 2023 in Saalfeld. Aufnahme: Michael Zinner

Fahrzeugwerk Karsdorf

Die Fahrzeugwerk Karsdorf (FWK) GmbH & Co. KG wurde 2012 gegründet und ist eine 100 %-ige Tochter der Erfurter Bahnservice GmbH. Wie der Name es bereits verrät, ist Karsdorf an der Unstrut Sitz der FWK GmbH, deren Kernaufgaben bei Wartungs- und Instandhaltungsarbeiten an Schienenfahrzeugen liegt. Zugleich bieten die vom Zementwerk Karsdorf gepachteten Gleise der Anschlussbahn umfangreiche Möglichkeiten zur Abstellung von Lokomotiven und Waggons.

△ **Bild 207** • Über viele Jahre standen **201 028** (als Lok 54) und **202 299** (als Lok 88) zunächst in Brandenburg – wo am 5. November 2004 diese Aufnahme entstand – und anschließend in Nordhausen abgestellt. Sie gehörten zu den Fahrzeugwerken Brandenburg bzw. Niedersachswerfen. Aufnahme: Volker Lucas, Slg. A. Zika

Das FWK hat eine Lok des LEW-Typs V 100.4 im Eigentum, die als erste Maschine der Reichsbahn-Baureihe 111 im Juni 1981 im Bw Neuruppin in Dienst gestellt wurde. Bis Herbst 1991 als 111 001 im Einsatz, wurde sie zur 298 umgebaut und erhielt in diesem Zusammenhang die Nummer 298 301. Im August 2012 im Bh Senftenberg z-gestellt und zum 12. Februar 2015 ausgemustert, war die Lok von 2013 bis Anfang 2023 im Eigentum der Mitteldeutschen Eisenbahn GmbH und wechselte anschließend zur FWK. Eingesetzt wird 298 301 durch die timberrail logistic GmbH Karsdorf, wiederum eine Tochtergesellschaft der FWK GmbH.

△ **Bild 208** • Neben Lok 54 gehörte auch **Lok 88** – die ehemalige 202 299 – zu den beiden Loks, die im Jahr 2008 vom Fahrzeugwerk Brandenburg in den Bestand des Fahrzeugwerks Niedersachswerfen wechselten und in Nordhausen abgestellt wurden. Die Aufnahme zeigt die Maschine am 25. Juni 2017 in Nordhausen. Beide Loks wurden im Juni 2018 vor Ort verschrottet. AUFNAHME: VOLKER LUCAS, SAMMLUNG A. ZIKA

Fahrzeugwerk Niedersachswerfen

Das in Woffleben (bei Nordhausen) ansässige Fahrzeugwerk Niedersachswerfen (FWN) gehört – wie auch das Fahrzeugwerk Brandenburg – zum französischen Unternehmen INVEHO und war zuvor Teil der Villmann-Unternehmensgruppe. Am Standort in Woffleben werden Güterwaggons instandgehalten, modernisiert und umgebaut, zudem befindet sich dort eines der größten Radsatzlager Europas sowie eine Fertigungswerk für Neubau-Radsätze. Im Bestand des FWN befanden sich seit 2008 zwei V 100, die vom Fahrzeugwerk Brandenburg kamen und in Nordhausen abgestellt wurden. Beide Loks waren nicht betriebsfähig und wurden nach zehn Jahren weiterer Abstellung in Nordhausen verschrottet.

Fahrzeug-Vermietung Duisburg GmbH

Heute nicht mehr existent ist die 2012 gegründete und 2017 in Liquidation gegangene Fahrzeug-Vermietung Duisburg GmbH. Zu ihrem Bestand an Lokomotiven gehörten von 2013 bis Anfang Mai 2015 u. a. auch zwei Reichsbahn-V 100, die als 203 005 (es 202 461) und 203 008 (ex 202 568) eingereiht waren. Beide Maschinen waren über die gesamte Zeit an die Logistik auf Schienen (LaS) GmbH, Duisburg, vermietet und wechselten zum 4. Mai 2015 an die Rhenus Rail St. Ingbert GmbH.

Fels-Werke GmbH

Für die Eisenbahnfreunde ein nicht ganz unbekanntes Unternehmen ist die Fels-Werke GmbH mit Sitz in Goslar, die sich u. a. für den Betrieb auf der „Rübelandbahn" Blankenburg (Harz) – Rübeland verantwortlich zeigt. Im Jahr 1991 erwarben die Fels-Werke die Harz-Kalk GmbH, ehemals VEB Harzer Kalk- und Zementwerke Rübeland – der größte Kalkproduzent auf dem Gebiet der ehemaligen DDR.

Für den Rangierbetrieb in den Anschlussstellen bzw. Übergabebahnhöfen im Bereich Rübeland hat die Fels-Werke

Fahrzeug-Vermietung Duisburg GmbH (FVD)

Typ	ex DB AG	Hersteller	Fabriknr.	Baujahr	Nr. bei EVU	Bemerkung	Motor	NVR-Nummer
V 100.1	202 461-0	LEW	13500	1972	203 005	?/13 – 05/15 bei FVD	MTU 12V 4000 R10	–
V 100.1	202 568-2	LEW	13886	1973	203 008-8	?/13 – 05/15 bei FVD	MTU 12V 4000 R10	–

Beide Loks waren 08/13 – ?/15 vermietet an die Logistik auf Schienen GmbH.

△ **Bild 209** • Vermietet an die Logistik auf Schienen GmbH ist **203 005** der Fahrzeug-Vermietung Duisburg GmbH mit einem Kesselwagenzug am 14. April 2014 unterwegs bei Pappenheim im Altmühltal (Strecke München – Treuchtlingen). AUFNAHME: FRANK WEIMER

Bild 210 ▷ Die bei der Fels-Werke GmbH als **D-07** bezeichnete Lok ist seit August 2005 im Unternehmensbestand und wird im Werk Rübeland (Harz) im Rangierdienst eingesetzt. Dort entstand am 27. März 2007 diese Aufnahme.

Aufnahme: Volker Lucas, Sammlung A. Zika

Fels-Werke GmbH

Typ	ex DB AG	Hersteller	Fabriknr.	Baujahr	Nr. bei EVU	Bemerkung	Motor	NVR-Nummer
V 100.1	110 056-9	LEW	11894	1968	D-07	seit 08/05 bei Fels	CAT 3508 DI-TA	98 80 3293 026-1 D-FWGs
V 100.1	202 286-0	LEW	12750	1970	1001 010-0	11/15 Mietlok von ALS [1]	Deutz TCD 2013 L6 2V	90 80 1001 010-0 D-ALS
V 100.1	202 806-6	LEW	15078	1975	203 142-5	?/21 – ?/22 Mietlok von hvle [2]	CAT 3512 DI-TA	92 80 1203 142-5 D-HVLE

[1] Alstom Lokomotiven Service GmbH, Stendal [2] Havelländische Eisenbahn AG, Berlin-Spandau

GmbH seit August 2005 die D-07 im Bestand. Bei ihr handelt es sich ursprünglich um die 110 056, die bereits im November 1987 im Bw Karl-Marx-Stadt z-gestellt und ausgemustert wurde, um anschließend als Werklok 10 beim VEB Energieversorgung Karl-Marx-Stadt bzw. ab Oktober 1990 der Stadtwerke Chemnitz GmbH ihre Dienste zu leisten. Mitte der neunziger Jahre bei der ABB Daimler Benz Transportation GmbH gemäß dem Konzept Baureihe 293 umgebaut, war die Lok ab 1996 über die Lokpool Verwaltungsgesellschaft mbH & Co. Vermietungs KG an verschiedene EVUs vermietet, bis sie dann zur Fels-Werke GmbH gelangte.

Zwischenzeitlich hatte das Unternehmen von Alstom und von der hvle noch zwei Loks aus der V 100-Baureihenfamilie angemietet. Darunter war auch die Hybridlok 1001 010-0, die allerdings nur kurzzeitig im November 2015 ihre Dienste für die Fels-Werke leistete.

FSI Logistik GmbH

In Bottrop hat die im Jahr 2000 gegründete FSI Logistik GmbH ihren Sitz, die in der Vermietung und Vermittlung von Lokomotiven sowie Dienstleistungen im Eisenbahnbetrieb (vom Triebfahrzeugführer bis zum Rangierbegleiter) tätig ist.

Zum Fahrzeugbestand des Unternehmens gehört seit Juni 2022 eine als 293 006 bezeichnete Lokomotive, die 2000/2001 aus einer unbekannten V 100 bei Adtranz

Bild 211 ▷ Am 18. Juli 2012 ist die **D-07** im Rangierdienst im Kalkwerk Rübeland der Fels GmbH im Einsatz.

Aufnahme: Stephan Karkowski

Bild 212
„Aliyah“ im Einsatz: Am 24. November 2023 leistete **293 006** der FSI Logistik GmbH in Moers ihre Dienste vor einem Schotterzug.

Aufnahme: Rolf Alberts

FSI Logistik GmbH

Typ	ex DB AG	Hersteller	Fabriknr.	Baujahr	Nr. bei EVU	Bemerkung	Motor	NVR-Nummer
BR 293	–	Adtranz	70120	2001	293 006-3	seit 06/2022 bei FSI	MTU 12V 4000 R10	92 80 1293 006-3 D-FSI

Gesellschaft für Logistik- und Vegetationsdienste mbH

Typ	ex DB AG	Hersteller	Fabriknr.	Baujahr	Nr. bei EVU	Bemerkung	Motor	NVR-Nummer
V 100.1	202 718	LEW	14419	1974	203 006-2	2007 Mietlok von DPR *)	MTU 12V 4000 R10	92 80 1203 007-0 D-DPR

*) Lok war im Eigentum der Schienenfahrzeugwerk Delitzsch GmbH und von ihr an die duisport rail (DPR) GmbH, Duisburg, vermietet; an GLV also nur untervermietet

gemäß dem Umbaukonzept Baureihe 293 entstand, und als „70120“ im März in Dienst gestellt wurde.

Bei der FSI Logistik GmbH erhielt die Lokomotive den weiblichen Beinamen „Aliyah“, während sie zuvor bereits bei der Inbetriebnahme den Namen eher männlichen Namen „Nobby“ erhalten hatte. Ihre Dienste leistet die Maschine im Arbeits- und Bauzugdienst.

Gesellschaft für Logistik und Vegetationsdienste

Im Verlauf des Jahres 2007 hatte die Gesellschaft für Logistik und Vegetationsdienste mbH (GLV, Ludwigshafen am Rhein) von der duisport rail GmbH (Duisburg) die 203 006 angemietet. Die GLV war in der Erbringung von Logistik-, Verkehrs-, Vegetations- und Servicedienstleistungen tätig, wechselte dann im Rahmen einer Umfirmierung im Mai 2025 die Bezeichnung in GD-PS GmbH. In welchem Zeitraum des Jahres 2007 die 203 006 für die GLV im Einsatz war, ist nicht genau zu benennen. Zwar wird eine Anmietung von März bis Dezember jenes Jahres angegeben, allerdings sind in dieser Zeit gleichsam auch Vermietungen der Lok an die NL Nürnberg der Railion Deutschland AG sowie an die DB Services Südost GmbH (Fahrwegdienste) in Hannover verzeichnet. Fakt ist, dass sich 203 006 zu diesem Zeitpunkt im Eigentum der Schienenfahrzeugwerk Delitzsch GmbH befand, von der Waggon- und Lokreparatur Service GmbH, Moers, vermarktet wurde, an die duisport rail GmbH vermietet war und dieses Unternehmen die Lok dann weiter untervermietet hat.

Bild 213
Im Jahr 2007 war **203 006** gleich an mehrere Unternehmen (unter-)vermietet. Als die Lok am 7. Juni 2007 mit einem Arbeitszug in Bad Bentheim einfuhr, stand sie sowohl in Diensten der GLV als auch bei DB Services Südost.

Aufnahme: Roland Hertwig

△ **Bild 214** • Während ihrer ersten Anmietung durch die Gleisbau Martin Rose GmbH, kam die **Lok 16375** von Lokpool im Arbeitszugdienst bei der Sanierung der Strecke Osnabrück – Bielefeld zum Einsatz, hier aufgenommen bei Kloster Oesede. Aufnahme: André Schafstall-Klecker

Gleisbau Martin Rose GmbH & Co. KG (GMR)

Typ	ex DB AG	Hersteller	Fabriknr.	Baujahr	Nr. bei EVU	Bemerkung	Motor	NVR-Nummer
V 100.1	201 881-0	LEW	16375	1977	16375	2003 & 2004 Mietlok von Lokpool [1]	CAT 3508 DI-TA	–
BR 293	– [2]	Adtranz	72520	2000	72520	05/03 – 10/03 Mietlok von Lokpool	CAT 3512 DI-TA	–
V 100.1	201 833-1	LEW	14897	1975	Georg	03/03 – ?/? bei GMR [3]	CAT 3508 DI-TA	–
BR 293	– [2]	Adtranz	72800	2001	V 100 001	06/04 – 11/04 Mietlok von Lokpool	CAT 3512 DI-TA	–

[1] 05/03 – 06/03, 10/03 – 12/03 & 02/04 – 10/04 von Lokpool Verwaltungsgesellschaft mbH & Co. Vermietungs KG, Kassel [2] Spenderlok unbekannt

[3] Lok war bei der Mansfelder Bergwerksbahn eingestellt und ab 12/07 an die Eisenbahnbewachungs GmbH, Würzburg vermietet; Weiterverkauf vor 07/08

Gleisbau Martin Rose

Bereits seit 1949 gibt es das Gleisbauunternehmen Martin Rose mit Sitz in Kassel. In der nunmehr dritten Generation ist die Firma – seit 1977 als GmbH & Co. KG – international im Gleisbau tätig – egal ob Regel- oder Schmalspur oder für Straßenbahnen.

Für die umfangreichen Aufgabenfelder in diesem Dienstleistungsbereich standen für das Unternehmen bisher insgesamt vier Lokomotiven im Einsatz (Stand Ende 2025), die aus der Reichsbahn-V 100-Familie stammten, von denen drei Maschinen über Lokpool angemietet waren und sich eine – Lok „Georg“ (ex 201 833) – im Firmeneigentum befand. Letztere wurde zwischenzeitlich an die Eisenbahnbewachungs GmbH, Würzburg, vermietet und wechselte spätestens im Frühjahr 2008 an die Betrieb-Service-Logistik GmbH in Mittenwalde.

△ **Bild 215** • Die am Vorbau der Lok **„Georg“** angeschriebene Telefonnummer der Gleisbau Rose GmbH stimmt auch noch im Jahr 2026. Die Aufnahme entstand am 28. April 2007 in Rheda-Wiedenbrück. Aufnahme: Josef Högemann

◁ **Bild 216**
Von Februar 2004 bis März 2021 gehörte **202 269** zum Fahrzeugbestand der Gleiskraft GmbH. Diese Aufnahme zeigt die Lok am 4. Juli 2001 noch im Eigentum der Kallfelz & Stuch Gleis und Tiefbau GmbH mit einem Güterzug von Hagen nach Altenvoerde nach der Durchfahrt durch den Kruiner Tunnel.

AUFNAHME: ZENO PILLMANN

Gleiskraft GmbH (GK)

Typ	ex DB AG	Hersteller	Fabriknr.	Baujahr	Nr. bei EVU	Bemerkung	Motor	NVR-Nummer
V 100.1	202 269-7	LEW	12551	1970	202 269-7	02/04 – 03/21 bei Gleiskraft	CAT 3512 DI-TA	92 80 1202 269-7 D-DME

Lok war vermietet: 02/04 – 06/04 an EBM Cargo GmbH & Co. KG, Gummersbach; 06/04 – 12/04 an LOCON Logistik & Consulting AG, Oberuckersee; 04/08 – 11/08 an railtrans bzw. RailTransport s.r.o., Sokolov; 03/12 – ?/? an Raphael Hofmann Güterverkehr, St. Wendel (ohne Einsätze, da Fristablauf)

Gmeinder Lokomotivfabrik GmbH (GLG)

Typ	ex DB AG	Hersteller	Fabriknr.	Baujahr	Nr. bei EVU	Bemerkung	Motor	NVR-Nummer
V 100.1	202 726-6	LEW	14427	1974	203 001-3	?/10 – 06/11 bei GLG	CAT 3512 DI-TA	92 80 1202 726-6 D-GLG

Lok war 03/11 – 06/11 vermietet an Bayernhafen GmbH & Co. KG

Gleiskraft GmbH

Rund um den Bereich Gleisbau ist die nach mehreren Ortswechseln seit Ende 2025 in Büchel (Rheinland-Pfalz) ansässige Gleiskraft GmbH tätig, wobei neben der Planung und Ausführung von Gleisbauarbeiten auch die Vermietung von Lokomotiven, Baumaschinen und Geräten im Unternehmensportfolio steht.

△ **Bild 217 • 203 001** der Gmeinder Lokomotivfabrik GmbH, aufgenommen Mitte 2011 in Großkorbetha.
AUFNAHME: VOLKER LUCAS, SAMMLUNG A. ZIKA

Zum Fahrzeugbestand gehörte von Februar 2004 bis März 2021 die 202 269, die von der Kallfelz & Stuch Gleis und Tiefbau GmbH übernommen wurde. Die Lok – bei der DB AG erst zum 31. März 2000 im Bh Cottbus ausgemustert – war von der Gleiskraft GmbH zeitweise an andere Unternehmen vermietet, darunter im Jahr 2008 an die railtrans s.r.o. bzw. die RailTransport s.r.o. Sokolov (Tschechien). Am 14. November jenes Jahres entgleiste 202 269 in Schwandorf, die dabei eingetretenen Schäden an der Lokomotive wurden allerdings aufgrund ihres damals bevorstehenden Fristablaufes – im Januar 2009 – nicht mehr behoben.

Trotz der Schäden und mit abgelaufenen Fristen wurde sie im März 2012 noch an das Unternehmen Raphael Hofmann Güterverkehr in St. Wendel vermietet, erhielt dort allerdings keine Hauptuntersuchung und blieb entsprechend ohne jegliche Einsätze.

Im März 2021 wurde 202 269 an die MaLoWa Bahnwerkstatt GmbH in Benndorf verkauft und steht seitdem dort als Arbeitsreserve auf dem Firmengelände.

Bild 218 ▷
Am 23. Oktober 2016 hat **V 180.07** der Knape Gruppe Holding GmbH – vormals GSG Gleissanierung – im Grenzbahnhof Bad Bentheim einen aus den Niederlanden kommenden Zug der Baulogistik übernommen. Die Lok war bzw. ist von der Schienen Güter Logistik (SGL) – zur Knape-Gruppe gehörend – seit 2013 angemietet.

Aufnahme: Roland Hertwig

Gmeinder GmbH

Auch die bekannte Gmeinder Lokomotivfabrik GmbH (GLG) in Mosbach hatte eine Reichsbahn-V 100 im Eigentum. Im Verlauf des Jahres 2010 erwarb die GLG die zuvor bei der KUBE CON rail GmbH, Magdeburg als Lok 15 bezeichnete, ehemalige 202 726, reihte diese als 203 001 ein und gab ihr zudem den Beinamen „ludwig k.“, der an den Frontseiten dezent angeschrieben wurde.

In den letzten Monaten bei der GLG ist die Lokomotive an die Bayernhafen GmbH & Co. KG, Aschaffenburg, vermietet und anschließend, im Juni 2011, an die Hessische Güterbahn GmbH, Buseck, verkauft worden.

GSG Knape Gleissanierung GmbH – Knape Gruppe Holding GmbH

Im „gleisgebundenen Tief- und Oberbau“ war (bzw. ist) die GSG Knape Gleissanierung GmbH mit Sitz in Kirchheim tätig, die im Jahr 2013 mit der Europool GmbH und der SGG Beteiligungs- und Beratungsgesellschaft mbH zur Knape Gruppe Holding GmbH verschmolzen ist. Dabei gingen sämtliche Fahrzeuge der GSG in das neue Unternehmen über.

Bereits im Jahr 2000 erwarb die GSG ihre ersten vier Reichsbahn-V 100, die unmittelbar zuvor bei der Regental Fahrzeugwerkstätten GmbH, Reichenbach (Vogtl), gemäß dem Konzept Baureihe 293 der ABB Daimler Benz Transportation GmbH umgebaut worden waren. Bei den Loks handelte es sich im Vertreterinnen des LEW-Typs V 100.5, die in Hennigsdorf für den Einsatz vor bzw. mit Grabenräumeinheiten entwickelt und gebaut wurden. Sie erhielten bei der GSG Knape Gleissanierung GmbH die Bezeichnungen V 150.01 bis V 150.04 und wurden alle vermietet. Seit Januar 2008 stehen die Maschinen als Mietloks bei der SGL – Schienen Güter Logistik GmbH, Dachau, im Mieteinsatz, ein Unternehmen, welches bis 2023 zu 100 % der Knape Gruppe Holding GmbH gehörte. An SGL sind auch die weiteren vier DR-V 100 vermietet, die in den Jahren 2009 bis 2011 zur GSG kamen und – etwas irritierend – als V 180.05, V 180.07, V 180.08 und V 180.13 eingereiht wurden. Bei ihnen handelt es sich um Loks des Alstom-Umbaukonzepts Baureihe 203.1, die aus Maschinen der Baureihen 201 und 202 entstanden.

GSG Knape Gleissanierung GmbH / Knape Gruppe Holding GmbH

Typ	ex DB AG	Hersteller	Fabriknr.	Baujahr	Nr. bei EVU	Bemerkung	Motor	NVR-Nummer
V 100.5	710 961-4	LEW	17310	1983	V 150.01	06/00 – 02/13 bei GSG [1]	CAT 3512 DI-TA	92 80 1293 507-0 D-SGL
V 100.5	710 962-2	LEW	17311	1983	V 150.02	06/00 – 02/13 bei GSG [1]	CAT 3512 DI-TA	92 80 1293 508-8 D-SGL
V 100.5	710 963-0	LEW	17312	1983	V 150.03	04/00 – 02/13 bei GSG [1]	CAT 3512 DI-TA	92 80 1293 509-6 D-SGL
V 100.5	710 966-3	LEW	17315	1983	V 150.04	08/00 – 02/13 bei GSG [2]	CAT 3512 DI-TA	92 80 1293 510-4 D-SGL
V 100.1	201 619-4	LEW	13937	1973	V 180.05	08/09 – 02/13 bei GSG [3]	CAT 3512 DI-TA	92 80 1203 161-5 D-SGL
V 100.1	202 349-7	LEW	12858	1971	V 180.07	04/10 – 02/13 bei GSG [4]	MTU 12V 4000 R10	92 80 1203 001-3 D-SGL
V 100.1	202 569-0	LEW	13887	1973	V 180.08	04/10 – 02/13 bei GSG [5]	MTU 12V 4000 R10	92 80 1203 005-4 D-SGL
V 100.1	202 658-1	LEW	14359	1974	V 180.13	03/11 – 02/13 bei GSG [6]	CAT 3512 DI-TA	92 80 1203 158-1 D-SGL

Alle Lokomotiven gingen zum 12. Februar 2013 in den Bestand der Knape Gruppe Holding GmbH über und sind es – Stand 01/26 – dort noch immer.

[1] ?/02 – ?/04 vermietet an Euregio Verkehrsschienennetz GmbH; ?/04 – 07/07 an Eisenbahnbewachungs-GmbH; seit 01/08 an Schienen Güter Logistik (SGL) GmbH

[2] ?/02 – ?/04 vermietet an Euregio Verkehrsschienennetz GmbH; ?/04 – 07/07 an Eisenbahnbewachungs-GmbH; seit 01/08 an SGL GmbH; untervermietet im Jahr 2011 an die Hessische Landesbahn GmbH

[3] seit 08/09 vermietet an SGL GmbH

[4] seit 04/10 vermieten an SGL GmbH, 2011 (unter-)vermietet an BSM GmbH

[5] seit 04/10 vermietet an SGL GmbH

[6] seit 03/11 vermietet an SGL GmbH

Hafen Halle (S) GmbH								
Typ	ex DB AG	Hersteller	Fabriknr.	Baujahr	Nr. bei EVU	Bemerkung	Motor	NVR-Nummer
V 100.1	202 453-7	LEW	13492	1972	202 453-7	08/10 – ?/? Mietlok von WFL *)	CAT 3512 DI-TA	92 80 1203 217-5 D-WFL

*) Wedler & Franz GbR Lokomotivdienstleistungen, Potsdam

Häfen und Güterverkehr Köln AG								
Typ	ex DB AG	Hersteller	Fabriknr.	Baujahr	Nr. bei EVU	Bemerkung	Motor	NVR-Nummer
V 100.1	201 004-9	LEW	11212	1966	DH 41	04/99 – 12/01 Mietlok von Lokpool *)	CAT 3508 DI-TA	–

*) Lokpool Verwaltungsgesellschaft mbH & Co. Vermietungs KG, Kassel

△ **Bild 219** • Angemietet von der Wedler & Franz Lokomotivdienstleistungen GbR war **202 453** ab August 2010 für die Hafen Halle (S) GmbH im Einsatz. Hier steht die Lok am 14. September 2022 als 203 217 bezeichnet abgestellt im ehemaligen Bw Wustermark. AUFNAHME: STEPHAN KARKOWSKI

Hafen Halle (S) GmbH

Die Hafenbahn Halle (S) GmbH ist Teil der Container Terminal Halle (S) GmbH, die wiederum ein Unternehmen der Stadtwerke Halle (S) ist. Die Hafenbahn übernimmt dabei Rangierdienste im Bereich des ehemaligen Saale-Hafens in Halle-Trotha, die Überführungen von Güterzügen – überwiegen Container-Ganzzüge – vom Hafen zum Halleschen Güterbahnhof bzw. in der Gegenrichtung sowie deren Weiterbeförderung u. a. nach Hamburg und Bremerhaven.

Für Rangierdienste und Überführungsfahrten hatte die Hafenbahn Halle (S) ab August 2010 die Lok 16 der WFL GbR angemietet – die ehemalige 202 453. Wie lange genau diese Lok in Halle (S) ihre Dienste leistete, ist allerdings nicht bekannt.

Häfen und Güterverkehr Köln AG

Die Häfen und Güterverkehr Köln AG (HGK) entstand durch Fusion zum 1. Juli 1992, ist ein Tochterunternehmen der Stadtwerke Köln (Beteiligung 54,5 %) und in den Bereichen Hafenumschlag, Binnenschifffahrt und Schienengüterverkehr tätig, wobei der Frachtumschlag in den Häfen (Köln-Niehl I und II, Köln-Deutz und Köln-Godorf) sowie die Güterverkehrsleistungen seit August 2012 von der RheinCargo (ein Joint Venture von HGK und Neuss-Düsseldorfer Häfen GmbH) durchgeführt werden. Die Leistungen im Gütertransport auf der Schiene finden sowohl im regionalen Bereich als auch europaweit statt.

Von April 1999 bis Dezember 2001 kam die von der Lokpool Verwaltungsgesellschaft mbH angemietete 11212 bei der HGK zum Einsatz. Sie erhielt die Bezeichnung DH 41. Die Lok trug bei der DB AG die Loknummer 201 004, war im August 1994 im Bh Lutherstadt Wittenberg ausgemustert und dann bei Adtranz zur Baureihe 293 umgebaut worden. Bei der HGK diente die Lok zur Überbrückung eines Engpasses im eigenen Fahrzeugbestand, da zu dieser Zeit eine Modernisierung der HGK-Lokflotte stattfand.

◁ **Bild 220**
Hier noch als Lok der Deponie-Wirtschaft und Umweltschutztechnik GmbH („Uwe 13") abgestellt in Parchim, war die ehemalige 201 004 der DB AG von April 1999 bis Dezember 2001 als **DH 41** im Mieteinsatz für die HGK AG.

AUFNAHME: DETLEF RADKE

Hamburger Rail Service

Am 1. April 2011 als Hamburger Rail Service (HRS) gegründet, firmiert das Unternehmen seit Januar 2012 als GmbH & Co. KG, wechselte zum 1. September 2013 den Firmensitz von Hamburg nach Ahrensburg und erhielt im Januar 2014 die Zulassung als öffentliches Eisenbahnverkehrsunternehmen. Die HSR bietet ihren Kunden Komplettpakete von der Gestellung von Rangierpersonal und Fahrdienstleitern, über Trassenbestellungen und Güterverkehrsleistungen bis hin zu Durchführung von Werksverkehren an.

Seit Mai 2024 befanden sich fünf ehemalige Reichsbahn-V 100 im Eigentum des Unternehmens, die von der D&D Eisenbahngesellschaft übernommen wurden. Anfang 2026 sind drei dieser Lokomotiven (ex D&D 1401, 1402 und 1404) an die Neo Lox GmbH, Bottrop, verkauft worden. Im Bestand der Hamburger Rail Service GmbH blieben die als 1701 und 1702 bezeichneten Maschinen, deren Nummern noch aus ihren Zeiten bei D&D stammen. Beide Lokomotiven entstanden Anfang der 2000er-Jahre bei Alstom in Stendal als Umbau gemäß dem Konzept Baureihe 203.1.

△ **Bild 221** • Sie ist noch als ehemalige D&D-Loks erkennbar: Am 20. September 2024 kam **Lok 1401** der Hamburger Rail Service GmbH als Lz-Fahrt durch Hamburg-Harburg. Aufnahme: Volker Lucas, Sammlung A. Zika

Hamburger Rail Service GmbH & Co. KG (HRS)

Typ	ex DB AG	Hersteller	Fabriknr.	Baujahr	Nr. bei EVU	Bemerkung	Motor	NVR-Nummer
V 100.1	202 319-0	LEW	12828	1970	1401	05/24 – 02/26 bei HRS	CAT 3512 DI-TA	92 80 1203 205-0 D-HRS
V 100.1	202 378-6	LEW	12887	1971	1402	05/24 – 02/26 bei HRS	CAT 3512 DI-TA	92 80 1203 208-4 D-HRS
V 100.1	202 735-7	LEW	14436	1974	1404	05/24 – 02/26 bei HRS	CAT 3512 DI-TA	92 80 1203 221-7 D-HRS
V 100.1	202 351-3	LEW	12860	1971	1701	seit 05/24 bei HRS	CAT 3512 DI-TA	92 80 1203 110-2 D-HRS
V 100.1	202 602-9	LEW	13920	1973	1702	seit 05/24 bei HRS	CAT 3512 DI-TA	92 80 1203 130-0 D-HRS

Hamburg-Schweriner Lokführerservice GmbH

Typ	ex DB AG	Hersteller	Fabriknr.	Baujahr	Nr. bei EVU	Bemerkung	Motor	NVR-Nummer
V 100.1	202 483-4	LEW	13522	1972	203 502-0	11/03 Mietlok von Alstom	12 KVD 18/21 AL-4	–

Hamburg-Schweriner Lokführerservice GmbH

Nur knapp ein Jahr gab es die Hamburg-Schweriner Lokführerservice (HSL) GmbH, die ihren Geschäftssitz in Hamburg hatte. Im April 2003 gegründet, wurde durch Beschluss des Amtsgerichts Hamburg bereits zum 18. Oktober 2004 ein Insolvenzverwalter bestellt, am 26. Oktober jenes Jahre begann die Liquidation.

Das Unternehmen sah seine unternehmerischen Fähigkeiten in der Gestellung von Lokführern für Arbeitszug-, Lotsen und Streckendienste, in der Durchführung von Überführungsfahrten, der Aus- und Weiterbildung usw. Dafür mietete es im November 2003 von der Alstom Lokomotiven Service GmbH in Stendal die 203 502 an. Allerdings war es nur eine Kurzzeitanmietung, der genaue Zeitraum ist nicht bekannt. Aber noch im selben Monat gelangte die Lok schon zum nächsten Mieter – der EfW Verkehrsgesellschaft.

Bild 222 ▷ Von den wenigen Tagen der Anmietung der **203 502** durch die HSL GmbH im November 2003, waren keine Aufnahmen zu finden. Bevor die Lok kurzzeitig für das Hamburger Unternehmen im Einsatz war, diente sie u. a. auch für DB Bahnbau. Hier steht sie am 14. September 2002 in Wallau (Lahn).

Aufnahme: Marco Berger

◁ **Bild 223**
Zuvor bereits von der RIS GmbH angemietet, gehört **202 743** seit dem Jahr 2024 zum Bestand der Hanse Bahn Nord GmbH. Die Aufnahme entstand am 5. September 2024 in Niederndodeleben – gelegen zwischen Magdeburg und Helmstedt.

Aufnahme: Volker Lucas, Sammlung A. Zika

Hanse Bahn Nord GmbH (HBN)

Typ	ex DB AG	Hersteller	Fabriknr.	Baujahr	Nr. bei EVU	Bemerkung	Motor	NVR-Nummer
V 100.1	202 743-1	LEW	14444	1974	202 743-1	seit ?/24 bei HBN [1]	CAT 3512 DI-TA	92 80 1202 743-1 D-HANSE
V 100.1	202 746-4	LEW	14447	1974	202 746-4	11/23 – 12/23 Mietlok von ALS [2]	CAT 3512 DI-TA	98 80 3202 746-4 D-ALS

[1] Lok war bereits ab 2023 von der Regio Infra Service Sachsen GmbH angemietet
[2] Alstom Lokomotiven Service GmbH

Hanse Bahn Nord GmbH

Laut eigener Aussage liegt das Kerngeschäft der in Glinde und damit unmittelbar vor den Toren Hamburgs ansässigen Hanse Bahn Nord (HBN) GmbH in der Aufstellung von Konzepten für Rangier- und Zugfahrten, der Planung von Transporten und der Organisation von schienengebundenen Fahrzeugen. In diesen Bereichen ist das Unternehmen seit seiner Gründung im Jahr 2018 tätig, wobei es bis 2022 unter dem Namen T-R-J (Triebfahrzeugführer Rangierbegleiter Jankowski) GmbH firmierte.

Im Verlauf des Jahres 2023 mietete die HBN GmbH von der Regio Infra Service Sachsen GmbH die 202 743 an, und erwarb diese Lok ein Jahr später. Sie ist auch Stand 01/2026 noch im Bestand der HBN und trug noch immer die „Scheunentor-Lackierung“ in Orientrot mit Weiß umrandeten, die sie 2015 erhalten, bei der DB AG allerdings nie getragen hatte.

Derweil blieb die zweite Reichsbahn-V 100 in Diensten der Hanse Bahn Nord GmbH nur angemietet: Im Zeitraum November/Dezember 2023 stand 202 746 als Mietlok von der Alstom Lokomotiven Service GmbH für das Unternehmen im Einsatz.

△ **Bild 224** • Während sich 99 7235 am Mittag des 26. Oktober 2018 mit ihrem Zug in Richtung Drei Annen Hohne aufmacht, leistet **199 872** in Wernigerode ihre Dienste als „Hofhund“.
Aufnahme: Dierk Lawrenz

Harzer Schmalspurbahnen GmbH

Die am 19. November 1991 gegründete Harzer Schmalspurbahnen (HSB) GmbH übernahm zum 1. Februar 1993 von der Deutschen Reichsbahn die Strecken, Fahrzeuge, technischen Anlagen, Immobilien, das Personal und den Betrieb der Harzquer-, Brocken- und Selketalbahn. In diesem Zusammenhang wechselten auch zehn Diesellokomotiven in das Eigentum der HSB GmbH, die zwischen 1988 und 1990 durch Umbau von Regelspur-V 100 auf 1.000-mm-Schmalspur entstanden. Mehr zu diesem Umbau und seiner Vorge-

△ **Bild 225** • Am 8. Juni 2012 versah **199 874** Rangierdienst im Bahnhof Wernigerode-Westerntor und hatte dabei u. a. auch den Fotogüterzug „am Haken". Sehr gut sind die hochgeklappten Puffer an der Lok zu sehen, die für den Dienst mit Normalspur-Güterwagen auf Rollböcken bzw. Rollwagen benötigt wurden. Aufnahme: Roland Hertwig

schichte finden Sie im Band 1 zur Baureihe V 100 auf den Seiten 248 bis 273.

Mit diesen Dieselloks sollte ursprünglich der Dampfbetrieb im Harz beendet bzw. stark eingeschränkt werden, was allerdings an Protesten und letztlich auch am touristischen „Nährwert" des Dampflokeinsatzes – speziell in der Zeit nach 1990 – scheiterte. Entsprechend bestand seitens der HSB GmbH als neuer Betreiber der Strecken auch nur ein beschränkter Bedarf an diesen Maschinen, sodass im Jahr 1998 vier Loks an die Adtranz GmbH verkauft wurden. Dort sind sie modernisiert und zu Regelspurloks rückgebaut worden.

Von den sechs heute noch bei der HSB GmbH vorhandenen Vertreterinnen der Baureihe 199 sind – Stand Februar 2026 – drei Loks betriebsfähig (199 861, 199 872 und 199 874), eine befand sich nach einer

△ **Bild 226** • Die noch bei der HSB GmbH verbliebenen Loks der Baureihe 199 werden nicht nur im Rangierdienst in Wernigerode benötigt, sondern kommen auch im Planverkehr oder – wie hier **199 872** am 6. März 2025 – bei Sonderdiensten zum Einsatz. Mit vier Regelspur-Schotterwagen auf Rollwagen war die Lok auf der Fahrt von Sorge nach Wernigerode, hier aufgenommen zwischen Sorge und Elend. Aufnahme: Lennart Fehr

Harzer Schmalspurbahnen GmbH

Typ	ex DB AG	Hersteller	Fabriknr.	Baujahr	Nr. bei EVU	Bemerkung	Motor	NVR-Nummer
V 100.1	299 110-7	LEW	15379	1976	199 861-6	seit 02/93 bei der HSB	12 KVD 18/21 AL-4	–
V 100.1	299 111-5	LEW	15381	1976	199 863-2	02/93 – 09/98 bei der HSB	CAT 3512 DI-TA	–
V 100.1	299 112-3	LEW	15388	1976	199 870-3	02/93 – 09/98 bei der HSB	CAT 3512 DI-TA	–
V 100.1	299 113-1	LEW	15389	1976	199 871-5	seit 02/93 bei der HSB [1]	12 KVD 18/21 AL-4	–
V 100.1	299 114-9	LEW	15390	1976	199 872-3	seit 02/93 bei der HSB	12 KVD 18/21 AL-4	–
V 100.1	299 115-6	LEW	15392	1976	199 874-9	seit 02/93 bei der HSB	12 KVD 18/21 AL-4	–
V 100.1	299 116-4	LEW	16391	1978	199 877-2	seit 02/93 bei der HSB [2]	12 KVD 18/21 AL-4	–
V 100.1	299 117-2	LEW	16373	1977	199 879-8	02/93 – 09/98 bei der HSB	12 KVD 18/21 AL-4	–
V 100.1	299 118-0	LEW	16385	1978	199 891-3	02/93 – 09/98 bei der HSB	CAT 3512 DI-TA	–
V 100.1	299 119-8	LEW	16386	1978	199 892-1	seit 02/93 bei der HSB [3]	CAT 35-08	–

[1] mit Fristablauf seit 2006 abgestellt [2] seit 1998 mit Fristablauf abgestellt, Lok im März 2026 zur HU nach Stendal [3] Wiederinbetriebnahme im Frühjahr 2026

◁ **Bild 227**
Am 5. März 2022 leistete **199 874** der 99 222 Vorspanndienste zwischen Wernigerode und Drei Annen Hohne, hier aufgenommen bei der Ausfahrt aus dem Tunnel am Thumkuhlenkopf.

Aufnahme: Lennart Fehr

Hauptuntersuchung in Stendal kurz vor der Rücküberführung nach Wernigerode bzw. Nordhausen (199 892) und eine – 199 877 – sollte nach langjähriger Abstellung zur Wiederinbetriebnahme nach Stendal überführt werden. Ob auch die in Wernigerode-Westerntor seit 2006 abgestellte 199 871 in den kommenden Jahren wieder betriebsfähig aufgearbeitet wird, war noch nicht entschieden. Aufgrund des Rückgangs des Dampfbetriebs ist die HSB GmbH allerdings auf jede weitere einsatzfähige Lokomotive angewiesen. Somit werden die „Harzkamel" auch zukünftig im Betriebsgeschehen auf den Harzer Schmalspurbahnen eine Rolle spielen.

Havelländische Eisenbahn AG

Die heutige Havelländische Eisenbahn AG (hvle) entstand im Jahr 2006 durch Umfirmierung der Osthavelländischen Eisenbahn AG, die wiederum auch erst seit 1998 so hieß und deren Bezeichnung seit April 1972 Osthavelländische Eisenbahn Berlin-Spandau AG lautete. Die Firmengeschichte reicht allerdings bis 1892 zurück, als in Nauen die Osthavelländische Kreisbahnen AG gegründet wurde, die ihren Namen 1943 in Osthavelländische Eisenbahn AG änderte.

Zum umfangreichen Fahrzeugbestand der hvle gehören auch Lokomotiven aus der Reichsbahn-V 100-Familie. Zwei Maschinen waren zwischenzeitlich von Dritten angemietet, während sich insgesamt zehn Loks im Eigentum des Unternehmens befanden – und acht (Stand Februar 2026) noch immer befinden. Doch nicht jedes dieser Fahrzeuge ist ständig für die hvle im Einsatz, denn gleichermaßen werden die Lokomotiven auch vermietet, und dies auch auf längere Zeit. So leisten die hvle-Loks V 160.4 und V 160.9 seit mehreren Jahren bei der BUG Vermietungsgesellschaft mbH ihre Dienste. Die V 160.3 ist seit einiger Zeit mit Fristablauf abgestellt.

▽ **Bild 228** • Auf dem Gelände des (Betrieb-)Bahnhofs Johannisstift in Berlin-Spandau hat die hvle einen ihrer Standorte mit Verwaltung, Ladestelle und Lokwerkstatt. Am 17. September 2017 war dort u. a. **V 160.10** anzutreffen.
Aufnahme: Gunter von Hartwig

Bild 229 ▷
Mit einer „leichten Fuhre" am Haken war **V 160.9** der hvle am 30. Mai 2020 unterwegs in Köln-Kalk Nord.

Aufnahme: Georg Dollwet

Havelländische Eisenbahn AG (hvle)

Typ	ex DB AG	Hersteller	Fabriknr.	Baujahr	Nr. bei EVU	Bemerkung	Motor	NVR-Nummer
V 100.1	202 654-0	LEW	14081	1974	V 160.1	01/06 – 11/13 bei der hvle [1]	MTU 12V 4000 R10	92 80 1203 012-0 D-HVLE
V 100.1	202 587-2	LEW	13905	1973	V 160.2	01/06 – 11/13 bei der hvle [2]	MTU 12V 4000 R10	92 80 1203 014-6 D-HVLE
V 100.1	202 433-9	LEW	13472	1972	V 160.3	seit 05/06 bei der hvle [3]	CAT 3512 DI-TA	92 80 1203 105-2 D-HVLE
V 100.1	202 814-0	LEW	15086	1975	V 160.4	seit 11/06 bei der hvle [4]	CAT 3512 DI-TA	92 80 1203 109-4 D-BUG
V 100.1	202 816-5	LEW	15088	1975	V 160.5	seit 05/08 bei der hvle [5]	CAT 3512 DI-TA	92 80 1203 143-3 D-HVLE
V 100.1	202 831-4	LEW	14895	1975	V 160.6	seit 06/08 bei der hvle [6]	CAT 3512 DI-TA	92 80 1203 144-1 D-HVLE
V 100.1	202 342-2	LEW	12851	1971	V 160.7	seit 10/08 bei der hvle	CAT 3512 DI-TA	92 80 1203 150-8 D-HVLE
V 100.1	202 432-1	LEW	12941	1972	V 160.8	seit 09/11 bei der hvle	CAT 3512 DI-TA	92 80 1203 616-8 D-HVLE
V 100.1	202 804-1	LEW	15076	1975	V 160.9	seit ?/13 bei der hvle [7]	CAT 3512 DI-TA	92 80 1203 141-7 D-HVLE
V 100.1	202 806-6	LEW	15078	1975	V 160.10	seit ?/13 bei der hvle [8]	CAT 3512 DI-TA	92 80 1203 142-5 D-HVLE
V 100.1	202 746-4	LEW	14447	1974	202 001-4	?/06 – 08/06 Mietlok von ALS [9]	CAT 3512 DI-TA	–
V 100.1	202 569-0	LEW	13887	1973	203 004-7	09/08 Mietlok von A.V.G. [10]	MTU 12V 4000 R10	–

[1] Lok war zwischenzeitlich vermietet an e.g.o.o. Eisenbahngesellschaft Ostfriesland-Oldenburg mbH; 05/13 – 07/13 an Eisenbahn-Bau- und Betriebsgesellschaft Pressnitztalbahn mbH

[2] 07/07 – 02/08 vermietet an Mindener Kreisbahnen GmbH; 05/13 – 07/13 an Eisenbahn-Bau- und Betriebsgesellschaft Pressnitztalbahn mbH

[3] 10/15 – ?/15 vermietet an e.g.o.o. GmbH; 02/17 – ?/17 an SLG - Spitzke Logistik GmbH; 01/20 – ... an BUG Vermietungsgesellschaft mbH; Lok ist mit Fristablauf abgestellt

[4] 02/08 – 04/08 vermietet an Mindener Kreisbahnen GmbH; ?/11 – ?/? an e.g.o.o. GmbH; 11/12 – 12/12 an InfraLeuna GmbH; ?/16 – ?/2x an OHE Cargo GmbH; seit ?/21 an BUG Vermietungsgesellschaft mbH

[5] 12/13 – ?/14 vermietet an BLG RailTec GmbH

[6] 06/16 – 11/16 vermietet an InfraLeuna GmbH

[7] seit 01/20 vermietet an BUG Vermietungsgesellschaft mbH

[8] ?/21 – ?/22 vermietet an Fels-Werke GmbH

[9] Alstom Lokomotiven Service GmbH

[10] Ascherslebener Verkehrsgesellschaft mbH

Bild 230 ▷
Auf Überführungsfahrt mit einem Meridian-Triebzug der Bayerischen Oberlandbahn befand sich die hvle-Lok **V 160.8** am 3. November 2015, als sie in Berlin-Moabit die Putlitzbrücke passiert.

Aufnahme: Gunter von Hartwig

Heinrichsmeyer Eisenbahndienstleistungen GmbH (HEIN)								
Typ	ex DB AG	Hersteller	Fabriknr.	Baujahr	Nr. bei EVU	Bemerkung	Motor	NVR-Nummer
V 100.4	–	LEW	16328	1981	293 902-3	seit 10/17 bei HEIN	12 KVD 18/21 A-3	98 80 3293 902-3 D-HEIN

△ **Bild 231** • Seit Oktober 2017 ist **293 902** im Eigentum der Heinrichsmeyer Eisenbahndienstleistungen GmbH (bis November 2022 eine UG). Am 15. Juli 2019 stand die Lok mit einem Leerwagenpark in Hausach an der Schwarzwaldbahn. Aufnahme: Yannik Hauser

Heinrichsmeyer Eisenbahndienstleistungen

Die Heinrichsmeyer Eisenbahndienstleistungen GmbH firmierte nach ihrer Gründung im Jahr 2010 bis November 2022 zunächst als haftungsbeschränkte Unternehmergesellschaft (UG). Seit Oktober 2017 hat das Unternehmen mit Sitz in Merzig die 293 902 im Bestand, die bei der vorgenannten Änderung der Rechtsform von der UG zur GmbH wechselte. Die Lok ist seit dem Erwerb im Jahr 2017 an die Saar Mosel Rail GmbH (bis März 2016: HEB Hunsrück Eisenbahninfrastruktur GmbH) vermietet, wobei beide Firmen – die Heinrichsmeyer Eisenbahndienstleistungen GmbH und die Saar Mosel Rail GmbH – dieselbe Geschäftsführerin haben.

Bei der 293 902 handelt es sich um eine Maschine des LEW-Typs V 100.4, die 1981 nach Ostrava-Karvina in die ČSSR (heute Tschechien) geliefert wurde und im dortigen Bergbaurevier als T 436.4528 zum Einsatz kam. Anfang/Mitte der neunziger Jahre gelangte sie über einen Lokhändler in Schwerte zunächst zur Karsdorfer Eisenbahngesellschaft und dann über mehrere Zwischenstationen zur Heinrichsmeyer Eisenbahndienstleistungen UG.

Henning Welzel

Über Henning Welzel gelangten zwei Reichsbahn-V 100 – 202 458 und 202 720 – zum Verein Eisenbahnfreunde Weferlingen Lappwald e. V., aus dem sich 1997 die Lappwaldbahn GmbH gegründet hat.

Beide Loks wurden unmittelbar nach deren Ausmusterung im November 1996 bei der DB AG – 202 458 im Bh Halberstadt, 202 720 im Bh Magdeburg – von Henning Welzel erworben und gingen dann in den Fahrzeugbestand der Lappwaldbahn GmbH über.

△ **Bild 232** • Am 11. Januar 1996 stand **202 458** noch in Diensten der DB AG, war im Betriebshof Halberstadt beheimatet und kam an jenem Tag mit einer Regionalbahn nach Aschersleben, wo diese Aufnahme entstand. Im August jenes Jahres wurde sie z-gestellt, im November ausgemustert und wurde anschließend von Hennig Welzel erworben. Aufnahme: Frank Weimer

Hermann Bettels GmbH

Die Hermann Bettels GmbH & Co. KG (HBG) mit Hauptsitz in Hildesheim ist eine sogenannte Holdinggesellschaft, unter deren Führung und Verwaltung mehrere Unternehmen aus den Bereichen Umwelt, Infrastruktur, Logistik, Beton sowie Energiegewinnung stehen. Zu den von der HBG geführten Logistikunternehmen gehört u. a. die e.g.o.o. Eisenbahngesellschaft Ostfriesland Oldenburg mbH. Über diese Gesellschaft werden zwei Lokomotiven eingesetzt, die aus der Baureihenfamilie der Reichsbahn-V 100 stammen und sich seit Dezember 2020 im Eigentum der Hermann Bettels GmbH befinden: 203 147 und 203 318. Beide Maschinen entstanden bei Alstom in Stendal gemäß dem Umbaukonzept Baureihe 203.1 und gelangten 2008 (203 147) bzw. 2011 (203 318) zur e.g.o.o. Mit deren Übernahme bzw. Eingliederung in die HBG wechselten auch die Fahrzeuge

Henning Welzel								
Typ	ex DB AG	Hersteller	Fabriknr.	Baujahr	Nr. bei EVU	Bemerkung	Motor	NVR-Nummer
V 100.1	202 458-6	LEW	13497	1972	202 458-6	1997 bei Welzel	12 KVD 18/21 AL-4	–
V 100.1	202 720-9	LEW	14421	1974	202 720-9	1997 bei Welzel	12 KVD 18/21 AL-4	–

△ **Bild 233 • 203 318** der Eisenbahngesellschaft Ostfriesland-Oldenburg (e.g.o.o.) bespannte am 28. Oktober 2014 einen Containerzug von Aurich nach Rheine, hier aufgenommen in Rheine. Seit Dezember 2020 ist die Lok im Eigentum der Hermann Bettels GmbH, kommt aber weiter für e.g.o.o. zum Einsatz. AUFNAHME: ROLAND HERTWIG

Hermann Bettels GmbH & Co. KG (HBG)

Typ	ex DB AG	Hersteller	Fabriknr.	Baujahr	Nr. bei EVU	Bemerkung	Motor	NVR-Nummer
V 100.1	202 357-0	LEW	12866	1971	203 147-4	seit 12/20 bei HBG *)	CAT 3512 DI-TA	92 80 1203 147-4 D-EGOO
V 100.1	202 318-2	LEW	12827	1970	203 318-1	12/20 – 03/26 bei HBG *)	CAT 3512 DI-TA	92 80 1203 318-1 D-EGOO

*) Einsatz durch e.g.o.o. Eisenbahngesellschaft Ostfriesland-Oldenburg mbH

Herz Technik Service (HTS)

Typ	ex DB AG	Hersteller	Fabriknr.	Baujahr	Nr. bei EVU	Bemerkung	Motor	NVR-Nummer
V 100.1	202 720-9	LEW	14421	1974	202 720-9	05/15 – ?/16 bei HTS	12 KVD 18/21 AL-4	92 80 1201 001-5 D-ECMS

in die Holdinggesellschaft. Da die e.g.o.o. allerdings weiter als selbständige Firma agiert, kommen die Loks auch bei diesem Logistikunternehmen zum Einsatz.

Müritz Eisenbahn GmbH übernommen und für den Betrieb bei der ECM-Service UG eingestellt, einer Firma, die ihren Sitz in Vellmar und mit Christian Herz auch denselben Geschäftsführer hat. Bezüglich der Einstellung der Lok änderte sich auch nichts, als sie im Verlauf des Jahres 2016 zur Kley's Bau GmbH wechselte.

Herz Technik Service

Christian Herz ist u. a. Geschäftsführer der Herz Technik Service (HTS) – Mobile Schienenfahrzeugtechnik GmbH, die im Mai 2024 ihren Sitz von Vellmar (bei Kassel) nach Helbra (bei Lutherstadt Eisleben) verlegt hat. Zunächst noch als Unternehmergesellschaft tätig, firmiert die HTS seit August 2020 als GmbH. Gegenstand des Unternehmens sind die Instandsetzung und Wartung von Lokomotiven und Güterwaggons. Dies geschieht an vier Stützpunkten: Wuppertal, Vellmar, Helbra und Offingen.

Von Mai 2015 bis ins Jahr 2016 gehörte 202 720 zum Eigentum der HTS GmbH. Die Lokomotive wurde von der Röbel-

△ **Bild 234** • Im Eigentum der HTS GmbH befand sich **202 720**, als am 25. Juni 2015 in Bestwig diese Aufnahme der Lok entstand. Eingestellt war sie bei der ECM-Service UG. AUFNAHME: ANDREAS HAUFE

△ **Bild 235 • V 100.01** der Hessischen Güterbahn GmbH ist am 18. August 2011 „Lz" in Köthen unterwegs und passiert das dortige Stellwerk B 6. AUFNAHME: GUNTER VON HARTWIG

Hessische Güterbahn

Seit 2003 ist die Hessische Güterbahn (HGB) GmbH aktiv. Sie hat ihren Firmensitz in Buseck und bietet bundesweite Dienstleistungen rund um die Bereiche Schienengüterverkehr, Gleisbaulogistik und Rangierdienste an. Zum aktuellen Fahrzeugbestand des Unternehmens gehören – Stand Februar 2026 – u. a. auch zwei Maschinen aus der Baureihenfamilie der Reichsbahn-V 100, die als V 100.01 und V 100.04 bezeichnet sind. Diese Nummern erhielten sie allerdings erst im Verlauf ihrer Einsatzzeit bei der HGB. Bei deren Erwerb trugen sie die Loknummern 203 211 (V 100.01) und 203 507 (V 100.04). Drei weitere V 100 hatte die HGB in unterschiedlichen Zeiträumen zwischen 2005 und 2025 in ihrem Eigentum, hinzu kamen zahlreiche Mietlokomotiven, die ihre Dienste für die HGB leisteten. Insgesamt 16 Maschinen dieser Baureihenfamilie – inklusive der beiden noch im Bestand befindlichen Loks – waren bisher für das Unternehmen im Einsatz, darunter befand sich auch eine ehemalige GRE-V 100 (ex 110 968).

Hessische Landesbahn

Bei der Hessischen Landesbahn (HLB) GmbH handelt es sich um ein Verkehrsunternehmen im Eigentum des Landes Hessen, welches 1955 gegründet wurde und über Tochter- und Beteiligungsgesellschaften im Schienenpersonennahverkehr, im Busverkehr sowie in geringem Umfang auch im Schienengüterverkehr tätig ist.

Nur kurzzeitig hatte des Unternehmen im Jahr 2011 die ehemalige 710 966 (ex 110 966) als Mietlokomotive im Fahrzeugbestand. Die von der Eigentümerin – der GSG Knape Gleissanierung GmbH, Kirchheim – als V 150.04 bezeichnete Maschine diente lediglich als Ersatzlok für die HLB-eigene Lok 831 (MaK DE 1002).

Hochwaldbahn Servicegesellschaft mbH

Die Hochwaldbahn Servicegesellschaft mbH (HWB) wurde im März 2004 gegründet und hatte ihren Sitz in Hermeskeil. Im März 2009 stellte das Unternehmen, wel-

▽ **Bild 236** • Am 7. Juni 2019 war die **V 100.04** der Hessischen Güterbahn GmbH bei der Überführung einer Weichen- und Schienenschleifmaschine (RGH 20 C) im Einsatz, hier aufgenommen bei der Durchfahrt in Gelnhausen in Richtung Hanau. AUFNAHME: STEPHAN KARKOWSKI

Bild 237 ▷ Am 26. Dezember 2009 steht die **VL 13** („Julia“) der Hochwaldbahn Servicegesellschaft mbH vor dem Lokschuppen in Neuoffingen. Zu diesem Zeitpunkt befand sich das Unternehmen bereits in der Liquidation.

Aufnahme: Werner Peterlick

Hessische Güterbahn GmbH (HGB)

Typ	ex DB AG	Hersteller	Fabriknr.	Baujahr	Nr. bei EVU	Bemerkung	Motor	NVR-Nummer
V 100.1	202 573-2	LEW	13892	1973	V 100.01 [1]	seit 09/05 bei HGB [2]	CAT 3512 DI-TA	92 80 1203 213-4 D-HGB
BR 293	–	Adtranz	70120	2001	V 100.02 [3]	10/05 – 06/22 bei HGB	MTU 12V 396 TC14	92 80 1293 006-3 D-HGB
V 100.1	202 488-3	LEW	13527	1972	V 100.03 [4]	12/06 – 05/25 bei HGB [5]	12 KVD 18/21 AL-4	98 80 3202 488-3 D-HGB
V 100.1	202 374-5	LEW	12883	1971	V 100.04 [6]	seit 07/08 bei HGB	CAT 3512 DI-TA	92 80 1203 224-1 D-HGB
V 100.1	202 726-6	LEW	14427	1974	V 100.05	06/11 – 09/20 bei HGB	CAT 3512 DI-TA	92 80 1202 726-6 D-HGB
V 100.1	202 746-4	LEW	14447	1974	202 001-4	10/04 – 11/04 Mietlok von ALS [7]	CAT 3512 DI-TA	–
V 100.1	202 240-8	LEW	12522	1970	202 240-8	10/12 – 11/12 Mietlok von Uwe Adam [8]	CAT 3512 DI-TA	92 80 1202 240-8 D-BWESA
V 100.1	202 310-9	LEW	12774	1970	202 310-9	06/04 – 08/04 Mietlok von ALS [7]	CAT 3512 DI-TA	–
V 100.1	202 330-7	LEW	12839	1971	202 330-7	02/11 – 05/11 Mietlok von NBE [9]	CAT 3512 DI-TA	92 80 1202 330-7 D-NBEG
V 100.1	202 364-6	LEW	12873	1971	202 364-6	05/12 – 06/12 & 10/12 – 11/12 Ml von Adam [8]	CAT 3512 DI-TA	92 80 1202 364-6 D-BWESA
V 100.1	202 520-3	LEW	13559	1973	202 520-3	07/09 – 08/09 Mietlok von Uwe Adam [8]	CAT 3512 DI-TA	92 80 1202 520-3 D-BWESA
V 100.1	202 743-1	LEW	14444	1974	202 743-1	05/12 – 08/12 & 11/12 Ml von Adam [8]	CAT 3512 DI-TA	92 80 1202 743-1 D-BWESA
V 100.1	202 822-3	LEW	15094	1975	202 822-3	02/04 – 01/05 Mietlok von RAR [10]	CAT 3512 DI-TA	–
V 100.1	201 577-4	LEW	13896	1973	203 214-2	Mietlok von RAR und SONATA [11]	CAT 3512 DI-TA	92 80 1203 214-2 D-NBEG
V 100.1	202 264-8	LEW	12546	1970	203 504-6	02/05 – 08/05 Mietlok von ALS [7]	12 KVD 18/21 AL-4	–
V 100.5	710 968-9	LEW	17317	1983	710 968-9	07/09 – 12/09 Mietlok von ITB [12]	12 KVD 18/21 A-3	92 80 1202 968-4 D-ITB

[1] 02/05 – 04/11 als 203 211-8 benummert
[2] Lok war zuvor seit 02/05 von der Alstom Lokomotiven Service GmbH angemietet; 03/07 vermietet an STOCK-Transport, Mainz
[3] 10/05 – 09/09 als 203 701-9 benummert
[4] 11/06 – 01/07 als 202 488-3 benummert
[5] Lok war bereits im November 2006 von der Alstom Lokomotiven Service GmbH angemietet; 03/07 vermietet an STOCK-Transport, Mainz
[6] 07/08 – ?/10 als 203 507-9 benummert
[7] Alstom Lokomotiven Service GmbH, Stendal
[8] Uwe Adam EVU GmbH, Eisenach
[9] NBE RAIL GmbH, Aschaffenburg
[10] Rent-a-Rail Eisenbahn-Service AG, Ellwangen
[11] Lok war bei RAR angemietet: 10/11 – ?/?, 02/12 – 03/12, 02/13 – 12/13 und 03/14 – 12/14; bei der SONATA RAIL GmbH, Obernburg: 03/15 – 09/15
[12] Industrietransportgesellschaft mbH Brandenburg

Hessische Landesbahn GmbH

Typ	ex DB AG	Hersteller	Fabriknr.	Baujahr	Nr. bei EVU	Bemerkung	Motor	NVR-Nummer
V 100.5	710 966-3	LEW	17315	1983	V 150.04	2011 Mietlok von GSG	CAT 3512 DI-TA	92 80 1293 510-4 D-SGL

Lok war im Eigentum der GSG Knape Gleissanierung GmbH, Kirchheim, und von der SGL – Schienen Güter Logistik GmbH, Dachau, untervermietet

Hochwaldbahn Servicegesellschaft mbH (HWB)

Typ	ex DB AG	Hersteller	Fabriknr.	Baujahr	Nr. bei EVU	Bemerkung	Motor	NVR-Nummer
V 100.1	202 530-2	LEW	13569	1973	VL 10	03/06 – ?/09 Mietlok von ALS [1]	MTU 12V 4000 R10	92 80 1203 006-2 D-ALS
V 100.1	202 264-8	LEW	12546	1970	VL 11	11/07 – 12/08 bei HWB [2]	12 KVD 18/21 AL-4	98 80 3202 264-8 D-HW
V 100.1	202 330-7	LEW	12839	1971	VL 12	10/06 – 11/08 bei HWB [3]	CAT 3512 DI-TA	92 80 1202 330-7 D-NBEG
V 100.1	202 373-7	LEW	12882	1971	VL 13	10/06 – 02/11 bei HWB	CAT 3512 DI-TA	92 80 1204 373-5 D-HWB

[1] Alstom Lokomotiven Service GmbH, Stendal
[2] zuvor 06/06 – 11/07 Mietlok von RT - railtrans s.r.o., Sokolov (als 745 502-5)
[3] 12/07 – 03/08 vermietet an RT

◁ **Bild 238**
Am 21. Oktober 2008 steht **VL 12** („Katharina") der Hochwaldbahn abgestellt in Krefeld. Es waren ihre letzten Tage bei diesem Unternehmen, denn die Lok wechselte im November jenes Jahres zur Nordbayerischen Eisenbahngesellschaft.

ches zur Hochwaldbahn Gruppe gehörte, einen Insolvenzantrag. Die Liquidation begann im Mai jenes Jahres, im November 2018 war das Unternehmen gelöscht.

Im März 2006 mietete die Hochwaldbahn Servicegesellschaft ihre erste Reichsbahn-V 100 (203 005 von Alstom, ex 202 530), und bezeichnete die Lok als VL 10 und gab ihr den Beinamen „Andrea". Drei Monate später, im Juni 2006, wurde von der tschechischen Firma RT-railtrans s.r.o. die dort als 745 502 geführte, nach Umbau im SFZ Stendal ursprünglich als 203 504 in Dienst gestellte, ehemalige 202 264 angemietet. Sie bekam interessanterweise erst mit dem Wechsel ins Eigentum der HWB im November 2007 die Bezeichnung VL 11 („Tine"). Zu diesem Zeitpunkt besaßen die im Oktober 2006 von der Hochwaldbahn Servicegesellschaft erworbenen 202 330 und 202 373 bereits die Bezeichnungen VL 12 („Katharina") bzw. VL 13 („Julia").

Bereits vor der Liquidation des Unternehmens wurden die Lokomotiven VL 11 (an Wedler & Franz Logistik) und VL 12 (an die Nordbayerische Eisenbahngesellschaft) verkauft, die (Dauer-)Anmietung der VL 10 endete im Verlauf des Jahres 2009 – vermutlich mit dem Insolvenzantrag im März.

Lediglich „Julia" – VL 13 – blieb noch fast zwei Jahre in der Insolvenzmasse der Hochwaldbahn Servicegesellschaft GmbH und gelangte erst im Februar 2011 zur Logistik & Consulting AG, Oberuckersee (LOCON).

Holzlogistik und Güterbahn GmbH

Die in Bebra ansässige Holzlogistik und Güterbahn (HLG) GmbH wurde im Jahr 2007 gegründet und ist – wie es der Name schon verrät – mit Dienstleistungen im Schienengüterverkehr beschäftigt. Dafür verfügt das Unternehmen über einen modernen Fahrzeugpark mit E- und Diesellokomotiven. Als Mietloks kamen für die HLG GmbH in den Jahren 2012, 2014 und 2015 auch 202 240 und 202 241 (beide Uwe Adam EVU GmbH) sowie 202 970 von der DIE-LEI zum Einsatz. Letztere gehörte zum LEW-Typ V 100.5 – DR-Baureihe 110^9 (GRE-Lok). Bisher gelangte noch keine ex DR-V 100 ins Eigentum der HGL.

◁ **Bild 239**
Als **VL 11** noch „im Kleid" der Hochwaldbahn Servicegesellschaft mbH, hatte die Lok am Tag dieser Aufnahme – am 12. Dezember 2008 – bereits die Eigentümerin gewechselt und war im Bestand der WFL. Das Bild entstand in Nossen.

Aufnahmen (2): Marco Heyde

Bild 240 ▷
„ADAM 22“ – alias **202 241** – war am 4. Juli 2012 für die Holzlogistik und Güterbahn GmbH im Einsatz. Mit einem aus Wagen der Gattung E gebildeten Ganzzug steht sie an jenem Tag im Bahnhof Dorndorf (Rhön) an der Strecke Bad Salzungen – Vacha (– Unterbreizbach). In Dorndorf (Rhön) zweigte bis 2003 noch die Strecke nach Kaltennordheim ab.

Aufnahme: Markus Schmidt

Holzlogistik und Güterbahn GmbH

Typ	ex DB AG	Hersteller	Fabriknr.	Baujahr	Nr. bei EVU	Bemerkung	Motor	NVR-Nummer
V 100.1	202 240-8	LEW	12522	1970	202 240-8	12/14 – ?/15 Mietlok von Uwe Adam [1]	CAT 3512 DI-TA	92 80 1202 240-8 D-BWESA
V 100.1	202 241-6	LEW	12523	1970	202 241-6	2012 + 2014 Mietlok von Uwe Adam [2]	CAT 3512 DI-TA	92 80 1202 241-6 D-BWESA
V 100.5	710 970-5	LEW	16756	1983	202 970-5	2012 Mietlok von DIE-LEI [3]	CAT 3512 DI-TA	98 80 3202 500-5 D-DLI

[1] Uwe Adam EVU GmbH, Eisenach [2] Die exakten Anmietungszeiträume sind nicht bekannt. [3] DIE-LEI Dienstleistungen für den Gleisbau GmbH, Kassel; genauer Mietzeitraum nicht bekannt

Hörseltalbahn GmbH (HTB)

Typ	ex DB AG	Hersteller	Fabriknr.	Baujahr	Nr. bei EVU	Bemerkung	Motor	NVR-Nummer
V 100.1	110 108-8	LEW	12409	1969	110 108-8 [1]	07/14 – 07/24 bei HTB	CAT 3508 DI-TA	98 80 3201 110-4 D-HTB
V 100.1	201 833-1	LEW	14897	1975	14897	11/97 – 03/99 Mietlok von Lokpool [2]	CAT 3508 DI-TA	–
V 100.1	202 241-6	LEW	12523	1970	202 241-6	01/20 – 07/24 bei HTB	CAT 3512 DI-TA	92 80 1202 241-6 D-HTB
V 100.1	202 459-4	LEW	13498	1972	202 459-4	06/18 – 07/24 bei HTB	CAT 3512 DI-TA	98 80 3202 459-4 D-HTB
V 100.1	202 726-6	LEW	14427	1974	202 726-6	09/20 – 07/24 bei HTB	CAT 3512 DI-TA	92 80 1202 726-6 D-HTB
V 100.5	710 960-6	LEW	15395	1976	V 143	03/99 – 12/00 bei HTB [3]	CAT 3512 DI-TA	98 80 3202 960-1 D-HTB
V 100.1	202 388-5	LEW	12897	1971	V 146	02/07 – ?/08 Mietlok von VCD [4]	CAT 3512 DI-TA	92 80 1293 505-4 D-RBB

[1] 07/14 – ?/15 noch als 201 110-4 bezeichnet; 2018 vermietet an CTL Logistics GmbH [2] Lokpool Verwaltungsgesellschaft mbH & Co. Vermietungs KG
[3] Lok wurde anschließend noch bis ?/20 durch die HTB eingesetzt, trotz mehrfachen Eigentümerwechsels: 12/00 – 02/06 Connex Cargo Logistics GmbH, Frankfurt (M); 02/06 – 01/10 Veolia Cargo Deutschland/VCD GmbH, Dortmund; seit 01/10 Captrain Deutschland GmbH [4] Lok im Eigentum der Regiobahn Bitterfeld Berlin GmbH; untervermietet von VCD

Bild 241 ▷
Vorspannlok **202 726** und Zuglok **202 459** der Hörseltalbahn GmbH erreichen am 5. Februar 2024 mit einem Kali-Leerwagenpark aus Eisenach kommend den Bahnhof Oberrohn. Sie werden den Zug nach Kopfmachen in Bad Salzungen über Vacha noch bis Unterbreizbach befördern.

Aufnahme: Jens Giessler

◁ **Bild 242**
Auf der Werrabahn zwischen Eisenach und Walldorf gibt es noch regelmäßigen Güterverkehr, den viele Jahre die V 100 der Hörseltalbahn absolvierten. Hier ist **202 459** am 30. Mai 2025 mit einem Güterzug bei Leimbach-Kaiseroda auf der Fahrt nach Bad Salzungen. Die Firma Hörseltalbahn war schon nicht mehr existent, die Marke blieb aber erhalten.

Aufnahme: Jens Giessler

Hörseltalbahn GmbH

Zum Zeitpunkt ihrer Gründung – im März 1992 – war die Hörseltalbahn GmbH (HTB) die erste nichtbundeseigene Eisenbahngesellschaft in den neuen Bundesländern. Entstanden ist die HTB im Zusammenhang mit dem Aufbau des Opelwerkes in Eisenach, für dessen Schienenlogistiksparte die Gesellschaft zuständig war. Doch es kamen in den folgenden Jahren zunehmend auch Güterverkehrsleistungen unabhängig von den Opelwerken hinzu, vornehmlich im Thüringer Umland. Die HTB GmbH war einige Jahre Teil der Veolia Cargo Deutschland GmbH, die sich 2010 in Captrain Deutschland GmbH umfirmierte, wodurch die Hörseltalbahn GmbH ein 100 %-iges Tochterunternehmen von Captrain Deutschland wurde. Formal hörte die HTB im Juli 2024 auf zu existieren, als sie mit der Regiobahn Bitterfeld Berlin (RBB) GmbH verschmolzen wurde. Die Marke Hörseltalbahn bleibt aber weiterhin bestehen.

Für die Abwicklung der Verkehre befanden sich fünf ehemalige Reichsbahn-V 100 im Eigentum der HTB, zwei weitere kamen als Mietlokomotiven zum Einsatz. Ein frühes Kennzeichen der HTB-V 100 – die sich noch weitgehend im originalen Zustand befanden – war, dass diese nach der Übernahme durch die Gesellschaft mit einer Reichsbahn-Lackierung versehen wurden. Davon ausgenommen war nur die Umbaulok gemäß dem Konzept Baureihe 293 von Adtranz – V 143 – sowie die angemieteten Loks (14897 und V 146), bei denen es sich allerdings auch um 293 handelte.

Im Juli 2024 gingen die HTB-Loks in das Eigentum der RBB GmbH über.

▽ **Bild 243** • Das Agrochemische Zentrum am Bahnhof Marksuhl wurde am 1. Dezember 2016 von der **110 108** der Hörseltalbahn bedient, die mehrere mit Dünger beladene Waggons der Gattung Tads in den Anschluss brachte. Aufnahme: Lennart Fehr

Bild 244 ▷
Nur vom 20. bis zum 24. Februar 2012 währte der Einsatz der **201 101** (ex 110 101) für die HTRS Süd GmbH – und dies ohne deren direkte Anmietung! Die Aufnahme zeigt die Lok der WFL zuvor am 30. Dezember 2011 in Anklam.

Aufnahme: Andreas Görs

HTRS Süd GmbH

Typ	ex DB AG	Hersteller	Fabriknr.	Baujahr	Nr. bei EVU	Bemerkung	Motor	NVR-Nummer
V 100.1	201 101-3	LEW	11939	1968	201 101-3	02/12 Mietlok WFL [1]	12 KVD 18/21 A-3	98 80 3201 101-3 D-WFL
V 100.4	–	LEW	16580	1981	293 021-2	05/11 – ?/? Mietlok von WFL [2]	12 KVD 18/21 A-3	98 80 3293 021-2 D-WFL
V 100.1	202 310	LEW	12774	1970	V 1405.02	03/11 – 12/14 bei HTRS	CAT 3512 DI-TA	92 80 1203 915-4 D-RAR

[1] Lok im Eigentum der IG Dampflok Nossen e. V., war an die Wedler & Franz GbR Lokomotivdienstleistungen vermietet, von der WFL an die dispo-Tf Ltd untervermietet und über diese Firma für HTRS im Einsatz [2] Lok war von der WFL an dispo-Tf Ltd. vermietet und wurde von dieser Firma für HTRS eingesetzt

HTRS Süd GmbH

Die Husa Transportation Railway Service (HTRS) Süd GmbH war ein (zuletzt) in München sitzendes Unternehmen, welches sich mehrfach „umfirmierte" (RAR – Rent-a-Rail Eisenbahn-Service AG, RAR – Rent-a-Rail GmbH, HTRS und N1 Rail Services Süd GmbH) und heute nicht mehr existiert. Zwischenzeitlich war die Firma als Husa Transportation Deutschland GmbH auch ein Teil der Husa Transportation Group. Der Unternehmensgegenstand liest sich so deutlich, wie das Firmenkonstrukt es war: „*Errichten und Erwerben von, das Beteiligen an, das Zusammenarbeiten mit und das Ausüben der Leitung über und das Verschaffen von Finanzierungen für andere Unternehmen – soweit es keiner gesetzlichen Genehmigung bedarf –, in welcher Rechtsform auch immer, zum Zwecke der Erbringung von Transportdienstleistungen im Güterverkehr über Bahn, Straße und Wasser.*"

Die HTRS Süd GmbH hatte nur eine Lok aus der Reichsbahn-V 100-Baureihenfamilie im Bestand. Sie wurde als V 1405.02 bezeichnet, kam im März 2011 im Zusammenhang mit einer der vorgenannten Umfirmierungen zu diesem Unternehmen und wechselte dann in einem ebensolchen Prozess im Dezember 2014 zur N1 Rail Services Süd GmbH.

Zwei Ost-V 100 waren für die HTRS Süd GmbH im Einsatz, ohne dass diese Lokomotiven direkt angemietet wurden. Für wenige Tage im Februar 2012 leistete die 110 101 der IG Dampflok Nossen e. V., ihre Dienste für HTRS, wobei die Lok zu jener Zeit von der WFL angemietet war und von dieser an die dispo-Tf Ltd. untervermietet wurde. Letztere setzte die Maschine dann für die HTRS ein. Ähnlich verlief es auch beim Einsatz der 293 021, die sich aber im Eigentum der WFL befand.

Bild 245 ▷
Von November 2011 bis Dezember 2014 gehörte die **V 1405.02** zum Bestand der HTRS Süd GmbH. Die Aufnahme entstand am 1. April 2012 in Neustadt (Donau).

Aufnahme: Rudolf Schneider

△ **Bild 246** • Von Mai bis Dezember des Jahres 2021 mietete die IGE GmbH aus Hersbruck von der EAH Duisburg GmbH die **293 514** an, und setzte sie im Güter- und Arbeitszugdienst ein. Knapp zwei Jahre später, am 22. März 2023, kam die Lok mit einem kurzen Flachwagenzug durch Oberhausen West. AUFNAHME: ROLF ALBERTS

IGENO Schienenfahrzeug

Die IGENO Schienenfahrzeug GmbH Niedersachswerfen hat ihren Sitz in Ellrich. Das Unternehmen ist vorrangig mit der Instandhaltung, Wartung und Aufarbeitung von Güterwagen beschäftigt, hat einen Teil des ehemaligen Bahnbetriebswerkes Nordhausen als Betriebsteil erworben, saniert und für seine Zwecke reaktiviert. Von Oktober 2002 bis Februar 2003 mietete die IGENO Schienenfahrzeug GmbH aus dem Bestand des Schienenfahrzeugzentrums Stendal bzw. der Alstom Lokomotiven Service GmbH (Umfirmierung zum 01.11.2002) für einige Monate die 203 501 an.

Weitere Lokomotiven aus der V 100-Baureihenfamilie kamen für IGENO nicht zum Einsatz.

IGE GmbH & Co. KG

Die Internationale Gesellschaft für Eisenbahnverkehr (IGE) GmbH & Co. KG war ein von 2004 bis 2023 bestehendes Unternehmen mit Sitz in Hersbruck, deren zweiter Geschäftsbereich, die IGE Erlebnisreisen und Reiseservice GmbH, noch immer tätig ist. Grundlage bildete die 1988 gegründete IGE Bahntouristik GmbH & Co. KG, die im Juli 2003 die Zulassung als EVU im Güter- und Personenverkehr erhielt. Die Umfirmierung in IGE GmbH & Co. KG fand 2004 statt, die Trennung in die beiden vorgenannten Geschäftsbereiche wurde 2012 vollzogen.

IGENO Schienenfahrzeug GmbH

Typ	ex DB AG	Hersteller	Fabriknr.	Baujahr	Nr. bei EVU	Bemerkung	Motor	NVR-Nummer
V 100.1	202 260-6	LEW	12542	1970	203 501-2	10/02 – 02/03 Mietlok von SFZ *)	CAT 3512 DI-TA	–

*) Schienenfahrzeugzentrum Stendal (ab 01.11.2002: Alstom Lokomotiven Service GmbH)

▽ **Bild 247** • Bis ins Jahr 2005 war **203 501** für verschiedene EVU noch in der Reichsbahn-Lackierung unterwegs, so wie hier für die EfW-Verkehrsgesellschaft am 5. April 2003 in Duisburg Hbf. Erst wenige Wochen zuvor – im Februar 2003 – endete ihr Mieteinsatz für die IGENO Schienenfahrzeug GmbH. AUFNAHMEN: NORMAN KAMPMANN

IGE GmbH & Co. KG								
Typ	**ex DB AG**	**Hersteller**	**Fabriknr.**	**Baujahr**	**Nr. bei EVU**	**Bemerkung**	**Motor**	**NVR-Nummer**
V 100.1	201 812-5	LEW	15084	1975	293 514-6	05/21 – 12/21 Mietlok von EAH *)	MTU 12V 396 TC14	92 80 1293 514-6 D-BUV

*) Eisenbahn Anlagen Handel GmbH

Ilmebahn GmbH (ILM)								
Typ	**ex DB AG**	**Hersteller**	**Fabriknr.**	**Baujahr**	**Nr. bei EVU**	**Bemerkung**	**Motor**	**NVR-Nummer**
V 100.1	202 302-6	LEW	12766	1970	V 100-02	09/00 – 03/16 bei der ILM	12 KVD 18/21 AL-4	98 80 3202 302-6 D-ILM
V 100.1	202 265-5	LEW	12547	1970	V 100-03	01/16 – 04/26 bei der ILM	CAT 3512 DI-TA	98 80 3202 655-7 D-ILM
V 100.1	202 746-4	LEW	14447	1974	202 001-4	12/05 Mietlok von ALS *)	CAT 3512 DI-TA	–

*) Alstom Lokomotiven Service GmbH

Für die Absicherung der von der IGE GmbH angebotenen Leistungen im Güterverkehr mietete sie von Mai bis Dezember 2021 von der Eisenbahn Anlagen Handel GmbH in Duisburg die 293 514 an. Die Lok entstand zwischen 1996 und 1998 bei der Regental Fahrzeugwerkstätten GmbH gemäß dem Umbaukonzept Baureihe 293 aus der 201 812. Es blieb die einzige Vertreterin aus der Familie der Reichsbahn-V 100 bei der IGE GmbH & Co. KG. Für das Unternehmen wurde im August 2023 ein Antrag auf die Eröffnung eines Insolvenzverfahrens gestellt und die Liquidation im November 2023 begonnen. Schließlich übernahm die BBL Logistik GmbH die Firma.

△ **Bild 248** • Die bei der Ilmebahn GmbH als **V 100 02** bezeichnete ehemalige 202 302, gehörte von September 2000 bis März 2016 zu diesem Unternehmen. Die Aufnahme zeigt die Lok am 5. April 2007 mit einem Holzzug unterwegs bei Klingenhagen.

Aufnahme: Josef Högemann

Ilmebahn GmbH

Bereits seit 1882 gab es die Ilmebahn AG, die erst 1994 in eine GmbH umgewandelt wurde. Die Gründung der Ilmebahn AG stand im Zusammenhang mit dem Bau der Strecke Einbeck – Dasseln, deren Eröffnung im Dezember 1883 stattfand. Ab 1924 übernahm die AG mit eigenen Fahrzeugen die Betriebsführung übernommen, 1949 kam ein Bus-Linienverkehr hinzu. Die heutige Ilmebahn GmbH ist mit Leistungen im Güterverkehr und Rangierdienst tätig. Dafür hatte sie seit 2000 immer mindestens eine Reichsbahn-V 100 im Bestand. Zuletzt war es bis April 2026 die ehemalige 202 265, die als V 100-03 bezeichnet ihre Dienste für die Firma leistete.

Bild 249 ▷ Vor der Betriebswerkstatt der Ilmebahn in Einbeck pausiert am 25. April 2009 die **V 100 02**.

Aufnahme: Norman Kampmann

◁ **Bild 250**
Die hier am 15. August 2004 in Bitterfeld - Wolfen aufgenommene **V 145** der Connex GmbH (ab 2006: Veolia Cargo Deutschland) leistete als Mietlok von November 2008 bis ins Jahr 2009 hinein ihre Dienste für die Industriebahn-Gesellschaft Berlin. Dabei war die Lok noch im „Connex-Outfit" unterwegs.

Aufnahme: Michael Zinner

Industriebahn-Gesellschaft mbH Berlin (IGB)

Typ	ex DB AG	Hersteller	Fabriknr.	Baujahr	Nr. bei EVU	Bemerkung	Motor	NVR-Nummer
V 100.1	299 111-5	LEW	15381	1976	V 145	11/08 – ?/09 Mietlok von RBB*)	CAT 3512 DI-TA	92 80 1293 504-7 D-RBB

*) Lok war im Eigentum der Veolia Cargo Deutschland GmbH, an die Regiobahn Bitterfeld Berlin (RBB) GmbH vermietet und von dieser an die IGB untervermietet

Industriebahn-Gesellschaft mbH Berlin

Die Industriebahn-Gesellschaft mbH Berlin (IGB) wurde 1988 gegründet, um den Betrieb der in Berlin (West) noch vorhandenen Klein- und Privatbahnen in einem Unternehmen zu bündeln. Heute betreibt die IGB – deren Gesellschafter die Captrain Deutschland GmbH und die Berliner Hafen- und Lagerhausgesellschaft mbH (BAHALA) sind – noch den Güterverkehr auf einem ca. 21 km umfassenden Streckennetz in den Berliner Stadtbezirken Ruhleben und Neukölln.

Von November 2008 bis ins Jahr 2009 hinein hatte die IGB als (Unter-)Mietlok die V 145 der Veolia Cargo Deutschland GmbH (ab Januar 2010 Umbenennung in Captrain Deutschland GmbH) im Fahrzeugbestand. Bei der Lok handelt es sich um eine der zehn V 100, die auf 1.000 mm Schmalspur umgebaut und auf den Strecken der Harzer Schmalspurbahnen eingesetzt wurden.

V 145 entstand bei Adtranz in Kassel gemäß dem Umbaukonzept Baureihe 293 aus der 199 864 (letzte DB-Nummer 299 111-5), die wiederum 1988 im Raw Stendal aus der 110 863 entstanden war.

Industrietransportgesellschaft mbH

Die Industrietransportgesellschaft mbH Brandenburg (ITB) ist im Bereich des Schienengüterverkehrs, im Betrieb von Bahn- und Hafenanlagen sowie bei Speditionsgeschäften tätig und ist ein Teil der Villmann-Unternehmensgruppe, zu der auch die Hafenlogistik Brandenburg GmbH gehört. Die ITB betreibt ein 35 km umfassendes eigenes Streckennetz in und um Brandenburg und hat u. a. in Nordhausen, Altenburg und Leipzig Standorte mit einem großen Potential an Abstellmöglichkeiten für Schienenfahrzeuge.

Im Bestand der ITB befinden sich – Stand Februar 2026 – fünf Lokomotiven der ehemaligen Reichsbahn-Baureihe V 100, von denen zwei Maschinen bereits seit längerer Zeit mit Fristablauf abgestellt sind. Eine weitere Lok war von Oktober 2010 bis November 2011 im Firmeneigentum, eine andere kam als Mietlok im Jahr 2024 von LOK OST zur ITB und leistete bis Dezember 2025 ihre Dienste für das Unternehmen. Die bei der ITB als 1102 bezeich-

◁ **Bild 251**
Lok 1103 der Industrietransportgesellschaft mbH Brandenburg war am 5. August 2022 auf dem Gelände des ehemaligen Bw Nordhausen abgestellt.

Aufnahme: Roland Hertwig

△ **Bild 252 • Lok 1151** der Industrietransportgesellschaft mbH Brandenburg passiert am 30. Juni 2015 mit einem kurzen Güterzug den Bahnhof Magdeburg-Neustadt. Wenige Tage nach Abschluss ihrer Hauptuntersuchung zeigt sich die ehemalige 202 242 noch „wie aus dem Ei gepellt".
Aufnahme: Andreas Stange

Industrietransportgesellschaft mbH Brandenburg (ITB)

Typ	ex DB AG	Hersteller	Fabriknr.	Baujahr	Nr. bei EVU	Bemerkung	Motor	NVR-Nummer
V 100.5	710 968-9	LEW	17317	1983	1101 [1)]	seit 05/02 bei ITB [2)]	12 KVD 18/21 A-3	92 80 1202 968-4 D-ITB
V 100.4	–	LEW	16675	1981	1102 [3)]	seit 01/06 bei ITB	CAT 3512 DI-TA	98 80 3293 909-8 D-ITB
V 100.1	201 742-4	LEW	14443	1974	1103 [3)]	seit 01/06 bei ITB	CAT 3508 DI-TA	92 80 1201 742-4 D-ITB
V 100.1	202 242-4	LEW	12524	1970	1151	seit 06/14 bei ITB	CAT 3512 DI-TA	92 80 1203 209-2 D-ITB
V 100.1	202 430-5	LEW	12939	1972	1152	seit 06/14 bei ITB	CAT 3512 DI-TA	92 80 1203 210-0 D-ITB
V 100.1	298 135-5	LEW	12436	1969	298 135-5	?/24 – 12/25 Mietlok von LOK OST [4)]	CAT 3508 DI-TA	98 80 3298 135-5 D-OST
V 100.1	299 111-5	LEW	15381	1976	92 80 1293 504-7	12/10 – 06/11 bei ITB	CAT 3512 DI-TA	92 80 1293 504-7 D-ITB

1) 2010 Umzeichnung in 92 80 1202 968-4 2) 07/03, 09/03 und 11/03 vermietet an PBSV-Verkehrs-GmbH; 06/04 vermietet an Prignitzer Eisenbahn GmbH, Putlitz; 05/08 – 07/08 vermietet an LOCON AG; 07/09 – 12/09 vermietet an Hessische Güterbahn GmbH; abgestellt mit Fristablauf
3) 2010 Umzeichnung in 98 80 3293 909-8 4) LOK OST - Lokführerdienstleistungen Olof Stille, Staßfurt

nete Maschine trug nie eine Reichsbahn-Nummer. Sie kam 1981 als Werklok des LEW-Typs V 100.4 zum VEB Petrolchemisches Kombinat Schwedt (Oder) und erhielt dort die Bezeichnung V 100.4-16. Sie ist eine der beiden Maschinen, die mit Fristablauf abgestellt sind. Die andere Lok ist die 1101, eine ehemalige GRE-V 100 (LEW Typ V 100.5).

Die ITB-Loks sind größtenteils bei der Überführung von Güterwagen zu bzw. von den INVEHO-Werkstätten (ex Villmann-Gruppe) im Einsatz.

Bild 253 ▷
Bereits etwas „mitgenommen" präsentiert sich **Lok 1101** der ITB am 25. Oktober 2020 in Nordhausen. Hinter ihr steht Lok 1102.

Aufnahme: Marco Heyde

◁ **Bild 254**
Großkorbetha ist u. a. der Übergabebahnhof der Leuna-Werke. Entsprechend sind dort auch immer die Loks der InfraLeuna präsent, wie hier am 19. Juli 2001 die **Lok 134** – selbstverständlich mit Kesselwagen am Haken.

Aufnahme: Matthias Röseler

InfraLeuna Infrastruktur- und Service GmbH/InfraLeuna GmbH (IL)

Typ	ex DB AG	Hersteller	Fabriknr.	Baujahr	Nr. bei EVU	Bemerkung	Motor	NVR-Nummer
V 100.4	–	LEW	16581	1981	131	05/81 – 12/10 in Leuna	CAT 3512 DI-TA	98 80 3293 903-1 D-LEUNA
V 100.4	–	LEW	16582	1981	132	05/81 – 11/16 in Leuna	CAT 3508 DI-TA	98 80 3293 904-9 D-LEUNA
V 100.4	–	LEW	16676	1981	133	06/81 – 11/16 in Leuna	CAT 3508 DI-TA	98 80 3293 906-4 D-LEUNA
V 100.4	–	LEW	16677	1981	134	07/81– 01/10 in Leuna [*]	CAT 3512 DI-TA	98 80 3293 907-2 D-LEUNA
V 100.4	–	LEW	17850	1982	135	05/82– 01/99 in Leuna	CAT 3512 DI-TA	–
V 100.4	–	LEW	16583	1981	135^{II}	09/97 – 11/16 in Leuna	CAT 3508 DI-TA	98 80 3293 905-6 D-LEUNA
V 100.1	202 286-1	LEW	12750	1970	136	03/14 – 04/14 Mietlok von ALS [1]	Deutz TCD 2013 L6 2V	90 80 1001 010-0 D-ALS
V 100.1	202 728-2	LEW	14429	1974	04214	11/16 – 12/16 Mietlok von ALS	CAT 3512 DI-TA	92 80 1203 135-9 D-ALS
V 100.1	202 831-4	LEW	14895	1975	215	06/16 – 11/16 Mietlok von hvle [2]	CAT 3512 DI-TA	92 80 1203 144-1 D-HVLE
V 100.1	201 075-9	LEW	11913	1968	11913	07/99 – 08/00 Mietlok von Lokpool [3]	CAT 3508 DI-TA	–
V 100.1	202 310-9	LEW	12774	1970	V 1200.02	01/06 – 03/06 Mietlok von RAR [4]	CAT 3512 DI-TA	–
V 100.1	202 453-7	LEW	13492	1972	V 1405.01	08/04 – 05/05 Mietlok von RAR	CAT 3512 DI-TA	–
V 100.1	202 746-4	LEW	14447	1974	202 001-4	12/06 – ?/? Mietlok von ALS	CAT 3512 DI-TA	–
V 100.1	202 814-0	LEW	15086	1975	203 109-4	11/12 – 12/12 Mietlok von hvle	CAT 3512 DI-TA	92 80 1203 109-4 D-HVLE
V 100.1	202 683-9	LEW	14384	1974	203 112-8	06/18 – 09/18 Mietlok von WFL [5]	CAT 3512 DI-TA	92 80 1203 112-8 D-WFL
V 100.1	202 486-7	LEW	13525	1972	203 117-7	04/17 – 05/17 Mietlok von ALS	CAT 3512 DI-TA	92 80 1203 117-7 D-ALS
V 100.1	202 388-5	LEW	12897	1971	293 505-4	01/19 – 03/19 Mietlok von ALS	CAT 3512 DI-TA	92 80 1293 505-4 D-ALS

[*] 04/03 – 05/03 vermietet an TX Logistik AG; 06/03 – 08/03 an Eisenbahn Service Gesellschaft mbH [1] Alstom Lokomotiven Service GmbH [2] Havelländische Eisenbahn AG
[3] Lokpool Verwaltungsgesellschaft mbH & Co. Vermietungs KG [4] Rent-a-Rail Eisenbahn-Service AG [5] Wedler Franz Logistik GmbH & Co. KG

◁ **Bild 255**
Auch am 5. Dezember 1997 war es die **Lok 134,** die am Standort des Fotografen in Großkorbetha mit einer Übergabe in die Leunawerke vorbeikam. Die Lok wechselte insgesamt viermal den Eigentümer – ohne auch nur einmal den Standort zu verlassen!

Aufnahme: Gunter von Hartwig

Bild 256 ▷ Am 24. Juni 2015 stand **Lok 135^{II}** der InfraLeuna mit einem Schaden abgestellt auf dem Alstom-Werksgelände in Stendal. Sie wurde im November 2016 nach Italien verkauft.

Aufnahme: Stephan Karkowski

InfraLeuna GmbH

Der Einfachheit halber sollen unter der Überschrift „InfraLeuna GmbH“ alle Institutionen zusammengefasst werden, die mit dem Werksverkehr am Standort Leuna beschäftigt waren. Im Einzelnen handelte es sich um den VEB Leuna-Werke „Walter Ulbricht“, ab 1990 die Leuna-Werke AG, ab 1994 die Leuna-Werke GmbH, ab 1996 die InfraLeuna Infrastruktur- und Service GmbH und ab 2006 die InfraLeuna GmbH.

Im Jahr 1981 erhielten die Leuna-Werke vier Lokomotiven des LEW-Typs V 100.4, die als 131 bis 134 bezeichnet wurden. Ein Jahr später folgte eine fünfte V 100.4, welche die Nummer 135 bekam. Die Maschinen lösten die Dieselloks der DR-Baureihe V 75 (T 435, ČKD Praha) im Werksverkehr und im Betrieb zum/vom Übergabebahnhof der Leuna-Werke in Großkorbetha ab. Von den V 100.4 verließ erst 1999 die erste Lok – Nr. 135 – die damalige InfraLeuna Infrastruktur- und Service GmbH, allerdings war bereits im September 1997 eine Vertreterin dieses LEW-Typs von der EKO Stahl GmbH in Eisenhüttenstadt nach Leuna gewechselt. Sie trug – in Zweitbesetzung – ebenfalls die Nummer 135^{II}. Alle „alten“ Werkloks erhielten in der zweiten Hälfte der neunziger Jahren eine Modernisierung gemäß dem Adtranz-Umbaukonzept Baureihe 293 und blieben anschließend noch bis 2010 (Nr. 131 und Nr. 134) bzw. 2016 (Nr. 132, 133 und 135^{II}) im Bestand. Zahlreiche weitere Maschinen der Baureihen 203.1 und 293, die ihren Ursprung in der Reichsbahn-V 100 hatten, kamen als Mietlokomotiven für InfraLeuna zum Einsatz.

Stand Ende 2025 war allerdings keine V 100 mehr im Fahrzeugbestand oder leistete ihre Dienste angemietet für das Unternehmen, welches immerhin über ein 94 km umfassendes Gleisnetz verfügt. Bereits Anfang 2019 kam mit der 293 505 (Mietlok von Alstom) letztmalig eine (Umbau-)V 100 für die InfraLeuna GmbH zum Einsatz. Den Werksverkehr bewältigen nunmehr die Vossloh-Lokomotiven der Baureihe G 1206, die auch die Übergabezüge nach und von Großkorbetha sowie Kesselwagenzüge auf dem Netz der DB AG bespannen.

IntEgro Verkehr GmbH

Die im August 2008 gegründete IntEgro Verkehr GmbH ist ein EVU mit Sitz in Zwickau (bis Juni 2024 in Reichenbach/Vogtl), welches durch einen Teil der Geschäftsführung eng mit der Eisenbahn-Bau- und Betriebsgesellschaft Pressnitztalbahn mbH (PRESS) vernetzt ist. Entsprechend sind auch alle IntEgro-Fahrzeuge in der Halterschaft der PRESS GmbH bzw. über diese Firma registriert.

In den Bestand der IntEgro Verkehr GmbH gelangten im Jahr 2021 drei Lokomotiven der ex DB-AG-Baureihe 202 (202 630, 202 646 und 202 885), wobei 202 646 nach wenigen Wochen bereits weiterverkauft wurde. 2022 kamen noch zwei Maschinen des LEW-Typs V 100.4 (ex 131 und 134 der Leuna-Werke bzw. InfraLeuna) hinzu, die allerdings im Dezember bzw. Oktober 2025 wieder verkauft worden sind. Mit 298 330 (seit November 2024) und 298 337 (seit Dezember 2025) verfügt das Unternehmen auch über zwei ehemalige Reichsbahnloks der Baureihe 111. Die IntEgro-Loks kommen bundesweit im Güterzugdienst zum Einsatz.

IntEgro Verkehr GmbH

Typ	ex DB AG	Hersteller	Fabriknr.	Baujahr	Nr. bei EVU	Bemerkung	Motor	NVR-Nummer
V 100.1	202 630-0	LEW	13948	1973	202 021-7	seit 12/21 bei IntEgro	CAT 3512 DI-TA	92 80 1202 630-0 D-PRESS
V 100.1	202 646-6	LEW	14073	1974	202 646-6	12/21 – 01/22 bei IntEgro	12 KVD 18/21 AL-4	98 80 3202 646-6 D-PRESS
V 100.1	202 885-0	LEW	16379	1978	202 885-0	seit 12/21 bei IntEgro	12 KVD 18/21 AL-4	92 80 1202 885-0 D-PRESS
V 100.4	–	LEW	16581	1981	293 903-1	05/22 – 12/25 bei IntEgro	CAT 3512 DI-TA	98 80 3293 903-1 D-PRESS
V 100.4	–	LEW	16677	1981	293 907-2	05/22 – 10/25 bei IntEgro	CAT 3512 DI-TA	98 80 3293 907-2 D-PRESS
V 100.4	298 330-2	LEW	17719	1983	298 330-2	seit 11/24 bei IntEgro	CAT 3508 DI-TA	98 80 3298 330-2 D-PRESS
V 100.4	298 337-7	LEW	17726	1983	298 337-7	seit 12/25 bei IntEgro	CAT 3508 DI-TA	98 80 3298 337-7 D-PRESS

Alle Lokomotiven sind bzw. waren bei der Eisenbahn-Bau- und Betriebsgesellschaft Pressnitztalbahn mbH (PRESS) registriert.

△ **Bild 257** • Mit einem übersichtlichen Niederbordwagen-Ganzzug am Haken ist die frisch hauptuntersuchte **202 885** der IntEgro Verkehr GmbH am 11. April 2025 nahe der Ortschaft Gröbern unterwegs von Dresden in Richtung Riesa. AUFNAHME: FRANK HEILMANN

InterTourex GmbH

In Aschersleben hat die 2022 gegründete InterTourex (ITX) GmbH ihren Sitz. Das Unternehmen ist bundesweit im Güterverkehr tätig, veranstaltet mit seinen Fahrzeugen aber auch Sonderfahrten. Mit dem Ziel der Durchführung einer Hauptuntersuchung und der anschließenden Wiederinbetriebnahme hatte die InterTourex von Dezember 2023 bis März 2026 die 110 101 (ex DB AG-201 101) der IG Dampflok Nossen e. V. angemietet. Die Lok war viele Jahre für die Wedler & Franz GbR/GmbH im Einsatz. Ebenfalls als Mietlok hat ITX seit 2025 die 203 007 der European Wagon Lease Asset GmbH & Co. KG im Bestand, die seit Mitte März 2026 auch betriebsfähig ist.

Inntalbahn KG

Im September 2007 wurde die Inntalbahn KG gegründet bzw. ins Handelsregister eingetragen. Die Firma, deren Unternehmensgegenstand das „Erbringen von Eisenbahnverkehrsleistungen und aller damit zusammenhängenden Nebentätigkeiten" war, hatte ihren Sitz in Raubling

InterTourex GmbH (ITX)

Typ	ex DB AG	Hersteller	Fabriknr.	Baujahr	Nr. bei EVU	Bemerkung	Motor	NVR-Nummer
V 100.1	201 101-3	LEW	11939	1968	110 101-3	12/23 – 03/26 Mietlok von IG DN [1]	12 KVD 18/21 A-3	98 80 3201 101-3 D-ITX
V 100.1	202 718-3	LEW	14419	1974	203 007	seit ?/25 Mietlok von EWL [2]	MTU 12V 4000 R10	92 80 1203 007-0 D-EFM

[1] IG Dampflok Nossen e. V.
[2] European Wagon Lease Asset GmbH & Co. KG, Hamburg

◁ **Bild 258**
Seit August 1995 gehört **110 101** der IG Dampflok Nossen e. V. Sie blieb seitdem in der Reichsbahnfarbgebung erhalten. Die Aufnahme entstand am 27. Januar 2024 in Nossen, als die Lok – hier mit ihrer DB AG-Nummer 201 101 bezeichnet – im Schlepp der 105 015 zur MaLoWa nach Benndorf überführt wurde, wo sie eine Hauptuntersuchung erhielt. Von Dezember 2023 bis März 2026 war 110 101 an InterTourex vermietet.

AUFNAHME: MARCO HEYDE

(Oberbayern). Bereits im April 2011 ist die Gesellschaft nach Eröffnung eines Insolvenzverfahrens aufgelöst worden.

Im März 2010 hatte die Inntalbahn KG die 203 004 von der Alstom Lokomotiven Service GmbH angemietet.

△ **Bild 259** • Nur kurzzeitig war **203 004** im März 2010 für die Inntalbahn KG im Einsatz, dann gelangte sie im April zur GSG GmbH und als Mietlok zur Schienen Güter Logistik GmbH. Am 20. Juli 2010 ist die Lok bei einer Überführungsfahrt unterwegs in Kötzschau (zwischen Leipzig und Großkorbetha). AUFNAHME: DANIEL BERG

ITL Eisenbahn GmbH

Die drei Buchstaben ITL stehen für „Import, Transport, Logistik“ – das Unternehmen wurde 1998 gegründet, hat seinen Sitz in Dresden und als betrieblichen Mittelpunkt das Gelände des ehemaligen Bw Pirna. In den ersten Jahren unterhielt die ITL im ehemaligen Bw Kamenz (Sachs) noch eine eigene Werkstatt, die allerdings 2013 aufgegeben wurde. Die Fahrzeugunterhaltung zog nach auch Pirna.

Die wirtschaftliche Entwicklung der ITL Eisenbahngesellschaft mbH brachte eine stete Vergrößerung des Unternehmens mit sich – sowohl im Hinblick auf den Fahrzeugpark als auch bezüglich der Gründung von Tochtergesellschaften (ITL Železniční Společnost Praha s.r.o, ITL Polska sp.z.o.o., ITL Cargo GmbH, ITL Bene-

Bild 260 ▷ Vorspannlok **293 02** und Zuglok **293 01** der ITL passieren am 24. März 2012 mit einem Autotransport-Ganzzug aus Richtung Dresden kommend den kurz vor Riesa gelegenen Abzweig Zeithain Bogendreick. AUFNAHME: FELIX SERAPHIN

Inntalbahn KG

Typ	ex DB AG	Hersteller	Fabriknr.	Baujahr	Nr. bei EVU	Bemerkung	Motor	NVR-Nummer
V 100.1	202 569-0	LEW	13887	1973	203 004-7	03/10 Mietlok von ALS	MTU 12V 4000 R10	92 80 1203 005-4 D-ALS

*) Alstom Lokomotiven Service GmbH

ITL Eisenbahngesellschaft mbH

Typ	ex DB AG	Hersteller	Fabriknr.	Baujahr	Nr. bei EVU	Bemerkung	Motor	NVR-Nummer
V 100.1	202 368-7	LEW	12877	1971	101	10/07 – 01/10 bei ITL 1)	CAT 3512 DI-TA	92 80 1203 137-5 D-ITL
V 100.1	202 369-5	LEW	12878	1971	102	10/07 – 01/10 bei ITL 1)	CAT 3512 DI-TA	92 80 1203 138-3 D-ITL
V 100.1	202 777-9	LEW	14658	1975	103	03/08 – 01/10 bei ITL 1)	CAT 3512 DI-TA	92 80 1203 139-1 D-ITL
V 100.1	202 775-2	LEW	14476	1975	104	03/08 – 01/10 bei ITL 1)	CAT 3512 DI-TA	92 80 1203 140-9 D-ITL
V 100.1	202 597-1	LEW	13915	1973	202 597-1	seit 12/24 bei ITL	CAT 3512 DI-TA	92 80 1202 597-1 D-RBB
V 100.1	202 738-1	LEW	14439	1974	202 738-1	seit 12/24 bei ITL	CAT 3512 DI-TA	92 80 1202 738-1 D-RBB
V 100.5	710 960-6	LEW	15395	1976	202 960-1	seit ?/20 Einsatz durch ITL 2)	CAT 3512 DI-TA	98 80 3202 960-1 D-ITL
V 100.1	202 486-7	LEW	13525	1972	203 117-7	02/10 – 03/10 Mietlok von ALS 3)	CAT 3512 DI-TA	92 80 1203 117-7 D-ALS
V 100.1	202 716-7	LEW	14417	1974	203 119-3	02/10 – 03/10 Mietlok von ALS	CAT 3512 DI-TA	92 80 1203 119-3 D-ALS
V 100.1	202 461-9	LEW	13500	1972	203.005	10/06 – 11/06 Mietlok von ALS	MTU 12V 4000 R10	–
V 100.1	202 613-6	LEW	13931	1973	203 163	seit 07/18 Einatz durch ITL 2)	CAT 3512 DI-TA	92 80 1203 163-1 D-ITL
BR 293	–	Bombardier	72540	2002	293 01	seit 09/05 bei ITL	CAT 3512 DI-TA	92 80 1293 512-0 D-ITL
BR 293	–	Bombardier	72550	2002	293 02	seit 09/05 bei ITL	CAT 3512 DI-TA	92 80 1293 513-8 D-ITL
V 100.4	–	LEW	16581	1981	293 903-1	seit 12/25 bei ITL 4)	CAT 3512 DI-TA	98 80 3293 903-1 D-ITL
V 100.4	–	LEW	16677	1981	293 907-2	seit 10/25 bei ITL 4)	CAT 3512 DI-TA	98 80 3293 907-2 D-ITL
V 100.4	–	LEW	16678	1981	298 301	seit 05/25 bei ITL	CAT 3508 DI-TA	98 80 3298 301-3 D-RBB

1) ganzzeitig Einsatz durch ITL Benelux B.V. 2) Lok im Eigentum der Captrain Deutschland GmbH 3) Alstom Lokomotiven Service GmbH 4) Lok dient als Ersatzteilspenderin

◁ **Bild 261**
Seit Dezember 2024 ist **202 597** im Eigentum der ITL. Am 3. April 2025 präsentiert sich die Lok am Standort der ITL in Pirna.

Aufnahme: Mathias Cantzler

lux). Im April 2008 übernahm die SNCF insgesamt 75 % der Gesellschaftsanteile bei der ITL GmbH, zum 1. Dezember 2010 gelangte das Unternehmen vollständig zur SNCF Geodis/FRET (der Transport- und Logistiksparte der SNCF) und darüber im Jahr 2011 in die Holdinggesellschaft Captrain Deutschland GmbH.

Den Grundstein des Fahrzeugparks der ITL bildeten zunächst nahezu ausschließlich Reichsbahn-Baureihen. In den folgenden Jahren ist der Bestand an Lokomotiven zunehmend modernisiert worden und besteht heute u. a. aus EuroDual- und Vectron Dual-Mode-Lokomotiven. Dennoch befinden sich auch noch Vertreterinnen aus der Reichsbahn-V 100-Baureihenfamilie im Eigentum des Unternehmens oder kamen als Mietlokomotiven zum Einsatz. Insgesamt leisteten bisher 15 solcher Maschinen ihre Dienste für die ITL – von der remotorisierten 202 bis zum den Umbauten der Baureihen 203.1 und 293.

Dass die ITL auch weiterhin auf diese Lokomotiven setzt, zeigt der Erwerb von zwei 293 als Ersatzteilspenderinnen im Oktober bzw. Dezember 2025.

JUV GmbH + Co. KG

Die Jaeger Umwelt + Verkehr (JUV) GmbH + Co. KG hat ihren Sitz in Bernburg und ist in einem Unternehmensverbund, dessen Kern sie mit der Jaeger Spezial- und Tiefbau GmbH, der Heicon Service GmbH & Co. KG und der Heicon Verkehrstechnik GmbH bildet. Die Jaeger-Gruppe ist vorwiegend in der Planung und Umsetzung von Dienstleistungen im (Schienen-)Verkehrswege- und Ingenieurbau tätig. Für die Überführung von Bauzügen sowie für den Einsatz im Arbeits-

△ **Bild 262 • 203 163** befindet sich zwar im Eigentum der Captrain Deutschland GmbH, wird aber seit 2018 durch die ITL eingesetzt. Am 29. Juli 2022 leistet sie einer Euro-Dual-Lok Vorspanndienste an einem Kesselwagenzug aus dem Tanklager Rhäsa, hier aufgenommen bei der Einfahrt in Nossen. Aufnahme: Marco Heyde

△ **Bild 263** • „Emma" im Einsatz: Am 25. Oktober 2025 leistete **203-442** der Jaeger Umwelt & Verkehr GmbH & Co. KG ihre Dienste vor einem Bauzug im Bahnhof Calau.
AUFNAHME: FRANK HEILMANN

Jaeger Umwelt + Verkehr GmbH + Co KG (JUV)

Typ	ex DB AG	Hersteller	Fabriknr.	Baujahr	Nr. bei EVU	Bemerkung	Motor	NVR-Nummer
V 100.1	202 442-0	LEW	13481	1972	203-442	seit 08/16 bei JUV	CAT 3512 DI-TA	92 80 1203 154-0 D-JUV

Johann Walthelm GmbH (JW)

Typ	ex DB AG	Hersteller	Fabriknr.	Baujahr	Nr. bei EVU	Bemerkung	Motor	NVR-Nummer
V 100.1	202 388-5	LEW	12897	1971	293 505-4	?/11 – 06/14 bei JW	CAT 3512 DI-TA	92 80 1293 505-4 D-JW
V 100.1	202 439-6	LEW	13478	1972	202 439-6	09/12 – 08/14 bei JW	CAT 3512 DI-TA	98 80 3202 439-6 D-JW
V 100.1	202 811-6	LEW	15083	1975	202 811-6	09/12– 06/14 bei JW	CAT 3512 DI-TA	98 80 3202 811-6 D-JW

zugdienst hat die JUV seit August 2016 die 203-442 im Fahrzeugbestand. Bei ihr handelt es sich um die ehemalige 202 442 (ex DR-112 442 bzw. 110 442), bei Alstom in Stendal Anfang der 2000er-Jahre gemäß dem Konzept Baureihe 203.1 umgebaut und im Dezember 2008 bei der Alstom Lokomotiven Service GmbH als 203 442 wieder in Betrieb genommen wurde. Nach Vermietungen an verschiedene EVUs gelangte die Lok im August 2016 zur JUV, wo sie nach einer Hauptuntersuchung ab April 2017 ihre Dienste leistet. Bei dem Unternehmen erhielt die Lok zusätzlich den Beinamen „Emma".

Johann Walthelm GmbH

Die Johann Walthelm (JW) GmbH war ein 2003 gegründetes Unternehmen mit Sitz in Eisenach, dessen Tätigkeitsbereich von Hoch- und Tiefbau über die Erbringung von Eisenbahndienstleistungen im Güterverkehr bis hin zur Kampfmittelbeseitigung reichte. Für die Absicherung der Dienstleistungen im Güterverkehr erwarb die Firma im Verlauf des Jahres 2011 die 293 505 (JW-Name: „Johanna 03") sowie im September 2012 die 202 439 („Johann 05") und 202 811 („Johanna 04"). Aufgrund der Insolvenz der JW GmbH (Liquidation ab 06.11.2013) gelangten die Loks aus der Insolvenzmasse Mitte 2014 zu anderen EVUs. Das im Oktober 2013 gegründete Nachfolgeunternehmen Johann Walthelm Eisenach ARGE Verwaltungsgesellschaft mbH besaß dann keine Lokomotiven mehr.

△ **Bild 264** • Das private EVU Johann Walthelm GmbH hatte insgesamt drei Loks aus der Reichsbahn-V 100-Familie im Bestand. Am 7. Juli 2012 steht **293 505** („Johanna 03") mit einem (Alt-)Schotterzug am Haken im Bahnhof Naumburg (Saale).
AUFNAHME: MICHAEL ZINNER

◁ **Bild 265**
Als Werklok für den VEB Kaliwerk „Ernst Thälmann" im Jahr 1983 in Dienst gestellt, war die LEW-Lok mit der Fabriknummer 17732 zehn Jahre später in Hamburg im Einsatz. Als **Lok 1** der Kali-Transport GmbH steht sie hier im August 1999 an der Düngerverladung in Hohe Schaar (Hamburg-Wilhelmsburg).

AUFNAHME: BENNO WIESMÜLLER

Kali Transport Gesellschaft mbH (KTG)								
Typ	ex DB AG	Hersteller	Fabriknr.	Baujahr	Nr. bei EVU	Bemerkung	Motor	NVR-Nummer
V 100.4	–	LEW	17732	1983	1	?/93 – 11/07 bei KTG	12 KVD 18/21 A-3	–

Kali-Transport GmbH

Bereits im Jahr 1926 gründete die Verkaufsgemeinschaft deutscher Kali-Produzenten die Kali Transport Gesellschaft (KTG), um die Ausfuhr von Kali-Düngemittel vom Hamburger Hafen nach Übersee einheitlich zu organisieren. Das Unternehmen firmierte ab Mai 2011 als K+S Transport GmbH und ist im Jahr 2019 mit der K+S Kali GmbH verschmolzen.

Von 1993 bis November 2007 befand sich die V 100.4 mit der Fabriknummer 17732 im Bestand der KTG, die bei dem Unternehmen als Lok 1 bezeichnet wurde. Vom LEW Hennigsdorf ist die Maschine im März 1983 an den VEB Kaliwerk „Ernst Thälmann" in Merkers geliefert worden, wo sie als Werklok 2 bis 1992/93 zum Einsatz kam und dann nach Hamburg zur KTG wechselte. Dort leistete die Lok ihre Dienste im Rangier- und Übergabeverkehr.

Kallfelz & Stuch Gleis- und Tiefbau GmbH

Die Kallfelz & Stuch Gleis- und Tiefbau GmbH mit Sitz in Kottenheim (Rheinland-Pfalz) war ein Unternehmen aus dem Bereich des Gleis-, Hoch- und Tiefbaus. Im Jahr 1997 gegründet, ist die Firma nach einem Insolvenzverfahren im November 2019 aus dem Handelsregister gelöscht

◁ **Bild 266**
Die **202 269** befand sich von Januar 2001 bis Februar 2004 im Eigentum der Kallfelz & Stuch Gleis- und Tiefbau GmbH und wurde von ihr über den gesamten Zeitraum vermietet. Hier ist die Lok am 4. Juli 2001 mit einem Güterzug im Einsatz für die Eisenbahn-Verkehrs-Gesellschaft im Bergisch-Märkischen Raum mbH, aufgenommen in Altenvoerde.

AUFNAHME: ZENO PILLMANN

Kallfelz & Stuch Gleis- und Tiefbau GmbH (KS GT)								
Typ	ex DB AG	Hersteller	Fabriknr.	Baujahr	Nr. bei EVU	Bemerkung	Motor	NVR-Nummer
V 100.1	202 269-7	LEW	12551	1970	202 269-7	01/01 – 02/04 bei KS GT *)	CAT 3512 DI-TA	–

*) 01/01 – 09/02 vermietet an EBM Eisenbahn-Verkehrs-Gesellschaft im Bergisch-Märkischen Raum mbH; 10/01 – 02/04 an EBM Cargo GmbH & Co. KG

worden. Zum Eigentum der Kallfelz & Stuch Gleis- und Tiefbau GmbH gehörte u. a. eine Lokomotive der Baureihe 202: 202 269. Sie wurde im Januar 2001 vom Schienenfahrzeugzentrum Stendal erworben, unmittelbar danach an die EBM Eisenbahn-Verkehrs-Gesellschaft im Bergisch-Märkischen Raum sowie ab Oktober 2002 an die EBM Cargo GmbH vermietet. Im Februar 2004 ist die Lok an die Gleiskraft GmbH weiterverkauft worden.

Karsdorfer Eisenbahn Gesellschaft mbH

Aus der Werkbahn des Zementwerkes Karsdorf entstand im Jahr 1992 die Karsdorfer Eisenbahn Gesellschaft (KEG) mbH, die zunächst der Durchführung des Werksverkehrs und der Zu- und Abfuhr der Zementzüge zum Standort im Unstruttal durchführte. Doch recht schnell erweiterte das Unternehmen seine Geschäfte und stieg in die Bereiche Güter-, Bau- und Arbeitszüge sowie Personenverkehr ein. Dafür nutzte die KEG zumeist älteres Fahrzeugmaterial, wie z. B. Dieselloks der DR-Baureihen V 75, V 180 und gebrauchte MAN-Schienenbusse. Hinzu kamen Lokomotiven der Reihe 060, die das Unternehmen aus Rumänien nach Deutschland holte.

Ab Mitte der neunziger Jahre befanden sich auch zwei Maschinen der DR-Baureihe 110 bzw. 201 (201 222 und 201 619) sowie drei Lokomotiven des LEW-Typs V 100.4 im Eigentum der KEG. Während es sich bei der zunächst als 221 eingereihten Maschine um die ehemalige Werklok 1 des VEB Kaliwerk „Ernst Thälmann“ Merkers handelte, sind die beiden anderen V 100.4-Loks – welche bei der KEG bis 1999 die Nummern 223 und 224 trugen – vom LEW in den Jahren 1981 bzw. 1983 in die damalige ČSSR geliefert worden, wo sie in Ostrava bzw. Liberec als Werkloks zum Einsatz kamen. Allerdings sind weder von diesen drei noch von den ehemaligen DR-Loks Einsätze für die KEG bekannt. Vielmehr standen die Fahrzeuge nicht betriebsfähig über Jahre auf dem Firmengelände in Karsdorf abgestellt.

Lediglich zwei Mietlokomotiven, die aus der V 100-Baureihenfamilie stammten, leisteten ihre Dienste für die KEG. Von der Lokpool Verwaltungsgesellschaft mbH & Co. Vermietungs KG waren von April bis Dezember 2003 zwei Vertreterinnen der (Umbau-) Baureihe 293 angemietet, die während ihrer Einsatzzeit bei der Karsdorfer Eisenbahn Gesellschaft mbH die Bezeichnungen V 100.40 und V 100.50 erhielten.

Karsdorfer Eisenbahn Gesellschaft GmbH (KEG)								
Typ	ex DB AG	Hersteller	Fabriknr.	Baujahr	Nr. bei EVU	Bemerkung	Motor	NVR-Nummer
V 100.4	–	LEW	17729	1983	1001 [1]	?/93 – 10/04 bei der KEG	CAT 3512 DI-TA	–
V 100.1	201 222-7	LEW	12504	1970	1002 [2]	03/97 – 10/04 bei der KEG	12 KVD 18/21 A-3	–
V 100.4	–	LEW	16328	1981	1003 [3]	?/9x – 10/04 bei der KEG	12 KVD 18/21 A-3	–
V 100.4	–	LEW	17709	1983	1004 [4]	?/9x – 10/04 bei der KEG	?	–
V 100.1	201 619-4	LEW	13937	1973	1005 [5]	06/97 – 10/04 bei der KEG	CAT 3512 DI-TA	–
BR 293	– [6]	Bombardier	72540	2002	V 100.40	04/03– 12/03 Mietlok von Lokpool [7]	CAT 3512 DI-TA	–
BR 293	– [6]	Bombardier	72550	2002	V 100.50	04/03 – 12/03 Mietlok von Lokpool	CAT 3512 DI-TA	–

1) bis 1999 als „221“ bezeichnet 2) bis 1999 als „222“ bezeichnet 3) bis 1999 als „223“ bezeichnet 4) bis 1999 als „224“ bezeichnet 5) bis 1999 als „225“ bezeichnet
6) Spenderlok unbekannt 7) Lokpool Verwaltungsgesellschaft mbH & Co. Vermietungs KG, Kassel

Bild 267 ▷
Auf dem Gelände der Anschlussbahn zum Zementwerk in Karsdorf sammelte die Karsdorfer Eisenbahngesellschaft über viele Jahre ihre Lokomotiven. Am 8. November 2006 stand dort noch immer die ehemalige KEG-Lok **1004**, die offiziell seit Oktober 2004 zur ARCO GmbH gehörte.

Aufnahme: Volker Lucas, Sammlung A. Zika

Kassel-Naumburger Eisenbahn AG								
Typ	ex DB AG	Hersteller	Fabriknr.	Baujahr	Nr. bei EVU	Bemerkung	Motor	NVR-Nummer
V 100.1	201 075-9	LEW	11913	1968	11913	10/01 Mietlok von Lokpool *)	CAT 3508 DI-TA	–

*) Lokpool Verwaltungsgesellschaft mbH & Co. Vermietungs KG

△ **Bild 268** • Im Oktober 2001 leistete die aus 201 075 umgebaute **11913** ihre Dienste für die KNE AG. Die Aufnahme zeigt die Adtranz-Lok am 3. Dezember 2002 in Gießen im Einsatz für EfW. AUFNAHME: MARCO BERGER

Kassel-Naumburger Eisenbahn AG

Am 27. Juni 1901 gegründet, oblag der Kleinbahn AG Kassel-Naumburg – so der offizielle Name – bis Ende 2005 der Betrieb auf der unternehmenseigenen Strecke Kassel – Naumburg. Dann wurde die Gesellschaft von der Frankfurt-Königsteiner Eisenbahn AG übernommen, die wiederum seit 2006 als Hessische Landesbahnen Basis AG firmiert.

Im Oktober 2001 war mit der Adtranz-Umbaulok 11913 (Fabriknummer der Spenderlok) von der Kassel-Naumburger Eisenbahn AG eine Maschine angemietet, die ihren Ursprung in der Reichsbahn-Baureihe V 100 hatte. Bei ihr handelte es sich um die ehemalige 201 075, die als V 100 075 im Jahr 1968 im Bw Seddin in Dienst gestellt und im März 1995 im Bh Neustrelitz ausgemustert wurde. Nach der Ausmusterung gelangte sie zu Adtranz nach Kassel und erhielt dort einen Umbau gemäß dem Konzept Baureihe 293. Als „Blue Cat" ist sie bereits im Dezember 1996 bei der Lokpool Verwaltungsgesellschaft mbH wieder in Betrieb genommen worden.

KEP-Log

Im Verlauf des Jahres 2000 war die erst zum 15. Januar jenes Jahres im Bh Rostock z-gestellte und ausgemusterte 202 726 über das Schienenfahrzeugzentrum Stendal an KEP-Log in Bad Honnef vermietet. Zu diesem Unternehmen waren keinerlei Informationen mehr zu finden.

Es liegt allerdings nahe, dass die Firma im Zusammenhang mit der NetLog Netzwerk-Logistik GmbH Gesellschaft für Verkehrssysteme – ebenfalls mit Sitz in Bad Honnef – stand. Zu diesem Unternehmen wechselte die Lokomotive noch im Verlauf des Jahres 2000.

KEP-Log Bad Honnef								
Typ	ex DB AG	Hersteller	Fabriknr.	Baujahr	Nr. bei EVU	Bemerkung	Motor	NVR-Nummer
V 100.1	202 726-6	LEW	14427	1974	202 726-6	?/00 – ?/00 Mietok von SFZ *)	12 KVD 18/21 AL-4	–

*) Schienenfahrzeugzentrum Stendal

◁ **Bild 269**
Am 11. Januar 2000 steht **202 726** neben 234 657 noch als Betriebslok von DB Regio in ihrem Heimat-Bh Rostock. Vier Tage später wurde die 202 z-gestellt und ausgemustert, gelangte anschließend zum SFZ Stendal und wurde von dort noch im Verlauf des Jahres 2000 an die KEP-Log vermietet.

AUFNAHME: MICHAEL UHREN

△ **Bild 270** • Arbeitszüge der KGT sind seit einigen Jahren regelmäßig auf der Berliner Stadtbahn im Einsatz zu beobachten. Am 2. September 2022 ist es **203 737**, die mit einem solchen Arbeitszug am S-Bahnhof Jannowitzbrücke ihre Dienste leistet. Aufnahme: Mathias Cantzler

KGT Gleis- und Tiefbau GmbH (KGT)

Typ	ex DB AG	Hersteller	Fabriknr.	Baujahr	Nr. bei EVU	Bemerkung	Motor	NVR-Nummer
V 100.1	202 728-2	LEW	14429	1974	203 728	seit 08/18 bei KGT [1]	CAT 3512 DI-TA	92 80 1203 135-9 D-KGT
V 100.1	202 737-3	LEW	14438	1974	203 737	seit 08/18 bei KGT [2]	CAT 3512 DI-TA	92 80 1203 136-7 D-KGT

[1] bereits im Verlauf des Jahres 2018 von der Alstom Lokomotiven Service GmbH angemietet [2] bereits im Verlauf des Jahres 2017 von der Alstom Lokomotiven Service GmbH angemietet.

KGT Gleis- und Tiefbau

Die KGT Gleis- und Tiefbau GmbH wurde am 1. Mai 2007 gegründet, hat seit Dezember 2017 ihren Sitz in Neuenhagen bei Berlin und bietet – wie es der Name schon verrät – Leistungen im Gleis- und Tiefbau, im Kabeltiefbau sowie in der Bahnlogistik (z. B. Gestellung von Arbeitszügen, Lokführern, Arbeitszugführern usw.) und im Güterverkehr an.

Zum Fahrzeugbestand der KGT gehören seit August 2018 zwei Lokomotiven der Baureihe 203.1: 203 728 (ex DB AG-202 728) und 203 737 (ex DB AG-202 737). Beide Maschinen entstanden durch Umbau Anfang der 2000er Jahre bei Alstom in Stendal und waren bereits vor ihrem Erwerb durch die KGT angemietet.

Kley's Bau GmbH & Co. KG

Die vormalige Kley's Bau GmbH & Co. KG firmiert seit 2017 unter dem Namen Rohde Bahnbau GmbH & Co. KG. Noch unter dem alten Firmennamen besaß das Unternehmen zwei Loks aus der DR-V 100-Baureihenfamilie, wobei es sich bei 293 902 um eine Vertreterin des LEW-Typs V 100.4 handelte, die 1981 nach Ostrava (ČSSR, heute Tschechien) geliefert wurde und dort bis 1991/92 als Werklok im Braunkohlentagebau zum Einsatz kam. Während sie im Oktober 2017 an die Heinrichsmeyer Eisenbahndienstleistungen UG verkauft wurde, wechselte 202 720 mit der Umfirmierung im November 2017 zur Rohde Bahnbau GmbH.

Bild 271 ▷
In Rudolstadt-Schwarza wartet **293 902** der Kley's Bau GmbH am 20. Juli 2013 auf neue Aufgaben.

Aufnahme: Frank Weimer

Kley's Bau GmbH & Co. KG

Typ	ex DB AG	Hersteller	Fabriknr.	Baujahr	Nr. bei EVU	Bemerkung	Motor	NVR-Nummer
V 100.1	202 720	LEW	14421	1974	202 720-9	?/16 – 11/17 bei Kley's	12 KVD 18/21 AL-4	92 80 1201 001-5 D-ECMS
V 100.4	–	LEW	16328	1981	293 902-3	?/11 – 10/17 bei Kley's	12 KVD 18/21 A-3	98 80 3293 902-3 D-ECMS

Klostermann Baugesellschaft mbH

Typ	ex DB AG	Hersteller	Fabriknr.	Baujahr	Nr. bei EVU	Bemerkung	Motor	NVR-Nummer
V 100.1	201 577-4	LEW	13896	1973	203 214-2	?/24 – ?/25 Mietlok von EWL *)	CAT 3512 DI-TA	92 80 1203 214-2 D-EFM

*) European Wagon Lease Asset GmbH & Co. KG, Hamburg

△ **Bild 272** • Angemietet von der EWL leistete **203 214** von Anfang 2024 bis ins Jahr 2025 ihre Dienste für die Klostermann Baugesellschafft mbH und wurde im Juni 2025 von InterTourex erworben. Am 14. September 2025 war die Lok in Aschersleben ausgestellt. Aufnahme: Volker Lucas, Sammlung A. Zika

Klostermann Baugesellschaft mbH

In Hamm (Westf) ist die Klostermann Baugesellschaft mbH ansässig. Das Unternehmen wurde 1925 gegründet und war von Beginn an im Bereich des Eisenbahnbaus tätig. Heute gehören u. a. auch die Planung, Konstruktion und der Bau von Brückenbauwerken, der Wasserbau (z. B. Sanierung und Instandhaltung von Schleusen) sowie die Sanierung von Bauwerken zu den Spezialgebieten der Firma.

Für die Leistungen im Bereich des Eisenbahnbaus wurde von 2024 bis 2025 von der European Wagon Lease Asset GmbH & Co. KG die 203 114 angemietet, die entsprechend vor Bau- und Arbeitszügen sowie bei der Überführung von Baumaschinen zum Einsatz kam.

Knape Gruppe Holding GmbH

In der Knape Gruppe Holding (KGH) GmbH ist u. a. im März 2013 die GSG Knape Gleissanierung GmbH verschmolzen, zudem ist die SGL Schienen-Güter-Logistik GmbH seit deren Gründung im Jahr 2007 ein Teil dieses Firmengeflechts. Die KGH hat ihren Sitz in Poing, einer Gemeinde im oberbayerischen Landkreis Ebersberg.

Mit der „Einschmelzung" der GSG Knape Gleissanierung GmbH in die Holdinggesellschaft gelangten u. a. auch acht zu diesem Zeitpunkt im Eigentum der GSG befindliche Lokomotiven aus der Reichsbahn-V 100-Baureihenfamilie – darunter vier Vertreterinnen des LEW-Typs V 100.5 (ehemalige GRE-Lok) – zur KGH.

◁ **Bild 273**
V 180 05 ist am 12. Juni 2025 mit einem kurzen Ganzzug aus Rungenwagen unterwegs bei Wiesbaden Ost. Die Lok gehört der Knape Gruppe Holding GmbH und wird über die SGL eingesetzt.

Aufnahme: Andreas Dumjahn

Knape Gruppe Holding GmbH (KGH)								
Typ	**ex DB AG**	**Hersteller**	**Fabriknr.**	**Baujahr**	**Nr. bei EVU**	**Bemerkung**	**Motor**	**NVR-Nummer**
V 100.5	710 961-4	LEW	17310	1983	V 150.01	seit 02/13 bei KGH	CAT 3512 DI-TA	92 80 1293 507-0 D-SGL
V 100.5	710 962-2	LEW	17311	1983	V 150.02	seit 02/13 bei KGH	CAT 3512 DI-TA	92 80 1293 508-8 D-SGL
V 100.5	710 963-0	LEW	17312	1983	V 150.03	seit 02/13 bei KGH	CAT 3512 DI-TA	92 80 1293 509-6 D-SGL
V 100.5	710 966-3	LEW	17315	1983	V 150.04	seit 02/13 bei KGH	CAT 3512 DI-TA	92 80 1293 510-4 D-SGL
V 100.1	201 619-4	LEW	13937	1973	V 180.05	seit 02/13 bei KGH	CAT 3512 DI-TA	92 80 1203 161-5 D-SGL
V 100.1	202 349-7	LEW	12858	1971	V 180.07	seit 02/13 bei KGH	MTU 12V 4000 R10	92 80 1203 001-3 D-SGL
V 100.1	202 569-0	LEW	13887	1973	V 180.08	seit 02/13 bei KGH	MTU 12V 4000 R10	92 80 1203 005-4 D-SGL
V 100.1	202 658-1	LEW	14359	1974	V 180.13	seit 02/13 bei KGH	CAT 3512 DI-TA	92 80 1203 158-1 D-SGL

Alle Lokomotiven sind bei der SGL Schienen-Güter-Logistik GmbH registriert, in deren Halterschaft und für SGL im Einsatz.

Kombiverkehr Deutsche Gesellschaft für kombinierten Güterverkehr GmbH & Co. KG								
Typ	**ex DB AG**	**Hersteller**	**Fabriknr.**	**Baujahr**	**Nr. bei EVU**	**Bemerkung**	**Motor**	**NVR-Nummer**
V 100.1	202 786-0	LEW	14843	1975	203 162-3	?/11 – ?/12 Mietlok von NBE *)	CAT 3512 DI-TA	92 80 1203 162-3 D-NBEG

*) NBE RAIL GmbH, Aschaffenburg

Diese Maschinen waren damals alle an die SGL vermietet – und blieben es auch weiterhin. Zwar im Eigentum der Knape Gruppe Holding GmbH sind die Lokomotiven bei SGL registriert, in deren Halterschaft und werden von dieser Firma auch eingesetzt.

Kombiverkehr GmbH

Unter dem etwas sperrigen Namen Kombiverkehr Deutsche Gesellschaft für kombinierten Güterverkehr mbH & Co. KG versteckt sich ein am 11. Februar 1969 von Speditions- und Straßentransportfirmen gegründetes Unternehmen mit Sitz in Frankfurt (M), dass sich für einen kombinierten Schiene-Straßen-Verkehr einsetzt und dafür auch eigene Entwicklungen und Leistungen einbringt, wie z. B. Umschlageanlagen, Spezialwaggons usw. Im Jahr 2025 waren an der Gesellschaft insgesamt 222 nationale und internationale Speditionen sowie die DB AG in Form von DB Cargo beteiligt.

Seit November 1999 als öffentliches EVU zugelassen, hatte die Kombiverkehr GmbH im Verlauf des Jahres 2011 von NBE Rail GmbH die 203 162 angemietet und für ihre Zwecke bis Ende 2012 eingesetzt. Die Lok kam dabei vorwiegend vor Containerzügen zum Einsatz.

KUBE CON rail GmbH

Bis 2008 als PBSV-Verkehrs GmbH firmierend, ist das Unternehmen zum 16. Februar 2009 in KUBE CON rail (KCR) GmbH umbenannt worden. Die Firma hatte ihren Sitz in Magdeburg und übernahm von der PBSV auch sieben Lokomotiven aus der Baureihenfamilie der Reichsbahn-V 100 mitsamt deren Bezeichnungen. Bei den Maschinen handelte es sich durchweg um Vertreterinnen des LEW-Typs V 100.1, sie befanden sich also alle einstmals im Bestand der Reichsbahn bzw. der DB AG. Die mit den Nummern 19 und 20 bezeichneten Loks waren bei Alstom zur Baureihe 203.1 umgebaut worden.

Bild 274 ▷ Für die (abgekürzt) Kombiverkehr GmbH war **203 162** in den Jahren 2011 und 2012 als Mietlok im Einsatz. Mit einem Containerzug am Haken passiert die Lok am 11. Oktober 2012 den Haltepunkt Dortmund-Huckarde.

Aufnahme: Mirko Grund

◁ **Bild 275**
Lok 18 der KUBE Con rail GmbH steht am 7. April 2010 mit einem Holzzug zur Entladung in Rottleberode an der Strecke Berga-Kelbra – Stolberg/Harz. Das Holz ist für ein ortsansässiges holzverarbeitendes Unternehmen bestimmt.

Aufnahme: Marco Berger

KUBE CON rail GmbH (KCR)

Typ	ex DB AG	Hersteller	Fabriknr.	Baujahr	Nr. bei EVU	Bemerkung	Motor	NVR-Nummer
V 100.1	202 287-9	LEW	12751	1970	11	02/09 – ?/10 bei KCR *)	CAT 3508 DI-TA	98 80 3202 287-9 D-KCR
V 100.1	202 066-7	LEW	11904	1968	12	02/09 – ?/10 bei KCR	12 KVD 18/21 AL-4	98 80 3202 066-7 D-KCR
V 100.1	202 726-6	LEW	14427	1974	15	02/09 – ?/10 bei KCR	CAT 3512 DI-TA	92 80 1202 726-6 D-KCR
V 100.1	202 494-1	LEW	13533	1972	16	02/09 – ?/10 bei KCR *)	12 KVD 18/21 AL-4	98 80 3202 494-1 D-KCR
V 100.1	202 787-8	LEW	14844	1975	18	02/09 – ?/10 bei KCR *)	12 KVD 18/21 AL-4	98 80 3202 787-8 D-KCR
V 100.1	202 324-0	LEW	12833	1971	19	02/09 – 03/10 bei KCR	CAT 3512 DI-TA	92 80 1203 121-9 D-KCR
V 100.1	202 610-2	LEW	13928	1973	20	02/09 – 03/10 bei KCR	CAT 3512 DI-TA	92 80 1203 122-7 D-KCR

*) im Verlauf des Jahres 2010 vermietet an energy rail GmbH, Königs Wusterhausen

KUBE CON logistics GmbH (KCL)

Typ	ex DB AG	Hersteller	Fabriknr.	Baujahr	Nr. bei EVU	Bemerkung	Motor	NVR-Nummer
V 100.1	202 066-7	LEW	11904	1968	01	?/10 – 05/13 bei KCL	12 KVD 18/21 AL-4	98 80 3202 066-7 D-KCL
V 100.1	202 287-9	LEW	12751	1970	02	?/10 – 05/13 bei KCL	CAT 3508 DI-TA	98 80 3202 287-9 D-KCL
V 100.1	202 494-1	LEW	13533	1972	03	?/10 – 05/13 bei KCL	12 KVD 18/21 AL-4	98 80 3202 494-1 D-KCL
V 100.1	202 787-8	LEW	14844	1975	04	?/10 – 05/13 bei KCL	12 KVD 18/21 AL-4	98 80 3202 787-8 D-KCL

Allerdings ging die KCR GmbH im April 2010 in die Liquidation. Im Juni 2020 wurde vom Amtsgericht Delmenhorst bekanntgegeben, dass dem verfügbaren Massebestand von ca. 900.000 € Insolvenzforderungen von fast 3,5 Mio. € gegenüberstanden. Die vorgenannten Lokomotiven waren zu diesem Zeitpunkt aber bereits bei anderen Unternehmen untergekommen.

KUBE CON logistics

Von der KUBE CON rail GmbH wechselten noch vier der sieben ex-DR-V 100 im Verlauf des Jahres 2010 zur KUBE CON logistics (KCL) GmbH, die ihren Sitz in Delmenhorst hatte. Dieses Unternehmen wurde 2008 gegründet, firmiert nach dem Ausscheiden des Geschäftsführers seit März 2018 unter dem Namen K-Rail GmbH und wechselte den Sitz im Juli jenes Jahres nach Freilassing. Die vier von KCR übernommenen Loks erhielten neue Bezeichnungen (01 bis 04), blieben bis Mai 2013 im Firmeneigentum und wechselten dann zum 1. Juni zur Salzburger EisenbahnTransportLogistik GmbH.

◁ **Bild 276**
Noch im Erscheinungsbild der KCL stand **Lok 03** am 28. September 2013 vor dem Lokschuppen der RIS in Chemnitz.

Aufnahme: Felix Seraphin

Bild 277 ▷
Am 12. September 2007 bespannten **202 487** und **V 100-120** der Lappwaldbahn GmbH einen Sonderzug, der die Fahrzeuge mehrerer norddeutscher Unimog-Vereine zum Weidhäuser Unimogtreffen brachte. Hier aufgenommen bei Neuenbeken an der Strecke Hamm (Westf) – Warburg lag noch ein großes Stück Fahrweg bevor …

AUFNAHME: JOSEF HÖGEMANN

Lappwaldbahn GmbH (LW)

Typ	ex DB AG	Hersteller	Fabriknr.	Baujahr	Nr. bei EVU	Bemerkung	Motor	NVR-Nummer
V 100.1	202 458-6	LEW	13497	1972	202 458-6	?/9x – 08/05 bei LW	12 KVD 18/21 AL-4	–
V 100.1	202 720-9	LEW	14421	1974	202 720-9	?/9x – 08/05 bei LW	12 KVD 18/21 AL-4	–
V 100.1	201 865-3	LEW	15383	1976	V 100-120	?/9x – 12/13 bei LW	12 KVD 18/21 A-3	–
V 100.1	202 057-6	LEW	11895	1968	V 100-121	10/04– 12/13 bei LW	12 KVD 18/21 AL-4	98 80 3202 057-6 D-LWB
V 100.1	202 487-5	LEW	13526	1972	V 100-122 *)	10/04 – 12/13 bei LW	12 KVD 18/21 AL-4	98 80 3202 487-5 D-LWB

*) bis 05/08 noch als 202 487-5 bezeichnet

Lappwaldbahn GmbH

Die Lappwaldbahn (LW) GmbH wurde 1997 aus dem Verein Eisenbahnfreunde Lappwaldbahn Weferlingen e. V. heraus gegründet und erhielt 1998 die Zulassung als Eisenbahnverkehrsunternehmen für den öffentlichen Güterverkehr. Im Jahr 2009 fand die Aufspaltung in das EVU Lappwaldbahn GmbH sowie die Lappwaldbahn Service (LWS) GmbH als EIU statt. Doch das EVU musste im November 2016 die Insolvenz beantragen – die Liquidation begann im Februar 2017. Demgegenüber wurde über die LWS die Lappwaldbahn Gleisbau GmbH gegründet, deren Gesellschafter wiederum die DZ Rail GmbH (Sitz in Delitzsch) übernahmen, diese in Lappwalbahn Cargo GmbH umbenannten und in die Unternehmensgruppe Lappwaldbahn eingliederten.

Die Lappwaldbahn GmbH hatte bereits Ende der neunziger Jahre mit 201 865 (als V 100-120), 202 458 und 202 720 drei DR-V 100 im Bestand, von denen die letzten beiden für das Unternehmen keine Einsätze fuhren. Bei 201 856, die bei der LW als V 100 120 bezeichnet wurde, liefen im Jahr 2006 die Fristen ab. Aus dem Fahrzeugbestand des Vereins Eisenbahnfreunde Lappwaldbahn Weferlingen e. V. gelangte im Oktober 2004 die V 100-121 (ex 202 057) zur LW GmbH, im selben Monat kam auch 202 487 zu diesem Unternehmen mit Sitz in Weferlingen. Diese Lok wurde im Mai 2008 in V 100-122 umgezeichnet. Ihre Einsätze leisteten die Loks vorwiegend im Güterverkehr auf den unternehmenseigenen Strecken (z. B. Haldensleben – Weferlingen) und Anschlussbahnen (z. B. Weferlingen – Grasleben) sowie im Sonderverkehr.

Während 202 458 und 202 720 im August 2008 gemeinsam zur Röbel-Müritz-Eisenbahn GmbH wechselten, wurden V 100-120, -121 und -122 im Dezember 2013 von der Erfurter Bahnservice Gesellschaft mbH erworben.

Bild 278 ▷
Vorspannlok **V 100-121** und Zuglok **V 100-122** der Lappwaldbahn GmbH bringen am 12. März 2013 einen Ganzzug vom Bahnhof Haldensleben zum Anschluss des Hafens am Mittellandkanal.

AUFNAHME: FLORIAN WIESER

◁ **Bild 279**
203-03 der LEAG überführte am 29. September 2025 vier Kohlenstaubwagen aus der LEAG-Ordnungsgruppe in Spreewitz zum DB-Übergabebahnhof Spreewitz.

Aufnahme: Mathias Cantzler

Lausitzer Braunkohle AG (LAUBAG)/Vattenfall Europe AG/Vattenfall GmbH/Lausitz Energie Bergbau AG (LEAG)

Typ	ex DB AG	Hersteller	Fabriknr.	Baujahr	Nr. bei EVU	Bemerkung	Motor	NVR-Nummer
V 100.4	–	LEW	16672	1981	110-01 [1]	06/90 – ?/92 bei LAUBAG [2]	CAT 3512 DI-TA	–
V 100.4	–	LEW	17731	1983	110-02 [3]	seit 06/90 bei LAUBAG … [4]	CAT 3508 DI-TA	–
V 100.1	110 146-8	LEW	12447	1969	110-03 [5]	seit 06/90 bei LAUBAG … [6]	CAT 3508 DI-TA	–
V 100.4	–	LEW	16671	1981	110-04 [7]	seit 06/90 bei LAUBAG … [2]	CAT 3508 DI-TA	–
V 100.4	–	LEW	17727	1983	110-05 [8]	seit 06/90 bei LAUBAG … [9]	CAT 3508 DI-TA	–
V 100.1	110 138-5	LEW	12439	1969	110-06 [10]	seit 06/90 bei LAUBAG … [11]	CAT 3508 DI-TA	–
V 100.1	110 131-0	LEW	12432	1969	110-07 [12]	seit 06/90 bei LAUBAG … [13]	CAT 3508 DI-TA	–
V 100.1	110 159-1	LEW	12460	1969	110-08 [14]	seit 06/90 bei LAUBAG … [13]	CAT 3412 DI-TA	–
V 100.1	110 121-1	LEW	12422	1969	110-09 [15]	seit 06/90 bei LAUBAG … [16]	CAT 3508 DI-TA	–
V 100.1	110 108-8	LEW	12409	1969	110-10	06/90 – 01/95 bei LAUBAG	CAT 3508 DI-TA	–
V 100.1	110 148-4	LEW	12449	1969	110-11	seit 06/90 bei LAUBAG …	CAT 3508 DI-TA	–
V 100.1	110 117-9	LEW	12418	1969	110-12	seit 07/90 bei LAUBAG …	CAT 3508 DI-TA	–
V 100.1	202 810-8	LEW	15082	1975	203-01	seit 06/05 bei Vattenfall …	CAT 3508 DI-TA	–
V 100.1	202 582-3	LEW	13900	1973	203-02	seit 08/05 bei Vattenfall …	CAT 3508 DI-TA	–
V 100.1	202 548-4	LEW	13587	1973	203-03	seit 08/05 bei Vattenfall …	CAT 3508 DI-TA	–
V 100.1	202 388-5	LEW	12897	1971	293 505-4	seit 10/19 bei der LEAG	CAT 3512 DI-TA	92 80 1293 505-4 D-LEAG
V 100.1	201 876-6	LEW	16372	1977	201 876-6	11/23 – ?24 Mietlok von LOCON [17]	MTU 12V 396 TC14	98 80 3201 878-6 D-LOCON

[1] 06/81 – 06/90 als Di-485-100-B4 bezeichnet
[2] 06/81 an VEB Braunkohlenwerk (BKW) „Alfred Scholz", Welzow, geliefert; ?/8x – 06/90 bei VEB BKW Cottbus
[3] 03/83 – 06/90 als Di 489-100-B4 bezeichnet
[4] 03/83 an VEB BKW „Alfred Scholz", Welzow, geliefert; ?/8x – 06/90 bei VEB BKW Cottbus
[5] 03/89 – 06/90 als Di 491-110-B4 bezeichnet
[6] zuvor seit 03/89 bei VEB BKW Cottbus
[7] 06/81 – 06/90 als Di 484-100-B4 bezeichnet
[8] 06/83 – 06/90 als Di 488-100-B4 bezeichnet
[9] 06/83 an VEB BKW „Jugend", Kittlitz, geliefert; ?/8x – 06/90 bei VEB BKW Cottbus
[10] 02/90 – 06-90 als Di 492-110-B4 bezeichnet
[11] zuvor seit 02/90 bei VEB BKW Cottbus
[12] 04/90 – 06/90 als Di 495-110-B4 bezeichnet
[13] zuvor seit 04/90 bei VEB BKW Cottbus
[14] 04/90 – 06/90 als Di 496-110-B4 bezeichnet
[15] 05/90 – 06/90 als Di 497-110-B4
[16] zuvor seit 05/90 bei VEB BKW Cottbus
[17] Logistik & Consulting AG, Oberuckersee

LAUBAG/LEAG

Im Jahr 1981 wurden die ersten Lokomotiven des LEW-Typs V 100.4 an den VEB Braunkohlenwerk (BKW) „Alfred Scholz" in Welzow geliefert. Über den VEB BKW Cottbus – der 1989/90 auch einige Maschinen des LEW-Typs V 100.1 erhielt, die zuvor bei der Reichsbahn ausgemustert wurden – gelangten die Loks im Juni 1990 zur Lausitzer Braunkohle AG (LAUBAG), dem damals neugegründeten Nachfolgeunternehmen des VEB Braunkohlenkombinat (BKK) Senftenberg. Unter letzterem waren ab 1980 alle im Braunkohlenbergbau und der Braunkohleverarbeitung in der Lausitz tätigen Betriebe organisiert. Im Jahr 2001 übernahmen die Hamburgische Electricitäts-Werke AG (HEW) und der schwedische Energiekonzern Vattenfall (zu diesem Zeitpunkt bereits Mehrheitsaktionär bei HEW, ab Juni 2002 dann gesamte Übernahme) u. a. die LAUBAG und führten diese mit anderen Unternehmen in die Anfang 2002 gegründete Vattenfall Europe AG, die als Holdinggesellschaft im Jahr 2012 in Vattenfall GmbH umfirmiert wurde. Seit Oktober 2016 führt die LEAG – Lausitz Energie Bergbau AG (zuvor Vattenfall Europe Mining AG) – die Geschäfte im Bereich der Tagebauaktivitäten, während die Lausitz Energie Kraftwerke AG (ex Vattenfall Europe Generation AG) für den Kraftwerksbereich verantwortlich ist.

Zum Fahrzeugpark der LEAG gehören noch immer auch 15 Loks aus der V 100-Typenfamilie, die auf dem Streckennetz im Lausitzer Revier zwischen den Tagebauen und Kraftwerken, vor Zügen zu den Übergabebahnhöfen sowie vor Arbeits- und Bauzügen zum Einsatz kommen.

Bild 280 ▷ Mehrmals im Jahr organisieren Eisenbahnvereine auch eine Befahrung der Anschlussbahnen in der Lausitz. Am 30. August 2025 bespannte die LEAG-Lok **293 505** einen solchen Zug, hier aufgenoimmen im Industriepark Schwarze Pumpe.

AUFNAHME: FRANK HEILMANN

Lausitzbahn GmbH

Die Lausitzbahn GmbH entstand im August 2022 durch Umbenennung der Bahnservice BB GmbH und hat ihren Sitz in Luckau. Im Verlauf des Jahres 2023 gelangte 202 483 in das Eigentum der Lausitzbahn GmbH. Die Lok war dann als Leihgabe für den DBV Förderverein Niederlausitzer Eisenbahn e. V., Luckau, im Einsatz, ist allerdings seit 2024 mit Fristablauf abgestellt.

LBV mbH/LMBV mbH

Für die Sanierung der Bergbaugebiete in der Lausitz wurde im Frühsommer 1994 die Lausitzer Bergbau-Verwaltungsgesellschaft (LBV) mit Sitz in Brieske gegründet,

△ **Bild 281** • Im Aw Cottbus fanden auch Ausbesserungsarbeiten an den Werklokomotiven der LAUBAG statt. Am 14. Juli 2000 wurden die letzten Restarbeiten an der **110-07** noch auf der Drehscheibe durchgeführt. Die Lok war bis April 1990 als 110 131 bei der Reichsbahn im Einsatz und wechselte am 12. April 1990 mit ihrer z-Stellung und Ausmusterung zum BKW Cottbus. AUFNAHME: FRANK HEILMANN

Bild 282 ▷ **202 483** wechselte im Verlauf der Jahres 2023 von der WFL zur Lausitzbahn GmbH, blieb aber weiterhin im „Reichsbahnlook". Hier steht sie am 4. Mai 2023 noch als Maschine der WFL in Nossen.

AUFNAHME: FELIX SERAPHIN

Lausitzbahn GmbH								
Typ	ex DB AG	Hersteller	Fabriknr.	Baujahr	Nr. bei EVU	Bemerkung	Motor	NVR-Nummer
V 100.1	202 483-4	LEW	13522	1972	202 483-4	seit ?/23 bei Lausitzbahn [*)]	12 KVD 18/21 AL-4	98 80 3202 483-4 D-NLE

[*)] ab 07/23 Leihgabe an DBV Förderverein Niederlausitzer Eisenbahn e. V., Luckau; Lok mit Fristablauf abgestellt

Lausitzer Bergbau-Verwaltungs GmbH (LBV)/Lausitzer und Mitteldeutsche Bergbau Verwaltungs GmbH (LMBV)								
Typ	ex DR	Hersteller	Fabriknr.	Baujahr	Nr. bei EVU	Bemerkung	Motor	NVR-Nummer
V 100.1	110 108-0	LEW	12409	1972	110-10	01/95 – 09/02 bei LBV/LMBV	12 KVD 18/21 A-3	–

△ **Bild 283** • In Brieske bei Senftenberg entstand am 21. Februar 2002 diese Aufnahme der **110-10** der LMBV GmbH.
AUFNAHME: MARCO HEYDE

die zum 1. September 1995 mit der Mitteldeutschen Bergbau-Verwaltungsgesellschaft mbH in der im August 1994 geschaffenen Holdinggesellschaft mit dem Namen Lausitzer und Mitteldeutsche Bergbau-Verwaltungsgesellschaft mbH (LMBV), Berlin, verschmolzen wurde.

Von der LAUBAG wechselte im Januar 1995 die Lok 110-10 (ex 110 108) zur LBV und gelangte im September 1995 entsprechend zur LMBV. Inwiefern die Maschine, die sich immerhin sieben Jahre im Bestand der Verwaltungsgesellschaft befand, zum Einsatz kam, ist nicht ganz klar. Es darf davon ausgegangen werden, dass die Lok vornehmlich vor Bau- und Abraumzügen ihre Dienste leistete, die bei der Sanierung der Bergbaulandschaft eingesetzt wurden.

△ **Bild 284** • Mit einem Schweerbau-Bauzug fährt die LDS-**Lok 1** am 19. Juli 2015 durch den Bahnhof Amstetten (Württ).
AUFNAHME: STEPHAN KARKOWSKI

LDS GmbH

Die Logistik, Dienstleistungen und Service (LDS) GmbH wurde im Jahr 2001 gegründet, hatte ihren Sitz zunächst in Eutin (ab Juni 2018 in Stadthagen) und war auf Baustellenlogistik sowie Bau- und Arbeitszugverkehre spezialisiert. Im Januar 2020 fand eine Umfirmierung statt, seitdem ist das Unternehmen als Schweerbau Logistik GmbH tätig. In diesem Zusammenhang wechselten auch alle LDS-Fahrzeuge zur neuen Firma, darunter drei Lokomotiven aus der DR-V 100-Baureihenfamilie, die bei der LDS GmbH mit den Nummern 1, 3 und 6 bezeichnet waren. Bei den Loks 1 und 6 handelt es sich um Adtranz-Umbau-

LDS GmbH								
Typ	ex DB AG	Hersteller	Fabriknr.	Baujahr	Nr. bei EVU	Bemerkung	Motor	NVR-Nummer
BR 293	– [*)]	Adtranz	72510	1999	1	06/02 – 01/20 bei LDS [1)]	CAT 3512 DI-TA	92 80 1293 501-3 D-LDS
V 100.1	202 524-5	LEW	13563	1973	3	05/07 – 01/20 bei LDS [1)]	CAT 3512 DI-TA	92 80 1203 127-6 D-LDS
BR 293	– [*)]	Adtranz	72350	1999	6	04/03 – 01/20 bei LDS [1)]	CAT 3512 DI-TA	92 80 1293 511-2 D-LDS
V 100.1	201 881-0	LEW	16375	1977	16375	02/03 Mietlok von Lokpool [2)]	CAT 3508 DI-TA	–
BR 293	– [*)]	Adtranz	72520	2000	72520	02/03 – 03/03 Mietlok von Lokpool	CAT 3512 DI-TA	–
V 100.1	202 587-2	LEW	13905	1973	203 014-6	08/15 – 09/15 Mietlok von EAH [3)]	MTU 12V 4000 R10	92 80 1203 014-6 D-BUVL
V 100.1	202 654-0	LEW	14081	1974	203 012-0	09/15 – 10/15 Mietlok von EAH	MTU 12V 4000 R10	92 80 1203 012-0 D-BUVL
V 100.4	–	LEW	16327	1981	293 016-3	03/14 – ?/14 Mietlok von ALS [4]	CAT 3508 DI-TA	98 80 3293 016-2 D-ALS

[*)] Spenderlok unbekannt
[1)] 2012 zu Schweerbau GmbH, eingestellt weiter bei LDS
[2] Lokpool Verwaltungsgesellschaft mbH & Co. Vermietungs KG
[3)] Eisenbahn Anlagen Handel GmbH
[4)] Alstom Lokomotiven Service GmbH

Bild 285 ▷ Im März 2021 übernahm die LDK GbR von der WFL deren Lok 12 und gab ihr die Nummer **111 002^{II}**. Es ist eine Zweibesetzung dieser Loknummer. Die originale 111 002 wurde nach Umbau und Umzeichnung im Jahr 2015 verschrottet. Am 2. Oktober 2022 kam 111 002^{II} beim Eisenbahnfest in Staßfurt vor dem Fotogüterzug zum Einsatz.

Aufnahme: Alexander Schröter

Leipziger Dampf KulTour GbR (LDK)

Typ	ex DB AG	Hersteller	Fabriknr.	Baujahr	Nr. bei EVU	Bemerkung	Motor	NVR-Nummer
V 100.1	201 003-1	LEW	9891	1965	V 100 003	seit 01/23 bei LDK *)	12 KVD 18/21 A-3	92 80 1201 003-1 D-LDK
V 100.4	–	LEW	16580	1981	111 002-2^{II}	seit 03/21 bei LDK	12 KVD 18/21 A-3	98 80 3293 021-2 D-LDK

*) Lok ist im Eigentum des DB Museums, an den Förderverein Berlin-Anhaltinische Eisenbahn e. V., Lutherstadt-Wittenberg, dauerhaft verliehen, ist bei der LDK registriert, gleichsam in der Halterschaft und wird von der LDK auch vermarktet.

ten gemäß dem Konzept Baureihe 293, wobei die Spenderfahrzeuge nicht mehr zu ermitteln sind. Lok 3 entstand bei Alstom in Stendal aus 202 524 entsprechend dem Umbaukonzept Baureihe 203.1. Neben diesen drei Lokomotiven leisteten auch Mietlokomotiven ihre Dienste für die LDS GmbH, die ihren Ursprung in der V 100-Familie hatten. Sie kamen alle bundesweit im Bau- und Arbeitszugdienst sowie bei der Überführung von Baumaschinen zum Einsatz.

Leipziger DampfKulTour

Im Jahr 2018 von Alexander Schröter als GbR gegründet, entwickelte sich die Leipziger DampfKulTour (LDK) – seit Juli 2025 als LDK Eisenbahngesellschaft mbH firmierend – zu einem mittelständischen Unternehmen, welches nicht nur im Bereich der Vermietung von Schienenfahrzeugen sowie mit Dienstleistungen im Güterverkehr aktiv ist, sondern über die LDK Ostwerkstatt GmbH auch die Durchführung von Wartungs- und Instandhaltungsarbeiten an Eisenbahnfahrzeugen anbieten kann. Zum Fahrzeugpark der LDK gehören auch zwei Lokomotiven der Reichsbahnbaureihe V 100 – eine des LEW-Typs V 100.1 und eine des LEW-Typs V 100.4. Dabei befindet sich die V 100 003 nicht im Eigentum des Unternehmens, sondern ist seit Januar 2023 bei LDK registriert, dort auch in der Halterschaft und wird von der LDK vermarktet. Eigentümerin der Lok ist das DB Museum, welches die Maschine bereits seit November 1994 dauerhaft an den Förderverein Berlin-Anhaltinische Eisenbahn e. V. in Lutherstadt-Wittenberg verliehen hat.

Demgegenüber ist die LDK Eisenbahngesellschaft mbH seit 31. März 2021 Eigentümerin einer Lok des LEW-Typs V 100.4, die sie als 111 002^{II} bezeichnet hat. Eine Reichsbahnnummer hat diese Maschine allerdings nie getragen. Bei ihr handelt es sich um eine 1981 vom LEW Hennigsdorf nach Sušice (ČSSR, heute Tschechien) gelieferte Werklok, die Anfang der neunziger Jahre als Arbeitsvorrat zu Adtranz nach Kassel gelangte. Nach zahlreichen Eigentümerwechseln erwarb die LDK die Lok von der WFL.

Leipziger Eisenbahnverkehrsgesellschaft

Aus der ASP Schienenfahrzeugdienst Verwaltungs GmbH entstand im Jahr 2003 die Leipziger Eisenbahnverkehrsgesellschaft mbH (LEG), die im April 2008 ihren Firmensitz von Leipzig nach Delitzsch verlegte.

Zu den Markenzeichen des Unternehmens gehörte es von Beginn an, das sich dessen eigene Lokomotiven äußerlich weitestgehend im Erscheinungsbild der Deutschen Reichsbahn präsentierten. Zum Fahrzeugbestand der LEG gehörten ab 2005 auch Vertreterinnen der Reichsbahn-Baureihe V 100, von denen sich insgesamt vier Exemplare (202 327, 202 425, 202 484 und 202 703) im Firmeneigentum befanden und die – bis auf 202 703 – auch vermietet wurden. Zwei Mietlokomotiven von Alstom leisteten im Jahr 2005 einige Monate ihre Dienste für die LEG.

Alles Loks kamen bundesweit, größtenteils allerdings im mitteldeutschen Streckennetz, im Güterverkehr und bei Überführungen zum Einsatz.

△ **Bild 286** • Mit einem Holzzug aus Walldorf (Thür) kommend, fährt **202 327** der Leipziger Eisenbahnverkehrsgesellschaft mbH am 22. Februar 2008 durch den Bahnhof Wasungen in Richtung Eisenach. Die Lok war zu diesem Zeitpunkt an die Werra-Eisenbahnverkehrsgesellschaft mbH vermietet. AUFNAHME: UDO STEINWASSER

Leipziger Eisenbahnverkehrsgesellschaft mbH (LEG)

Typ	ex DB AG	Hersteller	Fabriknr.	Baujahr	Nr. bei EVU	Bemerkung	Motor	NVR-Nummer
V 100.1	202 746-4	LEW	14447	1974	202 001-4	08/05– 11/05 Mietlok von ALS [1]	CAT 3512 DI-TA	–
V 100.1	202 327-3	LEW	12836	1971	202 327-3	09/07 – 05/16 bei LEG [2]	CAT 3512 DI-TA	92 80 1203 227-4 D-LEG
V 100.1	202 425-5	LEW	12934	1972	202 425-5	11/05 – 05/15 bei LEG [3]	CAT 3512 DI-TA	92 80 1203 220-9 D-LEG
V 100.1	202 484-2	LEW	13523	1972	202 484-2	12/07 – 01/15 bei LEG [4]	CAT 3512 DI-TA	92 80 1203 229-0 D-LEG
V 100.1	202 703-5	LEW	14404	1974	202 703-5	12/07 – 01/15 bei LEG	CAT 3512 DI-TA	92 80 1203 230-8 D-LEG
V 100.1	202 569-0	LEW	13887	1973	203 004-7	09/05 – 11/05 Mietlok von ALS	MTU 12V 4000 R10	–

[1] Alstom Lokomotiven Service GmbH
[2] 10/07 – 12/07 vermietet an Railion Deutschland AG, NL Mannheim; ?/08 – ?/? an Werra-Eisenbahnverkehrs GmbH, Merkers
[3] 01/07 – 10/07 + 12/07 – ?/08 vermietet an Railion Deutschland AG, NL Mannheim; 11/07 + ?/08 an Werra-Eisenbahnverkehrs GmbH; ?/15 – 05/15 an PRESS GmbH
[4] ?/08 vermietet an Werra-Eisenbahnverkehrs GmbH; 07/10 an PRESS GmbH

▽ **Bild 287** • Die Loks des Bauunternehmens Leonhard Weiss sind mit Arbeitszügen bundesweit im Einsatz. Hier ist **203.001** am 8. August 2022 aber „Lz" bei Northeim in südlicher Richtung unterwegs. AUFNAHME: ROLAND HERTWIG

Leonhard Weiss GmbH

Das Bauunternehmen Leonhard Weiss gibt es bereits seit 1900 und wurde zu diesem Zeitpunkt als Gleisbaubetrieb in Göppingen gegründet. Der erste Auftrag war der Bau des knapp 40 km langen Streckenabschnitts Aalen – Neresheim – Ballmertshofen der Härtsfeldbahn, einer 1.000-mm-Schmalspurbahn, die über insgesamt 55,5 km von Aalen bis Dillingen an der Donau führte.

Heute ist die Leonhard Weiss Gruppe als Holdinggesellschaft einer der Branchenführer in nahezu allen Baubereichen. Dazu gehört auch immer noch der Gleisbau, gleichsam der Bau von z. B. Lärmschutzwänden, Bahnsteigen, Bahnübergängen, Signalgründungen usw. Neben verschiedenen Gleisbaumaschinen, Gleisbaukrane, Zweiwege-Bagger usw. hat das Unternehmen auch diverse Lokomotiven im Be-

Bild 288 ▷
203.001 der Leonhard Weiss GmbH ist am 6. Mai 2017 mit einem Kranzug unterwegs bei Bonn-Beuel. Die Lok ist seit 2006 bei diesem Unternehmen im Einsatz und derzeit dort die einzige Vertreterin der DR-Baureihe V 100.

AUFNAHME: GEORG DOLLWET

Leonhard Weiss GmbH & Co. KG (LW)

Typ	ex DB AG	Hersteller	Fabriknr.	Baujahr	Nr. bei EVU	Bemerkung	Motor	NVR-Nummer
V 100.1	201 883-6	LEW	16377	1977	201 883-6	?/01 – ?/0x Mietlok von ESG [1]	12 KVD 18/21 A-3	–
V 100.1	202 390-1	LEW	12899	1971	203.001	seit 07/06 bei LW	CAT 3512 DI-TA	92 80 1203 231-6 D-EVULW
V 100.1	202 335-6	LEW	12844	1971	203.002	08/06 – ?/13 bei LW [2]	CAT 3512 DI-TA	92 80 1203 232-4 D-EVULW

[1] Eisenbahn Service Gesellschaft mbH
[2] nach Unfall im November 2012 abgestellt und im Jahr 2013 verschrottet

Lübecker Hafen-Gesellschaft Service GmbH (LHG)

Typ	ex DB AG	Hersteller	Fabriknr.	Baujahr	Nr. bei EVU	Bemerkung	Motor	NVR-Nummer
V 100.1	202 373-7	LEW	12882	1971	202 373-7	10/04 – 12/04 Mietlok von TSD [1]	CAT 3512 DI-TA	–
V 100.1	202 260-6	LEW	12542	1970	203 501-2	11/04 – 12/04 Mietlok von ALS [2]	CAT 3512 DI-TA	–
V 100.1	202 459-4	LEW	13498	1972	V 100 001	06/03 – 12/04 bei LHG	CAT 3512 DI-TA	–

[1] Transport-Schienen-Dienst GmbH
[2] Alstom Lokomotiven Service GmbH

stand, darunter – Stand Februar 2026 – noch eine DR-V 100, die als 203.001 geführt wird. Die ehemalige 202 390 wurde im Juli 2006 von der Alstom Lokomotiven Service GmbH erworben, im Folgemonat kam auch 202 335 von Alstom zum Unternehmen und erhielt die Bezeichnung 203.002. Diese Lok erlitt jedoch bei einem Aufprall auf eine Wagengruppe am 9. November 2012 in Radolfzell derartige Schäden, dass sie wenige Monate später im Verlauf der Jahres 2013 zerlegt wurde.

Bereits vor dem Erwerb der beiden Loks war 201 883 im Jahr 2001 als Mietlok von der Eisenbahn Service Gesellschaft mbH für die Leonhard Weiss GmbH im Einsatz.

LHG Service GmbH

Die Lübecker Hafen-Gesellschaft (LHG) Service GmbH ist 1995 als ein Tochterunternehmen der LHG GmbH gegründet worden. Zum Kerngeschäft der Servicegesellschaft gehören u. a. die Instandhaltung von Flurförderfahrzeugen, Geräten, Anlagen und Gebäuden der Terminals des Lübecker Hafens. Für die Bedienung der Gleisanschlüsse und den Rangierdienst im Hafen benötigte das Unternehmen

Bild 289 ▷
Für die Lübecker Hafen-Gesellschaft Service GmbH waren insgesamt drei Loks aus der DR-V 100-Baureihenfamilie im Einsatz, aber nur die als **V 100 001** bezeichnete ex DB-202 459 befand sich im Eigentum der LHG. Hier steht sie im Oktober 2004 in Lübeck, hinter ihr ist noch die angemietete 202 373 zu sehen.

AUFNAHME: DIRK VOIGT

◁ **Bild 290**
Ausnahmen bestätigen bekanntlich die Regel! Am 3. Mai 2025 bespannte die LOCON-Lok **218** einen Sonderzug des DBV Förderverein Niederlausitzer Eisenbahn e. V., hier aufgenommen bei Duben. Abwechslung für die Lok im sonstigen Güter- und Bauzugdienst.

AUFNAHME: FRANK HEILMANN

auch Diesellokomotiven. Im Juni 2003 wurde eine DR-V 100 (202 459) erworben und als V 100 001 bezeichnet. Zwei weitere Maschinen aus dieser Baureihenfamilie kamen als Mietloks Ende 2004 für einige Wochen zur LHG Service GmbH und leisteten ihre Dienste sowohl im Bereich des Lübecker Hafens als auch im Sonderverkehr ins Landesinnere.

LOCON AG

Die LOCON Logistik & Consulting AG wurde im Jahr 2002 gegründet und hatte ihren Firmensitz zunächst im Ortsteil Seehausen der Gemeinde Oberuckersee im Landkreis Uckermark in Brandenburg. Mit der Erbringung von Eisenbahnverkehrsleistungen im Güter- und Personenverkehr, der logistischen Planung und Durchführung von Bahnbaustellen, der Personalgestellung (z. B. Triebfahrzeugführer, Arbeitszugführer, Wagenmeister, Lotsen usw.) sowie der Durchführung von Ausbildungslehrgängen mit den Schwerpunkten Eisenbahnlogistik, Eisenbahnrecht und Bahnverkehr entwickelte sich das Unternehmen rasant. Im Dezember 2015 wurde der Umzug nach Berlin beschlossen, nachdem 2010 die LOCON Service GmbH übernommen wurde, mit der es einen „Beherrschungs- und Ergebnisübernahmevertrag" gab, und im April 2011 die LOCON Benelux B.V. gegründet worden ist, die fortan für die Aktivitäten des Unternehmens in Belgien, den Niederlanden und Luxemburg verantwortlich war. Diese Außenstelle hatte allerdings nicht lange bestand und ging im Juli 2017 insolvent. Zwei Jahre später – im Mai 2019 – übernahm die EP Logistics International a. s. die LOCON AG, die nun ein Teil der EP Holding ist.

In dem Fahrzeugpark der LOCON AG befinden sich noch immer auch sieben Loks der DR-Baureihe V 100 bzw. deren Umbauten, bis Ende 2025 waren insgesamt 16 solcher Maschinen für das Unternehmen im Einsatz, darunter auch einige Mietlokomotiven. Die LOCON trat selbst auch als Vermieter ihrer Loks auf. Die Maschinen mit dem LOCON-Schriftzug am Vorbau kommen bundesweit im Güter- und Bauzugverkehr zum Einsatz, leisten aber ihre Dienste auch vor Sonderzügen.

LOCON LOGISTIK & CONSULTING AKTIENGESELLSCHAFT

Typ	ex DB AG	Hersteller	Fabriknr.	Baujahr	Nr. bei EVU	Bemerkung	Motor	NVR-Nummer
V 100.1	201 211-0	LEW	12493	1970	201	12/04 – 07/21 bei LOCON [*]	12 KVD 18/21 A-3	98 80 3201 211-0 D-LOCON
V 100.1	201 222-7	LEW	12504	1970	202	11/08 – 07/21 bei LOCON [*]	12 KVD 18/21 A-3	98 80 3201 222-7 D-LOCON
V 100.1	202 373-7	LEW	12882	1971	203	seit 02/11 bei LOCON	CAT 3512 DI-TA	92 80 1204 373-5 D-LOCON
V 100.1	201 878-6	LEW	16372	1977	209	seit 03/09 bei LOCON [1]	MTU 12V 396 TC14	98 80 3201 878-6 D-LOCON
BR 293	–	Adtranz	72520	2000	211	seit 06/05 bei LOCON [2]	CAT 3512 DI-TA	92 80 1293 502-1 D-LOCON
BR 293	–	Adtranz	72800	2001	212	seit 09/05 bei LOCON [3]	CAT 3512 DI-TA	92 80 1293 503-9 D-LOCON
V 100.1	202 804-1	LEW	15076	1975	215	04/08 – ?/13 bei LOCON	CAT 3512 DI-TA	92 80 1203 141-7 D-LOCON
V 100.1	202 806-6	LEW	15078	1975	216	05/08 – ?/13 bei LOCON [4]	CAT 3512 DI-TA	92 80 1203 142-5 D-LOCON
V 100.1	202 376-0	LEW	12885	1971	217	seit 04/09 bei LOCON	CAT 3512 DI-TA	92 80 1203 123-5 D-LOCON
V 100.1	202 719-1	LEW	14420	1974	218	seit 05/09 bei LOCON	CAT 3512 DI-TA	92 80 1203 124-3 D-LOCON
V 100.1	202 559-1	LEW	13877	1973	219 [5]	seit 08/10 bei LOCON	CAT 3512 DI-TA	92 80 1203 164-9 D-LOCON
V 100.1	202 615-1	LEW	13933	1973	220	08/11 – 05/24 bei LOCON [6]	CAT 3512 DI-TA	92 80 1203 614-3 D-LOCON
V 100.5	710 968-9	LEW	17317	1983	1101	05/08 – 07/08 Mietlok von ITB [7]	12 KVD 18/21 A-3	92 80 1202 968-4 D-ITB
V 100.1	202 269-7	LEW	12551	1970	202 269-7	06/04 – 12/04 Mietlok von Gleiskraft [8]	CAT 3512 DI-TA	–
V 100.1	202 787-8	LEW	14844	1975	203 503-8	07/05 – ?/05 Mietlok von ALS [9]	12 KVD 18/21 AL-4	–
V 100.1	110 108-8	LEW	12409	1969	V 100-BUG-01	04/05 – 10/06 Mietlok von BUG [10]	CAT 3508 DI-TA	–

[*] 2016 mit Fristablauf abgestellt
[1] zuvor 03/07 – 02/09 bereits als Mietlok von der Ahaus Alstätter Eisenbahn GmbH bei LOCON; 11/23 – ?/24 vermietet an Lausitz Energie Bergbau AG
[2] 02/07 vermietet an Railion Deutschland AG, NL Hannover
[3] 02/07 – 03/07 vermietet an Railion Deutschland AG, NL Hannover
[4] ?/10 – 03/10 vermietet an Mittelweserbahn GmbH
[5] bis 03/15 als 203 559-0 bezeichnet
[6] 08/11 – 06/16 vermietet an LOCON Benelux B.V.
[7] Industrietransportgesellschaft mbH Brandenburg
[8] Gleiskraft GmbH
[9] Alstom Lokomotiven Service GmbH
[10] BUG Vermietungsgesellschaft mbH

Logistik auf Schienen

Im Jahr 2009 entstand die LaS – Logistik auf Schienen GmbH durch Umfirmierung der AF Berlin GmbH. Der Sitz der LaS GmbH, die u. a. in der Organisation von schienengebundener Logistik, der An- und Vermietung von Kesselwagen sowie der Planung, Beratung und Durchführung von Bahntransporten aktiv war, befand sich in Duisburg. Das Unternehmen ging allerdings in die Insolvenz, die Liquidation begann am 12. Mai 2015.

Für ihre Dienstleistungen in der Schienenlogistik hatte die LaS zwischen 2012 und 2015 insgesamt sechs Maschinen aus der DR-V 100-Baureihenfamilie von verschiedenen Firmen angemietet.

△ **Bild 291 • Lok 212** der LOCON ist am 16. Juli 2010 mit einem Muldenkippwagenzug in Berlin-Schönefeld Flughafen unterwegs zur Baustelle der Neubaustrecke vom Flughafen Berlin-Schönefeld zum Bahnhof Flughafen BER, mit deren Bau die LOCON AG beauftragt war. Aufnahme: Mathias Cantzler

LOK OST

Zunächst nur als Personaldienstleister für private Eisenbahnverkehrsunternehmen wurde 2006 die Firma Lokführerdienstleistungen Olof Stille – LOK OST – gegründet, die ihren Sitz in Löderburg, einem Ortsteil von Staßfurt, hat. Die Geschäfte ließen eine Erweiterung der Aktivitäten zu, sodass ab 2011 auch eigene Lokomotiven beschafft wurden, darunter mit 112 364, 298 130 und 298 135 auch drei Maschinen aus der V 100-Baureihenfamilie. Zwischenzeitlich waren auch zwei weitere solcher Loks von LOK OST angemietet.

Während 298 130 – ohne Fristen erworben – für die Firma bisher nicht zum Einsatz kam, kommen die beiden anderen Loks im Güter-, Rangier- und Sonderzugdienst zum Einsatz.

△ **Bild 292 •** Im Einsatz für die LaS GmbH bespannte **203 012** als Vorpannlok am 3. Juli 2014 einen Kesselwagenzug, hier aufgenommen in München. Sie trägt am Vorbau noch die Nummer V 160.2, die sie 2003 bei der Osthavelländischen Eisenbahn AG erhielt. Aufnahme: Frank Weimer

Logistik auf Schienen GmbH (LaS)

Typ	ex DB AG	Hersteller	Fabriknr.	Baujahr	Nr. bei EVU	Bemerkung	Motor	NVR-Nummer
V 100.1	202 461-0	LEW	13500	1972	203 005	08/13 – ?/15 Mietlok von FVD [1]	MTU 12V 4000 R10	?
V 100.1	202 568-2	LEW	13886	1973	203 008-8	05/13 – ?/15 Mietlok von FVD	MTU 12V 4000 R10	?
V 100.1	202 654-0	LEW	14081	1974	203 012-0	03/14 – 05/15 Mietlok von EAH [2]	MTU 12V 4000 R10	92 80 1203 012-0 D-BUVL
V 100.1	202 587-2	LEW	13905	1973	203 014-6	03/14 – 05/15 Mietlok von EAH	MTU 12V 4000 R10	92 80 1203 014-6 D-BUVL
V 100.1	202 415-6	LEW	12924	1971	203 114-4	02/12 – ?/1x Mietlok von WFL [3]	CAT 3512 DI-TA	92 80 1203 114-4 D-WFL
V 100.1	202 786-0	LEW	14843	1975	203 162-3	?/13 – 10/13 Mietlok von NBE [4]	CAT 3512 DI-TA	92 80 1203 162-3 D-NBEG

[1] Fahrzeug-Vermietung Duisburg GmbH [2] EAH Eisenbahn Anlagen Handel GmbH [3] Wedler & Franz GbR Lokomotivdienstleistungen [4] NBE RAIL GmbH

Lokführerdienstleistungen Olof Stille

Typ	ex DB AG	Hersteller	Fabriknr.	Baujahr	Nr. bei EVU	Bemerkung	Motor	NVR-Nummer
V 100.1	201 171-6	LEW	12452	1969	110 171-6	08/15 – 11/15 Mietlok von TSE [1]	12 KVD 18/21 A-5	92 80 1201 171-6 D-TSE
V 100.1	202 364-6	LEW	12873	1971	112 364-5 [2]	seit 05/17 bei LOK OST	CAT 3512 DI-TA	92 80 1202 364-6 D-OST
V 100.1	202 241-6	LEW	12523	1970	202 241-6	09/16 – ?/1x Mietlok von Uwe Adam [3]	CAT 3512 DI-TA	92 80 1202 241-6 D-BWESA
V 100.1	298 130-6	LEW	12431	1969	298 130-6	seit 12/15 bei LOK OST	CAT 3508 DI-TA	98 80 3298 130-6 D-OST
V 100.1	298 135-5	LEW	12436	1969	298 135-5	seit 12/15 bei LOK OST [4]	CAT 3508 DI-TA	98 80 3298 135-5 D-OST

[1] Thomas Speich Eisenbahndienstleistungen, Dessau-Rosslau [2] bis 2018 als 202 364-6 bezeichnet [3] Uwe Adam EVU GmbH
[4] ?/24 – 12/25 vermietet an Industrietransportgesellschaft mbH Brandenburg

◁ **Bild 293**
Als **298 135** von LOK OST am 2. April 2016 beim Eisenbahnfest in Staßfurt die feuerlose Dampfspeicherlok am Haken hatte, war die Hauptuntersuchung an der ehemaligen Werklok des Stahlwerks Unterwellenborn – die Nummer 25 ist noch am Vorbau zu sehen – gerade erst abgeschlossen.

Aufnahme: Simon Steinbrink

△ **Bild 294** • Am 23. Februar 2019 war **112 364** von LOK OST mit einem Bauzug unterwegs bei Wunstorf.
Aufnahme: Thomas Wohlfarth

Lokpool Verwaltungsgesellschaft mbH

Die Lokpool Verwaltungsgesellschaft mbH & Co. Vermietungs KG mit Sitz in Kassel war ein Unternehmen in direkter Verbindung Adtranz (bzw. ABB Daimler Benz Transportation GmbH), das sich – wie der Firmenname es bereits verrät – auf die Vermietung von Lokomotiven spezialisiert hatte. Dabei waren sowohl kurzfristige als auch langfristige Anmietungen der Fahrzeuge möglich. Zum Fahrzeugpool des Unternehmens gehörten zwischen 1996 und 2005 insgesamt 14 Vertreterinnen der Baureihe V 100 und deren Umbau- und Modernisierungsvarianten.

Die Lokomotiven wurden an private Eisenbahnverkehrsunternehmen im gesamten Bundesgebiet und im benachbarten Ausland sowie an die DB AG vermietet – von einigen Tagen bis hin zu mehreren Jahren. Aufgrund der Anzahl der Vermietungen jeder einzelnen Maschine sind diese in der Lokstatistik zur Lokpool Verwaltungsgesellschaft mbH nicht separat aufgeführt.

Lotrac EVU GmbH

Wie viele andere private Eisenbahnverkehrsunternehmen, so entstand auch die Lotrac EVU GmbH durch die Umbenennung eines bereits vorhandenen Unternehmens. Aus der Uwe Adam Eisenbahnverkehrsunternehmen GmbH wurde offi-

Lokpool Verwaltungsgesellschaft mbH & Co. Vermietung KG

Typ	ex DB AG	Hersteller	Fabriknr.	Baujahr	Nr. bei EVU	Bemerkung	Motor	NVR-Nummer
V 100.1	201 004-9	LEW	11212	1966	11212	03/97 – 03/03 bei Lokpool	CAT 3508 DI-TA	–
V 100.1	110 056-9	LEW	11894	1968	11894	01/96 – 08/05 bei Lokpool	CAT 3508 DI-TA	–
V 100.1	201 075-9	LEW	11913	1968	11913	12/96 – 05/05 bei Lokpool	CAT 3508 DI-TA	–
V 100.1	201 833-1	LEW	14897	1975	14897	10/97 – 03/03 bei Lokpool	CAT 3508 DI-TA	–
V 100.1	201 878-6	LEW	16372	1977	16372	?/97 – 04/98 bei Lokpool	MTU 12V 396 TC14	–
V 100.1	201 881-0	LEW	16375	1977	16375	?/96 – 09/05 bei Lokpool	CAT 3508 DI-TA	–
V 100.1	201 890-1	LEW	16384	1978	16384	11/96 – ?/98 bei Lokpool	CAT 3512 DI-TA	–
BR 293	–	Adtranz	70120	2001	70120	03/01 – 03/02 bei Lokpool	MTU 12V 396 TC14	–
BR 293	–	Adtranz	72350	1999	72350	01/00 – 04/03 bei Lokpool	CAT 3512 DI-TA	–
BR 293	–	Adtranz	72510	1999	72510	01/00 – 06/02 bei Lokpool	CAT 3512 DI-TA	–
BR 293	–	Adtranz	72520	2000	72520	01/00 – 06/05 bei Lokpool	CAT 3512 DI-TA	–
BR 293	–	Bombardier	72540	2002	72540	01/00 – 09/05 bei Lokpool	CAT 3512 DI-TA	–
BR 293	–	Bombardier	72550	2002	72550	01/00 – 09/05 bei Lokpool	CAT 3512 DI-TA	–
BR 293	–	Adtranz	72800	2001	72800	12/02 – 09/05 bei Lokpool	CAT 3512 DI-TA	–

Bild 295 ▷ Die **Lok 16375** (ex 201 881) der Lokpool Verwaltungsgesellschaft mbH & Co. Vermietungs KG war in den Jahren 1999 bis 2001 an die Transport und Logistik GmbH (TLG) vermietet und wurde dort als Lok 2 eingesetzt. Am 23. Oktober 1999 legte sie im Bahnhof Havixbeck (Strecke Münster – Coesfeld) eine Pause ein.

Aufnahme: Roland Hertwig

Lotrac EVU GmbH

Typ	ex DB AG	Hersteller	Fabriknr.	Baujahr	Nr. bei EVU	Bemerkung	Motor	NVR-Nummer
V 100.1	202 520-3	LEW	13559	1973	9 [1]	08/07 – 12/08 bei Lotrac [2]	CAT 3512 DI-TA	–
V 100.1	202 743-1	LEW	14444	1974	10 [3]	08/07 – 12/08 bei Lotrac [4]	CAT 3512 DI-TA	–
V 100.1	202 597-1	LEW	13915	1973	11	08/07 – 12/08 bei Lotrac [5]	CAT 3512 DI-TA	–
V 100.1	202 738-1	LEW	14439	1974	12	08/07 – 12/08 bei Lotrac [6]	CAT 3512 DI-TA	–
V 100.4	–	LEW	17729	1983	19	08/07 – 12/08 bei Lotrac	CAT 3512 DI-TA	–

[1] ab 2008 auch als 202 520 bezeichnet
[2] ?/07 – ?/08 vermietet an Rent-a-Rail Eisenbahn-Service AG
[3] ab 2008 auch als 202 743 bezeichnet
[4] ?/08 – ?/08 vermietet an BBL Logistik GmbH
[5] ?/07 – ?/07 vermietet an DB Services Südost GmbH; 2008 an EGP GmbH und an EBS GmbH
[6] ?/07 – ?/07 vermietet an DB Services Südost GmbH

ziell im September 2007 (Änderung im Handelsregister, Gesellschafterbeschluss am 09.08.2007) die Lotrac EVU GmbH – um nur ein Jahr später, im Dezember 2008, den Namen in Uwe Adam EVU GmbH zu wechseln.

Mit der Umfirmierung gelangten auch vier Lokomotiven der DR-Baureihe 112 und die ehemalige Werklok 1 des VEB Kaliwerk „Ernst Thälmann“ in Merkers zur Lotrac GmbH. Die Maschinen waren – bis auf Lok 19, die ehemalige Werklok – zeitweise vermietet, sie kamen aber auch direkt für Lotrac bundesweit zum Einsatz.

Ihr äußeres Erscheinungsbild in der charakteristischen Uwe-Adam-Lackierung in Rot und Silber behielten die Lokomotiven bei. Eine Änderung der Farbgebung hätte sich auch nicht gelohnt, denn alle diese Fahrzeuge kamen im Dezember 2008 mit der erneuten Umbenennung des Unternehmens sowieso wieder zu Uwe Adam zurück.

Bild 296 ▷ **Lok 11** der Lotrac EVU GmbH war am 28. Dezember 2007 in Erfurt „Lz“ unterwegs in Richtung Neudietendorf. Das Uwe Adam bei Lotrac mit beteiligt war, ist an der Lok offensichtlich!

Aufnahme: Matthias Piehler

LTH Railservice GmbH								
Typ	ex DB AG	Hersteller	Fabriknr.	Baujahr	Nr. bei EVU	Bemerkung	Motor	NVR-Nummer
V 100.1	201 171-6	LEW	12452	1969	110 171-6	01/13 – ?/13 Mietlok von TSE *)	12 KVD 18/21 A-5	–

*) Thomas Speich Eisenbahndienstleistungen, Dessau-Roßlau

△ **Bild 297 • 110 171** von Thomas Speich Eisenbahndienstleistungen war 2013 für einige Monate an die LTH Railservice GmbH vermietet. Am 11. Mai jenes Jahres leistete sie ihren Dienst mit Rangieren am Containerterminal Burchardkai am Hamburger Hafen. AUFNAHME: BÄRBEL RASCH

LTH Railservice GmbH

Die LTH Railservice GmbH wurde im Dezember 2006 gegründet, im Januar 2007 in das Handelsregister eingetragen und hatte ihren Sitz in Dorsten. Sie bot u. a. Dienstleistungen bei der Güterwageninstandhaltung, wagentechnische Untersuchungen und Rangierdienste an. Von Januar 2013 an hatte das Unternehmen von Thomas Speich Eisenbahndienstleistungen die 110 171 angemietet. Die Lokomotive kam dabei zeitweise in Hamburg mit Übergabezügen und im Rangierdienst zum Einsatz. Die Anmietung endete nach wenigen Monaten.

Die LTH Railservice GmbH ging im April 2016 in die Insolvenz, die Liquidation begann im Juni jenes Jahres.

LTH Transportlogistik

Auch die LTH Transportlogistik GmbH hatte ihren Unternehmenssitz in Dorsten, gleichzeitig aber ein „operatives Zentrum" in Halle (S). Das Unternehmen entstand im Oktober 2004 aus der LTH Oelbau GmbH heraus und war in der Organisation und Durchführung von Bahntransporten aktiv. Fester Bestandteil der betrieblichen Aktivitäten war ein kombinierter Ladungsverkehr auf der Relation Hamburg – Halle (S).

Im September 2005 hatte das Unternehmen für einige Tage zwei Loks der V 100-Umbaureihe 293 von Lokpool angemietet, die im Güterverkehr eingesetzt wurden.

Die LTH Transportlogistik GmbH blieb nicht lange aktiv. Im März 2011 begann die Liquidation der Firma, die im Mai 2022 aus dem Handelsregister gelöscht wurde.

LTH Oelbau GmbH								
Typ	ex DB AG	Hersteller	Fabriknr.	Baujahr	Nr. bei EVU	Bemerkung	Motor	NVR-Nummer
BR 293	–1)	Adtranz	72520	2000	72520	09/05 Mietlok von Lokpool 2)	CAT 3512 DI-TA	–
BR 293	–1)	Adtranz	72800	2001	V 100 001	09/05 Mietlok von Lokpool	CAT 3512 DI-TA	–

1) Spenderlok unbekannt 2) Lokpool Verwaltungsgesellschaft mbH & Co. Vermietungs KG

◁ **Bild 298**
V 100 001 gehörte von Dezember 2002 bis September 2005 zum Bestand der Lokpool Verwaltungsgesellschaft. Bevor sie zu LOCON wechselte, war die Lok noch im September 2005 an die LTH Transportlogistik GmbH vermietet. Hier steht sie am 17. August 2004 – an Gleisbau Rose vermietet – in Marburg (Lahn).

AUFNAHME: MARCO BERGER

Bild 299 ▷ Die **Lok 1** der Magdeburger Hafen GmbH befindet sich seit März 2003 im Unternehmensbestand. Hier steht sie am 12. März 2020 im heimatlichen Bereich des Magdeburger Hafens.

Aufnahme: Ralf Schlüter

Magdeburger Hafen GmbH (MHG)

Typ	ex DB AG	Hersteller	Fabriknr.	Baujahr	Nr. bei EVU	Bemerkung	Motor	NVR-Nummer
V 100.1	201 004-9	LEW	11212	1966	1	seit 03/03 bei MHG	CAT 3508 DI-TA	92 80 1201 004-9 D-MHG
V 100.1	298 046-4	LEW	11884	1968	2	11/12 – 09/18 bei MHG [1]	Deutz TCD 2013 L6 2V	90 80 1001 006-8 D-MHG
V 100.1	201 075-9	LEW	11913	1968	11913	Mietlok von Lokpool [2]	CAT 3508 DI-TA	–
V 100.1	202 678-9	LEW	14379	1974	203 120-1	05/15 – ?/15 Mietlok von WFL [3]	CAT 3512 DI-TA	92 80 1203 120-1 D-WFL
V 100.1	202 490-9	LEW	13529	1972	203 701-8	08/10 Mietlok von ALS [4]	Deutz TCD 2013 L6 2V	90 80 1001 001-9 D-ALS
V 100.1	204 605-0	LEW	13923	1973	204 605-0	seit 07/24 bei MHG [5]	MTU 8V 4000 R43L	92 80 1204 605-0 D-MHG

[1] 02/15 – 03/15 vermietet an Tata Steel, Velsen-Noord (NL); 2017 an Stickstoffwerke Piesteritz GmbH

[2] 08/00 – 08/01 + 03/02 – 08/02 + 01/03 – 06/04 Mietlok von Lokpool Verwaltungsgesellschaft mbH & Co. Vermietungs KG

[3] Wedler Franz Logistik GmbH & Co. KG [4] Alstom Lokomotiven Service GmbH, Stendal [5] bis 03/26 in ECM-Halterschaft von ALS (92 80 1204 605-0 D-ALS)

Magdeburger Hafen GmbH

Die Magdeburger Hafen GmbH (MHG) wurde im März 1992 gegründet und ist seitdem für den Wirtschaftsstandort Hafen der Landeshauptstadt Sachsen-Anhalts – einem der bedeutendsten Binnenhäfen in Deutschland – verantwortlich. Dazu gehört auch die Hafenbahn mit einem Gleisnetz von 70 km.

Zum Fahrzeugbestand des Unternehmens – das von Januar 2017 bis Mai 2022 als Transportwerk Magdeburger Hafen GmbH firmierte – gehören, Stand Dezember 2025, u. a. eine Lok der Baureihe 293 (Lok 1, ex DB AG-201 004) sowie eine Vertreterin der Umbaureihe 204 (ex DB AG-204 605). Zwischen November 2011 und September 2018 hatte die MHG eine Hybridlok der Baureihe 203.7 im Eigentum (ex DB AG-298 046), die als Lok 2 eingereiht wurde. Sie ist neben den Einsätzen für die MHG auch vermietet worden, so im Februar und März 2015 an das niederländische Unternehmen Tata Steel. Die Lok wechselte von der MHG zur Mitteldeutschen Eisenbahn GmbH. Eine weitere Hybridlok – 203 701 – war als Mietlok für einige Tage im August 2010 für die MHG im Einsatz. Zudem leisteten zwei weitere Mietlokomotiven ihre Dienste für die Magdeburger Hafen GmbH, wobei die 11913 (Baureihe 293, ex DB AG-201 075) der Lokpool Verwaltungsgesellschaft zwischen 2000 und 2004 gleich dreimal angemietet wurde.

Bild 300 ▷ Die **MHG-Lok 2** präsentiert sich hier am 21. September 2013 im Alstom-Werk in Stendal. Bei ihr handelt es sich um die ehemalige DR-110 046 (ab 01.01.1992: 201 046), die im November 1992 zur 298 046 umgebaut wurde und 2010/11 nochmals einen Umbau zur Baureihe 203.7 (Hybridlok) erfuhr.

Aufnahme: Stephan Karkowski

◁ **Bild 301**
In Vorbereitung einer ersten öffentlichen Sonderfahrt zwischen Glauchau und Wolkenburg nach längerer Streckensperrung, war **202 488** der MAED am 25. Mai 2025 mit einem Reisezugwagen auf Abnahme- und Besichtigungsfahrt unterwegs. Die Aufnahme entstand zwischen Waldenburg und Remse.

Aufnahme: Felix Seraphin

Maik Ampft Eisenbahndienstleistungen (MAED)

Typ	ex DB AG	Hersteller	Fabriknr.	Baujahr	Nr. bei EVU	Bemerkung	Motor	NVR-Nummer
V 100.1	202 488-3	LEW	13527	1972	202 781-1	seit 05/25 bei MAED	CAT 3512 DI-TA	98 80 3202 488-3 D-MAED
V 100.4	298 322-9	LEW	17711	1983	298 322-9	seit 02/26 bei MAED	CAT 3508 DI-TA	98 80 3298 322-9 D-MAED

Mainische Feldbahnen Schwerte (MF)

Typ	ex DB AG	Hersteller	Fabriknr.	Baujahr	Nr. bei EVU	Bemerkung	Motor	NVR-Nummer
V 100.4	–	LEW	16327	1981	MF	10/92 – 09/94 bei MF	12 KVD 18/21 A-3	–
V 100.4	–	LEW	16328	1981	MF	10/92 – ?/9x bei MF	12 KVD 18/21 A-3	–
V 100.4	–	LEW	16672	1981	MF	?/92 – 11/92 bei MF	12 KVD 18/21 A-3	–
V 100.4	–	LEW	17728	1983	MF	?/92 – 06/92 bei MF	12 KVD 18/21 A-3	–

Maik Ampft Eisenbahndienstleistungen

Maik Ampft Eisenbahndienstleistungen (MAED) ist ein im November 2005 gegründetes Unternehmen mit Sitz in Limbach-Oberfrohna, das u. a. im Bereich des Schienengüterverkehrs sowie in der Untersuchung von Güterwaggons, der Gestellung von Wagenmeistern und Rangierbegleitern tätig ist. Seit dem 1. Mai 2025 hat MAED die 202 488 im Eigentum, ihr folgte im Februar 2026 die 298 322. Letztere war erst im selben Monat bei der DB AG ausgemustert worden, nachdem sie im Dezember 2023 mit Fristablauf abgestellt und im Februar 2024 schließlich z-gestellt wurde.

Es kann davon ausgegangen werden, dass 298 322 bei MAED eine Hauptuntersuchung erhält und dann, wie 202 488, bundesweit im Strecken- sowie im Rangierdienst eingesetzt werden wird.

Mainische Feldbahnen

Das Einzelunternehmen Mainische Feldbahnen (MF) Schwerte wurde von Bernhard van Engelen geführt, der u. a. auch geschäftsführender Gesellschafter bei der Karsdorfer Eisenbahngesellschaft war. Bezüglich der DR-Baureihe V 100 trat das Unternehmen wohl mehr als Zwischenhändler auf, denn die vier Loks blieben meist nur kurze Zeit im Firmenbestand. Dabei handelte es sich durchweg um Vertreterinnen des LEW-Typs V 100.4, von denen zwei Maschinen 1981 als Werkloks nach Ostrava in die damalige ČSSR (heute: Tschechien) geliefert und 1992 von MF erworben wurden. Die beiden anderen V 100.4 gelangten von der EKO Stahl AG sowie von der LAUBAG zu MF.

◁ **Bild 302**
Um eine ehemalige Lok der Mainischen Feldbahnen Schwerte handelt es sich auch bei der **1001** der BTE GmbH, die 1992 von der MF erworben und noch im selben Jahr an die BTE weiterverkauft wurde. Am 28. Juni 2013 steht die Maschine mit der markanten Kuhflecken-Lackierung mit einem Getreide-Ganzzug im Rangierbahnhof München-Laim.

Aufnahme: Frank Weimer

Bild 303 ▷ Nach einer Entgleisung im November 2008 im Einsatz für die Gleiskraft GmbH erhielt **202 269** keine Reparatur der erlittenen Schäden, da die Lok im Januar 2009 Fristablauf hatte. Seit März 2021 ist sie im Eigentum der MaLoWa und ist in Benndorf im Außengelände der Firma abgestellt. Die Aufnahme zeigt den Zustand der 202 269 am 28. Februar 2026.

Aufnahme: Lennart Fehr

MaLoWa Bahnwerkstatt GmbH

Typ	ex DB AG	Hersteller	Fabriknr.	Baujahr	Nr. bei EVU	Bemerkung	Motor	NVR-Nummer
V 100.1	202 269-7	LEW	12551	1970	202 269-7	seit 03/21 bei MaLoWa	CAT 3512 DI-TA	92 80 1202 269-7 D-MALOW

MaLoWa GmbH

Im Jahr 1991 wurde die Bahnwerkstatt der Mansfelder Bergwerksbahn am Bahnhof Klostermansfeld – der in der Gemarkung Benndorf steht – privatisiert und in Mansfelder Lok- und Waggonbau Bahnwerkstatt GmbH – kurz: MaLoWa – umbenannt. Das Unternehmen spezialisierte sich auf die Instandhaltung und Aufarbeitung von Dampf- und Dieselloks sowie Personen- und Güterwagen für die verschiedensten Spurweiten.

Seit März 2021 hat die MaLoWa die 202 269 im Eigentum, die allerdings bereits seit November 2008 nicht mehr einsatzfähig und seit Januar 2009 mit Fristablauf abgestellt ist.

MaS Bahnconsult GmbH

Martin Stams gründete im März 2023 die MaS Bahnconsult GmbH, die im Bereich der Beratung, Vermarktung und den Betrieb von Schienenfahrzeugen aktiv ist.

Zum Fahrzeugbestand von MaS gehören u. a. die in Privateigentum befindliche 112 481, die als 202 481 im August 1999 im

MaS Bahnconsult GmbH

Typ	ex DB AG	Hersteller	Fabriknr.	Baujahr	Nr. bei EVU	Bemerkung	Motor	NVR-Nummer
V 100.1	202 481-8	LEW	13520	1972	112 481-7	seit 03/23 bei MaS *)	12 KVD 18/21 AL-4	92 80 1202 481-8 D-BYB
V 100.4	298 324-5	LEW	17713	1983	298 324-5	seit 04/26 bei MaS	CAT 3508 DI-TA	98 80 3298 324-5 D-DB

*) Lok ist in Privateigentum, bei MaS registriert und wird von der MaS eingesetzt

Bild 304 ▷ **112 481** der MaS Bahnconsult GmbH wird u. a. im Bauzugdienst eingesetzt. Beim Umbau des Cottbuser Bahnhofes war die stets in bestem äußeren Zustand erscheinende Lok am 23. September 2025 im Einsatz. Im Hintergrund das markante Stellwerk B 23.

Aufnahme: Frank Heilmann

△ **Bild 305** • Für die METRANS Rail (Deutschland) GmbH kamen ausschließlich Mietlokomotiven zum Einsatz, darunter auch zahlreiche V 100 der PRESS. Am 8. April 2018 schiebt **204 033** einen Containerzug zum Containerterminal Burchardkai und passiert dabei das Geländes der Hamburger Hafen & Logistik AG.

Betriebshof Halberstadt z-gestellt und ausgemustert wurde, sowie – ab April 2026 – die 298 324 (z-Stellung im November 2023 im Bh Seddin). Letztere hatte im Juli 2023 Fristablauf, soll aber eine Revision erhalten und dann, wie bereits 112 481, im Bau- und Arbeitszugdienst sowie bei Sonderverkehren zum Einsatz kommen.

METRANS Rail GmbH

Die METRANS Rail (Deutschland) GmbH (MTRD) ist ein Tochterunternehmen des tschechischen Eisenbahnverkehrsunternehmens METRANS a. s., das wiederum zur Unternehmensgruppe Hamburger Hafen und Logistik AG (HHLA) gehört. METRANS Rail (Deutschland) erbringt Leistungen im Ganzzugverkehr mit Seecontainern und anderen Ladeeinheiten des kombinierten Verkehrs auf dem deutschen Schienennetz, Sonderleistungen in Deutschland sowie Rangierdienste u. a. im Hamburger Hafen. Im Zusammenwirken mit weiteren Firmen aus der HHLA-Gruppe ist es der Marktführer für Containertransporte im Seehafenhinterlandverkehr mit Mittel-, Ost und Südosteuropa.

Für den Verkehr in Deutschland hatte die MTRD GmbH ab 2014 immer wieder Lokomotiven angemietet, die aus der DR-V 100-Baureihenfamilie stammten. Dabei kamen mehrheitlich Maschinen zum Einsatz, die sich im Eigentum der Eisenbahn-Bau- und Betriebsgesellschaft Pressnitztalbahn mbH (PRESS) befanden oder bei diesem Unternehmen registriert waren. Es leisteten aber auch zwei ex-DR-V 100 von der METRANS Rail s.r.o., Praha (Prag), sowie im August und September 2014 die Hybridlok 203 705 (als 1001 005-0 bezeichnet) ihre Dienste für MTRD.

Im Eigentum der METRANS Rail (Deutschland) GmbH befand sich bisher keine DR-V 100 oder eine ihrer Varianten.

METRANS Rail (Deutschland) GmbH

Typ	ex DB AG	Hersteller	Fabriknr.	Baujahr	Nr. bei EVU	Bemerkung	Motor	NVR-Nummer
V 100.1	202 350-5	LEW	12859	1971	204 005-3	12/14 – 03/15 Mietlok von PRESS [1)]	CAT 3512 DI-TA	92 80 1203 350-4 D-PRESS
V 100.1	202 844-7	LEW	15229	1976	204 011-5	12/18 – ?/? Mietlok von PRESS	CAT 3512 DI-TA	92 80 1203 212-6 D-PRESS
V 100.1	202 436-2	LEW	13475	1972	204 013-3	02/19 – 05/19 Mietlok von PRESS	CAT 3512 DI-TA	92 80 1203 216-7 D-PRESS
V 100.1	204 314-9	LEW	12823	1970	204 016-0	01/14 Mietlok von PRESS	CAT 3512 DI-TA	92 80 1204 314-9 D-PRESS
V 100.1	202 817-3	LEW	15089	1975	204 033-9	12/14 – 05/18 Mietlok von PRESS	CAT 3512 DI-TA	92 80 1202 817-3 D-PRESS
V 100.1	202 237-4	LEW	12519	1970	204 237-2	09/19 – 11/19 Mietlok von WSET [2)]	CAT 3512 DI-TA	92 80 1202 237-4 D-PRESS
V 100.1	202 271-3	LEW	12553	1970	204 271-1	?/20 – ?/2x Mietlok von MTEG [3)]	CAT 3512 DI-TA	92 80 1203 226-6 D-PRESS
V 100.1	202 354-7	LEW	12863	1971	204 354-5	04/16 + 09/22 – ?/2x Ml von MTEG [3)]	CAT 3512 DI-TA	98 80 3202 354-7 D-PRESS
V 100.1	202 425-5	LEW	12934	1972	204 425-3	Mietlok von MTEG [4)]	CAT 3512 DI-TA	92 80 1203 220-9 D-PRESS
V 100.1	202 260-0	LEW	12542	1970	745 701-3	?/14 – ?/15 Mietlok von MTR CZ [5)]	CAT 3512 DI-TA	92 54 2745 701-3 CZ-MTR
V 100.1	202 661-5	LEW	14362	1974	745 702-1	?/14 – 08/15 Mietlok von MTR CZ	CAT 3512 DI-TA	92 54 2745 702-1 CZ-MTR
V 100.1	298 047-2	LEW	11885	1968	1001 005-0	08/14 – 09/14 Mietlok von ALS [6)]	Deutz TCD 2013 L6 2V	90 80 1001 005-0 D-ALS

1) Eisenbahn-Bau- und Betriebsgesellschaft Pressnitztalbahn mbH

2) Westsächsische Eisenbahntransport Gesellschaft mbH, Lok bei der PRESS registriert

3) Muldental-Eisenbahnverkehrsgesellschaft mbH, Lok bei der PRESS registriert

4) 02/16 – 04/16 + 01/17 – ?/17 + 11/19 – ?/2x + ?/21 – 09/22 Mietlok von MTEG, Lok bei der PRESS registriert

5) METRANS Rail s.r.o., Praha (Tschechien)

6) Alstom Lokomotiven Service GmbH

◁ **Bild 306**
745 702 und **754 701** leisteten als Mietloks von METRANS Rail s.r.o. von Anfang 2014 bis August 2015 ihre Dienste für METRANS Rail (Deutschland), hier aufgenommen am 8. März 2014 am Dradenauer Hafen in Hamburg-Waltershof.

Aufnahmen (2): Bärbel Rasch

Bild 307 ▷ Nur wenige Tage nach dem Ende ihrer Anmietung durch die Mindener Kreisbahnen (MKB) GmbH, leistet die V 160.4 der hvle – die als **203 109** für die MKB im Einsatz war – wieder ihre Dienste für ihr Mutter-Unternehmen. Am 23. Mai 2008 ist sie bei der Überführung des Triebzuges 422 030 unterwegs auf der Saalebahn bei Rudolstadt.

AUFNAHME: FRANK WEIMER

Mindener Kreisbahnen GmbH

Typ	ex DB AG	Hersteller	Fabriknr.	Baujahr	Nr. bei EVU	Bemerkung	Motor	NVR-Nummer
V 100.1	202 587-2	LEW	13905	1973	203 014-6	07/07 – 02/08 Mietlok von hvle [1]	MTU 12V 4000 R10	92 80 1203 014-6 D-HVLE
V 100.1	202 814-0	LEW	15086	1975	203 109-4	02/08 – 04/08 Mietlok von hvle	CAT 3512 DI-TA	92 80 1203 109-4 D-HVLE
V 100.1	202 562-5	LEW	13880	1973	203 116-9	08/15 – 09/15 + 06/17 –?/1x Ml v. SWO [2]	CAT 3512 DI-TA	92 80 1203 116-9 D-SWO

[1] Havelländische Eisenbahn AG [2] Stadtwerke Osnabrück AG

Mitteldeutsche Braunkohlengesellschaft mbH (bis 1990: VEB BKK Bitterfeld)

Typ	ex DB AG	Hersteller	Fabriknr.	Baujahr	Nr. bei EVU	Bemerkung	Motor	NVR-Nummer
V 100.4	–	LEW	16670	1981	16670 [1]	seit 05/81 bei BKK ... [2]	CAT 3508 DI-TA	–
V 100.4	111 991-6	LEW	17853	1982	17853 [3]	seit 01/84 bei BKK ... [2]	CAT 3508 DI-TA	–

[1] bis 05/97 als 100.4-16670 bezeichnet [2] Auslieferung an VEB BKW „Erich Weinert", Deuben; ab 1990: Vereinigte Mitteldeutsche Braunkohlenwerke AG; seit 1994: MIBRAG GmbH
[3] bis 04/95 als 100.4-17853 bezeichnet

Mindener Kreisbahnen

Die Mindener Kreisbahnen (MKB) GmbH ist heute ein europaweit im Güterverkehr agierendes Eisenbahnverkehrsunternehmen, das 1978 aus dem Eigenbetrieb des Kreises Minden entstand. Dieser war zuvor für den Betrieb auf den Mindener Kreisbahnen – einem ca. 80 km umfassenden Streckennetz rund um Minden (Westf) – zuständig. An eigener Infrastruktur betreibt die MKB GmbH derzeit 50,6 km im Güterverkehr, hinzu kommt über eine Tochtergesellschaft (MKB-Mühlenkreis Bus GmbH) der regionale Busverkehr auf mehreren Linien.

Für ihren Schienengüterverkehr hatte die MKB GmbH in den Jahren 2007 und 2008 zwei Loks von der hvle angemietet, die als 203 014 (hvle-V 160.2) und 203 109 (hvle-V 160.4) bezeichnet wurden. Bei beiden handelte es sich um Vertreterinnen der Umbaureihe 203.1.

Ebenfalls zur Baureihe 203.1 gehörte die Lok, die dann im Spätsommer 2015 und noch einmal ab Juni 2016 ihre Dienste für die MKB GmbH leistete: HABA 8 der Stadtwerke Osnabrück AG. Sie erhielt während ihrer Einsatzzeiten für die Mindener Kreisbahnen GmbH die Nummer 203 116.

MIBRAG GmbH

Im Zusammenhang mit der Privatisierung der ostdeutschen Braunkohleunternehmen wurde 1990 aus dem VEB Braunkohlenkombinat (BKK) Bitterfeld – in dem 21 Tagebaue und 24 die Kohle weiterverarbeitenden Betriebe aus den Revieren im Großraum Halle (S), Leipzig, Bitterfeld zusammengeführt waren – zunächst die Vereinigte Mitteldeutsche Braunkohlenwerke AG gegründet, aus der im Jahr 1994 u. a. die Mitteldeutsche Braunkohlegesellschaft mbH (MIBRAG) entstand. Im Bestand der Unternehmen befanden sich auch zwei Lokomotiven des LEW-Typs V 100.4. Während die Lok mit der Fabriknummer 16670 im Jahr 1981 direkt als Werkloks an den VEB Braunkohlenwerk (BKW) „Erich Weinert" in Deuben (bei Zeitz) geliefert wurden und dort als 110.4-16670 im Einsatz stand, nahm die Fabriknummer 17853 einen kleinen Umweg über die Deutsche Reichsbahn. Denn bevor auch sie zum BKW Deuben gelangte, leistete sie als Mietlok von Juni 1982 bis April 1983 ihre Dienste für die ostdeutsche Staatseisenbahn, die ihr die Nummer 111 991-6 gab. Beide Loks sind bei der MIBRAG umgezeichnet worden und erhielten offiziell ihre Fabriknummern als Loknummern. Allerdings ist die ehemalige DR-111 991 auch in der Folgezeit mit dieser Nummer im Einsatz, verlor aber ihre Lackierung in Orange und erhielt eine rote Farbgebung.

△ **Bild 308** • Am 21. April 2007 ist die **16670** der MIBRAG GmbH mit einem Vollzug aus dem Tagebau Profen bei Mumsdorf auf der Fahrt zum nördlich des Ortes und direkt auf der Landesgrenze zwischen Sachsen-Anhalt und Thüringen gelegenen Braunkohlekraftwerk. Es wurde 2013 stillgelegt und 2016 abgerissen. Aufnahme: Daniel Berg

Mitteldeutsche Kali AG

Die Mitteldeutsche Kali (MDK) AG war eine im Juni 1990 gebildete Holdinggesellschaft, die aus dem VEB Kombinat Kali Sondershausen entstand. In dem Kombinat waren sämtliche Kali- und Steinsalzwerke sowie Spatgruben der DDR zusammengefasst. Die MDK ist 1993 mit der Kali & Salz AG zur Kali und Salz GmbH verschmolzen. Im Bestand der Mitteldeutschen Kali AG befanden sich zwei ehemalige Werkloks des VEB Kaliwerks „Ernst Thälmann" in Merkers, die dort als Werklok 1 und 2 bezeichnet waren.

Mitteldeutsche Kali AG (MDK)

Typ	ex DB AG	Hersteller	Fabriknr.	Baujahr	Nr. bei EVU	Bemerkung	Motor	NVR-Nummer
V 100.4	–	LEW	17729	1983	WL 1	03/83 – ?/91 bei MDK *)	12 KVD 18/21 A-3	–
V 100.4	–	LEW	17732	1983	WL 2	03/83 – ?/93 bei MDK	12 KVD 18/21 A-3	–

*) Auslieferung an VEB Kaliwerk „Ernst Thälmann", Merkers; ab 06/90 Mitteldeutsche Kali AG, Werk Merkers

◁ **Bild 309**
Am 29. Mai 1997 stand die ehemalige **Werklok 1** des VEB Kaliwerk „Ernst Thälmann", Merkers, abgestellt in Karsdorf. Die Lok war 1991 zur EBG mbH gelangt und von dieser im Jahr 1993 an die Karsdorfer Eisenbahngesellschaft verkauft worden.

Aufnahme: Marco Berger

Bild 310 ▷ Mit vier zweimuldigen Schüttgutkippwagen der Gattung Fans 128 rangiert die **V 1201** der Mittelweserbahn im Juli 2003 im Gleisvorfeld des Osnabrücker Hauptbahnhofes. Im Verlauf des Jahres 2015 wurde die Bezeichnung der Lok in 202 725 – ihre alte DB AG-Nummer – geändert.

AUFNAHME: ANDRÉ SCHAFSTALL-KLECKER

Mittelweserbahn GmbH

Die Mittelweserbahn (MWB) GmbH wurde im November 1998 von Mitgliedern des Deutschen Eisenbahn-Vereins in Bruchhausen-Vilsen gegründet und war bis 2010 ein eigenständiges Unternehmen, dann übernahm die Eisenbahnen und Verkehrsbetriebe Elbe- Weser (EVB) GmbH die Mehrheitsanteile an der Gesellschaft. Drei Jahre später, im August 2013, ging die MWB schließlich vollständig in das Eigentum der EVB über, blieb als Markenname allerdings erhalten und ist seitdem mit ihren Fahrzeugen bei der EVB in der Logistiksparte integriert.

Die Mittelweserbahn GmbH hatte bereits seit 1999 u. a. Lokomotiven der DR-Baureihe V 100 im Bestand, die im Güter- und Bauzugdienst zum Einsatz kamen. Neben eigenen Maschinen leisteten auch immer wieder Mietlokomotiven dieser Baureihe bzw. deren Umbauvariante Baureihe 203.1 ihre Dienste für die MWB, zudem vermietete das Unternehmen ihre Loks selbst auch an andere Eisenbahndienstleister. Nicht allein dadurch waren die MWB-Loks bundesweit zu beobachten. Die Fahrzeuge fielen zudem durch ihre markante blau-gelbe Lackierung auf, sodass sie schon von Weitem als Maschinen dieses Unternehmens zu identifizieren waren.

Im Verlauf des Jahres 2021 trennte sich die MWB (EVB) von ihren letzten fünf damals noch im Bestand befindlichen Loks der Baureihe 202 bzw. 203.1.

Mittelweserbahn GmbH

Typ	ex DB AG	Hersteller	Fabriknr.	Baujahr	Nr. bei EVU	Bemerkung	Motor	NVR-Nummer
V 100.1	202 746-4	LEW	14447	1974	202 001-4	07/05 – 08/05 Mietlok von ALS [1]	CAT 3512 DI-TA	–
V 100.1	202 260-6	LEW	12542	1970	202 260-6	08/99 – 02/00 Mietlok von SFZ [2]	CAT 3512 DI-TA	–
V 100.1	202 562-5	LEW	13880	1973	202 562-5	11/00 – 12/00 Mietlok von SFZ	CAT 3512 DI-TA	–
V 100.1	202 718-3	LEW	14419	1974	203 006-2	08/04 – 03/06 bei MWB [3]	MTU 12V 4000 R10	–
V 100.1	202 568-2	LEW	13886	1973	203 007-0	08/04 – 03/06 bei MWB	MTU 12V 4000 R10	–
V 100.1	202 806-6	LEW	15078	1975	203 142-5	?/10 – 03/10 Mietlok von LOCON [4]	CAT 3512 DI-TA	92 80 1203 142-5 D-LOCON
V 100.1	202 483-4	LEW	13522	1972	203 502-0	04/04 – 06/04 Mietlok von ALS	12 KVD 18/21 AL-4	–
V 100.1	202 326-5	LEW	12835	1971	203 505-3	?/00 – 12/00 Mietlok von SFZ	CAT 3512 DI-TA	–
V 100.1	202 637-5	LEW	13955	1974	203 637-4	03/10 – 04/10 Mietlok von NbE [5]	CAT 3512 DI-TA	92 80 1203 160-7 D-NBEG
V 100.1	202 725-8	LEW	14426	1974	202 725 [6]	04/00 – 04/21 bei MWB [7]	CAT 3512 DI-TA	–
V 100.1	202 753-0	LEW	14454	1974	202 753 [8]	10/99 – 04/21bei MWB [9]	CAT 3512 DI-TA	92 80 1202 753-0 D-EVB
V 100.1	202 630-0	LEW	13948	1973	V 1202	01/00 – 12/21 bei MWB [10]	CAT 3512 DI-TA	92 80 1202 630-0 D-MWB
V 100.1	202 822-3	LEW	15094	1975	V 1204	04/01 – 04/03 bei MWB	CAT 3512 DI-TA	–
V 100.1	202 768-8	LEW	14469	1975	203 102 [11]	01/06 – 03/21 bei MWB [12]	CAT 3512 DI-TA	92 80 1203 102-9 D-MWB
V 100.1	202 827-2	LEW	14891	1975	203 103 [13]	01/06 – 03/21 bei MWB [14]	CAT 3512 DI-TA	92 80 1203 103-7 D-MWB
V 100.1	202 849-6	LEW	15234	1976	V 1801	01/06 – 08/12 bei MWB [15]	CAT 3512 DI-TA	92 80 1203 106-0 D-MWB
V 100.1	202 509-6	LEW	13548	1972	V 1802	08/06 – 08/12 bei MWB [16]	CAT 3512 DI-TA	92 80 1203 107-8 D-MWB

[1] Alstom Lokomotiven Service GmbH [2] Schienenfahrzeugzentrum Stendal [3] anschließend bis 11/06 Mietlok von Schienenfahrzeugwerk Delitzsch
[4] LOCON Logistik & Consulting AG [5] Nordbayerische Eisenbahngesellschaft mbH [6] bis 2015 als V 1201 bezeichnet
[7] ab 09/13 Einsatz durch Eisenbahnen und Verkehrsbetriebe Elbe-Weser GmbH (EVB); 06/19 – ?/19 vermietet an Emsländische Eisenbahn GmbH (EEB)
[8] bis 2015 als V 1203 bezeichnet [9] 03/09 vermietet an e.g.o.o. mbH, 06/11 – ?/11 an Westerwaldbahn des Kr. Altenkirchen GmbH, ab 09/13 Einsatz durch EVB, 05/19 – ?/19 vermietet an EEB
[10] 09/13 – ?/15 Einsatz durch EVB [11] bis 05/16 als V 1701 bezeichnet [12] ab 09/13 – ?/20 Einsatz durch EVB [13] bis 2016 als V 1702 bezeichnet
[14] ?/13 – ?/1x vermietet an Rennsteigbahn GmbH, ab ?/1x Einsatz durch EVB
[15] 01/09 – 03/09 vermietet an ALS,untervermietet an Railion Deutschland/DB Schenker AG (als 203 106-0)
[16] 07/08 – 10/08 vermietet an ALS, untervermietet an Railion Deutschland AG (als 203 107-8); 2012 vermietet an Rennsteigbahn GmbH

◁ **Bild 311**
Verfahren? Äußerst selten sind Güterzüge im Leipziger Hauptbahnhof anzutreffen. Am 28. November 2018 musste der Porsche-Autotransportzug der MEG aufgrund von Bauarbeiten einen Umweg über den Hauptbahnhof nehmen, um von Leipzig-Wahren nach Leipzig-Plagwitz zu gelangen – mit je einer Lok am Zugende. Somit kam **Lok 105[II]** in den Genuss, in die Bahnsteighalle einzufahren.

AUFNAHME: MATTHIAS RÖSELER

Mitteldeutsche Eisenbahn GmbH (MEG)

Typ	ex DB AG	Hersteller	Fabriknr.	Baujahr	Nr. bei EVU	Bemerkung	Motor	NVR-Nummer
V 100.1	204 358-6	LEW	12867	1971	101	11/01 – 06/15 bei MEG [1]	12 KVD 18/21 AL-5	92 80 1204 358-6 D-MEG
V 100.1	202 652-4	LEW	14079	1974	101[II]	seit 12/15 bei MEG	CAT 3512 DI-TA	92 80 1203 125-0 D-MEG
V 100.1	204 761-1	LEW	14462	1974	102	11/04 – 12/15 bei MEG [2]	12 KVD 18/21 AL-5	92 80 1204 761-1 D-MEG
V 100.1	202 406-5	LEW	12915	1971	102[II]	seit 08/16 bei MEG [3]	CAT 3512 DI-TA	92 80 1203 153-2 D-MEG
V 100.1	204 774-4	LEW	14475	1975	103	11/04 – 02/20 bei MEG [4]	12 KVD 18/21 AL-5	92 80 1204 774-4 D-MEG
V 100.1	204 469-1	LEW	13508	1972	104	11/04 – 11/14 bei MEG	12 KVD 18/21 AL-5	92 80 1204 469-1 D-MEG
V 100.1	204 860-1	LEW	15378	1976	105	11/04 – ?/15 bei MEG [5]	12 KVD 18/21 AL-5	92 80 1204 860-1 D-MEG
V 100.1	202 716-7	LEW	14417	1974	105[II]	seit ?/15 bei MEG [6]	CAT 3512 DI-TA	92 80 1203 119-3 D-MEG
V 100.1	202 696-1	LEW	14397	1974	106	seit ?/16 bei MEG	MTU 12V 4000 R10	92 80 1203 002-1 D-MEG
V 100.1	298 102-5	LEW	11940	1968	111 [7]	seit 04/06 bei MEG	CAT 3508 DI-TA	98 80 3298 102-5 D-MEG
V 100.1	298 052-2	LEW	11890	1968	112 [8]	seit 11/07 bei MEG [9]	CAT 3508 DI-TA	98 80 3298 052-2 D-MEG
V 100.1	298 088-6	LEW	11926	1968	113 [10]	seit 11/07 bei MEG [11]	CAT 3508 DI-TA	98 80 3298 088-6 D-MEG
V 100.1	298 151-2	LEW	12472	1969	114	seit 05/13 bei MEG	CAT 3508 DI-TA	98 80 3298 151-2 D-MEG
V 100.4	298 301-3	LEW	16678	1981	115	01/13 – 01/23 bei MEG	CAT 3508 DI-TA	98 80 3298 301-3 D-MEG
V 100.1	202 490-9	LEW	13529	1972	121	11/08 + 08/10 – ?/12 Ml von ALS [12]	Deutz TCD 2013 L6 2V	90 80 1001 001-9 D-ALS
V 100.1	298 044-9	LEW	11882	1968	122	seit 07/18 bei MEG [13]	Deutz TCD 2013 L6 2V	90 80 1001 002-7 D-MEG
V 100.1	298 048-0	LEW	11886	1968	123	seit 07/18 bei MEG [14]	Deutz TCD 2013 L6 2V	90 80 1001 003-5 D-MEG
V 100.1	298 094-4	LEW	11932	1968	124	seit 07/18 bei MEG [15]	Deutz TCD 2013 L6 2V	90 80 1001 004-3 D-MEG
V 100.1	298 047-2	LEW	11885	1968	125	seit 07/18 bei MEG [16]	Deutz TCD 2013 L6 2V	90 80 1001 005-0 D-MEG
V 100.1	202 290-3	LEW	12754	1970	126	seit 07/18 bei MEG [17]	Deutz TCD 2013 L6 2V	90 80 1001 008-4 D-MEG
V 100.1	298 046-4	LEW	11884	1968	128	seit 09/18 bei MEG	Deutz TCD 2013 L6 2V	90 80 1001 006-8 D-MEG
V 100.1	202 486-7	LEW	13525	1972	203 117-7	07/14 – ?/15 Mietlok von ALS	CAT 3512 DI-TA	92 80 1203 117-7 D-ALS
V 100.1	202 656-5	LEW	14357	1974	203 118-5	03/14 – ?/17 Mietlok von ALS	CAT 3512 DI-TA	92 80 1203 118-5 D-ALS
V 100.1	202 558-3	LEW	13876	1973	203 126-8	02/13 – ?/13 Mietlok von ALS	CAT 3512 DI-TA	92 80 1203 126-8 D-ALS
V 100.1	202 786-0	LEW	14843	1975	203 162-3 [18]	?/10 – ?/10 + 10/13 – ?/1x Ml von ALS	CAT 3512 DI-TA	92 80 1203 162-3 D-ALS
V 100.1	202 728-2	LEW	14429	1974	203 728	09/16 – 11/16 Mietlok von ALS	CAT 3512 DI-TA	92 80 1203 135-9 D-ALS
V 100.1	202 764-7	LEW	14465	1975	203 764-6	?/17 – ?/17 Mietlok von ALS	CAT 3512 DI-TA	92 80 1203 165-6 D-ALS
V 100.1	298 074-6	LEW	11912	1968	1001 007-8	?/18 – ?/18 Mietlok von ALS	Deutz TCD 2013 L6 2V	90 80 1001 007-6 D-ALS
V 100.1	202 286-1	LEW	12750	1970	1001 010-0	11/15 – ?/16 Mietlok von ALS	Deutz TCD 2013 L6 2V	90 80 1001 010-0 D-ALS

1) ?/07 – ?/? vermietet an DB Services Südost (204 358-6)
2) 06/07 – 12/07 + 11/08 – 12/08 vermietet an DB Services Südost (204 761-1); 05/09 – ?/09 an AHG Industry GmbH
3) 10/13 – ?/? als 203 406-4 Mietlok von Alstom Lokomotiven Service GmbH
4) 06/07 – 12/07 vermietet an DB Services Südost (204 774-4); ab 02/13 Leihgabe an Dampflokfreunde Salzwedel e. V., Wittenberge
5) 07/07 – 12/07 vermietet an DB Services Südost
6) seit ?/12 Mietlok von ALS
7) bis 05/07 als 298 102-5 bezeichnet
8) bis 04/09 als 298 052-2 bezeichnet
9) seit 2022 vermietet an DB Cargo (298 052-2)
10) bis 06/08 als 298 088-6 bezeichnet
11) 11/23 – ?/25 vermietet an DB Cargo AG (298 088-6)
12) 11/08 für Testfahrten als 203 701-8
13) seit 04/12 Mietlok von Alstom Lokomotiven Service GmbH
14) seit 04/12 Mietlok von ALS
15) seit 05/12 Mietlok von ALS
16) zuvor 05/12 – 08/14 + seit 09/14 Mietlok von ALS
17) seit 01/14 Mietlok von ALS
18) bei Anmietung 2010 als 203 786-9 bezeichnet

Bild 312 ▷ Vorspannlok **102** und Zuglok **101** der MEG passieren am 14. Mai 2006 den Bahnhof Rehfelde. Planmäßig wären sie mit dem Zementzug Rüdersdorf (b Berlin) – Rostock Seehafen dort nicht entlanggekommen. Der Laufweg über die Ostbahn war umleitungsbedingt.

Aufnahme: Matthias Röseler

Mitteldeutsche Eisenbahn GmbH

Aus den Werksbahnen der Chemischen Betriebe in Böhlen (bei Leipzig) und Schkopau (zwischen Halle/S und Merseburg) der Dow Olefinverbund GmbH wurde zum 1. Oktober 1998 die Mitteldeutsche Eisenbahn GmbH (MEG) gegründet. Der Hauptsitz des Unternehmens – an dem als Gesellschafter die DB Cargo AG und VTG Rail Logistics GmbH beteiligt sind – befindet sich in Schkopau. Noch im Jahr der Gründung erhielt die MEG die Genehmigung des EBA zum Erbringen von Eisenbahnverkehrsleistungen im öffentlichen Personen- und Güterverkehr. Neben den Standorten Böhlen und Schkopau kam auch Rüdersdorf (bei Berlin) hinzu, wo die Anschlussbahn des dortigen Zementwerkes übernommen wurde. Heute ist die MEG Betriebsführer auf zahlreichen Anschlussbahnen in Mitteldeutschland, ihre Fahrzeuge sind bundesweit im Ganzzug- und Verteilerverkehr im Einsatz.

Im Bestand des Unternehmens befinden sich noch immer zahlreiche Lokomotiven der DR-Baureihe V 100 bzw. deren Umbauvarianten, die ihre Dienste in den Bereichen Zugverkehr und Anschlussbahnbedienung leisten. Von der Alstom Lokomotiven Service GmbH wurden zwischen 2008 und 2018 insgesamt neun Maschinen angemietet, darunter auch drei Hybridlokomotiven der Baureihe 203.7 (Lok 121, 1001 007 und 1001 010). Nach dem Erwerb von sechs Vertreterinnen dieser Baureihe – die mit den Nummern 122 bis 126 und 128 versehen wurden – war die MEG im Jahr 2018 das erste Unternehmen in Europa mit einer eigenen Hybridlok-Flotte. Trotz einer heute modern ausgerichteten Fahrzeugflotte kann die MEG auf die V 100 noch nicht ganz verzichten.

△ **Bild 313** • Lokomotiven der MEG kamen u. a. mit Zement- und Anhydritzügen in den Rostocker Seehafen. Am 4. März 2022 war dort die MEG-**Lok 115** im Rangierdienst im Einsatz. Am Kai liegt die Orion, ein sogenanntes Errichterschiff für Offshore-Windkraftanlagen. Es erhielt im Mai 2020 eine mediale Aufmerksamkeit, als der Ausleger eines auf dem Schiff montierten Schwerlastkrans bei einer Belastungsprobe brach. Aufnahme: Mario Lange

△ **Bild 314** • Am 19. Mai 2007 warten **Lok 103** und **102** im Anschluss des Böhlener Chemiewerkes auf ihre nächsten Dienste bei der Bedienung von Anschlussbahnen z. B. in Espenhain, Grimma und Altenburg.

Aufnahme: Gunter von Hartwig

Monti GmbH								
Typ	**ex DB AG**	**Hersteller**	**Fabriknr.**	**Baujahr**	**Nr. bei EVU**	**Bemerkung**	**Motor**	**NVR-Nummer**
V 100.1	201 883-6	LEW	16377	1977	201 883-6	?/0x – ?/0x Mietlok von ESG [*]	12 KVD 18/21 A-3	–

[*] Eisenbahn Service Gesellschaft mbH

△ **Bild 315** • Am 10. November 2002 steht **201 883** der ESG in Untertürkheim. Zu diesem Zeitpunkt war die Lok noch von der Monti GmbH angemietet.

Aufnahme: Marco Berger

Monti GmbH

In Merchweiler im Landkreis Neunkirchen (Saarland) hat die Monti GmbH ihren Sitz. Das Familienunternehmen wurde im Jahr 1913 gegründet und ist u. a. im Eisenbahnbau tätig. Anfang der 2000er hatte die Firma die 201 883 von der Eisenbahn Service Gesellschaft mbH (ESG) angemietet und setzte die Lok entsprechend vor Baulogistik- und Arbeitszügen ein. Während dieser Zeit behielt die Maschine ihre blaue Farbgebung der ESG und war auch als Lok 2 beschriftet.

MTEG mbH

Bereits 1992 wurde die Muldental-Eisenbahnverkehrsgesellschaft (MTEG) mbH gegründet mit Sitz in Meerane gegründet. Der Unternehmenssitz wechselte im Jahr 2014 nach Glauchau (Sachs) und im Juli 2018 schließlich nach Zwickau. Erst 2001 erhielt das Unternehmen die Zulassung als Eisenbahnverkehrsunternehmen und war

◁ **Bild 316**
Mit einem Holz-Ganzzug sind zwei 204 aus dem Bestand der MTEG – als Vorspannlok dient **204 347** – am 21. August 2014 im Verlauf der Strecke Borstel – Niedergörne unterwegs bei Hassel. Das Holz wird an die Zellstoff Stendal GmbH im Industriepark Altmark geliefert.

Aufnahme: Josef Högemann

Muldental Eisenbahnverkehrsgesellschaft mbH (MTEG)								
Typ	**ex DB AG**	**Hersteller**	**Fabriknr.**	**Baujahr**	**Nr. bei EVU**	**Bemerkung**	**Motor**	**NVR-Nummer**
V 100.1	202 708-4	LEW	14409	1974	110 722-6 [1)]	seit 09/16 bei MTEG [2)]	CAT 3512 DI-TA	92 80 1202 708-4 D-PRESS
V 100.1	202 703-5	LEW	14404	1974	114 703-2 [3)]	seit 01/15 bei MTEG [2)]	CAT 3512 DI-TA	92 80 1203 230-8 D-PRESS
V 100.1	201 070-0	LEW	11908	1968	201 070-0	08/06 – 06/09 bei MTEG	12 KVD 18/21 A-3	–
V 100.1	202 237-4	LEW	12519	1970	204 237-4	06/14 – 11/18 Einsatz durch MTEG [4)]	CAT 3512 DI-TA	92 80 1202 237-4 D-MTEG
V 100.1	202 271-3	LEW	12553	1970	204 271-1	seit 02/16 bei MTEG [5)]	CAT 3512 DI-TA	92 80 1203 226-6 D-PRESS
V 100.1	202 311-7	LEW	12795	1970	204 311-5	seit 04/10 bei MTEG [6)]	CAT 3512 DI-TA	92 80 1202 311-7 D-PRESS
V 100.1	202 347-1	LEW	12856	1971	204 347-9	seit 04/07 bei MTEG [2)]	CAT 3512 DI-TA	98 80 3202 347-1 D-PRESS
V 100.1	202 354-7	LEW	12863	1971	204 354-5	seit 06/07 bei MTEG [2)]	CAT 3512 DI-TA	98 80 3202 354-7 D-PRESS
V 100.1	202 425-5	LEW	12934	1972	204 425-3	seit 06/15 bei MTEG [7)]	CAT 3512 DI-TA	92 80 1203 220-9 D-PRESS
V 100.4	–	LEW	16584	1981	293 022-0	seit 07/03 bei MTEG [2)]	12 KVD 18/21 A-3	98 80 3293 022-0 D-PRESS
V 100.4	–	LEW	17849	1982	293 023-8	seit 07/03 bei MTEG [8)]	CAT 3508 DI-TA	98 80 3293 023-8 D-PRESS

[1)] 09/16 – ?/19 als 202 708-4 bezeichnet [2)] seit 2019 bei der PRESS GmbH registriert und im Einsatz [3)] 01/15 – 08/17 als 202 703-5, zeitweise auch als 112 703-4 beschriftet

[4)] Lok war im Eigentum der Westsächsischen Eisenbahntransport Gesellschaft mbH

[5)] 10/18 – 12/18 + ?/20 – ?/2x vermietet an METRANS Rail (Deutschland) GmbH (MTRD), seit 2019 bei der PRESS GmbH registriert und im Einsatz

[6)] seit 03/18 bei der PRESS GmbH registriert und im Einsatz

[7)] 02/16 – 04/16 + 01/17 – ?/1x + 11/19 – ?/? + ?/21 – 09/22 vermietet an MTRD, seit 2019 bei der PRESS GmbH registriert und im Einsatz

[8)] 2006 vermietet a A.V.G. Mirko Mokry e. K., 05/07 – 12/07 an Osthannoversche Eisenbahn AG, 03/22 an Stadler Pankow GmbH, seit 2019 bei der PRESS GmbH registriert und im Einsatz

Bild 317 ▷
Seit Juli 2003 ist die als **293 023-0** bezeichnete ehemalige Werklok V 100.4-23 des VEB Maxhütte Unterwellenborn im Bestand der MTEG. Am 10. Mai 2025 stand die Lok in Erwartung neuer Aufgaben in Niesky.

in der Folge zunächst mit angemieteten Fahrzeugen vorwiegend im Arbeits- und Bauzugdienst im Einsatz. Im Verlauf der Zeit kamen auch Leistungen im bundesweiten Güterverkehr hinzu. Nicht zuletzt auch durch die Schiebeleistungen auf der Frankenwaldrampe – als erstes privates EVU – wurde die MTEG bekannt. Heute ist die MTEG eine 100 %-ige Tochtergesellschaft der Eisenbahn-Bau- und Betriebsgesellschaft Pressnitztalbahn mbH (PRESS), was sich u. a. auch darin zeigt, dass die Fahrzeuge der MTEG bei der PRESS GmbH registriert sind und von ihr eingesetzt werden.

Ihre ersten Lokomotiven der DR-Baureihe V 100 erwarb das Unternehmen im Jahr 2003 mit zwei Vertreterinnen des LEW-Typs V 100.4. Diese wurden vom LEW Hennigsdorf 1981 bzw. 1982 an den VEB Maxhütte Unterwellenborn geliefert, kamen dort als V 100.4-22 und V 100.4-23 zum Einsatz und gelangten im Juli 1992 zur Stahlwerk Thüringen GmbH. Bei der MTEG erhielten die Loks die Nummern 293 022 und 293 023. Es blieben die einzigen Maschinen des Typs V 100.4 bei dem Unternehmen. Bei allen weiteren V 100 handelte es sich um Loks des Typs V 100.1, die bei der Deutschen Reichsbahn und nachfolgend bei der DB AG im Einsatz waren. Gemein haben alle MTEG-Loks, dass sie sich in den typischen Farbgebung der DR zeigen: jene des Typs V 100.1 in Weinrot, die V 100.4 im markanten Orange der Werklokomotiven.

▽ **Bild 318** • Die Lokomotiven der MTEG kommen bedarfsweise auch vor Sonderzügen zum Einsatz, so wie **114 703** am 3. Oktober 2025. Mit einem Sonderzug nach Görlitz ist sie unterwegs bei Rothenburg (Oberlausitz).
Aufnahmen (2): Frank Heilmann

△ **Bild 319 • 203 160** der NBE Rail GmbH war zum Zeitpunkt dieser Aufnahme – am 28. Juni 2010 – an die Thales Rail vermietet, kam aber dennoch im Güterverkehr zum Einsatz. Hier steht sie am Containerterminal 1 im Dortmunder Hafen.

Aufnahme: Norman Kampmann

NbE GmbH/NBE Rail

Die NBE Rail GmbH in Stockstadt am Main firmierte bis August 2010 Nordbayerische Eisenbahngesellschaft mbH (NbE), die ihren Sitz in Aschaffenburg hatte. Noch im Juni 2014 ist die NBE Railway Service GmbH in der NBE Rail GmbH verschmolzen, was das Unternehmen allerdings nicht rettete. Es kam wenig später zur Insolvenz, im April 2015 begann die Liquidation und im Oktober 2023 wurde die NBE Rail GmbH als Teil der NBE-Group GmbH & Co. KG aus dem Handelsregister gelöscht.

Die Nordbayerische Eisenbahngesellschaft mbH wurde 2002 gegründet, die erste Lokomotive erwarb das Unternehmen im Jahr 2003, ein Jahr später übernahm die NbE den Betrieb im Main-Hafen in Aschaffenburg, es folgten die Häfen in Bamberg (Main-Donau-Kanal), Regensburg und Passau, die alle zur Bayernhafen-Gruppe gehörten.

Zum Fahrzeugbestand der NbE GmbH und deren Nachfolgeunternehmen gehörten ab Herbst 2004 auch Lokomotiven der DR-Baureihe V 100, zunächst als Mietloks von Alstom, dann ab 2006 auch im Firmeneigentum. Die Maschinen kamen im Arbeits- und Bauzugdienst zum Einsatz oder wurden an andere Eisenbahnverkehrsunternehmen vermietet. Mit der Umfirmierung der NbE GmbH zur NBE Rail GmbH wechselten im August 2010 noch fünf Loks zum neuen Unternehmen (202 330, 203 160, 203 162, 203 163 und 203 214).

Bis auf 202 330 gelangten diese Maschinen im August 2014 an die Sonata Rail GmbH, die wiederum aus der NBE Horses GmbH entstand, im September 2016 in Sonata Rail Invest GmbH umbenannt und ab Juni 2020 liquidiert wurde.

◁ **Bild 320**
Am 9. Mai 2009 war **202 330** der Nordbayerischen Eisenbahngesellschaft abgestellt im Alstom-Werk in Stendal. Die Lok befand sich von November 2008 bis August 2011 im Eigentum von NbE bzw. NBE Rail und wurde im Verlauf dieser Zeit an die Wincanton Rail GmbH sowie an die Hessische Güterbahn GmbH vermietet. In der NbE-Lackierung gehörte sie mit zu den farbenfrohesten Privatbahn-V 100.

Aufnahme: Volker Lucas, Sammlung A. Zika

Nordbayerische Eisenbahngesellschaft mbH, ab 08/10: NBE Rail GmbH

Typ	ex DB AG	Hersteller	Fabriknr.	Baujahr	Nr. bei EVU	Bemerkung	Motor	NVR-Nummer
V 100.1	202 746-4	LEW	14447	1974	202 001-4	11/04 Mietlok von ALS [1]	CAT 3512 DI-TA	–
V 100.4	–	LEW	16580	1981	202 021-2	03/06 – ?/08 Mietlok von nowu [2]	?	98 80 3293 021-2 D-NTW
V 100.1	202 330-7	LEW	12839	1971	202 330-7	11/08 – 08/11 bei NBE [3]	CAT 3512 DI-TA	92 80 1202 330-7 D-NBEG
V 100.1	202 547-6	LEW	13586	1973	202 547-6	04/06 – 02/07 bei NBE [4]	12 KVD 18/21 AL-4	–
V 100.1	202 637-5	LEW	13955	1974	203 160-7 [5]	09/09 – 08/14 bei NBE [6]	CAT 3512 DI-TA	92 80 1203 160-7 D-NBEG
V 100.1	202 786-0	LEW	14843	1975	203 162-3 [7]	04/10 – 08/14 bei NBE [8]	CAT 3512 DI-TA	92 80 1203 162-3 D-NBEG
V 100.1	202 613-6	LEW	13931	1973	203 163-1	10/09 – 08/14 bei NBE [9]	CAT 3512 DI-TA	92 80 1203 163-1 D-NBEG
V 100.1	201 577-4	LEW	13896	1973	203 214-2	06/08 – 08/14 bei NBE [10]	CAT 3512 DI-TA	92 80 1203 214-2 D-NBEG
V 100.1	202 787-8	LEW	14844	1975	203 503-8	10/04 – 02/05 Mietlok von ALS	12 KVD 18/21 AL-4	–
V 100.1	202 850-4	LEW	15235	1976	203.101	02/07 – 07/07 Mietlok von ALS [11]	CAT 3512 DI-TA	–

[1] Alstom Lokomotiven Service GmbH [2] nowu-trans GmbH [3] 11/09 + 04/10 – 08/10 vermietet an Wincanton Rail GmbH, 02/11 – 05/11 an Hessische Güterbahn GmbH

[4] 04/06 vermietet an Nordic Rail Service GmbH [5] bis 08/10 als 203 637-4 bezeichnet

[6] 10/09 –04/10 vermietet an Alstom Belgium, 05/10 – ?/1x an Thales Rail Signalling Solutions GmbH, 05/12 – 01/17 an LOCON Benelux B.V. [7] bis 06/10 als 203 786-9 bezeichnet

[8] 04/10 – 05/10 vermietet an PRESS GmbH, ?/11 – ?/1x an Kombiverkehr Deutsche Gesellschaft für kombinierten Güterverkehr GmbH & Co. KG, ?/13 – 10/13 an LaS - Logistik auf Schienen GmbH

[9] 11/09 – 12/09 vermietet an Augsburger Localbahn GmbH, 01/10 – 02/10 an PCK Raffinerie GmbH (Schwedt/Oder), 02/10 – ?/1x an e.g.o.o. mbH, 07/11 – 01/17 an LOCON Benelux B.V.

[10] 08/08 – 04/10 vermietet an Bayernhafen GmbH, 10/11 – ?/1x + 02/12 – 03/12 + 03/14 – 12/14 an Hessische Güterbahn GmbH

[11] 02/07 – 07/07 von NbE untervermietet an Railion Deutschland AG

△ **Bild 321** • Mit einem Güterzug von Westerland (Sylt) nach Niebüll ist **Lok 04** der neg am 7. April 2006 unterwegs bei Morsum (Sylt) in Richtung Hindenburgdamm.

neg Niebüll GmbH

Typ	ex DB AG	Hersteller	Fabriknr.	Baujahr	Nr. bei EVU	Bemerkung	Motor	NVR-Nummer
V 100.1	202 430-5	LEW	12939	1972	04	?/0x – 11/06 bei neg	CAT 3512 DI-TA	–
V 100.1	202 349-7	LEW	12858	1971	203 001-3	?/04 – 04/04 Mietlok von ALS *)	MTU 12V 4000 R10	–

*) Alstom Lokomotiven Service GmbH

neg Niebüll GmbH

Im Jahr 2003 als 100 %-iges Tochterunternehmen der Luxemburgischen Staatsbahn CFL gegründet, übernahm die neg Niebüll GmbH zum 1. Januar 2004 den Güter- und Personenverkehr sowie die Infrastruktur und die Werkstatt der insolventen Nordfriesischen Verkehrsbetriebe AG (NVAG). Für die Aufgaben im Güterverkehr mietete die neg wohl bereits Anfang 2004 die 203 001 von der Alstom Lokomotiven Service GmbH in Stendal an, die allerdings nur bis April jenes Jahres ihre Dienste für das Unternehmen leistete. Vermutlich erwarb die neg zu diesem Zeitpunkt die ehemalige DB AG-202 430 (ex DR-112 430, ex 110 430) – und eine Lok dieser Leistungsklasse reichte für die Absolvierung des Güterverkehrs aus. Bei der neg erhielt die Maschine die Nummer 04.

Bereits im November 2006 gab das Unternehmen den Güterverkehr an die CFL Cargo Deutschland ab. Für den nun noch zu betreibenden Personenverkehr wurde die Lok 04 nicht benötigt, und so wechselte sie im selben Monat zur CFL Cargo Deutschland GmbH.

Aus der neg Niebüll GmbH wurde im März 2020 die Norddeutsche Eisenbahn Niebüll GmbH.

Neo Lox GmbH

Bei der Neo Lox GmbH mit Sitz in Bottrop handelt es sich um ein 2024 gegründetes Unternehmen, dass u. a. im Bereich von Dienstleistungen im Eisenbahnbetrieb, bei der Personalgestellung im Zusammenhang mit Eisenbahnverkehr sowie im Handel mit Zubehörartikel für Schienenfahrzeuge aktiv ist.

Bild 322 ▷
Seit Anfang 2026 befindet sich die ehemalige D&D-Lok 1401 im Eigentum der Neo Lox GmbH und ist dort als **203 205-0** eingereiht. Die Aufnahme zeigt die Maschine am 29. Oktober 2017 im Bahnhof Ankum.

Aufnahmen (2): Roland Hertwig

Neo Lox GmbH

Typ	ex DB AG	Hersteller	Fabriknr.	Baujahr	Nr. bei EVU	Bemerkung	Motor	NVR-Nummer
V 100.1	202 319-0	LEW	12828	1970	203 205-0	seit ?/26 bei Neo Lox	CAT 3512 DI-TA	92 80 1203 205-0 D-NEOX
V 100.1	202 378-6	LEW	12887	1971	203 208-4	seit ?/26 bei Neo Lox	CAT 3512 DI-TA	92 80 1203 208-4 D-NEOX
V 100.1	202 735-7	LEW	14436	1974	203 221-7	seit ?/26 bei Neo Lox	CAT 3512 DI-TA	92 80 1203 221-7 D-NEOX
V 100.1	202 318-2	LEW	12827	1970	203 318-1	seit 03/26 bei Neo Lox	CAT 3512 DI-TA	92 80 1203 318-1 D-NEOX
BR 293	–	Adtranz	72030	1999	293 516-1	seit ?/25 bei Neo Lox	MTU 12V 396 TC14	92 80 1293 516-1 D-NEOX
V 100.1	201 812-5	LEW	15084	1975	5	seit ?/25 bei Neo Lox	MTU 12V 396 TC14	92 80 1293 514-6 D-NEOX

NETINERA Werke GmbH (NET), seit 03/20: Ostmecklenburgische Bahnwerk GmbH (OMB)

Typ	ex DB AG	Hersteller	Fabriknr.	Baujahr	Nr. bei EVU	Bemerkung	Motor	NVR-Nummer
V 100.1	201 026-2	LEW	11455	1967	WL 2	seit 04/11 bei NET/OMB	12 KVD 18/21 A-3	–

Die ersten beiden Lokomotiven aus der DR-V 100-Baureihenfamilie kamen im Verlauf des Jahres 2025 in den Bestand der noch jungen Firma. Es handelte sich zum einen um die 293 514 – bei Neo Lox als Lok 5 bezeichnet –, die in der zweiten Hälfte der neunziger Jahre bei der Regental Fahrzeugwerkstätten GmbH in Reichenbach (Vogtl) gemäß dem Umbaukonzept Baureihe 293 aus der 201 812 der DB AG entstand, zum anderen um 293 516, deren Spenderlokomotive für den Umbau – der Ende der neunziger Jahre bei Adtranz stattfand – allerdings nicht mehr zu ermitteln ist.

Anfang des Jahres 2026 kamen drei weitere DR-V 100 zur Neo Lox GmbH, die alle aus dem ehemaligen Bestand der D & D Eisenbahngesellschaft – die im Mai 2024 von der Hamburger Rail Service GmbH übernommen worden war – stammten. Die Lokomotiven werden von der Neo Lox GmbH im Strecken- und Rangierdienst eingesetzt.

Netinera Werke GmbH/ OMB GmbH

In der großen, im Oktober 1973 in Betrieb genommenen Werkstatthalle des ehemaligen Bahnbetriebswerkes Neustrelitz, zog Anfang 2003 die Ostmecklenburgische Bahnwerk (OMB) GmbH ein. Der Standort diente zuvor der DB Regio AG, die Schließung war aber im Jahr 2000 bereits beschlossen worden. Die Bezeichnung des „Bahnwerks Neustrelitz“ änderte sich aufgrund verschiedener äußerer Umstände (Firmenübernahme, Weiterverkauf, Mehrheitsübernahme usw.) 2007 in Arriva Werke Nord GmbH, im April 2011 in Netinera Werke GmbH und im März 2020 wieder in Ostmecklenburgische Bahnwerk GmbH.

Als Werklok befindet sich bereits seit November 2007 die ehemalige 201 026 der DB AG (ex DR-110 026) offiziell im Bestand des Bahnwerks Neustrelitz. Sie erhielt dort die Nummer 2. Allerdings befindet sich diese Lok seit mehreren Jahren abgestellt in Senftenberg-Brieske.

Niederbarnimer Eisenbahn AG

Die Niederbarnimer Eisenbahn (NEB) AG firmierte sich im Jahr 1927 aus der Reinickendorf-Liebenwalde-Groß-Schönebecker Eisenbahn-AG, die 1901 die „Heidekrautbahn“ (Reinickendorf-Rosenthal – Basdorf – Liebenwalde, mit Abzweig nach Groß Schönebeck) vor den Toren Berlins eröffnet hatte und seit 1925 auch die Industriebahn Tegel – Friedrichsfelde betrieb. Nach dem Zweiten Weltkrieg wurde die NEB in der DDR verstaatlicht, in Berlin (West) blieb die NEB AG allerdings formal bestehen. Nach der gesellschaftspolitischen Wende in der DDR und der Wiedervereinigung schloss die NEB mit der Deutschen Reichsbahn zahlreiche Vereinbarungen über die Rückgabe der Strecken, technischen Anlagen und Hochbauten.

Ab Januar 1999 hatte die NEB AG zwei DR-V 100 im Eigentum, die erst wenige Monate zuvor bei der DB AG ausgemustert wurden: 202 325 und 202 388 (beide

◁ **Bild 323**
Am 11. August 2005 stand die spätere **Werklok 2** des Bahnwerks Neustrelitz (= Arriva Werke Nord GmbH = Netinera Werke GmbH = Ostmecklenburgische Bahnwerk GmbH) in Brieske (Senftenberg) abgestellt. Auch Jahre später zeigte sich die Lok dort in einem nahezu unveränderten Zustand.

Aufnahme: Marco Heyde

Niederbarnimer Eisenbahn AG (NEB)								
Typ	ex DB AG	Hersteller	Fabriknr.	Baujahr	Nr. bei EVU	Bemerkung	Motor	NVR-Nummer
V 100.1	202 325-7	LEW	12834	1971	20	01/99 – 06/03 bei NEB	CAT 3512 DI-TA	–
V 100.1	202 388-5	LEW	12897	1971	21	01/99 – 11/02 bei NEB	CAT 3512 DI-TA	–

im August 2008 im Bh Neustrelitz ausgemustert). Sie erhielten die Nummern 20 sowie 21 und wurden von 1999 bis ins Jahr 2000 an die SLG – Spitzke Logistik GmbH vermietet.

Im August 2000 erhielten beide Lokomotiven einen Umbau gemäß dem Adtranz-Konzept Baureihe 293, der bei Lok 20 in der Werkstatt der Teutoburger Wald-Eisenbahn AG in Lengerich (Westfalen) und bei Lok 21 in Kassel stattfand. Anschließend blieben die Maschinen noch bis November 2002 (Lok 21) bzw. bis Juni 2003 (Lok 20) im Eigentum und Einsatz der NEB. Beide Fahrzeuge gelangten zur Connex Cargo Logistics GmbH.

△ **Bild 324** • Unmittelbar bei der Übernahme der 202 325 durch die NEB AG entstand am 6. Januar 1999 diese Aufnahme der Lok in Neustrelitz. Die Maschine erhielt bei der NEB die Nummer **20**. AUFNAHME: MICHAEL UHREN

Norddeutsche Eisenbahngesellschaft mbH

Die Norddeutsche Eisenbahngesellschaft mbH (NEG) war ab Ende 1997 unter dieser Bezeichnung im Güter- sowie Personenverkehr aktiv, und wurde per Gesellschafterbeschluss im Oktober 2006 als Tochterunternehmen der Luxemburgischen Staatsbahn (CFL) zur CFL Cargo Deutschland GmbH umfirmiert – die Änderung wurde im Dezember jenes Jahres offiziell vollzogen. Zu diesem Zeitpunkt hatte die NEG wohl nur noch eine Lok aus der DR-V 100-Familie im Bestand. Nachdem die Firma im Dezember 2002 in Form der 203 001 ihre erste (Umbau-) V 100 für einige Monate angemietet hatte, erwarb das Unternehmen im Frühjahr 2003 zwei ehemalige DB AG-202 von der

Norddeutsche Eisenbahngesellschaft mbH (NEG)								
Typ	ex DB AG	Hersteller	Fabriknr.	Baujahr	Nr. bei EVU	Bemerkung	Motor	NVR-Nummer
V 100.1	202 242-4	LEW	12524	1970	03	05/03 – 10/06 bei NEG	CAT 3512 DI-TA	–
V 100.1	202 430-5	LEW	12939	1972	04	06/03 – ?/0x bei NEG	CAT 3512 DI-TA	–
V 100.1	202 349-7	LEW	12858	1971	203 001-3	12/02 – ?/03 Mietlok von ALS *)	MTU 12V 4000 R10	–
V 100.1	202 850-4	LEW	15235	1976	203.101	02/04 – 04/04 Mietlok von ALS	CAT 3512 DI-TA	–

*) Alstom Lokomotiven Service GmbH

Bild 325 ▷ **Lok 04** der Norddeutschen Eisenbahngesellschaft (NEG), aufgenommen am 18. Oktober 2005 im DB-Bahnhof Niebüll.

AUFNAHME: ROLAND HERTWIG

◁ **Bild 326**
Die Alstom-Leihlok **203 501** rangiert am 20. März 2005 im Dienst der Nordic Rail Service (NRS) GmbH in Lübeck. Der ehemaligen 110 260 der Deutschen Reichsbahn standen damals nur noch wenige Wochen Einsatzzeit bei NRS bevor.

Aufnahme: Roland Hertwig

Nordic Rail Service GmbH

Typ	ex DB AG	Hersteller	Fabriknr.	Baujahr	Nr. bei EVU	Bemerkung	Motor	NVR-Nummer
V 100.1	202 373-7	LEW	12882	1971	202 373-7	12/04 – 03/05 Mietlok von TSD [1]	CAT 3512 DI-TA	–
V 100.1	202 547-6	LEW	13586	1973	202 547-6	04/06 Mietlok von NbE [2]	12 KVD 18/21 AL-4	–
V 100.1	202 849-6	LEW	15234	1976	203 106-0 [3]	seit 08/12 bei NRS	CAT 3512 DI-TA	92 80 1203 106-0 D-NRS
V 100.1	202 509-6	LEW	13548	1972	203 107-8 [4]	seit 08/12 bei NRS	CAT 3512 DI-TA	92 80 1203 107-8 D-NRS
V 100.1	202 442-0	LEW	13481	1972	203 442-9	01/11 – ?/11 Mietlok von ALS [5]	CAT 3512 DI-TA	92 80 1203 154-0 D-ALS
V 100.1	202 443-8	LEW	13482	1972	203 443-7	01/11 – 03/11 Mietlok von ALS	CAT 3512 DI-TA	92 80 1203 155-7 D-ALS
V 100.1	202 260-6	LEW	12542	1970	203 501-2	12/04 – 04/05 Mietlok von ALS	CAT 3512 DI-TA	–
V 100.1	202 732-4	LEW	14433	1974	203.003	05/06 – ?/06 Mietlok von Alstom	MTU 12V 4000 R10	–
V 100.1	202 345-5	LEW	12854	1971	203.004	05/06 – ?/06 Mietlok von Alstom	MTU 12V 4000 R10	–
V 100.1	202 525-2	LEW	13564	1973	204 012-4	09/08 – ?/0x Mietlok von PRESS [6]	CAT 3512 DI-TA	–
V 100.1	201 833-1	LEW	14897	1975	293 005-5	07/08 – 09/08 Mietlok von B-S-L [7]	CAT 3508 DI-TA	92 80 1293 005-5 D-BSL
BR 293	–	Adtranz	72030	1999	293 561-1	06/22 – ?/22 Mietlok von EAH [8]	MTU 12V 396 TC14	92 80 1293 516-1 D-BUVL
V 100.1	202 459-4	LEW	13498	1972	V 100 001	12/04 – 12/11 bei NRS	CAT 3512 DI-TA	98 80 3202 459-4 D-SG
V 100.1	202 439-6	LEW	13478	1972	V 100 002	03/05 – 09/12 bei NRS	CAT 3512 DI-TA	98 80 3202 439-6 D-SG
V 100.1	202 811-6	LEW	15083	1975	V 100 003	03/05 – 09/12 bei NRS	CAT 3512 DI-TA	98 80 3202 811-6 D-SG

[1] Transport-Schienen-Dienst GmbH [2] 27./28. April 2006 Mietlok von der Nordbayerischen Eisenbahngesellschaft mbH [3] 08/12 – 07/24 als „V 100 004" benummert
[4] 08/12 – 02/25 als „V 100 005" benummert [5] Alstom Lokomotiven Service GmbH [6] Eisenbahn-Bau- und Betriebsgesellschaft Pressnitztalbahn GmbH
[7] Betrieb-Service-Logistik GmbH [8] Eisenbahn Anlagen Handel GmbH

Alstom Lokomotiven Service GmbH und reihte sie als Lok 03 (ex 202 242) und Lok 04 (ex 202 430) ein. Die Maschinen kamen im Güterverkehr des Unternehmens rund um Niebüll zum Einsatz.

Im Jahr 2004 ergänzte die Alstom-Mietlokomotive 203.101 von Februar bis April für einige Wochen den Fahrzeugpark der Norddeutschen Eisenbahngesellschaft mbH und leistete ihre Dienste für das Unternehmen.

Wann genau die Lokomotive 04 von der NEG GmbH zur neg Niebüll GmbH wechselte, ist nicht genau bekannt, während die Lok 03 im November 2006 im Zusammenhang mit der Umfirmierung der NEG GmbH zu deren Nachfolgeunternehmen, der CFL Cargo Deutschland GmbH, gelangte.

Nordic Rail Service

Die im Juli 2003 gegründete Nordic Rail Service (NRS) GmbH mit Sitz in Lübeck erhielt im Dezember 2004 die Zulassung als Eisenbahnverkehrsunternehmen. Als Tochterunternehmen der Lübecker Hafen-Gesellschaft mbH (LHG) ist sie im Güterverkehr – vorrangig für die LHG – tätig, hat als Eisenbahninfrastrukturunternehmen gleichzeitig aber auch die Verantwortung u. a. über Anschlüsse im Bereich der Lübecker Hafenbahn.

Bereits unmittelbar mit der Zulassung als EVU gelangten im Dezember 2004 die ersten DR-V 100 zu NRS, wobei zwei Maschinen angemietet wurden (202 373 von der Transport-Schienen-Dienst GmbH und 203 501 von der Alstom Lokomotiven Service GmbH) und eine Lok (V 100 001) von der LHG zum Unternehmen kam. Dabei ist V 100 001 – wie auch die später dazugekommenen V 100 002 bis 005 – nur eine fiktive Lokbezeichnung und hat – wie oft bei privaten EVUs – nichts mit den „originalen" Loks mit diesen DR-Nummern zu tun. Mit dem Ende der Anmietung von 202 373 und 203 501 im Frühjahr 2005 baute sich die NRS einen eigenen kleinen Stamm an drei Loks aus der DR-V 100-Baureihenfamilie auf, der immer wieder durch Mietlokomotiven ergänzt wurde. Dabei kamen die Umbaureihen 203.1 und 293 sowie modernisierte 202 für NRS zum Einsatz und leisteten ihre Dienste nicht nur im Bereich des Lübecker Hafens, sondern bundesweit – vornehmlich aber in der Nordhälfte der Republik. Stand Ende 2025 hat das Unternehmen noch zwei ex DR-V 100 im Bestand.

Bild 327 ▷ **203.003** (ex DR-110 732) der Nordfriesischen Verkehrs-AG (NVAG) stellt am 1. Oktober 2002 im DB-Bahnhof Niebüll einen Güterzug zusammen.

Aufnahme: Roland Hertwig

Nordfriesische Verkehrsbetriebe AG (NVAG)								
Typ	ex DB AG	Hersteller	Fabriknr.	Baujahr	Nr. bei EVU	Bemerkung	Motor	NVR-Nummer
V 100.1	202 169-9	LEW	12470	1969	203 311-6	08/03 Mietlok von DB Bahnbau	CAT 3512 DI-TA	–
V 100.1	202 732-4	LEW	14433	1974	203.003	06/02 – ?/04 bei NVAG	MTU 12V 4000 R10	–
V 100.1	202 345-5	LEW	12854	1971	203.004	08/02 – ?/04 bei NVAG	MTU 12V 4000 R10	–
V 100.1	202 461-0	LEW	13500	1972	203.005	09/02 – ?04 bei NVAG	MTU 12V 4000 R10	–

Nordfriesische Verkehrsbetriebe AG

Als Nachfolgerin der Kleinbahn Niebüll-Dagebüll oHG wurde im Dezember 1964 die Nordfriesische Verkehrsbetriebe AG (NVAG) gegründet, die fortan den Betrieb auf der knapp 14 km langen Strecke Niebüll – Dagebüll übernahm, zudem im Güterverkehr auf der Schiene und Straße sowie im Busverkehr aktiv war.

Im Verlauf des Jahres 2002 erwarb die NVAG drei ehemalige DB AG-202 aus dem Bestand des Schienenfahrzeugzentrums (SFZ) Stendal und reihte sie als 203.003 (ex 202 732), 203 004 (ex 202 345) und 203.005 (ex 202 461) ein. Kurzzeitig ergänzt wurde diese „V 100-Flotte" im August 2003 durch die Anmietung der 203 311 der DB Bahnbau GmbH. Die Lokomotiven kamen alle im Güterverkehr im hohen Norden zum Einsatz.

Am 31. Dezember 2003 musste die NVAG Insolvenz anmelden. Aus der Insolvenzmasse gelangten 203.003, 004 und 005 zurück nach Stendal, wo aus dem SFZ zwischenzeitlich die Alstom Lokomotiven Service GmbH wurde. Die NVAG ist 2021 aus dem Handelsregister gelöscht worden.

NordWestCargo GmbH

Nur eine DR-V 100 – und diese auch nur wenige Wochen als (Unter-)Mietlok – hatte die NordWestCargo (NWC) GmbH im Bestand. Im November und Dezember 2002 leistete V 146 (ex 202 388) der Connex Cargo Logistics (CCL) GmbH ihre Dienste für NWC, wobei die Lok zu dieser Zeit wiederum von CCL an die Regiobahn Bitterfeld GmbH vermietet war und von dieser Firma an NWC untervermietet wurde. Dies war allerdings wirtschaftlich alles kein Problem, denn beide Mieter waren ein Teil der Connex-Gruppe.

Bild 328 ▷ Aus der ehemaligen 202 388 wurde durch Umbau bei Adtranz in Kassel eine 293, die vom ersten Eigentümer nach dem Umbau – der Connex Cargo Logistics GmbH – als **V 146** bezeichnet und die meiste Zeit an CCL-Tochterunternehmen vermietet wurde. So u. a. im November und Dezember 2002 an NordWestCargo. Die Aufnahme zeigt die Lok am 14. März 2003 in Dessau Süd.

Aufnahme: Volker Lucas
Sammlung A. Zika

NordWestCargo GmbH

Typ	ex DB AG	Hersteller	Fabriknr.	Baujahr	Nr. bei EVU	Bemerkung	Motor	NVR-Nummer
V 100.1	202 388-5	LEW	12897	1971	V 146	11/02 – 12/02 Mietlok von CCL *)	CAT 3512 DI-TA	–

*) Connex Cargo Logistics GmbH

nowu-trans GmbH

Typ	ex DB AG	Hersteller	Fabriknr.	Baujahr	Nr. bei EVU	Bemerkung	Motor	NVR-Nummer
V 100.4	–	LEW	16580	1981	21	06/05 – 07/09 bei NWT *)	?	98 80 3293 021-2 D-NTW

*) 03/06 – ?/08 vermietet an Nordbayerische Eisenbahngesellschaft mbH, 06/08 – 08/08 an Erfurter Bahn GmbH, 08/08 – 07/09 an Wedler & Franz GbR Lokomotivdienstleistungen

N1 Rail Services Süd GmbH, seit 12/15: N1 Rail Services Deutschland GmbH

Typ	ex DB AG	Hersteller	Fabriknr.	Baujahr	Nr. bei EVU	Bemerkung	Motor	NVR-Nummer
V 100.1	202 310	LEW	12774	1970	203 915-4	12/14 – 06/16 bei N1R	CAT 3512 DI-TA	92 80 1203 915-4 D-RAR

nowu-trans GmbH

Die nowu-trans GmbH wurde 2003 gegründet und hat ihren Unternehmenssitz in Obergriesbach – mitten in der Wirtschaftsregion München-Augsburg. Die Firma ist u. a. in den Bereichen Beratung, Planung, Projektierung, Erstellung von Gutachten sowie der Auftragsvergabe bei Umbau und Modernisierung von Schienenfahrzeugen tätig. Von Juni 2005 bis Juli 2009 hatte die nowu-trans GmbH eine im Jahr 1981 vom LEW Hennigsdorf als Werklok nach Sušice (ČSSR/Tschechien) gelieferte Vertreterin des Typs V 100.4 im Eigentum. Die Lok war ab März 2006 die gesamte Zeit bis zu ihrem Weiterverkauf im Juli 2009 an verschiedene EVUs vermietet.

△ **Bild 329** • Deutlich lesbar hat die N1 Rail Services GmbH die **203 915** – hier aufgenommen am 20. September 2020 in Eisenach – als ihre Lok „markiert". AUFNAHME: VOLKER LUCAS, SAMMLUNG A. ZIKA

N1 Rail Services GmbH

An dieser Stelle seien die N1 Rail Services Süd GmbH und die N1 Rail Services Deutschland GmbH zusammengefasst. Die N1 Rail Services Süd entstand Ende 2014 durch Umbenennung der HTRS Süd GmbH (bis 03/2011: RAR Rent-a-Rail GmbH, zuvor RAR Rent-a-Rail Eisenbahn-Service AG). Entsprechend wurden auch die Fahrzeuge immer weitergegeben, sodass im Dezember 2014 die V 1405.2 von der HTRS Süd GmbH zu N1 Rail gelangte und dort die Nummer 203 915 erhielt. Im Dezember 2015 wechselte sie zur N1 Rail Services Deutschland GmbH (bis 12/2015: Husa Transportation Deutschland GmbH, ab 06/2016: DL Lokomotive GmbH). Keines der Unternehmen ist noch existent.

◁ **Bild 330**
Die nowu-trans GmbH hatte von Juni 2005 bis September 2009 als **Lok 21** eine Vertreterin des LEW-Typs V 100.4 im Eigentum, die 1981 als Werklok nach Sušice (ČSSR/heute Tschechien) geliefert worden war. Hier ist sie als Mietlok am 22. April 2007 in Dutenhofen im Einsatz für die Nordbayerische Eisenbahn GmbH.

AUFNAHME: MARCO BERGER

Bild 331 ▷
203 007 befand sich von 2013 bis 2016 im Eigentum der Oak Capital Locolease GmbH. Die Aufnahme zeigt die ehemalige 202 718 am 16. Mai 2014 auf der Fahrt von Cuxhaven nach Bremen unterwegs zwischen Maschen Rbf und Jesteburg.

Aufnahme: Gustav Richard

OaK Capital Locolease GmbH

Typ	ex DB AG	Hersteller	Fabriknr.	Baujahr	Nr. bei EVU	Bemerkung	Motor	NVR-Nummer
V 100.4	–	LEW	17732	1983	202 535-1	12/11 – 08/15 Mietlok von deLog [1]	12 KVD 18/21 A-3	98 80 3202 535-1 D-HAEG
V 100.1	202 718-3	LEW	14419	1974	203 007-0	?/13 – ?/16 bei Oak [2]	MTU 12V 4000 R10	92 80 1203 007-0 D-OCRM

[1] deLog Deutsche Logistik GmbH & Co. Portfolio KG; Lok war eingestellt bei der Hamburger Eisenbahn e.K. und wurde 01/12 – 02/12 untervermietet an Anhaltinisch-Brandenburgische Eisenbahngesellschaft mbH, 10/12 – 07/14 + 03/15 – 08/15 an ProLok GmbH

[2] Lok war eingestellt bei der Hamburger Eisenbahn e.K. und wurde 06/13 – 08/13 + 03/15 – 08/15 vermietet an ProLok GmbH

Oiltanking Deutschland GmbH & Co. KG

Typ	ex DB AG	Hersteller	Fabriknr.	Baujahr	Nr. bei EVU	Bemerkung	Motor	NVR-Nummer
V 100.4	–	LEW	16327	1981	293 016-2	seit 03/15 bei Oiltanking	CAT 3508 DI-TA	98 80 3293 016-2 D-OTDTL
V 100.1	202 746-4	LEW	14447	1974	202 746-4	?/23 – 05/23 Mietlok von ALS [*]	CAT 3512 DI-TA	98 80 3202 746-4 D-ALS

[*] Alstom Lokomotiven Service GmbH

Oak Capital Locolease

Die Oak Capital Locolease (OCL) GmbH wurde 2011 gegründet und hatte ihren Sitz zunächst in Hamburg, dann ab September 2012 in Ellerbeck und ab Juni 2015 wieder in Hamburg. Gegenstand des Unternehmens war der Ankauf, die Anmietung, die Vermietung und der Verkauf von Schienenfahrzeugen aller Art sowie alle damit im Zusammenhang stehenden Tätigkeiten und Geschäfte. Unter den Fahrzeugen über die OCL verfügte, befanden sich auch zwei aus der DR-V 100-Baureihenfamilie: 202 525 und 203 007. Dabei war 202 525 – ehemalige Werklok vom VEB Kaliwerk „Ernst Thälmann" in Merkers – selbst nur angemietet und dann untervermietet worden, während sich 203 007 (ex DB AG-202 718) im Eigentum des Unternehmens befand und auch zeitweise vermietet wurde.

Seit April 2016 firmiert OCL unter dem Namen Hammonia Capital GmbH.

Bild 332 ▷
Im Eigentum der Oiltanking GmbH befindet sich **293 016**, die im Tanklager des Unternehmens in Gera eingesetzt wird. Nach ihrer dortigen Ankunft war sie am 17. April 2015 Teil einer kleinen Lokparade.

Aufnahme: René Weist

◁ **Bild 333**
V 160.4 der Havelländischen Eisenbahn AG war ab 2016 von der OHE Cargo GmbH angemietet. Obwohl „intern" als **203 109-4** bezeichnet, stand die Lok weiterhin mit der Nummer der Eigentümerfirma im Einsatz. Die Aufnahme entstand am 14. September 2017 in Handeloh bei der Ausfahrt in Richtung Buchholz. Zu diesem Zeitpunkt war die OHE Cargo GmbH schon nicht mehr existent.

Aufnahme: Dierk Lawrenz

Osthannoversche Eisenbahnen AG (OHE)/OHE Cargo GmbH (OHE C)

Typ	ex DB AG	Hersteller	Fabriknr.	Baujahr	Nr. bei EVU	Bemerkung	Motor	NVR-Nummer
V 100.1	202 814-0	LEW	15086	1975	203 109-4	?/16 – ?/2x Mietlok von hvle [1]	CAT 3512 DI-TA	92 80 1203 109-4 D-HVLE
V 100.4	–	LEW	17849	1982	293 023-8	05/07 – 12/07 Mietlok von MTEG [2]	CAT 3508 DI-TA	98 80 3293 023-8 D-MTEG
V 100.1	202 293-7	LEW	12757	1970	1001 011-8	04/14 – 04/16 Mietlok von ALS [3]	Deutz TCD 2013 L6 2V	90 80 1001 011-8 D-ALS

[1] Havelländische Eisenbahn AG [2] Muldental-Eisenbahnverkehrsgesellschaft mbH [3] Alstom Lokomotiven Service GmbH

Oiltanking Deutschland

Eines der größten Unternehmen im Bereich der Lagerung von Mineralölen, Chemikalien und Gasen ist die Oiltanking GmbH in Hamburg, eine Tochtergesellschaft Holding Marquard & Bahls. Am Standort der Oiltanking GmbH in Gera ist 293 016 – die seit März 2015 dem Unternehmen gehört – im Rangier- und Anschlussbahndienst im Einsatz. Bei ihr handelt es sich um eine jener Vertreterinnen des LEW-Typs V 100.4, die Anfang der achtziger Jahre als Werkloks in die ČSSR geliefert wurden. Dabei kam diese Maschine ins Braunkohlerevier um Ostrava und erhielt dort die Bezeichnung T 436.4527. Bei Alstom ist die Lok zwischen 2012 und 2013 gemäß dem Konzept Baureihe 293 umgebaut worden. Als kurzzeitiger Ersatz für 293 016 diente im Frühjahr 2023 die von der Alstom Lokomotiven Service GmbH angemietete 202 746.

Osthannoversche Eisenbahnen/OHE Cargo

Die Osthannoverschen Eisenbahnen AG (OHE) wurde 1944 durch den Zusammenschluss sieben Kleinbahngesellschaften aus der nordöstlichen Region Niedersachsens gegründet und ist heute zu 87,5 % im Besitz der Netinera-Bachstein GmbH und zu 12,5 % im Besitz verschiedener Anrainer Landkreise und Gemeinden. Die OHE selbst ist an neun Unternehmen aus den Bereichen Schienenpersonennahverkehr, öffentlicher Personennahverkehr und Häfen als Gesellschafterin beteiligt, darunter z. B. bei der erixx GmbH (100 %), der Verkehrsbetrieb Osthannover GmbH (100 %) sowie der Hafen Lüneburg GmbH (30 %).

Im Jahr 2007 hatte die OHE AG von Mai bis Dezember von der Muldental-Eisenbahnverkehrsgesellschaft die 293 023 angemietet. Bei ihr handelte es sich um eine ehemalige Werklok des VEB Maxhütte Unterwellenborn (V 100.4-23), die sich auch 2007 noch in der typischen Werklok-Farbgebung in Orange präsentierte. Trotz der relativ kurzen Mietdauer wurde die Maschine an den Vorbauten (vorn und seitlich) mit dem Unternehmenskürzel OHE in dicken weißen Lettern versehen.

Von März 2012 an gab es zudem als OHE-Tochtergesellschaft die OHE Cargo GmbH, die vorwiegend dem Güterverkehr auf den OHE-eigenen Strecken und der Bedienung von Hafen- und Industrieanschlüssen diente. Dieses Unternehmen hatte zwei Loks aus der DR-V 100-Baureihenfamilie als Mietlokomotiven im Bestand. Von der Alstom Lokomotiven Service GmbH leistete die Hybridlok 1001 011-8 von April 2014 bis April 2016 ihre Dienste für die OHE Cargo GmbH und kam dabei die meiste Zeit bei der Bedienung des VW-Werks in Wolfsburg sowie im dortigen Rangierdienst zum Einsatz. Von der Havelländischen Eisenbahn AG wurde im Verlauf des Jahres 2016 die 293 109 angemietet. Im Mai 2017 wurde die OHE Cargo GmbH mit der Osthannoverschen Eisenbahnen AG verschmolzen, in diesem Zusammenhang gelangte auch 293 109 in ein Mietverhältnis mit der OHE AG. Wann es genau endete, ist leider nicht mehr nachzuvollziehen.

Osthavelländische Eisenbahn AG

Die Osthavelländische Eisenbahn AG entstand im Juli 1941 durch Umbenennung der seit 1893 bestehenden Osthavelländischen Kreisbahnen AG. Dem Unternehmen oblag der Betrieb und die Verwaltung der Kleinbahnstrecken Nauen – Velten Kleinbahnhof, einer von dieser Verbindung abzweigenden Strecke Bötzow – Berlin-Spandau („Bötzowbahn") und Nauen – Ketzin. Die Osthavelländische Eisenbahn AG wurde bereits 1946 in der Sowjetischen Besatzungszone enteignet, ihre Strecken und Fahrzeuge übernahm

Osthavelländische Eisenbahn Berlin Spandau AG								
Typ	**ex DB AG**	**Hersteller**	**Fabriknr.**	**Baujahr**	**Nr. bei EVU**	**Bemerkung**	**Motor**	**NVR-Nummer**
V 100.1	202 349-7	LEW	12858	1971	203 001-3	08/02 – 11/02 + 11/03 – 12/03 MI v. ALS [1]	MTU 12V 4000 R10	–
V 100.1	202 787-8	LEW	14844	1975	203 503-8	02/02 – 05/02 Mietlok von SFZ [2]	12 KVD 18/21 AL-4	–
V 100.1	202 326-5	LEW	12835	1971	203 505-3	06/03 Mietlok von ALS	CAT 3512 DI-TA	–
V 100.1	202 654-0	LEW	14081	1974	V 160.1	10/02 – 12/05 bei OHE Sp	MTU 12V 4000 R10	–
V 100.1	202 587-2	LEW	13905	1973	V 160.2	12/03 – 12/05 bei OHE Sp	MTU 12V 4000 R10	–

[1] Alstom Lokomotiven Service GmbH [2] Schienenfahrzeugzentrum Stendal

Ostmecklenburgische Eisenbahngesellschaft mbH (OME)								
Typ	**ex DB AG**	**Hersteller**	**Fabriknr.**	**Baujahr**	**Nr. bei EVU**	**Bemerkung**	**Motor**	**NVR-Nummer**
V 100.1	201 833-1	LEW	14897	1975	VI	01/02 – 04/02 Mietlok von Lokpool [*]	CAT 3508 DI-TA	–

[*] Lokpool Verwaltungsgesellschaft mbH & Co. Vermietungs KG

die Deutsche Reichsbahn. Der in Berlin (West) gelegene Teil der „Bötzowbahn" blieb der Gesellschaft noch erhalten, dort fand noch bis 1950 Güter- und Personenverkehr statt, gelangte dann zunächst unter die treuhänderische Verwaltung der Berliner Verkehrsbetriebe und zum 1. Juni 1956 in die Verwaltung Verkehr und Betriebe des Senats von Berlin (West).

Die Osthavelländische Eisenbahn AG ist 1972 in Berlin (West) neugegründet worden und führte Dienstleistungen im örtlichen Güterverkehr aus. Nach der gesellschaftspolitischen Wende in der DDR und der Wiedervereinigung erweiterte die Gesellschaft zunehmend ihre Aktivitäten im Bereich von Eisenbahndienstleistungen, speziell im Großraum Berlin-Brandenburg in der Bedienung von Anschlussbahnen und im Güterverkehr. Für die Absolvierung dieser Einsätze befanden sich auch DR-V 100 bzw. deren modernisierten Umbauvarianten im Fahrzeugbestand der mit OHE abgekürzten Osthavelländischen Eisenbahn AG. Aufgrund dieser Abkürzung und der damit verbundenen Verwechslungsgefahr mit der gleichsam als OHE abgekürzten Osthannoverschen Eisenbahnen AG, fand im Zusammenhang mit den zunehmend überregionalen Einsätzen der Fahrzeuge der Osthavelländischen Eisenbahn zum 1. Januar 2006 deren Umbenennung in Havelländische Eisenbahn AG – kurz: hvle – statt. Mit der Namensänderung wechselten auch V 160.1 und V 160.2 – die einzigen beiden (Umbau-)V 100 im Eigentum der Osthavelländischen Eisenbahn – zur hvle.

△ **Bild 334** • Als **V 160.1** und **V 160.2** reihte die Osthavelländische Eisenbahn AG ihre beiden vom Schienenfahrzeugzentrum Stendal erworbenen Umbau-DR-V 100 ein. Am 28. September 2004 waren die Loks in Oßling abgestellt. Aufnahme: Robert Schacht

Ostmecklenburgische Eisenbahngesellschaft

Nur acht Jahre gab es die Ostmecklenburgische Eisenbahngesellschaft (OME) mbH. Aus der Industrieanschlussbahn Neubrandenburg GmbH heraus wurde 1997 die OME GmbH gegründet, mit welcher Leistungen im Schienenpersonenverkehr in Mecklenburg-Vorpommern erbracht werden sollten. Zunächst übernahm sie den Betrieb auf der Nebenbahn Neustrelitz – Feldberg, in den folgenden Jahren kamen weitere Strecken hinzu, sodass die Fahrzeuge der OHE (z. B. Talent-Dieseltriebwagen) u. a. bis Rostock, Stralsund sowie zwischen Bergen auf Rügen und Putbus (– Lauterbach) fuhren. Anfang 2002 befand sich die ehemalige 201 833 der DB AG, die 1995 bei Adtranz gemäß dem Konzept Baureihe 293 umgebaut wurde, als Mietlok bei der OME und kam im Güterverkehr zum Einsatz.

Die OME wurde 2001 ein Teil der Connex Verkehr GmbH und fusionierte im Mai 2005 mit der MecklenburgBahn GmbH zur Ostseeland-Verkehr GmbH.

△ **Bild 335** • Am 25. Januar 2002 entstand diese Aufnahme der OME-**Lok VI** in Jatznick (zwischen Pasewalk und Anklam). Die Lok war nur wenige Monate Anfang 2002 für die OME im Einsatz. Aufnahme: Holger Viebke

PBSV-Verkehrs-GmbH								
Typ	ex DB AG	Hersteller	Fabriknr.	Baujahr	Nr. bei EVU	Bemerkung	Motor	NVR-Nummer
V 100.1	202 287-9	LEW	12751	1970	11	08/00 – 02/09 bei PBSV	CAT 3508 DI-TA	98 80 3202 287-9 D-PBSV
V 100.1	202 066-7	LEW	11904	1968	12	03/01 – 02/09 bei PBSV	12 KVD 18/21 AL-4	98 80 3202 066-7 D-PBSV
V 100.1	202 726-6	LEW	14427	1974	15	10/05 – 02/09 bei PBSV	CAT 3512 DI-TA	92 80 1202 726-6 D-PBSV
V 100.1	202 494-1	LEW	13533	1972	16	07/06 – 02/09 bei PBSV	12 KVD 18/21 AL-4	98 80 3202 494-1 D-PBSV
V 100.1	202 787-8	LEW	14844	1975	18	11/06 – 02/09 bei PBSV [1]	12 KVD 18/21 AL-4	98 80 3202 787-8 D-PBSV
V 100.1	202 324-0	LEW	12833	1971	19	02/07 – 02/09 bei PBSV	CAT 3512 DI-TA	92 80 1203 121-9 D-PBSV
V 100.1	202 610-2	LEW	13928	1973	20	03/07 – 02/09 bei PBSV	CAT 3512 DI-TA	92 80 1203 122-7 D-PBSV
V 100.1	202 349-7	LEW	12858	1971	21	07/05 – 02/08 Mietlok von ALS [2]	MTU 12V 4000 R10	–
V 100.5	710 968-9	LEW	17317	1983	1101	07/03 + 09/03 + 06/04 Mietlok von ITB [3]	12 KVD 18/21 A-3	–

[1] zuvor 03/01 – 06/01 als 203 503-8 Mietlok von Schienenfahrzeugzentrum Stendal [2] Alstom Lokomotiven Service GmbH [3] Industrietransportgesellschaft mbH Brandenburg

△ **Bild 336** • Die PBSV-Loks **19** und **20** bespannten im August 2007 einen Kieszug, der sich hier auf den Gleisen der Bentheimer Eisenbahn in Bad Bentheim Nord befindet. AUFNAHME: ROLAND HERTWIG

PBSV-Verkehrs-GmbH

Die PBSV-Verkehrs-GmbH wurde 1993 gegründet, hatte ihren Sitz in Magdeburg und war eine Gesellschaft für Planung und Bau von Sicherungs- und Verkehrsanlagen sowie für das Erbringen von Leistungen im Bereich des Güter-, Arbeits- und Bauzugverkehrs. Im Februar 2009 wurde dieses Unternehmen in KUBE CON rail GmbH umbenannt, die allerdings wenig später in die Insolvenz ging. Für die Bewältigung der umfangreichen Aufgaben im Schienenverkehr baute die PBSV ab August 2000 einen Bestand an Maschinen aus im Schienenfahrzeugzentrum Stendal modernisierten Vertreterinnen der DR-Baureihe V 100 auf. Zeitweise waren bis zu acht dieser Lokomotiven für das Unternehmen im Einsatz, sieben davon befanden sich im Eigentum der PBSV und hatten die Nummern 11, 12, 15, 16, 18 – 20 erhalten.

Die als Lok 18 bezeichnete Maschine leistete bereits vor ihrem Erwerb durch die PBSV-Verkehrs-GmbH als Mietlok mit der Nummer 203 503 ihre Dienste für die Firma, die Lok 21 war eine bei Alstom angemietete Lok (203).

Die Fahrzeuge der PBSV kamen bundesweit zum Einsatz. Sie waren sowohl bei Anschlussbedienungen als auch im Ganzzugverkehr sowie vor Bau- und Arbeitszügen anzutreffen.

◁ **Bild 337**
Am 14. September 2006 passieren Vorspannlok **16** (ex DR-112 494) und Zuglok **17** (ex DR-118 331) von PBSV mit einem Arbeitszug den Bahnhof Berlin-Spandau. Die V 100 kam erst im Juli jenes Jahres zur PBSV und ist noch in der Lackierung des vorherigen Eigentümerunternehmens – der TLG GmbH – unterwegs. Im Hintergrund grüßt der Uhrenturm des zwischen 1910 und 1913 erbauten Spandauer Rathauses.

AUFNAHME: GUNTER VON HARTWIG

Bild 338 ▷ Die Umbau-V 100 des PCK Schwedt (Oder) haben keine Streckenzulassungen für das Netz der DB AG, sodass ihr Einsatzbereich am Übergabebahnhof des Werkes in Stendell endet. Am 2. August 2010 war dort **V 150-5** im Einsatz.

AUFNAHME: ANDREAS GÖRS

PCK Raffinerie Schwedt GmbH (VEB PCK, ab 01.06.1990: Petrolchemie und Kraftstoffe AG, ab 01.07.1991: PCK Raffinerie AG)

Typ	ex DB AG	Hersteller	Fabriknr.	Baujahr	Nr. bei EVU	Bemerkung	Motor	NVR-Nummer
V 100.4	–	LEW	16324	1981	V 150-1 [1]	seit 04/81 bei PCK	CAT 3512 DI-TA	–
V 100.4	–	LEW	16325	1981	V 150-2 [2]	seit 04/81 bei PCK	CAT 3512 DI-TA	–
V 100.4	–	LEW	16326	1981	V 150-3 [3]	seit 04/81 bei PCK	CAT 3512 DI-TA	–
V 100.4	–	LEW	16673	1981	V 150-4 [4]	seit 06/81 bei PCK	CAT 3512 DI-TA	–
V 100.4	–	LEW	16674	1981	V 150-5 [5]	seit 06/81 bei PCK	CAT 3512 DI-TA	–
V 100.4	–	LEW	16675	1981	V 100.4-16	05/81 – 05/97 bei PCK	CAT 3512 DI-TA	–
V 100.4	–	LEW	17851	1982	V 100.4.17	04/82 – 05/97 bei PCK	?	–
V 100.1	202 613-6	LEW	13931	1973	203 163-1	01/10 – 02/10 Mietlok von NbE [6]	CAT 3512 DI-TA	92 80 1203 163-1 D-NBEG
V 100.1	202 293-7	LEW	12757	1970	1001 011-8	03/19 – ?/19 Mietlok von ALS [7]	Deutz TCD 2013 L6 2V	90 80 1001 011-8 D-ALS

[1] bis 05/95 als V 100.4-11 bezeichnet [2] bis 03/95 als V 100.4-12 bezeichnet [3] bis 08/95 als V 100.4-13 bezeichnet [4] bis 03/95 als V 100.4-14 bezeichnet
[5] bis 08/95 als V 100.4-15 bezeichnet [6] Nordbayerische Eisenbahngesellschaft mbH [7] Alstom Lokomotiven Service GmbH

PCK Raffinerie GmbH

Der VEB Petrolchemisches Kombinat (PCK) Schwedt (Oder) war eines der größten Kombinate in der DDR, dem – neben dem Stammwerk in Schwedt (Oder) – insgesamt noch 13 weitere Betriebe bzw. Betriebsteile angeschlossen waren. In Schwedt (Oder) endete die 5.000 km lange Erdölleitung „Druschba I" (russisch für „Freundschaft"), die seit 1963 das vormalige Erdölverarbeitungswerk mit dem Rohstoff aus Sibirien versorgte. Im Jahr 1970 wurde der VEB PCK Schwedt gebildet, der ab 1981 durch eine zweite Leitung („Druschba II") mit noch mehr Erdöl aus der Sowjetunion beliefert wurde. Im Juni 1990 wurde der Betrieb in Schwedt zur Petrolchemie und Kraftstoffe AG (PCK AG) umfirmiert, und dieses Unternehmen im Jahr 1996 zur PCK Raffinerie GmbH umgewandelt. Aus diesem Grund sollen alle drei an diesem Standort nacheinander vorhandenen Betriebe unter einer Überschrift zusammengefasst werden.

Im Frühjahr 1981 erhielt der VEB PCK Schwedt (Oder) für den Werksverkehr sowie für die Bereitstellung bzw. Abholung der Kesselwagenzüge am DR-Übergabebahnhof in Stendell seine ersten Lokomotiven des LEW-Typs V 100.4. Der Übergabebahnhof entstand Anfang der sechziger Jahre mit dem Aufbau des bereits erwähnten VEB Erdölverarbeitungswerk Schwedt (Oder), die ca. 6 km lange Strecke dorthin zweigt in Passow (Uckermark) von der Verbindung Angermünde – Szczecin (Stettin) ab und dient ausschließlich dem Güterverkehr. Von Stendell bis ins PCK sind es dann noch einmal weitere 10 km, die allerdings bereits als Anschlussbahn des Werkes gilt. Die vom LEW Hennigsdorf gelieferten sieben Werkloks wurden als V 100.4-11 bis -17 bezeichnet und lösten die Dieselloks der Baureihe 107 aus tschechoslowakischer Produktion (DR-Baureihe V 75) ab.

Die V 100.4 bewährten sich im schweren Dienst vor den Kesselwagenzügen überaus gut, dennoch nutzte die PCK AG im Jahr 1994 die Möglichkeit und ging auf das Angebot der Firma Krauss-Maffei Verkehrstechnik, insgesamt fünf Loks aus dem Bestand des PCK im Werk Stendal zu modernisieren, ein. Die V 100.4-11 bis -15 erhielten daraufhin neue leistungsstärkere Motoren, neue Kühlanlagen, neue Drehgestelle, einen Wirbelzellen-Wärmetauscher, neue elektronische Steuergeräte usw., wurden in der modernisierten Ausführung zwischen März und August 1995 wieder in Betrieb genommen und erhielten die neuen Bezeichnungen V 150-1 bis -5. Diese Lokomotiven sind noch heute für die PCK Raffinerie GmbH im Werks- und Übergabeverkehr im Einsatz.

Von den beiden weiteren „alten", Anfang der achtziger Jahre gelieferten Werkloks (V 100.4-16 und -17) trennte sich das Unternehmen im Jahr 1997 und verkaufte die Maschinen an die Prignitzer Eisenbahn GmbH.

Kurzzeitig leisteten noch zwei Mietloks ihre Dienste für PCK, darunter war die Hybridlok 1001 011-8 von Alstom.

◁ **Bild 339**
Am 3. Mai 2014 war **110 171** von Thomas Speich Eisenbahndienstleistungen in Egeln mit Rangierarbeiten beschäftigt. Von Februar bis August jenes Jahres war die Lok an die Power Rail GmbH vermietet.

AUFNAHME: THOMAS WOHLFAHRT

Power Rail GmbH

Typ	ex DB AG	Hersteller	Fabriknr.	Baujahr	Nr. bei EVU	Bemerkung	Motor	NVR-Nummer
V 100.1	201 171-6	LEW	12452	1969	110 171-6	02/14 – 08/14 Mietlok von TSE *)	12 KVD 18/21 A-5	92 80 1201 171-6 D-TSE

*) Thomas Speich Eisenbahndienstleistungen

Prignitzer Eisenbahn GmbH (PEG)

Typ	ex DB AG	Hersteller	Fabriknr.	Baujahr	Nr. bei EVU	Bemerkung	Motor	NVR-Nummer
V 100.4	–	LEW	16675	1981	1	05/97 – 08/99 bei PEG	12 KVD 18/21 A-3	–
V 100.4	–	LEW	17851	1982	2	05/97 – 02/99 bei PEG	12 KVD 18/21 A-3	–
V 100.1	201 001-5	LEW	12403	1969	3	03/98 – 02/99 bei PEG	12 KVD 18/21 A-3	–
V 100.1	201 126-0	LEW	12427	1969	4	?/9x –/?9x bei PEG	12 KVD 18/21 A-3	–
V 100.5	710 968-9	LEW	17317	1983	1101	06/04 Mietlok von ITB *)	12 KVD 18/21 A-3	–
V 100.1	201 026-2	LEW	11455	1967	V 100.01	05/98 – 11/07 bei PEG	12 KVD 18/21 A-3	–

*) Industrietransportgesellschaft mbH Brandenburg

Power Rail GmbH

Die in Magdeburg ansässige und 2004 gegründete Power Rail GmbH hatte von Februar bis August 2014 die 110 171 von Thomas Speich Eisenbahndienstleistungen angemietet. Der Unternehmensgegenstand von Power Rail ist ursprünglich nur die Erbringung von Personaldienstleistungen im Eisenbahnverkehr, insbesondere Lokführer- und Lotsenservice. Während ihrer Einsatzzeit für diese Firma war 110 171 im Güterverkehr sowohl im Großraum Magdeburg als auch in Mitteldeutschland unterwegs.

Weitere DR-V 100 hatte die Power Rail GmbH bisher nicht im Bestand.

Prignitzer Eisenbahn GmbH

Die im Juni 1996 gegründete Prignitzer Eisenbahn GmbH (PEG) war eines der ersten ostdeutschen Eisenbahnverkehrsunternehmen, das neben Güterverkehr auch einen öffentlichen Schienenpersonenverkehr durchführte. Bereits in den ersten Jahren seines Bestehens befanden sich Lokomotiven der DR-Baureihe V 100 bzw. deren Variante V 100.4 im Bestand des Unternehmens. Den Anfang machten zwei Maschinen, welche die PEG im Mai 1997 von der PCK Raffinerie GmbH in Schwedt (Oder) übernahm und diese als Lok 1 sowie 2 bezeichnete. Ihnen folgten 1998 die 201 001 (ex DR-110 001^{II}) und zu einem nicht mehr genau identifizierbaren Zeitpunkt Ende der neunziger Jahre noch 201 126. Letztere, die bei der PEG die Nummer 4 erhielt, fand aufgrund ihres Zustandes zunächst keine Verwendung im Betriebsdienst, erhielt allerdings zumindest eine äußerliche Aufarbeitung und eine „Auffrischung" ihrer Reichsbahnlackierung. Ob die Lok auch betriebsfähig wieder hergerichtet wurde, ist nicht bekannt – kann aber insofern ausgeschlossen werden, als dass sie noch Ende der neunziger Jahre zu Adtranz gelangte und dort als Ersatzteilspenderin diente. Zumindest Lok 1 und Lok 2 erhielten bei der PEG eine Lackierung in Blau, wobei das Führerhaus oberhalb der Vorbautenkante noch in Rot gehalten wurde.

Bereits im Verlauf des Jahres 1999 trennte sich die PEG von ihren DR-V 100, lediglich die als V 100.01 bezeichnete ehemalige 201 026 blieb noch bis November 2007 im Bestand.

Private Car Train GmbH

Dass sich ein Dienstleistungsunternehmen aus der Automobillogistik ein eigenes EVU zulegt, ist sicherlich auch nicht alltäglich. Die ARS Altmann AG hat dies im Jahr 2008 mit der Private Car Train (PCT) GmbH in die Realität umgesetzt. Das Unternehmen bestand bis März 2016, wurde dann an die Österreichischen Bundesbahnen (ÖBB) verkauft und firmiert nunmehr unter der Bezeichnung Rail Cargo Carrier - Germany als Teil der Rail Cargo Group.

△ **Bild 340** • Am 21. September 1998 kam es in Pritzwalk zum kurzzeitigen Nebeneinander der blauen PEG-**Lok 2** und der im „frischen Reichsbahnkleid" erscheinenden PEG-**Lok 4** (ex 201 126). Letztere trug noch nach ihrer äußeren Aufarbeitung noch keine neuen Anschriften. AUFNAHME: JAN KACMAREK

Private Car Train GmbH

Typ	ex DB AG	Hersteller	Fabriknr.	Baujahr	Nr. bei EVU	Bemerkung	Motor	NVR-Nummer
V 100.1	202 547-6	LEW	13586	1973	202 547-6	?/12 – ?/1x Mietlok von EGP	12 KVD 18/21 AL-4	98 80 3202 547-6 D-EGP

*) Eisenbahngesellschaft Potsdam mbH

ProLok GmbH

Typ	ex DB AG	Hersteller	Fabriknr.	Baujahr	Nr. bei EVU	Bemerkung	Motor	NVR-Nummer
V 100.4	202 535-1	LEW	17732	1983	202 535-1	Mietlok von deLog[1]	CAT 3512 DI-TA	80 3202 535-1 D-HAEG
V 100.1	202 718-3	LEW	14419	1974	203 007-0	mehrfach Mietlok[2]	MTU 12V 4000 R10	92 80 1203 007-0 D-OCRM
V 100.1	202 654-0	LEW	14081	1974	203 012-0	?/16 – 02/16 Mietlok von EAH[3]	MTU 12V 4000 R10	92 80 1203 012-0 D-BUVL
V 100.1	202 587-2	LEW	13905	1973	203 014-6	?/15 – ?/15 Mietlok von EAH	MTU 12V 4000 R10	92 80 1203 014-6 D-BUVL

[1] 10/12 – 07/14 + 03/15 – 08/15 Mietlok von deLog Deutsche Logistik GmbH & Co. Portfolio KG (untervermietet von Oak Capital Locolease GmbH)

[2] 06/13 – 08/13 + 03/15 – 08/15 Mietlok von Oak Capital Locolease GmbH, 03/20 – ?/2x Mietlok von European Wagon Lease Asset GmbH & Co. KG

[3] Eisenbahn Anlagen Handel GmbH

Als Mietlok von der Eisenbahngesellschaft Potsdam mbH leistete im Jahr 2012 die 202 547 ihre Dienste für PCT. Wie lange genau diese Anmietung dauerte und was die Lok für Einsätze fuhr, ist nicht bekannt.

ProLok GmbH

Über keine eigenen Lokomotiven der DR-Baureihe V 100 verfügt die 2007 gegründete ProLok GmbH mit Sitz in Straupitz. Das Unternehmen ist mit Dienstleistungen im Gütertransport aktiv und mietet regelmäßig von Dritten Fahrzeuge für ihre Verkehre an, darunter befanden sich mehrfach in Ausführung der (Um-)Baureihe 203 auch Vertreterinnen aus der V 100-Baureihenfamilie.

△ **Bild 341** • Angemietet von der ProLok GmbH leistete **203 007** der European Wagon Lease Asset GmbH & Co. KG am 17. April 2020 ihre Dienste in Hamburg-Waltershof. AUFNAHME: INGMAR WEIDIG

RAG Bahn- und Hafenbetriebe GmbH								
Typ	ex DB AG	Hersteller	Fabriknr.	Baujahr	Nr. bei EVU	Bemerkung	Motor	NVR-Nummer
V 100.1	110 056-9	LEW	11894	1968	631	12/96 – 06/00 Mietlok von Lokpool *)	CAT 3508 DI-TA	–
V 100.1	201 075-9	LEW	11913	1968	632	12/96 – 07/98 Mietlok von Lokpool	CAT 3508 DI-TA	–

*) Lokpool Verwaltungsgesellschaft mbH & Co. Vermietungs KG

△ **Bild 342** • Von Dezember 1996 bis Mai 2005 befand sich die zur Baureihe 293 umgebaute ehemalige 201 075 im Bestand der Lokpool Verwaltungsgesellschaft mbH & Co – der Vermietungsgesellschaft von Alstom. Die RAG Bahn- und Hafenbetriebe hatte die nunmehr als **11913** (LEW-Fabriknummer) bezeichnete Lok von Dezember 1996 bis Juli 1998 angemietet. Im selben „Outfit" wie während ihrer RAG-Einsatzzeit präsentierte sich die Lok hier am 7. Oktober 2000, als sie für die Magdeburger Hafen GmbH ihre Dienste leistete.

Aufnahme: Jörg Boeisen

RAG Bahn- und Hafenbetriebe

Die RAG Bahn- und Hafenbetriebe (BuH) GmbH wurde 1990 gegründet und darin alle Bahnen der Ruhrkohle AG (RAG) zusammengeführt. Im Jahr 2004 sind die BuH und die 1993 gebildete RAG Bahn und Hafen Vertriebsgesellschaft mbH zur RAG Bahn und Hafen (RBH) GmbH vereinigt worden. Bereits ein Jahr wurde RBH von der DB Schenker Rail AG gekauft, in ein unabhängiges Logistikunternehmen umgewandelt und 2006 in RBH Logistics umbenannt.

Ab Dezember 1996 mietete die BuH von der Lokpool Verwaltungsgesellschaft zwei Maschinen der (Um-)Baureihe 293 an, die unmittelbar zuvor bei Adtranz in Kassel aus DR-V 100 entstanden. Dies waren die Loks 11894 und 11913 („Blue Cat", ex DB AG-201 075), die bei BuH die Nummern 631 und 632 erhielten. Bei der Lok 11894 (BuH 631) handelte es sich um die

Raildox GmbH & Co. KG								
Typ	ex DB AG	Hersteller	Fabriknr.	Baujahr	Nr. bei EVU	Bemerkung	Motor	NVR-Nummer
V 100.1	202 466-9	LEW	13505	1972	202 466-9	03/15 – ?/15 MI von Uwe Adam 1)	CAT 3512 DI-TA	92 80 1202 466-9 D-BWESA
V 100.1	202 562-5	LEW	13880	1973	203 116-9	seit 05/23 bei Raildox 2)	CAT 3512 DI-TA	92 80 1203 116-9 D-RDX
V 100.1	202 656-5	LEW	14357	1974	203 118-5	08/17 Mietlok von WFL 3)	CAT 3512 DI-TA	92 80 1203 118-5 D-WFL
V 100.1	202 558-3	LEW	13876	1973	203 126-8	seit 02/16 bei Raildox	CAT 3512 DI-TA	92 80 1203 126-8 D-RDX
V 100.1	202 737-3	LEW	14438	1974	203 737	12/16 – ?/17 Mietlok von ALS 4)	CAT 3512 DI-TA	92 80 1203 136-7 D-RDX
V 100.4	–	LEW	16672	1981	293 002-2	seit 07/13 bei Raildox 5)	CAT 3512 DI-TA	98 80 3293 002-2 D-RDX

1) Uwe Adam EVU GmbH
2) seit 2025 vermietet an Managementgesellschaft für Hafen und Markt mbH, Frankfurt (M)
3) Wedler Franz Logistik GmbH & Co. KG
4) Alstom Lokomotiven Service GmbH
5) ?/13 – ?/1x vermietet an Erfurter Bahn GmbH

◁ **Bild 343**
Äußerst farbenfroh lackiert ist **203 126** von Raildox mit einem Leerwagenpark am 5. Juni 2025 unterwegs auf der Heidebahn und passiert hier bei der Fahrt in Richtung Soltau das Einfahrsignal des Bahnhofs Handeloh.

Aufnahme: Dierk Lawrenz

DR-Maschine 110 056, die bereits im November 1987 im damaligen Bw Karl-Marx-Stadt (Chemnitz) ausgemustert wurde und anschließend beim VEB Energieversorgung Karl-Marx-Stadt als Werklok 10 (ab Oktober 1990: Werklok 5 der Stadtwerke Chemnitz GmbH) zum Einsatz kam.

Während die BuH-Lok 632 im Juli 1998 wieder an Lokpool zurückgegeben wurde, endete das Mietverhältnis der Lok 631 erst im Juni 2000.

Raildox GmbH & Co. KG

In Erfurt hat die im Jahr 2007 gegründete Raildox GmbH & Co. KG ihren Sitz, deren Unternehmensgegenstand die Erbringung von Leistungen im bundes- und europaweiten Schienengüterverkehr ist. Zum Fahrzeugpark von Raildox gehören – Stand Dezember 2025 – auch drei Loks aus der DR-V 100-Baureihenfamilie. Dabei handelt es sich um zwei Vertreterinnen der Umbaureihe 203.1 (203 116 und 203 126) sowie eine Lok der Baureihe 293, die im Juni 2013 als Lok 1001 von der BTE GmbH kam und die Nummer 293 002-2 erhielt. Die Maschine wurde im Juni 1981 vom LEW Hennigsdorf als Werklok an den VEB Braunkohlenwerk „Alfred Scholz“ in Welzow geliefert und war dort als Di 485-100-B4 im Einsatz.

Neben den drei unternehmenseigenen DR-V 100 hatte Raildox auch Mietlokomotiven dieser Baureihe im Bestand – gleichzeitig vermietet die Firma auch an Dritte, wie es bei 203 116 der Fall ist und bei 293 002 war. Die Loks des Unternehmens kommen bundesweit vor Güterzügen, bei Überführungsfahrten und Anschlussbedienungen zum Einsatz.

Rail Cargo Carrier – Germany GmbH

Als Rail Cargo Carrier (RCC) – Germany GmbH firmiert seit Mai 2019 die vormalige Rail Cargo Carrier - PCT GmbH, die bis Mai 2016 noch Private Car Train GmbH hieß. Die RCC Germany GmbH hat ihren Sitz in Ingolstadt und gehört zur Rail Cargo Group – der Logistiksparte der Österreichischen Bundesbahnen.

Im Fahrzeugbestand der RCC Germany GmbH befindet sich Anfang 2026 mit 203 152 eine Vertreterin der DR-V 100-Umbaureihe 203.1. Bei der Lok handelt es sich um die ehemalige DB AG-202 881, die im Frühjahr 2000 im Bh Halle G ausgemustert und Anfang der 2000er-Jahre bei Alstom in Stendal umgebaut wurde.

In der Spitze hatte RCC zwischen 2015 und 2021 immerhin fünf Loks im Bestand, die der DR-V 100-Baureihenfamilie angehörten, darunter befanden sich mit 202 746 eine Mietlok von Alstom.

Rail Transport Service Germany GmbH

Die Rail Transport Service (RTS) Germany GmbH ist der deutsche Ableger der in Graz (Österreich) ansässigen RTS (RTS) GmbH, die wiederum eine Tochtergesellschaft der Swietelsky Baugesellschaft mbH ist. Die Außenstelle in Deutschland wurde im Juni 2006 gegründet und hat ihren Sitz in München.

Im April 2010 gelangten insgesamt acht DR-V 100 bzw. deren modernisierten Varianten aus dem Bestand der Eisenbahnbewachungs GmbH – bei der zu diesem Zeitpunkt die Liquidation begann – zur RTS

△ **Bild 344** • Ein „Held der Schiene“: **203 115** der Rail Cargo Carrier – Deutschland GmbH, aufgenommen am 14. Oktober 2018 in Schwerte.
Aufnahme: Marco Heyde

Rail Cargo Carrier - Germany GmbH (RCC)

Typ	ex DB AG	Hersteller	Fabriknr.	Baujahr	Nr. bei EVU	Bemerkung	Motor	NVR-Nummer
V 100.1	202 330-7	LEW	12839	1971	202 330-7	10/15 – 05/21 bei RCC	CAT 3512 DI-TA	92 80 1202 330-7 D-RCCDE
V 100.1	202 746-4	LEW	14447	1974	202 746-4	?/20 – ?/20 Mietlok von ALS *)	CAT 3512 DI-TA	98 80 3202 746-4 D-ALS
V 100.1	202 651-6	LEW	14078	1974	203 111-0	10/15 – 03/21 bei RCC	CAT 3512 DI-TA	92 80 1203 111-0 D-RCCDE
V 100.1	202 450-3	LEW	13489	1972	203 115-1	10/15 – 05/21 bei RCC	CAT 3512 DI-TA	92 80 1203 115-1 D-RCCDE
V 100.1	202 818-1	LEW	15090	1975	203 152-4	seit 10/15 bei RCC	CAT 3512 DI-TA	92 80 1203 152-4 D-RCCDE

*) Alstom Lokomotiven Service GmbH

Rail Transport Service Germany GmbH (RTS)

Typ	ex DB AG	Hersteller	Fabriknr.	Baujahr	Nr. bei EVU	Bemerkung	Motor	NVR-Nummer
V 100.1	202 267-1	LEW	12549	1970	203.500	seit 04/10 bei RTS	CAT 3512 DI-TA	92 80 1203 500-4 D-RTS
V 100.1	202 379-4	LEW	12888	1971	203.501	04/10 – 10/16 bei RTS	CAT 3512 DI-TA	92 80 1203 501-2 D-RTS
V 100.4	–	LEW	17851	1982	204.900	04/10 – 05/15 bei RTS	?	92 80 1204 900-5 D-RTS
BR 293	–	Adtranz	72340	1999	293.001	seit 04/10 bei RTS 1)	CAT 3512 DI-TA	92 80 1293 001-4 D-RTS
BR 293	–	Adtranz	72360	2000	293.002 2)	seit 04/10 bei RTS 3)	CAT 3512 DI-TA	92 80 1293 002-2 D-RTS
V 100.1	202 279-6	LEW	12561	1970	293.003	04/10 – 12/16 bei RTS	CAT 3512 DI-TA	92 80 1293 003-0 D-RTS
V 100.1	202 531-0	LEW	13570	1973	293.004	seit 04/10 bei RTS	CAT 3512 DI-TA	92 80 1293 004-8 D-RTS

1) 05/10 – ?/1x vermietet an SES Logistik GmbH 2) bis 2011 als 293.070 benummert 3) 06/10 – 08/10 vermietet an Erfurter Bahnservice Gesellschaft mbH

△ **Bild 345** • Ein „RTS-Doppel" bestehend aus **203 501** und **203 500** kam am 9. April 2011 zwischen Schandelah und Königslutter des Weges. Aufnahme: Florian Wieser

Germany GmbH. Dabei wurden die vorherigen Bezeichnungen der Loks nicht beibehalten, sondern sie bekamen neue Loknummern, die ihrer Baureihenspezifika (203.1 und 293) entsprachen. Nicht in dieses Raster passte die als 204.900 bezeichnete Maschine, bei der es sich um eine Vertreterin des LEW-Typs V 100.4 handelte, die ursprünglich an den VEB Petrolchemisches Kombinat Schwedt (Oder) geliefert worden war. Nach ihrer Abstellung aufgrund von Fristablauf im Mai 2015 wurde diese Lok verschrottet.

Die Fahrzeuge der RTS Germany GmbH kommen bundesweit zum Einsatz und fallen aufgrund ihrer Lackierung in hellem Orange mit einem breiten, diagonal verlaufenden silbernem Streifen am hinteren Vorbau schnell ins Auge. Stand Anfang 2026 befanden sich noch vier modernisierte Loks der DR-Baureihe V 100 im Bestand der RTS Germany GmbH.

Rail & Service/Redler-Service e. K./Redler Service GmbH

An dieser Stelle sollen erneut Firmen in einem Text zusammengefasst werden, die unmittelbar miteinander verwoben sind und passenderweise auch noch mit demselben Buchstaben beginnen.

Die Redler-Service, Inhaber Burghard Redler e. K. ist ein 2005 ins Handelsregister eingetragenes Unternehmen mit Sitz in Wesertal (Gemeinde im Landkreis Kassel), wo auch die dessen Tochterfirma Redler Service GmbH sowie die Rail & Service

Rail & Service GmbH (R & S)/Redler-Service, Inh. Burghard Redler e. K. (RSeK)/Redler Service GmbH (RS)

Typ	ex DB AG	Hersteller	Fabriknr.	Baujahr	Nr. bei EVU	Bemerkung	Motor	NVR-Nummer
V 100.1	202 732-4	LEW	14433	1974	3	01/14 – 08/17 bei RS e.K. 1)	MTU 12V 4000 R10	92 80 1202 623-5 D-RAILS
V 100.5	710 970-5	LEW	16756	1983	9	seit 02/15 bei RS e.K. RS 2)	CAT 3512 DI-TA	98 80 3202 500-5 D-RAILS
V 100.1	201 222-7	LEW	12504	1970	11	?/08 – 11/08 bei RS e.K. 3)	12 KVD 18/21 A-3	98 80 3201 222-7 D-RAILS
V 100.4	–	LEW	16328	1981	14	?/08 – ?/11 bei RS e.K. 3)	12 KVD 18/21 A-3	98 80 3293 902-3 D-RAILS
V 100.1	202 219-2	LEW	12501	1970	15	11/08 – ?/11 bei RS e.K. 3)	12 KVD 18/21 AL-4	92 80 1202 219-2 D-RAILS
V 100.1	201 823-2	LEW	15095	1975	16	seit 2010 bei RS e.K. 2)	CAT 3512 DI-TA	92 80 1201 823-2 D-RAILS
V 100.1	201 070-0	LEW	11908	1968	18	seit 06/09 bei RS e.K. 3	12 KVD 18/21 A-3	98 80 3201 070-0 D-RAILS
V 100.1	201 019-7	LEW	11228	1967	201 019-7	seit 2010 bei RS e.K.	12 KVD 18/21 A-3	–
V 100.1	201 619-4	LEW	13937	1973	201 619-4	?/08 – 11/08 bei RS e.K.	CAT 3512 DI-TA	–
V 100.1	202 458-6	LEW	13497	1972	202 458-6	seit 11/08 bei RS e.K.	12 KVD 18/21 A-3	–
V 100.1	202 487-5	LEW	13526	1972	202 487-5	seit 08/25 bei RS e.K.	12 KVD 18/21 AL-4	98 80 3202 487-5 D-RAILS
V 100.1	202 543-5	LEW	13582	1973	202 543-5	10/08 – ?/10 bei RS e.K.	?	–
V 100.1	202 725-8	LEW	14426	1974	202 725	seit 11/25 bei RS e.K.	CAT 3512 DI-TA	92 80 1202 725-8 D-RAILS

1) Einsatz durch R & S, 05/17 – 07/17 vermietet an Rhenus Rail St. Ingbert GmbH 2) Einsatz durch RS 3) Einsatz durch R & S

◁ **Bild 346**
Am 4. März 2010 war Betrieb an der Verladerampe der Verkehrsgesellschaft Landkreis Osnabrück in Bohmte: **Lok 14** von Redler-Service hatte einen mit einem Spülfahrzeug des Unternehmens beladenen Flachwagen an die Rampe gefahren.

Aufnahme: André Schafstall-Klecker

Bild 347 ▷
Ein rt&l-Doppel vor einem Schotterzug gab es am 4. Mai 2007 in Gießen zu sehen. Dabei kam als Vorspannlok die **202 719** – „**Alina**“ – zum Einsatz. Jede im Eigentum der Rail Technology & Logistics GmbH befindliche Lok hatte einen gesonderten „persönlichen“ Namen.

Aufnahme: Marco Berger

Rail Technology & Logistics GmbH (rt&l)

Typ	ex DB AG	Hersteller	Fabriknr.	Baujahr	Nr. bei EVU	Bemerkung	Motor	NVR-Nummer
V 100.1	202 483-4	LEW	13522	1972	202 483-4	10/07 – 01/12 bei rt&l	12 KVD 18/21 AL-4	98 80 3202 483-4 D-RTUL
V 100.1	202 349-7	LEW	12858	1971	203 001-3	09/08 Mietlok von ALS [1]	MTU 12V 4000 R10	–
V 100.1	202 719-1	LEW	14420	1974	Alina	04/07 – 05/09 bei rt&l [2]	CAT 3512 DI-TA	92 80 1203 124-3 D-RTUL
V 100.1	202 818-1	LEW	15090	1975	Felix	10/08 – ?/11 bei rt&l [3]	CAT 3512 DI-TA	92 80 1203 152-4 D-RTUL
V 100.1	202 385-1	LEW	12894	1971	Franz	09/08 – 03/12 bei rt&l [4]	CAT 3512 DI-TA	92 80 1203 148-2 D-RTUL
V 100.1	202 376-0	LEW	12885	1971	Katharina	03/07 – 04/09 bei rt&l [5]	CAT 3512 DI-TA	92 80 1203 123-5 D-RTUL

[1] Alstom Lokomotiven Service GmbH
[2] ?/07 – 10/08 vermietet an DB Services Südost GmbH, 09/08 – 10/08 an Rent-a-Rail Eisenbahn-Service AG, 10/08 – 03/09 an Railion/Schenker Rail Deutschland
[3] 10/08 – 04/09 vermietet an Railion/Schenker Rail Deutschland, 2010 an DB Fahrwegdienste GmbH
[4] 09/08 – 07/09 vermietet an Railion/Schenker Rail Deutschland, 11/11 – 01/12 an Stahlwerk Thüringen GmbH
[5] 09/08 – 03/09 vermietet an Railion/Schenker Rail Deutschland

GmbH ihren Sitz haben, die sich zudem noch denselben Geschäftsführer teilen.

Im Bestand der Redler-Service, Inhaber Burghard Redler e. K. befinden sich – Stand Anfang 2026 – noch sieben Lokomotiven aus der V 100-Baureihenfamilie, von denen allerdings der Großteil nicht betriebsfähig auf dem Redler-Firmengelände am Bahnhof Oberröblingen (bei Sangerhausen) abgestellt ist. Insgesamt hatte das Unternehmen bisher 13 Vertreterinnen dieser Baureihe im Eigentum.

Die Lokomotiven wurden sowohl durch die Rail & Service GmbH als auch durch die Redler Service GmbH eingesetzt. Dabei kamen (und kommen) die Fahrzeuge der Redler Service GmbH vor besonderen Zügen zum Einsatz, da sich diese Gesellschaft auf die gleisgebundene Reinigung der Tiefenentwässerung und Tunneldrainage spezialisiert hat. Es ist das einzige Unternehmen in Deutschland, was dieses Leistung im Portfolio hat. Zum Zugbild gehören aus diesem Grund u. a. Kesselwagen und Flachwagen mit Saug- bzw. Spülfahrzeugen.

Rail Technology & Logistics GmbH

Heute nicht mehr existent ist die Rail Technology & Logistics (rt&l) GmbH, gegen die im September 2011 das Insolvenzverfahren eröffnet und die Gesellschaft, die ihren Sitz in Magdeburg hatte, somit aufgelöst wurde. Zu diesem Zeitpunkt befanden sich nur noch zwei Loks aus der V 100-Baureihenfamilie im Bestand des Unternehmens, die dann aus der Insolvenzmasse im Januar 2012 zur WFL (202 483) bzw. im März 2012 zur BBL Logistik GmbH („Felix“) wechselten.

Im Verlauf des Jahres 2007 hatte die ein Jahr zuvor gegründete rt&l GmbH die ersten Lokomotiven der modernisierten V 100-Baureihe 203.1 erworben. Dabei erhielt die nach dem Umbau von Alstom als 203 502 in Dienst gestellte vormalige DB AG-202 483 wieder diese Nummer, während alle weiteren von rt&l gekauften Maschinen „persönliche“ Namen bekamen: „Alina“, „Katharina“, „Felix“ und „Franz“.

Im Verlauf des Jahres 2008 befanden sich fünf ex DR-V 100 im Unternehmensbestand, der im September jenes Jahres für wenige Tage von einer Alstom-Mietlok (203 001) ergänzt wurde. Die firmeneigenen Maschinen meist vermietet und dies oft und über längere Zeiträume an Konzernbereiche der DB AG, speziell an die Railion Deutschland AG (Niederlassung Halle/S), die ab Februar 2009 als DB Schenker Rail Deutschland AG firmierte. „Alina“ war zudem für DB Services Südost GmbH – Fahrwegdienste, Hannover, und „Felix“ für DB Fahrwegdienste GmbH, Berlin, im Einsatz.

Kurz bevor die Rail Technology & Logistics GmbH in die Insolvenz ging, wurden „Alina“ (Mai 2009) und „Katharina“ (April 2009) verkauft, wann genau „Felix“ im Jahr 2011 das Unternehmen verließ, (oder verlassen musste) ist nicht mehr exakt feststellbar.

Die RSH Deutschland GmbH übernahm noch im Juli 2011 mit 80 % die Gesellschaftsmehrheit an der Rail Technology & Logistics GmbH.

Rail Center Nürnberg GmbH (RCN)								
Typ	ex DB AG	Hersteller	Fabriknr.	Baujahr	Nr. bei EVU	Bemerkung	Motor	NVR-Nummer
V 100.1	202 768-8	LEW	14469	1975	0505	05/04 – 12/05 bei RCN [1]	CAT 3512 DI-TA	–
V 100.1	202 827-2	LEW	14891	1975	0506	08/04 – 12/05 bei RCN	CAT 3512 DI-TA	–
V 100.1	202 349-7	LEW	12858	1971	203 001-3	04/04–09/04+03/05–06/05 Mlv. ALS [2]	MTU 12V 4000 R10	–

[1] 12/04 – 01/05 vermietet an DB Regio AG - Regio Mittelfranken [2] Alstom Lokomotiven Service GmbH

Rail Care and Management GmbH (RCM)								
Typ	ex DB AG	Hersteller	Fabriknr.	Baujahr	Nr. bei EVU	Bemerkung	Motor	NVR-Nummer
V 100.4	–	LEW	17732	1983	202 535-1	09/15 – 03/20 bei RCM	12 KVD 18/21 A-3	98 80 3202 535-1 D-RCM

Lok war 04/17 – ?/17 vermietet an Alstom Transport Deutschland GmbH, 12/08 – 06/20 an CTL Logistics GmbH

△ **Bild 348** • Am 3. März 2005 stand die **Lok 0506** der Rail Center Nürnberg GmbH mit einem Schneepflug im Bahnhof Plattling. AUFNAHME: JÖRG BOEISEN

Rail Center Nürnberg

Im Januar 2001 gegründet, ist die Rail Center Nürnberg (RCN) GmbH & Co. KG bereits im Dezember 2010 aus dem Handelsregister gelöscht worden. Das Unternehmen war eine Tochter der Vossloh AG, die zum 1. März 2011 die Rail Center Nürnberg Verwaltungs GmbH in Vossloh Rail Center Nürnberg GmbH umfirmierte.

Die RCN GmbH war ursprünglich mit dem Herstellen von Langschienen beschäftigt, wofür sich die Gesellschaft im ehemaligen Schienenschweißwerk in der Katzwanger Straße in Nürnberg niederließ und dort aus Stahlprofilen sowie reprofilierten und gerichteten Gebrauchtschienen neue Langschienen zusammengeschweißt hat. Für den Transport der Schienen zu den Gleisbaustellen und für den internen Werksverkehr wurden zuerst Mietlokomotiven genutzt, darunter ab April 2004 die 203 001 von Alstom. Im Verlauf des Jahres 2004 erwarb das Unternehmen dann zwei zur Baureihe 203.1 umgebaute DR-V 100 und reihte diese als 0505 und 0506 ein. Diese Lokomotiven kamen neben den Langschienenzügen der RCN GmbH u. a. auch bei Überführungen von Arbeitsgeräten und im Arbeitszugdienst zum Einsatz. Beide Maschinen wechselten zum 1. Januar 2006 zur Mittelweserbahn nach Bruchhausen-Vilsen.

△ **Bild 349** • Am 4. April 2019 entstand auf dem Gelände des Hanauer Hafens diese Aufnahme der **202 535** von RCM, die zu diesem Zeitpunkt an CTL Logistics vermietet war. AUFNAHME: STEPHAN KARKOWSKI

RCM GmbH

Hinter der Abkürzung RCM verbirgt sich die Rail Care and Management GmbH in München, die u. a. im Bereich von Dienstleistungen im Logistik- und Schienenverkehr sowie der An- und Vermietung von Schienenfahrzeugen tätig ist. Dafür hatte das Unternehmen von September 2015 bis März 2020 die 202 535 im Bestand, bei der es sich um die einstige Werklok 2 des VEB Kaliwerks „Ernst Thälmann" in Merkers handelte und die entsprechend nie eine DR-Betriebsnummer trug. Eine solcher erhielt die Lok erst im Jahr 2008, als sie – nun in Privateigentum – als Leihgabe an die Dampflokfreunde Salzwedel gelangte und diese ihr die Nummer V 100 535 (wohl in Erinnerung an die kurzzeitig zum Jahreswechsel 1981/82 in Salzwedel beheimatete 110 535) gaben. Von der RCM GmbH wurde 202 535 – ganz dem Unternehmensgegenstand entsprechend – die meiste Zeit vermietet und wechselte im März 2020 zur EWL GmbH & Co. KG.

△ **Bild 350** • Die hier am 16. April 2021 im Bauzugdienst im Bahnhof Steinau (Straße) als Vorspannlok eingesetzte **204 005** der PRESS GmbH war im Herbst 2008 für drei Wochen – vom 30. Oktober bis zum 20. November – als Mietlok im Einsatz für die Regental Bahnbetriebs GmbH. AUFNAHME: STEPHAN KARKOWSKI

Regental Bahnbetriebs GmbH (Regental Cargo)

Typ	ex DB AG	Hersteller	Fabriknr.	Baujahr	Nr. bei EVU	Bemerkung	Motor	NVR-Nummer
V 100.1	202 350-5	LEW	12859	1971	204 005-3	10/08 – 11/08 Mietlok v. PRESS *)	CAT 3512 DI-TA	92 80 1203 350-4 D-PRESS

*) Eisenbahn-Bau- und Betriebsgesellschaft Pressnitztalbahn mbH

Regental Bahnbetriebs-GmbH/Regental Cargo

Nur kurzzeitig und auch nur als Mietfahrzeug hatte die Regental Bahnbetriebs GmbH bzw. deren Tochter Regental Cargo die 204 005 der PRESS GmbH im Einsatz. Sie leistete ihre Dienste für lediglich drei Wochen im Spätherbst 2008.

Eigene Lokomotiven oder weitere Mietloks aus der V 100-Baureihenfamilie besaß die Regental Bahnbetriebs GmbH – eine 1988 gegründete Tochtergesellschaft der Regental AG bzw. GmbH mit Sitz in Viechtach – nicht.

Regio Infra Service Sachsen GmbH

Am 5. Juli 2001 wurde die Regio Infra Service Sachsen GmbH (RIS) als Eisenbahninfrastrukturunternehmen (EIU) für die Betreibung der Infrastruktur der Strecken

Bild 351 ▷ Bei der Überführung von Fahrzeugen von Schweerbau kam am 24. März 2025 die **203 853** der RIS zum Einsatz, hier aufgenommen in Treysa.

AUFNAHME: MARKUS SCHMIDT

◁ **Bild 352**
202 743 gehörte von Dezember 2015 bis ins Jahr 2024 zum Bestand der RIS GmbH. Am 28. Juli 2021 ist die Lok mit Rangierarbeiten im Bahnhof Bienenmühle (Strecke Freiberg/Sachsen – Holzhau) beschäftigt.

Aufnahme: Frank Heilmann

Regio Infra Service Sachsen GmbH (RIS)

Typ	ex DB AG	Hersteller	Fabriknr.	Baujahr	Nr. bei EVU	Bemerkung	Motor	NVR-Nummer
V 100.1	202 481-8	LEW	13520	1972	V 100.01	mehrfach Mietlok [1]	12 KVD 18/21 AL-4	92 80 1202 481-8 D-RPE
V 100.1	202 708-4	LEW	14409	1974	112 708-3	02/03 – 09/16 bei RIS [2]	CAT 3512 DI-TA	92 80 1202 708-4 D-RIS
V 100.1	202 240-8	LEW	12522	1970	202 240-8	07/12 – 08/12 MI von Uwe Adam [3]	CAT 3512 DI-TA	92 80 1202 240-8 D-BWESA
V 100.1	202 264-8	LEW	12546	1970	202 264-8	?/18 – ?/18 Mietlok von WFL [4]	12 KVD 18/21 AL-4	98 80 3202 264-8 D-WFL
V 100.1	202 364-6	LEW	12873	1971	202 364-6	?/15 – ?/15 Mietlok von Uwe Adam	CAT 3512 DI-TA	92 80 1202 364-6 D-BWESA
V 100.1	202 743-1	LEW	14444	1974	202 743-1	12/15 – ?/24 bei RIS [5]	CAT 3512 DI-TA	92 80 1202 743-1 D-HANSE
V 100.1	202 486-7	LEW	13525	1972	203 117-7	?/17 – ?/1x Mietlok von WFL	CAT 3512 DI-TA	92 80 1203 117-7 D-WFL
V 100.1	202 678-9	LEW	14379	1974	203 120-1	04/19 – ?/19 Mietlok von WFL	CAT 3512 DI-TA	92 80 1203 120-1 D-WFL
V 100.1	202 843-9	LEW	15228	1976	203 843-8	seit 09/16 bei RIS	CAT 3512 DI-TA	92 80 1203 145-8 D-RIS

[1] 09/12 – 12/12 + ?/16 – 11/16 Mietlok von RP Eisenbahn GmbH, 04/20 – ?/20 von MaS Bahnconsult (als 112 481-7, NVR-Nr. 92 80 1202 481-8 D-MAS)
[2] 10/06 vermietet an PRESS GmbH, 10/08 – 11/08 an Eisenbahn Logistik Leipzig GmbH [3] Uwe Adam EVU GmbH [4] Wedler Franz Logistik GmbH & Co. KG
[5] zuvor 09/13 – 10/13 Mietlok von Uwe Adam EVU GmbH, ?/23 – ?/24 vermietet an Hanse Bahn Nord GmbH

des „Chemnitzer Modells“ gegründet. Gesellschafter waren die Chemnitzer Verkehrs AG und die RP-Eisenbahn GmbH (RPE) zu je 50 %. In den folgenden Jahren wurden mehrere Strecken rund um Chemnitz angepachtet, saniert und der planmäßige Betrieb aufgenommen, z. B. Chemnitz – Stollberg (Erzgeb).

Das Angebotsspektrum der RIS reicht von bundesweiter Arbeitszuglogistik, über Güterverkehrsleistungen bis hin zu Lotsendiensten. Und: Die Gestellung von Triebfahrzeugen der Baureihe 202/203. Dafür stand dem Unternehmen allerdings zu Beginn des Jahres 2026 nur noch eine solche Lok zur Verfügung: 203 843 (ex DB AG-202 843). Bisher befanden sich neben dieser Maschine noch zwei weitere ex DR-V 100 im Eigentum der RIS (112 708 und 202 743), demgegenüber leisteten bisher sechs Mietlokomotiven der Baureihen 202 und 203 ihre Dienste für das Unternehmen. Dabei kamen die Maschinen größtenteils in Sachsen zum Einsatz, waren mit ihren Leistungen aber auch weit über die Grenzen dieses Freistaates hinaus unterwegs.

Regiobahn Bitterfeld Berlin GmbH

Als Zusammenschluss mehrerer Werkbahnen im Großraum Bitterfeld-Wolfen entstand im Jahr 1995 als Betreiber des nun vorhandenen, fast 200 km umfassenden Gleisnetzes die Regiobahn Bitterfeld GmbH, die ein Jahr später als 100 %-ige Tochter von der Connex Cargo Logistics (CCL) GmbH übernommen wurde. Im Juli 2005 kam es zur Verschmelzung der Regiobahn Bitterfeld GmbH und der Rail Cargo Berlin GmbH (gleichsam eine CCL-Tochter), die neue Gesellschaft firmierte daraufhin unter dem Namen Regiobahn Bitterfeld Berlin (RBB) GmbH. Ab Mai 2006 war die RBB GmbH eine Tochtergesellschaft der Veolia Cargo Deutschland GmbH, die durch Namensänderung aus der CCL GmbH entstand, seit Januar 2010 heißt die Muttergesellschaft der RBB nun Captrain Deutschland GmbH. Im Jahr 2024 wurde die Captrain-Tochter Hörseltalbahn GmbH in der RBB GmbH verschmolzen.

Bereits die Regiobahn Bitterfeld GmbH hatte ab 1997 die ersten Lokomotiven der V 100-Baureihenfamilie im Bestand. Als erste Vertreterin wurde die ehemalige Werklok 63 des VEB Bandstahlkombinat „Hermann Matern“ – Eisenhüttenkombinat Ost – erworben, die unmittelbar zuvor gemäß dem Adtranz-Konzept Baureihe 293 umgebaut worden war. Die Lok erhielt die Bezeichnung V 141.

In den folgenden Jahren gelangten weitere Maschinen der Baureihen 293, 203.1 und 202 zur RBB GmbH, wobei diese nicht ins Eigentum der Gesellschaft kamen, sondern von der jeweiligen Muttergesellschaft der RBB – von der CCL über Veolia bis Captrain – an die Tochtergesellschaft vermietet oder von dieser im Auftrag der Muttergesellschaft eingesetzt wurden. Dabei sind einige Lokomotiven von der RBB GmbH sehr häufig untervermietet worden.

Die Loks der RBB GmbH kamen dabei schon lange nicht mehr nur rund um Bitterfeld-Wolfen zum Einsatz, sondern leisteten ihre Dienste bundesweit im Güterverkehr.

Bild 353 ▷ Bitterfeld am 15. Mai 2005: Lok **V 141** der damaligen Connex-Tochter RBB passiert ihre Schwesterlok **V 142**.

AUFNAHME: VOLKER LUCAS, SAMMLUNG A. ZIKA

Regiobahn Bitterfeld Berlin GmbH (RBB)

Typ	ex DB AG	Hersteller	Fabriknr.	Baujahr	Nr. bei EVU	Bemerkung	Motor	NVR-Nummer
BR 293	–	Adtranz	72510	1999	V 140	seit 01/24 bei RBB 1)	CAT 3512 DI-TA	92 80 1293 501-3 D-RBB
V 100.4	–	LEW	17728	1983	V 141	08/97 – 12/00 bei RBB 2)	CAT 3512 DI-TA	98 80 3293 901-5 D-RBB
V 100.1	201 864-6	LEW	15382	1976	V 142	12/97 – 12/00 bei RBB 2)	CAT 3512 DI-TA	98 80 3293 900-7 D-RBB
V 100.5	710 960-6	LEW	15395	1976	V 143	?/11 – 05/15 MI von Captrain 3)	CAT 3512 DI-TA	98 80 3202 960-1 D-HTB
V 100.1	299 111-5	LEW	15381	1976	V 145	10/02 – 12/10 MI von CCL … 4)	CAT 3512 DI-TA	–
V 100.1	202 388-5	LEW	12897	1971	V 146	11/02 – 01/11 MI von CLL … 4)	CAT 3512 DI-TA	92 80 1293 505-4 D-RBB
V 100.1	202 325-7	LEW	12834	1971	V 147	06/03 – 08/11 MI von CLL … 4)	CAT 3512 DI-TA	92 80 1293 506-2 D-RBB
V 100.1	110 108-8	LEW	12409	1969	110 108-8	seit 07/24 bei RBB	CAT 3508 DI-TA	98 80 3201 110-4 D-RBB
V 100.1	202 241-6	LEW	12523	1970	202 241-6	seit 07/24 bei RBB	CAT 3512 DI-TA	92 80 1202 241-6 D-RBB
V 100.1	202 459-4	LEW	13498	1972	202 459-4	seit 07/24 bei RBB	CAT 3512 DI-TA	98 80 3202 459-4 D-RBB
V 100.1	202 726-6	LEW	14427	1974	202 726-6	seit 07/24 bei RBB	CAT 3512 DI-TA	92 80 1202 726-6 D-RBB
V 100.1	201 812-5	LEW	15084	1975	293 514-6	05/14 – ?/1x Mietlok von EAH 5)	MTU 12V 396 TC14	92 80 1293 514-6 D-BUVL

1) Lok im Eigentum der Captrain Deutschland GmbH, Einsatz durch RBB

2) seit 12/00 Mietlok bzw. Einsatz für Connex Cargo Logistics/CCL GmbH (bis 14.02.06), Veolia Cargo Deutschland GmbH (15.02.06 – 10.01.10) und Captrain Deutschland GmbH (seit 11.01.10)

3) Captrain Deutschland GmbH

4) Mietlok bzw. im Einsatz für CCL, Veolia und Captrain, zahlreiche Untervermietungen

5) Eisenbahn Anlagen Handel GmbH

Rennsteigbahn GmbH

Typ	ex DB AG	Hersteller	Fabriknr.	Baujahr	Nr. bei EVU	Bemerkung	Motor	NVR-Nummer
V 100.1	202 827-2	LEW	14891	1975	203 103-7	?/13 – ?/1x Mietlok von MWB *)	CAT 3512 DI-TA	92 80 1203 103-7 D-MWB
V 100.1	202 509-6	LEW	13548	1972	203 107-8	?/12 – ?/12 Mietlok von MWB	CAT 3512 DI-TA	92 80 1203 107-8 D-MWB

*) Mittelweserbahn GmbH

Rennsteigbahn GmbH

Die 2003 gegründete Rennsteigbahn GmbH & Co. KG mit Sitz in Ilmenau (bis 2019 in Stützerbach) ist seit 2020 ein Teil der Rohde-Unternehmensgruppe. Der Schwerpunkt der Rennsteigbahn GmbH liegt in der Erbringung von Güterverkehrsleistungen, gleichsam ist sie als EIU aber auch für die Strecke Ilmenau – Rennsteig – Themar verantwortlich.

Im eigenen Fahrzeugbestand hatte die Rennsteigbahn GmbH keine DR-V 100, sondern ehemalige V 100 der Bundesbahn. Als Mietlokomotiven kamen 2012 und 2013 zwei Maschinen der (Um-)Baureihe 203.1 von der Mittelweserbahn (MWB) für das Unternehmen zum Einsatz: 203 103 (MWB V 1702) und 203 107 (MWB V 1802). Während dieser Zeit leisteten die Loks ihre Dienste vorwiegend vor Holzzügen.

Rent-a-Rail Eisenbahn Service AG/RaR GmbH

Zunächst als reine Vermietungsgesellschaft wurde im August 2000 die Rent-a-Rail Eisenbahn-Service AG (RaR) mit Sitz in Ellwangen gegründet, an der u. a. die SRS RailService GmbH als Gesellschafterin beteiligt war. Die SRS (Sitz in Ellwangen) war erst im Februar jenes Jahres gegründet worden und im An- und Verkauf von Schienenfahrzeugen tätig. Dem Unternehmensgegenstand der RaR entsprechend, wurden fortan Lokomotiven verschiedener Baureihen erworben und vermietet. Allerdings übernahm RaR Anfang 2002 den Rangierverkehr von TX Logistic bei BMW in Regensburg, später dann noch in Dingolfing und München-Milbertshofen, wofür erst Mietloks und dann eigene Fahrzeuge eingesetzt wurden. Hinzu kamen in Zusammenarbeit mit anderen EVU bzw. Auftraggebern auch Leistungen im Güterverkehr, meist im Bereich von Ganzzügen.

Im Februar 2010 änderten sich die Rechtsform der Gesellschaft (von einer

Rent-a-Rail Eisenbahn-Service AG (RaR)

Typ	ex DB AG	Hersteller	Fabriknr.	Baujahr	Nr. bei EVU	Bemerkung	Motor	NVR-Nummer
V 100.1	202 746-4	LEW	14447	1974	202 001-4	mehrfach Mietlok von ALS [1]	CAT 3512 DI-TA	–
V 100.1	202 520-3	LEW	13559	1973	202 520-3	?/07 – ?/08 Ml von Uwe Adam [2]	CAT 3512 DI-TA	–
V 100.1	202 719-1	LEW	14420	1974	203 719-0	09/08 – 10/08 Mietlok von rt&l [3]	CAT 3512 DI-TA	92 80 1203 124-3 D-RTUL
V 100.1	202 728-2	LEW	14429	1974	203 728	02/08 – ?/08 Mietlok von ALS	CAT 3512 DI-TA	92 80 1203 135-9 D-ALS
V 100.1	202 737-3	LEW	14438	1974	203 737	02/08 – ?/11 Mietlok von ALS	CAT 3512 DI-TA	92 80 1203 136-7 D-ALS
V 100.1	202 822-3	LEW	15094	1975	V 1405.01 [4]	04/03 – 08/08 bei RaR [5]	CAT 3512 DI-TA	–
V 100.1	202 310-9	LEW	12774	1970	V 1405.02 [6]	08/03 – 03/11 bei RaR [7]	CAT 3512 DI-TA	92 80 1203 915-4 D-RAR
V 100.1	202 453-7	LEW	13492	1972	V 1405.03 [8]	06/04 – 03/09 bei RaR [9]	CAT 3512 DI-TA	92 80 1203 217-5 D-RAR
V 100.1	202 388-5	LEW	12897	1971	V 146	10/08 – 12/08 Mietlok von RBB [10]	CAT 3512 DI-TA	92 80 1293 505-4 D-RBB
V 100.1	202 461-0	LEW	13500	1972	V 1705.01	08/06 – 10/06 Mietlok von ALS	MTU 12V 4000 R10	–

[1] 06/04 – 07/04 + 03/05 – 05/05 + 04/06 – 06/06 Mietlok von Alstom Lokomotiven Service GmbH [2] Uwe Adam Transporte, untervermietet von Lotrac EVU GmbH
[3] Rail Technology & Logistics GmbH [4] bis 08/05 als V 1200.01 bezeichnet [5] 02/04 – 01/05 vermietet an Hessische Güterbahn GmbH, ?/07 – ?/08 an Spitzke Logistik GmbH
[6] bis 05/06 als V 1200.02 bezeichnet [7] 06/04 – 08/04 vermietet an Hessische Güterbahn GmbH, 01/06 – 03/06 an InfraLeuna Infrastruktur- und Service GmbH
[8] bis 08/05 als V 1405.01 bezeichnet [9] 08/04 – 05/05 vermietet an InfraLeuna Infrastruktur- und Service GmbH
[10] Lok im Eigentum der Veolia Cargo Deutschland GmbH und von der Regiobahn Bitterfeld Berlin GmbH untervermietet

△ **Bild 354** • Die bei RaR als **V 1405.03** bezeichnete ehemalige 202 453 war am 16. Juni 2006 mit einem Kesselwagenzug in München-Laim unterwegs. AUFNAHME: FRANK WEIMER

AG zu einer GmbH) sowie deren Name, der kurzzeitig Rent-a-Rail GmbH lautete. Ab März 2011 firmierte das Unternehmen dann als HTRS Süd GmbH und ab Ende 2014 als N1 Rail Services Süd GmbH.

Für die RaR AG/GmbH waren insgesamt zehn Vertreterinnen der DR-V 100 im Einsatz, davon befanden sich drei Maschinen auch in deren Eigentum.

Rhenus Rail St. Ingbert

Die Rhenus Rail St. Ingbert (RRI) GmbH – die ihren Firmensitz St. Ingbert (Saarland) im Namen trägt – hat zwei Vorgängerunternehmen: zum einen die UNISPED Spedition und Transportgesellschaft mbH und zum anderen die Wincanton Rail GmbH. Letztere wurde im Frühjahr 2012 in Rhenus Rail St. Ingbert GmbH umfirmiert, als die Rhenus AG & Co. KG diesen deutschen Ableger des britischen Logistikunternehmens Wincanton PLC aufkaufte.

Die RRI GmbH ist vorwiegend im Bau- und Arbeitszugdienst sowie bei Anschlussbedienungen (z. B. Hafen Mannheim) im Südwesten Deutschlands tätig, die Loks kommen aber auch vor Zügen des kombinierten Ladungsverkehrs zum Einsatz.

Zum Fahrzeugpark des Unternehmens gehören – Stand Anfang 2026 – auch fünf Lokomotiven aus der V 100-Baureihenfamilie der Deutschen Reichsbahn, die als 101 bis 105 bezeichnet sind. Dabei handelt es sich sowohl um modernisierte Maschinen der Baureihe 202 als auch Umbauloks der Baureihe 203.1. Die Nummer 103^{II} ist in Zweitbesetzung vergeben, nachdem zuvor eine Mietlok von Alstom, die von Juni 2014 bis Juni 2015 ihre Dienste für RRI leistete, bereits die Nummer 103 erhalten hatte.

Rohde Bahnbau GmbH

Seit November 2017 hat die Rohde Bahnbau GmbH & Co. KG in Erfurt – eine Gesellschaft der Rohde-Gruppe – die 202 720 im Bestand. Der Arbeitsschwerpunkt der Rohde Bahnbau GmbH liegt in der Sanierung sowie dem Aus- und Neubau von Gleisanlagen unter Einbeziehung aller da-

Rhenus Rail St. Ingbert GmbH

Typ	ex DB AG	Hersteller	Fabriknr.	Baujahr	Nr. bei EVU	Bemerkung	Motor	NVR-Nummer
V 100.1	202 423-0	LEW	12932	1972	101	seit 02/12 bei Rhenus Rail	CAT 3512 DI-TA	92 80 1202 423-0 D-RRI
V 100.1	202 689-6	LEW	14390	1974	102	seit 12/12 bei Rhenus Rail	CAT 3512 DI-TA	92 80 1203 131-8 D-RRI
V 100.1	202 558-3	LEW	13876	1973	103^{I}	06/14 – 06/15 Mietlok von ALS [1]	CAT 3512 DI-TA	92 80 1203 126-8 D-RRI
V 100.1	202 732-4	LEW	14433	1974	103^{II}	seit 08/17 bei Rhenus Rail [2]	MTU 12V 4000 R10	92 80 1202 623-5 D-RRI
V 100.1	202 461-0	LEW	13500	1972	104	seit 05/15 bei Rhenus Rail	MTU 12V 4000 R10	92 80 1202 624-3 D-RRI
V 100.1	202 568-2	LEW	13886	1973	105	seit 05/15 bei Rhenus Rail	MTU 12V 4000 R10	92 80 1203 008-8 D-RRI
V 100.1	202 654-0	LEW	14081	1974	203 012-0	2018 Mietlok von EAH [1]	CAT 3512 DI-TA	92 80 1203 012-0 D-BUVL

[1] Alstom Lokomotiven Service GmbH [2] zuvor 05/17 – 07/17 Mietlok von Redler-Service, Inhaber Burghard Redler e. K. [3] Eisenbahn Anlagen Handel GmbH

Bild 355 ▷
Zu den Einsatzgebieten der Loks der Rhenus Rail St. Ingbert GmbH gehören u. a. die Mannheimer Hafenanlagen. Am 7. Januar 2018 leistete dort die **Lok 104** ihre Dienste.

AUFNAHME: ERNST LAUER

Rohde Bahnbau GmbH & Co. KG

Typ	ex DB AG	Hersteller	Fabriknr.	Baujahr	Nr. bei EVU	Bemerkung	Motor	NVR-Nummer
V 100.1	202 720-9	LEW	14421	1974	202 720-9	seit 11/17 bei Rohde [1]	?	92 80 1201 001-5 D-ECMS

[1] 12/20 – ? vermietet an WERRA-Eisenbahnverkehrsgesellschaft mbH

mit verbundenen Tiefbauarbeiten. Für die Beförderung der entsprechenden Material-, Arbeits- und Bauzüge diente die 202 720, die sofort nach ihrem Erwerb bei der MaLoWa-Bahnwerkstatt in Benndorf eine Hauptuntersuchung erhalten hat (09.01.2018). Ab Dezember 2020 war die Lok an die Werra-Eisenbahnverkehrsgesellschaft mbH vermietet und kam für dieses Unternehmen im Güterverkehr zum Einsatz. Seit einiger Zeit ist 202 720 wieder bei der MaLoWa abgestellt, zudem fand bereits 2023 ein Halterwechsel hin zur MaLoWa statt.

Für die allgemeine Bahnlogistik der Rohde-Gruppe zeigt sich seit 2020 die Rennsteigbahn GmbH verantwortlich, die seit jenem Jahr auch ein Teil dieser Gesellschaft ist.

Röbel/Müritz Eisenbahn GmbH

Die Röbel/Müritz Eisenbahn (RME) GmbH wurde am 26. Januar 1998 gegründet. Gegenstand des Unternehmens war die Durchführung von Eisenbahnverkehrsleistungen, die Vorhaltung von Eisenbahninfrastruktur, insbesondere der Strecke Röbel – Ganzlin, und darüber hinaus die touristische Vermarktung von Fahrzeugen und der Eisenbahnstrecken mit allen Nebenbetrieben. Im Eigentum der RME GmbH – die seit mehreren Jahren nicht mehr existent ist – befanden sich u. a. zwei Loks der DB AG-Baureihe 202, 202 458 und 202 720, die beide von der Lappwaldbahn GmbH erworben wurden. Während 202 458 ihre Zeit bei der RME nicht betriebsfähig abgestellt blieb und im November 2008 an Redler-Service, Inhaber Burghard Redler e.K. weiterverkauft wurde, erhielt 202 720 im Frühjahr 2009

Bild 356 ▷
Von der Rohde Bahnbau GmbH an die Werra-Eisenbahnverkehrsgesellschaft mbH vermietet, war **202 720** am 1. Mai 2024 mit einem Leerzug unterwegs bei Wasungen in Richtung Walldorf (Thür), wo die Waggons bei der dort ansässigen BHS Metallrecycling GmbH mit Schrott beladen werden.

AUFNAHME: JENS GIESSLER

Röbel/Müritz Eisenbahn GmbH (RME)

Typ	ex DB AG	Hersteller	Fabriknr.	Baujahr	Nr. bei EVU	Bemerkung	Motor	NVR-Nummer
V 100.1	202 458-6	LEW	13497	1972	202 458-6	08/05 – 11/08 bei RME	12 KVD 18/21 A-4	–
V 100.1	202 720-9	LEW	14421	1974	202 720-9	08/05 – 05/15 bei RME	12 KVD 18/21 AL-4	–

R.P. Eisenbahn GmbH (RPE)

Typ	ex DB AG	Hersteller	Fabriknr.	Baujahr	Nr. bei EVU	Bemerkung	Motor	NVR-Nummer
V 100.1	202 481-8	LEW	13520	1972	V 100.01	11/00 – 03/17 bei RPE *)	12 KVD 18/21 AL-4	92 80 1202 481-8 D-RPE

*) 05/09 – 12/09 vermietet an Siemens AG (Prüfcenter Wegberg-Wildenrath), 05/10 – 10/10 an Ascherslebener Verkehrsgesellschaft mbH, 04/11 – 10/11 an TRIANGULA Logistik GmbH, 09/12 – 12/12 + ?/16 – 11/16 an Regio Infra Service Sachsen GmbH

△ **Bild 357** • Nach einigen Jahren der Abstellung erhielt **202 720** der Röbel/Müritz Eisenbahn GmbH 2009 eine Hauptuntersuchung und kam anschließend für das Unternehmen im Güterverkehr zum Einsatz. Hier steht die frisch untersuchte Lok am 9. September 2009 mit einem Leerwagenpark in Gießen. Aufnahme: Marco Berger

eine Hauptuntersuchung, war ab Juli jenes Jahres wieder betriebsfähig und leistete ihre Dienste im bundesweiten Güterverkehr. Im Mai 2015 ist sie an Herz Technik Service Kassel verkauft worden.

R.P. Eisenbahn GmbH

Die in Bad Dürkheim (Rheinland Pfalz) ansässige R.P. Eisenbahn (RPE) GmbH wurde 1998 gegründet und konzentrierte ihre Aktivitäten auf die Sanierung, Modernisierung und Reaktivierung von Nebenstrecken. In diesem Zusammenhang war die RPE auch an der Gründung der Regio Infra Service Sachsen GmbH beteiligt.

Immerhin 17 Jahre hatte RPE eine Lok der Baureihe 202 im Eigentum, die auch an andere EVUs vermietet wurde. Es war die ehemalige 202 481, die bei RPE die Bezeichnung V 100.01 erhielt. Sie kam sowohl im Güter- als auch Sonderreiseverkehr zum Einsatz.

RWE Umwelt Westsachsen GmbH

1990 ist die RWE Umwelt Westsachsen GmbH mit Sitz in Espenhain gegründet worden. Die Gesellschaft war mit u. a. mit „abfallwirtschaftlichen Tätigkeiten“ beschäftigt. Im Juli 2001 gelangte Lok 13 – eine Vertreterin des LEW-Typs V 100.4 – von der Deponie-Wirtschaft und Umwelttechnik GmbH zur RWE. Sie kam u. a. vor Abfallzügen zum Einsatz.

RWE Umwelt Westsachsen GmbH (RWE)

Typ	ex DB AG	Hersteller	Fabriknr.	Baujahr	Nr. bei EVU	Bemerkung	Motor	NVR-Nummer
V 100.4	–	LEW	16327	1981	13	07/01 – 12/04 bei RWE	CAT 3508 DI-TA	–

◁ **Bild 358**
„Uwe 13" lautete die Bezeichnung für diese Lok: 1981 als Werklok nach Ostrava in die damalige ČSSR geliefert, gelangte sie 1994 zu Adtranz und wurde dort dem Konzept Baureihe 293 entsprechend umgebaut. Hier steht die Lok im Eigentum der RWE Umwelt Westsachsen GmbH am 17. Juni 2003 in Parchim.

Aufnahme: Detlef Radke

Bild 359 ▷ In Form der als **Lok 75** bezeichneten ehemaligen 201 075 hat die Saarstahl AG eine Vertreterin der Baureihe 293 im Eigentum. Hier ist die Lok mit einem Brammenzug unterwegs in Völklingen.

Aufnahme: Patrick Boettger

Saarstahl AG

Typ	ex DB AG	Hersteller	Fabriknr.	Baujahr	Nr. bei EVU	Bemerkung	Motor	NVR-Nummer
V 100.1	201 075-9	LEW	11913	1968	75	seit 05/05 bei Saarstahl	CAT 3508 DI-TA	–

SBB Cargo Deutschland GmbH

Typ	ex DB AG	Hersteller	Fabriknr.	Baujahr	Nr. bei EVU	Bemerkung	Motor	NVR-Nummer
V 100.1	202 569-0	LEW	13887	1973	203 004-7	11/09 Mietlok von ALS	MTU 12V 4000 R10	92 80 1203 005-4 D-ALS
V 100.1	202 383-6	LEW	12892	1971	203 383-5	09/08 – ?/12 Mietlok von ALS	CAT 3512 DI-TA	92 80 1203 149-0 D-ALS
V 100.1	202 405-7	LEW	12914	1971	203 405-6	10/08 – 10/12 Mietlok von ALS	CAT 3512 DI-TA	92 80 1203 151-6 D-ALS
V 100.1	202 406-5	LEW	12915	1971	203 406-4	12/08 – 11/12 Mietlok von ALS	CAT 3512 DI-TA	92 80 1203 153-2 D-ALS
V 100.1	202 558-3	LEW	13876	1973	203 558-2	08/07 – 04/12 Mietlok von ALS	CAT 3512 DI-TA	92 80 1203 126-8 D-ALS
V 100.1	202 652-4	LEW	14079	1974	203 652-3	06/07 – 02/15 Mietlok von ALS	CAT 3512 DI-TA	92 80 1203 125-0 D-ALS
V 100.1	202 490-9	LEW	13529	1972	203 701-8	02/15 – ?/16 Mietlok von ALS	Deutz TCD 2013 L6 2V	90 80 1001 001-9 D-ALS
V 100.1	202 786-0	LEW	14843	1975	203 786-9	11/09 – 12/09 Mietlok von ALS	CAT 3512 DI-TA	92 80 1203 162-3 D-ALS

Alles Mietloks der Alstom Lokomotiven Service GmbH.

Saarstahl AG/Saar Rail

Seit Mai 2005 hat die in Völklingen ansässige Saarstahl AG eine Vertreterin der Baureihe 293 im Bestand, die durch die Saar Rail GmbH eingesetzt wurde. Letztere war bis 2019 eine Tochtergesellschaft der Saarstahl AG und gehört seit 2020 zur Dillinger Hütte und Saarstahl Vermögensverwaltungs- und Beteiligungs-OHG.

Bei der Lok handelt es sich um die ehemalige DB AG-201 075, die nach ihrer Ausmusterung (20.03.1995 im Bh Neustrelitz) bei Adtranz gemäß dem Konzept Baureihe 293 umgebaut und im Dezember 1996 bei der Lokpool Verwaltungsgesellschaft mbH & Co. Vermietungs KG als 11913 (LEW-Fabriknummer) wieder in Dienst gestellt wurde. Bei der Saarstahl AG erhielt sie die Nummer 75 und diente vornehmlich im werksinternen Rangierverkehr, kam aber auch zwischen den regional ansässigen Werken des Stahlunternehmens zum Einsatz. Im Jahr 2023 ist die Lok abgestellt worden.

SBB Cargo Deutschland

Als „Produktionsgesellschaft" für die Verkehre der SBB Cargo in Deutschland wurde 2010 die SBB Cargo Deutschland GmbH gegründet, die ihren Hauptsitz in Duisburg und zahlreiche Personalstandorte hat. Diese befinden sich – bis auf Hamburg – alle im Westen und Südwesten der Bundesrepublik.

Für das Unternehmen kamen bisher zahlreiche Vertreterinnen der Baureihe 203 zum Einsatz, die alle von der Alstom Lokomotiven Service GmbH angemietet wurden. Die Mietdauer reichte von wenigen Wochen bis hin zu mehreren Jahren. Die langfristig angemieteten Lokomotiven erhielten eine Lackierung in Blau, mit im vorderen Viertel Rot abgesetzten Vorbauten und einen in großen weißen Lettern gehaltenen „cargo"-Schriftzug. In dieser Farbgebung waren 203 383, 203 405, 203 406, 203 558 und 203 652 unterwegs. Einige dieser Loks konnten auch noch nach ihrer Zeit bei der SBB Cargo Deutschland GmbH in dieser Farbgebung im Einsatz für andere EVUs gesehen werden.

Die Maschinen leisteten ihre Dienste vor Zügen des kombinierten Ladungsverkehrs, vor Ganzzügen und bei Anschlussbedienungen, kamen aber auch im Rangiergeschäft zum Einsatz. Dies geschah – dem Standorten der SBB Cargo Deutschland GmbH entsprechend – überwiegend in West- und Südwestdeutschland.

Eigene Lokomotiven aus der DR-V 100-Baureihenfamilie befanden sich nicht im Bestand des Unternehmens.

◁ **Bild 360**
203 558 der SBB Cargo Deutschland GmbH war am 5. März 2011 im örtlichen Rangierdienst für die „Rollende Landstraße“ der RAlpin AG in Freiburg (Brsg) im Einsatz. Bis Dezember 2025 pendelten die RoLa-Züge zwischen Freiburg und Novara in Italien.

Aufnahme: Christian Wolf

Schienen Güter Logistik GmbH

Typ	ex DB AG	Hersteller	Fabriknr.	Baujahr	Nr. bei EVU	Bemerkung	Motor	NVR-Nummer
V 100.5	710 961-4	LEW	17310	1983	V 150.01	seit 01/08 Mietlok von GSG/KGH [1]	CAT 3512 DI-TA	92 80 1293 507-0 D-SGL
V 100.5	710 962-2	LEW	17311	1983	V 150.02	seit 01/08 Mietlok von GSG/KGH	CAT 3512 DI-TA	92 80 1293 508-8 D-SGL
V 100.5	710 963-0	LEW	17312	1983	V 150.03	seit 01/08 Mietlok von GSG/KGH	CAT 3512 DI-TA	92 80 1293 509-6 D-SGL
V 100.5	710 966-3	LEW	17315	1983	V 150.04	seit 01/08 Mietlok von GSG/KGH	CAT 3512 DI-TA	92 80 1293 510-4 D-SGL
V 100.1	201 619-4	LEW	13937	1973	V 180.05	seit 08/09 Mietlok von GSG/KGH	CAT 3512 DI-TA	92 80 1203 161-5 D-SGL
V 100.1	202 349-7	LEW	12858	1971	V 180.07	seit 04/10 Mietlok von GSG/KGH [2]	MTU 12V 4000 R10	92 80 1203 001-3 D-SGL
V 100.1	202 569-0	LEW	13887	1973	V 180.08	seit 04/10 Mietlok von GSG/KGH	MTU 12V 4000 R10	92 80 1203 005-4 D-SGL
V 100.1	202 658-1	LEW	14359	1974	V 180.13	seit 03/11 Mietlok von GSG/KGH	CAT 3512 DI-TA	92 80 1203 158-1 D-SGL

[1] GSG Knape Gleissanierung GmbH, seit 02/13: Knape Gruppe Holding GmbH [2] ?/11 – ?/1x vermietet an BSM GmbH

Schienen Güter Logistik

Seit 1996 als Knape GmbH firmierend, wurde diese Firma mit Beschluss der Gesellschafterversammlung im Oktober 2007 in SGL – Schienen Güter Logistik GmbH umbenannt und in die GSG Knape Gleissanierung GmbH integriert. Deren Lokomotiven gelangten daraufhin im Januar 2008 als Mietloks zur SGL GmbH, die ihren Firmensitz in Dachau hat. An diesem Mietverhältnis änderte sich auch nichts, als aus der GSG GmbH heraus im Dezember 2012 die Knape Gruppe Holding GmbH gegründet und die GSG sowie die SGG Beteiligung- und Beratungsgesellschaft mbH darin verschmolzen wurden. Die SGL GmbH war bis 2023 eine 100 %-ige Tochter der Knape Gruppe Holding GmbH, dann übernahm EP Logistics International (Tschechien) die SGL.

Die acht weiterhin von der Knape Gruppe Holding GmbH angemieteten Lokomotiven der Baureihe 203 bzw. 203.1 kommen bei der SGL GmbH ausschließlich im Arbeits- und Bauzugdienst, vor Materialzügen sowie bei Überführungsfahrten von Baumaschinen und Fahrzeugen zum Einsatz. Diese Leistungen erfolgen bundesweit.

△ **Bild 361** • Das „tägliche Brot“ für die Lokomotiven der SGL GmbH ist der Einsatz vor Arbeits- und Bauzügen. Mit einem solchen Zug am Haken ist die SGL-Lok **V 150.02** am 25. Oktober 2022 auf der Nord-Süd-Strecke unterwegs bei Vollmerz in Richtung Gemünden. Aufnahme: Stephan Karkowski

SFW Delitzsch GmbH

Seit Anfang 2010 als B&V Delitzsch GmbH firmierend (Sitz bis Mai 2025 in Leipzig, seitdem in Moers), hatte die vormalige Schienenfahrzeugwerk (SFW) Delitzsch GmbH ihren Standort auf dem Ge-

Bild 362 ▷
203 006 befand sich von März 2006 bis Januar 2010 bei der Schienenfahrzeugwerk Delitzsch GmbH und war durchgängig vermietet – die meiste Zeit an die duisport rail GmbH. Die Aufnahme zeigt die Lok im Dienst für duisport rail am 22. Mai 2009 auf der Eisenbahnbrücke über den Rhein bei Duisburg-Hochfeld.

Aufnahme: Norman Kampmann

Schienenfahrzeugwerk Delitzsch GmbH (SFW D)

Typ	ex DB AG	Hersteller	Fabriknr.	Baujahr	Nr. bei EVU	Bemerkung	Motor	NVR-Nummer
V 100.1	202 718-3	LEW	14419	1974	203 006-2	03/06 – 01/10 bei SFW D [1]	MTU 12V 4000 R10	92 80 1203 007-0 D-DPR
V 100.1	202 568-2	LEW	13886	1973	203 007-0	03/06 – 01/10 bei SFW D [2]	MTU 12V 4000 R10	92 80 1203 008-8 D-DPR

[1] 03/06 – 11/06 vermietet an Mittelweserbahn GmbH, 12/06 – 01/10 an duisport rail GmbH (von dort weitere Untervermietungen)
[2] ab 03/06 durchgängig vermietet an duisport rail GmbH

lände des ehemaligen Reichsbahnausbesserungswerkes Delitzsch – zwischen Bitterfeld und Leipzig gelegen. Das Werk selbst ist heute ein Standort der RailMaint GmbH.

Zum Unternehmensgegenstand der SFW Delitzsch GmbH gehört u. a. die Vermietung von Schienenfahrzeugen. Dafür standen der Firma von März 2006 bis Januar 2010 auch zwei modernisierte Lokomotiven der DR-Baureihe V 100 zur Verfügung, die als 203 006 (ex 202 718) und 203 007 (ex 202 568) bezeichnet waren. Während ihrer Zeit im Eigentum der SFW Delitzsch GmbH leisteten beide Maschinen ihre Dienste als Mietlokomotiven für andere Unternehmen, wobei 203 007 von März 2006 an durchgängig bis Anfang 2010 (und darüber hinaus) für die duisport rail GmbH im Einsatz stand, und 203 006 nach einem Gastspiel bei der Mittelweserbahn (März bis November 2006) ebenso von der duisport rail GmbH angemietet wurde.

SFZ Stendal GmbH

Das Schienenfahrzeugzentrum (SFZ) Stendal war ab 1995 – zu diesem Zeitpunkt hieß es noch Werk Stendal – das „Sammelbecken" für die Lokomotiven der DR-Baureihen 110 (201) und 112 (202). Ab 1998 als Schienenfahrzeugzentrum firmierend, gelangte ein Großteil der bei der DB AG ausgemusterten 201 und 202 zum SFZ, wo sich zeitweise über 200 Vertreterinnen dieser Baureihen befanden. Weiter S. 240!

Bild 363 ▷
Aus 202 349 entstand 1999/2000 im Schienenfahrzeugzentrum Stendal die **203 001**, die nach einer Präsentation auf der InnoTrans 2000 offiziell am 31. Mai 2001 in Dienst gestellt und anschließend an zahlreiche EVUs vermietet wurde. Diese Aufnahme zeigt die Lok am 2. Januar 2002 in Remscheid Hbf bei Umsetzen im Rahmen von Rangierarbeiten.

Aufnahme: Zeno Pillmann

Schienenfahrzeugwerk Stendal (SFZ) I

Typ	ex DB AG	Hersteller	Fabriknr.	Baujahr	Nr. bei EVU	Bemerkung	Motor	weiter an
V 100.1	201 068-4	LEW	11906	1968	201 068-4	?/9x – 11/02 bei SFZ	12 KVD 18/21 A-3	Alstom Lok Service GmbH
V 100.1	201 304-3	LEW	12768	1970	201 304-3	?/95 – 11/02 bei SFZ	12 KVD 18/21 A-3	Alstom Lok Service GmbH
V 100.1	201 577-4	LEW	13896	1973	201 577-4	?/9x – 11/02 bei SFZ	12 KVD 18/21 A-3	Alstom Lok Service GmbH
V 100.1	201 765-1	LEW	14468	1975	201 767-1	?/95 – 11/02 bei SFZ	12 KVD 18/21 A-3	Alstom Lok Service GmbH
V 100.1	202 066-7	LEW	11904	1968	202 066-7	?/00 – 03/01 bei SFZ	12 KVD 18/21 AL-4	PBSV-Verkehrs-GmbH
V 100.1	202 078-2	LEW	11916	1968	202 078-2	?/2x – 11/02 bei SFZ	12 KVD 18/21 AL-4	Alstom Lok Service GmbH
V 100.1	202 098-0	LEW	11936	1968	202 098-0	10/99 – 07/01 bei SFZ	12 KVD 18/21 AL-4	AHG Handel & Logistik GmbH
V 100.1	202 109-5	LEW	12410	1969	202 109-5	?/9x – 11/02 bei SFZ	12 KVD 18/21 AL-4	Alstom Lok Service GmbH
V 100.1	202 127-7	LEW	12428	1969	202 127-7	?/9x – 11/02 bei SFZ	12 KVD 18/21 AL-4	Alstom Lok Service GmbH
V 100.1	202 144-2	LEW	12445	1969	202 144-2	?/9x – 11/02 bei SFZ	12 KVD 18/21 AL-4	Alstom Lok Service GmbH
V 100.1	202 160-8	LEW	12461	1969	202 160-8	?/98 – 11/02 bei SFZ	12 KVD 18/21 AL-4	Alstom Lok Service GmbH
V 100.1	202 166-5	LEW	12467	1969	202 166-5	06/00 – 11/02 bei SFZ	12 KVD 18/21 AL-4	Alstom Lok Service GmbH
V 100.1	202 167-3	LEW	12468	1969	202 167-3	?/9x – 11/02 bei SFZ	12 KVD 18/21 AL-4	Alstom Lok Service GmbH
V 100.1	202 169-9	LEW	12470	1969	202 169-9	01/01 – 11/02 bei SFZ	12 KVD 18/21 AL-4	Alstom Lok Service GmbH
V 100.1	202 207-7	LEW	12489	1970	202 207-7	08/99 – 02/00 bei SFZ	12 KVD 18/21 AL-4	TLG GmbH
V 100.1	202 209-3	LEW	12491	1970	202 209-3	06/00 – 11/02 bei SFZ	12 KVD 18/21 AL-4	Alstom Lok Service GmbH
V 100.1	202 219-2	LEW	12501	1970	202 219-2	?/0x – 11/02 bei SFZ	12 KVD 18/21 AL-4	Alstom Lok Service GmbH
V 100.1	202 220-0	LEW	12502	1970	202 220-0	?/9x – 11/02 bei SFZ	12 KVD 18/21 AL-4	Alstom Lok Service GmbH
V 100.1	202 231-7	LEW	12513	1970	202 231-7	?/9x – 11/02 bei SFZ	12 KVD 18/21 AL-4	Alstom Lok Service GmbH
V 100.1	202 236-6	LEW	12518	1970	202 236-6	08/99 – 11/02 bei SFZ	12 KVD 18/21 AL-4	Alstom Lok Service GmbH
V 100.1	202 237-4	LEW	12519	1970	202 237-4	?/0x – 11/02 bei SFZ	12 KVD 18/21 AL-4	Alstom Lok Service GmbH
V 100.1	202 240-8	LEW	12522	1970	202 240-8	?/0x – 11/02 bei SFZ	12 KVD 18/21 AL-4	Alstom Lok Service GmbH
V 100.1	202 241-6	LEW	12523	1970	202 241-6	08/99 – 11/02 bei SFZ	12 KVD 18/21 AL-4	Alstom Lok Service GmbH
V 100.1	202 242-4	LEW	12524	1970	202 242-4	07/00 – 11/02 bei SFZ	12 KVD 18/21 AL-4	Alstom Lok Service GmbH
V 100.1	202 248-1	LEW	12530	1970	202 248-1	?/9x – 11/02 bei SFZ	12 KVD 18/21 AL-4	Alstom Lok Service GmbH
V 100.1	202 250-7	LEW	12532	1970	202 250-7	10/99 – 11/02 bei SFZ	12 KVD 18/21 AL-4	Alstom Lok Service GmbH
V 100.1	202 254-9	LEW	12536	1970	202 254-9	08/99 – 11/02 bei SFZ	12 KVD 18/21 AL-4	Alstom Lok Service GmbH
V 100.1	202 260-6	LEW	12542	1970	203 501-2	?/99 – 11/02 bei SFZ [1]	CAT 3512 DI-TA	Alstom Lok Service GmbH
V 100.1	202 264-8	LEW	12546	1970	203 504-6	10/99 – 11/02 bei SFZ [2]	CAT 3512 DI-TA	Alstom Lok Service GmbH
V 100.1	202 265-5	LEW	12547	1970	202 265-5	01/01 – 03/02 bei SFZ	12 KVD 18/21 AL-4	VWE GmbH
V 100.1	202 266-3	LEW	12548	1970	202 266-3	?/9x – 11/02 bei SFZ	12 KVD 18/21 AL-4	Alstom Lok Service GmbH
V 100.1	202 267-1	LEW	12549	1970	202 267-1	?/99 – 02/02 bei SFZ	12 KVD 18/21 AL-4	Zugkraft GmbH
V 100.1	202 268-9	LEW	12550	1970	202 268-9	11/00 – 11/02 bei SFZ	12 KVD 18/21 AL-4	Alstom Lok Service GmbH
V 100.1	202 269-7	LEW	12551	1970	202 269-7	?/00 – 01/01 bei SFZ	12 KVD 18/21 AL-4	Kallfelz & Stuch GmbH
V 100.1	202 270-5	LEW	12552	1970	202 270-5	10/99 – 11/02 bei SFZ	12 KVD 18/21 AL-4	Alstom Lok Service GmbH
V 100.1	202 271-3	LEW	12553	1970	202 271-3	01/01 – 11/02 bei SFZ	12 KVD 18/21 AL-4	Alstom Lok Service GmbH
V 100.1	202 279-6	LEW	12561	1970	202 279-6	08/99 – 10/02 bei SFZ	12 KVD 18/21 AL-4	TLG GmbH
V 100.1	202 280-4	LEW	12562	1970	202 280-4	?/00 – 09/02 bei SFZ	12 KVD 18/21 AL-4	DB Bahnbau GmbH
V 100.1	202 286-1	LEW	12750	1970	202 286-1	08/99 – 11/02 bei SFZ	12 KVD 18/21 AL-4	Alstom Lok Service GmbH
V 100.1	202 287-9	LEW	12751	1970	202 287-9	08/99 – 08/00 bei SFZ	12 KVD 18/21 AL-4	PBSV-Verkehrs-GmbH
V 100.1	202 290-3	LEW	12754	1970	202 290-3	10/99 – 11/02 bei SFZ	12 KVD 18/21 AL-4	Alstom Lok Service GmbH
V 100.1	202 291-1	LEW	12755	1970	202 291-1	03/00 – 11/02 bei SFZ	12 KVD 18/21 AL-4	Alstom Lok Service GmbH
V 100.1	202 292-9	LEW	12756	1970	202 292-9	08/99 – 11/02 bei SFZ	12 KVD 18/21 AL-4	Alstom Lok Service GmbH
V 100.1	202 293-7	LEW	12757	1970	202 293-7	10/00 – 11/02 bei SFZ	12 KVD 18/21 AL-4	Alstom Lok Service GmbH
V 100.1	202 294-5	LEW	12758	1970	202 294-5	?/0x – 11/02 bei SFZ	12 KVD 18/21 AL-4	Alstom Lok Service GmbH
V 100.1	202 297-8	LEW	12761	1970	202 297-8	08/99 – 11/02 bei SFZ	12 KVD 18/21 AL-4	Alstom Lok Service GmbH
V 100.1	202 300-0	LEW	12764	1970	202 300-0	10/99 – 11/02 bei SFZ	12 KVD 18/21 AL-4	Alstom Lok Service GmbH
V 100.1	202 302	LEW	12766	1970	202 302-6	06/00 – 09/00 bei SFZ	12 KVD 18/21 AL-4	Ilmebahn GmbH
V 100.1	202 303-4	LEW	12767	1970	202 303-4	?/99 – 11/02 bei SFZ	12 KVD 18/21 AL-4	Alstom Lok Service GmbH
V 100.1	202 310-9	LEW	12774	1970	202 310-9	10/01 – 11/02 bei SFZ	12 KVD 18/21 AL-4	Alstom Lok Service GmbH
V 100.1	202 311-7	LEW	12795	1970	202 311-7	10/01 – 11/02 bei SFZ	12 KVD 18/21 AL-4	Alstom Lok Service GmbH
V 100.1	202 312-5	LEW	12796	1970	202 312-5	?/9x – 11/02 bei SFZ	12 KVD 18/21 AL-4	Alstom Lok Service GmbH
V 100.1	202 317-4	LEW	12826	1970	202 317-4	?/99 – 11/02 bei SFZ	12 KVD 18/21 AL-4	Alstom Lok Service GmbH
V 100.1	202 318-2	LEW	12827	1970	202 318-2	?/99 – 11/99 bei SFZ	12 KVD 18/21 AL-4	Kosovo (BR Jugoslawien)
V 100.1	202 319-0	LEW	12828	1970	202 319-0	03/00 – 02/02 bei SFZ	12 KVD 18/21 AL-4	D&D GmbH
V 100.1	202 323-2	LEW	12832	1971	202 323-2	?/9x – 11/02 bei SFZ	12 KVD 18/21 AL-4	Alstom Lok Service GmbH
V 100.1	202 324-0	LEW	12833	1971	202 324-0	?/9x – 11/02 bei SFZ	12 KVD 18/21 AL-4	Alstom Lok Service GmbH

[1] 03/00 Umzeichnung in 203 501, 08/99 – 02/00 vermietet an Mittelweserbahn (MWB) GmbH, 03/00 – 10/00 an Westfälische Almetalbahn (WAB) GmbH, 10/00 – 01/01 an Transport und Logistik GmbH für Bahnbaustellen (TLG), 01/01 – 07/01 an Netzwerklogistik GmbH, 07/01 – 09/01 an Eisenbahnen und Verkehrsbetriebe Elbe-Weser (EVB) GmbH, 09/01 – 12/01 an DB Regio AG - S-Bahn München GmbH, 12/01 – 04/02 an EBM Eisenbahn-Verkehrs-Gesellschaft im Bergisch-Märkischen Raum mbH, 10/02 – 02/03 an IGENO Schienenfahrzeug GmbH

[2] 02/00 Inbetriebnahme als 203 504-6, 02/00 – ?/00 vermietet an WAB GmbH, ?/00 – 10/01 an EVB GmbH, 10/01 – 12/01 + 03/02 – 12/02 an TLG GmbH, 02/02 – 03/02 an EBM Eisenbahn-Verkehrs-Gesellschaft im Bergisch-Märkischen Raum mbH

Schienenfahrzeugwerk Stendal (SFZ) II								
Typ	ex DB AG	Hersteller	Fabriknr.	Baujahr	Nr. bei EVU	Bemerkung	Motor	weiter an
V 100.1	202 326-5	LEW	12835	1971	203 505-3	10/99 – 11/02 bei SFZ [3]	CAT 3512 DI-TA	Alstom Lok Service GmbH
V 100.1	202 327-3	LEW	12836	1971	202 327-3	03/00 – 11/02 bei SFZ	12 KVD 18/21 AL-4	Alstom Lok Service GmbH
V 100.1	202 330-7	LEW	12839	1971	202 330-7	01/01 – 06/01 bei SFZ	12 KVD 18/21 AL-4	TSD GmbH
V 100.1	202 331-5	LEW	12840	1971	202 331-5	09/99 – 11/02 bei SFZ	12 KVD 18/21 AL-4	Alstom Lok Service GmbH
V 100.1	202 334-9	LEW	12843	1971	202 334-9	01/01 – 11/02 bei SFZ	12 KVD 18/21 AL-4	Alstom Lok Service GmbH
V 100.1	202 335-6	LEW	12844	1971	202 335-6	01/01 – 11/02 bei SFZ	12 KVD 18/21 AL-4	Alstom Lok Service GmbH
V 100.1	202 340-6	LEW	12849	1971	202 340-6	08/99 – 11/02 bei SFZ	12 KVD 18/21 AL-4	Alstom Lok Service GmbH
V 100.1	202 341-4	LEW	12850	1971	202 341-4	?/9x – 11/02 bei SFZ	12 KVD 18/21 AL-4	Alstom Lok Service GmbH
V 100.1	202 342-2	LEW	12851	1971	202 342-2	?/0x – 11/02 bei SFZ	12 KVD 18/21 AL-4	Alstom Lok Service GmbH
V 100.1	202 345-5	LEW	12854	1971	202 345-5	10/99 – 08/02 bei SFZ	12 KVD 18/21 AL-4	NVAG GmbH
V 100.1	202 347-1	LEW	12856	1971	202 347-1	08/99 – 11/02 bei SFZ	12 KVD 18/21 AL-4	Alstom Lok Service GmbH
V 100.1	202 349-7	LEW	12858	1971	203 001-3	?/98 – 11/02 bei SFZ [4]	MTU 12V 4000 R10	Alstom Lok Service GmbH
V 100.1	202 350-5	LEW	12859	1971	202 350-5	?/00 – 08/02 bei SFZ	12 KVD 18/21 AL-4	PRESS GmbH
V 100.1	202 351-3	LEW	12860	1971	202 351-3	03/00 – 11/02 bei SFZ	12 KVD 18/21 AL-4	Alstom Lok Service GmbH
V 100.1	202 354-7	LEW	12863	1971	202 354-7	?/9x – 11/02 bei SFZ	12 KVD 18/21 AL-4	Alstom Lok Service GmbH
V 100.1	202 357-0	LEW	12866	1971	202 357-0	?/9x – 11/02 bei SFZ	12 KVD 18/21 AL-4	Alstom Lok Service GmbH
V 100.1	202 361-2	LEW	12870	1971	202 361-2	?/9x – 11/02 bei SFZ	12 KVD 18/21 AL-4	Alstom Lok Service GmbH
V 100.1	202 364-6	LEW	12873	1971	202 364-6	10/01 bei SFZ	12 KVD 18/21 AL-4	boxXpress.de GmbH
V 100.1	202 368-7	LEW	12877	1971	202 368-7	?/9x – 11/02 bei SFZ	12 KVD 18/21 AL-4	Alstom Lok Service GmbH
V 100.1	202 369-5	LEW	12878	1971	202 369-5	?/9x – 11/02 bei SFZ	12 KVD 18/21 AL-4	Alstom Lok Service GmbH
V 100.1	202 370-3	LEW	12879	1971	202 370-3	10/99 – 11/02 bei SFZ	12 KVD 18/21 AL-4	Alstom Lok Service GmbH
V 100.1	202 371-1	LEW	12880	1971	202 371-1	08/98 – 11/02 bei SFZ	12 KVD 18/21 AL-4	Alstom Lok Service GmbH
V 100.1	202 373-7	LEW	12882	1971	202 373-7	?/00 – 07/00 bei SFZ	12 KVD 18/21 AL-4	TSD GmbH
V 100.1	202 374-5	LEW	12883	1971	202 374-5	10/01 – 11/02 bei SFZ	12 KVD 18/21 AL-4	Alstom Lok Service GmbH
V 100.1	202 376-0	LEW	12885	1971	202 376-0	?/9x – 11/02 bei SFZ	12 KVD 18/21 AL-4	Alstom Lok Service GmbH
V 100.1	202 378-6	LEW	12887	1971	202 378-6	?/9x – 11/02 bei SFZ	12 KVD 18/21 AL-4	Alstom Lok Service GmbH
V 100.1	202 379-4	LEW	12888	1971	202 379-4	01/01 – 05/02 bei SFZ	12 KVD 18/21 AL-4	Zugkraft GmbH
V 100.1	202 383-6	LEW	12892	1971	202 383-6	?/9x – 11/02 bei SFZ	12 KVD 18/21 AL-4	Alstom Lok Service GmbH
V 100.1	202 384-4	LEW	12893	1971	202 384-4	01/01 – 11/02 bei SFZ	12 KVD 18/21 AL-4	Alstom Lok Service GmbH
V 100.1	202 385-1	LEW	12894	1971	202 385-1	01/01 – 11/02 bei SFZ	12 KVD 18/21 AL-4	Alstom Lok Service GmbH
V 100.1	202 390-1	LEW	12899	1971	202 390-1	?/0x – 11/02 bei SFZ	12 KVD 18/21 AL-4	Alstom Lok Service GmbH
V 100.1	202 398-4	LEW	12907	1971	202 398-4	?/98 – 11/02 bei SFZ	12 KVD 18/21 AL-4	Alstom Lok Service GmbH
V 100.1	202 405-7	LEW	12914	1971	202 405-7	06/00 – 11/02 bei SFZ	12 KVD 18/21 AL-4	Alstom Lok Service GmbH
V 100.1	202 406-5	LEW	12915	1971	202 406-5	?/9x – 11/02 bei SFZ	12 KVD 18/21 AL-4	Alstom Lok Service GmbH
V 100.1	202 407-3	LEW	12916	1971	202 407-3	10/00 – 11/02 bei SFZ	12 KVD 18/21 AL-4	Alstom Lok Service GmbH
V 100.1	202 409-9	LEW	12918	1971	202 409-9	08/99 – 11/02 bei SFZ	12 KVD 18/21 AL-4	Alstom Lok Service GmbH
V 100.1	202 412-3	LEW	12921	1971	202 412-3	?/9x – 11/02 bei SFZ	12 KVD 18/21 AL-4	Alstom Lok Service GmbH
V 100.1	202 413-1	LEW	12922	1971	202 413-1	?/9x – 11/02 bei SFZ	12 KVD 18/21 AL-4	Alstom Lok Service GmbH
V 100.1	202 415-6	LEW	12924	1971	202 415-6	10/99 – 11/02 bei SFZ	12 KVD 18/21 AL-4	Alstom Lok Service GmbH
V 100.1	202 416-4	LEW	12925	1971	202 416-4	10/01 – 05/02 bei SFZ	12 KVD 18/21 AL-4	DB Gleisbau GmbH
V 100.1	202 420-6	LEW	12929	1971	202 420-6	?/96 – 11/02 bei SFZ	12 KVD 18/21 AL-4	Alstom Lok Service GmbH
V 100.1	202 421-4	LEW	12930	1971	202 421-4	?/9x – 11/02 bei SFZ	12 KVD 18/21 AL-4	Alstom Lok Service GmbH
V 100.1	202 423-0	LEW	12932	1972	202 423-0	?/9x – 11/02 bei SFZ	12 KVD 18/21 AL-4	Alstom Lok Service GmbH
V 100.1	202 425-5	LEW	12934	1972	202 425-5	?/0x – 11/02 bei SFZ	12 KVD 18/21 AL-4	Alstom Lok Service GmbH
V 100.1	202 427-1	LEW	12936	1972	202 427-1	11/00 – 11/02 bei SFZ	12 KVD 18/21 AL-4	Alstom Lok Service GmbH
V 100.1	202 429-7	LEW	12938	1972	202 429-7	10/99 – 11/02 bei SFZ	12 KVD 18/21 AL-4	Alstom Lok Service GmbH
V 100.1	202 430-5	LEW	12939	1972	202 430-5	10/01 – 11/02 bei SFZ	12 KVD 18/21 AL-4	Alstom Lok Service GmbH
V 100.1	202 432-1	LEW	12941	1972	202 432-1	?/99 – 11/99 bei SFZ	12 KVD 18/21 AL-4	Kosovo (BR Jugoslawien)
V 100.1	202 433-9	LEW	13472	1972	202 433-9	?/9x – 11/02 bei SFZ	12 KVD 18/21 AL-4	Alstom Lok Service GmbH
V 100.1	202 436-2	LEW	13475	1972	202 436-2	?/9x – 11/02 bei SFZ	12 KVD 18/21 AL-4	Alstom Lok Service GmbH
V 100.1	202 438-8	LEW	13477	1972	202 438-8	?/98 – 11/02 bei SFZ	12 KVD 18/21 AL-4	Alstom Lok Service GmbH
V 100.1	202 439-6	LEW	13478	1972	202 439-6	?/9x – 01/01 bei SFZ	12 KVD 18/21 AL-4	EBM Verkehrs-Gesellschaft
V 100.1	202 441-2	LEW	13480	1972	202 441-2	08/99 – 11/02 bei SFZ	12 KVD 18/21 AL-4	Alstom Lok Service GmbH
V 100.1	202 442-0	LEW	13481	1972	202 442-0	?/9x – 11/02 bei SFZ	12 KVD 18/21 AL-4	Alstom Lok Service GmbH
V 100.1	202 443-8	LEW	13482	1972	202 443-8	?/9x – 11/02 bei SFZ	12 KVD 18/21 AL-4	Alstom Lok Service GmbH
V 100.1	202 446-1	LEW	13485	1972	202 446-1	10/01 – 11/02 bei SFZ	12 KVD 18/21 AL-4	Alstom Lok Service GmbH
V 100.1	202 450-3	LEW	13489	1972	202 450-3	?/9x – 11/02 bei SFZ	12 KVD 18/21 AL-4	Alstom Lok Service GmbH
V 100.1	202 453-7	LEW	13492	1972	202 453-7	08/99 – 11/02 bei SFZ	12 KVD 18/21 AL-4	Alstom Lok Service GmbH
V 100.1	202 454-5	LEW	13493	1972	202 454-5	10/01 – 11/02 bei SFZ	12 KVD 18/21 AL-4	Alstom Lok Service GmbH
V 100.1	202 459-4	LEW	13498	1972	202 459-4	10/01 – 11/02 bei SFZ	12 KVD 18/21 AL-4	Alstom Lok Service GmbH
V 100.1	202 461-0	LEW	13500	1972	202 461-0	10/99 – 09/02 bei SFZ	12 KVD 18/21 AL-4	NVAG GmbH

[3] 05/00 Inbetriebnahme als 203 505-3, 05/00 – 12/00 vermietet an TLG GmbH, 01/01 – ?/01 an NetLog GmbH, ?/01 – 12/01 an MWB GmbH

[4] 05/01 Inbetriebnahme als 203 001-3, ?/01 – ?/02 vermietet an EBM Eisenbahn-Verkehrs-Gesellschaft im Bergisch-Märkischen Raum mbH, 08/02 – 11/02 an Osthavelländische Eisenbahn AG

Schienenfahrzeugwerk Stendal (SFZ) III

Typ	ex DB AG	Hersteller	Fabriknr.	Baujahr	Nr. bei EVU	Bemerkung	Motor	weiter an
V 100.1	202 466-9	LEW	13505	1972	202 466-9	01/01 – 10/01 bei SFZ	12 KVD 18/21 AL-4	boxXpress.de GmbH
V 100.1	202 481-8	LEW	13520	1972	202 481-8	08/99 – 11/00 bei SFZ	12 KVD 18/21 AL-4	RPE GmbH
V 100.1	202 483-4	LEW	13522	1972	203 502-0	?/99 – 11/02 bei SFZ [5]	CAT 3512 DI-TA	Alstom Lok Service GmbH
V 100.1	202 484-2	LEW	13523	1972	202 484-2	01/01 – 11/02 bei SFZ	12 KVD 18/21 AL-4	Alstom Lok Service GmbH
V 100.1	202 486-7	LEW	13525	1972	202 486-7	11/00 – 11/02 bei SFZ	12 KVD 18/21 AL-4	Alstom Lok Service GmbH
V 100.1	202 487-5	LEW	13526	1972	202 487-5	?/00 – 03/00 bei SFZ	12 KVD 18/21 AL-4	EBM Verkehrs-Gesellschaft
V 100.1	202 488-3	LEW	13527	1972	202 488-3	08/99 – 03/01 bei SFZ	12 KVD 18/21 AL-4	TLG GmbH
V 100.1	202 490-9	LEW	13529	1972	202 490-9	?/0x – 11/02 bei SFZ	12 KVD 18/21 AL-4	Alstom Lok Service GmbH
V 100.1	202 494-1	LEW	13533	1972	202 494-1	01/01 – 04/01 bei SFZ	12 KVD 18/21 AL-4	TLG GmbH
V 100.1	202 496-6	LEW	13535	1972	202 496-6	?/9x – 11/02 bei SFZ	12 KVD 18/21 AL-4	Alstom Lok Service GmbH
V 100.1	202 497-4	LEW	13536	1972	202 497-4	08/99 – 11/02 bei SFZ	12 KVD 18/21 AL-4	Alstom Lok Service GmbH
V 100.1	202 499-0	LEW	13538	1972	202 499-0	?/96 – 11/02 bei SFZ	12 KVD 18/21 AL-4	Alstom Lok Service GmbH
V 100.1	202 505-4	LEW	13544	1972	202 505-4	?/99 –02/01 bei SFZ	12 KVD 18/21 AL-4	Rail Italy Marmirolo
V 100.1	202 509-6	LEW	13548	1972	202 509-6	10/99 – 11/02 bei SFZ	12 KVD 18/21 AL-4	Alstom Lok Service GmbH
V 100.1	202 516 -1	LEW	13555	1973	202 516-1	10/99 – 11/99 bei SFZ	12 KVD 18/21 AL-4	Kosovo (BR Jogoslawien)
V 100.1	202 518-7	LEW	13557	1973	202 518-7	08/99 – 11/02 bei SFZ	12 KVD 18/21 AL-4	Alstom Lok Service GmbH
V 100.1	202 520-3	LEW	13559	1973	202 520-3	01/01 – 04/02 bei SFZ	12 KVD 18/21 AL-4	Uwe Adam Transporte
V 100.1	202 523-7	LEW	13562	1973	202 523-7	10/01 – 11/02 bei SFZ	12 KVD 18/21 AL-4	Alstom Lok Service GmbH
V 100.1	202 524-5	LEW	13563	1973	202 524-5	10/99 – 11/02 bei SFZ	12 KVD 18/21 AL-4	Alstom Lok Service GmbH
V 100.1	202 525-2	LEW	13564	1973	202 525-2	01/01 – 11/02 bei SFZ	12 KVD 18/21 AL-4	Alstom Lok Service GmbH
V 100.1	202 527-8	LEW	13566	1973	202 527-8	01/01 – 11/02 bei SFZ	12 KVD 18/21 AL-4	Alstom Lok Service GmbH
V 100.1	202 528-6	LEW	13567	1973	202 528-6	10/00 – 11/02 bei SFZ	12 KVD 18/21 AL-4	Alstom Lok Service GmbH
V 100.1	202 529-4	LEW	13568	1973	202 529-4	?/9x – 11/02 bei SFZ	12 KVD 18/21 AL-4	Alstom Lok Service GmbH
V 100.1	202 530-2	LEW	13569	1973	202 530-2	?/98 – 08/02 bei SFZ	12 KVD 18/21 AL-4	EBM Verkehrs-Gesellschaft
V 100.1	202 531-0	LEW	13570	1973	202 531-0	06/00 – 09/02 bei SFZ	12 KVD 18/21 AL-4	TLG GmbH
V 100.1	202 535-1	LEW	13574	1973	202 535-1	10/01 – 11/02 bei SFZ	12 KVD 18/21 AL-4	Alstom Lok Service GmbH
V 100.1	202 536-9	LEW	13575	1973	202 536-9	?/9x – 11/02 bei SFZ	12 KVD 18/21 AL-4	Alstom Lok Service GmbH
V 100.1	202 539-3	LEW	13578	1973	202 539-3	?/9x – 11/02 bei SFZ	12 KVD 18/21 AL-4	Alstom Lok Service GmbH
V 100.1	202 542-7	LEW	13581	1973	202 542-7	?/98 – 11/02 bei SFZ	12 KVD 18/21 AL-4	Alstom Lok Service GmbH
V 100.1	202 543-5	LEW	13582	1973	202 543-5	?/0x – 11/02 bei SFZ	12 KVD 18/21 AL-4	Alstom Lok Service GmbH
V 100.1	202 548-4	LEW	13587	1973	202 548-4	?/9x – 11/02 bei SFZ	12 KVD 18/21 AL-4	Alstom Lok Service GmbH
V 100.1	202 550-0	LEW	13589	1973	202 550-0	10/00 – 02/01 bei SFZ	12 KVD 18/21 AL-4	Rail Italy Marmirolo
V 100.1	202 555-9	LEW	13889	1973	202 555-9	06/00 – 01/02 bei SFZ	12 KVD 18/21 AL-4	DB Bahnbau GmbH
V 100.1	202 558-3	LEW	13876	1973	202 558-3	?/9x – 11/02 bei SFZ	12 KVD 18/21 AL-4	Alstom Lok Service GmbH
V 100.1	202 559-1	LEW	13877	1973	202 559-1	10/99 – 11/02 bei SFZ	12 KVD 18/21 AL-4	Alstom Lok Service GmbH
V 100.1	202 562-5	LEW	13880	1973	202 562-5	?/00 – 11/02 bei SFZ [6]	12 KVD 18/21 AL-4	Alstom Lok Service GmbH
V 100.1	202 563-3	LEW	13881	1973	202 563-3	?/99 – 07/02 bei SFZ	12 KVD 18/21 AL-4	DLW Meiningen
V 100.1	202 565-8	LEW	13883	1973	202 565-8	01/01 – 11/02 bei SFZ	12 KVD 18/21 AL-4	Alstom Lok Service GmbH
V 100.1	202 568-2	LEW	13886	1973	202 568-2	10/99 – 11/02 bei SFZ	12 KVD 18/21 AL-4	Alstom Lok Service GmbH
V 100.1	202 569-0	LEW	13887	1973	202 569-0	10/99 – 07/02 bei SFZ	12 KVD 18/21 AL-4	EBM Verkehrs-Gesellschaft
V 100.1	202 573-2	LEW	13892	1973	202 573-2	01/01 – 11/02 bei SFZ	12 KVD 18/21 AL-4	Alstom Lok Service GmbH
V 100.1	202 582-3	LEW	13900	1973	202 582-3	?/9x – 11/02 bei SFZ	12 KVD 18/21 AL-4	Alstom Lok Service GmbH
V 100.1	202 586-4	LEW	13904	1973	202 586-4	?/0x – 11/02 bei SFZ	12 KVD 18/21 AL-4	Alstom Lok Service GmbH
V 100.1	202 587-2	LEW	13905	1973	202 587-2	?/9x – 11/02 bei SFZ	12 KVD 18/21 AL-4	Alstom Lok Service GmbH
V 100.1	202 594-8	LEW	13912	1973	202 594-8	10/01 – 11/02 bei SFZ	12 KVD 18/21 AL-4	Alstom Lok Service GmbH
V 100.1	202 597-1	LEW	13915	1973	202 597-1	?/99 – 06/02 bei SFZ	12 KVD 18/21 AL-4	Uwe Adam Transporte
V 100.1	202 602-9	LEW	13920	1973	202 602-9	03/00 – 11/02 bei SFZ	12 KVD 18/21 AL-4	Alstom Lok Service GmbH
V 100.1	202 610-2	LEW	13928	1973	202 610-2	?/9x – 11/02 bei SFZ	12 KVD 18/21 AL-4	Alstom Lok Service GmbH
V 100.1	202 613-6	LEW	13931	1973	202 613-6	?/99 – 11/99 bei SFZ	12 KVD 18/21 AL-4	Kosovo (BR Jugoslawien)
V 100.1	202 615-1	LEW	13933	1973	202 615-1	10/99 – 11/99 bei SFZ	12 KVD 18/21 AL-4	Kosovo (BR Jugoslawien)
V 100.1	202 625-0	LEW	13943	1973	202 625-0	10/01 – 11/02 bei SFZ	12 KVD 18/21 AL-4	Alstom Lok Service GmbH
V 100.1	202 630-0	LEW	13948	1973	202 630-0	10/99 – 01/00 bei SFZ	12 KVD 18/21 AL-4	Mittelweserbahn GmbH
V 100.1	202 637-5	LEW	13955	1974	202 637-5	?/00 – ?/00 bei SFZ	12 KVD 18/21 AL-4	Kosovo (BR Jugoslawien)
V 100.1	202 640-9	LEW	13958	1974	202 640-9	?/98 – 11/02 bei SFZ	12 KVD 18/21 AL-4	Alstom Lok Service GmbH
V 100.1	202 645-8	LEW	14072	1974	202 645-8	08/99 – 11/02 bei SFZ	12 KVD 18/21 AL-4	Alstom Lok Service GmbH
V 100.1	202 648-2	LEW	14075	1974	202 648-2	?/9x – 11/02 bei SFZ	12 KVD 18/21 AL-4	Alstom Lok Service GmbH
V 100.1	202 651-6	LEW	14078	1974	202 651-6	?/9x – 11/02 bei SFZ	12 KVD 18/21 AL-4	Alstom Lok Service GmbH
V 100.1	202 652-4	LEW	14079	1974	202 652-4	?/9x – 11/02 bei SFZ	12 KVD 18/21 AL-4	Alstom Lok Service GmbH
V 100.1	202 654-0	LEW	14081	1974	202 654-0	?/98 – 10/02 bei SFZ	12 KVD 18/21 AL-4	Osthavelländische Eb AG
V 100.1	202 656-5	LEW	14357	1974	202 656-5	?/9x – 11/02 bei SFZ	12 KVD 18/21 AL-4	Alstom Lok Service GmbH

[5] 10/99 Inbetriebnahme als 203 502-0, 10/99 – 03/00 + 01/02 – 02/02 vermietet an TLG GmbH, 04/00 – ?/00 an Württembergische Eisenbahn-Gesellschaft mbH (WEG), ?/00 – 12/01 an EVB GmbH, 12/01 – 01/02 an AHG Handel & Logistik GmbH, 02/02 – 03/02 an Uwe Adam Transporte, 03/02 – 05/02 an Uwe Adam EVU GmbH, 05/02 – 10/02 an DB Bahnbau GmbH

[6] 11/00 – 12/00 vermietet an MWB GmbH

△ **Bild 364** • Am 29. Mai 2000 geht der Blick auf ein Teilstück des Geländes des Schienenfahrzeugzentrums Stendal, wo die abgestellten Loks der Baureihen 201 und 202 in langen Reihen auf ihr zukünftiges Schicksal warten. AUFNAHME: CHRISTIAN ERNST

Schienenfahrzeugwerk Stendal (SFZ) IV

Typ	ex DB AG	Hersteller	Fabriknr.	Baujahr	Nr. bei EVU	Bemerkung	Motor	weiter an
V 100.1	202 658-1	LEW	14359	1974	202 658-1	?/00 – ?/00 bei SFZ	12 KVD 18/21 AL-4	Kosovo (BR Jugoslawien)
V 100.1	202 661-5	LEW	14362	1974	202 661-5	10/00 – 11/02 bei SFZ	12 KVD 18/21 AL-4	Alstom Lok Service GmbH
V 100.1	202 672-2	LEW	14373	1974	202 672-2	10/01 – 11/02 bei SFZ	12 KVD 18/21 AL-4	Alstom Lok Service GmbH
V 100.1	202 674-8	LEW	14375	1974	202 674-8	?/9x – 11/02 bei SFZ	12 KVD 18/21 AL-4	Alstom Lok Service GmbH
V 100.1	202 675-5	LEW	14376	1974	202 675-5	?/00 – 12/01 bei SFZ	12 KVD 18/21 AL-4	DB Bahnbau GmbH
V 100.1	202 678-9	LEW	14379	1974	202 678-9	?/9x – 11/02 bei SFZ	12 KVD 18/21 AL-4	Alstom Lok Service GmbH
V 100.1	202 679-7	LEW	14380	1974	202 679-7	10/00 – 01/02 bei SFZ	12 KVD 18/21 AL-4	DB Bahnbau GmbH
V 100.1	202 682-1	LEW	14383	1974	202 682-1	03/00 – 11/02 bei SFZ	12 KVD 18/21 AL-4	Alstom Lok Service GmbH
V 100.1	202 683-9	LEW	14384	1974	202 683-9	?/9x – 11/02 bei SFZ	12 KVD 18/21 AL-4	Alstom Lok Service GmbH
V 100.1	202 685-4	LEW	14386	1974	202 685-4	06/00 – 11/02 bei SFZ	12 KVD 18/21 AL-4	Alstom Lok Service GmbH
V 100.1	202 689-6	LEW	14390	1974	202 689-6	?/9x – 11/02 bei SFZ	12 KVD 18/21 AL-4	Alstom Lok Service GmbH
V 100.1	202 690-4	LEW	14391	1974	202 690-4	10/00 – 11/02 bei SFZ	12 KVD 18/21 AL-4	Alstom Lok Service GmbH
V 100.1	202 691-2	LEW	14392	1974	202 691-2	08/99 – 11/02 bei SFZ	12 KVD 18/21 AL-4	Alstom Lok Service GmbH
V 100.1	202 696-1	LEW	14397	1974	202 696-1	?/98 – 11/01 bei SFZ	12 KVD 18/21 AL-4	DB Regio AG
V 100.1	202 703-5	LEW	14404	1974	202 703-5	10/00 – 11/02 bei SFZ	12 KVD 18/21 AL-4	Alstom Lok Service GmbH
V 100.1	202 708-4	LEW	14409	1974	202 708-4	?/99 – 11/02 bei SFZ	12 KVD 18/21 AL-4	Alstom Lok Service GmbH
V 100.1	202 716-7	LEW	14417	1974	202 716-7	?/9x – 11/02 bei SFZ	12 KVD 18/21 AL-4	Alstom Lok Service GmbH
V 100.1	202 718-3	LEW	14419	1974	202 718-3	10/99 – 06/02 bei SFZ	12 KVD 18/21 AL-4	EBM Verkehrs-Gesellschaft
V 100.1	202 719-1	LEW	14420	1974	202 719-1	?/9x – 11/02 bei SFZ	12 KVD 18/21 AL-4	Alstom Lok Service GmbH
V 100.1	202 722-5	LEW	14423	1974	202 722-5	10/01 – 11/02 bei SFZ	12 KVD 18/21 AL-4	Alstom Lok Service GmbH
V 100.1	202 725-8	LEW	14426	1974	202 725-8	?/00 –04/00 bei SFZ	12 KVD 18/21 AL-4	Mittelweserbahn GmbH
V 100.1	202 726-6	LEW	14427	1974	202 726-6	?/00 – 11/02 bei SFZ [7)]	12 KVD 18/21 AL-4	Alstom Lok Service GmbH
V 100.1	202 728-2	LEW	14429	1974	202 728-2	06/00 – 11/02 bei SFZ	12 KVD 18/21 AL-4	Alstom Lok Service GmbH
V 100.1	202 730-8	LEW	14431	1974	202 730-8	?/9x – 11/02 bei SFZ	12 KVD 18/21 AL-4	Alstom Lok Service GmbH
V 100.1	202 732-4	LEW	14433	1974	202 732-4	?/99 – 06/02 bei SFZ	12 KVD 18/21 AL-4	NVAG GmbH
V 100.1	202 735-7	LEW	14436	1974	202 735-7	10/01 – 11/02 bei SFZ	12 KVD 18/21 AL-4	Alstom Lok Service GmbH
V 100.1	202 737-3	LEW	14438	1974	202 737-3	10/99 – 11/02 bei SFZ	12 KVD 18/21 AL-4	Alstom Lok Service GmbH
V 100.1	202 738-1	LEW	14439	1974	202 738-1	06/00 – 11/02 bei SFZ	12 KVD 18/21 AL-4	Alstom Lok Service GmbH
V 100.1	202 743-1	LEW	14444	1974	202 743-1	?/01 –05/02 bei SFZ	12 KVD 18/21 AL-4	Uwe Adam Transporte
V 100.1	202 744-9	LEW	14445	1974	202 744-9	?/0x – 11/02 bei SFZ	12 KVD 18/21 AL-4	Alstom Lok Service GmbH
V 100.1	202 746-4	LEW	14447	1974	202 746-4	01/01 – 04/02 bei SFZ	12 KVD 18/21 AL-4	duisport rail GmbH
V 100.1	202 751-4	LEW	14452	1974	202 751-4	10/01 – 11/02 bei SFZ	12 KVD 18/21 AL-4	Alstom Lok Service GmbH
V 100.1	202 752-2	LEW	14453	1974	202 752-2	06/00 –10/02 bei SFZ	12 KVD 18/21 AL-4	DB Bahnbau GmbH
V 100.1	202 753-0	LEW	14454	1974	202 753-0	08/99 – 10/99 bei SFZ	12 KVD 18/21 AL-4	Mittelweserbahn GmbH
V 100.1	202 764-7	LEW	14465	1975	202 764-7	10/01 – 11/02 bei SFZ	12 KVD 18/21 AL-4	Alstom Lok Service GmbH
V 100.1	202 768-8	LEW	14469	1975	202 768-8	10/99 – 11/02 bei SFZ	12 KVD 18/21 AL-4	Alstom Lok Service GmbH

[7)] ?/00 – 12/01 vermietet an KEP-Log/NetLog

Schienenfahrzeugwerk Stendal (SFZ) V								
Typ	ex DB AG	Hersteller	Fabriknr.	Baujahr	Nr. bei EVU	Bemerkung	Motor	weiter an
V 100.1	202 775-3	LEW	14476	1975	202 775-3	10/99 – 11/02 bei SFZ	12 KVD 18/21 AL-4	Alstom Lok Service GmbH
V 100.1	202 777-9	LEW	14658	1975	202 777-9	10/00 – 11/02 bei SFZ	12 KVD 18/21 AL-4	Alstom Lok Service GmbH
V 100.1	202 778-7	LEW	14659	1975	202 778-7	10/00 – 11/02 bei SFZ	12 KVD 18/21 AL-4	Alstom Lok Service GmbH
V 100.1	202 783-7	LEW	14840	1975	202 783-7	08/99 – 11/02 bei SFZ	12 KVD 18/21 AL-4	Alstom Lok Service GmbH
V 100.1	202 784-5	LEW	14841	1975	202 784-5	?/9x – 11/02 bei SFZ	12 KVD 18/21 AL-4	Alstom Lok Service GmbH
V 100.1	202 786-0	LEW	14843	1975	202 786-0	10/99 – 11/99 bei SFZ	12 KVD 18/21 AL-4	Kosovo (BR Jugoslawien)
V 100.1	202 787-8	LEW	14844	1975	203 503-8	?/99 – 11/02 bei SFZ [8]	CAT 3512 DI-TA	Alstom Lok Service GmbH
V 100.1	202 791-0	LEW	14848	1975	202 791-0	10/01 – 11/02 bei SFZ	12 KVD 18/21 AL-4	Alstom Lok Service GmbH
V 100.1	202 793-6	LEW	14850	1975	202 793-6	?/95 – 11/02 bei SFZ	12 KVD 18/21 AL-4	Alstom Lok Service GmbH
V 100.1	202 796-9	LEW	14853	1975	202 796-9	10/99 – 01/02 bei SFZ	12 KVD 18/21 AL-4	duisport rail GmbH
V 100.1	202 804-1	LEW	15076	1975	202 804-1	?/0x – 11/02 bei SFZ	12 KVD 18/21 AL-4	Alstom Lok Service GmbH
V 100.1	202 806-6	LEW	15078	1975	202 806-6	?/9x – 11/02 bei SFZ	12 KVD 18/21 AL-4	Alstom Lok Service GmbH
V 100.1	202 810-8	LEW	15082	1975	202 810-8	?/99 – 11/02 bei SFZ	12 KVD 18/21 AL-4	Alstom Lok Service GmbH
V 100.1	202 811-6	LEW	15083	1975	202 811-6	?/0x – 11/02 bei SFZ	12 KVD 18/21 AL-4	Alstom Lok Service GmbH
V 100.1	202 814-0	LEW	15086	1975	202 814-0	?/9x – 11/02 bei SFZ	12 KVD 18/21 AL-4	Alstom Lok Service GmbH
V 100.1	202 816-5	LEW	15088	1975	202 816-5	?/0x – 11/02 bei SFZ	12 KVD 18/21 AL-4	Alstom Lok Service GmbH
V 100.1	202 817-3	LEW	15089	1975	202 817-3	10/01 – 11/02 bei SFZ	12 KVD 18/21 AL-4	Alstom Lok Service GmbH
V 100.1	202 818-1	LEW	15090	1975	202 818-1	?/0x – 11/02 bei SFZ	12 KVD 18/21 AL-4	Alstom Lok Service GmbH
V 100.1	202 822-3	LEW	15094	1975	202 822-3	?/00 –04/01 bei SFZ	12 KVD 18/21 AL-4	Mittelweserbahn GmbH
V 100.1	202 825-6	LEW	15097	1975	202 825-6	06/00 – 11/02 bei SFZ	12 KVD 18/21 AL-4	Alstom Lok Service GmbH
V 100.1	202 827-2	LEW	14891	1975	202 827-2	?/9x – 11/02 bei SFZ	12 KVD 18/21 AL-4	Alstom Lok Service GmbH
V 100.1	202 831-4	LEW	14895	1975	202 831-4	?/9x – 11/02 bei SFZ	12 KVD 18/21 AL-4	Alstom Lok Service GmbH
V 100.1	202 832-2	LEW	14896	1975	202 832-2	10/01 – 11/02 bei SFZ	12 KVD 18/21 AL-4	Alstom Lok Service GmbH
V 100.1	202 841-3	LEW	15226	1976	202 841-3	10/00 – 11/02 bei SFZ	12 KVD 18/21 AL-4	Alstom Lok Service GmbH
V 100.1	202 843-9	LEW	15228	1976	202 843-9	06/00 – 11/02 bei SFZ	12 KVD 18/21 AL-4	Alstom Lok Service GmbH
V 100.1	202 844-7	LEW	15229	1976	202 844-7	?/0x – 11/02 bei SFZ	12 KVD 18/21 AL-4	Alstom Lok Service GmbH
V 100.1	202 847-0	LEW	15232	1976	202 847-0	?/9x – 11/02 bei SFZ	12 KVD 18/21 AL-4	Alstom Lok Service GmbH
V 100.1	202 849-6	LEW	15234	1976	202 849-6	10/99 – 11/02 bei SFZ	12 KVD 18/21 AL-4	Alstom Lok Service GmbH
V 100.1	202 850-4	LEW	15235	1976	202 850-4	10/99 – 11/02 bei SFZ	12 KVD 18/21 AL-4	Alstom Lok Service GmbH
V 100.1	202 855-3	LEW	15240	1976	202 855-3	08/99 – 01/02 bei SFZ	12 KVD 18/21 AL-4	Stahlwerk Thüringen GmbH
V 100.1	202 859-5	LEW	15377	1976	202 859-5	?/98 – 11/02 bei SFZ	12 KVD 18/21 AL-4	Alstom Lok Service GmbH

[8] 04/00 Inbetriebnahme als 203 503-8, 05/00 – 01/01 + 01/02 – 02/02 vermietet an EBM Eisenbahn-Verkehrs-Gesellschaft im Bergisch-Märkischen Raum mbH, 03/01 – 06/01 an PBSV-Verkehrs-GmbH, 06/01 – 09/01 an DB Regio AG - S-Bahn München GmbH, 11/01 – 01/02 an NetLog GmbH, 02/02 – 05/02 Osthavelländische Eisenbahn AG, 05/02 – 12/02 an TLG

Wohlwissend der aufgrund ihrer hervorragenden Grundkonstruktion möglichen Wiederverwendbarkeit der Loks, sah selbst die sonst recht schnell mit Verschrottung agierende DB AG eine Zukunftsperspektive für diese Baureihen nach deren Modernisierung – wenn auch nicht für alle, so doch für einen Großteil der Maschinen. Und so begann bereits Ende der neunziger Jahre ein weitreichendes Modernisierungs- und Umbauprogramm im SFZ Stendal, was in den ersten Fahrzeuge der Baureihe 203 ihren damaligen Höhepunkt fand. Gleichzeitig konnten private EVUs auch Maschinen nach einer Art Baukastenprinzip modernisieren lassen und den eigenen (Leistungs-)Ansprüchen umbauen lassen. Die ersten Umbauloks der Baureihe 203 wurden noch vom SFZ vermietet, sodass die Loks bei verschiedenen Unternehmen und entsprechend auch in unterschiedlichen Leistungsbereichen zum Einsatz kamen.

Während vereinzelte Loks vom SFZ auch verkauft wurden, gelangte der überwiegende Teil des Fahrzeugbestandes im November 2002 zur Alstom Lokomotiven Service GmbH, einem Gemeinschaftsunternehmen (Joint Venture) der DB AG und des Alstom-Konzerns. Seit Mai 2012 führt Alstom das Unternehmen zu 100 %.

Schneider & Schneider

Im Bereich der Erbringung von Dienstleistungen im Schienenverkehr, insbesondere von Triebfahrzeugführern und Wagenmeistern sowie bei der Logistik ist die im Jahr 2005 gegründete und in Winsen (Luhe) ansässige Schneider & Schneider (S&S) GmbH tätig.

Das Unternehmen hatte zwischen Oktober 2001 und Oktober 2005 immer eine oder zwei DR-V 100 im Einsatz – bei insgesamt drei Maschinen. Dabei befand sich nur die Adtranz-Lok 70120 – eine Umbaulok der Baureihe 293, deren Spenderlok unbekannt ist – im Eigentum der Schneider & Schneider GmbH. Sie war vor dem Erwerb im März 2002 bereits ein Jahr als Mietlok von der Lokpool Verwaltungsgesellschaft mbH & Co. Vermietungs KG für S&S im Einsatz. Nach dem Kauf der Lok erhielt sie die Nummer 293 701-9. Dagegen handelte es sich bei den anderen beiden Maschinen um Mietlokomotiven. Auch die als 11913 bezeichnete Lok (ex 201 075) war eine Vertreterin der (Um-)Baureihe 293, die mit ihrer alten LEW-Fabriknummer versehen wurde. Die 203 211 entstand bei Alstom in Stendal aus der 202 573.

Die S&S-Loks kamen im Bau- und Arbeitszugdienst sowie bei der Überführung von Baugeräten zum Einsatz.

Schweerbau Logistik

Ausgehend vom Hauptsitz in Stadthagen ist die Schweerbau Logistik GmbH & Co. KG deutschland- und europaweit auf Gleisbaustellen im Einsatz. Das Unternehmen wurde 1929 von Heinrich Schweer gegründet, ist seitdem in Familienbesitz, hat sich stetig vergrößert und besitzt heute zahlreiche Niederlassungen im gesamten Bundesgebiet. Im Fahrzeugpark befindet sich neben den verschiedensten Gleisbaumaschinen (bis hin zum Gleisumbauzug) auch noch eine Lok der Baureihe 293. Bei

Schneider & Schneider GmbH (S&S)								
Typ	ex DB AG	Hersteller	Fabriknr.	Baujahr	Nr. bei EVU	Bemerkung	Motor	NVR-Nummer
V 100.1	201 075-9	LEW	11913	1968	11913	10/01 – 03/02 MI von Lokpool [1]	CAT 3508 DI-TA	–
V 100.1	202 573-2	LEW	13892	1973	203 211-8	11/04 – 01/05 Mietlok von ALS [2]	CAT 3512 DI-TA	–
V 100.1	–	Adtranz	70120	2001	293 701-9	03/02 – 10/05 bei S&S [3]	MTU 12V 396 TC14	–

[1] Lokpool Verwaltungsgesellschaft mbH & Co. Vermietungs KG [2] Alstom Lokomotiven Service GmbH [3] zuvor 03/01 – 03/02 Mietlok von Lokpool

Schweerbau Logistik GmbH								
Typ	ex DB AG	Hersteller	Fabriknr.	Baujahr	Nr. bei EVU	Bemerkung	Motor	NVR-Nummer
BR 293	–	Adtranz	72510	1999	1	?/12 – 01/24 bei Schweerbau	CAT 3512 DI-TA	92 80 1293 501-3 D-SBAU
V 100.1	202 524-5	LEW	13563	1973	3	?/12 – 08/22 bei Schweerbau	CAT 3512 DI-TA	92 80 1203 127-6 D-SBAU
BR 293	–	Adtranz	72350	1999	293 511 [*]	seit ?/12 bei Schweerbau	CAT 3512 DI-TA	92 80 1293 511-2 D-SBAU

[*] bis 09/22 als „6" benummert

ihr handelt es sich um 293 511, die 1999 bei Adtranz in Kassel aus einer unbekannten Spenderlok entstand. Bei Schweerbau erhielt sie zunächst die Nummer 6, wurde dann aber im September 2022 in 293 511 umgezeichnet. Sie kommt bei Überführungsfahrten und vor Material-, Arbeit- und Bauzügen zum Einsatz.

Neben der 293 511 befanden sich noch zwei weitere ehemalige DR-V 100 im Eigentum der Schweerbau GmbH, die als Lok 1 und Lok 3 eingereiht waren. Sie kamen – wie auch die später 293 511 – von der LDS GmbH und waren noch bis zum Ende ihrer Zeit bei Schweerbau in der grünen Lackierung mit zwei weißen Streifen der LDS sowie mit „LDS" an den Frontseiten im Einsatz. Lediglich die 203 511 erhielt 2022 – nach zehn Jahren bei Schweerbau – eine Umlackierung mit hellgrauen Vorbauten und gelbem Führerhaus.

△ **Bild 365** • Den Beinamen „Nobby" trug die **293 701** des Unternehmens Schneider & Schneider GmbH. Mit einem Bauzug stand diese Maschine am 12. Oktober 2001 im Bahnhof Leer (Ostfr). Zu diesem Zeitpunkt war die Lok noch von Lokpool angemietet. Aufnahme: Roland Hertwig

▽ **Bild 366** • Obwohl bereits seit 2012 im Eigentum der Schweerbau Logistik GmbH, erhielt **203 511** erst 2022 – und als einzige Schweerbau-DR-V 100 – eine neue Farbgebung. Am 9. April 2026 kam sie mit einem Arbeitszug, in dem u. a. zwei Schleifmaschinen eingereiht waren, durch Handeloh. Aufnahme: Dierk Lawrenz

◁ **Bild 367**
Seit Mai 2021 befindet sich **202 330** im Eigentum der Sendogan Bahndienste GmbH. Am 3. Juni 2022 entstand diese Aufnahme der Lok in Duisburg-Wedau.

AUFNAHME: ULRICH BUDDE

Sendogan Bahndienste GmbH

Typ	ex DB AG	Hersteller	Fabriknr.	Baujahr	Nr. bei EVU	Bemerkung	Motor	NVR-Nummer
V 100.1	202 330-7	LEW	12839	1971	202 330-7	seit 05/21 bei Sendogan Bahndienste	CAT 3512 DI-TA	92 80 1202 330-7 D-SENDO
V 100.1	202 450-3	LEW	13489	1972	203 115-1	seit 05/21 bei Sendogan Bahndienste	CAT 3512 DI-TA	92 80 1203 115-1 D-SENDO

Seehafen Kiel GmbH & Co. KG

Typ	ex DB AG	Hersteller	Fabriknr.	Baujahr	Nr. bei EVU	Bemerkung	Motor	NVR-Nummer
V 100.1	201 883-1	LEW	14897	1975	293 005-5	09/08 – 03/09 Mietlok von BSL *)	CAT 3508 DI-TA	92 80 1293 005-5 D-KIEL

*) Betrieb-Service-Logistik GmbH

Sendogan Bahndienste

In Recklinghausen ist die Sendogan Bahndienste GmbH ansässig, die 2008 gegründet wurde. Zunächst noch als ein „Ein-Mann-Betrieb“ bietet die Firma heute Dienstleistungen für Bahnbetriebe, insbesondere im Bereich der Bahnsicherheit, der Baustellenlogistik, im Gleisservice und beim Schneeräumen sowie Arbeitnehmerüberlassung an. Für die Fahrdienste stehen dem Unternehmen seit Mai 2021 auch zwei ehemalige DR-V 100 zur Verfügung, die von der Rail Cargo Carrier – Germany GmbH erworben wurden: 202 330 und 203 115. Letztere entstand durch Umbau gemäß den Konzept Baureihe 203.1 bei Alstom in Stendal aus der DB AG-202 450 und wurde im März 2005 wieder in Betrieb genommen.

Beide Lokomotiven kommen bei der Sendogan Bahndienste GmbH vorwiegend im Güterverkehr u. a. für die DB Cargo AG zum Einsatz, größtenteils beschränkt sich ihr Einsatzgebiet auf das Ruhrgebiet bzw. auf die Strecken in Nordrhein-Westfalen.

Seehafen Kiel GmbH

Die Seehafen Kiel GmbH & Co. KG ist u. a. für die Abwicklung des Schienengüterverkehrs im Hafen der Ostseestadt („Port of Kiel“) zuständig. Dabei spielt der kombinierte Ladungsverkehr als multimodale Transportmöglichkeit eine bedeutende Rolle. Die Schnittstelle bildet dabei der Rangierbahnhof in Kiel-Meimersdorf, von wo aus die Züge über das hafeneigene Gleisnetz zu allen Hafenteilen gelangen – und umgekehrt.

Für den Einsatz bei der Kieler „Hafenbahn“ hatte die Seehafen GmbH & Co. KG von September 2008 bis März 2009 von der BSL GmbH die 293 005 – die ehemalige 201 833 – angemietet. Die Lok leistete in dieser Zeit ihre Dienste sowohl im Rangiergeschäft in den verschiedenen Hafenbereichen als auch in der Zu- und Abführung der Züge vom Hafen zum Übergabebahnhof in Meimersdorf. Während ihrer Einsatzzeit trug 293 005 weiterhin die rote Farbgebung und die Anschriften der Gleisbau Martin Rose GmbH, der Vorbesitzerin vor der BSL GmbH.

SES Logistik GmbH/ Willke Logistics GmbH

Erneut können zwei Unternehmen unter einer Überschrift zusammengefasst werden: die SES Logistik GmbH und die aus diesem Unternehmen hervorgegangene Willke Logistics GmbH. Im Jahr 2007 entstand die SES Logistik GmbH, die ihren Sitz zunächst in Volsemenhusen (Schleswig-Holstein), ab Februar 2012 dann in Ludwigslust hatte. Unternehmensgegenstand war die Erbringung von Dienstleistungen und Logistik im Bereich des Schienenverkehrs. Dafür konnte SES Logistik schon 2009 auf drei Loks aus der DR-Baureihenfamilie V 100 zurückgreifen: die angemietete und damals in Privateigentum befindliche 202 535 (ex Werklok VEB Kali Merkers), die kurzzeitig angemietete V 100 002 (ex 202 439) und die firmeneigene 293 005 (ex 201 833). Im Mai 2010 kam 293.001 – ein Adtranz-Umbau ohne bekannte Nummer der Spenderlok – als weitere Mietlok noch hinzu.

Die Lokomotiven des Unternehmens kamen bundesweit im Güterverkehr und

△ **Bild 368** • Am 27. März 2010 pausiert „Chris" – alias **202 535** – im ehemaligen Bw Buchholz (Nordheide). Die Lok befand sich diesem Zeitpunkt noch in Privateigentum und war an die SES Logistik GmbH vermietet.
AUFNAHME: DIERK LAWRENZ

SES Logistik GmbH, seit 05/16: Willke Logistics GmbH

Typ	ex DB AG	Hersteller	Fabriknr.	Baujahr	Nr. bei EVU	Bemerkung	Motor	NVR-Nummer
V 100.4	–	LEW	17732	1983	202 535-1	11/09 – 12/11 Mietlok von Privat	12 KVD 18/21 A-3	–
V 100.1	202 746-4	LEW	14447	1974	202 746-4	?/23 – 10/23 Mietlok von ALS [1]	CAT 3512 DI-TA	98 80 3202 746-4 D-ALS
V 100.1	202 530-2	LEW	13569	1973	203 006-2	seit ?/21 bei Willke	MTU 12V 4000 R10	92 80 1203 006-2 D-WWL
V 100.1	202 379-4	LEW	12888	1971	203.501	seit 10/16 bei Willke	CAT 3512 DI-TA	92 80 1203 501-2 D-WWL
BR 293	–	Adtranz	72340	1999	293.001	05/10 – ?/1x Mietlok von RTS [2]	CAT 3512 DI-TA	92 80 1293 001-4 D-RTS
V 100.1	201 833-1	LEW	14897	1975	293 005-5	seit ?/09 bei SES/Willke	CAT 3508 DI-TA	92 80 1293 005-5 D-WWL
V 100.1	202 786-0	LEW	14843	1975	203 786-9	?/20 – 06/20 Mietlok von Alstom	CAT 3512 DI-TA	92 80 1203 162-3 D-ALS
V 100.1	202 439-6	LEW	13478	1972	V 100 002	?/09 – ?/09 Mietlok von NRS [3]	CAT 3512 DI-TA	98 80 3202 439-6 D-SG

[1] Alstom Lokomotiven Service GmbH [2] Rail Transport Service Germany [3] Nordic Rail Service GmbH

Bild 369 ▷ Am 4. Februar 2025 leistete **203 006** („Tina") der Willke Logistics GmbH ihre Dienste für das EVU BUG Verkehrsbau. Die Aufnahme zeigt die Lok bei Ladearbeiten an der Rampe in Berlin-Lichtenberg.
AUFNAHME: MATHIAS CANTZLER

Siemens AG – Prüfcenter Wegberg-Wildenrath

Typ	ex DB AG	Hersteller	Fabriknr.	Baujahr	Nr. bei EVU	Bemerkung	Motor	NVR-Nummer
V 100.1	202 481-8	LEW	13520	1972	V 100.01	05/09 – 12/09 Mietlok von RPE *)	12 KVD 18/21 AL-4	92 80 1202 481-8 D-RPE

*) RP Eisenbahn GmbH

△ **Bild 370** • Hier am 15. Mai 2012 bei Holzhau mit einem Schotterzug im Einsatz, leistete die **V 100.01** der RP Eisenbahn GmbH im Verlauf des Jahres 2009 ihre Dienste für das Prüfcenter der Siemens Mobility GmbH in Wegberg-Wildenrath. Aufnahme: Felix Seraphin

bei der Bedienung von Anschlussbahnen zum Einsatz. Daran änderte sich auch nichts, als auf Beschluss der Gesellschafterversammlung am 17. Mai 2016 die Umbenennung der SES Logistik GmbH in Willke Logistics GmbH beschlossen wurde. Damit gelangte das Unternehmen als 100 %-ige Tochter in die Wilke Holding GmbH, der Sitz der Willke Logistics GmbH sowie deren Unternehmensgegenstand blieb jedoch gleich.

Siemens Mobility GmbH

In Wegberg-Wildenrath (Nordrhein-Westfalen) befindet sich auf dem Gelände eines ehemaligen Militärflugplatzes der Royal Air Force das 1997 in Betrieb genommene Prüf- und Validationscenter der Siemens Mobility GmbH. Es ist eine der modernsten sowie größten Anlagen dieser Art weltweit, die vornehmlich der Prüfung, Validierung und Zertifizierung von Schienenfahrzeugen und -systemen dient. Dabei werden dort nicht nur Siemens-Fahrzeuge getestet. Das Prüfcenter steht auch Dritten zur Verfügung.

Für die Zu- und Abführung der zu testenden Fahrzeuge aus dem Herstellerwerk nach bzw. von Wegberg-Wildenrath zurück – der Ort selbst hat keinen Gleisanschluss – hatte die Siemens Mobility GmbH von Mai bis Dezember 2009 die V 100.01 von der RP Eisenbahn GmbH angemietet.

SKL Umschlagservice/SKL Magdeburg GmbH

Im Jahr 1999 als SKL Umschlagservice KG gegründet, änderte sich im September 2009 zunächst deren Rechtsform zur GmbH & Co. KG und Mai 2021 gleich die ganze Firma in SKL Schienen Komplex Logistik Magdeburg GmbH & Co. KG.

Das Unternehmen hat – Stand März 2026 – drei Lokomotiven im Eigentum, die aus der DR-V 100-Baureihenfamilie stammen. Von denen ist wiederum die Lok 4 (ex 202 219) bereits seit 2017 mit Fristablauf abgestellt. Währenddessen sind 202 466 und 202 520 bundesweit im

SKL Umschlagservice Magdeburg GmbH & Co. KG, seit 05/21: Schienen Komplex Logistik Magdeburg GmbH & Co. KG

Typ	ex DB AG	Hersteller	Fabriknr.	Baujahr	Nr. bei EVU	Bemerkung	Motor	NVR-Nummer
V 100.1	202 466-9	LEW	13505	1972	202 466-9	seit 04/17 bei SKL	CAT 3512 DI-TA	92 80 1202 466-9 D-SKLUS
V 100.1	202 520-3	LEW	13559	1973	202 520-3	seit 03/21 bei SKL	CAT 3512 DI-TA	92 80 1202 520-3 D-SKLUS
V 100.1	202 219-2	LEW	12501	1970	4	seit ?/11 bei SKL	12 KVD 18/21 AL-4	92 80 1202 219-2 D-SKLUS

◁ **Bild 371**
Mit einem mit Schwellen beladenen Flachwagenzug am Haken fährt **202 466** der SKL GmbH am 27. Juli 2021 aus Richtung Buchholz kommend in den Bahnhof Handeloh ein.

Aufnahme: Dierk Lawrenz

△ **Bild 372** • „Einsatz in Mainhatten": Am 5. November 2018 war **203 162** von Sonata Rail Invest im Arbeitszugdienst am Frankfurter Hauptbahnhof tätig.

AUFNAHME: STEPHAN KARKOWSKI

Sonata Logistics GmbH, Sonata Rail GmbH, seit 09/16: Sonata Rail Invest GmbH

Typ	ex DB AG	Hersteller	Fabriknr.	Baujahr	Nr. bei EVU	Bemerkung	Motor	NVR-Nummer
V 100.1	202 654-0	LEW	14081	1974	203 012-0	11/15 – 12/15 Mietlok von EAH [1]	MTU 12V 4000 R10	92 80 1203 012-0 D-BUVL
V 100.1	202 637-5	LEW	13955	1974	203 160-7	08/14 – 05/17 bei Sonata [2]	CAT 3512 DI-TA	92 80 1203 160-7 D-SONRA
V 100.1	202 786-0	LEW	14843	1975	203 162-3	08/14 – 12/19 bei Sonata [3]	CAT 3512 DI-TA	92 80 1203 162-3 D-SONRA
V 100.1	202 613-6	LEW	13931	1973	203 163-1	08/14 – 07/18 bei Sonata [2]	CAT 3512 DI-TA	92 80 1203 163-1 D-SONRA
V 100.1	201 577-4	LEW	13896	1973	203 214-2	08/14 – ?/23 bei Sonata [4]	CAT 3512 DI-TA	92 80 1203 214-2 D-SONRA
V 100.1	202 388-5	LEW	12897	1971	293 505-4	03/18 – 06/18 Mietlok von ALS [3]	CAT 3512 DI-TA	92 80 1293 505-4 D-ALS

[1] Eisenbahn Anlagen Handel GmbH (Lok eingestellt bei B&V Leipzig GmbH)
[2] durchgängig vermietet an LOCON Benelux B.V.
[3] 01/15 – 06/19 von Sonata Rail an Sonata Logistics vermietet
[4] 03/15 – 09/15 vermietet an Hessische Güterbahn GmbH
[5] angemietet für Sonata Logistics von Alstom Lokomotiven Service GmbH

Einsatz, bespannen u. a. Materialzüge für Gleisbaustellen, dienen als Zuglokomotiven bei Überführungsfahrten und befördern Güter- und Sonderreisezüge.

Sonata Logistics GmbH/ Sonata Rail GmbH

Auch an dieser Stelle dürfen Unternehmen zusammengefasst werden, die alle „aus derselben Quelle" stammen: der Nordbayerischen Eisenbahngesellschaft mbH – NBE, die ab August 2010 als NBE Rail GmbH mit Sitz in Stockstadt am Main firmierte – im August 2015 in die Insolvenz ging und ab April 2015 liquidiert wurde. Aus verschiedenen Um- und Neufirmierungen sowie Umbenennungen heraus, entstanden aus Ablegern der NBE im Jahr 2014 die Firmen Sonata Logistics GmbH (ex NBE Logistics GmbH, ab Oktober 2019: Rail Logistics GmbH) und Sonata Rail GmbH (ex NBE Horses GmbH, ab September 2016: Sonata Rail Invest GmbH). Keine der genannten Firmen ist heute noch existent.

Unternehmensgegenstand war bei Sonata Rail neben dem An- und Verkauf sowie der Vermietung von Lokomotiven auch die Erbringung von Dienstleistungen im Eisenbahnverkehrswesen und: Der An- und Verkauf sowie die Vermittlung von Sportpferden, deren Vorstellung und Wertsteigerung … Demgegenüber war die Sonata Logistics GmbH allein im Eisenbahnbetrieb mit der Planung, Durchführung und Vermittlung von Dienstleistungen tätig. Die Lokomotiven dafür hatte wiederum die Sonata Rail GmbH im Eigentum, die sie alle – insgesamt vier Maschinen – noch im August 2014 von der NBE Rail GmbH übernahm. Dabei waren zwei Loks (203 160 und 203 163) bereits von NBE Rail langfristig vermietet worden, sodass sie nicht für Sonata Rail selbst zum Einsatz kamen. Für die Sonata Logistics GmbH leisteten zwei Mietloks ihre Dienste, wobei eine – 203 162 – von der Sonata Rail GmbH angemietet wurde.

Die in Blau, Orange und Hellgrau lackierten und damit durchaus auffälligen Sonata-Loks waren bundesweit überwiegend im Bau- und Arbeitszugdienst tätig, dabei bespannten sie oft auch die entsprechenden Materialzüge.

Spitzke Logistik GmbH								
Typ	ex DB AG	Hersteller	Fabriknr.	Baujahr	Nr. bei EVU	Bemerkung	Motor	NVR-Nummer
V 100.1	202 846-2	LEW	15231	1976	V 100-SP-001	seit 10/97 bei Spitzke	CAT 3512 DI-TA	98 80 3202 846-2 D-SLG
V 100.1	202 547-6	LEW	13586	1973	V 100-SP-002	10/97 – 04/06 bei Spitzke	12 KVD 18/21 AL-4	–
V 100.1	202 677-1	LEW	14378	1974	V 100-SP-003	seit 10/97 bei Spitzke [1]	CAT 3508 DI-TA	98 80 3202 677-1 D-SLG
V 100.1	202 690-4	LEW	14391	1974	V 100-SP-004	seit 07/13 bei Spitzke [2]	CAT 3512 DI-TA	92 84 2203 004-1 NL-SLG
V 100.1	202 744-9	LEW	14445	1974	V 100-SP-005	seit 07/13 bei Spitzke [3]	CAT 3512 DI-TA	92 84 2203 005-8 NL-SLG
V 100.1	202 340-6	LEW	12849	1971	V 100-SP-006	seit 07/13 bei Spitzke [4]	CAT 3512 DI-TA	92 84 2203 006-6 NL-SLG
V 100.1	202 536-9	LEW	13575	1973	V 100-SP-007	seit 09/06 bei Spitzke	CAT 3512 DI-TA	92 80 1203 409-8 D-SLG
V 100.1	202 529-4	LEW	13568	1973	V 100-SP-008	seit 07/07 bei Spitzke	CAT 3512 DI-TA	92 80 1203 128-4 D-SLG
V 100.1	202 528-6	LEW	13567	1973	V 100-SP-009	seit 08/07 bei Spitzke [5]	CAT 3512 DI-TA	92 80 1203 129-2 D-SLG
V 100.1	202 847-0	LEW	15232	1976	V 100-SP-010	seit 07/08 bei Spitzke	CAT 3512 DI-TA	92 80 1203 146-6 D-SLG
V 100.1	202 746-4	LEW	14447	1974	202 001-4	08/06 – 09/06 Mietlok von ALS [6]	CAT 3512 DI-TA	98 80 3202 746-4 D-ALS
V 100.1	202 325-7	LEW	12834	1971	202 325-7	?/99 – ?/00 Mietlok von NEB [7]	CAT 3512 DI-TA	–
V 100.1	202 388-5	LEW	12897	1971	202 388-5	?/99 – ?/00 Mietlok von NEB	CAT 3512 DI-TA	–
V 100.1	202 520-3	LEW	13559	1973	202 520-3	?/07 – 11/07 Ml von Uwe Adam [8]	CAT 3512 DI-TA	–
V 100.1	202 433-9	LEW	13472	1972	203 105-2	02/17 – ?/17 Mietlok von hvle [9]	CAT 3512 DI-TA	92 80 1203 105-2 D-HVLE
V 100.1	202 524-5	LEW	13563	1973	203 127-6	05/24 – ?/2x Mietlok von ALS	CAT 3512 DI-TA	92 80 1203 127-6 D-ALS
V 100.1	202 594-8	LEW	13912	1973	203 594-7	08/16 – 11/16 Mietlok von ALS	CAT 3512 DI-TA	92 80 1203 594-7 D-ALS
V 100.1	202 737-3	LEW	14438	1974	203 737	?/08 – 11/08 Mietlok von ALS	CAT 3512 DI-TA	92 80 1203 136-7 D-ALS
V 100 1	202 461-0	LEW	13500	1972	203.005	04/06 – 07/06 Mietlok von ALS	MTU 12V 4000 R10	–
V 100.1	202 822-3	LEW	15094	1975	V 1405.01	?/07 – ?/08 Mietlok von RaR [10]	CAT 3512 DI-TA	–

[1] 09/04 – 12/04 vermietet an Spitzke Spoorbouw B.V.
[2] zuvor 07/07 – ?/0x + 09/08 – ?/0x + ?/10 – 07/13 Mietlok von Spitzke Spoorbouw B.V.
[3] zuvor 07/07 – ?/0x + ?/09 – ?/10 + ?/1x – 07/13 Mietlok von Spitzke Spoorbouw B.V.
[4] zuvor ?/09 – ?/1x + ?/1x – 07/13 Mietlok von Spitzke Spoorbouw B.V.
[5] 01/08 – 05/08 vermietet an Alstom Lokomotiven Service GmbH (untervermietet an Railion Deutschland AG, NL Halle/Saale; dort: 203 129-3)
[6] Alstom Lokomotiven Service GmbH
[7] Niederbarnimer Eisenbahn AG
[8] Uwe Adam Transporte
[9] Havelländische Eisenbahn AG
[10] Rent-a-Rail Eisenbahn-Service AG

Spitzke Logistik GmbH

Die Spitzke Logistik GmbH ist ein Teil der Spitzke-Unternehmensgruppe, die sich mit ihren Geschäftsfeldern (u. a. Bahnsicherungssysteme, Fahrwegsysteme, Schienenprüftechnik, Mast- und Stahlbau) ganz auf Bahninfrastrukturprojekte konzentriert. Die Zentrale des Unternehmens und gleichzeitig das Kompetenzzentrum Ost befinden sich in Großbeeren, vor den südwestlichen Toren Berlins. Weitere Kompetenzzentren befinden sich in Kaltenkirchen, Bochum, Erlensee und Buchloe, hinzu kommen noch zahlreiche Standorte im gesamten Bundesgebiet.

Für die Logistikaufgaben bei den Bahnbaustellen, für die Material- und Schienentransporte sowie für die Überführung der Gleisbaumaschinen ist im Unternehmen die Spitzke Logistik GmbH zuständig, die gleichsam Güter- und Spezialtransporte durchführt. Dafür stehen u. a. auch Lokomotiven der Baureihen 202 und 203 zur Verfügung, die als V 100-SP-001 bis 010 eingereiht sind, wobei die 002 bereits im April 2006 an die Nordbayerische Eisenbahngesellschaft mbH verkauft wurde. Bereits 1997 gelangten die ersten Maschinen der Baureihe 202 zur Spitzke Logistik GmbH, von denen zwei Exemplare – V 100-SP-001 und 003 – noch heute im Bestand sind. Seit Juli 2013 liegt der Bestand konstant bei neun Maschinen. Immer wieder kamen auch Mietlokomotiven der Baureihen 202 und 203 für das Unternehmen zum Einsatz, die meist aber nur wenige Wochen oder Monate ihre Dienste für Spitzke leisteten.

◁ **Bild 373**
V 100-SP-001 der Spitzke Logistik GmbH ist am 8. Juli 2007 mit einem Schotterzug im Arbeitsdienst in Berlin im Einsatz. Die ehemalige 202 846 ist bereits seit Oktober 1997 im Unternehmensbestand.

Aufnahme: Mathias Cantzler

Bild 374 ▷ In ihrer neuen Farbgebung wurde die Werklok **Nr. 4** der Stadtwerke Chemnitz AG am 27. September 1997 im Ausbesserungswerk Chemnitz präsentiert.

AUFNAHME: FRANK HEILMANN

Stadtwerke Chemnitz AG (SWC), bis 10/90: VEB Energieversorgung Karl-Marx-Stadt

Typ	ex DB AG	Hersteller	Fabriknr.	Baujahr	Nr. bei EVU	Bemerkung	Motor	NVR-Nummer
V 100.1	110 067-6	LEW	11905	1968	WL 4 [1]	11/87 – ?/06 bei SWC	12 KVD 18/21 A-3	–
V 100.1	110 056-9	LEW	11894	1968	WL 5 [2]	11/87 – ?/9x bei SWC	12 KVD 18/21 A-3	–

[1] bis 10/90 als Werklok 9 bezeichnet [2] bis 10/90 als Werklok 10 bezeichnet

Stadtwerke Osnabrück AG (SWO)

Typ	ex DB AG	Hersteller	Fabriknr.	Baujahr	Nr. bei EVU	Bemerkung	Motor	NVR-Nummer
V 100.1	202 562-5	LEW	13880	1973	HABA 8	05/10 – 11/11 bei SWO	CAT 3512 DI-TA	92 80 1203 116-9 D-SWO

Stadtwerke Chemnitz AG

Im November 1987 erhielt der damalige VEB Energieversorgung Karl-Marx-Stadt zwei aus dem Betriebsbestand der Deutschen Reichsbahn ausgemusterte Maschinen der Baureihe 110 als Werkloks: 110 056 (Bw Karl-Marx-Stadt) und 110 067 (Bw Reichenbach/Vogtl). Die Lokomotiven verloren ihre DR-Beschilderung, erhielten die Nummern 9 (110 067) sowie 10 (110 056) und kamen vorwiegend bei der Zu- und Abführung der Braunkohlezüge zum Kraftwerk in Küchwald zum Einsatz.

Zum 9. Oktober 1990 wechselten beide Lokomotiven zur Stadtwerke Chemnitz AG, dem Nachfolgeunternehmen des VEB Energieversorgung. Die Stadt hatte zuvor, zum 1. Juni 1990, den Namen von Karl-Marx-Stadt (seit Mai 1953) wieder zu Chemnitz geändert. Mit der Umfirmierung erhielten die Werkloks auch neue Nummern: aus Lok 9 wurde Lok 4, aus der 10 die 5.

Bereits Mitte der neunziger Jahre wurde Lok 5 an die ABB Daimler Benz Transportation GmbH (Adtranz) in Kassel verkauft, wo sie gemäß dem Konzept Baureihe 293 umgebaut und bei der Lokpool Verwaltungsgesellschaft mbH & Co. Vermietungs KG im Januar 1996 unter der Nummer 11894 – ihre LEW-Fabriknummer – wieder in Dienst gestellt wurde. Derweil blieb die nunmehrige Lok 4 noch bis 2006 im Bestand der Stadtwerke Chemnitz AG und wechselte dann zur AHG Handel & Logistik GmbH & Co. KG. Die Lok erhielt Ende 1996 eine Neulackierung in Himmelblau mit weißen Streifen, nachdem sie bis dahin noch in der Reichsbahnfarbgebung im Einsatz war.

Stadtwerke Osnabrück AG

Im Mai 2010 erwarb die Stadtwerke Osnabrück (SWO) AG von der Alstom Lokomotiven Service GmbH in Stendal die 203 116, die zwischen 2003 und 2005 gemäß dem Umbaukonzept Baureihe 203.1 aus der 202 562 entstanden war. Die bereits 1858 gegründete SWO AG benötigte eine leistungsfähige Lokomotive für die Bedienung des Osnabrücker Hafens und für die dortigen Rangiergeschäfte. Der Hafen, wo ein reger Güterumschlag stattfindet, wird bereits seit 1914 von dem Unternehmen betrieben. Über einen Stichkanal ist er mit dem Mittellandkanal verbunden. Immerhin umfassen die Gleisanlagen im Osnabrücker Hafen 24 km.

Die 203 116 erhielt bei der Stadtwerke Osnabrück AG die Bezeichnung HABA 8 – HABA steht für Hafenbahn. Doch die Einsatzzeit währte nicht sehr lange, denn für die Abwicklung des Betriebes auf der Hafenbahn sowie im Hafen wurde im Herbst 2011 als Tochter der SWO AG die Eisenbahn- und Hafenbetriebsgesellschaft Region Osnabrück mbH gegründet, in deren Bestand die HABA 8 im November 2011 wechselte.

Stahlwerk Thüringen

Die Lokomotiven der Stahlwerk Thüringen GmbH – der vormalige VEB Maxhütte Unterwellenborn – sind in diesem Buch bereits auf Seite 95 unter der Überschrift Arcelor/Stahlwerk Thüringen GmbH abgehandelt worden.

◁ **Bild 375**
Von Mai 2010 bis November 2011 befand sich die 203 116 im Eigentum der Stadtwerke Osnabrück AG und trug dort die Bezeichnung **HABA 8**. Ihre Dienste leistete die Lok bei der Bedienung des Osnabrücker Hafens sowie bei den dortigen Rangiergeschäften. Am 26. Oktober 2010 ist HABA 8 im Rangierdienst im Einsatz.

Aufnahme: André Schafstall-Klecker

Stickstoffwerke Piesteritz GmbH

Typ	ex DB AG	Hersteller	Fabriknr.	Baujahr	Nr. bei EVU	Bemerkung	Motor	NVR-Nummer
V 100.1	202 490-9	LEW	13529	1972	203 701-8	02/17 – 01/18 Mietlok von ALS [1]	Deutz TCD 2013 L6 2V	90 80 1001 001-9 D-ALS
V 100.4	–	LEW	16327	1981	293 016-3	11/14 – 03/15 Mietlok von ALS	CAT 3508 DI-TA	98 80 3293 016-2 D-ALS
V 100.1	201 881-0	LEW	16375	1977	293 021-6	03/15 – 04/15 Mietlok von PRESS [2]	CAT 3508 DI-TA	92 80 1293 881-9 D-PRESS
V 100.1	298 046-4	LEW	11884	1968	1001 006-8	?/17 – ?/17 Mietlok von MHG [3]	Deutz TCD 2013 L6 2V	90 80 1001 006-8 D-MHG

[1] Alstom Lokomotiven Service GmbH [2] Eisenbahn-Bau- und Betriebsgesellschaft Pressnitztalbahn mbH [3] Magdeburger Hafen GmbH

Stickstoffwerke Piesteritz

Die SKW Stickstoffwerke Piesteritz GmbH – 1993 als Nachfolgeunternehmen des VEB Kombinat Agrochemie Piesteritz gegründet – ist Deutschlands größter Harnstoff- und Ammoniakproduzent. Das Werksgelände liegt Agro-Chemie-Park, der sich im Ortsteil Piesteritz der Lutherstadt Wittenberg befindet.

Zwischen November 2014 und Januar 2018 hatte die SKW GmbH zu unterschiedlichen Zeiträumen insgesamt vier Lokomotiven angemietet, bei denen es sich um Umbauloks der DR-Baureihe V 100 handelte. Darunter war auch die Hybridlok 1001 006, die im Jahr 2017 wohl aber nur kurzzeitig ihre Dienste für das SKW leistete. Die Maschinen kamen im Übergabedienst der Züge vom an der Strecke Lu-Wittenberg – Roßlau (Elbe) gelegenen Güterbahnhof zum Werksgelände und der Verteilung der Waggons zu den jeweiligen Werksteilen zum Einsatz.

Stock-Transport

Seit 2013 als inhabergeführtes EVU Stock-Transport-e. K. mit Sitz in Bodenheim (Rheinland-Pfalz) firmierend, hatte die Firma bereits im Jahr 2004 eine erste Lok der DR-Baureihe V 100 für ihre Dienstleistungen angemietet. Es war 204 005 der PRESS GmbH, die ehemalige DB AG-202 350. Mit 203 506 erwarb Stock-Transport – das Unternehmen ist ausschließlich im Güterverkehr aktiv – ihre erste eigene

◁ **Bild 376**
Für das Stickstoffwerk Piesteritz leistete die Alstom-Lok **203 701** von Februar 2017 bis Januar 2018 ihre Dienste. Am 30. Juni 2017 war die Lok mit Rangierarbeiten beschäftigt und überquert vom Werk kommend den BÜ Heuweg.

Aufnahme: Marcus Riediger

Bild 377 ▷
203 506 war eine der beiden Loks der Baureihe 203, die sich im Eigentum der Firma Stock-Transport befand. Die Aufnahme zeigt die Maschine am 16. April 2007 in Gießen.

Aufnahme: Marco Berger

Stock-Transport

Typ	ex DB AG	Hersteller	Fabriknr.	Baujahr	Nr. bei EVU	Bemerkung	Motor	NVR-Nummer
V 100.1	202 488-3	LEW	13527	1972	202 488-3	03/07 Mietlok von HGB [1]	CAT 3512 DI-TA	98 80 3202 488-3 D-HGB
V 100.1	202 547-6	LEW	13586	1973	202 547-6	02/07 – 03/07 Mietlok von ALS [2]	12 KVD 18/21 AL-4	–
V 100.1	202 573-2	LEW	13892	1973	203 211-8	03/07 Mietlok von HGB	CAT 3512 DI-TA	92 80 1203 213-4 D-HGB
V 100.1	202 483-4	LEW	13522	1972	203 502-0	08/06 – 01/07 Mietlok von ALS	12 KVD 18/21 AL-4	–
V 100.1	202 661-5	LEW	14362	1974	203 506-1	12/05 – 04/08 bei Stock [3]	CAT 3512 DI-TA	–
V 100.1	202 374-5	LEW	12883	1971	203 507-9	03/07 – 07/08 bei Stock	CAT 3512 DI-TA	92 80 1202 374-5 D-STOCK
V 100.1	202 461-0	LEW	13500	1972	203.005	03/06 – 04/06 Mietlok von ALS	MTU 12V 4000 R10	–
V 100.1	202 350-5	LEW	12859	1971	204 005-3	12/04 Mietlok von PRESS [4]	CAT 3512 DI-TA	–

[1] Hessische Güterbahn GmbH [2] Alstom Lokomotiven Service GmbH [3] zuvor seit 11/04 Mietlok von ALS, 03/08 vermietet an RT - railtrans s.r.o.
[4] Eisenbahn-Bau- und Betriebsgesellschaft Pressnitztalbahn mbH

Lokomotive dieser Baureihe, der 2007 noch 203 507 ins Firmeneigentum folgte. Neben diesen beiden modernisierten Maschinen der Baureihe 202 kamen in den Jahren 2006 und 2007 für Stock-Transport weitere angemietete 202 und 203 zum Einsatz. Die Lokomotiven leisteten bundesweit ihre Dienste im Güterverkehr.

STRABAG Rail GmbH

In der umfangreichen STRABAG SE (Societas Europaea)-Unternehmensgruppe werden die Bereiche Gleis- und Oberleitungsbau von der STRABAG Rail GmbH sowie der STRABAG Rail Fahrleitungen GmbH abgedeckt. Der Konzern – gegründet 1923 als Straßenbau-Aktien-Gesellschaft in Niederlahnstein bei Koblenz, ab 1930 als STRABAG bezeichnet – hat heute sein Hauptquartier in Wien und ist durch die Übernahme zahlreicher kleiner Unternehmen bzw. deren Integration ein „Global Player" in allen Bereichen des Bauens – von Brücken bis zu Rennstrecken.

Bild 378 ▷
Am 8. Juni 2016 war die STRABAG-**203 841** mit unbeladenen Schienentransportwagen am Haken unterwegs in Richtung Magdeburg und passiert die zwischen Zerbst (Anhalt) und Gommern gelegene Station Lübs (b. Magdeburg).

Aufnahme: Daniel Berg

STRABAG Rail GmbH								
Typ	ex DB AG	Hersteller	Fabriknr.	Baujahr	Nr. bei EVU	Bemerkung	Motor	NVR-Nummer
V 100.1	202 654-0	LEW	14081	1974	203 012-0	seit 01/19 bei STRABAG [1]	MTU 12V 4000 R10	92 80 1203 012-0 D-BRS
V 100.1	202 587-2	LEW	13905	1973	203 014-6	seit 03/20 bei STRABAG [2]	MTU 12V 4000 R10	92 80 1203 014-6 D-SRFL
V 100.1	202 412-3	LEW	12921	1971	203 166-4	seit 08/12 bei STRABAG	CAT 3512 DI-TA	92 80 1203 166-4 D-BRS
V 100.1	202 841-3	LEW	15226	1976	203 841-2	seit ?/11 bei STRABAG	CAT 3512 DI-TA	92 80 1203 841-2 D-BRS

[1] Lok eingestellt bei Berlin-Rail-STRABAG [2] Lok eingestellt bei STRABAG Rail Fahrleitungen GmbH

Für die Leistungen im Bereich Gleisbau hat die STRABAG Rail GmbH – Stand März 2026 – u. a. vier Lokomotiven der Baureihe 203 im Bestand, die entsprechend vor Bau-, Arbeits- und Materialzügen zum Einsatz kommen und die ihre Dienste gleichsam bei der Überführung von Baugeräten leisten.

SWEG Verkehrs AG/SWEG Landesverkehrs GmbH

Durch die Verschmelzung der Südwestdeutschen Eisenbahn-Gesellschaft mbH (SWEG) und der Mittelbadischen Eisenbahnen AG entstand zum 1. Oktober 1971 die Südwestdeutsche Eisenbahnen AG, die wiederum 1984 den Namen in Südwestdeutsche Verkehrs AG änderte, da zunehmend auch der Omnibusbetrieb mit eine Rolle spielte.

Mit der Fusionierung der Südwestdeutschen Verkehrs AG und der Hohenzollerischen Landesbahn wechselte nochmals die Bezeichnung des Unternehmens, die zunächst bis Oktober 2021 als Südwestdeutsche Landesverkehrs AG, dann nach einer Rechtsformänderung als Südwestdeutsche Landesverkehrs GmbH mit Sitz in Lahr (Schwarzwald) firmiert.

Für die SWEG kamen in den vergangenen Jahren immer wieder Lokomotiven der Baureihen 203 und 293 als Mietloks – überwiegend von der Alstom Lokomotiven Service GmbH – zum Einsatz. Dabei leisteten sie ihre Dienste vorwiegend im Güterverkehr, dies allerdings nicht nur „im Länd'le", sondern auch über die Grenzen Baden-Württembergs hinaus.

Über eigene Lokomotiven aus der DR-V 100-Baureihenfamilie verfügte die SWEG – egal ob in Form der Verkehrs AG oder der Landesverkehrs GmbH – jedoch (noch) nicht.

Südwestdeutsche Verkehrs-Aktiengesellschaft, seit 01/18: Südwestdeutsche Landesverkehrs AG								
Typ	ex DB AG	Hersteller	Fabriknr.	Baujahr	Nr. bei EVU	Bemerkung	Motor	NVR-Nummer
V 100.1	202 768-8	LEW	14469	1975	203 102	seit 10/21 Mietlok von ALS [1]	CAT 3512 DI-TA	92 80 1203 102-9 D-ALS
V 100.1	202 827-2	LEW	14891	1975	203 103-7	seit 01/22 Mietlok von ALS	CAT 3512 DI-TA	92 80 1203 103-7 D-ALS
V 100.1	202 651-6	LEW	14078	1974	203 111-0	seit 02/26 Mietlok von ALS	CAT 3512 DI-TA	92 80 1203 111-0 D-ALS
V 100.1	202 524-5	LEW	13563	1973	203 127-6	04/23 – 11/23 Mietlok von ALS	CAT 3512 DI-TA	92 80 1203 127-6 D-ALS
V 100.1	202 786-0	LEW	14843	1975	203 162-3	05/21 – 01/23 + 10/23 – ... Ml von ALS	CAT 3512 DI-TA	92 80 1203 162-3 D-ALS
V 100.1	202 746-4	LEW	14447	1974	293 026-1	03/08 – 07/08 Mietlok von PRESS [2]	CAT 3512 DI-TA	98 80 3202 746-4 D-PRESS

[1] Alstom Lokomotiven Service GmbH [2] Eisenbahn-Bau- und Betriebsgesellschaft Pressnitztalbahn mbH

▽ **Bild 379** • Mit dem Holcim-Zug am Haken rangieren Vorspannlok **203 102** und Zuglok **203 103** – beide sind Alstom-Mietloks der SWEG Landesverkehrs AG – am 17. November 2025 ihren Wagenpark in das Zementwerk Dotternhausen. AUFNAHME: ANDREAS BICKEL

Bild 380 ▷ Für die Talgo Deutschland GmbH war die Alstom-Hybridlok **1001 010** im September und Oktober 2019 als Mietlok im Einsatz. Am 19. Oktober jenes Jahres war sie mit einem typischen Talgo-Zug am Ostkreuz in Berlin unterwegs in Richtung Lichtenberg.

AUFNAHME: VOLKER LUCAS, SAMMLUNG A. ZIKA

Talgo Deutschland GmbH

Typ	ex DB AG	Hersteller	Fabriknr.	Baujahr	Nr. bei EVU	Bemerkung	Motor	NVR-Nummer
V 100.4	–	LEW	17729	1983	202 501-3	03/22 Mietlok von BUG [1)]	CAT 3512 DI-TA	98 80 3202 501-3 D-BUG
V 100.1	298 074-6	LEW	11912	1968	1001 007-8	?/18 – ?/19 Mietlok von ALS [2)]	Deutz TCD 2013 L6 2V	90 80 1001 007-6 D-ALS
V 100.1	202 286-1	LEW	12750	1970	1001 010-0	09/19 – 10/19 Mietlok von ALS	Deutz TCD 2013 L6 2V	90 80 1001 010-0 D-ALS
V 100.1	202 293-7	LEW	12757	1970	1001 011-8	07/19 – 09/19 Mietlok von ALS	Deutz TCD 2013 L6 2V	90 80 1001 011-8 D-ALS

1) BUG Vermietungsgesellschaft mbH 2) Alstom Lokomotiven Service GmbH

Talgo Deutschland GmbH

Die Talgo Deutschland GmbH ist ein Bestandteil der weltweit agierenden Talgo-Gruppe, die ihren Hauptsitz in Madrid hat. Die „Außenstelle Deutschland" hat ihre Standort in Berlin, in unmittelbarer Nähe zum S-Bahnhof Warschauer Straße.

Für die Rangiergeschäfte in Berlin und Überführungsfahrten mietete die Talgo Deutschland GmbH meist kurzzeitig Lokomotiven an, darunter befanden sich drei Vertreterinnen der Baureihe 203.7 – Hybridloks von Alstom. Während diese Maschinen noch jeweils für zwei, drei Monate im Einsatz waren, leistete die im März 2022 von der BUG Vermietungsgesellschaft mbH angemietete 202 501 (bei BUG als V 100-BUG-02 geführt) nur wenige Tage ihre Dienste für Talgo Deutschland.

Thomas Speich Eisenbahndienstleistungen

In Dessau-Roßlau ist die Thomas Speich Eisenbahndienstleistungen ansässig. Die Firma ist u. a. im Bereich der Fahrzeugvermietung aktiv und hat dafür seit August 2011 die 110 171 im Bestand. Die Lok gelangte nach ihrer Ausmusterung bei der

Thomas Speich Eisenbahndienstleistungen (TSE)

Typ	ex DB AG	Hersteller	Fabriknr.	Baujahr	Nr. bei EVU	Bemerkung	Motor	NVR-Nummer
V 100.1	201 171-6	LEW	12452	1969	201 171-6	seit 08/11 bei TSE[*)]	12 KVD 18/21 AL-5	92 80 1201 171-6 D-MALOW

*) 01/13 – ?/13 vermietet an LTH Railservice GmbH, 02/14 – 08/14 an Power Rail GmbH, 08/15 – 11/ 15 an LOK OST (jeweils als 110 171-6), Lok seit 2023 eingestellt bei MaLoWa

Bild 381 ▷ **110 171** von Thomas Speich Eisenbahndienstleistungen trägt die typische Farbgebung einer Lok des LEW-Typs V 100.4, war aber erst nach ihrer Ausmusterung als Werklok im Einsatz. Hier steht sie am 12. März 2018 auf dem Gelände des Roßlauer Elbe-Hafens.

AUFNAHME: THOMAS SPEICH

◁ **Bild 382**
Sie trug bereits die Lackierung und Bezeichnung der Magdeburger Hafen GmbH (MHG), zu der die „**2**" im Anschluss an den kurzzeitigen Einsatz für die ThyssenKrupp Steel Europe AG wechselte. Am 9. November 2012 entstand diese Aufnahme in Duisburg-Walsum. Schon am Folgetag begann ihre Zeit bei der MHG.

Aufnahme: Thomas Gottschewsky

ThyssenKrupp Steel Europe AG Logistic Service

Typ	ex DB AG	Hersteller	Fabriknr.	Baujahr	Nr. bei EVU	Bemerkung	Motor	NVR-Nummer
V 100.1	298 046-4	LEW	11884	1968	2	11/12 Mietlok von ALS *)	Deutz TCD 2013 L6 2V	–

*) Alstom Lokomotiven Service GmbH

timberrail Logistics GmbH

Typ	ex DB AG	Hersteller	Fabriknr.	Baujahr	Nr. bei EVU	Bemerkung	Motor	NVR-Nummer
V 100.4	298 301-3	LEW	16678	1981	298 301-3	05/23 – 05/25 bei timberrail *)	CAT 3508 DI-TA	98 80 3298 301-3 D-TRL

*) Lok im Eigentum der Fahrzeugwerk Karsdorf GmbH & Co. KG

DB AG (30.11.1995 im Bh Weißenfels) im August 1996 zur Stahlwerk Thüringen GmbH, wo sie zwölf Jahre ihre Dienste als 201-26 leistete und im August 2008 mit Fristablauf abgestellt wurde. Thomas Speich erwarb die „fristlose" Lok, finanzierte eine Hauptuntersuchung inkl. Remotorisierung und nahm sie im Dezember 2012 wieder in Betrieb. Anschließend wurde 110 171 mehrfach vermietet und kam vorwiegend im Güterverkehr sowie bei Überführungsfahrten zum Einsatz.

△ **Bild 383** • Vor einer bedrohlichen Wolkenwand wartet die von der timberrail logistics GmbH eingesetzte **298 301** am 12. Februar 2024 in Saalfeld auf den nächsten Einsatz. Aufnahme: Michael Zinner

ThyssenKrupp Steel Europe AG

Für lediglich fünf Tage hatte die ThyssenKrupp Steel Europe (TKSE) AG im November 2012 die Alstom-Hybridlok 1001 006 angemietet zur Verfügung. Dabei kam die Maschine bereits in der Lackierung und Nummerierung (MHG 2) der neuen Eigentümerin, der Magdeburger Hafen GmbH, zum Einsatz. Am 9. November endete die Miete – am 10. November war Dienstbeginn im Magdeburger Hafen. Für TKSE leistete die Lok ihre Dienste Werksverkehr der Hüttenwerke Krupp-Mannesmann in Duisburg. Vermutlich diente dieser Kurzeinsatz der Erprobung der Verwendungsfähigkeit dieser Baureihe für den Betrieb im schweren Werksverkehr eines Stahlkonzerns.

timberrail logistics

Die timberrail logistics GmbH entstand im Spätsommer 2021 durch die Umbenen-

Bild 384 ▷ In Celle Nord pausiert am 1. August 2025 die **202 746**, die von Februar bis Oktober jenes Jahres als Mietlok im Einsatz für die Transdev Hannover GmbH war und ihre Dienste im Bereich der Werkstätten der S-Bahn Hannover in Celle Nord leistete.

Aufnahme: Andreas Schmidt

Transdev Hannover GmbH

Typ	ex DB AG	Hersteller	Fabriknr.	Baujahr	Nr. bei EVU	Bemerkung	Motor	NVR-Nummer
V 100.1	202 746-4	LEW	14447	1974	202 746-4	02/25 – 10/25 Mietlok von ALS *)	CAT 3512 DI-TA	98 80 3202 746-4 D-ALS
V 100.1	204 805-6	LEW	15077	1975	204 805	01/25 – 02/25 Mietlok von ALS	MTU 8V 4000 R43L	92 80 1204 805-6 D-ALS

*) Alstom Lokomotiven Service GmbH

Transport-Schienen-Dienst GmbH (TSD)

Typ	ex DB AG	Hersteller	Fabriknr.	Baujahr	Nr. bei EVU	Bemerkung	Motor	NVR-Nummer
V 100.1	202 373-7	LEW	12882	1971	1	07/00 – 10/06 bei TSD *)	CAT 3512 DI-TA	–
V 100.1	202 330-7	LEW	12839	1971	2	06/01 – 10/06 bei TSD	CAT 3512 DI-TA	–
V 100.1	202 439-6	LEW	13478	1972	202 439-6	08/04 – 03/05 bei TSD	CAT 3512 DI-TA	–

*) 10/04 – 12/04 vermietet an SG - LHG Service-Gesellschaft, 12/04 – 03/05 Nordic Rail Service GmbH (jeweils als 202 373-7)

nung der railchem GmbH/F&S Tank GmbH. Das Unternehmen hat seinen Sitz in Karsdorf und ist eine Tochter der dort ansässigen Fahrzeugwerk Karsdorf GmbH & Co. KG. In deren Bestand befindet sich wiederum die 298 301, die seit Mai 2023 von der timberrail logistics GmbH eingesetzt wird und in deren Halterschaft die Lok auch ist. Sie kommt vornehmlich im Güterverkehr zum Einsatz.

Transdev Hannover GmbH

Die Transdev Hannover GmbH wurde 2019 als Tochterunternehmen der Transdev GmbH gegründet und betreibt seit Juni 2022 alle Linien der S-Bahn Hannover. Die Fahrzeuge der S-Bahn werden seit Juni 2025 vollständig in den modernisierten Werkstätten der Osthannoverschen Eisenbahnen AG in Celle Nord durchgeführt. Für den dortigen Einsatz im Rangierdienst hatte die Transdev Hannover GmbH von der Alstom Lokomotiven Service GmbH im Jahr 2025 zwei Mietlokomotiven aus der DR-V 100-Baureihenfamilie im Bestand, wobei 204 805 nur wenige Wochen im Januar und Februar ihre Dienste für das Unternehmen leistete. Sie wurde von 202 746 abgelöst, die dann immerhin bis Oktober 2025 als Rangierlok in der Werkstatt in Celle im Einsatz war.

Transportwerk Magdeburger Hafen

Dieses nur von Januar 2017 bis Mai 2022 bestehende Unternehmen wurde bereits im Zusammenhang mit der Magdeburger Hafen GmbH auf Seite 195 behandelt.

Transport-Schienen-Dienst GmbH

Im Jahr 2003 wurde die Transport-Schienen-Dienst (TSD) GmbH mit Sitz in Burbach (Siegerland, Nordrhein-Westfalen) gegründet. Doch der Unternehmenssitz wechselte in den darauffolgenden Jahren über Gummersbach und Krefeld nach Kirnitzschtal. Dabei änderte sich allerdings nicht der Unternehmensgegenstand, der im öffentlichen Personen- und Güterverkehr, der Planung und Durchführung von Eisenbahnbaustellen sowie der Vermietung von „schienengebundenen Zugfahrzeugen“ lag. Im November 2011 wurde die Transport-Schienen-Dienst GmbH als Metrans Rail (Deutschland) GmbH ein Teil der Metrans-Gruppe.

Für die Durchführung ihrer bundesweiten Leistungen hatte die TSD GmbH insgesamt drei Vertreterinnen der DB AG-Baureihe 202 im Bestand, von denen Lok 1 (202 373) als einzige Maschine auch vermietet wurde. Alle drei TSD-Lokomotiven erhielten eine Lackierung in Blau mit einem gelben umlaufenden Streifen oberhalb der Umlaufkante.

Während 202 439 im März 2005 an die Nordic Rail Service GmbH in Lübeck verkauft wurde, gelangten Lok 1 und Lok 2 im Oktober 2006 zur Hochwaldbahn Servicegesellschaft mbH, die mit zu den Gesellschaftern bei der TSD GmbH gehörte.

△ **Bild 385** • Mit einem Güterzug von Hagen nach Altenvorerde ist **202 330** der Transport-Schienen-Dienst GmbH am 2. Mai 2006 unterwegs in Gevelsberg.

AUFNAHME: ZENO PILLMANN

Transport & Logistik AG

Im Jahr 1999 als Transport und Logistik GmbH für Bahnbaustellen mit Sitz in Dessau gegründet, fand zum 1. Januar 2003 eine Namensänderung in TLG Transport und Logistik AG statt. Bereits seit Februar 2007 befindet sich die TLG AG in Liquidation, dennoch wurde der Firmensitz 2024 nach Bad Soden-Salmünster verlegt. Das Unternehmen war im Bereich schienengebundener Transportleistungen im Güter- und Personenverkehr, der Durchführung von Baustellenlogistik, der Vermietung von Lokomotiven und Waggons sowie der Gestellung von Lok- und Arbeitszugführern, SKL-Fahrern usw. aktiv. Für die Dienstleistungen im Schienenverkehr

Transport und Logistik AG (TLG), bis 01/03: Transport und Logistik GmbH für Bahnbaustellen

Typ	ex DB AG	Hersteller	Fabriknr.	Baujahr	Nr. bei EVU	Bemerkung	Motor	NVR-Nummer
BR 293	–	Adtranz	72340	1999	1	09/99 – 12/06 bei TLG	CAT 3512 DI-TA	–
V 100.1	201 881-0	LEW	16375	1977	2	?/99 – 10/02 Mietlok von Lokpool [1]	CAT 3508 DI-TA	–
V 100.4	–	LEW	17851	1982	5	?/99 – 12/06 bei TLG	?	–
V 100.1	201 001-5	LEW	12403	1969	6	?/99 – 12/06 bei TLG	12 KVD 18/21 A-3	–
V 100.1	201 833-1	LEW	14897	1975	7	03/99 – 03/01 Mietlok von Lokpool	CAT 3508 DI-TA	–
BR 293	–	Adtranz	72360	2000	8	03/00 – 12/06 bei TLG	CAT 3512 DI-TA	–
V 100.1	202 494-1	LEW	13533	1972	11	04/01 – 07/06 bei TLG	12 KVD 18/21 AL-4	–
BR 293	–	Adtranz	72570	2000	13	08/00 – 04/02 bei TLG [2]	CAT 3512 DI-TA	–
V 100.1	202 531-0	LEW	13570	1973	13 II	09/02 – 12/06 bei TLG	CAT 3512 DI-TA	–
V 100.1	202 207-7	LEW	12489	1970	14	02/00 – 04/06 bei TLG	12 KVD 18/21 AL-4	–
V 100.1	202 488-3	LEW	13527	1972	16	03/01 – 11/06 bei TLG [3]	CAT 3512 DI-TA	–
V 100.1	202 267-1	LEW	12549	1970	18	09/04 – 12/06 bei TLG	CAT 3512 DI-TA	–
V 100.1	202 379-4	LEW	12888	1971	19	09/04 – 12/06 bei TLG	CAT 3512 DI-TA	–
BR 293	–	Adtranz	72350	1999	72350	03/00 – 11/00 Mietlok von Lokpool	CAT 3512 DI-TA	–
V 100.1	202 260-6	LEW	12542	1970	203 501-1	10/00 – 01/01 Mietlok von SFZ [4]	CAT 3512 DI-TA	–
V 100.1	202 483-4	LEW	13522	1972	203 502-0	10/99–03/00+01/02–02/02 Ml v. SFZ	12 KVD 18/21 AL-4	–
V 100.1	202 787-8	LEW	14844	1975	203 503-8	05/02 – 12/02 Mietlok von SFZ	12 KVD 18/21 AL-4	–
V 100.1	202 264-8	LEW	12546	1970	203 504-6	Mietlok von SFZ & ALS [5]	12 KVD 18/21 AL-4	–
V 100.1	202 326-5	LEW	12835	1971	203 505-3	05/00 – 12/00 Mietlok von SFZ	CAT 3512 DI-TA	–
V 100.1	202 850-4	LEW	15235	1976	203.101	07/03 – 12/03 Mietlok von ALS	CAT 3512 DI-TA	–

[1] Lokpool Verwaltungsgesellschaft mbH & Co. Vermietungs KG
[2] ?/00 – 10/00 vermietet an BASF AG, Servicecenter Schienenverkehr (dort: 72570)
[3] 11/06 vermietet an Hessische Güterbahn GmbH (dort: 202 488-3)
[4] Schienenfahrzeugzentrum Stendal
[5] 10/01– 12/01 + 03/02 – 12/02 von Schienenfahrzeugzentrum Stendal, 03/03 – 12/04 von Alstom Lokomotiven Service GmbH

△ **Bild 386** • Die Fahrzeuge der Transport und Logistik AG waren über viele Jahre überall im Bundesgebiet anzutreffen und aufgrund ihrer Farbgebung immer auffällig. Im Oktober 1999 pausiert die **Lok 6** der TLG AG im ehemaligen Bw Lübeck. Aufnahme: Roland Hertwig

stand der TLG AG ein umfangreicher Lokomotivpark zur Verfügung, zu dem zwischen 1999 und 2006 u. a. auch elf firmeneigene Vertreterinnen der DR-Baureihe V 100 in mehreren Varianten gehörten, hinzu kamen zahlreiche Mietlokomotiven dieser Baureihe.

Die Maschinen, die sich im Eigentum des Unternehmens befanden, erhielten fast alle eine Lackierung in Gelb mit zwei umlaufenden blauen Streifen. Damit bildeten sie stets einen „Farbtupfer“ im Bahnbetrieb. Zum Einsatz kamen die TLG-Loks bundesweit im Güterverkehr, im Arbeits- und Bauzugdienst sowie im Rangiergeschäft.

Triangula Eisenbahnverkehrs/Logistik GmbH

In Gelenau im Erzgebirge hat die im Jahr 2021 gegründete Triangula Eisenbahnverkehrsgesellschaft mbH ihren Sitz. Das Unternehmen ist u. a. in den Bereichen der Personenbeförderung, des Güterumschlags- und -transports sowie weiterer Serviceleistungen rund um den Bahnbetrieb aktiv. Bereits seit 2005 gibt es derweil die Triangula Logistik GmbH, die bis Anfang 2017 ihren Sitz in Calvörde (Landkreis Börde in Sachsen-Anhalt) hatte und diesen dann nach Gelenau (Erzgebirge) verlegte.

Von April bis Oktober 2011 mietete die Triangula Logistik GmbH von der RP Eisenbahn GmbH deren V 100.01 (ex 202 481) an, die dann mit Leistungen vornehmlich im Raum Mecklenburg zum Einsatz kam.

Ab Januar 2019 stand dem Unternehmen mit 202 264 erneut eine – in diesem Fall von der Wedler Franz Logistik GmbH angemietete – Lokomotive aus der DR-V 100-Baureihenfamilie zur Verfügung. Nach fünf Jahren Daueranmietung erwarb schließlich die Triangula Eisenbahnverkehrsgesellschaft mbH diese im Jahr 2000 im Schienenfahrzeugzentrum Stendal nach Umbau als 203 504 wieder in Betrieb genommene Maschine.

Bereits im Januar 2022 gelangte 202 646 von der IntEgro Verkehr GmbH ins Eigentum der Triangula Eisenbahnverkehrsgesellschaft, wo sie wieder ihre DR-Nummer 112 646-5 erhielt. Eine entsprechende Umlackierung der Lokomotive war nicht notwendig, da die Maschine nie eine andere Farbgebung erhalten hatte – von etwaigen Neulackierungen im klassischen Bordeauxrot der Deutschen Reichsbahn mal abgesehen.

Das Einsatzgebiet der Triangula-Loks liegt hauptsächlich auf dem Streckennetz in Sachsen. Dabei leistet die 112 646 sehr häufig ihre Dienste vor den Sonderzügen des Vereins Sächsisches Eisenbahnmuseum Chemnitz-Hilbersdorf e. V. und kommt dabei u. a. auch über die Grenze hinaus nach Tschechien.

TRIANGULA Eisenbahnverkehrsgesellschaft mbH

Typ	ex DB AG	Hersteller	Fabriknr.	Baujahr	Nr. bei EVU	Bemerkung	Motor	NVR-Nummer
V 100.1	202 646-6	LEW	14073	1974	112 646-5 [1)]	seit 01/22 bei Triangula	12 KVD 18/21 AL-4	98 80 3202 646-6 D-TRG
V 100.1	202 264-8	LEW	12546	1970	202 264-8	seit 01/24 bei Triangula [2)]	12 KVD 18/21 AL-4	98 80 3202 264-8 D-TRG
V 100.1	202 481-8	LEW	13520	1972	V 100.01	04/11 – 10/11 Mietlok von RPE [3)]	12 KVD 18/21 AL-4	92 80 1202 481-8 D-RPE

[1)] bis ?/22 als 202 646-6 benummert [2)] zuvor seit 01/19 Mietlok von Wedler Franz Logistik GmbH & Co. KG [3)] RP Eisenbahn GmbH

△ **Bild 387** • Anlässlich des 32. Heizhausfestes des SEM Chemnitz-Hilbersdorf e.V. verkehrte am 23. August ein mit **112 646** der Triangula Verkehrsgesellschaft mbH und 52 8141-5 (OSEF e.V.) bespannter Sonderzug Chemnitz – Oederan u.z. Die Aufnahme zeigt den Zug auf der Rückfahrt bei Niederwiesa. AUFNAHME: MATTHIAS KÜMMEL

TRSS GmbH

Hinter der Abkürzung TRSS verbirgt sich die Thales Rail Signallig Solutions GmbH, einem Geschäftsbereich der Thales-Gruppe, der Automatisierungslösungen für den Schienenverkehr anbot. In Deutschland hat der französische Konzern seinen Hauptsitz in Ditzingen (Stuttgart) sowie zehn weitere Standorte, u.a. in Berlin und Wilhelmshaven. Über Alstom Belgien mietete die TRSS GmbH von Oktober 2009 bis März 2010 für die Erprobung des Zugsicherungssystems ETCS auf der Neubaustrecke Nürnberg – Ingolstadt – München die 203 637 von der Nordbayerischen Eisenbahngesellschaft (ab August 2010: NBE Rail GmbH) an. Ab Mai 2010 kam die Lok – nunmehr als 203 160-7 bezeichnet – nochmals für TRSS zum Einsatz und wurde anschließend im September jenes Jahres auf der InnoTrans in Berlin als „ETCS Solutions" („ETCS Lösungen") präsentiert.

Thales Rail Signalling Solutions GmbH

Typ	ex DB AG	Hersteller	Fabriknr.	Baujahr	Nr. bei EVU	Bemerkung	Motor	NVR-Nummer
V 100.1	202 637-5	LEW	13955	1974	203 160-7 [1]	10/09 – 03/10 + 05/10 – ?/1x Ml v. NbE [2]	CAT 3512 DI-TA	92 80 1203 160-7 D-NBEG

[1] bis 05/10 als 203 637-4 bezeichnet [2] Nordbayerische Eisenbahngesellschaft mbH/NBE Rail GmbH

◁ **Bild 388**
Nach ihren Einsätzen als Mietlok für die Thales Rail Signallig Solutions GmbH für die ECTS-Erprobung wurde **203 160** vom 21. bis zum 24. September 2010 auf der Innotrans in Berlin präsentiert.

AUFNAHME: STEPHAN KARKOWSKI

Bild 389 ▷
V 104 der Teutoburger Wald-Eisenbahn (TWE) passiert am 22. März 1995 mit einem Güterzug nach Lengerich-Hohne den Bahnhof Brochterbeck.

Aufnahme: Roland Hertwig

Teutoburger Wald-Eisenbahn AG (TWE AG)/TWE Bahnbetriebs GmbH (TWE GmbH)

Typ	ex DB AG	Hersteller	Fabriknr.	Baujahr	Nr. bei EVU	Bemerkung	Motor	NVR-Nummer
V 100.4	–	LEW	17728	1983	V 104	06/92 – 07/97 bei TWE AG	CAT 3512 DI-TA	–
V 100.1	299 111-5	LEW	15381	1976	V 145	10/07 – ?/08 Mietlok von VCD [1]	CAT 3512 DI-TA	92 80 1293 504-7 D-RBB
V 100.1	202 388-5	LEW	12897	1971	V 146	07/05 – 10/05 Mietlok von CCL [2]	CAT 3512 DI-TA	–
V 100.1	202 325-7	LEW	12834	1971	V 147	07/05 – ?/06 Mietlok von CCL	CAT 3512 DI-TA	–

[1] Veolia Cargo Deutschland GmbH [2] Connex Cargo Logistics GmbH

TWE AG/TWE Bahnbetriebs GmbH

Im Jahr 1899 wurde die Teutoburger Wald-Eisenbahn-Gesellschaft (TWE) mit Sitz in Gütersloh gegründet, welche zunächst die Bahnstrecke Ibbenbüren – Gütersloh (mit einem wirtschaftlich wichtigen Abzweig zum Dortmund-Ems-Kanal) bauen ließ (Eröffnung der Gesamt- und der Abzweigstrecke im Juli 1901) und zunächst auch die Betriebsführung übernahm. Im Jahr 1903 wurde diese Verbindung über Gütersloh hinaus bis Hövelhof verlängert – die Streckenlänge betrug nun 93 km. Die Betriebsführung ging 1916 auf die Allgemeine Deutsche Eisenbahn-Betriebsgesellschaft, im August 1945 auf die Deutsche Eisenbahn-Gesellschaft über.

Bei der TWE fand 2003 aus betriebsorganisatorischen Gründen eine Trennung von Fahrweg und Betrieb statt, wobei in diesem Zusammenhang die TWE Bahnbetriebs GmbH als EVU gegründet wurde, die wiederum 2015 mit der Bayerischen CargoBahn verschmolz und als Captrain Cargo West GmbH firmierte. Die TWE GmbH selbst – Änderung der Rechtsform von der AG zur GmbH im Jahr 2014 –

Bild 390 ▷
Noch einmal die **V 104** der TWE: Mit einem Güterzug, in dem u. a. landwirtschaftliche Großgeräte eines ansässigen Landmaschinenherstellers transportiert werden, ist die Lok am 8. November 1994 unterwegs bei Harsewinkel.

Aufnahme: Josef Högemann

◁ **Bild 391**
Im Mai 2003 geht der Blick in die Werkstatt der TWE in Lengerich: In der Fertigstellung befindet sich die ehemalige DB AG 202 325, die nach einem Umbau zur Baureihe 293 als **V 147** wieder in Betrieb gehen und auch bei der TWE Betriebs GmbH zum Einsatz kommen wird.

AUFNAHME: ANDRÉ SCHAFSTALL-KLECKER

ging zum 1. November 2024 in der Railroad Development Corporation (RDC) Deutschland auf.

Die TWE AG erwarb bereits 1992 die ehemalige Werklok 63 des VEB Bandstahlkombinat „Hermann Matern", Eisenhüttenkombinat Ost, Eisenhüttenstadt und reihte sie als V 104 in ihr Nummernsystem ein. Es blieb die einzige Vertreterin aus der DR-V 100-Familie, denn alle weiteren Loks dieser Ursprungsbaureihe kamen lediglich als Mietloks für die TWE Bahnbetriebs GmbH zum Einsatz. Ihre Dienste leisteten die Maschinen im Güterverkehr z. B. vor Schrott- und Stahlzügen.

In der Werkstatt der TWE AG in Lengerich fanden auch Umbauten an DR-V 100 gemäß dem Adtranz-Konzept Baureihe 293 statt, wie z. B. bei 202 325, die anschließend als V 147 u. a. bei der TWE Bahnbetriebs GmbH als Mietlok zum Einsatz kam.

△ **Bild 392** • Am 15. September 2007 stand die leicht lädierte **203.101** im Alstom-Werk in Stendal. Die Lok war für wenige Tage im Januar 2005 von der TX Logistik AG angemietet – der Schaden dürfte allerdings später passiert sein …
AUFNAHME: ANDREAS STANGE

TX Logistik AG

Zwei Mietloks aus der V 100-Familie waren auch für die TX Logistik AG im Einsatz. Im Jahr 1999 gegründet, setzte das Unternehmen von Beginn an auf den grenzüberschreitenden Güterverkehr auf der Nord-Süd-Achse u.a. mit Direktverbindungen zwischen den Niederlanden und Italien. Trenitalia – Tochterunternehmen der italienischen Staatsbahn Ferrovie dello Stato Italiane (FS) und zuständig für deren Güter- und Logistiksparte – übernahm 2005 mit 51 % die Mehrheit an TX Logistik, 2011 erwarb die FS die restlichen 49 %. Die TX Logistik AG blieb allerdings als eigenständiges Unternehmen erhalten und hat heute zahlreiche Tochterfirmen (u. a. HSL Logistik).

Im April und Mai 2003 wurde von TX Logistik die erst unmittelbar zuvor bei der Regental Fahrzeugwerkstätten GmbH in Reichenbach (Vogtl) aus der ehemaligen Werklok 134 der Leuna-Werke entstandenen 293 907 angemietet, die sich im Eigentum der InfraLeuna Infrastruktur- und Service GmbH befand. Zwei Jahre später leistete 203.101 als Mietlok von Alstom vom 4. bis zum 8. Januar 2005 ihre Dienste für TX Logistik. Die Loks kamen im Tonverkehr im Westerwald zum Einsatz.

TX Logistik AG

Typ	ex DB AG	Hersteller	Fabriknr.	Baujahr	Nr. bei EVU	Bemerkung	Motor	NVR-Nummer
V 100.4	–	LEW	16677	1981	134	04/03 – 05/03 Mietlok von IL [1]	CAT 3512 DI-TA	–
V 100.1	202 850-4	LEW	15235	1976	203.101	01/05 Mietlok von ALS [2]	CAT 3512 DI-TA	–

[1] InfraLeuna Infrastruktur- und Service GmbH [2] Alstom Lokomotiven Service GmbH

Unisped Spedition & Transportgesellschaft/ Wincanton Rail

Im Dezember 2000 wurde die UNISPED Spedition und Transportgesellschaft mbH mit Sitz in St. Ingbert (Saarland) in das Handelsregister eingetragen. Unternehmensgegenstand war u. a. die Spedition, die Transportvermittlung sowie die Durchführung von Transporten auf dem Schienen-, Straßen- und Wasserweg einschließlich von Umschlags- und Lagertätigkeiten sowie das Erbringen von Eisenbahnverkehrsleistungen. Dafür mietete UNISPED Spedition und Transportgesellschaft mbH ab Dezember 2005 von der Alstom Lokomotiven Service GmbH in Stendal die dort erst unmittelbar zuvor gemäß dem Konzept Baureihe 203.1 umgebaute 202 423 an und bezeichnete die Lok als 101. Einem Gesellschafterbeschluss entsprechend wurde das Unternehmen offiziell ab dem 25. Oktober 2006 als Wincanton Rail GmbH – als deutscher Ableger des britischen Logistikunternehmens Wincanton PLC – bezeichnet. Im Frühjahr 2012 wurde daraus wiederum die Rhenus Rail St. Ingbert GmbH. Die 202 423 blieb auch nach der Umfirmierung zur Wincanton Rail weiter als 101 im Mieteinsatz aktiv und leistete ihre Dienste gemeinsam mit weiteren Mietloks im Güterverkehr – vorwiegend auf Strecken im Südwesten des Landes. Die Loks 101 und 102 wechselten mit der erneuten Umfirmierung im März 2012 auch noch in den Bestand der Rhenus Rail St. Ingbert GmbH.

△ **Bild 393** • Eine der Leistungen der **101** von Unisped/Wincanton war die Bespannung von Müllzügen zur Thermischen Restabfallbehandlungs- und Energieerzeugungsanlage (TREA Breisgau) in Eschbach. Hier ist die Lok am 19. Januar 2006 mit einem solchen Zug unterwegs bei Schallstadt. AUFNAHME: MARCO BERGER

Unisped Spedition und Transportgesellschaft mbH, ab 10/06: Wincanton Rail GmbH

Typ	ex DB AG	Hersteller	Fabriknr.	Baujahr	Nr. bei EVU	Bemerkung	Motor	NVR-Nummer
V 100.1	202 423-0	LEW	12932	1972	101	12/05 – 02/12 Mietlok von ALS [1]	CAT 3512 DI-TA	92 80 1202 423-0 D-WINR
V 100.1	202 689-6	LEW	14390	1974	102	11/07 – 02/12 Mietlok von ALS [1]	CAT 3512 DI-TA	92 80 1203 131-8 D-WINR
V 100.4	–	LEW	16580	1981	202 021-2	08/07 – 11/07 Mietlok von NbE [2]	?	98 80 3293 021-2 D-NTW
V 100.1	202 330-7	LEW	12839	1971	202 330-7	11/09 + 04/10 – 08/10 MI v. NbE	CAT 3512 DI-TA	92 80 1202 330-7 D-NBEG

1) Alstom Lokomotiven Service GmbH
2) Eigentum von nowu-trans GmbH, untervermietet von Nordbayerische Eisenbahngesellschaft mbH (NbE)

△ **Bild 394** • Unverkennbar eine Lok von Uwe Adam! Am 5. Juli 2009 war **Lok 11** („Christina") in Gütersloh im Einsatz. Zu diesem Zeitpunkt hieß das Unternehmen schon Uwe Adam EVU GmbH. AUFNAHME: JOSEF HÖGEMAN

△ **Bild 395 • Lok 19** („Selina") der Uwe Adam EVU GmbH brachte am 28. April 2011 den Triebzug 42 des niederländischen Unternehmens Synthus nach einem Werkstattaufenthalt bei Alstom zurück zum deutsch/niederländischen Grenzbahnhof Bad Bentheim, den sie hier erreicht. AUFNAHME: ROLAND HERTWIG

Uwe Adam

Mit dem Namen Uwe Adam sind unmittelbar vier Unternehmen verbunden, die im Bereich von Eisenbahndienstleitungen aktiv waren bzw. in einem Fall auch noch ist: Uwe Adam Transporte, Uwe Adam Eisenbahnverkehrsunternehmen GmbH, Uwe Adam EVU GmbH und die Uwe Adam & MaLoWa Lokvermietung GmbH. In diese Reihe gehört zudem noch die Lotrac GmbH, die als Nachfolgeunternehmen der Uwe Adam Eisenbahnverkehrsunternehmen GmbH und Vorgängerin der Uwe Adam EVU GmbH zwischen September 2007 und Dezember 2012 bestand, und deren Geschäftsführer Uwe Adam war.

Die Unternehmensgegenstände variierten dabei nur in Nuancen und lagen vornehmlich im Bereich der Erbringung von Leistungen im Schienengüterverkehr, in der Baustellenlogistik, dem Kauf und der Vermietung von Schienenfahrzeugen und dem Betreiben von Eisenbahninfrastrukturen. Dafür standen den Adam'schen Firmen – bis auf der Uwe Adam & MaLoWa Lokvermietung GmbH – zahlreiche Vertreterinnen aus der DR-V 100-Baureihenfamilie zur Verfügung, die sich überwiegend im Eigentum des jeweils aktuellen Unternehmens befanden oder firmenintern vermietet wurden.

Die Lokomotiven aus dem Bestand von Uwe Adam waren – allein schon durch die Vermietung an Dritte – bundesweit zu erleben. Dabei leisteten sie vornehmlich ihre Dienste im Bereich des Güter- und Arbeitszugdienstes, waren aber auch bei Überführungsfahrten im Einsatz.

Uwe Adam & MaLoWa Lokvermietungs GmbH (AML)

Typ	ex DB AG	Hersteller	Fabriknr.	Baujahr	Nr. bei EVU	Bemerkung	Motor	NVR-Nummer
V 100.1	201 211-0	LEW	12493	1970	6	03/02 – 12/04 bei AML	12 KVD 18/21 A-3	–

Uwe Adam Transporte, Uwe Adam Eisenbahnverkehrsunternehmen GmbH, Uwe Adam EVU GmbH

Typ	ex DB AG	Hersteller	Fabriknr.	Baujahr	Nr. bei EVU	Bemerkung	Motor	NVR-Nummer
V 100.1	201 211-0	LEW	12493	1970	6	10/01 – 03/02 bei Uwe Adam Transporte	12 KVD 18/21 A-3	–
V 100.1	202 520-3	LEW	13559	1973	9	04/02 – 08/07 + 12/08 – 03/14 bei UA [1]	CAT 3512 DI-TA	92 80 1202 520-3 D-BWESA
V 100.1	202 743-1	LEW	14444	1974	10	05/02 – 08/07 + 12/08 – 12/15 bei UA [2]	CAT 3512 DI-TA	92 80 1202 743-1 D-BWESA
V 100.1	202 597-1	LEW	13915	1973	11	06/02 – 08/07 + 12/08 – 02/12 bei UA [3]	CAT 3512 DI-TA	92 80 1202 597-1 D-ADAM
V 100.1	202 738-1	LEW	14439	1974	12	02/03 – 08/07 + 12/08 – 10/11 bei UA [4]	CAT 3512 DI-TA	92 80 1202 738-1 D-BWESA
V 100.4	–	LEW	17729	1983	19	05/07 – 08/07 + 12/08 – 12/11 bei UA [5]	CAT 3512 DI-TA	98 80 3202 501-3 D-ADAM
V 100.1	202 466-9	LEW	13505	1972	20	07/09 – 04/17 bei Uwe Adam EVU [6]	CAT 3512 DI-TA	92 80 1202 466-9 D-BWESA
V 100.1	202 364-6	LEW	12873	1971	21	07/09 – 05/17 bei Uwe Adam EVU [7]	CAT 3512 DI-TA	92 80 1202 364-6 D-BWESA
V 100.1	202 241-6	LEW	12523	1970	22	04/10 – 01/20 bei Uwe Adam EVU [8]	CAT 3512 DI-TA	92 80 1202 241-6 D-BWESA
V 100.1	202 240-8	LEW	12522	1970	23	06/10 – 07/16 bei Uwe Adam EVU [9]	CAT 3512 DI-TA	92 80 1202 240-8 D-BWESA
V 100.1	202 078-2	LEW	11916	1968	202 078-2	seit ?/09 bei Uwe Adam EVU	12 KVD 18/21 AL-4	–
V 100.1	202 459-4	LEW	13498	1972	202 459-4	12/11 – 06/18 bei Uwe Adam EVU	CAT 3512 DI-TA	–
V 100.1	202 483-4	LEW	13522	1972	203 502-0	02/02 – 05/02 Mietlok von SFZ [10]	12 KVD 18/21 AL-4	–
V 100.1	202 543-5	LEW	13582	1973	202 543-5	?/10 – ?/12 bei Uwe Adam EVU [11]	?	–
BR 293	–	Adtranz	72520	2000	72520	04/03 – 05/03 Mietlok von Lokpool [12]	CAT 3512 DI-TA?	–

1) an Uwe Adam Transporte, 04/02 – 08/07 vermietet an Uwe Adam Eisenbahnverkehrsunternehmen GmbH; 12/08 zu Uwe Adam EVU GmbH, 07/09 – 08/09 vermietet an Hessische Güterbahn

2) an Uwe Adam Transporte, 05/02 – 08/07 vermietet an Uwe Adam Eisenbahnverkehrsunternehmen GmbH; 12/08 zu Uwe Adam EVU GmbH, 05/12 – 08/12 + 11/12 vermietet an Hessische Güterbahn GmbH, 09/13 – 10/13 an Regio Infra Service Sachsen GmbH

3) an Uwe Adam Transporte, 06/02 – 08/07 vermietet an Uwe Adam Eisenbahnverkehrsunternehmen GmbH; 12/08 zu Uwe Adam EVU GmbH

4) an Uwe Adam Transporte, 02/03 – 08/07 vermietet an Uwe Adam Eisenbahnverkehrsunternehmen GmbH; 12/08 zu Uwe Adam EVU GmbH

5) an Uwe Adam Eisenbahnverkehrsunternehmen GmbH; 12/08 zu Uwe Adam EVU GmbH, 10/11 – ?/11 vermietet an METRANS Rail s.r.o.

6) ?/11 – 03/12 + 06/12 – ?/1x vermietet an METRANS Rail s.r.o., 04/14 – 12/14 an Erfurter Bahnservice GmbH, 03/15 – ?/15 an Raildox GmbH

7) 10/11 – 03/12 + 06/12 – ?/12 vermietet an METRANS Rail s.r.o., 05/12 – 06/12 + 10/12 – 11/12 an Hessische Güterbahn GmbH, 05/14 – 12/14 an Erfurter Bahnservice Gesellschaft mbH, ?/15 – ?/15 an Regio Infra Service Sachsen GmbH

8) 12/10 – 01/11 vermietet RailTransport s.r.o., ?/12 – ?/1x + ?/14 – ?/1x Holzlogistik und Güterbahn GmbH, 09/16 – ?/1x an Lokführerdienstleistungen Olof Stille, ?/17 – ?/18 + 02/19 – 03/19 an CTL Logistics GmbH

9) 07/12 – 08/12 vermietet Regio Infra Service Sachsen GmbH, 10/12 – 11/12 an Hessische Güterbahn GmbH, 04/14 – 12/14 an Erfurter Bahnservice Gesellschaft mbH, 12/14 – ?/15 an Holzlogistik und Güterbahn GmbH

10) Mietlok vom Schienenfahrzeugzentrum Stendal: 02/02 – 04/02 bei Uwe Adam Transporte, 04/02 – 05/02 bei Uwe Adam Eisenbahnverkehrsunternehmen GmbH

11) Lok wurde 2012 in Eisenach verschrottet

12) Lokpool Verwaltungsgesellschaft mbH & Co. Vermietungs KG

Bild 396 ▷
Als **Lok 9** war die nach ihrem Umbau zur Hybridlok als 1001 007 bezeichnete ehemalige 298 074 von der V.A.G. Transport GmbH angemietet und wurde von 2013 bis 2016 im VW-Werk in Wolfsburg eingesetzt. Die Aufnahme zeigt die Lok am 24. Juni 2015 im Alstom-Werk in Stendal.

Aufnahme: Stephan Karkowski

V.A.G. Logistic GmbH & Co. OHG, seit 02/15: V.A.G. Konzernlogistik GmbH & Co. OHG

Typ	ex DB AG	Hersteller	Fabriknr.	Baujahr	Nr. bei EVU	Bemerkung	Motor	NVR-Nummer
V 100.1	202 286-1	LEW	12750	1970	6/1001 010-0	?/1x – ?/15 + 05/18 – ?/1x MI v. ALS [1]	Deutz TCD 2013 L6 2V	90 80 1001 010-0 D-ALS
V 100.1	202 490-9	LEW	13529	1972	8	07/12 – 01/15 Mietlok von ALS [2]	Deutz TCD 2013 L6 2V	90 80 1001 001-9 D-ALS
V 100.1	298 074-6	LEW	11912	1968	9	02/13 – ?/16 Mietlok von ALS [2]	Deutz TCD 2013 L6 2V	90 80 1001 007-6 D-ALS
V 100.1	202 370-3	LEW	12879	1971	203 113-6	02/14 – 04/14 Mietlok von WFL [3]	CAT 3512 DI-TA	92 80 1203 113-6 D-WFL
V 100.1	298 048-0	LEW	11886	1968	1001 003-5	11/13 Mietlok von MEG [4]	Deutz TCD 2013 L6 2V	90 80 1001 003-5 D-ALS
V 100.1	202 290-3	LEW	12754	1970	1001 008-4	04/16 – ?/1x Mietlok von MEG [4]	Deutz TCD 2013 L6 2V	90 80 1001 008-4 D-ALS

[1] Mietlok von Alstom Lokomotiven Service GmbH: ?/1x – ?/15 Einsatz im VW-Werk Wolfsburg (dort als 6), 05/18 – ?/1x Einsatz im Audi-Werk Ingolstadt (dort als 1001 010-0)
[2] Einsatz im VW-Werk Wolfsburg
[3] Wedler Franz Logistik GmbH, Einsatz im VW-Werk Wolfsburg
[4] Eigentum von Alstom Lokomotiven Service GmbH, Untervermietet von Mitteldeutsche Eisenbahn GmbH, Einsatz im VW-Werk Wolfsburg

V.A.G. Transport GmbH

Die Volkswagen AG (V.A.G.) Logistic GmbH Co. OHG war als Spedition des Wolfsburger Automobilkonzerns u. a. für die Neufahrzeuglogistik zuständig, darunter fiel auch die Bereitstellung von Auto-Ganzzügen in den Werken Wolfsburg und Ingolstadt. Zuvor als Volkswagen Transport GmbH & Co. OHG bezeichnet, firmiert dieser Unternehmenssektor seit Februar 2015 als Volkswagen Konzernlogistik GmbH & Co. OHG.

Für die Einsätze in den VW bzw. Audi-Werken in Wolfsburg und Ingolstadt wurden seit 2012 immer wieder Lokomotiven angemietet, die zur DR-V 100-Baureihenfamilie gehören, darunter befanden sich – bis auf 203 113 – fast ausnahmslos Alstom-Hybridlokomotiven der Baureihe 203.7. Die Mietlokomotiven leisteten ihre Dienste im internen Werksverkehr sowie bei der Zuführung der Auto-Ganzzüge von den Werken zu den jeweiligen Übergabebahnhöfen.

Vattenfall Europe Generation AG

Die Lokomotiven der Vattenfall Europe Generation AG wurden bereits bei der LAUBAG/LEAG auf Seite 184 behandelt.

Veolia Cargo Deutschland

Die Veolia Cargo Deutschland (VCD) GmbH entstand im Mai 2006 durch die Umbenennung der Connex Cargo Logistik (CCL) GmbH. Bei Letzterer handelte es sich wiederum um die Verkehrssparte des französischen Vivendi Environnement-Konzerns, der bereits 2003 in Veolia umbenannt worden war. Mit der Umbenennung im Mai 2006 gelangten die im Bestand der CCL GmbH befindlichen Fahrzeuge – darunter sechs Lokomotiven aus der V 100-Familie (neben vier Vertreterinnen des LEW-Typs V 100.1 auch jeweils eine Maschine der LEW-Typen V 100.4 und V 100.5) – zur Veolia Cargo Deutschland GmbH. Trotz der Umbenennung blieben die Nummerierung der Maschine so beibehalten (V 141 – 143 und V 145 – 147) und die zu diesem Zeitpunkt gültigen Mietverträge mit Dritten bzw. ebenfalls zur nunmehr ehemaligen Connex-Familie gehörenden Tochtergesellschaften bestehen, sodass die Lokomotiven weiterhin als Mietloks für die Regiobahn Bitterfeld Berlin (RBB) GmbH (V 141, 142 und 145 bis 147) sowie für die Hörseltalbahn GmbH (V 143) im Einsatz waren. Einige der an die RBB GmbH vermieteten Loks wurden von der dieser Gesellschaft noch weiter untervermietet.

Im Zusammenhang mit dem Verkauf der Veolia Cargo an die Transport- und Logistik-Gruppe der SNCF, beschloss die Gesellschafterversammlung der Veolia Cargo Deutschland GmbH am 30. Dezember 2009 die Umbenennung des Unternehmens in Captrain Deutschland GmbH. Dorthin wechselten im Januar 2010 auch die Loks der VCD GmbH.

Veolia Cargo Deutschland GmbH (VCD), ab 01/10: Captrain Deutschland GmbH

Typ	ex DB AG	Hersteller	Fabriknr.	Baujahr	Nr. bei EVU	Bemerkung	Motor	NVR-Nummer
V 100.4	–	LEW	17728	1983	V 141	02/06 – 01/10 bei VCD [1]	CAT 3512 DI-TA	98 80 3293 901-5 D-RBB
V 100.1	201 864-6	LEW	15382	1976	V 142	02/06 – 01/10 bei VCD [1]	CAT 3512 DI-TA	98 80 3293 900-7 D-RBB
V 100.5	710 960-6	LEW	15395	1976	V 143	02/06 – 01/10 bei VCD [2]	CAT 3512 DI-TA	98 80 3202 960-1 D-HTB
V 100.1	299 111-5[3]	LEW	15381	1976	V 145	02/06 – 01/10 bei VCD [3]	CAT 3512 DI-TA	92 80 1293 504-7 D-RBB
V 100.1	202 388-5	LEW	12897	1971	V 146	02/06 – 01/10 bei VCD [3]	CAT 3512 DI-TA	92 80 1293 505-4 D-RBB
V 100.1	202 325-7	LEW	12834	1971	V 147	02/06 – 01/10 bei VCD [3]	CAT 3512 DI-TA	92 80 1293 506-2 D-RBB

[1] Lok durchgängig vermietet an Regiobahn Bitterfeld Berlin GmbH
[2] durchgängig eingesetzt durch Hörseltalbahn GmbH
[3] Lok durchgängig vermietet an Regiobahn Bitterfeld Berlin GmbH und von dort weiter untervermietet

◁ **Bild 397**
Mit der Veolia-**Lok 143** fand am 29. August 2008 von der TWE-Werkstatt in Lengerich aus im Schlepp einer G 1206 eine (Roll-)Probefahrt statt, bei der die Lok auch gleich gedreht wurde. Die Aufnahme entstand bei der Rückkehr in Lengerich.

Aufnahme: André Schafstall-Klecker

Verden-Walsroder Eisenbahn GmbH (VWE)

Typ	ex DB AG	Hersteller	Fabriknr.	Baujahr	Nr. bei EVU	Bemerkung	Motor	NVR-Nummer
V 100.1	202 265-5	LEW	12547	1970	DL 3	03/02 – 01/16 bei VWE [*]	CAT 3512 DI-TA	98 80 3202 655-7 D-VWE

[*] 06/05 – 09/05 + ?/11 – 02/11 vermietet an Emsländische Eisenbahn GmbH

△ **Bild 398** • Die **DL 3** der Verden-Walsroder Eisenbahn legt am 21. Juni 2002 in Verden eine Pause ein.

Aufnahme: Roland Hertwig

Verden-Walsroder Eisenbahn GmbH

Die Verden-Walsroder Eisenbahn (VWE) GmbH mit Sitz in Verden entstand aus der 1910 gegründeten Kleinbahn Verden-Walsrode GmbH. Die Strecke wurde allerdings bereits im November 1936 im Abschnitt Stemmen – Böhme stillgelegt, die dortigen Gleise später abgebaut.

Die VWE GmbH führte Anfang der 2000er Jahre noch Güterverkehr zwischen Walsrode und Hollige sowie Rangierdienste in Verden und Nienburg durch. Für diese Leistungen hatte das Unternehmen von März 2002 bis Januar 2016 die ehemalige DB AG-Lok 202 265 im Bestand, die bei der VWE als DL 3 bezeichnet und zeitweilige auch an die Emsländische Eisenbahn GmbH vermietet wurde.

Verkehrsbetriebe Peine-Salzgitter GmbH (VPS)

Typ	ex DB AG	Hersteller	Fabriknr.	Baujahr	Nr. bei EVU	Bemerkung	Motor	NVR-Nummer
V 100.1	204 769-4	LEW	14470	1975	4769	03/96 – 09/96 Mietlok von DB AG *)	12 KVD 18/21 A-5	–
V 100.1	204 838-7	LEW	15223	1976	4838	03/96 – 09/96 Mietlok von DB AG *)	12 KVD 18/21 A-5	–

*) Deutsche Bahn AG, Geschäftsbereich Traktion

Vossloh Locomotives GmbH

Typ	ex DB AG	Hersteller	Fabriknr.	Baujahr	Nr. bei EVU	Bemerkung	Motor	NVR-Nummer
V 100.4	–	LEW	16672	1981	1001	?/11 – ?/1x Mielok von BTE *)	CAT 3512 DI-TA	98 80 3293 002-2 D-BTE

*) Bremen-Thedinghauser Eisenbahn GmbH

Vulkan-Eifel-Bahn Betriebsgesellschaft mbH (VEB)

Typ	ex DB AG	Hersteller	Fabriknr.	Baujahr	Nr. bei EVU	Bemerkung	Motor	NVR-Nummer
V 100.1	202 569-0	LEW	13887	1973	203 004-7	07/02 – 12/02 Mietlok von EBM *)	MTU 12V 4000 R10	–
V 100.1	202 530-2	LEW	13569	1973	203 005-4	08/02 – 12/02 Mietlok von EBM *)	MTU 12V 4000 R10	–
V 100.1	202 718-3	LEW	14419	1974	203 006-2	06/02 – 12/02 Mietlok von EBM *)	MTU 12V 4000 R10	–
V 100.1	202 568-2	LEW	13886	1973	203 007-0	11/02 – 12/02 Mietlok von EBM *)	MTU 12V 4000 R10	–

*) bis 09/02: EBM Eisenbahn-Verkehrs-Gesellschaft im Bergisch-Märkischen Raum mbH, ab 10/02: EBM Cargo GmbH & Co. KG

Verkehrsbetriebe Peine-Salzgitter GmbH

Als Tochterunternehmen der Salzgitter AG ist seit dem Jahr 1971 die Verkehrsbetriebe Peine-Salzgitter (VPS) GmbH im Schienengüterverkehr tätig. Dies beschränkt sich nicht nur auf das nicht öffentliche, 84 km Gleislänge umfassende Streckennetz der Salzgitter AG, sondern gleichermaßen auch Leistungen in der Zu- und Abführung von Rohstoffen bzw. Produkten über das Netz der DB AG.

Im Jahr 1996 waren zwei Vertreterinnen der DB AG-Baureihe 204 (DR-BR 114) probeweise im Einsatz für die VPS GmbH. Die Lokomotiven 204 769 (als 4769) und 204 838 (als 4838) wurden vom Geschäftsbereich Traktion der DB AG angemietet und leisteten ihre Dienste im internen Netz der Salzgitter AG.

Vossloh Locomotives

Als Vossloh Locomotives GmbH wurde von 2003 bis 2022 die heutige Vossloh Rolling Stock GmbH und vormalige Siemens Schienenfahrzeugtechnik (ex Krupp Verkehrstechnik, ex Maschinenbau Kiel) mit Sitz in Kiel bezeichnet. Am Standort in Kiel-Suchsdorf fand die Entwicklung und die Fertigung verschiedenster dieselelektrischer und dieselhydraulischer Lokomotiven statt. Von der Bremen-Thedinghauser Eisenbahn GmbH hatte die Vossloh Locomotives GmbH Anfang 2011 nur kurzzeitig die Lok 1001 („Kuhflecken-V 100“) angemietet. Wofür diese Maschine eingesetzt wurde, ist leider nicht bekannt. Aufgrund der Kürze der Anmietung wird es sich um einen Ersatz für eine Vossloh-Lok für Einsätze am Standort in Kiel gehandelt haben.

Vulkan-Eifel-Bahn Betriebs GmbH

Im Verlauf des Jahres 2002 hatte die in Gerolstein ansässige Vulkan-Eifel-Bahn (VEB) Betriebsgesellschaft mbH von der EBM Eisenbahn-Verkehrs-Gesellschaft im Bergisch-Märkischen Raum mbH bzw. (ab 10/02) EBM Cargo GmbH & Co. KG insgesamt vier Loks der Baureihe 203 angemietet, die zuvor im Schienenfahrzeugzentrum Stendal durch Umbau aus Loks der Baureihe 202 entstanden. Die Mietdauer betrug dabei von einem halben Jahr bis zu wenigen Wochen.

Dem Unternehmensgegenstand der im Jahr 2000 gegründeten Vulkan-Eifel-Bahn Betriebsgesellschaft mbH entsprechend, kamen die Lokomotiven – bei denen die Nummerierung der Eigentümergesellschaft als 203 004 bis 203 007 während ihrer Zeit bei der VEB beibehalten wurde – im regionalen Güterverkehr sowie im Arbeitszugdienst und bei Überführungsfahrten zum Einsatz. Für alle Lokomotiven endete die Anmietung gleichzeitig im Dezember 2002. Eigene DR-V 100 hatte die VEB GmbH nicht im Bestand.

Bild 399 ▷
Die hier am 4. September 2004 bei Alstom in Stendal aufgenommene **203 007** der EBM Cargo GmbH, war im November und Dezember 2002 für die Vulkan-Eifel-Bahn Betriebs GmbH als Mietlok im Einsatz.

Aufnahme: Andreas Stange

△ **Bild 400** • Am 20. April 2020 ist die **203 120** der Wedler Franz Logistik GmbH mit einem Schotterzug unterwegs bei der Durchfahrt im Bahnhof Satzkorn.

Aufnahme: Gunter von Hartwig

Wedler & Franz

Zu den heute deutschlandweit bekanntesten Eisenbahnverkehrsunternehmen gehörte die Wedler Franz Logistik (WFL) GmbH & Co. KG, die von 2004 bis 2014 als Wedler & Franz Lokomotivdienstleistungen GbR firmierte. Das in Potsdam ansässige Unternehmen besitzt einen Wartungsstützpunkt in Nossen sowie einen Logistikstandort in Wustermark und ist in der Vermietung von Lokomotiven und der Erbringung von Traktionsleistungen sowie bahnbezogenen Logistikleistungen aller Art aktiv.

Zum umfangreichen Fahrzeugpark von WFL gehören neben modernen Lokomotiven der Baureihe 248 (Vectron Dual Mode) u. a. auch Vertreterinnen der Baureihen 202 und 203, die im schweren Rangier- und leichten bis mittleren Streckendienst zum Einsatz kommen.

Die Lokomotiven tragen bei der WFL zwei Nummern, wobei die internen WFL-Bezeichnungen (z. B. Lok 15, Lok 16 usw.) nur am Führerhaus angeschrieben sind. Ende 2025 befanden sich zwei Maschinen der Baureihe 202 (202 822/Lok 15 und 202 453/Lok 16) sowie sechs Maschinen der Baureihe 203 (203 112/Lok 25, 203 113/Lok 21, 203 114/Lok 22, 203 120/Lok 26, 203 117/Lok 36 und 203 118/Lok 37) im Unternehmenseigentum.

Die Lokomotiven kommen vorwiegend im regionalen Güterverkehr zum Einsatz, bespannen aber auch Arbeits- und Baulogistikzüge und finden als Zugloks bei Überführungsfahrten und im Rangierdienst Verwendung.

Das Haupteinsatzgebiet bei den Maschinen der Baureihen 202 und 203 liegt dabei mehrheitlich im Großraum Berlin und auf dem Streckennetz der ehemaligen Deutschen Reichsbahn im Osten der Bundesrepublik.

Wedler & Franz Lokomotivdienstleistungen GbR, seit 2013: Wedler Franz Logistik GmbH & Co. KG

Typ	ex DB AG	Hersteller	Fabriknr.	Baujahr	Nr. bei EVU	Bemerkung	Motor	NVR-Nummer
V 100.4	–	LEW	16580	1981	12	07/09 – 03/21 bei WFL [1]	?	98 80 3293 021-2 D-WFL
V 100.1	202 822-3	LEW	15094	1975	15	seit 08/08 bei WFL [2]	CAT 3512 DI-TA	98 80 3202 822-3 D-WFL
V 100.1	202 453-7	LEW	13492	1972	16	seit 03/09 bei WFL [3]	CAT 3512 DI-TA	92 80 1203 217-5 D-WFL
V 100.1	202 264-8	LEW	12546	1970	17	12/08 – 12/24 bei WFL [4]	12 KVD 18/21 AL-4	98 80 3202 264-8 D-WFL
V 100.1	201 101-3	LEW	11939	1968	18	seit 06/10 Mietlok von IG DN [5]	12 KVD 18/21 A-3	98 80 3201 101-3 D-WFL
V 100.1	202 370-3	LEW	12879	1971	21	seit 03/11 bei WFL [6]	CAT 3512 DI-TA	92 80 1203 113-6 D-WFL
V 100.1	202 415-6	LEW	12924	1971	22	seit 03/11 bei WFL [7]	CAT 3512 DI-TA	92 80 1203 114-4 D-WFL
V 100.1	202 483-4	LEW	13522	1972	24	01/12 – 03/13 bei WFL	12 KVD 18/21 AL-4	98 80 3202 483-4 D-WFL
V 100.1	202 683-9	LEW	14384	1974	25	seit ?/13 bei WFL [8]	CAT 3512 DI-TA	92 80 1203 112-8 D-WFL
V 100.1	202 678-9	LEW	14379	1974	26	seit 07/14 bei WFL [9]	CAT 3512 DI-TA	92 80 1203 120-1 D-WFL
V 100.1	202 486-7	LEW	13525	1972	36	seit 05/17 bei WFL [10]	CAT 3512 DI-TA	92 80 1203 117-7 D-WFL
V 100.1	202 656-5	LEW	14357	1974	37	seit 05/17 bei WFL [11]	CAT 3512 DI-TA	92 80 1203 118-5 D-WFL

[1] zuvor seit 08/08 Mietlok von nowu-trans GmbH, 05/11 – ?/1x vermietet an dispo-Tf Ltd., 10/12 – ?/? an HSL Logistik GmbH (jeweils als 293 021-2)

[2] 02/10 – 04/10 vermietet an Cargo Logistik Rail-Service GmbH (CLR)

[3] 02/10 vermietet an CLR, 08/10 – ?/1x an Hafen Halle GmbH (jeweils als 202 453-7)

[4] 05/11 – 02/12 vermietet CC-Logistik GmbH, ?/18 – ?/18 Regio Infra Service Sachsen GmbH (RISS), 01/19 – 12/23 an TRIANGULA Logistik GmbH (jeweils als 202 264-8)

[5] Mietlok von IG Dampflok Nossen e. V., mehrfach weiter untervermietet

[6] 02/12 – 03/12 vermietet an Alstom Lokomotiven Service GmbH, 02/14– 04/14 an V.A.G. Transport GmbH (jeweils als 203 113-6)

[7] 02/12 – ?/1x vermietet an LaS - Logistik auf Schienen GmbH (als 203 114-4)

[8] 06/18 – 09/18 vermietet InfraLeuna GmbH (als 203 112-8)

[9] 05/15– ?/15 vermietet an Magdeburger Hafen GmbH, 04/19 – ?/19 an RISS GmbH (jeweils als 203 120-1)

[10] ?/17 – ?/1x vermietet an RISS GmbH (als 203 117-7)

[11] 08/17 vermietet an Raildox GmbH

WERRA-Eisenbahnverkehrsgesellschaft mbH								
Typ	**ex DB AG**	**Hersteller**	**Fabriknr.**	**Baujahr**	**Nr. bei EVU**	**Bemerkung**	**Motor**	**NVR-Nummer**
V 100.1	202 327-3	LEW	12836	1971	202 327-6	?/07 – ?/0x Mietlok von LEG [1]	CAT 3512 DI-TA	92 80 1203 227-4 D-LEG
V 100.1	202 425-5	LEW	12934	1972	202 425-5	?/07– ?/07 + ?/08 – ?/0x Ml von LEG	CAT 3512 DI-TA	92 80 1203 220-9 D-LEG
V 100.1	202 484-2	LEW	13523	1972	202 484-2	?/08 – ?/0x Mietlok von LEG	CAT 3512 DI-TA	92 80 1203 229-0 D-LEG
V 100.1	202 720-9	LEW	14421	1974	202 720-9	seit 12/20 Mietlok von Rohde [2]	12 KVD 18/21 AL-4	92 80 1201 001-5 D-MALOW
V 100.1	202 443-8	LEW	13482	1972	203 443-7	03/11 – 05/11 Mietlok von ALS [3]	CAT 3512 DI-TA	92 80 1203 155-7 D-ALS
V 100.1	202 496-6	LEW	13535	1972	203 496-5	02/11 – 03/11 Mietlok von ALS	CAT 3512 DI-TA	92 80 1203 156-5 D-ALS

[1] Leipziger Eisenbahnverkehrsgesellschaft mbH [2] Rohde Bahnbau GmbH & Co. KG [3] Alstom Lokomotiven Service GmbH

WeserBahn GmbH								
Typ	**ex DB AG**	**Hersteller**	**Fabriknr.**	**Baujahr**	**Nr. bei EVU**	**Bemerkung**	**Motor**	**NVR-Nummer**
V 100.4	–	LEW	16672	1981	1001	05/01 – 05/09 Mietlok von BTE [*]	CAT 3512 DI-TA	98 80 3293 002-2 D-BTE

[*] Bremen-Thedinghauser Eisenbahn GmbH

Werra-Eisenbahnverkehrsgesellschaft mbH

Seit 2006 ist die Werra-Eisenbahnverkehrsgesellschaft (WEG) mbH im Schienengüterverkehr und im Arbeitszugdienst aktiv. Das in Merkers in Thüringen ansässige Unternehmen bietet zudem weitere Dienstleistungen rund um die Bereiche Einzelwagen- und Ganzzugverkehre, wagentechnische Untersuchungen, Ausbildung von Bahnbetriebspersonal, Beratungen bei Gefahrguttransporten usw. an. Dabei spielt Bad Salzungen als Güterverkehrsknoten für die WEG GmbH eine besondere Rolle.

Für die Durchführung ihrer Leistungsangebote hatte die Werra-Eisenbahnverkehrsgesellschaft mbH bereits mehrfach Lokomotiven der DR-Baureihe 202 sowie deren modernisierte Version in Form der Baureihe 203 angemietet. Dabei lag das Haupteinsatzgebiet der Maschinen im Güterverkehr in Thüringen, im Arbeitszugdienst kamen sie allerdings auch weit über die Grenzen des Freistaates hinaus zum Einsatz.

△ **Bild 401** • Als Mietlok von der Leipziger Eisenbahngesellschaft GmbH war **202 425** am 18. Oktober 2008 für die Werra-Eisenbahnverkehrsgesellschaft mit einem Arbeitszug in Neckargemünd im Einsatz. Aufnahme: Charly Kissel

WeserBahn GmbH

Um eine 100%-ige Tochtergesellschaft der Bremer Straßenbahn AG handelt es sich bei der WeserBahn GmbH. Dieses Unternehmen gehört neben den Gemeinden Stuhr, Weyhe und Stuhr zu den Gesellschaftern der Bremen-Thedinghauser Eisenbahn (BTE) GmbH und tritt dort als ausführendes Eisenbahnverkehrsunternehmen auf. So ist es auch keine Überraschung, dass sich die BTE-Lok 1001 – die bekannte „Kuhflecken-V 100“ – für einige Jahre als Mietlok im Bestand der WeserBahn befand. Während dieser Zeit trug die Lok neben dem Logo der BTE auch den Schriftzug „WeserBahn“ am hinteren Vorbau. Während der Einsatzzeit für die WeserBahn beförderte die 1001 nicht nur die Züge des „Pingelheini“ zwischen Bremen und Thedinghausen, sondern leistete ihre Dienste – vornehmlich in Norddeutschland – auch vor Güterzügen.

△ **Bild 402** • Ohne Fahrwerk präsentierte sich die **Lok 1001** der Bremen-Thedinghauser Eisenbahn GmbH am 15. November 2003 in Stendal. Die Lok war zu dieser Zeit von der WeserBahn GmbH angemietet.
Aufnahme: Andreas Stange

Bild 403
Am 4. Januar 2006 passiert **203 005** diese Signalbrücke in Gießen. Die Lok war von diesem Tag an bis in den Februar 2006 hinein als Mietlok von Alstom für die Westerwaldbahn des Kreises Altenkirchen GmbH im Einsatz.

AUFNAHME: MARCO BERGER

Westerwaldbahn Eigenbetrieb des Kreises Altenkirchen

Typ	ex DB AG	Hersteller	Fabriknr.	Baujahr	Nr. bei EVU	Bemerkung	Motor	NVR-Nummer
V 100.1	202 725-8	LEW	14426	1974	V 1203	06/11 – ?/11 Mietlok von MWB [1]	CAT 3512 DI-TA	92 80 1202 725-8 D-MWB
V 100.1	202 530-2	LEW	13560	1973	203 005-4	01/06 – 02/06 Mietlok von ALS [2]	MTU 12V 4000 R10	–

[1] Mittelweserbahn GmbH [2] Alstom Lokomotiven Service GmbH

Westsächsische Eisenbahntransport Gesellschaft mbH (WSET)

Typ	ex DB AG	Hersteller	Fabriknr.	Baujahr	Nr. bei EVU	Bemerkung	Motor	NVR-Nummer
V 100.1	202 237-4	LEW	12519	1970	204 237-2	seit 05/10 bei WSET [*]	CAT 3512 DI-TA	92 80 1202 237-4 D-PRESS

[*] 06/14 – 11/18 registriert und eingesetzt durch Muldental-Eisenbahnverkehrsgesellschaft mbH, seit 11/18 registriert und eingesetzt bei Eisenbahn-Bau- und Betriebsgesellschaft Pressnitztalbahn mbH; 04/16 – 07/16 vermietet an BLG RailTec GmbH, 09/19 – 11/19 an METRANS Rail (Deutschland) GmbH

Westerwaldbahn des Kreises Altenkirchen

Im Jahr 1999 wurde die Westerwaldbahn des Kreises Altenkirchen (WEBA) GmbH gegründet, die neben Schienenpersonennahverkehr auf der Strecke Betzdorf (Sieg) – Daaden noch einige Jahre für DB Cargo auch Güterverkehr zwischen Scheuerfeld, Bindeweide und Oberdreusbach durchführte. Dieser wurde erst 2017 eingestellt.

Wohl für den Einsatz im Güterzugdienst befanden sich auch zwei ehemalige DR-V 100 als Mietloks kurzzeitig im Bestand der WEBA GmbH. Zunächst war es Anfang 2006 die von der Alstom Lokomotiven Service GmbH angemietete 203 005 (ex 202 530) und im Sommer 2011 die V 1203 (ex 202 725) von der Mittelweserbahn.

WSET Gesellschaft mbH

Die Westsächsische Eisenbahntransport (WSET) GmbH – eine 100 %-ige Tochtergesellschaft der Muldental-Eisenbahnverkehrsgesellschaft (MTEG) mbH – ist ein 2004 gegründetes Unternehmen mit Sitz in Zwickau (zuvor in Meerane und in Glauchau), das u. a. in den Bereichen öffentlicher Personen- und Güterverkehr, Eisenbahndienstleistungen, Eisenbahn-Baudienstleistungen, Handel mit Eisenbahnmaterial, Instandhaltung von Schienenfahrzeugen und Betreiben von Eisenbahninfrastrukturen aktiv ist. Im Mai 2010

Bild 404
Seit 2010 befindet sich **204 237** im Eigentum der Westsächsischen Eisenbahntransport GmbH, wechselte allerdings zwischendurch zweimal die Halterschaft. Zum Zeitpunkt dieser Aufnahme – am 6. November 2015 – befand sich die Lok in der Halterschaft der Muldental-Eisenbahnverkehrs GmbH. An jenem Tag stand 204 237 auf dem Gelände des ehemaligen Bw Saalfeld.

AUFNAHME: FRANK WEIMER

Bild 405 ▷ **WAB 16** – die ehemalige GRE-Lok 110 970 der Deutschen Reichsbahn – war am 24. Oktober 2002 mit einem Güterzug unterwegs bei Meschede. Markant war die Lackierung der WAB-Lokomotiven.

AUFNAHME: JOSEF HÖGEMANN

Westfälische Almetalbahn GmbH (WAB)

Typ	ex DB AG	Hersteller	Fabriknr.	Baujahr	Nr. bei EVU	Bemerkung	Motor	NVR-Nummer
V 100.4	–	LEW	16675	1981	11	12/99 – 01/06 bei WAB	CAT 3512 DI-TA	–
BR 293	–	Adtranz	72510	1999	12	01/00 – 12/00 Mietlok von Lokpool [1]	CAT 3512 DI-TA	–
BR 293	–	Bombardier	72540	2002	12II	01/02 – 09/02 Mietlok von Lokpool	CAT 3512 DI-TA	–
BR 293	–	Adtranz	72520	2000	13	01/00 – 12/00 Mietlok von Lokpool	CAT 3512 DI-TA	–
BR 293	–	Bombardier	72550	2002	13II	01/02 – 09/02 Mietlok von Lokpool	CAT 3512 DI-TA	–
V 100.5	710 968-9	LEW	17217	1983	14	?/00 – 05/02 bei WAB	12 KVD 18/21 A-3	–
V 100.1	201 742-4	LEW	14443	1974	15	?/00 – 01/06 bei WAB	CAT 3508 DI-TA	–
V 100.5	710 970-5	LEW	16756	1983	16	04/01 – 06/07 bei WFL [2]	CAT 3512 DI-TA	–
V 100.1	202 260-6	LEW	12542	1970	203 501-2	03/00 – 10/00 Mietlok von SFZ [3]	CAT 3508 DI-TA	–
V 100.1	202 264-8	LEW	12546	1970	203 504-6	02/00 – ?/00 Mietlok von SFZ	12 KVD 18/21 AL-4	–
V 100.5	–	LEW	17536	1981	745 605-6	06/09 – ?/10 bei WAB [4]	?	–

[1] Lokpool Verwaltungsgesellschaft mbH & Co. Vermietungs KG
[2] 06/07 vermietet an DIE-LEI Dienstleistungen für den Gleisbau GmbH
[3] Schienenfahrzeugzentrum Stendal
[4] Lok wurde 2010 bei der MaLoWa in Benndorf (Klostermansfeld) zerlegt

erwarb die WSET GmbH von der Alstom Lokomotiven Service GmbH in Stendal die 202 237 und ließ sie in Grün mit zwei über der Umlaufkante umlaufenden Streifen in Hellgrün und Orange lackieren. Die Lok war so bis 2014 für die WSET im Einsatz, dann übernahm die „Muttergesellschaft" MTEG deren Halterschaft und 202 237 erhielt wieder eine bordeauxrote Lackierung. Im November 2018 wechselte dann nochmals die Halterschaft, seitdem ist die Lok bei der PRESS GmbH registriert und wird durch sie eingesetzt.

Verwendung fand (und findet) 202 237 im bundesweiten Einsatz vor Güter-, Arbeits- und Bauzügen sowie bei der Anschlussbedienung.

Westfälische Almetalbahn GmbH

Seit Dezember 2010 als EBC - Eisenbahnbetriebs- und Consulting GmbH firmierend, war die Westfälische Almetalbahn (WAB) GmbH Anfang der 2000er Jahre eines der aktivsten EVUs in Deutschland, mit einem „bunten" Fahrzeugpark vorwiegend aus Lokomotiven der Deutschen Reichsbahn – von aus der Schweiz zurückgeholten Elloks der Baureihe 242, über Maschinen der Baureihen V 180 (118) und V 200 (120) bis hin zur V 100. Dabei wurden von Letzterer auch zahlreiche Loko-

Bild 406 ▷ **Lok 13II** war eine der Mietlokomotiven, die für die Westfälische Almetalbahn (WAB) zum Einsatz kam. Hier hat sie am 8. März 2002 in Altenbeken einen Güterzug zusammengestellt.

AUFNAHME: ROLAND HERTWIG

◁ **Bild 407**
Lok 102 der Wincanton Rail GmbH ist am 3. Juni 2015 mit einem Müllzug unterwegs zwischen Emmendingen und Freiburg (Brsg) bei Kollmarsreute.

AUFNAHME: NORMAN KAMPMANN

Württembergische Eisenbahngesellschaft mbH (WEG)

Typ	ex DB AG	Hersteller	Fabriknr.	Baujahr	Nr. bei EVU	Bemerkung	Motor	NVR-Nummer
BR 293	–	Adtranz	72520	2000	13	05/01 – 01/02 Mietlok von Lokpool [1]	CAT 3512 DI-TA	–
V 100.1	299 111-5	LEW	15381	1976	V 145	07/03 – 09/03 + 12/03 – 04/04 Ml v. CCL [2]	CAT 3512 DI-TA	–
V 100.1	202 325-7	LEW	12834	1971	V 147	04/05 – ?/05 Mietlok von CCL	CAT 3512 DI-TA	–
V 100.1	202 483-4	LEW	13522	1972	203 502-0	04/00 – ?/00 Mietlok von SFZ [3]	12 KVD 18/21 AL-4	–

[1] Lokpool Verwaltungsgesellschaft mbH & Co. Vermietungs KG [2] Connex Cargo Logistics GmbH [3] Schienenfahrzeugzentrum Stendal

Zugkraft GmbH & Co. KG

Typ	ex DB AG	Hersteller	Fabriknr.	Baujahr	Nr. bei EVU	Bemerkung	Motor	NVR-Nummer
V 100.1	202 267-1	LEW	12549	1970	203 203-5	02/02 – 12/02 bei Zugkraft	CAT 3512 DI-TA	–
V 100.1	202 379-4	LEW	12888	1971	203 204-3	05/02 – 12/02 bei Zugkraft	CAT 3512 DI-TA	–

motiven angemietet und erhielten dennoch die markante WAB-Lackierung in Hellgrün mit roten und gelben Streifen.

Der Einsatzbereich der Maschinen lag überwiegend im Bau- und Güterzugverkehr. Dabei waren die Loks der WAB vornehmlich auf Strecken in Nord- und Nordostdeutschland unterwegs.

Die als 745 605 bezeichneten Vertreterin des LEW-Typs V 100.5 – eine ehemalige Grabenräumeinheit-V 100 – wurde 1981 an die Tschechoslowakischen Staatsbahnen (ČSD) geliefert und erhielt dort zunächst die Bezeichnung T476.1005, Anfang der neunziger Jahre dann die Nummer 745 605-6. Im Juni 2009 gelangte diese Lokomotive zur WAB, diente bei dem Unternehmen allerdings wohl nur als Ersatzteilspenderin. Im Verlauf des Jahres 2010 ist die Maschine bei der MaLoWa in Benndorf (Klostermansfeld) verschrottet worden.

Wilke Logistics GmbH

Siehe SES Logistik auf Seite 240/241!

Wincanton Rail GmbH

Siehe Unisped Spedition & Transportgesellschaft/Wincanton Rail auf Seite 257!

Württembergische Eisenbahn GmbH

Die Württembergische Eisenbahn AG (WEG) wurde bereits im Mai 1899 gegründet, ist nach einer Änderung der Rechtsform seit 1966 eine GmbH und gehört heute als Tochterunternehmen zur Transdev GmbH (zuvor Veolia Verkehr, davor Connex Verkehr GmbH). Die WEG führt auf den Linien Dettenhausen – Böblingen, Heimerdingen – Korntal, Oberndorf – Schorndorf und auf der WEG-eigenen Strecke Nürtingen – Neuffen einen planmäßigen Schienenpersonenverkehr durch.

Anfang der 2000er Jahre waren in verschiedenen Zeiträumen zwischen 2000 und 2005 insgesamt vier Lokomotiven aus der DR-V 100-Baureihenfamilie für das Unternehmen im Einsatz. Sie leisteten ihre Dienste im Güterverkehr vorwiegend im Großraum Stuttgart und erhielten während der Anmietung keine gesonderte WEG-Nummerierung. Ihre Farbgebung gab zudem Auskunft über den Vorbesitzer bzw. Eigentümer der Lok. So zeigte sich 203 502 im klassischen Bordeauxrot, während Lok 13 noch in der Lackierung der WAB im Einsatz stand. V 145 und V 147 kamen in der markanten Connex-Farbgebung (Blau und Gelb) daher.

Zugkraft GmbH

Das Unternehmen Zugkraft GmbH & Co. KG wurde im Februar 2002 gegründet und bereits im Oktober desselben Jahres zur EBM Cargo GmbH & Co. KG umgewandelt. In diesem Zusammenhang wechselten auch die beiden bei Zugkraft vorhandenen Loks der Baureihe 203 (203 203 und 203 204) zur neuen Eigentümergesellschaft. Die Maschinen leisteten ihre Dienste überwiegend im regionalen Güter- und Übergabedienst im südlichen Nordrhein-Westfalen.

DR-V 100 bei bundeseigenen Eisenbahnen

△ **Bild 408** • Vorsicht: „Dieter" kommt! **203 301** der DB Bahnbau Berlin GmbH passiert am 28. März 2002 mit einem Materialzug den Bahnhof Mönchehof an der Strecke Kassel – Altenbeken.

Aufnahme: Norman Kampmann

Die seit dem 1. Januar 1994 bestehende Deutsche Bahn AG als einheitliches deutsches Staatsbahnunternehmen und Nachfolgeunternehmen der vormaligen Staatsbahnen der Bundesrepublik (Deutsche Bundesbahn) und der DDR (Deutsche Reichsbahn), ist heute in der Gesamtheit der einzelne Geschäftsfelder ein kaum noch verständliches Geflecht aus Konzerngesellschaften mit unzähligen Tochterunternehmen, Enkel- und Beteiligungsgesellschaften usw. Für einige Unternehmensbereiche der DB AG waren (und sind) auch noch Lokomotiven im Einsatz, die aus der Baureihenfamilie der DR-V 100 stammen und in diesem Kapitel tabellarisch aufgeführt werden. Darunter befinden sich sowohl DB AG-eigene Maschinen als auch Mietlokomotiven.

Dabei sind vereinzelt im Konzernbetrieb getrennt behandelte bzw. im Verlauf der Jahre umbenannte Bereiche in einer Tabelle zusammengefasst worden, wie z. B. die DB Cargo AG, Railion Deutschland AG und DB Schenker Rail Deutschland AG.

DB Bahnbau Gruppe

In der DB Bahnbau Gruppe GmbH wurden zum 1. Januar 2010 sämtliche DB AG-eigenen Unternehmen verschmolzen, die bis dato mit Leistungen im Bereich Eisenbahnbau bzw. Eisenbahninfrastrukturmaßnahmen aktiv waren. Im Einzelnen handelte es sich um die DB Bahnbau Berlin GmbH, die Deutsche Gleis- und Tiefbau GmbH, die Deutsche Bahn Gleisbau GmbH sowie die Ingenieur-, Brücken- und Tiefbau GmbH. Der Zusammenschluss dieser Gesellschaften fand unter dem Hinblick statt, damit sie nicht mehr in direkter Konkurrenz zueinander im Wettbewerb stehen.

Die DB Bahnbau Gruppe ist mit ihren Serviceeinheiten Fahrbahn und Ausrüstung sowie als Generalunternehmer nicht nur bundesweit bei Großprojekten im Einsatz, sondern auch im Ausland tätig. Für die Leistungen im Inland stehen dem Unternehmen aktuell noch eine Lok der Baureihe 203 und fünf der Baureihe 293 zur Verfügung.

Bild 409 ▷
Im Juli 2003 entstand diese Aufnahme der **203 312** im Osnabrücker Vorbahnhof Klus.

Aufnahme: André Schafstall-Klecker

△ **Bild 410 • 203 309** ist am 2. April 2007 bei Bochum-Riemke mit einem aus Weichentransportwagen gebildeten Ganzzug unterwegs zum Weichenwerk Witten.

Aufnahme: Norman Kampmann

DB Bahnbau Gruppe GmbH (Deutsche Bahn Gleisbau GmbH/DGT - Deutsche Gleis- und Tiefbau GmbH, DB Bahnbau GmbH, Berlin)

Typ	ex DB AG	Hersteller	Fabriknr.	Baujahr	Nr. bei EVU	Bemerkung	Motor	NVR-Nummer
V 100.1	202 675-5	LEW	14376	1974	203 301-7	12/01 – 01/04 bei Bahnbau Berlin	CAT 3512 DI-TA	–
V 100.1	202 555-9	LEW	13889	1973	203 302-5	11/02 – 01/04 bei Bahnbau Berlin	CAT 3512 DI-TA	–
V 100.1	202 679-7	LEW	14380	1974	203 303-3	01/02 – 01/04 bei Bahnbau Berlin	CAT 3512 DI-TA	–
V 100.1	202 416-4	LEW	12925	1971	203 304-1	seit 01/10 bei DB Bahnbau Gruppe[1]	CAT 3512 DI-TA	92 80 1203 304-1 D-DB
V 100.1	202 280-4	LEW	12562	1970	203 305-8	09/02 – 01/04 bei Bahnbau Berlin	CAT 3512 DI-TA	–
V 100.1	202 752-2	LEW	14453	1974	203 306-6	10/02 – 01/04 bei Bahnbau Berlin	CAT 3512 DI-TA	–
V 100.1	202 658-4	LEW	14386	1974	203 307-4	11/02 – 01/04 bei Bahnbau Berlin	CAT 3512 DI-TA	–
V 100.1	202 791-0	LEW	14848	1975	203 308-2	11/02 – 01/04 bei Bahnbau Berlin	CAT 3512 DI-TA	–
V 100.1	202 384-4	LEW	12893	1971	203 309-0	01/03 – 01/04 bei Bahnbau Berlin	CAT 3512 DI-TA	–
V 100.1	202 334-9	LEW	12843	1971	203 310-8	01/03 – 01/04 bei Bahnbau Berlin	CAT 3512 DI-TA	–
V 100.1	202 169-9	LEW	12470	1969	203 311-6	01/03 – 01/04 bei Bahnbau Berlin [*]	CAT 3512 DI-TA	–
V 100.1	202 832-2	LEW	14896	1975	203 312-4	01/03 – 01/04 bei Bahnbau Berlin	CAT 3512 DI-TA	–
V 100.1	202 825-6	LEW	15097	1975	203 313-2	06/03 – 01/04 bei Bahnbau Berlin	CAT 3512 DI-TA	–
V 100.1	202 751-4	LEW	14452	1974	203 314-0	08/03 – 01/04 bei Bahnbau Berlin	CAT 3512 DI-TA	–
V 100.1	202 625-0	LEW	13943	1973	203 315-7	09/03 – 01/04 bei Bahnbau Berlin	CAT 3512 DI-TA	–
V 100.1	202 672-2	LEW	14373	1974	203 316-5	10/03 – 01/04 bei Bahnbau Berlin	CAT 3512 DI-TA	–
V 100.5	710 967-1	LEW	17316	1983	293 007-1 [2]	seit 01/10 bei DB Bahnbau Gruppe [3]	CAT 3512 DI-TA	92 80 1293 007-1 D-DBBBG
BR 293	–	Adtranz	72150	2000	293 008-9 [4]	seit 01/10 bei DB Bahnbau Gruppe [5]	CAT 3512 DI-TA	92 80 1293 008-9 D-DB
V 100.5	710 965-5	LEW	17314	1983	293 009-7 [6]	seit 01/10 bei DB Bahnbau Gruppe [3]	CAT 3512 DI-TA	92 80 1293 009-7 D-DB
V 100.5	710 964-8	LEW	17313	1983	293 010-5 [7]	seit 01/10 bei DB Bahnbau Gruppe [3]	CAT 3512 DI-TA	92 80 1293 010-5 D-DB
BR 293	–	Adtranz	72710	2000	293 011-3 [8]	seit 01/10 bei DB Bahnbau Gruppe [9]	CAT 3512 DI-TA	92 80 1293 011-3 D-DB
V 100.5	710 961-4	LEW	17310	1983	710 961-4	01/97 – 06/00 bei DGT	CAT 3512 DI-TA	–
V 100.5	710 962-2	LEW	17311	1983	710 962-2	01/97 – 06/00 bei DGT	CAT 3512 DI-TA	–
V 100.5	710 963-0	LEW	17312	1983	710 963-0	01/97 – 04/00 bei DGT	CAT 3512 DI-TA	–
V 100.5	710 966-3	LEW	17315	1983	710 966-3	01/97 – 08/00 bei DGT	CAT 3512 DI-TA	–
V 100.5	710 968-9	LEW	17317	1983	710 968-9	01/97 – ?/00 bei DGT	12 KVD 18/21 A-3	–
V 100.5	710 970-5	LEW	16756	1983	710 970-5	01/97 – 04/01 bei DGT	CAT 3512 DI-TA	–

[*] 08/03 vermietet n NVAG - Nordfriesische Verkehrsbetriebe AG

[1] zuvor seit 05/02 bei Deutsche Bahn Gleisbau GmbH (Baugesellschaft der DB Bahnbau GmbH)

[2] bis 2011 als 710 967-1 bezeichnet

[3] zuvor seit 01/97 bei Deutsche Gleis- und Tiefbau GmbH

[4] bis 2011 als 710 966-3ll bezeichnet, dann Umzeichnung in 92 80 1293 008-9, seit 03/18: 293 008-9

[5] zuvor seit 12/00 bei Deutsche Gleis- und Tiefbau GmbH

[6] bis 2011 als 710 965-5 bezeichnet

[7] bis 2011 als 710 964-8 bezeichnet, dann Umzeichnung in 92 80 1293 010-5, seit ?/24: 293 010-5

[8] bis 2011 als 710 968-9ll bezeichnet, dann Umzeichnung in 92 80 1293 011-3, seit 7/17: 293 011-3

[9] zuvor seit 05/00 bei Deutsche Gleis- und Tiefbau GmbH

Bild 411 ▷ **298 327** präsentiert sich am 13. April 2008 frisch lackiert im Bahnhof Cottbus. Am Führerhaus ist unübersehbar der damalige Name des Transport- und Logistbereiches der DB AG – Railion – angeschrieben.

Aufnahme: Frank Heilmann

DB Cargo/Railion/ Schenker

Zum 1. Januar 1999 wurde im Rahmen der zweite Stufe der Bahnreform die DB Cargo AG gegründet, die fortan die Gütertransport- und -logistik der DB AG übernahm und damit den Geschäftsbereich Güterverkehr ablöste.

In diesem Zusammenhang gelangten im Verlauf des Jahres 1999 auch sämtliche für den Güterverkehr vorhandenen Lokomotiven in den Bestand der DB Cargo AG.

Bereits ein Jahr später nahm eine Finanzholding mit dem Namen Railion ihren Geschäftsbetrieb auf, die zuvor von der DB AG und der Niederländischen Staatsbahn (NS) gegründet wurde, um mit ihren jeweiligen Güterverkehrssparten auf dem internationalen Markt besser agieren zu können. Im Jahr 2001 kamen die Dänischen Staatsbahnen hinzu. Ab 2003 firmierte die DB Cargo AG als Railion Deutschland AG, dabei sollte mit diesem Namen die europaweite und globale Ausrichtung des Unternehmens verdeutlicht werden. Nur wenige Jahre später fand erneut eine Umbenennung statt: Aus der Railion Deutschland AG wurde 2009 zur

△ **Bild 412** • Im Jahr 2020 waren die Rostocker Cargo-298 im Rangierbahnhof Rostock Seehafen noch mit sämtlichen Rangieraufgaben vertraut. Mittlerweile sind die Maschinen dort weitestgehend verdrängt. **298 310** rangiert hier am 17. September 2020 einen Ganzzug zur Düngemittelverladung. Aufnahme: Felix Seraphin

DB Cargo AG, ab 09/03: Railion Deutschland AG, ab 02/09: DB Schenker Rail Deutschland AG, ab 03/16: DB Cargo AG (I)

Typ	ex DB AG	Hersteller	Fabriknr.	Baujahr	Nr. bei EVU	Bemerkung	Motor	NVR-Nummer
V 100.1	202 850-4	LEW	15235	1976	203 101-1	02/07 – 07/07 Mietlok von NbE [1]	CAT 3512 DI-TA	–
V 100.1	202 651-6	LEW	14078	1974	203 111-0	02/09 – 01/11 Mietlok von ALS [2]	CAT 3512 DI-TA	92 80 1203 111-0 D-ALS
V 100.1	202 683-9	LEW	14384	1974	203 112-8	04/09 – 01/11 Mietlok von ALS	CAT 3512 DI-TA	92 80 1203 112-8 D-ALS
V 100.1	202 370-3	LEW	12879	1971	203 113-6	05/09 – 12/10 Mietlok von ALS	CAT 3512 DI-TA	92 80 1203 113-6 D-ALS
V 100.1	202 415-6	LEW	12924	1971	203 114-4	03/09 – 12/10 Mietlok von ALS	CAT 3512 DI-TA	92 80 1203 114-4 D-ALS
V 100.1	202 450-3	LEW	13489	1972	203 115-1	06/08 – 11/08 + 02/09 – 12/10 Ml v. ALS	CAT 3512 DI-TA	92 80 1203 115-1 D-ALS
V 100.1	202 562-5	LEW	13880	1973	203 116-9	02/07 – 10/08 + 11/08 – 12/09 Ml v. ALS [3]	CAT 3512 DI-TA	92 80 1203 116-9 D-ALS
V 100.1	202 486-7	LEW	13525	1972	203 117-7	02/07 – 01/10 Mietlok von ALS [3]	CAT 3512 DI-TA	92 80 1203 117-7 D-ALS
V 100.1	202 656-5	LEW	14357	1974	203 118-5	03/07 – 12/07 + 05/08 – 01/10 Ml v. ALS [4]	CAT 3512 DI-TA	92 80 1203 118-5 D-ALS
V 100.1	202 716-7	LEW	14417	1974	203 119-3	12/07 – 09/09 + 11/09 – 01/10 Ml v. ALS [5]	CAT 3512 DI-TA	92 80 1203 119-3 D-ALS
V 100.1	202 678-9	LEW	14379	1974	203 120-1	12/07 – 12/09 Mietlok von ALS	CAT 3512 DI-TA	92 80 1203 120-1 D-ALS
BR 293	–	Adtranz	72520	2000	203 211-8	02/07 Mietlok von LOCON [6]	CAT 3512 DI-TA	92 80 1293 502-1 D-LOCON
BR 293	–	Adtranz	72800	2001	203 212-6	02/07 – 03/07 Mietlok von LOCON [6]	CAT 3512 DI-TA	92 80 1293 503-9 D-LOCON
V 100.1	202 327-3	LEW	12836	1971	203 327-2	10/07 – 12/07 Mietlok von LEG [7]	CAT 3512 DI-TA	92 80 1203 227-4 D-LEG
V 100.1	202 425-5	LEW	12934	1972	203 425-5	01/07 – 10/07 + 12/07 – ?/08 Ml v. LEG [7]	CAT 3512 DI-TA	92 80 1203 220-9 D-LEG
V 100.1	202 442-0	LEW	13481	1972	203 442-9	12/08 – 01/11 Mietlok von ALS [8]	CAT 3512 DI-TA	92 80 1203 154-0 D-ALS
V 100.1	202 443-8	LEW	13482	1972	203 443-7	02/09 – 01/11 Mietlok von ALS [8]	CAT 3512 DI-TA	92 80 1203 155-7 D-ALS
V 100.1	202 496-6	LEW	13535	1972	203 496-5	03/09 – 01/11 Mietlok von ALS	CAT 3512 DI-TA	92 80 1203 156-5 D-ALS
V 100.1	202 523-7	LEW	13562	1973	203 523-6	04/09 – 01/11 Mietlok von ALS	CAT 3512 DI-TA	92 80 1203 157-3 D-ALS
V 100.1	202 658-1	LEW	14359	1974	203 658-0	07/09 – 01/11 Mietlok von ALS	CAT 3512 DI-TA	92 80 1203 158-1 D-ALS
V 100.1	202 719-1	LEW	14420	1974	203 719-0	07/07 – ?/08 + 10/08 – 03/09 Ml v. rt&l [9]	CAT 3512 DI-TA	92 80 1203 124-3 D-RTUL
V 100.1	298 044-9	LEW	11882	1968	298 044-9	07/99 – 03/10 bei Cargo/Railion/Schenker	Deutz TCD 2013 L6 2V	98 80 3298 044-9 D-DB
V 100.1	298 045-6	LEW	11883	1968	298 045-6	07/99 – 03/10 bei Cargo/Railion/Schenker	Deutz TCD 2013 L6 2V	–
V 100.1	298 046-4	LEW	11884	1968	298 046-4	07/99 – ?/10 bei Cargo/Railion/Schenker	Deutz TCD 2013 L6 2V	–
V 100.1	298 047-2	LEW	11885	1968	298 047-2	07/99 – 03/10 bei Cargo/Railion/Schenker	Deutz TCD 2013 L6 2V	–
V 100.1	298 048-0	LEW	11886	1968	298 048-0	07/99 – 03/10 bei Cargo/Railion/Schenker	Deutz TCD 2013 L6 2V	98 80 3298 048-0 D-DB
V 100.1	298 050-6	LEW	11888	1968	298 050-6	07/99 – 03/10 bei Cargo/Railion/Schenker	CAT 3508 DI-TA	98 80 3298 050-6 D-DB
V 100.1	298 051-4	LEW	11889	1968	298 051-4	07/99 – 07/11 bei Cargo/Railion/Schenker	CAT 3508 DI-TA	–
V 100.1	298 052-2	LEW	11890	1968	298 052-2	07/99 – 11/07 bei Cargo/Railion	CAT 3508 DI-TA	–
V 100.1	298 054-8	LEW	11892	1968	298 054-8	07/99 – 0?/10 bei Cargo/Railion/Schenker	?	–
V 100.1	298 055-5	LEW	11893	1968	298 055-5	07/99 – 07/11 bei Cargo/Railion/Schenker	?	–
V 100.1	298 058-9	LEW	11896	1968	298 058-9	07/99 – 10/11 bei Cargo/Railion/Schenker	?	–
V 100.1	298 060-5	LEW	11898	1968	298 060-5	07/99 – 03/10 bei Cargo/Railion/Schenker	?	–
V 100.1	298 062-6	LEW	11900	1968	298 062-6	07/99 – 07/11 bei Cargo/Railion/Schenker	?	–
V 100.1	298 065-4	LEW	11903	1968	298 065-4	07/99 – 04/06 bei Cargo/Railion	12 KVD 18/21 A-5	–
V 100.1	298 069-6	LEW	11907	1968	298 069-6	07/99 – 07/11 bei Cargo/Railion/Schenker	?	–
V 100.1	298 071-2	LEW	11909	1968	298 071-2	07/99 – 03/10 bei Cargo/Railion/Schenker	?	–
V 100.1	298 072-0	LEW	11910	1968	298 072-0	07/99 – 07/11 bei Cargo/Railion/Schenker	?	–
V 100.1	298 074-6	LEW	11912	1968	298 074-6	07/99 – 08/10 bei Cargo/Railion/Schenker	Deutz TCD 2013 L6 2V	–
V 100.1	298 079-5	LEW	11917	1968	298 079-5	07/99 – 07/11 bei Cargo/Railion/Schenker	?	98 80 3298 079-5 D-DB
V 100.1	298 080-3	LEW	11918	1968	298 080-3	07/99 – 10/11 bei Cargo/Railion/Schenker	?	–
V 100.1	298 081-1	LEW	11919	1968	298 081-1	07/99 – 02/15 bei Cargo/Railion/Schenker	?	–
V 100.1	298 084-5	LEW	11922	1968	298 084-5	07/99 – 07/11 bei Cargo/Railion/Schenker	?	–
V 100.1	298 085-2	LEW	11923	1968	298 085-2	07/99 – 08/10 bei Cargo/Railion/Schenker	CAT 3508 DI-TA	–
V 100.1	298 086-0	LEW	11924	1968	298 086-0	07/99 – 03/10 bei Cargo/Railion/Schenker	?	–
V 100.1	298 088-6	LEW	11926	1968	298 088-6	07/99 – 11/07 bei Cargo/Railion	CAT 3508 DI-TA	–
V 100.1	298 091-0	LEW	11929	1968	298 091-0	07/99 – 07/11 bei Cargo/Railion/Schenker	?	98 80 3298 091-0 D-DB
V 100.1	298 094-4	LEW	11932	1968	298 094-4	07/99 – ?/10 bei Cargo/Railion/Schenker	Deutz TCD 2013 L6 2V	–
V 100.1	298 099-3	LEW	11937	1968	298 099-3	07/99 – 07/11 bei Cargo/Railion/Schenker	?	–
V 100.1	298 100-9	LEW	11938	1968	298 100-9	07/99 – ?/10 bei Cargo/Railion/Schenker	?	–
V 100.1	298 102-5	LEW	11940	1968	298 102-5	07/99 – 04/06 bei Cargo/Railion	CAT 3508 DI-TA	–
V 100.1	298 104-1	LEW	12405	1969	298 104-1	07/99 – 10/11 bei Cargo/Railion/Schenker	?	–
V 100.1	298 110-8	LEW	12411	1969	298 110-8	07/99 – ?/10 bei Cargo/Railion/Schenker	?	–
V 100.1	298 122-3	LEW	12423	1969	298 122-3	07/99 – ?/10 bei Cargo/Railion/Schenker	?	–
V 100.1	298 124-9	LEW	12425	1969	298 124-9	07/99 – 03/10 bei Cargo/Railion/Schenker	?	–
V 100.1	298 129-8	LEW	12430	1969	298 129-8	07/99 – 03/10 bei Cargo/Railion/Schenker	?	–
V 100.1	298 139-7	LEW	12440	1969	298 139-7	07/99 – 08/10 bei Cargo/Railion/Schenker	?	–

[1] Lok Eigentum der ALSTOM Lokomotiven Service GmbH, als Mietlok von Nordbayerischer Eisenbahngesellschaft mbH, Einsatz bei NL Mannheim

[2] Mietlok der ALSTOM Lokomotiven Service GmbH, Einsatz bei Railion/Schenker Niederlassung Halle (S)

[3] Einsatz bei Railion/Schenker Niederlassung Nürnberg

[4] 03/07 – 12/07 Einsatz bei NL Nürnberg, 05/08 – 01/10 bei NL Halle (S)

[5] 12/07 – 09/09 Einsatz bei NL Nürnberg, 11/09 – 01/10 bei NL Halle (S)

[6] LOCON Logistik & Consulting AG, Einsatz bei Railion Niederlassung Hannover

[7] Leipziger Eisenbahnverkehrsgesellschaft, Einsatz bei Railion NL Mannheim

[8] Einsatz bei Niederlassung Halle (S)

[9] Rail Technology & Logistics GmbH, 07/07 – ?/08 Einsatz bei Railion Niederlassung Mannheim, 10/08 – 03/09 bei Niederlassung Halle (S)

DB Schenker Rail AG. Dies war eine Folge der 2003 getätigten Übernahme des Logistikdienstleisters Stinnes AG inklusive der Spedition Schenker durch die DB AG.

Eine (vorerst) letzte Umbenennung fand 2016 statt, als aus der DB Schenker Rail AG wieder die DB Cargo AG wurde, wobei die Marke DB Schenker weiterhin bestand hat. Mit dieser Namensänderung wollte die DB AG die Konzentration auf das Kerngeschäft im Schienengüterverkehr auch nach außen hin verdeutlichen.

Aus der DR-V 100-Familie sind aktuell nur noch Vertreterinnen der Baureihe 298 im Eigentum der DB Cargo AG, von denen viele bereits seit mehreren Jahren z-gestellt sind. Die wenigen noch im Betriebsbestand vorhandenen 298 werden mit Ablauf ihrer Fristen abgestellt.

Ein Großteil der bereits ausgemusterten Maschinen dieser Baureihe wurde an die Alstom Lokomotiven Service GmbH in Stendal abgegeben, wo die Loks entweder umgebaut, als Ersatzteilspenderinnen genutzt oder verschrottet wurden. Beispielhaft für die Modernisierung der Lokomotiven ist deren Umbau zu Hybrid-Loks der Baureihe 203.7.

Immer wieder hatten DB Railion und DB Schenker auch Mietlokomotiven für ihre Dienste im Einsatz. Dabei wurde auch auf die Maschinen von privaten Eisenbahnverkehrsunternehmen zurückgegriffen. Bei den von Alstom angemieteten Loks handelte es sich durchweg um Vertreterinnen der Baureihe 203.1.

DB Cargo AG, ab 09/03: Railion Deutschland AG, ab 02/09: DB Schenker Rail Deutschland AG, ab 03/16: DB Cargo AG (II)

Typ	ex DB AG	Hersteller	Fabriknr.	Baujahr	Nr. bei EVU	Bemerkung	Motor	NVR-Nummer
V 100.1	298 142-1	LEW	12443	1969	298 142-1	07/99 – 10/04 bei Cargo/Railion	?	–
V 100.1	298 150-4	LEW	12451	1969	298 150-4	07/99 – 03/10 bei Cargo/Railion/Schenker	?	–
V 100.1	298 155-3	LEW	12456	1969	298 155-3	07/99 – 10/11 bei Cargo/Railion/Schenker	?	98 80 3298 155-3 D-DB
V 100.1	298 156-1	LEW	12457	1969	298 156-1	07/99 – 07/11 bei Cargo/Railion/Schenker	?	–
V 100.1	298 161-1	LEW	12462	1969	298 161-1	07/99 – 01/09 bei Cargo/Railion	12 KVD 18/21 A-5	–
V 100.1	298 163-3	LEW	12451	1969	298 163-3	07/99 – ?/10 bei Cargo/Railion/Schenker	?	–
V 100.4	298 301-3	LEW	16678	1981	298 301-3	07/99 – 01/13 bei Cargo/Railion/Schenker	CAT 3508 DI-TA	98 80 3298 301-3 D-DB
V 100.4	298 302-1	LEW	16679	1981	298 302-1	07/99 – ?/15 bei Cargo/Railion/Schenker	?	98 80 3298 302-1 D-DB
V 100.4	298 303-9	LEW	17302	1981	298 303-9	seit 07/99 bei Cargo/Railion/Schenker … [1]	CAT 3508 DI-TA	98 80 3298 303-9 D-DB
V 100.4	298 304-7	LEW	17303	1981	298 304-7	07/99 – 10/13 bei Cargo/Railion/Schenker	?	98 80 3298 304-7 D-DB
V 100.4	298 305-4	LEW	17304	1981	298 305-4	07/99 – ?/15 bei Cargo/Railion/Schenker	?	–
V 100.4	298 306-2	LEW	17305	1981	298 306-2	seit 07/99 bei Cargo/Railion/Schenker … [2]	CAT 3508 DI-TA	98 80 3298 306-2 D-DB
V 100.4	298 307-0	LEW	17306	1981	298 307-0	07/99 – 12/25 bei Cargo/Railion … [3]	CAT 3508 DI-TA	98 80 3298 307-0 D-DB
V 100.4	298 308-8	LEW	17307	1981	298 308-8	seit 07/99 bei Cargo/Railion/Schenker …	CAT 3508 DI-TA	98 80 3298 308-8 D-DB
V 100.4	298 309-6	LEW	17308	1981	298 309-6	seit 07/99 bei Cargo/Railion/Schenker … [4]	CAT 3508 DI-TA	98 80 3298 309-6 D-DB
V 100.4	298 310-4	LEW	17309	1981	298 310-4	seit 07/99 bei Cargo/Railion/Schenker … [5]	CAT 3508 DI-TA	98 80 3298 310-4 D-DB
V 100.4	298 311-2	LEW	17839	1982	298 311-2	07/99 – 05/11 bei Cargo/Railion/Schenker	?	98 80 3298 311-2 D-DB
V 100.4	298 312-0	LEW	17840	1982	298 312-0	seit 07/99 bei Cargo/Railion/Schenker … [6]	CAT 3508 DI-TA	98 80 3298 312-0 D-DB
V 100.4	298 313-8	LEW	17841	1982	298 313-8	seit 07/99 bei Cargo/Railion/Schenker … [7]	CAT 3508 DI-TA	98 80 3298 313-8 D-DB
V 100.4	298 314-6	LEW	17842	1982	298 314-6	07/99 – 09/09 bei Cargo/Railion/Schenker	?	–
V 100.4	298 315-3	LEW	17843	1982	298 315-3	07/99 – ?/16 bei Cargo/Railion … [8]	?	98 80 3298 315-3 D-DB
V 100.4	298 316-1	LEW	17844	1982	298 316-1	seit 07/99 bei Cargo/Railion/Schenker … [9]	CAT 3508 DI-TA	98 80 3298 316-1 D-DB
V 100.4	298 317-9	LEW	17845	1982	298 317-9	seit 07/99 bei Cargo/Railion/Schenker … [10]	CAT 3508 DI-TA	98 80 3298 317-9 D-DB
V 100.4	298 318-7	LEW	17846	1982	298 318-7	seit 07/99 bei Cargo/Railion/Schenker … [11]	CAT 3508 DI-TA	98 80 3298 318-7 D-DB
V 100.4	298 319-5	LEW	17847	1982	298 319-5	seit 07/99 bei Cargo/Railion/Schenker …	CAT 3508 DI-TA	98 80 3298 319-5 D-DB
V 100.4	298 320-3	LEW	17848	1982	298 320-3	seit 07/99 bei Cargo/Railion/Schenker … [12]	CAT 3508 DI-TA	98 80 3298 320-3 D-DB
V 100.4	298 321-1	LEW	17710	1983	298 321-1	seit 07/99 bei Cargo/Railion/Schenker …	CAT 3508 DI-TA	98 80 3298 321-1 D-DB
V 100.4	298 322-9	LEW	17711	1983	298 322-9	07/99 – 02/26 bei Cargo/Railion …	CAT 3508 DI-TA	98 80 3298 322-9 D-DB
V 100.4	298 323-7	LEW	17712	1983	298 323-7	seit 07/99 bei Cargo/Railion/Schenker … [13]	CAT 3508 DI-TA	98 80 3298 323-7 D-DB
V 100.4	298 324-5	LEW	17713	1983	298 324-5	seit 07/99 bei Cargo/Railion/Schenker … [13]	CAT 3508 DI-TA	98 80 3298 324-5 D-DB
V 100.4	298 325-2	LEW	17714	1983	298 325-2	seit 07/99 bei Cargo/Railion/Schenker … [14]	CAT 3508 DI-TA	98 80 3298 325-2 D-DB
V 100.4	298 326-0	LEW	17715	1983	298 326-0	seit 07/99 bei Cargo/Railion/Schenker … [13]	CAT 3508 DI-TA	98 80 3298 326-0 D-DB
V 100.4	298 327-8	LEW	17716	1983	298 327-8	seit 07/99 bei Cargo/Railion/Schenker … [13]	CAT 3508 DI-TA	98 80 3298 327-8 D-DB
V 100.4	298 328-6	LEW	17717	1983	298 328-6	seit 07/99 bei Cargo/Railion/Schenker … [13]	CAT 3508 DI-TA	98 80 3298 328-6 D-DB
V 100.4	298 329-4	LEW	17718	1983	298 329-4	seit 07/99 bei Cargo/Railion/Schenker … [13]	CAT 3508 DI-TA	98 80 3298 329-4 D-DB
V 100.4	298 330-2	LEW	17719	1983	298 330-2	07/99 – 11/24 bei Cargo/Railion …	CAT 3508 DI-TA	98 80 3298 330-2 D-DB
V 100.4	298 331-0	LEW	17720	1983	298 331-0	seit 07/99 bei Cargo/Railion/Schenker …	CAT 3508 DI-TA	98 80 3298 331-0 D-DB
V 100.4	298 332-8	LEW	17721	1983	298 332-8	07/99 – 11/14 bei Cargo/Railion/Schenker	?	–
V 100.4	298 333-6	LEW	17722	1983	298 333-6	07/99 – 11/14 bei Cargo/Railion/Schenker	?	–
V 100.4	298 334-4	LEW	17723	1983	298 334-4	seit 07/99 bei Cargo/Railion/Schenker … [15]	CAT 3508 DI-TA	98 80 3298 334-4 D-DB
V 100.4	298 335-1	LEW	17724	1983	298 335-1	07/99 – 12/17 bei Cargo/Railion/Schenker [16]	?	98 80 3298 335-1 D-DB
V 100.4	298 336-9	LEW	17725	1983	298 336-9	07/99 – 07/25 bei Cargo/Railion/Schenker …	CAT 3508 DI-TA	98 80 3298 336-9 D-DB
V 100.4	298 337-7	LEW	17726	1983	298 337-7	07/99 – 12/25 bei Cargo, Railion … [17]	CAT 3508 DI-TA	98 80 3298 337-7 D-DB

[1] 03/06 – 04/07 + seit 11/23 z-gestellt
[2] seit 12/15 z-gestellt
[3] 03/05 – 01/07 z-gestellt
[4] seit 12/15 z-gestellt
[5] 03/05 – 02/07 z-gestellt
[6] seit 05/24 z-gestellt
[7] 03/06 – 04/07 + seit 06/24 z-gestellt
[8] 2016 zerlegt
[9] 12/05 – 07/07 + seit 11/23 z-gestellt
[10] 03/06 – 05/07 z-gestellt
[11] seit 11/23 z-gestellt
[12] seit 02/24 z-gestellt
[13] seit 11/23 z-gestellt
[14] 03/06 – 04/07 z-gestellt
[15] 02/06 – 06/07 z-gestellt
[16] 2017 zerlegt
[17] 03/04 – 09/07 z-gestellt

◁ **Bild 413**
Zu den Aufgaben der DB Fahrwegdienste GmbH gehört u. a. die Vegetationskontrolle entlang des Streckennetzes der DB AG. Am 5. Mai 2018 sind **203 308** und 203 315 der damaligen DB Netz AG mit einem Unkrautbekämpfungszug im Vogtland unterwegs bei Sohl in Richtung Bad Brambach.

AUFNAHME: FELIX SERAPHIN

DB Fahrwegdienste GmbH

Typ	ex DB AG	Hersteller	Fabriknr.	Baujahr	Nr. bei EVU	Bemerkung	Motor	NVR-Nummer
V 100.1	202 656-5	LEW	14357	1974	203 118-5	03/10 – ?/11 Mietlok von ALS [1]	CAT 3512 DI-TA	92 80 1203 118-5 D-ALS
V 100.1	202 678-9	LEW	14379	1974	203 120-1	03/10 – ?/11 Mietlok von ALS	CAT 3512 DI-TA	92 80 1203 120-1 D-ALS
V 100.1	202 818-1	LEW	15090	1975	203 818-0	?/10 – ?/10 Mietlok von rt&l [2]	CAT 3512 DI-TA	92 80 1203 152-4 D-RTUL

[1] ALSTOM Lokomotiven Service GmbH [2] Rail Technology & Logistics GmbH

DB Fahrzeuginstandhaltung GmbH – Dampflokwerk Meiningen (DLW)

Typ	ex DB AG	Hersteller	Fabriknr.	Baujahr	Nr. bei EVU	Bemerkung	Motor	NVR-Nummer
V 100.1	202 563-3	LEW	1973	1973	202 563-2	seit 07/02 bei DLW	12 KVD 18/21 AL-4	92 80 1202 563-3 D-DB

DB Fahrwegdienste

Seit 2002 ist die DB Fahrwegdienste GmbH als 100 %-iges Tochterunternehmen der damaligen DB Netz AG – seit Dezember 2023 DB InfraGo AG – ein Teil der DB AG. Zu den Aufgabengebieten der DB Fahrwegdienste GmbH gehören u. a. die Fahrwegpflege (z. B. die Freihaltung des Gleisbereiches von „vegetationsbedingten Störungen"), die Sicherung von Gleisbaustellen und weitere Dienstleistungen im Umwelt- und Sicherheitsbereich. Zudem koordiniert das Unternehmen im Leistungsspektrum DB Sky Operations den „unbemannten Luftfahrtbetrieb" für den DB-Konzern. Die Aufgabenfelder sind in sechs sogenannte Leistungsspektren aufgeteilt.

Die DB Fahrwegdienste GmbH ist bundesweit in sieben Regionalbereiche mit entsprechend sieben Niederlassungen aufgeteilt: Nord (NL Hannover), Ost (NL Berlin), West (NL Duisburg), Mitte (NL Frankfurt/M), Südost (NL Leipzig), Süd (NL München) und Südwest (NL Karlsruhe), die Zentrale befindet sich in Berlin. Zudem unterhält das Unternehmen in Neudietendorf ein zentrales Servicecenter.

▽ **Bild 414** • Bereits seit 2002 leistet **202 563** ihre Dienste für das Dampflokwerk Meiningen. Am 26. Oktober 2017 kam sie als Zuglok bei der Rollprobefahrt der SBB-Ce 6/8II 14305 zum Einsatz, hier aufgeommen bei Welkershausen im Werratal. AUFNAHME: UDO STEINWASSER

DB Fahrzeuginstandhaltung

Die DB Fahrzeuginstandhaltung GmbH ist an insgesamt zwölf Standorten im Bundesgebiet u. a. in den Bereichen Fahrzeugrevisionen, Hauptuntersuchungen, Unfall- und Bedarfsinstandsetzungen sowie Umbau- und Modernisierungsarbeiten tätig. Zu den Standorten gehört auch das Dampflokwerk Meiningen. Dort ist seit Juli 2002 die 202 563 als Werklokomotive im Einsatz und leistet ihre Dienste u. a. bei der Überführung nicht betriebsfähiger Dampflokomotiven oder sonstiger Fahrzeuge zum Werk sowie bei Rollprobefahrten von aufgearbeiteten Lokomotiven.

Bild 415 ▷
Am 10. September 2011 bespannt **203 313** der DB Netz AG den zu diesem Zeitpunkt antriebslosen Schienenprüfzug der Netz-Instandhaltung, hier aufgenommen bei Vehrte (Strecke Osnabrück – Bremen). Am Zugschluss ist eine weitere 203 zu sehen.

AUFNAHME: ANDRÉ SCHAFSTALL-KLECKER

DB InfraGO AG, 01/99 bis 12/23: DB Netz AG

Typ	ex DB AG	Hersteller	Fabriknr.	Baujahr	Nr. bei EVU	Bemerkung	Motor	NVR-Nummer
V 100.1	202 675-5	LEW	14376	1974	203 301-7	seit 01/04 bei DB Netz/InfraGo	CAT 3512 DI-TA	92 80 1203 301-7 D-DBMP
V 100.1	202 555-9	LEW	13889	1973	203 302-5	seit 01/04 bei DB Netz/InfraGo	CAT 3512 DI-TA	92 80 1203 302-5 D-DBMP
V 100.1	202 679-7	LEW	14380	1974	203 303-3	seit 01/04 bei DB Netz/InfraGo	CAT 3512 DI-TA	92 80 1203 303-3 D-DBMP
V 100.1	202 280-4	LEW	12562	1970	203 305-8	seit 01/04 bei DB Netz/InfraGo	CAT 3512 DI-TA	92 80 1203 305-8 D-DBMP
V 100.1	202 752-2	LEW	14453	1974	203 306-6	seit 01/04 bei DB Netz/InfraGo 1)	CAT 3512 DI-TA	92 80 1203 306-6 D-DBMP
V 100.1	202 685-4	LEW	14386	1974	203 307-4	seit 01/04 bei DB Netz/InfraGo	CAT 3512 DI-TA	92 80 1203 307-4 D-DBMP
V 100.1	202 791-0	LEW	14848	1975	203 308-2	seit 01/04 bei DB Netz/InfraGo 1)	CAT 3512 DI-TA	92 80 1203 308-2 D-DBMP
V 100.1	202 384-4	LEW	12893	1971	203 309-0	seit 01/04 bei DB Netz/InfraGo 2)	CAT 3512 DI-TA	92 80 1203 309-0 D-DBMP
V 100.1	202 334-9	LEW	12843	1971	203 310-8	seit 01/04 bei DB Netz/InfraGo	CAT 3512 DI-TA	92 80 1203 310-8 D-DBMP
V 100.1	202 169-9	LEW	12470	1969	203 311-6	seit 01/04 bei DB Netz/InfraGo	CAT 3512 DI-TA	92 80 1203 311-6 D-DBMP
V 100.1	202 832-2	LEW	14896	1975	203 312-4	seit 01/04 bei DB Netz/InfraGo	CAT 3512 DI-TA	92 80 1203 312-4 D-DBMP
V 100.1	202 825-6	LEW	15097	1975	203 313-2	seit 01/04 bei DB Netz/InfraGo	CAT 3512 DI-TA	92 80 1203 313-2 D-DBMP
V 100.1	202 751-4	LEW	14452	1974	203 314-0	seit 01/04 bei DB Netz/InfraGo	CAT 3512 DI-TA	92 80 1203 314-0 D-DBMP
V 100.1	202 625-0	LEW	13943	1973	203 315-7	seit 01/04 bei DB Netz/InfraGo	CAT 3512 DI-TA	92 80 1203 315-7 D-DBMP
V 100.1	202 672-2	LEW	14373	1974	203 316-5	seit 01/04 bei DB Netz/InfraGo 3)	CAT 3512 DI-TA	92 80 1203 316-5 D-DBMP

1) 01/07 – 03/07 vermietet an Railion Deutschland AG, NL Nürnberg 2) 02/07 vermietet an Railion Deutschland AG, NL Nürnberg 3) 08/07 vermietet an Bocholter Eisenbahn GmbH

DB InfraGO AG

Zum 1. Januar 2024 wurden die DB Netz AG und die DB Station & Service AG in der gemeinwohlorientierten Infrastrukturgesellschaft InfraGO AG zusammengeführt.

Die DB Netz AG entstand im Zusammenhang mit der zweiten Stufe der Bahnreform zum 1. Januar 1999, löste zu diesem Zeitpunkt den Geschäftsbereich Fahrweg ab und war für die Wartung und Instandsetzung der Schieneninfrastruktur der DB AG verantwortlich. Demgegenüber lagen Betrieb, Modernisierung und Wartung der Verkehrsstationen (Bahnhöfe und Haltepunkte) der DB AG von Januar 1999 bis Dezember 2023 in der Verantwortung der DB Station & Service AG. Innerhalb der InfraGO AG gingen die Netz AG und Station & Service in den Geschäftsbereichen (GB) Fahrweg sowie Personenbahnhöfe auf. Dabei ist der GB Fahrweg der größte Eisenbahninfrastrukturanbieter in Europa.

Für die Erledigung der Aufgaben bei der Wartung und Instandhaltung des Schienennetzes, dazu gehören u. a. auch Arbeiten an der Oberleitung, Gleismess-

Bild 416 ▷
Am 3. August 2012 pausiert **203 314** von DB Netz mit einem Oberleitungsrevisionstriebwagen der Baureihe 708^{3} in Cottbus.

AUFNAHME: STEPHAN KARKOWSKI

◁ **Bild 417**
Die Lokomotiven der DB Netz AG waren nahezu ständig im Einsatz – und sind es für die InfraGO AG. Bei Bietigheim-Ellental leistet **203 311** am 6. November 2021 bei einer Überführungsfahrt ihre Dienste.

Aufnahme: Hening Folz

◁ **Bild 418**
Der etwas antiquiert wirkende Gleismesstriebzug (GMTZ) mit dem **203 305** am 2. Juli 2013 bei Einsiedel unterwegs war, möchte so gar nicht zum modernen Anspruch der DB AG passen. Wie die 203, so gehört auch der 725/726 002 zur damaligen DB Netz AG. Der Vorspann der 203 305 war aufgrund eines Defekts am GMTZ notwendig.

Aufnahme: Felix Seraphin

◁ **Bild 419**
Am 10. Juni 2020 bespannte **203 309** einen Unkrautbekämpfungszug, in dem u. a. auch vier Kesselwagen eingereiht waren, deren Inhalt deutlich lesbar angeschrieben ist. Die Aufnahme zeigt den Zug in Minden (Westf).

Aufnahme: Georg Dollwet

fahrten usw., hat die InfraGO AG einen umfangreichen Fahrzeugpark im Bestand, zu dem auch Lokomotiven der Baureihe 203 gehören, die allesamt bereits bei der DB Netz AG im Einsatz waren. Dem Tätigkeitsfeld von InfraGo entsprechend, leisten die Loks bundesweit ihre Dienste.

DB Regio AG

Für alle Aktivitäten der DB AG im regionalen Verkehrsbereich ist seit 1999 die DB Regio AG verantwortlich, zuvor war es der Geschäftsbereich Nahverkehr. Für den Betrieb ist die Regio AG in die Regionalbereiche Baden-Württemberg, Bayern, Mitte, Nord, Nordost, Nordrhein-Westfalen und Südost unterteilt, in denen es wiederum zahlreiche eigene Verkehrs- bzw. Betriebsnetze gibt. Des Weiteren gibt es in der Sparte Schiene noch die S-Bahnen in Berlin, Hamburg, München, Rhein-Main und Stuttgart sowie die Regio-Tochterunternehmen DB RegioNetz Verkehrs GmbH, die Regionalverkehre Start Deutschland GmbH und DB Regio Stuttgart GmbH.

△ **Bild 420 · 1001 009** war als Mietlok von Alstom fast acht Jahre im Einsatz bei der DB Regio Südost AG in Halle (S). Am 17. Oktober 2020 steht sie mit einem Hilfszugwagen der DB Netz Notfalltechnik am Haken im Vorfeld der Regio-Werkstatt in Halle (S). Aufnahme: Volker Lucas, Sammlung A. Zika

Zur Regio-Sparte Straße gehören u. a. mehrere Busverkehrsunternehmen.

Seit Anfang der 2000er Jahre hatte die DB Regio AG nur noch Mietlokomotiven aus der DR-V 100-Baureihenfamilie im Bestand, die größtenteils von der ALSTOM Lokomotiven Service GmbH kamen und überwiegend bei DB Regio Bayern (Regio Mittelfranken, Ostbayern und Unterfranken) eingesetzt wurden. Zwei Loks – 202 001 und 203 002 – leisteten ihre Dienste für die S-Bahn München. Bei Regio Südost wurden die Hybridloks 1001 007, 009 (beide in Halle/S) und 010 (in Dresden) eingesetzt, wobei sich 1001 007 sowie 010 noch immer im Einsatz befinden.

DB Regio AG

Typ	ex DB AG	Hersteller	Fabriknr.	Baujahr	Nr. bei EVU	Bemerkung	Motor	NVR-Nummer
V 100.1	202 746-4	LEW	14447	1974	202 001-4	02/06 – 04/06 bei S-Bahn München	CAT 3512 DI-TA	–
V 100.1	202 349-7	LEW	12858	1971	203 001-3	11/02 + 10/04 + 03/05 bei Regio Mf [1)]	MTU 12V 4000 R10	–
V 100.1	202 696-1	LEW	14397	1974	203 002-1	11/01 – ?/16 bei S-Bahn München	MTU 12V 4000 R10	92 80 1203 002-1 D-DB
V 100.1	202 569-0	LEW	13887	1973	203 004-7	bei Regio Mittelfranken & Unterfranken [2)]	MTU 12V 4000 R10	–
V 100.1	202 530-2	LEW	13569	1973	203 005-4	mehrfach bei Regio Mittelfranken [3)]	MTU 12V 4000 R10	–
V 100.1	202 718-3	LEW	14419	1974	203 006-2	12/04 – 01/05 bei Regio Mittelfranken	MTU 12V 4000 R10	–
V 100.1	202 651-6	LEW	14078	1974	203 111-0	01/05 – 01/09 bei Regio Mittelfranken	CAT 3512 DI-TA	92 80 1203 111-0 D-ALS
V 100.1	202 683-9	LEW	14384	1974	203 112-8	01/05 – 03/09 bei Regio Mittelfranken	CAT 3512 DI-TA	92 80 1203 112-8 D-ALS
V 100.1	202 370-3	LEW	12879	1971	203 113-6	02/05 – 05/09 bei Regio Mittelfranken	CAT 3512 DI-TA	92 80 1203 113-6 D-ALS
V 100.1	202 415-6	LEW	12924	1971	203 114-4	02/05 – 02/09 bei Regio Mittelfranken	CAT 3512 DI-TA	92 80 1203 114-4 D-ALS
V 100.1	202 450-3	LEW	13489	1972	203 115-1	03/05 – 01/09 bei Regio Mittelfranken [4)]	CAT 3512 DI-TA	92 80 1203 115-1 D-ALS
V 100.1	202 562-5	LEW	13880	1973	203 116-9	11/05 – 12/09 bei Regio Ostbayern [5)]	CAT 3512 DI-TA	92 80 1203 116-9 D-ALS
V 100.1	202 486-7	LEW	13525	1972	203 117-7	12/05 – 01/10 bei Regio Ostbayern [6)]	CAT 3512 DI-TA	92 80 1203 117-7 D-ALS
V 100.1	202 656-5	LEW	14357	1974	203 118-5	12/05 – 01/10 bei Regio Ostbayern [7)]	CAT 3512 DI-TA	92 80 1203 118-5 D-ALS
V 100.1	202 716-7	LEW	14417	1974	203 119-3	12/05 – 01/10 bei Regio Unterfranken [8)]	CAT 3512 DI-TA	92 80 1203 119-3 D-ALS
V 100.1	202 678-9	LEW	14379	1974	203 120-1	02/06 – 12/09 bei Regio Unterfranken [9]	CAT 3512 DI-TA	92 80 1203 120-1 D-ALS
V 100.1	202 558-3	LEW	13876	1973	203 126-8	?/13 – ?/13 bei Regio Südost [10)]	CAT 3512 DI-TA	92 80 1203 126-8 D-ALS
V 100.1	202 490-9	LEW	13529	1972	203 701-8	01/09 bei Regio Mittelfranken [11)]	Deutz TCD 2013 L6 2V	–
V 100.1	202 768-8	LEW	14469	1975	203 999-8	12/04 – 01/05 bei Regio Mittelfranken [12)]	CAT 3512 DI-TA	–
V 100.1	202 732-4	LEW	14433	1974	203.003	03/06 – 04/06 bei Regio Mittelfranken	MTU 12V 4000 R10	–
V 100.1	298 074-6	LEW	11912	1968	1001 007-6	seit 11/21 bei Regio Südost (Halle/S)	Deutz TCD 2013 L6 2V	90 80 1001 007-6 D-ALS
V 100.1	202 291-1	LEW	12755	1970	1001 009-2	12/13 – 11/21 bei Regio Südost (Halle/S)	Deutz TCD 2013 L6 2V	90 80 1001 009-2 D-ALS
V 100.1	202 286-1	LEW	12750	1970	1001 010-0	seit 08/23 bei Regio Südost (Dresden)	Deutz TCD 2013 L6 2V	90 80 1001 010-0 D-ALS

Alle nicht weiter gekennzeicheten Loks waren Mietloks der ALSTOM Lokomotiven Service GmbH.

[1)] Einsatz bei DB Regio AG - Regio Mittelfranken, Nürnberg

[2)] 11/04 – 03/05 bei Regio Mittelfranken, 12/05 – 02/06 bei Regio Unterfranken, Würzburg

[3)] 12/04 – 02/05 + 04/05 + 05/05 – 06/05 + 07/05 – 09/05 bei DB Regio AG - Regio Mittelfranken

[4)] 04/05 untervermietet an DB Regio AG - Regio Unterfranken; 06/06 an DB Regio AG - Regio Ostbayern, Regensburg; 06/08 – 11/08 an Railion Deutschland AG, NL Halle (S)

[5)] 02/07 – 10/08 + 11/08 – 12/09 untervermietet an Railion Deutschland/DB Schenker Rail Deutschland AG, NL Nürnberg; 10/08 – 11/08 an DB Regio AG - Regio Mittelfranken

[6)] 02/07 – 01/10 untervermietet an Railion Deutschland/DB Schenker Rail Deutschland AG, NL Nürnberg

[7)] 03/07 – 12/07 untervermietet an Railion Deutschland AG, NL Nürnberg; 05/08 – 01/10 an Railion Deutschland/DB Schenker Rail Deutschland AG, NL Halle (S)

[8)] 12/07 – 09/09 untervermietet an Railion Deutschland/DB Schenker Rail Deutschland AG AG, NL Nürnberg; 11/09 – 01/10 an DB Schenker Rail Deutschland AG, NL Halle (S)

[9)] 12/09 – 12/09 untervermietet an Railion Deutschland/DB Schenker Rail Deutschland AG AG, NL Nürnberg

[10)] DB Regio AG, Regio Südost, Verkehrsbetrieb Mitteldeutschland, Halle (S)

[11)] für Testfahrten

[12)] Mietlok von rail center Nürnberg GmbH

◁ **Bild 421**
Von November 2001 bis ins Jahr 2016 stand **203 002** für die DB Regio AG in Diensten der S-Bahn München. Hier schiebt sie am 18. Juni 2009 zwei 423-S-Bahn-Einheiten nach Steinhausen und passiert dabei die S-Bahn-Station Heimaranplatz.

Aufnahme: Frank Weimer

◁ **Bild 422**
203 113 wurde unmittelbar nach ihrer Entstehung durch Umbau der 202 370 ab dem 18. Februar 2005 durch die DB Regio AG angemietet und kam bis Mai 2009 für Regio Mittefranken zum Einsatz. Dabei entstand am 21. Juli 2005 diese Aufnahme der Lok in Nürberg.

◁ **Bild 423**
Die Farbe an **203 118** durfte erst kurz zuvor getrocknet sein, als sie am 30. Dezember 2005 in Magdeburg aufgenommen wurde. Die Lok befand sich auf der Überführungsfahrt vom Alstom-Werk in Stendal in ihre neue (Miet-)Heimat Regensburg, wo sie für DB Regio Ostbayern zum Einsatz kam.

Aufnahmen (2): Marco Berger

DB RegioNetz Verkehrs GmbH

Innerhalb der DB Regio AG ist die im Jahr 2000 gegründete DB RegioNetz Verkehrs GmbH als Tochtergesellschaft ein eigenständiges Unternehmen. Mit der Bildung der RegioNetz Verkehrs GmbH sollte ein leistungsfähiger Bahnbetrieb auf Nebenstrecken mit regional angepassten Organisationsformen dauerhaft gesichert werden. Aktuell gibt es fünf Regio-Netze: die Thüringer Bergbahn (inkl. der Strecken Rottenbach – Katzhütte und Oberweißbach – Cursdorf), die Südostbayernbahn (Sitz in Mühldorf), die Erzgebirgsbahn (Chemnitz), die Kurhessenbahn (Kassel) sowie die Westfrankenbahn (Aschaffenburg). Zudem ist Fahrzeug- und Technologiezentrum Chemnitz ein Bestandteil der RegioNetz Verkehrs GmbH.

△ **Bild 424 • 202 885** gehörte von Juni 2002 bis Dezember 2021 zur RegioNetz Erzgebirgsbahn und war durchgängig an den Verein Sächsisches Eisenbahnmuseum Chemnitz-Hilbersdorf e. V. verliehen. Auf dem dortigen Gelände enstand am 29. August 2015 dieses Aufnahme der Lok neben 219 003. AUFNAHME: SIMON STEINBRINK

Die seit Januar 2002 bestehende DB RegioNetz Erzgebirgsbahn hatte von Juni jenes Jahres an insgesamt drei Lokomotiven der Baureihe 202 im Bestand, die vorwiegend im historischen Verkehr und bei Fahrzeugüberführungen zum Einsatz kamen, ihre Dienste aber im Rahmen der Streckensanierungen der Erzgebrigsbahn auch vor Bau- und Arbeitszügen leisteten. Bei 202 781 ist bereits im Frühsommer 2005 mit der Zerlegung begonnen worden, obwohl die Lok im Jahr zuvor noch einmal eine „optische Auffrischung" in Form einer Neulackierung erhalten hatte. Derweil blieben 202 646 und 202 885 bis Dezember 2021 im Bestand der Gesellschaft, wobei 202 885 – nicht betriebsfähig – durchgängig als Leihgabe im Sächsischen Eisenbahnmuseum in Chemnitz-Hilbersdorf stand. Bei 202 646 liefen die Fristen im Januar 2013 ab, seitdem war auch diese Lokomotive abgestellt. Beide Maschinen erhielten nach einem Eigentümerwechsel wieder Hauptuntersuchungen.

DB RegioNetz Verkehrs GmbH – Erzgebirgsbahn (EGB)

Typ	ex DB AG	Hersteller	Fabriknr.	Baujahr	Nr. bei EVU	Bemerkung	Motor	NVR-Nummer
V 100.1	202 646-6	LEW	14073	1974	202 646-6	06/02 – 12/21 bei EGB 1)	12 KVD 18/21 AL-4	98 80 3202 646-6 D-DB
V 100.1	202 781-1	LEW	14838	1975	202 781-1	06/02 – ?/06 bei EGB 2)	?	–
V 100.1	202 885-0	LEW	16379	1978	202 885-0	06/02 – 12/21 bei EGB 3)	12 KVD 18/21 AL-4	92 80 1202 885-0 D-DB

1) 04/05 vermietet an PRESS - Eisenbahn-Bau- und Betriebsgesellschaft Pressnitztalbahn mbH, 01/13 mit Fristablauf abgestellt
2) 2005/2006 in Chemnitz zerlegt
3) durchgängig Leihgabe an SEM - Sächsisches Eisenbahnmuseum e. V., Chemnitz-Hilbersdorf

Bild 425 ▷ **202 646** der Erzgebirgsbahn war am 15. April 2007 als Vorspannlok vor 228 770 mit einem Trafo-Transport nach Aue (Sa) unterwegs zwischen dem oberen und dem unteren Lößnitzer Bahnhof.

AUFNAHME: FELIX SERAPHIN

△ **Bild 426** • Angemietet von der Lotrac Eisenbahnverkehrsunternehmen GmbH – vormals Uwe Adam Eisenbahnverkehrsunternehmen GmbH – war **202 597** am 9. Oktober 2007 für die DB Services GmbH im Einsatz und kam mit einem Schienenreinigungswagen am Haken durch Bebra. AUFNAHME: SAMMLUNG HANSJÖRG BRUTZER

DB Services GmbH

Die DB Services GmbH ist innerhalb des DB-Konzerns der Dienstleister für Ordnung und Sauberkeit. Der Aufgabenbereich umfasst u. a. die Fahrzeug- und Wagenreinigung, die Graffitientfernung, die Ent- und Versorgung von geschlossenen WC-Systemen, das Objektmanagement, Objektreinigung (Facilitymanagement) usw. Im Verlauf des Jahres 2007 gab es offenbar einen großen Lokmangel im Unternehmen, denn es kamen zahlreiche Mietlokomotiven für die DB Services GmbH zum Einsatz. Die Maschinen leisteten während ihrer Anmietung u. a. Dienste vor Schienenreinigungswagen, mit denen mittel Hochdruck gegen „schlüpfrige Schienen" vorgegangen wurde.

DB Services GmbH

Typ	ex DB AG	Hersteller	Fabriknr.	Baujahr	Nr. bei EVU	Bemerkung	Motor	NVR-Nummer
V 100.1	202 597-1	LEW	13915	1973	202 597-1	?/07 – ?/07 Mietlok von Uwe Adam [1]	CAT 3512 DI-TA	–
V 100.1	202 738-1	LEW	14439	1974	202 738-1	?/07 – ?/07 Mietlok von Uwe Adam [1]	CAT 3512 DI-TA	–
V 100.1	202 718-3	LEW	14419	1974	203 006-2	?/07 – 12/07 Mietlok von SFW [2]	MTU 12V 4000 R10	92 80 1203 007-0 D-DPR
V 100.1	202 719-1	LEW	14420	1974	203 719-0	?/07 – 10/08 Mietlok von rt&l [3]	CAT 3512 DI-TA	92 80 1203 124-3 D-RTUL
V 100.1	204 358-6	LEW	12867	1971	204 358-6	?/07 – ?/0x Mietlok von MEG [4]	12 KVD 18/21 AL-5	92 80 1204 358-6 D-MEG
V 100.1	204 761-1	LEW	14462	1974	204 761-1	06/07 – 12/07 + 11/08 – 12/08 Ml v. MEG	12 KVD 18/21 AL-5	92 80 1204 761-1 D-MEG
V 100.1	204 774-4	LEW	14475	1975	204 774-4	06/07 – 12/07 Mietlok von MEG	12 KVD 18/21 AL-5	92 80 1204 774-4 D-MEG
V 100.1	204 860-1	LEW	15378	1976	204 860-1	07/07 – 12/07 Mietlok von MEG	12 KVD 18/21 AL-5	92 80 1204 860-1 D-MEG

[1] Uwe Adam Transporte, ab 08/07: Lotrac Eisenbahnverkehrsunternehmen GmbH
[2] Schienenfahrzeugwerk Delitzsch GmbH, untervermietet von duisport rail GmbH
[3] Rail Technology & Logistics GmbH
[4] Mitteldeutsche Eisenbahn GmbH

Usedomer Bäderbahn GmbH (UBB)

Typ	ex DB AG	Hersteller	Fabriknr.	Baujahr	Nr. bei EVU	Bemerkung	Motor	NVR-Nummer
V 100.1	201 380-3	LEW	12889	1971	201 380-3	07/95 – 08/19 bei UBB *)	12 KVD 18/21 A-3	–
V 100.1	201 792-9	LEW	14849	1975	201 792-9	07/95 – 08/19 bei UBB *)	12 KVD 18/21 A-3	–

*) ?/9x – 08/19 Leihgabe an Lokschuppen Zinnowitz e. V.

△ **Bild 427** • Als Leihgabe der Usedomer Bäderbahn GmbH standen **201 380** und **201 792** über 20 Jahre abgestellt in Zinnowitz, erhielten aber zwischenzeitlich eine äußerliche Aufarbeitung. Die Aufnahme zeigt die beiden Loks am 30. Dezember 2014. AUFNAHME: JÖRG DANCKWORTT-ROSENAU

Usedomer Bäderbahn

Bei der 1994 gegründeten Usedomer Bäderbahn (UBB) GmbH mit Sitz in Seebad Heringsdorf handelt es sich gleichsam um ein 100 %-iges Tochterunternehmen der DB AG. Im Juli 1995 gelangten nach ihrer Ausmusterung bei der DB AG zwei Vertreterinnen der Baureihe 201 – 201 380 und 201 792 – in den Bestand der UBB. Beide Maschinen hatten allerdings zuvor Fristablauf und erhielten während ihrer Zeit bei der UBB auch keine betriebsfähige Aufarbeitung. Sie kamen als Leihgaben an den Lokschuppen Zinnowitz e. V., der sich bis 2019 um die Fahrzeuge kümmerte, sie im Bereich des Zinnowitzer Bahnhofes präsentierte und ihnen per Neulackierung eine optische Aufarbeitung zukommen ließ. Die Loks wechselten 2019 in den Bestand des DB Museums und stehen nun in Arnstadt (201 380) und Weimar (201 792).

Die DR-V 100 im Ausland

Die Baureihe V 100 war für den DDR-Schienenfahrzeugbau kein Exportschlager. Sie konnte es auch nicht werden, denn innerhalb des Rates der gegenseitigen Wirtschaftshilfe (RGW) – wie die Organisation zur wirtschaftlichen Zusammenarbeit der sozialistischen Länder unter Führung der Sowjetunion hieß – gab es bei speziellen Sektoren wie den Schienenfahrzeugbau strikte Regeln bezüglich des Ex- und Imports. Grundsätzlich war es dem Schienenfahrzeugbau in der DDR nur gestattet, Lokomotiven bis 2.000 PS Leistung zu entwickeln und zu bauen. Aus diesem Grund musste die Deutsche Reichsbahn für den höheren Leistungsbereich die Baureihen V 200 (ab 1970: BR 120) und V 300 (ab 1970: BR 130, 131, 132) importieren, durfte andererseits aber die Baureihe V 180 (ab 1970: BR 118) nicht ins Ausland liefern.

Eine Ausnahme bei der 2.000 PS-Regel erlaubte sich die DR mit der 1965 gebauten V 240 001, die mit zwei 1.200 PS-Motoren ausgerüstet wurde – aber aufgrund der wirtschaftspolitischen Vorgaben als „Versuchslokomotive“ ein Einzelstück blieb.

Die Baureihe V 100 in ihrer Ausführung als LEW-Typ V 100.1 war zunächst nicht für den Export vorgesehen. Dies änderte sich allerdings mit der hervorragenden Bewährung dieser Maschinen im Alltagsbetrieb bei der Deutschen Reichsbahn, die auch in Fernost nicht unbemerkt blieb. Und so wurden 1974 die ersten Loks des LEW-Typs V 100.2 an Werk- und Industriebahnen nach China geliefert. Auch die Tschechoslowakei (ČSSR) erhielt für einige Werkbahnen – speziell im Bergbaurevier um Ostrava – vom LEW in Hennigsdorf Vertreterinnen des Typs V 100.4 geliefert. Demgegenüber gelangten 1981 sieben Maschinen des LEW-Typs V 100.5 – sogenannte GRE-V 100 für den Einsatz vor Grabenräumeinheiten – zu den Tschechoslowakischen Staatsbahnen (ČSD).

An andere Länder wurden vom VEB Lokomotivbau Elektrotechnische Werke „Hans Beimler“ keine V 100 geliefert. Erst nach 1990, mit der zunehmenden Abstellung bzw. Ausmusterung bei der DB AG und der Modernisierung dieser Baureihe bei Adtranz und Alstom gelangten zahlreiche V 100 in den verschiedensten Ausführungen auch ins Ausland. Und so konnten – und können teilweise noch immer – Vertreterinnen dieser Baureihe auch in Bulgarien, Belgien, im Kosovo, den Niederlanden, in der Schweiz, in der Slowakei, in Italien, in Österreich und in Ungarn im Einsatz erlebt werden.

Belgien

Nur eine DR-V 100 hat es offiziell in den Bestand eines belgischen Unternehmens geschafft – und das auch nur als Mietlok. Die BASF Antwerpen N.V. hatte von Juni 2010 bis ins Jahr 2014 vom BASF Servicecenter Schienenverkehr in Ludwigshafen die seit 1998 als 1001 bezeichnete ehemalige 201 812 angemietet.

Die Lok war nach ihrer Ausmusterung bei der DB AG (31.07.1995 beim Bh Halberstadt) zur Regental Fahrzeugwerkstätten GmbH in Reichenbach (Vogtl) gelangt und wurde dort gemäß dem Adtranz-Konzept Baureihe 293 umgebaut. Bereits im Jahr 1998 erwarb die BASF diese Lokomotive und gab ihr die Nummer 1001. Als Beinamen erhielt sie aufgrund ihrer Lackierung zudem den Beinamen „Grüner Klaus“.

Mit dem Ende der Anmietung durch die BASF Antwerpen im Jahr 2014 schied die 1001 auch aus dem Fahrzeugbestand der BASF aus und wurde noch im selben Jahr von diesem Chemie-Großunternehmen an die Eisenbahn Anlagen Handel GmbH in Duisburg verkauft, wo die Lokomotive fortan unter der Nummer 293 514 geführt wurde.

Belgien

Typ	ex DB AG	Hersteller	Fabriknr.	Baujahr	Nr. bei EVU	Eigentümer	Bemerkung	NVR-Nummer
V 100.1	201 812-5	LEW	15084	1975	1001	BASF SSV *)	06/10 – ?/14 bei BASF Antwerpen	92 80 1293 514-6 D-BASF

*) BASF SE GLL/R Servicecenter Schienenverkehr, Ludwigshafen

Bild 428 ▷
Hier am 15. Mai 2000 in Neustadt (Weinstraße) bereits im Einsatz für die BASF, gelangte die BASF-**Lok 1001** – der „Grüne Klaus“ – im Juni 2010 als Mietlok zur BASF nach Antwerpen und leistete dort bis 2014 ihre Dienste.

Aufnahme: Werner Brutzer

△ **Bild 429** • Die ehemalige **204 366** der DB AG stand am 13. August 2023 im Rangierbahnhof Ruse-Razpredelitelna in Bulgarien. Bei DB Cargo Bulgaria erhielt die Lok im Jahr 2018 die Nummer 56 366-9. Aufnahme: Theo Stolz

Bulgarien

Auch wenn die DR-Baureihe V 100 erst viele Jahre nach der gesellschaftspolitischen Wende in der DDR in Bulgarien „Fuß fasste“, so gab es doch bereits im Oktober 1968 eine Lok, die in jenem Land für Versuchsfahrten zum Einsatz kam: V 100 102. Wie bereits im Band I zu dieser Baureihe auf Seite 66 beschrieben, wurde die Maschine u. a. auf der topografisch anspruchsvollen Strecke Sofia – Pernik mit 1 : 40-Steigungen vor einem 320 t schweren Güterzug erprobt und bewährte sich dabei überaus gut. Nach den erfolgreichen Versuchsfahrten der mit einem Stufengetriebe ausgerüsteten Lok, kehrte diese zur DR zurück.

Im Mai 2010 wurde aus einer Niederlassung des rumänischen Unternehmens Logistik Services Danubius S.R.L. (LSD) in Pirdop heraus die DB Schenker Rail Bul-

Bulgarien (DB Schenker Rail Bulgaria EOOD, seit 06/16: DB Cargo Bulgaria EOOD)

Typ	Fabriknr.	Baujahr	ex DB AG	Eigentümer	Bezeichnung	Bemerkung	NVR-Nummer
V 100.1	12875	1971	204 366-9	DB Cargo Bulgaria EOOD	56 366-9 [1]	seit 05/10 in Bulgarien	98 52 1756 366-9 BG-DBCBG
V 100.1	12908	1971	204 399-0	DB Cargo Bulgaria EOOD	56 399-0 [2]	seit 05/10 in Bulgarien	98 52 1756 399-0 BG-DBCBG
V 100.1	13524	1972	204 485-7	DB Cargo Bulgaria EOOD	56 485-7 [3]	05/10 – 12/21 in Bulgarien [4]	98 52 1756 485-7 BG-DBCBG
V 100.1	13923	1973	204 605-0	DB Cargo Bulgaria EOOD	56 605-0 [5]	06/16 – 12/21 in Bulgarien [4]	98 52 1756 605-0 BG-DBCBG
V 100.1	13925	1973	204 607-6	DB Cargo Bulgaria EOOD	56 607-6 [6]	07/10 – 12/21 in Bulgarien [4]	98 52 1756 607-6 BG-DBCBG
V 100.1	13934	1973	204 616-7	DB Cargo Bulgaria EOOD	56 616-7 [7]	seit 05/10 in Bulgarien	98 52 1756 616-7 BG-DBCBG
V 100.1	13944	1973	204 626-6	DB Cargo Bulgaria EOOD	56 626-6 [8]	seit 05/10 in Bulgarien	98 52 1756 626-6 BG-DBCBG
V 100.1	14361	1974	204 660-5	DB Cargo Bulgaria EOOD	56 660-5 [9]	seit 05/10 in Bulgarien [10]	98 52 1756 660-5 BG-DBCBG
V 100.1	14372	1974	204 671-2	DB Cargo Bulgaria EOOD	56 671-2 [11]	12/10 – 12/21 in Bulgarien [4]	98 52 1756 671-2 BG-DBCBG
V 100.1	14399	1974	204 698-5	DB Cargo Bulgaria EOOD	56 698-5 [12]	seit 05/10 in Bulgarien [10]	98 52 1756 698-5 BG-DBCBG
V 100.1	14411	1974	204 710-8	DB Cargo Bulgaria EOOD	56 710-8 [13]	seit 05/10 in Bulgarien [14]	98 52 1756 710-8 BG-DBCBG
V 100.1	15077	1975	204 805-6	DB Cargo Bulgaria EOOD	56 805-6 [15]	05/10 – 12/21 in Bulgarien [4]	98 52 1756 805-6 BG-DBCBG
V 100.1	13521	1972	204 482-4	DB Cargo Bulgaria EOOD	204 482-4	06/16 – 12/21 in Bulgarien [17]	–
V 100.1	13531	1972	204 492-3	DB Cargo Bulgaria EOOD	204 492-3	seit ?/1x in Bulgarien [18]	–
V 100.1	13910	1973	204 592-0	DB Cargo Bulgaria EOOD	204 592-0	ab ?/1x in Bulgarien [19]	–
V 100.1	13959	1974	204 641-5	DB Cargo Bulgaria EOOD	204 641-5	ab 05/10 in Bulgarien [20]	–
V 100.1	14424	1974	204 723-1	DB Cargo Bulgaria EOOD	204 723-1	seit 06/16 in Bulgarien [18]	–
V 100.1	14459	1974	204 758-7	DB Cargo Bulgaria EOOD	204 758-7	seit 06/16 in Bulgarien [18]	–
V 100.1	14470	1975	204 769-4	DB Cargo Bulgaria EOOD	204 769-4	seit 05/10 in Bulgarien [18]	–
V 100.1	15075	1975	204 803-1	DB Cargo Bulgaria EOOD	204 803-1	seit 06/16 in Bulgarien [14]	–
V 100.1	11903	1968	298 065-4	DB Cargo Bulgaria EOOD	298 065-4	seit ?/1x in Bulgarien [18]	–

[1] bis 2018 als 204 366-9 bezeichnet
[2] bis 2018 als 204 399-0 bezeichnet
[3] bis 2018 als 204 485-7 bezeichnet
[4] 12/21 Reimport nach Deutschland durch Eisenbahn-Bau- und Betriebsgesellschaft Pressnitztalbahn GmbH/PRESS
[5] bis 2018 als 204 605-0 bezeichnet
[6] bis 2018 als 204 607-6 bezeichnet
[7] bis 2018 als 204 616-7 bezeichnet
[8] bis 2018 als 204 626-6 bezeichnet
[9] bis 2018 als 204 660-5 bezeichnet
[10] Lok abgestellt in Karlovo
[11] bis 2018 als 204 671-2 bezeichnet
[12] bis 2018 als 204 698-5 bezeichnet
[13] bis 2018 als 204 710-7 bezeichnet
[14] Lok abgestellt
[15] Lok bis 2018 als 204 805-6 bezeichnet
[17] Lok war nur Ersatzteilspenderin, 12/21 Reimport nach Deutschland durch PRESS
[18] Lok ist nur Ersatzteilspenderin, abgestellt in Karlovo
[19] 12/21 zerlegt in Karlovo
[20] Lok zuletzt abgestellt in Constanta, vermutlich zerlegt

garia EOOD, die seit dem 1. Juni 2016 als DB Cargo Bulgaria EOOD firmiert und ihren Sitz seit 2019 in Karlovo in Zentralbulgarien hat. Letztere ist – wie auch die Vorgängerfirma – ein 100 %-iges Tochterunternehmen der DB AG und unterhält in Bulgarien noch weitere Standorte. Über die Firma LSD gelangten mehrere Vertreterinnen der DB AG-Baureihe 204 sowie 298 065 in den Fahrzeugbestand der Schenker Rail Bulgaria EOOD, zudem kamen weitere Loks dieser 1.400-PS-Maschinen direkt nach ihrer Ausmusterung in Deutschland nach Bulgarien. Zwölf Loks wurden im Jahr 2018 in die Reihe 56 umgezeichnet, die nicht umgezeichneten Fahrzeuge dienten mehrheitlich als Ersatzteilspenderinnen. Zum Einsatz kamen die betriebsfähigen Lokomotiven vorwiegend im schweren Rangierdienst in Pirdop.

△ **Bild 430** • In Karlovo war am 9. Juni 2013 die als **56 626** bezeichnete ex 204 626 im Einsatz. Aufnahme: Frank Weimer

Im Dezember 2021 wurden über die PRESS GmbH insgesamt sechs Maschinen wieder nach Deutschland re-importiert, dabei handelte es sich um die ehemaligen 204 482, 485, 605, 607, 671 und 805. Bis auf 204 671 – die als Ersatzteilspenderin bei Alstom in Stendal diente – kamen alle weitere Loks wieder ins Rennen.

China

Dass die V 100 aus dem LEW Hennigsdorf schon in der Grundkonzeption eine gelungene Lokomotivkonstruktion war, zeigte sich bereits in den ersten Jahren ihres Betriebseinsatzes bei der Deutschen Reichsbahn. Immer auf der Suche nach den besten Produkten für die eigene Wirtschaft, wurden Anfang der siebziger Jahre auch Vertreter des Ministeriums für Erdöl und chemische Industrie der Volkrepublik China im LEW vorstellig und bestellten eine auf dem Typ V 100.1 basierende Werklokvariante für den Einsatz im Fernen Osten. Es entstand die nach den Vorgaben aus China speziell gefertigte LEW-Type V 100.2, von der in den Jahren 1974 bis

China

Typ	Fabriknr.	Baujahr	ex DB AG	Eigentümer	Bezeichnung	Bemerkung	NVR-Nummer
V 100.2	14083-14099	1974	–	–	Ny 14083 – 14099	Einzelverbleib unbekannt	–
V 100.2	14477-14496	1975	–	–	Ny 14477 – 14496	Einzelverbleib unbekannt	–
V 100.2	14652-14656	1975	–	–	Ny 14652 – 14656	Einzelverbleib unbekannt	–
V 100.2	15204-15220	1976	–	–	Ny 15204 – 15220	Einzelverbleib unbekannt	–
V 100.3	15396-15416	1977	–	–	Ny 15396 – 15416	Einzelverbleib unbekannt	–
V 100.3	16480-16499	1979	–	–	Ny 16480 – 16499	Einzelverbleib unbekannt	–
V 100.3	17000-17039	1980	–	–	Ny 17000 – 17039	Einzelverbleib unbekannt	–
V 100.3	17375-17409	1981	–	–	Ny 17375 – 17409	Einzelverbleib unbekannt	–
V 100.3	17884-17898	1982	–	–	Ny 17884 – 17898	Einzelverbleib unbekannt	–

Bild 431 ▷
So „blumig" kann es in einem Stahlwerk sein! Am 18. Oktober 1999 war die im Jahr 1982 vom LEW Hennigsdorf nach China gelieferte Ny 17885 im Stahlwerk Peking im Einsatz.

Aufnahme: Detlef Winkler

1976 insgesamt 59 Exemplare ausgeliefert wurden. Zu den bei diesen Fahrzeugen durchgeführten technischen Änderungen im Vergleich zur V 100.1 ist bereits im Band I im Kapitel „V 100.1/.3 – Exportlok als Basis für neue V-100-Varianten“ (Seiten 174 – 177) ausführlich berichtet worden.

Die nach China gelieferten Lokomotiven bewährten sich auf den dortigen Werks- und Industriebahnen derart gut, dass das chinesische Ministerium für Erdöl und chemische Industrie einen weitere Auftrag beim LEW auslöste. Gleichsam gab es Forderungen nach einer modifizierten Version des bereits im Einsatz befindlichen Typs V 100.2, die noch besser den Anforderungen im täglichen Betrieb sowie den vorherrschenden klimatischen Bedingungen angepasst werden sollten. Unter diesen Vorgaben entstand die LEW-Type V 100.3, von der in vier Lieferserien zwischen 1977 und 1981 insgesamt 131 Exemplare nach China exportiert wurden.

Neben ihren Diensten auf Werk- und Industriebahngleisen kamen vier Loks auch für die Chinesische Staatseisenbahn in deren Depot in Jilin zum Einsatz.

Italien

Immerhin acht Vertreterinnen aus der DR-V 100-Baureihenfamilie kamen auch nach Italien, von denen bei einer Lok – der ehemaligen 202 207 – das Schicksal nach 2015 unbekannt ist. Sie stand zuletzt in Diensten des 2001 gegründeten Unternehmens Società Ferroviaria Apuo Veneta s.r.l., welches vorwiegend Rangieraufgaben im Hafen Carrara erledigte und im Schienengüterverkehr zwischen der Toskana und Venetien aktiv war. Im Jahr 2014 ging die Firma in der Hafengesellschaft Carrara auf.

Italien

Typ	ex DB AG	Hersteller	Fabriknr.	Baujahr	Nr. bei EVU	Eigentümer	Bemerkung	NVR-Nummer
V 100.1	202 207-7	LEW	12489	1970	14	Società Ferroviaria Apuo Veneta s.r.l.	seit 04/06 in Italien [1]	–
V 100.1	202 505-4	LEW	13544	1972	IPE 2002	SGRAF s.r.l. [2]	seit 02/01 in Italien [3]	–
V 100.1	202 550-0	LEW	13589	1973	IPE 2002	Acciai Sp.T. S.p.A [4]	seit 02/01 in Italien [5]	–
V 100.1	201 883-6	LEW	16377	1977	129	VAF s.r.l. [7]	seit 04/07 in Italien [6]	–
V 100.1	202 279-6	LEW	12561	1970	130	VAF s.r.l.	seit 12/16 in Italien [8]	92 80 1293 003-0 D-VAFCO
V 100.4	–	LEW	16582	1981	132	VAF s.r.l.	seit 11/16 in Italien	98 80 3293 904-9 D-VAFCO
V 100.4	–	LEW	16676	1981	133	VAF s.r.l.	seit 11/16 in Italien	98 80 3293 906-4 D-VAFCO
V 100.4	–	LEW	16583	1981	135	VAF s.r.l.	seit 11/16 in Italien	98 80 3293 905-6 D-VAFCO

[1] Betrieberlizenz des Unternehmens seit 2015 erloschen, Verbleib der Lok unbekannt [2] Societá per la Gestione del Raccordo Ferroviario Base del Porto Industrial

[3] 02/01 – ?/02 bei Rail Italy Marmirolo, Marmirolo; ?/02 – 07/03 Ferrovie Nord Milano S.p.A., 08/03 – ?/13 bei NORDCARGO S.r.l., Novate Milanese (jeweils al 202 505-4, ?/09 Abstellung wegen Fristablauf); ?/13 – ?/15 bei IPE Locomotori s.r.l.; Pradelle di Nogarole Rocca (Umbau mit neuen Aufbauten, Typ „IPE 2002“); seit ?/15 Societá per la Gestione del Raccordo Ferroviario Base del Porto Industrial s.r.l., Cremona (als IPE 2002) [4] Acciai Speciali Terni S.p.A., Terni

[5] 02/01 – ?/02 bei Rail Italy Marmirolo, Marmirolo; ?/02 – 07/08 bei Ferrovie Nord Milano S.p.A.; 08/03 – ?/13 bei NORDCARGO s.r.l., Novate Milanese (jeweils als 202 550-0, ?/09 Abstellung wegen Fristablauf); ?/13 – ?/14 bei IPE Locomotori s.r.l.; Pradelle di Nogarole Rocca (Umbau mit neuen Aufbauten, Typ „IPE 2002“); seit ?/14 bei ThyssenKrupp - Acciai Speciali Terni S.p.A., Terni

[6] 04/07 – ?/08 bei Nuova Ralfo s.r.l., Mapello (Händler); ?/08 – ?/14 bei Valditerra Lavori Ferroviari S.p.A., Novi Ligure (2014 Remotorisierung); seit ?/14 Valsecchi Armamento Ferroviario s.r.l., Eupilio [7] Valsecchi Armamento Ferroviario s.r.l., Eupilio [8] betriebsfähig seit ?/24

▽ **Bild 432 • Lok 135** der Valsecchi Armamento Ferroviario s.r.l. am 9. Oktober 2019 in Mapello. Das Unternehmen ist im Bereich des Gleisbaus und der Streckeninstandhaltung tätig, entsprechend kommt die Lok u. a. im Arbeitstzugdienst zum Einsatz. Aufnahme: Michael Ulbricht

Die zu diesem Zeitpunkt noch bestandene Eisenbahnbetreiberlizenz der Società Ferroviaria Apuo Veneta s.r.l. ist 2015 abgelaufen, da eine für die weitere Lizensierung notwendige Sicherheitsbescheinigung der nationalen italienischen Eisenbahnsicherheitsbehörde nicht beantragt wurde.

Über einen Bestand von fünf DR-V 100 verfügt das Gleisbauunternehmen Valsecchi Armamento Ferroviario S.r.l. mit Sitz in Eupilio (Lombardei). Die – wie in Italien typisch – in drei Generationen familiengeführte Firma ist in der Kategorie „Öffentliche Bauarbeiten – Spezialbauarbeiten" im Bau und der Instandhaltung von Eisenbahnstrecken aktiv. Neben den vier als 130, 132, 133 und 135 eingereihten Maschinen befindet sich auch eine im Jahr 2014 remotorisierte Lok bei Valsecchi, die als FMT GE 0242 A bezeichnet wird. Am Führerhaus ist allerdings die Nummer 129 angebracht worden.

Zwei ehemalige DR-V 100 sind beim Unternehmen IPE Locomotori 2000 s.r.l. in den Jahren 2013/14 als Typ IPE 2002 komplett umgebaut worden. Dabei erhielten 202 505 und 202 550 u. a. durch neue Vorbauten und Führerhäuser ein völlig neues Aussehen, sodass sie im äußeren Erscheinungsbild nicht mehr an die Baureihe V 100 erinnern. Eine dieser IPE 2002 – die ehemalige 202 505 – befindet sich bei der Societá per la Gestione del Raccordo Ferroviario Base del Porto Industrial S.r.L. in Cremona (der Gesellschaft zum Betrieb des Industriehafens der Stadt am Fluss Po), die andere IPE 2002 – ex 202 550 – ist im Stahlwerk der Arvedi Gruppe in Terni (Umbrien) im Einsatz.

△ **Bild 433** • Nein, diese Aufnahme ist kein Fehler in der Bebilderung: Die Vorspannlok des Typs **IPE 2002** entstand auf Basis der 202 505! Am 28. September 2916 ist sie mit einer Übergabe in Cavatigozzi, einem Stadtteil von Cremona, beschäftigt. Es ist wohl die kurioseste V 100-Variante!

△ **Bild 434** • Im Jahr 2014 erhielt die ehemalige 201 883 bei Valditerra Lavori Ferroviari S.p.A. eine Remotorisierung und wurde in **FMT GE 0242 A** umgezeichnet. Diese Bezeichnung behielt sie auch nach ihrem Wechsel zu Valsecchi. Hier steht sie am 15. April 2026 in Monza.

AUFNAHME: MARCO BERGER

Bild 435 ▷
Vor ihrer Mutation zum Typ IPE 2002 entstand am 19. Juni 2003 diese Aufnahme der **202 550** und der im Hintergrund zu sehenden **202 505** in Iseo. Beide Loks gehörten zu diesem Zeitpunkt zum Bestand der Ferrovie Nord Milano S.p.A.

AUFNAHMEN (2): MICHAEL ULBRICHT

Kosovo (Jugoslawien, Serbien-Montenegro, Republik Serbien)								
Typ	ex DB AG	Hersteller	Fabriknr.	Baujahr	Nr. bei EVU	Eigentümer	Bemerkung	NVR-Nummer
V 100.1	202 318-2	LEW	12827	1970	202 318-2	FBR Jugoslawien ... [1]	11/99 – 05/07 im Kosovo [2]	–
V 100.1	202 432-1	LEW	12941	1972	202 432-1	FBR Jugoslawien ... [1]	11/99 – 05/07 im Kosovo [2]	–
V 100.1	202 516-1	LEW	13555	1973	202 516-1	FBR Jugoslawien ... [1]	11/99 – 05/07 im Kosovo [2]	–
V 100.1	202 613-6	LEW	13931	1973	202 613-6	FBR Jugoslawien ... [1]	11/99 – 05/07 im Kosovo [2]	–
V 100.1	202 615-1	LEW	13933	1973	202 615-1	FBR Jugoslawien ... [1]	11/99 – 05/07 im Kosovo [2]	–
V 100.1	202 637-5	LEW	13955	1973	202 637-5	FBR Jugoslawien ... [1]	11/99 – 05/07 im Kosovo [2]	–
V 100.1	202 658-1	LEW	14359	1974	202 658-1	FBR Jugoslawien ... [1]	11/99 – 05/07 im Kosovo [2]	–
V 100.1	202 786-0	LEW	14843	1975	202 786-0	FBR Jugoslawien ... [1]	11/99 – 05/07 im Kosovo [2]	–

[1] Föderative Republik Jugoslawien, ab 02/03: Serbien-Montenegro, ab 06/06: Republik Serbien [2] dann Re-Import durch PRESS GmbH

Jugoslawien, Serbien-Montenegro, Republik Serbien

Als Aufbauhilfe für die kriegszerstörte Eisenbahn in der autonomen Region Kosovo übergab die DB AG Ende des Jahres 1999 insgesamt acht DR-V 100 an das deutsche Ministerium für wirtschaftliche Zusammenarbeit. Zu diesem Zeitpunkt war der Kosovo – gelegen im Westteil des Balkans – formal ein Teil der Föderativen Bundesrepublik Jugoslawien, stand allerdings unter Verwaltungshoheit der Vereinten Nationen (UN). Die Lokomotiven der Baureihe 202 sollte dafür dienen, den Bahnbetrieb im Kosovo wieder aufnehmen zu können. Dafür waren zuvor auch Lokführer und Techniker aus dieser Region auf den Loks ausgebildet worden. Doch der gute Wille alleine war zu wenig. Denn zum einen erfror bereits im ersten Winter ein Teil der Maschinen, da im Depot in Pristina keine Heizanschlüsse vorhanden waren, um die Lokomotiven elektrisch warmhalten zu können, zum anderen reichten die in Deutschland erworbenen Grundkenntnisse der Personale zum Betrieb und der Wartung bzw. Instandhaltung dieser Fahrzeuge nicht aus, um sie dauerhaft einsetzen zu können. Aus diesem Grund wurden die 202 – sofern einsatzfähig – schon beim Auftreten kleinerer Schäden wieder abgestellt. So kam es, dass die eigentlich äußerst robusten Loks dann über Jahre ungenutzt herumstanden.

Der politisch damals äußerst instabile Kosovo wurde zwischenzeitlich (ab 2003) eine Teilregion des Staatenbundes Serbien-Montenegro bzw. ab 2006 von Serbien, das relativ kleine Eisenbahnnetz aber nach dem Kosovo-Krieg nicht wieder vollständig aufgebaut und befindet sich auch mehr als ein Vierteljahrhundert später in einem beklagenswerten Zustand.

Die u. a. in Polje abgestellten Loks der Baureihe 202 erwarb die PRESS GmbH und re-importierte sie im Mai/Juni 2007 wieder nach Deutschland.

Niederlande

Beachtlich viele DR-V 100 haben Eisenbahnunternehmen in den Niederlanden im Bestand. Bereits im Mai 1995 erwarb der Museumsbahnverein Veluwsche Stoomtrein Maatschappij (VSM) B.V. in Apeldoorn mit der erst unmittelbar zuvor im Bh Chemnitz ausgemusterten 201 093 eine Vertreterin dieser Baureihe. Sie blieb zwar für einige Jahr die Einzige ihrer Art in den Niederlande, aber ab Anfang der 2000er Jahre folgten ihr zahlreiche weiter Ost-V 100.

Den Beginn machte dabei die Railion Benelux N.V. – ein Tochterunternehmen der Railion AG, in der die Gütersparten de DB AG und der Niederländischen Staatsbahn (NS) zusammengeführt waren. Von Anfang 2003 bis 2009 setzte das Unternehmen, welches im September 2003 in Railion Nederland N.V. und im Februar 2009 in DB Schenker Rail Nederland N.V. umbenannt wurde, insgesamt fünf Lokomotiven der Baureihe 204 bei der Bedienung

△ **Bild 436** • Unmittelbar vor der Rücküberführung der acht im Jahr 1999 an den Kosovo übergebenen DR-V 100 nach Deutschland, entstand am 26. Mai 2007 in Pristina diese Aufnahme. Die Reihe wird von **202 615** angeführt.

Aufnahme: Mario Wolf

Niederlande

Typ	ex DB AG	Hersteller	Fabriknr.	Baujahr	Nr. bei EVU	Eigentümer	Bemerkung	NVR-Nummer
V 100.1	202 850-4	LEW	15235	1976	203 101	Alstom Traction B.V.	seit 2004 in NL [1]	92 84 2203 101-5 NL-ALTR
V 100.1	202 341-4	LEW	12850	1971	203 102	Alstom Traction B.V.	seit 2006 in NL [2]	92 84 2203 102-3 NL-ALTR
V 100.1	202 368-7	LEW	12877	1971	203-101	Rail Cargo Carrier - Benelux B.V.	seit 2007 in NL [3]	–
V 100.1	202 369-5	LEW	12878	1971	203-102	Rail Cargo Carrier - Benelux B.V.	seit 2007 in NL [4]	–
V 100.1	202 777-9	LEW	14658	1975	203-103	Rail Cargo Carrier - Benelux B.V.	seit 2008 in NL [5]	–
V 100.1	202 775-3	LEW	14476	1975	203-104	Rail Cargo Carrier - Benelux B.V.	seit 2008 in NL [6]	–
V 100.1	202 615-1	LEW	13933	1973	203 614	Rail Force One (RFO) B.V.	seit 05/24 bei RFO	92 84 1203 614-9 NL-RFOFS
V 100.1	202 421-4	LEW	12930	1971	16	Rotterdam Rail Feeding (RRF) B.V.	seit 05/06 bei RRF	92 84 2203 016-5 NL-RRF
V 100.1	202 682-1	LEW	14383	1974	17	Rotterdam Rail Feeding B.V.	seit 12/06 bei RRF	92 84 2203 017-3 NL-RRF
V 100.1	202 819-9	LEW	15091	1975	18	Rotterdam Rail Feeding B.V.	seit 12/06 bei RRF	92 84 2203 018-1 NL-RRF
V 100.1	202 323-2	LEW	12832	1971	19	Rotterdam Rail Feeding B.V.	seit 06/07 bei RRF [7]	92 84 2203 019-9 NL-RRF
V 100.1	202 730-8	LEW	14431	1974	20	Rotterdam Rail Feeding B.V.	seit 01/08 bei RRF	92 84 2203 020-7 NL-RRF
V 100.1	202 407-3	LEW	12916	1971	21	Rotterdam Rail Feeding B.V.	seit 03/09 bei RRF	92 84 2203 021-5 NL-RRF
V 100.1	202 527-8	LEW	13566	1973	22	Rotterdam Rail Feeding B.V.	seit 05/09 bei RRF	92 84 2203 022-3 NL-RRF
V 100.1	202 454-5	LEW	13493	1972	23	Rotterdam Rail Feeding B.V.	seit 07/09 bei RRF	92 84 2203 023-1 NL-RRF
V 100.1	202 783-7	LEW	14840	1975	24	Rotterdam Rail Feeding B.V.	seit 12/05 in NL [8]	92 84 2284 603-2 NL-RRF
V 100.1	202 637-5	LEW	13955	1974	25	Rotterdam Rail Feeding B.V.	seit 05/17 bei RRF [9]	92 80 1203 160-7 NL-RRF
V 100.1	201 093-2	LEW	11931	1968	201 093-2	RXP Tractie B.V.	seit 1995 in NL [10]	92 84 4201 093-2 NL-RXP
V 100.1	202 677-1	LEW	14378	1974	V 100-SP-003	Spitzke Logistik GmbH.	09/04 – 12/04 Mietlok [11]	–
V 100.1	202 690-4	LEW	14391	1974	V 100-SP-004	Spitzke Spoorbouw (SSb) B.V.	07/05 – 07/13 bei SSb [12]	92 84 2203 004-1 NL-SPS
V 100.1	202 744-9	LEW	14445	1974	V 100-SP-005	Spitzke Spoorbouw B.V.	09/05 – 07/13 bei SSb [13]	92 84 2203 005-8 NL-SPS
V 100.1	202 340-6	LEW	12849	1971	V 100-SP-006	Spitzke Spoorbouw B.V.	03/06 – 07/13 bei SSb [14]	92 84 2203 006-6 NL-SPS
V 100.1	202 539-3	LEW	13578	1973	203-1	VolkerRail Materieel B.V. [15]	seit 03/05 bei VSRT/VR	92 84 2284 601-6 NL-VRR
V 100.1	202 691-2	LEW	14392	1974	203-2	VolkerRail Materieel B.V.	seit 04/05 bei VSRT/VR	92 84 2284 602-4 NL-VRR
V 100.1	202 413-1	LEW	12922	1971	203-4	VolkerRail Materieel B.V.	seit 10/07 bei VR	92 84 2284 604-0 NL-VRR
V 100.1	202 518-7	LEW	13557	1973	203-5	VolkerRail Materieel B.V.	seit 11/07 bei VR	92 84 2284 605-7 NL-VRR
V 100.1	204 366-9	LEW	12875	1971	204 366-9	DB Schenker Rail NL [16]	01/03 – 05/09 in NL [17]	–
V 100.1	204 399-0	LEW	12908	1971	204 399-0	DB Schenker Rail NL	01/03 – 05/09 in NL [17]	–
V 100.1	204 492-6	LEW	13531	1972	204 492-6	DB Schenker Rail NL	06/03 – 02/10 in NL [17]	–
V 100.1	204 616-7	LEW	13934	1973	204 616-7	DB Schenker Rail NL	02/03 – 05/09 in NL [17]	–
V 100.1	204 626-6	LEW	13944	1973	204 626-6	DB Schenker Rail NL	12/02 – 05/09 in NL [17]	–

[1] 11/04 – 12/04 + 01/05 – 07/05 als Mietlok von Alstom Lokomotiven Service (ALS) in Stendal bei VSRT - Volker Stevin Rail & Traffic Materieel B.V., Dordrecht; 07/05 – 01/06 bei Spitzke Spoorbouw B.V., Houten; 01/06 – 12/06 bei RRF - Rotterdam Rail Feeding B.V., Rotterdam (jeweils al 203.101); 11/07 verkauft an Shunter Tractie B.V., Rotterdam; 11/07 – ?/0x vermietet an ITL Benelux B.V., Hendrik Ido Ambacht; ?/0x – ?/0x an RRF B.V.; ?/12 – ?/1x an LOCON Benelux B.V., Zwolle; 09/13 – ?/1x an HTRS Nederland B.V., Rotterdam; 08/16 – ?/xx an Rurtalbahn Benelux B.V., Rotterdam; 03/21 verkauft an Alstom Traction B.V., Rotterdam

[2] 04/06 – 05/06 für Testfahrten auf der Schnellfahrstrecke Amsterdam – Antwerpen im Einsatz, von ALS 05/06 vermietet an ERSR - ERS Railways B.V., Rotterdam; 06/06 – 03/07 an ProRail B.V., Utrecht; ?/07 – 07/07 an RRF B.V.; 08/07 – 12/07 an ITL Benelux B.V.; 01/08 verkauft an Shunter Tractie B.V., Rotterdam; 01/08 vermietet an ITL Benelux B.V.; ?/08 – ?/0x an RRF B.V.; 07/13 – ?/1x an HTRS Nederland B.V.; 04./14 – ?/1x an LTE Netherlands B.V., Rotterdam; 04/16 – ?/xx an HSL Logistik B.V., 's-Hertogenbosch; 11/20 – ?/2x an RTB CARGO NETHERLANDS B.V., Rotterdam; 03/21 verkauft an Alstom Traction B.V., Rotterdam

[3] 10/07 – 06/16 bei ITL Benelux B.V. im Einsatz für ITL Eisenbahn GmbH (ab 01/10 Captrain Deutschland GmbH); 07/16 – 05/24 bei Captrain Netherlands B.V., Rotterdam; seit 06/24 Rail Cargo Carrier - Benelux B.V., Rotterdam

[4] wie [3] allerdings ?/12 – 03/14 untervermietet an TrainGroup B.V., Ridderkerk

[5] 03/08 – 06/16 bei ITL Benelux B.V. im Einsatz für ITL Eisenbahn GmbH (ab 01/10 Captrain Deutschland GmbH); ?/12 – 03/14 untervermietet an TrainGroup B.V., 10/14 – ?/16 untervermietet an TrainServices B.V., Oud-Beijerland; 07/16 – 05/24 bei Captrain Netherlands B.V.; seit 06/24 Rail Cargo Carrier - Benelux B.V.

[6] 03/08 – 06/16 bei ITL Benelux B.V. im Einsatz für ITL Eisenbahn GmbH (ab 01/10 Captrain Deutschland GmbH); 09/12 – 01/14 untervermietet an RRF B.V.; 01/14 – 10/14 untervermietet an TrainGroup B.V., 10/14 – ?/16 untervermietet an TrainServices B.V.; 07/16 – 05/24 bei Captrain Netherlands B.V.; seit 06/24 Rail Cargo Carrier - Benelux B.V.

[7] 09/15 – 12/23 vermietet an Distri Rail B.V., Rhoon

[8] 12/05 – 02/16 bei VSRT B.V. (ab 01/06: VR - VolkerRail Materieel B.V., Dordrecht); seit 02/16 bei RRF B.V.

[9] zuvor als Mietlok von NBE Rail GmbH 05/12 – 01/17 im Einsatz für LOCON Benelux B.V., Zwolle

[10] 05/95 – 12/08 bei VSM - Veluwsche Stoomtrein Maatschappij B.V., Apeldoorn; 01/99 – 05/02 vermietet an ACTS Nederland B.V., Utrecht; 12/08 verkauft an voestalpine Railpro B.V., Hilversum; 06/18 verkauft an VEB Tractie B.V., Soesterberg; 12/18 – 04/24 vermietet an RXP - Railexperts B.V. Soesterberg; 04/24 verkauft an RXP Tractie B.V., Soesterberg; abgestellt in Amersfoort

[12] Mietlok von SLG - Spitzke Logistik GmbH, Großbeeren

[12] 02/06 vermietet an RRF B.V.; 07/07 – ?/0x + 09/08 – ?/0x + ?/10 – 07/13 an SLG - Spitzke Logistik GmbH, Großbeeren

[13] 07/07 – ?/0x + ?/09 – ?/10 + ?/1x – 07/13 vermietet an SLG - Spitzke Logistik GmbH, Großbeeren; ?/10 – ?/10 an RRF B.V.; 06/11– ?/1x an LOCON Benelux B.V.

[14] ?/09 – ?/1x + ?/1x – 07/13 vermietet an SLG - Spitzke Logistik GmbH, Großbeeren

[15] bis 01/16: VSRT - Volker Stevin Rail & Traffic Materieel B.V., Dordrecht; seit 01/16: VR- VolkerRail Materieel B.V., Dordrecht

[16] zuvor bis 09/03: Railion Benelux N.V., Utrecht; 09/03 – 02/09: Railion Nederland N.V., Utrecht; ab 02/09: DB Schenker Rail Nederland N.V., Utrecht

[17] durchgängig in Diensten der DB Schenker Rail Nederland N.V bzw. deren Vorgängerunternehmen

einer Vielzahl von Industrieanschlüssen zwischen Sas van Gent und Terneuzen rund um die niederländische Hafenstadt Terneuzen ein.

Bei mehr als 20 niederländischen Unternehmen kam die Baureihe V 100 in den Varianten als 201, 203.1 und 204 – zum Großteil als Mietloks – zum Einsatz. Zumeist wurden (und werden) die Lokomotiven für Leistungen im Bau- und Arbeitszugdienst sowie im schweren Rangierbetrieb in den Seehäfen genutzt. Sie finden allerdings z. B. bei Rotterdam Rail Feeding B.V. auch im Hinterlandverkehr vor Güterzügen (meist Container-Ganzzüge) ihre Verwendung.

△ **Bild 437** • Am 4. April 2011 bespannten die Loks 20 und 18 des niederländischen Unternehmens Rotterdam Rail Feeding einen Containerzug von Rotterdam nach Coevorden, der über die Strecke der Bentheimer Eisenbahn umgeleitet wurde und hier bei Laarwald zu sehen ist. Aufnahme: Roland Hertwig

Österreich

Insgesamt fünf in Österreich ansässige Unternehmen haben noch DR-V 100 in ihrem Bestand, davon befindet sich je eine Maschine bei der Steiermärkischen Landesbahn (Graz) und der Montafonerbahn (Schrunz/Vorarlberg), je drei Lokomotiven bei der CER Cargo Traction GmbH und der Cargo Service GmbH (Linz/Donau) sowie vier Maschinen bei der S-Fleet GmbH (Salzburg). Als sechstes Unternehmen hatte auch die Salzburger Eisenbahn TransportLogistik GmbH Vertreterinnen dieser Baureihe im Bestand – sowohl als Mietloks als auch im Eigentum. Das Hauptaufgabengebiet der Fahrzeuge liegt wie üblich im Güter- und Rangierbetrieb.

Dies gilt auch für die elektrifizierte Montafonerbahn Bludenz – Schruns, bei der Eröffnung im Jahr 1905 die erste elek-

△ **Bild 438** • **V 100 093** der Voestalpine Railpro B.V. im Gleisbauhof in Hilversum (NL) am 30. März 2011.

◁ **Bild 439**
Mit einem Schotterzug am Haken kam **203-2** von VolkerRail am 28. März 2011 durch den Bahnhof Amsterdam Centraal gefahren. Das Unternehmen hatte zwischenzeitlich fünf DR-V 100 bzw. deren Umbauvariante im Bestand.

Aufnahmen (2): Stephan Karkowski

Österreich

Typ	ex DB AG	Hersteller	Fabriknr.	Baujahr	Nr. bei EVU	Eigentümer	Bemerkung	NVR-Nummer
V 100.1	201 833-1	LEW	14897	1975	14897	Lokpool [1]	03/01 – 07/01 Ml b. CargoServ [2]	–
BR 293	–	Adtranz	72350	1999	72350	Lokpool	03/01 – 07/01 Ml b. CargoServ	–
BR 293	–	Adtranz	4031001	2001	V 1504.01	Cargo Service GmbH	seit 05/01 bei CargoServ	93 81 1504 001-7 A-CARGO
BR 293	–	Adtranz	4031002	2001	V 1504.02	Cargo Service GmbH	seit 07/01 bei CargoServ	93 81 1504 002-5 A-CARGO
BR 293	–	Adtranz	4031003	2001	V 1504.03	Cargo Service GmbH	seit 08/01 bei CargoServ	93 81 1504 003-3 A-CARGO
V 100.1	202 446-1	LEW	13485	1972	V 10.017	Montafonerbahn AG	seit 09/09 bei MBS [3]	92 80 1203 159-9 D-MBS
V 100.1	201 101-3	LEW	11939	1968	201 101-3	IG Dampflok Nossen	01/15 – ?/15 Ml. bei SETG [4]	98 80 3201 101-3 D-WFL
V 100.1	202 484-2	LEW	13523	1972	202 484-2	CLR GmbH [5]	03/16 – 04/16 Ml bei SETG [6]	92 80 1203 229-0 D-CLR
V 100.1	202 066-7	LEW	11904	1968	V 100.01	S-Fleet GmbH	seit ?/1x bei S-Fleet [7]	98 80 3202 066-7 D-SRA
V 100.1	202 287-9	LEW	12751	1970	V 100.02	S-Fleet GmbH	seit ?/1x bei S-Fleet [8]	98 80 3202 287-9 D-SRA
V 100.1	202 494-1	LEW	13533	1972	V 100.03	S-Fleet GmbH	seit ?/1x bei S-Fleet [8]	98 80 3202 494-1 D-SRA
V 100.1	202 787-8	LEW	14844	1975	V 100.04	S-Fleet GmbH	seit ?/1x bei S-Fleet [9]	98 80 3202 787-8 D-SRA
V 100.1	202 594-8	LEW	13912	1973	293.594-7	Steiermärkische Lb [10]	seit 01/17 bei StLB [10]	92 80 1203 594-7 D-STLB
BR 293	–	Bombardier	957-1	2001	90	CER Cargo Traction [11]	seit12/25 bei CER CT [12]	92 81 2000 090-8 A-WLC
BR 293	–	Bombardier	816-1	2002	91	CER Cargo Traction	seit12/25 bei CER CT [13]	92 81 2000 091-6 A-WLC
BR 293	–	Bombardier	958-1	2001	92	CER Cargo Traction	seit12/25 bei CER CT [13]	92 81 2000 092-4 A-WLC

[1] Lokpool Verwaltungsgesellschaft mbH & Co. Vermietungs KG, Kassel [2] als Mietlok bei Cargo Service GmbH, Linz [3] Montafonerbahn AG, Schruns

[4] Mietlok bei SETG - Salzburger Eisenbahn TransportLogistik GmbH, Lok wurde von Wedler Franz Logistik GmbH & Co. KG untervermietet, Einsatz durch S-Rail GmbH, Freilassing

[5] CLR - Cargo Logistik Rail-Service GmbH, Barleben-Ebendorf [6] Mietlok bei SETG - Salzburger Eisenbahn TransportLogistik GmbH

[7] zuvor 06/13 – ?/1x bei SETG, Lok abgestellt in Benndorf (Klostermansfeld)

[8] zuvor 06/13 – ?/1x bei SETG, 06/13 – 08/14 Einsatz durch ECCO-Cargo-Rail GmbH, Freilassing; 08/14 – ?/16 durch S-Rail GmbH, Freilassing (Umbenennung der ECCO-Cargo-Rail GmbH)

[9] wie [8], Lok mit Fristablauf abgestellt in Saalfeld [10] Steiermärkische Landesbahnen, Graz

[11] CER Cargo Traction GmbH, bis 12/15: Wiener Lokalbahnen Cargo GmbH, Wien

[12] zuvor 12/01 – 09/07 bei Wiener Lokalbahnen AG, 09/07 – 12/25 bei Wiener Lokalbahnen Cargo GmbH; seit 12/24 vermietet an Cargo Service GmbH, Linz

[13] zuvor 12/01 – 09/07 bei Wiener Lokalbahnen AG, 09/07 – 12/25 bei Wiener Lokalbahnen Cargo GmbH

trisch betriebene normalspurige Lokalbahn der österreichisch-ungarischen Monarchie. Trotz Elektrifizierung wird der Güterverkehr auf dieser Strecke mit Diesel durchgeführt.

Bei der CER Cargo Traction GmbH handelt es sich um die ehemalige Wiener Lokalbahnen Cargo (WLC) GmbH, die im Dezember 2025 von der CER Cargo Group – einer Holdinggesellschaft mit Sitz in Budapest – übernommen wurde. Vorausgegangen war ein offenes Bieterverfahren zum Erwerb der WLC, nachdem deren Mutterkonzern, die Wiener Stadtwerke, den internationalen Güterverkehr nicht als strategischen Kernbereich ihrer Geschäftstätigkeit erkannt hatten.

Zum voestalpine-Konzern gehört die in Linz (Donau) ansässige Cargo Service GmbH, ein Tochterunternehmen der Logistik Service GmbH. Die Cargo Service GmbH ist auf den Schienengüterverkehr spezialisiert und dabei überwiegend im Transport von Rohstoffen zu den Stahlwerken des voestalpine-Konzerns im Einsatz. Bei diesen Verkehren sowie im Rangierdienst in den Stahlwerken leisten auch die drei vorhandenen DR-V 100 – allesamt Adtranz-Umbauten zur Baureihe 293 – ihre Dienste.

Die S-Fleet GmbH mit Sitz in Salzburg ist in der Vermietung u. a. von Schienenfahrzeugen aktiv. Von den vier im Bestand des Unternehmens befindlichen DR-V 100 stehen zwei Maschinen seit einiger Zeit abgestellt in Saalfeld und Klostermansfeld.

Bild 440 ▷
Lok 92 der Wiener Lokalbahnen Cargo GmbH ist am 12. Juni 2007 mit einem Containerzug entlang der Donauuferbahn unterwegs und passiert den Güterbahnhof Wien Praterkai.

Aufnahme: Norman Kampmann

◁ **Bild 441**
Bei der Montafonerbahn Bludenz – Schruns am Vorarlberg ist die ehemalige 202 446 als **V 10.017** im Einsatz und leistet dort ihre Dienste im Güterverkehr. Am 4. Mai 2022 war sie „Lz" unterwegs in Schruns.

Aufnahme: Frank Weimer

△ **Bild 442 •** Offiziell noch im Eigentum der S-Fleet GmbH befindet sich **V 100.01** – ex 202 066. Sie ist allerdings bereits seit längerer Zeit fern der Eigentümerin abgestellt. Die Aufnahme zeigt die Lok am 28. Februar 2026 am Anfang einer ganzen Reihe aufarbeitungswürdiger Fahrzeuge in Klostermansfeld. Aufnahme: Lennart Fehr

△ **Bild 443 •** Am 21. Mai 2009 ist **V 100.01** von Logistic Service Danubius als Vorspannlok unterwegs in Pirdop (Bulgarien). Aufnahme: Theo Stolz

Rumänien

Die Deutsche Bahn AG hat als „Global Player" auch in Rumänien ihre Finger mit im Spiel des Eisenbahnbetriebs. Im Jahr 2000 wurde als Tochterunternehmen der DB AG die Logistik Center România S.R.L. (LCR) mit Sitz in Timişoara gegründet, über die europaweite Transportleistungen für den ebenfalls in Timişoara ansässigen Reifenhersteller Continental Automotive Products S.R.L. (eine Tochter der Continental AG in Hannover) durchgeführt wurden. Hinzu kamen Rangierdienste für Linde Gaz România in Timişoara. Ab Februar 2003 besaß LCR in Pirdop eine eigene Zweigstelle bzw. Niederlassung in Bulgarien, wo überwiegend Rangierarbeiten geleistet wurden.

Im Frühjahr 2005 fand eine Umbenennung in Logistic Services Danubius S.R.L. (LSD) statt, ab Mai 2011 hieß das Unternehmen DB Schenker Rail România, ab 2016 schließlich DB Cargo România – der Unternehmenssitz wurde im November 2018 von Timişoara in die Hauptstadt Rumäniens nach Bukarest verlegt.

Bis auf 298 065 handelte es sich bei den in Rumänien eingesetzten DR-V 100 ausschließlich um Vertreterinnen der Baureihe 204. Diese gelangten meist unmittelbar nach ihrer z-Stellung oder Ausmusterung bei der DB AG zur LCR S.R.L. bzw. zur LSD S.L.R. Ein Teil davon ist nach der Gründung der LCR-Niederlassung in Pirdop (Bulgarien) dorthin überführt worden, der Rest blieb in Timişoara und ging dann entsprechend in den Bestand der DB Schenker Rail/Cargo România über. Aktuell befinden sich allerdings keine V 100 mehr bei DB Cargo România.

Rumänien

Typ	Fabriknr.	Baujahr	ex DB AG	Eigentümer	Nr. bei EVU	Bemerkung	NVR-Nummer
V 100.1	13524	1972	204 485-7	LSD S.R.L. [1]	V 100.01	12/02 – 05/10 bei LCR/LSD	–
V 100.1	14399	1974	204 698-5	LSD S.R.L.	V 100.02	12/02 – 05/10 bei LCR/LSD	–
V 100.1	14411	1974	204 710-8	LSD S.R.L.	V 100.03	12/02 – 05/10 bei LCR/LSD	–
V 100.1	14361	1974	204 660-5	LSD S.R.L.	V 100.05	11/04 – 05/10 bei LCR/LSD	–
V 100.1	14470	1975	204 769-4	LSD S.R.L.	V 100.06	11/04 – 05/10 bei LCR/LSD	–
V 100.1	12875	1971	204 366-9	LSD S.R.L.	204 366-9	05/09 – 05/10 bei LSD	–
V 100.1	12908	1971	204 399-0	LSD S.R.L.	204 399-0	05/09 – 05/10 bei LSD	–
V 100.1	13531	1972	204 492-3	DB Schenker Rail România S.R.L.	204 492-3	02/10 – ?/1x in Rumänien [2]	–
V 100.1	13910	1973	204 592-0	DB Schenker Rail România S.R.L.	204 592-0	07/10 – ?/1x in Rumänien [3]	–
V 100.1	13934	1973	204 616-7	LSD S.R.L.	204 616-7	05/09 – 05/10 bei LSD	–
V 100.1	13944	1973	204 626-6	LSD S.R.L.	204 626-6	05/09 – 05/10 bei LSD	–
V 100.1	11903	1968	298 065-4	DB Schenker Rail România S.R.L.	298 065-4	04/06 – ?/1x in Rumänien [4]	–
V 100.1	13521	1972	204 482-4	DB Cargo România S.R.L. [5]	92 53 0845 001-2 [6]	05/09 – 05/16 in Rumänien [7]	92 53 0845 001-2 RO-DBSR
V 100.1	13923	1973	204 605-0	DB Cargo România S.R.L.	92 53 0845 002-0 [8]	12/10 – 05/16 in Rumänien [9]	92 53 0845 002-0 RO-DBSR
V 100.1	14372	1974	204 671-2	DB Cargo România S.R.L	92 53 0845 003-8 [10]	12/10 – 05/16 in Rumänien [9]	92 53 0845 003-8 RO-DBSR
V 100.1	15075	1975	204 803-1	DB Cargo România S.R.L.	92 53 0845 004-6 [11]	12/10 – 05/16 in Rumänien [9]	92 53 0845 004-6 RO-DBSR
V 100.1	14424	1974	204 723-1	DB Cargo România S.R.L.	92 53 0845 005-3 [12]	05/09 – 05/16 in Rumänien [7]	92 53 0845 005-3 RO-DBSR
V 100.1	14459	1974	204 758-7	DB Cargo România S.R.L.	92 53 0845 006-1 [13]	12/02 – 05/16 in Rumänien [14]	92 53 0845 006-1 RO-DBSR

[1] Logistic Services Danubius S.R.L./LSD, Timişoara; bis 03/05: Logistic Center România S.R.L./LCR, Timişoara
[2] 02/10 – 05/11 bei LSD, 05/11 – ?/1x bei DB Schenker Rail România S.R.L.; immer als Ersatzteilspenderin
[3] 07/10 – 05/11 bei LSD, 05/11 – ?/1x bei DB Schenker Rail; immer als Ersatzteilspenderin
[4] 04/06 – 05/11 bei LSD, 05/11 – ?/1x bei DB Schenker Rail România S.R.L.
[5] bis ?/16: DB Schenker Rail România S.R.L.
[6] bis 05/11 als 204 483 bezeichnet
[7] 05/09 – 05/11 bei LSD, 05/11 – 05/16 bei DB Schenker Rail/Cargo România S.R.L.
[8] bis 05/11 als 204 605-0 bezeichnet
[9] 12/10 – 05/11 bei LSD, 05/11 – 05/16 bei DB Schenker Rail/Cargo România S.R.L.
[10] bis 05/11 als 204 671-2 bezeichnet
[11] bis 05/11 als 204 803-1 bezeichnet
[12] bis 05/11 als 204 723-1 bezeichnet
[13] bis 05/11 als V 100.04 bezeichnet
[14] 12/02 – 05/11 als V 100.04 bei LCR/LSD, ab 05/11 bei DB Schenker Rail/Cargo România S.R.L.

Schweiz

Typ	ex DB AG	Hersteller	Fabriknr.	Baujahr	Nr. bei EVU	Eigentümer	Bemerkung	NVR-Nummer
V 100.1	299 863-2 [1]	LEW	15381	1976	Am 847 905-7	Widmer Rail Services AG (WRS)	seit 06/11 bei WRS	98 85 5847 905-7 CH-WRSCH
V 100.1	202 325-7	LEW	12834	1971	Am 847 906-5	Widmer Rail Services AG (WRS)	seit 08/11 bei WRS	98 85 5847 906-5 CH-WRSCH
BR 293	–	Adtranz	72800	2001	V 100 001	Lokpool [2]	03/03 – 12/03 Ml. b. BLS C [3]	–

[1] 1.000-mm-Schmalspurlok (199 863-2)
[2] Lokpool Verwaltungsgesellschaft mbH & Co. Vermietungs KG, Kassel
[3] als Mietlok bei BLS Cargo AG

Schweiz

Aktuell hat das Schweizer Eisenbahnverkehrsunternehmen Widmer Rail Services (WRS) AG mit Sitz in Beckenried zwei Maschinen der Baureihe V 100 in ihrem Bestand. Mit ihren Fahrzeugen ist die 2007 gegründete WRS AG nicht nur in der Schweiz, sondern nach der 2024 durch die Europäische Eisenbahnagentur (ERA) erteilten Zulassung auch in Deutschland, Österreich und Italien im Güterverkehr aktiv, bietet aber auch Lok- und Personalvermietung an.

Die beiden DR-V 100 sind bei der WRS AG als Am 847 905-7 und Am 847 906-5 eingereiht und werden – ausgerüstet mit den Schweizer Zugsicherungssystemen Integra und ZUB/ETM-M – im Güterverkehr sowie bei der Bedienung von Anschlussbahnen eingesetzt.

Bei der als Am 847 905-7 bezeichneten Lok handelt es sich um die ehemalige DR-110 863, die zu jenen Maschinen gehörte, die für den Einsatz auf dem Streckennetz der Harzer Schmalspurbahnen auf 1.000 mm Spurweite umgebaut wurden. Dort nicht mehr benötigt, gelangte sie 1998 zu Adtranz und wurde dort gemäß dem Konzept Baureihe 293 umgebaut.

Ebenfalls eine Vertreterin der Baureihe 293 war als Mietlok für die BLS Cargo AG im Einsatz. Von März bis Dezember 2003 leistete eine als V 100 001 bezeichnete Maschine – deren Umbau-Spenderlok nicht bekannt ist – aus dem Bestand der Lokpool Verwaltungs- und Vermietungs GmbH ihre Dienste für das Schweizer Güterverkehrsunternehmen.

△ **Bild 444** • Im Bereich des Auhafens in Muttenz am Rhein stand die **Am 847 906** der Widmer Rail Services AG am 9. Januar 2024 mit einem Kesselwagenzug.
Aufnahme: Theo Stolz

◁ **Bild 445**
In Trebisov war die ŽSR-Lok **745 601** am 7. April 2007 noch mit einer entsprechend passenden Grabenräumeinheit abgestellt. Die Lok kam 1981 vom LEW Hennigsdorf zur ČSD und erhielt dort die Bezeichnung T476.1001. Ihr derzeitiger Standort ist leider nicht bekannt.

AUFNAHME: MARCO BERGER

Slowakische Republik

Typ	ex DB AG	Hersteller	Fabriknr.	Baujahr	Nr. bei EVU	Eigentümer	Bemerkung	NVR-Nummer
V 100.5	–	LEW	17318	1981	745 601-5	ŽSR [1]	seit 01/93 bei ŽSR [2]	SK-ŽSR 99 56 9310 006-8
V 100.5	–	LEW	17319	1981	745 602-3	ŽSR	seit 01/93 bei ŽSR [2]	SK-ŽSR 99 56 9310 002-7
V 100.5	110 969-3	LEW	16755	1983	745 608-0	ŽSR	seit 01/93 bei ŽSR [2]	SK-ŽSR 92 56 1745 608-0

[1] Železnice Slovenskej Republiky (Slowakische Staatsbahn) [2] aktueller Verbleib unbekannt

Slowakische Republik

Die zum 1. Januar 1993 gegründete Staatsbahn der Slowakei – Železnice Slovenskej Republiky (ŽSR) – übernahm aus dem Fahrzeugbestand der Tschechoslowakischen Staatsbahnen (Československé Státni Dráhy/ČSD) drei Diesellokomotiven des LEW-Typs V 100.5, der in Zusammenarbeit zwischen dem Forschungs- und Entwicklungswerk der Deutschen Reichsbahn in Blankenburg (Harz) und den ČSD für den Einsatz vor sogenannten Grabenräumeinheiten (GRE) entwickelt und dann im LEW Hennigsdorf gebaut wurde. Ausführlich wurde über diese Fahrzeuge und deren Technik bereits im ersten V 100-Band im Kapitel „Die Baureihe 110.9 (LEW-Typ V 100.5)“ auf den Seiten 186 bis 191 berichtet.

Von den insgesamt acht bei den ČSD vorhandenen GRE-V 100 gelangten zum 1. Januar 1993 die 745 601 (ex ČSD-T476.1001), 745 602 (ex ČSD-T476.1002) und die erst 1987 an die ČSD abgegebene 110 969 in den Bestand der ŽSR. Letztere wurde erst im Februar 2015 im Zusammenhang mit einer Hauptuntersuchung in 745 608 umgezeichnet und erhielt gleichzeitig eine Lackierung in Bordeauxrot. Allerdings ist ihr aktueller Verbleib – wie auch jener der anderen beiden Loks – nicht bekannt.

◁ **Bild 446**
Am 31. Mai 1989 befand sich eine GRE-V 100 aus dem Bestand der ČSD im Raw Stendal.

AUFNAHME: SAMMLUNG ANDREAS STANGE

Bild 447 ▷ Mit ausgemusterten Triebwagen der Niederländischen Staatbahn ist **745 501** von RailTrans am 24. Mai 2007 unterwegs bei Adamov in Richtung Bratislava.

AUFNAHME: TOMÁŠ HÁDEK

Tschechische Republik

Eine beachtliche Anzahl an Lokomotiven der DR-Baureihe V 100 kamen in Tschechien zum Einsatz. Darunter befinden sich die „planmäßig“ vom LEW Hennigsdorf an die ČSD gelieferten GRE-Loks, die nach der Teilung der Tschechoslowakischen Staatsbahnen bei der ČD verblieben. Einige dieser Maschinen gelangten im August 2007 zur PRESS GmbH (745 603, 745 604 und 745 607), die Westfälische Almetalbahn GmbH erwarb im Juni 2009 noch 745 605.

Das private, 2003 gegründete Eisenbahnunternehmen Railtrans s.r.o., aus dem 2008 die RailTransport s.r.o. hervorging und die letztlich mit der METRANS a.s. zur METRANS Rail s.r.o. verschmolz, setzte schon zeitig auf die robuste DR-Baureihe. METRANS Rail mietete in der Folgezeit mehrfach auch Lokomotiven von deutschen EVUs an.

Im Frühjahr 2026 hatte allerdings nur noch die RailTransport-Stift s.r.o. Vertreterinnen der Baureihe V 100 im Bestand. Davon war eine Lok – 745 701 (ex DB AG-202 260) – und damit die Hälfte des Gesamtbestandes defekt in Eisenach abgestellt.

Tschechische Republik

Typ	ex DB AG	Hersteller	Fabriknr.	Baujahr	Nr. bei EVU	Eigentümer	Bemerkung	NVR-Nummer
V 100.5	–	LEW	17320	1981	745 603-1 [1]	České dráhy, a.s. [2]	?/81 – 08/07 bei ČSD/ČD	–
V 100.5	–	LEW	17321	1981	745 604-9 [3]	České dráhy, a.s.	?/81 – 08/07 bei ČSD/ČD	–
V 100.5	–	LEW	17322	1981	745 605-6 [4]	České dráhy, a.s.	?/81 – 06/09 bei ČSD/ČD	–
V 100.5	–	LEW	17537	1981	745 606-4 [5]	ŽOS Nymburk s.r.o. [6]	seit 1981 in ČSSR/Tschechien [7]	–
V 100.5	–	LEW	17538	1981	745 607-2 [8]	České dráhy, a.s.	?/81 – 08/07 bei ČSD/ČD	–
V 100.1	202 260-1	LEW	12542	1970	745 701-3	RailTransport-Stift s.r.o.	seit 06/05 in Tschechien [9]	92 54 2745 701-3 CZ-RTTS
V 100.1	202 661-5	LEW	14362	1974	745 702-1	RailTransport-Stift s.r.o.	03/08 – 02/24 in Tschechien [10]	92 54 2745 702-1 CZ-RTTS
V 100.1	202 310-9	LEW	12774	1970	745 703-9	RailTransport-Stift s.r.o.	seit 04/20 bei RT-Stift s.r.o.	92 80 1203 915-4 D-RTTS
V 100.1	202 626-2	LEW	13564	1973	745 012-5	PRESS GmbH [11]	06/07 – 08/07 MI bei KŽC [12]	92 80 1203 215-9 D-PRESS
V 100.1	202 364-6	LEW	12873	1971	202 364-6	Uwe Adam EVU	Mietlok bei METRANS Rail [13]	92 80 1202 364-6 D-BWESA
V 100.1	202 466-9	LEW	13505	1972	202 466-9	Uwe Adam EVU	Mietlok bei METRANS Rail [14]	92 80 1202 466-9 D-BWESA
V 100.4	–	LEW	17729	1983	202 501-3	Uwe Adam EVU	Mietlok bei METRANS Rail [15]	98 80 3202 501-3 D-ADAM
V 100.1	202 269-7	LEW	12551	1970	202 269-7	Gleiskraft GmbH	Mietlok bei RT/RTT [16]	92 80 1202 269-7 D-DME
V 100.1	202 330-7	LEW	12839	1971	202 330-7	HWB GmbH [17]	12/07 – 03/08 Mietlok b. RT [18]	–
V 100.1	202 264-8	LEW	12546	1970	745 502-5	RT - railtrans s.r.o.	10/05 – 11/07 bei RT [19]	98 80 3202 264-8 D-HWB
V 100.1	202 241-6	LEW	12523	1970	202 241-6	Uwe Adam EVU	12/10 – 01/11 Mietlok b. RTT [20]	92 80 1202 241-6 D-BWESA
V 100.1	202 319-0	LEW	12828	1970	203 205-0	D&D Eisenbahn GmbH	01/09 – 03/09 Mietlok b. RTT [21]	92 80 1203 205-0 D-DUD
V 100.1	202 378-6	LEW	12887	1971	203 208-4	D&D Eisenbahn GmbH	04/09 Mietlok bei RTT [21]	92 80 1203 208-4 D-DUD

[1] bis ?/9x als T476.1003 bezeichnet
[2] České dráhy, a.s. (Tschechische Staatsbahn/ČD), bis 12/92: Československé Státni Dráhy (Tschechoslowakische Staatsbahnen/ČSD)
[3] bis ?/9x als T476.1004 bezeichnet
[4] bis ?/9x als T476.1005 bezeichnet
[5] bis ?/9x als T476.1006 bezeichnet
[6] Železniční opravny a strojírny Nymburk s.r.o. (Eisenbahnreparatur- und Maschinenbauwerk Nymburk GmbH)
[7] ?/81 an ČSD (dort: T476.1006); ?/9x Umzeichnung in 745 606-4; 01/93 ČD; ?/0x an ŽOS Nymburk a.s.
[8] bis ?/9x als T476.1007 bezeichnet
[9] 06/05 – 07/11 bei RT - railtrans (ab 10/08: RTT - RailTransport) s.r.o., Sokolov; 07/11 – 04/17 bei METRANS Rail s.r.o., Praha; ?/14 – ?/15 vermietet an MTRD - METRANS Rail (Deutschland); 09/15 – 04/17 an RailTransport-Stift s.r.o., Šluknov; seit 05/17 bei RailTransport-Stift s.r.o., Šluknov; Lok ist defekt abgestellt in Eisenach
[10] 03/08 als Mietlok von Stock-Transport bei RT - railtrans s.r.o.; 04/08 – 07/11 bei RT - railtrans/RTT-RailTransport s.r.o. (als 203 506-1); 03/10 Umzeichnung in 745 702-1; 07/11 – 04/17 bei METRANS Rail s.r.o.; ?/14 – 08/15 vermietet MTRD GmbH; 09/15 – 04/17 an RailTransport-Stift s.r.o.; 05/17 – 02/24 bei RailTransport-Stift s.r.o.
[11] Eisenbahn-Bau- und Betriebsgesellschaft Pressnitztalbahn mbH
[12] Mietlok bei KŽC doprava, s.r.o., Praha
[13] 10/11 – 03/12 + 06/12 – ?/12 Mietlok bei METRANS Rail s.r.o., Praha
[14] ?/11 – 03/12 + 06/12 – ?/1x Mietlok bei METRANS Rail s.r.o., Praha
[15] 10/11 – ?/11 Mietlok bei METRANS Rail s.r.o., Praha
[16] 04/08 – 11/08 Mietlok bei RT - railtrans (ab 10/08: RTT - RailTransport) s.r.o., Sokolov
[17] Hochwaldbahn Servicegesellschaft mbH, Hermeskeil
[18] RT - railtrans s.r.o., Sokolov
[19] 06/06 – 11/07 vermietet an Hochwaldbahn, Hermeskeil
[20] RTT - RailTransport s.r.o., Praha
[21] RTT - RailTransport s.r.o., Sokolov

◁ **Bild 448**
Im Bahnbetriebswerk Liberec war **745 709** am 27. Juni 1987 abgestellt. Die Lok leistete Übergabe- und Rangierdienste im Liberecer Hochbaubetrieb.

Aufnahme: Michael Uhren

Tschechoslowakei

Seit dem 1. Januar 1993 geteilt, bildeten Tschechien und die Slowakei von 1918 bis 1939 sowie von 1945 bis 1992 einen gemeinsamen Staat. Bis 1960 lautete die Bezeichnung Tschechoslowakische Republik – kurz: Tschechoslowakei, noch kürzer: ČSR –, dann wurde der Aufbau des Sozialismus auch verfassungsmäßig im Staatsnamen verankert und aus der Tschechoslowakischen Republik wurde die Tschechoslowakische Sozialistische Republik, kurz: ČSSR.

Es war das einzige osteuropäische Land, welches Lokomotiven der DR-Baureihe V 100 erhielt. Dies geschah Anfang der achtziger Jahre, nachdem die tschechoslowakischen Staatsbahnen (ČSD) und das Forschungs- und Entwicklungswerk der Deutschen Reichsbahn in Blankenburg (Harz) gemeinsam eine Grabenräumeinheit (GRE) entwickelt hatten, die von einer gesonderten V 100-Variante angetrieben wurde (siehe auch: Die Baureihe V 100 der DR, Band 1: Entwicklung, Technik und Umbauten, Freiburg 2023, Seiten 186 – 191). Es entstand die LEW-Type V 100.5, die bei der Deutschen Reichsbahn die Baureihenbezeichnung 110.9 erhielt und von der 1981 vom LEW Hennigsdorf insgesamt sieben Maschinen an die ČSD geliefert wurden. Eine achte Lok – 110 969 – folgte erst Jahre später im Oktober 1987. Bei den ČSD erhielten die GRE-Lokomotiven die Nummern T476.1001 bis 1007, die „nachgeholte“ 110 969 behielt bis 2015 (!) ihre DR-Nummer. Anfang der neunziger Jahre wurden diese Maschinen in 745 601 bis 607 umgenummert.

Doch nicht nur die ČSD erhielt Vertreterinnen der Baureihe V 100. In Form des LEW-Typs V 100.4 gelangten noch vier weitere Loks aus der V 100-Familie aus dem LEW Hennigsdorf in die ČSSR. Zwei Maschinen kamen 1981 in das Bergbaurevier Ostrava-Karviná, erhielten dort die Nummern T436.4527 sowie T436.4528 und blieben dort bis 1992 im Einsatz. Eine V 100.4 wurde an den Hochbaubetrieb (Pozemní stavby) Liberec geliefert (dort als 754 709 bezeichnet), eine weitere erhielt die SOLO in Sušice – die Vereinigten tschechoslowakischen Streichholz- und Chemiefabriken –, wo die Lok als 745 580 bis Anfang der neunziger Jahre ihre Dienste leistete. Alle vier V 100.4 kamen zu Beginn der Neunziger zu deutschen EVUs, drei sind noch heute im Einsatz. Nur die ehemalige Liberecer Lok wurde 2009 zerlegt.

Tschechoslowakei (ČSSR)

Typ	ex DB AG	Hersteller	Fabriknr.	Baujahr	Nr. bei EVU	Eigentümer	Bemerkung	NVR-Nummer
V 100.5	110 969-3	LEW	16755	1983	110 969-3	ČSD/ČD [1]	10/87 – 12/92 bei ČSD	–
V 100.4	–	LEW	16580	1981	745 580-1	SOLO Sušice	?/81 – ?/9x bei SOLO	–
V 100.5	–	LEW	17318	1981	745 601-5 [2]	ČSD/ČD	?/81 – 12/92 bei ČSD	–
V 100.5	–	LEW	17319	1981	745 602-3 [3]	ČSD/ČD	?/81 – 12/92 bei ČSD	–
V 100.5	–	LEW	17320	1981	745 603-1 [4]	ČSD/ČD	?/81 – 08/07 bei ČSD/ČD	–
V 100.5	–	LEW	17321	1981	745 604-9 [5]	ČSD/ČD	?/81 – 08/07 bei ČSD/ČD	–
V 100.5	–	LEW	17322	1981	745 605-6 [6]	ČSD/ČD	?/81 – 06/09 bei ČSD/ČD	–
V 100.5	–	LEW	17537	1981	745 606-4 [7]	ČSD/ČD	?/81 – ?/0x bei ČSD/ČD	–
V 100.5	–	LEW	17538	1981	745 607-2 [8]	ČSD/ČD	?/81 – 08/07 bei ČSD/ČD	–
V 100.4	–	LEW	17709	1983	745 709-6	PSL Liberec [9]	?/83 – ?/9x bei PSL	–
V 100.4	–	LEW	16327	1981	T436.4527	OKD Doprava k.p. [10]	?/81 – 10/92 bei OKD	–
V 100.4	–	LEW	16328	1981	T436.4528	OKD Doprava k.p.	?/81 – 10/92 bei OKD	–

[1] bis 12/92: Československé Státni Dráhy (Tschechoslowakische Staatsbahnen/ČSD), ab 01/93: České dráhy, a.s. (Tschechische Staatsbahn/ČD)
[2] bis ?/9x als T476.1001 bezeichnet [3] bis ?/9x als T476.1002 bezeichnet [4] bis ?/9x als T476.1003 bezeichnet [5] bis ?/9x als T476.1004 bezeichnet
[6] bis ?/9x als T476.1005 bezeichnet [7] bis ?/9x als T476.1006 bezeichnet [8] bis ?/9x als T476.1007 bezeichnet
[9] Pozemní stavby (Hochbau) Liberec, Liberec
[10] Ostravsko-karvinský revír - Doprava, k.p., Ostrava (Staatliches Bergbauunternehmen); ab 1994: OKD a.s.(Transport- und Logistidienstleister)

Ungarn							
Typ	ex DB AG	Fabriknr.	Baujahr	Eigentümer	Nr. bei EVU	Bemerkung	NVR-Nummer
V 100.1	204 641-5	13959	1974	Logistic Center Hungária Kft.	31	02/02 – 05/09 bei LCH Kft.	–
V 100.1	204 482-4	13521	1972	Logistic Center Hungária Kft.	32	09/03 – 05/09 bei LCH Kft.	–

Ungarn

Unter dem Namen Logistic Center Hungária (LCH) Kft. betrieb die DB Cargo AG in Győr ab Dezember 2001 ein Tochterunternehmen, dessen Hauptaufgabe darin bestand, den Rangierdienst im dortigen Audi-Werk (Audi Hungária Zrt.) durchzuführen. Für diese Leistungen standen LCH u. a. zwei Loks der DB AG-Baureihe 204 zur Verfügung, die im Februar 2002 (204 641) und im September 2003 (204 482) nach Győr kamen. Sie erhielten die Bezeichnungen 31 sowie 32 und waren bis Mai 2009 dort im Einsatz.

Das Unternehmen LCH Kft. entwickelte sich zu einem der größten Eisenbahndienstleister in Ungarn und wurde zwischenzeitlich in DB Cargo Hungária Kft. umbenannt.

△ **Bild 449** • Als **LCH 31** bezeichnet, rangiert die ehemalige 204 710 der DB AG am 20. Mai 2006 in Györ (Ungarn).

Aufnahme: Jens Böhmer

Luxemburg

Die Güterverkehrssparte der Luxemburgischen Staatsbahn (CFL) wird von CFL Cargo S.A. abgedeckt. Ein Tochterunternehmen dieser Firma war die CFL Cargo Deutschland GmbH, die im November 2006 wiederum aus der neg GmbH entstand. Aus dem Bestand von CFL Cargo Deutschland gelangten zwei DR-V 100 im Verlauf des Jahres 2010 zu CFL Cargo S.A. Dies war zum einen die ehemalige 202 242, die bei der neg und zunächst auch bei CFL Cargo Deutschland die Nummer 03 trug, im August 2007 aber in 1151 umgezeichnet wurde, zum anderen die ehemalige 202 430, bei der neg und bis August 2008 auch bei CFL Cargo Deutschland als 04, dann als 1152 bezeichnet. Beide Maschinen blieben nach ihrem Wechsel zu CFL Cargo S.A. allerdings weiterhin dort im Einsatz, wo sie ihre Dienste schon viele Jahre leisteten: Hoch im Norden im Güterverkehr rund um Niebüll.

Ihre Dienstzeit für das luxemburgische Unternehmen währte auch nicht allzu langen, denn bereits im Mai 2011 wurde Lok 1151, im Juni 2011 auch Lok 1152 mit Fristablauf abgestellt.

Luxemburg							
Typ	ex DB AG	Fabriknr.	Baujahr	Eigentümer	Nr. bei EVU	Bemerkung	NVR-Nummer
V 100.1	202 242-4	12524	1970	CFL Cargo S. A.	1151	?/10 – 06/14 bei CFL Cargo	92 82 0001 151-0 L-CFLCA
V 100.1	202 430-5	12939	1972	CFL Cargo S. A.	1152	?/10 – 06/14 bei CFL Cargo	92 82 0001 152-8 L-CFLCA

Bild 450 ▷ CFL Cargo besaß zwei DR-V 100, die allerdings nie im Heimatland des in Esch-sur-Alzette in Luxemburg ansässigen Unternehmens waren. Hier ist **Lok 1152** am 13. Oktober 2009 im Bahnhof Westerland (Sylt) beim Zusammenstellen eines Güterzuges nach Niebüll zu sehen.

Aufnahme: Roland Hertwig

Zerlegt bei privaten Eisenbahnunternehmen

Zahlreiche Maschinen aus der DR-V 100-Baureihenfamilie wechselten nach ihrem Einsatzende bei der DB AG zu privaten Eisenbahnunternehmen, allerdings blieben bei weitem nicht alle Loks damit dauerhaft auch erhalten. Auf den kommenden Seiten sind die Loks tabellarisch aufgeführt, die in den vergangenen Jahren im Eigentum privater Unternehmen zerlegt wurden.

V 100 zerlegt bei privaten EVU (I)

Fabriknr.	Baujahr	ex DB AG	Ausmusterung	letzter Bh	Verkauf	neuer Eigentümer	Bemerkung
11457	1967	201 028-8	30.11.1994	Wittenberge	. .199x	Manfred Villmann	
					. .200x	FZW Brandenburg, Brandenburg	
					. .2008	FZW Niedersachswerfen GmbH, Ellrich-Woffleben	06/18 zerlegt in Nordhausen
11883	1968	298 045-6	05.10.2011	Rostock-Seehafen	03.03.2010	Alstom Lokomotiven Service GmbH, Stendal	05/13 zerlegt in Espenhain
11889	1968	298 051-4	08.07.2011	Dresden	19.07.2011	Alstom Lokomotiven Service GmbH, Stendal	2015 zerlegt in Stendal
11892	1968	298 054-8	26.04.2012	Senftenberg	. .2010	Alstom Lokomotiven Service GmbH, Stendal	2015 zerlegt in Stendal
11893	1968	298 055-5	22.07.2011	Seddin	19.07.2011	Alstom Lokomotiven Service GmbH, Stendal	05/13 zerlegt in Espenhain
11898	1968	298 060-5	12.02.2015	Rostock-Seehafen	03.03.2010	Alstom Lokomotiven Service GmbH, Stendal	2015 zerlegt in Stendal
11900	1968	298 062-1	22.07.2011	Seddin	19.07.2011	Alstom Lokomotiven Service GmbH, Stendal	05/13 zerlegt in Espenhain
11907	1968	298 069-6	08.07.2011	Seddin	19.07.2011	Alstom Lokomotiven Service GmbH, Stendal	2015 zerlegt in Stendal
11909	1968	298 071-2	11.06.2011	Saalfeld (Saale)	03.03.2010	Alstom Lokomotiven Service GmbH, Stendal	2015 zerlegt in Stendal
11910	1968	298 072-0	08.07.2011	Dresden	19.07.2011	Alstom Lokomotiven Service GmbH, Stendal	2015 zerlegt in Stendal
11917	1968	298 079-5	29.08.2011	Seddin	19.07.2011	Alstom Lokomotiven Service GmbH, Stendal	05/13 zerlegt in Espenhain
11919	1968	298 081-1	12.02.2015	Senftenberg	28.08.2010	Alstom Lokomotiven Service GmbH, Stendal	2015 zerlegt in Stendal
11922	1968	298 084-5	08.07.2011	Seddin	19.07.2011	Alstom Lokomotiven Service GmbH, Stendal	2015 zerlegt in Stendal
11924	1968	298 086-0	05.10.2011	Seddin	03.03.2010	Alstom Lokomotiven Service GmbH, Stendal	05/13 zerlegt in Espenhain
11929	1968	298 091-0	22.07.2011	Seddin	19.07.2011	Alstom Lokomotiven Service GmbH, Stendal	04/13 zerlegt in Espenhain
11937	1968	298 099-3	15.08.2012	Senftenberg	19.07.2011	Alstom Lokomotiven Service GmbH, Stendal	04/13 zerlegt in Espenhain
11938	1968	298 100-9	11.06.2011	Halle G	. .2010	Alstom Lokomotiven Service GmbH, Stendal	2015 zerlegt in Stendal
12410	1969	202 109-5	17.04.1998	Stendal	. .199x	Schienenfahrzeugzentrum Stendal	
					(01.11.2002 ->	Alstom Lokomotiven Service GmbH, Stendal)	2015 zerlegt in Stendal
12411	1969	298 110-8	11.06.2011	Halle G	. .2010	Alstom Lokomotiven Service GmbH, Stendal	2015 zerlegt in Stendal
12423	1969	298 122-3	12.02.2015	Zwickau	. .2010	Alstom Lokomotiven Service GmbH, Stendal	2015 zerlegt in Stendal
12425	1969	298 124-9	05.10.2011	Seddin	03.03.2010	Alstom Lokomotiven Service GmbH, Stendal	2013 zerlegt in Espenhain
12428	1969	202 127-7	17.04.1998	Stendal	. .199x	Schienenfahrzeugzentrum Stendal	
					(01.11.2002 ->	Alstom Lokomotiven Service GmbH, Stendal)	2014 zerlegt in Stendal
12430	1969	298 129-8	12.02.2015	Seddin	. .2010	Alstom Lokomotiven Service GmbH, Stendal	2015 zerlegt in Stendal
12440	1969	298 139-7	09.11.2010	Seddin	28.08.2010	Alstom Lokomotiven Service GmbH, Stendal	2015 zerlegt in Stendal
12445	1969	202 144-2	28.02.1998	Dresden	. .199x	Schienenfahrzeugzentrum Stendal	
					(01.11.2002 ->	Alstom Lokomotiven Service GmbH, Stendal)	2019 zerlegt in Stendal
12451	1969	298 150-4	. .2010	Halle G	. .2010	Alstom Lokomotiven Service GmbH, Stendal	2015 zerlegt in Stendal
12457	1969	298 156-1	08.07.2011	Halle G	19.07.2011	Alstom Lokomotiven Service GmbH, Stendal	2015 zerlegt in Stendal
12461	1969	202 160-8	31.05.1998	Magdeburg	. .1998	Schienenfahrzeugzentrum Stendal	
					(01.11.2002 ->	Alstom Lokomotiven Service GmbH, Stendal)	2004 zerlegt in Stendal
12464	1969	298 163-7	12.02.2015	Halle G	. .2010	Alstom Lokomotiven Service GmbH, Stendal	2015 zerlegt in Stendal
12513	1970	202 231-7	15.11.1999	Görlitz	. .199x	Schienenfahrzeugzentrum Stendal	
		112 231-6			(01.11.2002 ->	Alstom Lokomotiven Service GmbH, Stendal)	2014 zerlegt in Stendal
12518	1970	202 236-6	31.03.1999	Cottbus	.08.1999	Schienenfahrzeugzentrum Stendal	
					(01.11.2002 ->	Alstom Lokomotiven Service GmbH, Stendal)	2014 zerlegt in Stendal
12532	1970	202 250-7	28.02.1998	Chemnitz	19.10.1999	Schienenfahrzeugzentrum Stendal	
					(01.11.2002 ->	Alstom Lokomotiven Service GmbH, Stendal)	2004 zerlegt in Stendal
12536	1970	202 254-9	15.05.1999	Cottbus	.08.1999	Schienenfahrzeugzentrum Stendal	
					(01.11.2002 ->	Alstom Lokomotiven Service GmbH, Stendal)	2014 zerlegt in Stendal
12550	1970	202 268-9	30.04.2000	Dresden	.11.2000	Schienenfahrzeugzentrum Stendal	
					(01.11.2002 ->	Alstom Lokomotiven Service GmbH, Stendal)	2004 zerlegt in Stendal
12552	1970	202 270-5	28.02.1998	Chemnitz	19.10.1999	Schienenfahrzeugzentrum Stendal	
					(01.11.2002 ->	Alstom Lokomotiven Service GmbH, Stendal)	2004 zerlegt in Stendal
12756	1970	202 292-9	13.12.1995	Meiningen	04.08.1999	Schienenfahrzeugzentrum Stendal	
					(01.11.2002 ->	Alstom Lokomotiven Service GmbH, Stendal)	2004 zerlegt in Stendal
12758	1970	202 294-5	15.12.2000	Gera	. .200x	Schienenfahrzeugzentrum Stendal	
					(01.11.2002 ->	Alstom Lokomotiven Service GmbH, Stendal)	2019 zerlegt in Stendal
12763	1970	202 299-4	30.09.1998	Cottbus	. .200x	FZW Brandenburg, Brandenburg	
					. .2008	FZW Niedersachswerfen GmbH, Ellrich-Woffleben	06/18 zerlegt in Nordhausen
12764	1970	202 300-0	26.08.1996	Chemnitz	19.10.1999	Schienenfahrzeugzentrum Stendal	
					(01.11.2002 ->	Alstom Lokomotiven Service GmbH, Stendal)	2004 zerlegt in Stendal

V 100 zerlegt bei privaten EVU (II)

Fabriknr.	Baujahr	ex DB AG	Ausmusterung	letzter Bh	Verkauf	neuer Eigentümer	Bemerkung
12767	1970	202 303-4	15.01.1999	Leipzig Süd	. .1999	Schienenfahrzeugzentrum Stendal	
					(01.11.2002 ->	Alstom Lokomotiven Service GmbH, Stendal)	2004 zerlegt in Stendal
12768	1970	201 304-3	30.06.1995	Eisenach	. .1995	Schienenfahrzeugzentrum Stendal	
					(01.11.2002 ->	Alstom Lokomotiven Service GmbH, Stendal)	2003 zerlegt in Stendal
12844	1971	202 335-6	31.08.2000	Gera	.01.2001	Schienenfahrzeugzentrum Stendal	
					(01.11.2002 ->	Alstom Lokomotiven Service GmbH, Stendal)	
					18.08.2006	Leonhard Weiss GmbH & Co. KG, Göppingen	2023 zerlegt in Waibstadt [1]
12854	1971	202 345-5	23.04.1996	Rostock	28.10.1999	Schienenfahrzeugzentrum Stendal	Umbau Konzept BR 203.0
					16.08.2002	Nordfriesische Verkehrsbetriebe AG, Niebüll	als 203.004
					. .2004	Alstom Lokomotiven Service GmbH, Stendal	
					26.10.2006	Dienstleistungen für den Gleisbau GmbH, Kassel	als 203.004
							10/10 zerlegt in Stendal [2]
12870	1971	202 361-2	31.07.1998	Stendal	. .199x	Schienenfahrzeugzentrum Stendal	
					(01.11.2002 ->	Alstom Lokomotiven Service GmbH, Stendal)	2004 zerlegt in Stendal
12880	1971	202 371-1	15.08.1998	Leipzig Süd	. .1999	Schienenfahrzeugzentrum Stendal	
					(01.11.2002 ->	Alstom Lokomotiven Service GmbH, Stendal)	2004 zerlegt in Stendal
12907	1971	202 398-4	17.04.1998	Magdeburg	. .1998	Schienenfahrzeugzentrum Stendal	202 398-4
					(01.11.2002 ->	Alstom Lokomotiven Service GmbH, Stendal)	2004 zerlegt in Stendal
12918	1971	202 409-9	15.08.1998	Erfurt	04.08.1999	Schienenfahrzeugzentrum Stendal	
					(01.11.2002 ->	Alstom Lokomotiven Service GmbH, Stendal)	2004 zerlegt in Stendal
12929	1971	110 420-7	24.04.1996	Rostock	. .1996	Schienenfahrzeugzentrum Stendal	
					(01.11.2002 ->	Alstom Lokomotiven Service GmbH, Stendal)	2004 zerlegt in Stendal
12936	1972	202 427-1	31.10.2000	Görlitz	.11.2000	Schienenfahrzeugzentrum Stendal	
					(01.11.2002 ->	Alstom Lokomotiven Service GmbH, Stendal)	2019 zerlegt in Stendal
12938	1972	202 429-7	05.09.1996	Chemnitz	19.10.1999	Schienenfahrzeugzentrum Stendal	
					(01.11.2002 ->	Alstom Lokomotiven Service GmbH, Stendal)	08/04 zerlegt in Stendal
13477	1972	202 438-8	31.05.1998	Stendal	. .1998	Schienenfahrzeugzentrum Stendal	
					(01.11.2002 ->	Alstom Lokomotiven Service GmbH, Stendal)	09/04 zerlegt in Stendal
13480	1972	202 441-2	20.12.1995	Erfurt	04.08.1999	Schienenfahrzeugzentrum Stendal	
					(01.11.2002 ->	Alstom Lokomotiven Service GmbH, Stendal)	2004 zerlegt in Stendal
13536	1972	202 497-4	31.03.1998	Erfurt	04.08.1999	Schienenfahrzeugzentrum Stendal	
					(01.11.2002 ->	Alstom Lokomotiven Service GmbH, Stendal)	2004 zerlegt in Stendal
13538	1972	202 499-0	30.11.1996	Magdeburg	. .1996	Schienenfahrzeugzentrum Stendal	
					(01.11.2002 ->	Alstom Lokomotiven Service GmbH, Stendal)	08/04 zerlegt in Stendal
13581	1973	202 542-7	17.04.1998	Stendal	. .1998	Schienenfahrzeugzentrum Stendal	
					(01.11.2002 ->	Alstom Lokomotiven Service GmbH, Stendal)	2004 zerlegt in Stendal
13582	1973	202 543-5	15.12.2000	Erfurt	. .200x	Schienenfahrzeugzentrum Stendal	
					(01.11.2002 ->	Alstom Lokomotiven Service GmbH, Stendal)	
					20.07.2007	PRESS GmbH [3]	
					24.10.2008	Redler-Service, Inh. B. Redler e.K., Oberweser	
					. .2010	Uwe Adam EVU GmbH, Eisenach	2012 zerlegt in Eisenach
13910	1973	204 592-0	21.06.2010	Saalfeld	06.07.2010	Logistic Services Danubius S.R.L., Timişoara (Rumänien)	
					(02.05.2011 ->	DB Schenker Rail Romania S.R.L., Timişoara)	
					. .201x	DB Schenker Rail Bulgaria EOOD, Pirdop	
					(01.06.2016 ->	DB Cargo Bulgaria EOOD, Pirdop)	12/21 zerlegt in Karlovo (BG)
13958	1974	202 640-9	31.01.1998	Stendal	. .1998	Schienenfahrzeugzentrum Stendal	
					(01.11.2002 ->	Alstom Lokomotiven Service GmbH, Stendal)	2003 zerlegt in Stendal
13959	1974	204 641-5	. .2010	Saalfeld	05.05.2010	DB Schenker Rail Bulgaria EOOD, Pirdop	
					(01.06.2016 ->	DB Cargo Bulgaria EOOD, Pirdop)	201x zerlegt in Constanta (BG)
14375	1974	202 674-8	30.06.1999	Lu-Wittenberg	. .199x	Schienenfahrzeugzentrum Stendal	
					(01.11.2002 ->	Alstom Lokomotiven Service GmbH, Stendal)	2019 zerlegt in Stendal
14423	1974	202 722-5	11.01.2001	Görlitz	15.10.2001	Schienenfahrzeugzentrum Stendal	
					(01.11.2002 ->	Alstom Lokomotiven Service GmbH, Stendal)	
					.09.2017	PRESS GmbH [3]	10/19 zerlegt in Espenhain
14468	1975	201 767-1	30.06.1995	Eisenach	. .1995	Schienenfahrzeugzentrum Stendal	
					(01.11.2002 ->	Alstom Lokomotiven Service GmbH, Stendal)	2003 zerlegt in Stendal
14838	1975	202 781-1	01.03.2001	Görlitz	10.06.2002	DB RegioNetz Verkehrs GmbH - Erzgebirgsbahn	2006 zerlegt in Chemnitz
14850	1975	202 793-6	30.11.1995	Stendal	. .1995	Schienenfahrzeugzentrum Stendal	
					(01.11.2002 ->	Alstom Lokomotiven Service GmbH, Stendal)	2004 zerlegt in Stendal
15377	1976	202 859-5	15.08.1998	Leipzig Süd	. .1998	Schienenfahrzeugzentrum Stendal	
					(01.11.2002 ->	Alstom Lokomotiven Service GmbH, Stendal)	11/03 zerlegt in Stendal

[1] 09.11.2012 Unfall in Radolfzell (Aufprall auf eine Wagengruppe)

[2] 01.11.2006 Unfall in Kassel-Obervellmar(Frontalzusammenstoß mit 155 190-2)

[3] Eisenbahn-Bau- und Betriebsgesellschaft Pressnitztalbahn mbH, Jöhstadt

△ **Bild 451** • Auch wenn viele Reichsbahn-V 100 trotz eines schlechten Zustandes noch modernisiert oder umgebaut wurden, erhielten nicht alle ein „zweites Leben". Die hier am 29. Juni 2003 bei Alstom aufgenommene **201 767** wurde noch im selben Jahr zerlegt. AUFNAHME: ANDREAS STANGE

V 100 zerlegt bei privaten EVU (V)

Fabriknr.	Baujahr	ex DB AG	Ausmusterung	letzter Bh	Verkauf	neuer Eigentümer	Bemerkung
16679	1981	298 302-1	. .2015	Seddin		DB Schenker Rail Deutschland AG	2015 zerlegt in Rostock
17303	1981	298 304-7	23.10.2013	Senftenberg		DB Schenker Rail Deutschland AG	2015 zerlegt in Epsenhain
17304	1981	298 305-4	. .2015	Magdeburg-Rothensee		Railion Deutschland AG	07/15 zerlegt in DD-Friedrichst.
17709	1983	–			. .1983	Pozemní stavby Liberec, Liberec	745 709-6
					. .199x	Karsdorfer Eisenbahngesellschaft mbH, Karsdorf	als „224"
					09.02.2007	PRESS GmbH [1]	745 709-6
					19.07.2007	Alstom Lokomotiven Service GmbH, Stendal	745 709-6
							2009 zerlegt in Stendal
17536	1981	–			. .1981	ČSD [1]	T476.1005
					01.01.1993	ČD [2]	745 605-7
					.06.2009	Westfälische Almetalbahn GmbH, Altenbeken	745 605-7
							2010 zerlegt bei MaLoWa [3]
17538	1981	–			. .1981	ČSD	T476.1007
					01.01.1993	ČD [2]	745 607-2
					30.08.2007	PRESS GmbH	745 607-2
							07/13 zerlegt in Espenhain
17721	1983	298 332-8	20.11.2014	Halle G		DB Schenker Rail Deutschland AG	03/15 zerlegt in Magdeburg
17722	1983	298 333-6	20.11.2014	Halle G		DB Schenker Rail Deutschland AG	03/15 zerlegt in Magdeburg
17724	1983	298 335-1	05.12.2017	Seddin		DB Schenker Rail Deutschland AG	2017 zerlegt in Espenhain
17839	1982	298 311-2	04.05.2011	Halle G		DB Schenker Rail Deutschland AG	08/11 zerlegt in Espenhain
17842	1982	298 314-6	.09.2009	Halle G		Railion Deutschland AG	09/09 zerlegt in Cottbus
17843	1982	298 315-3	. .2016	Seddin		DB Schenker Rail Deutschland AG	2016 zerlegt in Espenhain
17851	1982	–			06.04.1982	VEB Petrolchemisches Kombinat, Schwedt (Oder)	V 100.4-17
					(01.06.1990 ->	Petrolchemie und Kraftstoffe AG, Schwedt/Oder)	
					(01.07.1991 ->	PCK Raffinerie AG, Schwedt/Oder)	
					.05.1997	Prignitzer Eisenbahn GmbH, Putlitz	als „2"
					.02.1999	Eisenbahn-Betriebs-Gesellschaft mbH, Prora	als „4"
					. .1999	Transport & Logistik GmbH für Bahnbaustellen, Gründau	als „5"
					(01.01.2003 ->	Transport und Logistik AG, Gründau)	als „5"
					01.12.2006	Eisenbahnbewachungs-GmbH, Würzburg	als V 100.17
					01.04.2010	Rail Transport Service Germany GmbH, München	als 204.900
							05/15 zerlegt in Fischamend [4]

[1] Československé Státni Dráhy (Tschechoslowakische Staatsbahnen) [2] České dráhy, a.s. (Tschechische Staatsbahn) [3] MaLoWa Bahnwerkstatt Benndorf (Klostermansfeld)
[4] Österreich

Bild 452 ▷
Seit 2023 tritt **V 100 003** wieder des Öfteren in der Öffentlichkeit in Erscheinung, wird bei Eisenbahnfesten präsentiert oder bespannt Sonderzüge. Am 2. April 2023 war sie beim Bw-Fest in Staßfurt zu Gast und kam auf dem Gelände mit einem Fotogüterzug zum Einsatz.

Aufnahme: Lennart Fehr

V 100 003

Im ehemaligen Bw Lutherstadt Wittenberg ist V 100 003 zu Hause. Die Lok präsentiert sich seit 1996 wieder in der weißgrünen Farbgebung, so, wie sie von 1966 bis 1973 bei der DR im Einsatz stand. Wie auch die beiden anderen Baumusterloks der Baureihe V 100 erhielt V 100 003 eine Sonderlackierung. Im Januar 1968 beim Bw Halle P in Dienst gestellt, wurde die Lok zum 21. November 1994 im Betriebshof Lutherstadt Wittenberg ausgemustert (z-Stellung am 05.07.1994) und gelangte anschließend in den Bestand des DB Museums Nürnberg. Über einen Dauerleihvertrag mit dem Förderverein Berlin-Anhaltinische Eisenbahn e. V. in Lutherstadt Wittenberg blieb die zuletzt als 201 003-1 bezeichnete Maschine in ihrem Heimat-Bw Lutherstadt Wittenberg.

In den folgenden Jahre kam die Lokomotive regelmäßig vor Sonderzügen zum Einsatz und wurde auf Eisenbahnfesten präsentiert, was dann allerdings aufgrund aufkommender technischer Probleme zunehmend nachließ.

Seit Januar 2023 ist V 100 003 bei der Leipziger Dampf KulTour (LDK) GbR registriert, in deren Halterschaft und wird von LDK auch vermarktet. Zudem gab es für die Lok eine neue Hauptuntersuchung, die im März 2023 abgeschlossen wurde. Seitdem ist V 100 003 wieder häufig im Museumsbetrieb vor Sonderzügen im Einsatz.

△ **Bild 453** • Mit der **V 100 025** ist im Sächsischen Eisenbahnmuseum (SEM) in Chemnitz-Hilbersdorf eine V 100 erhalten geblieben, die in ihrem Betriebsleben bei der DR nie außerhalb des heutigen Sachsens beheimatet war. Die Aufnahme zeigt sie am 20. August 2017 auf dem Gelände des SEM. Aufnahme: Simon Steinbrink

V 100 025

Zuletzt im Betriebshof Chemnitz beheimatet und dort im November 1995 ausgemustert (z-Stellung 31.12.1994), übernahm 1996 das DB Museum Nürnberg die damalige 201 025-4 und überließ die Lok per Dauerleihvertrag dem Verein Sächsisches Eisenbahnmuseum (SEM) Chemnitz-Hilbersdorf e. V. für dessen im Entstehen begriffene Fahrzeugsammlung.

In Form der nicht mehr betriebsfähigen V 100 025 kam eine Maschine ins SEM, die ihr Betriebsleben in Chemnitz nicht nur beendete, sondern 1967 im damaligen Bw Karl-Marx-Stadt auch begann und dazwischen in keinem Bahnbetriebswerk außerhalb der Grenzen des heutigen Bundeslandes Sachsen beheimatet war.

110 101

Im August 1995 übernahm der Verein IG Dampflok Nossen e. V. – noch vor ihrer Ausmusterung – die am 12. Januar jenes Jahres im Betriebshof Chemnitz z-gestellte 110 101. Die Ausmusterung ist auf den 30. November 1995 datiert.

△ **Bild 454** • Am 28. Februar 2026 stand **110 101** der IG Dampflok Nossen e. V. nach einer Hauptuntersuchung zur Abholung bereit auf dem Außengelände der MaLoWa in Klostermansfeld. AUFNAHME: LENNART FEHR

Der Verein ließ die Lok im Jahr 2010 bei der MaLoWa betriebsfähig aufarbeiten und vermietete die Maschine langfristig an die Wedler & Franz Lokomotivdienstleistungen GbR (seit 2013: Wedler Franz Logistik GmbH & Co. KG). Für die WFL kam 110 101 u. a. im Güter- und Bauzugdienst zum Einsatz, beförderte aber auch Sonderzüge und wurde zeitweilig untervermietet. Nach Beendigung der Anmietung durch WFL war die Lok bis März 2026 an die InterTourex GmbH vermietet.

110 143

Die seit 2002 vom DB Museum an den Verein Mecklenburgische Eisenbahnfreunde Schwerin e. V. als Dauerleihgabe abgegebene 110 143 wurde im Juli 1969 im Bw Dresden in Dienst gestellt und gelangte über Beheimatungen in Reichenbach (Vogtl) und Nossen 1979 zum Bw Rostock. Einmal im Norden angekommen, wechselte die Lok noch einige Male die Dienststellen (Wismar, Wittenberge, Hagenow Land und Neustrelitz), bis sie 1995 in Rostock aus dem Betriebspark ausschied.

Anschließend übernahm das DB Museum die seit 1992 als 201 143-5 bezeichnete Lok in ihren Fahrzeugbestand und überließ sie zunächst einer Rostocker BSW-Gruppe, verfügte allerdings die Abstellung des Fahrzeugs in Schwerin. Im Jahr 2002 wurde die Maschine in die Obhut des Schweriner Vereins übergeben, der die Lokomotive wieder komplettierte, äußerlich aufarbeitete und mit einer bordeauxroten Lackierung versah. So wird sie seitdem im „Mecklenburgischen Eisenbahn- und Technikmuseum" – dem ehemaligen Bw Schwerin – ausgestellt. Beim Großbrand in diesem Museum am 21. Juni 2023 wurde 110 143 – wie auch die meisten anderen Fahrzeuge – nicht beschädigt.

110 211

Seit Juli 2021 ist der Verein Dampflokfreunde Berlin e. V. im Eigentum der 110 211, die vor der Übernahme zuletzt bei der LOCON (Logistik & Consulting AG) als „201" im Einsatz war und 2016 mit Fristablauf abgestellt wurde. Die Lok trug noch die Lackierung der LOCON in Orange mit weißem Streifen über der Umlaufkante, befindet sich derzeit allerdings zur Hauptuntersuchung und soll in diesem Zusammenhang wieder in Bordeauxrot umlackiert werden.

Nach der Abnahme der 110 211 durch die Deutsche Reichsbahn wurde die Maschine im Februar 1970 im Bw Reichenbach (Vogtl) in Dienst gestellt und am 31. Mai 1995 im Bh Zwickau ausgemustert. Im Juli 2000 erwarb die AMP Bahnlogistik das Fahrzeug, welches dann nach weiteren Eigentümerwechseln (im Oktober 2001 zu Uwe Adam Transporte, ab März 2002 bei der Uwe Adam & MaLoWa Lokvermietung GmbH) im Dezember 2004 zur LOCON AG kam.

110 222

Auch ein anderer Berliner Eisenbahnverein hat eine ehemalige LOCON-V 100 im Bestand. Seit Dezember 2021 haben die in Basdorf ansässigen Berliner Eisenbahnfreunde die ex DR-110 222 im Eigentum, die bei LOCON als Lok 202 von November 2008 bis 2016 im Einsatz war und dann mit Fristablauf abgestellt wurde.

Die erste Heimat-Dienststelle der 110 222 war ab Februar 1970 das Bw Erfurt, ausgemustert wurde die Lok am 30. November 1995 im Bh Weißenfels. Im März

◁ **Bild 455** Mit ihrer ursprünglichen Nummer V 100 143 steht die ab 1970 im EDV-Nummernsystem der DR als **110 143** eingereihte Lok am 8. September 2012 vor dem Lokschuppen des Mecklenburgischen Eisenbahn- und Technikmuseums.

AUFNAHME: DETLEF RADKE

Bild 456 ▷
Am 27. August 2016 wurde die in Obhut der Eisenbahnfreunde Hoher Fläming e. V. befindliche **110 228** beim Familientag im ehemaligen Bw Seddin präsentiert.

Aufnahme: Volker Lucas, Sammlung A. Zika

gelangte sie zur Karsdorfer Eisenbahngesellschaft mbH, im Oktober 2004 zur ARCO Transportation GmbH. In jenen Jahren war das Fahrzeug allerdings nicht betriebsfähig abgestellt. Dies änderte sich erst 2008 nach dem Eigentümerwechsel zu Redler-Service, Inh. Burghard Redler e. K., als 110 222 bei der MaLoWa eine Hauptuntersuchung erhielt. Noch im selben Jahr kam die Maschine zu LOCON, die sie nach acht Jahren – wie bereits geschrieben – mit Fristablauf abstellte. Mittelfristig ist bei den Berliner Eisenbahnfreunden eine betriebsfähige Aufarbeitung der Lok vorgesehen.

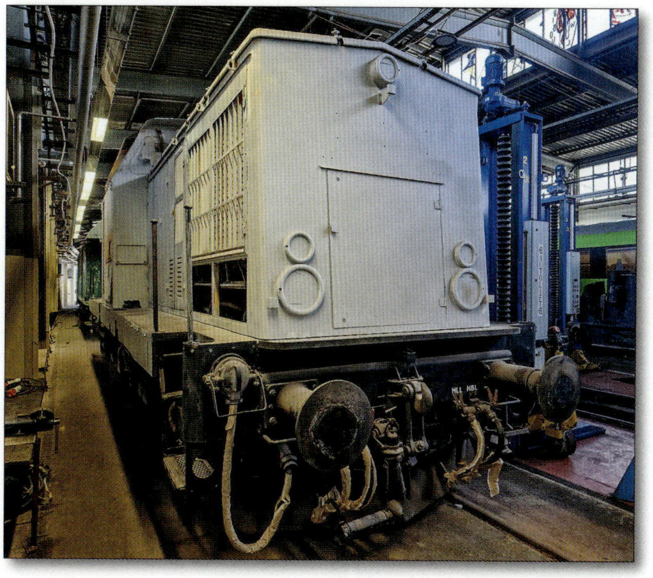

Bild 457 ▷
Im Eigentum des Vereins Dampflokfreunde Berlin e. V. ist **110 211**, die sich derzeit in der Ostwerkstatt in Leipzig zur Hauptuntersuchung befindet. Die Aufnahme zeigt die Lok am 28. April 2026.

Aufnahme: Alexander Schröter

110 228

Als Dauerleihgabe des DB Museums befindet sich 110 228 seit 1995 bei den Eisenbahnfreunden Hoher Fläming e. V. in Bad Belzig. Sie steht mit weiteren Fahrzeugen und Rollmaterial auf dem Gelände des Vereins unweit des an der Strecke Dessau – Berlin gelegenen Bahnhofs Bad Belzig.

110 228 war während ihres Betriebslebens bei der DR (fast) nur in einem Bahnbetriebswerk beheimatet. Im März 1970 in Seddin in Dienst gestellt, wechselte die Lok erst im Mai 1993 zum Bw Jüterbog, um dann jedoch im Januar 1994 bis zu ihrer z-Stellung im Mai desselben Jahres wieder von Seddin aus im Einsatz zu sein. Die Maschine ist nicht betriebsfähig, präsentiert sich allerdings trotz der Abstellung im Freien in einem äußerlich sehr guten Zustand.

110 380

Seit August 2019 befindet sich 110 380 im Eigentum des DB Museums und ist als Dauerleihgabe an den Förderverein Bw Arnstadt/hist. e. V. abgegeben. Die Lok wurde im Juli 1971 beim Bw Pasewalk in Dienst gestellt und beendete ihre aktive Laufbahn im Betriebsdienst als 201 380-3 im Januar 1995 beim Bh Stralsund. Anschließend übernahm die Usedomer Bäderbahn GmbH die nicht betriebsfähige

Bild 458 ▷
110 380 befindet sich seit August 2019 im Bw Arnstadt/hist, wo am 26. April 2026 diese Aufnahme der Lok entstand.

Aufnahme: Martin Büttner

△ **Bild 459** • Mit einem Fotosonderzug verlässt **112 331** des OSEF e.V. am 18. April 2010 den zwischen Borsdorf (Sachs) und Grimma ob Bf gelegenen Bahnhof Großsteinberg. Aufnahme: Felix Seraphin

Maschine und stellte sie dem Lokschuppen Zinnowitz e.V. als Leihgabe zur Verfügung. Der Verein kümmerte sich um den Erhalt der 110 380, präsentierte sie als 201 380 in Zinnowitz auf Usedom und arbeitete sie im Jahr 2006 äußerlich auf. Im Jahr 2019 gelangte 110 380 in den Bestand des DB Museums, das die Lok im August jenes Jahres nach Arnstadt in das dortige Bw hist. überführen ließ. In Arnstadt erhielt die Maschine eine erneute äußerliche Aufarbeitung und wird nun wieder mit ihrer ursprünglichen Reichsbahnnummer 110 380-3 präsentiert.

△ **Bild 460** • **112 457** des DB Museums steht am 8. November 2014 an der Giebelwand des ehemaligen Lokschuppens 4 des Bw Halle P und nunmehriger Außenstelle des DB Museums. Aufnahme: Matthias Röseler

110 792

Ein mit 110 380 fast identisches Lokomotivleben hat 110 792 hinter sich. Auch sie wurde im Bw Pasewalk (Juni 1976) in Dienst und im Bh Stralsund z-gestellt (Mai 1994), gelangte nach ihrer Ausmusterung bei der DB AG zur Usedomer Bäderbahn GmbH und als Leihgabe zum Lokschuppen Zinnowitz e.V. In der Obhut dieses Vereins ist 110 792 gemeinsam mit 110 380 in Zinnowitz ausgestellt worden, erhielt 2006 eine äußerliche Aufarbeitung und gelangte 2019 in den Bestand des DB Museums.

Im August 2019 musste auch 110 792 die Insel Usedom verlassen und wurde nach Arnstadt ins Bw hist. überführt. Dort blieb sie als Leihgabe bis Juli 2025, dann wechselte die Lok den Standort nach Weimar, wo sie seitdem vom Thüringer Eisenbahnverein betreut wird.

112 331

Der in Löbau ansässige Verein Ostsächsische Eisenbahnfreunde (OSEF) e.V. hat seit August 2005 die 112 331 im Eigentum. Am 1. März 1971 als 110 331-4 im Bw Bautzen in Betrieb genommen, war sie zu diesem Zeitpunkt die erste 110 in der Oberlausitz. Bis auf ein kurzes Gastspiel von Oktober bis Dezember 1973 im Bw Hoyerswerda blieb die Lok bis Juni 1992 in Bautzen beheimatet, dabei änderte sich allerdings 1980 durch den Einbau eines 1.200 PS-Motors ihre Baureihe. Ab 1. Januar 1981 war sie als 112 331-4 im Einsatz.

Nach ihrem Dienstende 1999 bei der DB AG im Bh Dresden gelangte die seit 1992 als 202 331-5 bezeichnete Lok zum Schienenfahrzeugzentrum Stendal (ab 01.11.2002: Alstom Lokomotiven Service GmbH), wurde aus dessen Fahrzeugbestand im August 2005 vom OSEF e.V. erworben und erhielt eine betriebsfähige Aufarbeitung. Ein im Dezember 2014 aufgetretener schwerer Getriebeschaden hatte eine fast zweijährige Abstellung der Lok zur Folge. Nach einer erneuten Hauptuntersuchung war 112 331 von Oktober 2016 bis Oktober 2024 wieder vor den Museumszügen des OSEF e.V. im Einsatz. Derzeit wird an der Wiederinbetriebnahme der Maschine gearbeitet.

◁ **Bild 461**
Am 1. Mai 2008 pausiert im Bahnhof Schlettau die als „Schlusslok" an einen Fotozug angehangene und nicht betriebsfähige **112 516** des VSE e.V.

Aufnahme: Felix Seraphin

△ **Bild 462** • Kleine V 100-Parade (mit Gastlok) im Museums-Bw Schwarzenberg (Erzgeb). Am 17. Mai 2012 waren dort versammelt (v. l. n. r.): 110 259 (maßstabgetreuer Eigenbau), **112 516** (PRESS GmbH, Leihgabe an VSE e. V.), **112 646** (DB RegioNetz Verkehrs GmbH – Erzgebirgsbahn), **110 025** (DB Museum, Leihgabe an SEM Chemnitz-Hilbersdorf e. V.), **112 708** (Regio Infra Service Sachsen GmbH) und T435.0554 (Railsystem RP).

Aufnahme: Felix Seraphin

112 457

Entgegen anderslautenden Meldungen ist 112 457 weiterhin im Eigentum des DB Museums und bleibt dem wiedereröffneten Standort Halle (S) erhalten. Dort steht die Lok seit 2011, nachdem sie sich seit 1998 als Leihgabe des DB Museums im ehemaligen Bw Leipzig Hbf Süd in der Obhut der BSW-Gruppe – Historische Fahrzeuge im Betriebshof Leipzig Süd e. V. befand. Mit dem Abzug der 112 457 im Jahr 2011 verließ diese Maschine nach 39 Jahren ihren Heimat-Standort Leipzig Süd. Sie wurde dort als 110 457-9 im März 1972 in Dienst gestellt und war bis zu ihrer Ausmusterung 1998 (als 202 457-8) von dieser Dienststelle aus im Einsatz.

Die Lok hat für die Technikgeschichte der Baureihe V 100 eine besondere Bedeutung, diente 110 457 doch bereits 1972 als Erprobungsträgerin für den 1.200 PS starken A-3-Motor und das entsprechende GSR 30/5,7-Strömungsgetriebe (siehe auch „Die Baureihe V 100 der DR – Band 1: Entwicklung, Technik und Umbauten", Freiburg 2023, Seiten 218 bis 239). Die Umzeichnung der 110 457 in 112 457 fand allerdings erst zum 1. Januar 1981 statt.

112 483

Als Leihgabe der Lausitzbahn GmbH befindet sich 112 483 beim DBV-Förderverein Niederlausitzer Eisenbahn e. V. in Luckau. Die Lok ist allerdings derzeit nach Fristablauf nicht betriebsfähig.

Als 110 483-5 wurde die Maschine im Juni 1972 beim Bw Leipzig Hbf Süd in Dienst gestellt und war bis zu ihrer Ausmusterung 1999 noch in den Bahnbetriebswerken Güsten, Brandenburg, Blankenburg (Harz), Angermünde, Pasewalk und Neustrelitz beheimatet. Anschließend gelangte die damalige 202 483 zum Schienenfahrzeugzentrum (SFZ) Stendal, wo die Lok zur Baureihe 203 modernisiert und als 203 502-0 wieder in Betrieb genommen wurde. Nach zahlreichen Vermietungen durch das SFZ bzw. ab November 2002 durch die Alstom Lokomotiven Service GmbH erwarb im Oktober 2007 die rt&l - Rail Technology & Logistics GmbH und nach weiteren Eigentümerwechseln schließlich zur Lausitzbahn GmbH in Luckau. Diese setzte den Leihvertrag des vorherigen Lokeigentümers mit dem DBV-Förderverein Niederlausitzer Eisenbahn e. V. fort, sodass 112 483 bis zum Fristablauf noch für den Verein zum Einsatz kam.

112 516

Als Dauerleihgabe der Eisenbahn-Bau- und Betriebsgesellschaft Pressnitztalbahn mbH (PRESS GmbH) befindet sich 112 516 seit September 2007 beim Verein Sächsische Eisenbahnfreunde (VSE) e. V. in Schwarzenberg (Erzgeb). Die Lok ist eine jener Vertreterinnen der Baureihe V 100, die Ende 1999 als Wiederaufbauhilfe in den Kosovo (autonomes Gebiet in der Bundesrepublik Jugoslawien, dann zu Serbien-Montenegro und schließlich zur Republik Serbien gehörend) überführt wurden. Von dort holte die PRESS GmbH diese Fahrzeuge im Juni 2006 zurück und über gab 112 516 in die Obhut des VSE e. V.

Die Lok war während ihres aktiven Betriebseinsatzes bei der Deutschen Reichsbahn und der DB AG in Karl-Marx-Stadt/Chemnitz (dort Indienststellung im März

Bild 463 ▷
114 774 befindet sich seit 2013 bei den Dampflokfreunden Salzwedel, die im Historischen Lokschuppen Wittenberge ihr Domizil haben. Bis Anfang 2023 als Leihgabe, ging die Lok dann in das Eigentum des Vereins über. Die Aufnahme entstand am 12. Mai 2018.

Aufnahme: Martin Büttner

1973), Glauchau (Sachs), Reichenbach (Vogtl) und Dresden (dort z-Stellung im September 1999) beheimatet.

114 774

Nachdem sie sich bereits seit Anfang 2013 als damalige Leihgabe der Mitteldeutschen Eisenbahn GmbH (MEG) beim Dampflokfreunde Salzwedel e. V. in Wittenberge befand und die Lok dort im Frühjahr 2015 von der MEG-Nummer 103 wieder in 114 774-3 umgezeichnet wurde, erwarb der Verein dieses Fahrzeug im Februar 2023 von der PRESS GmbH, die wiederum zuvor, im Jahr 2020, die Lok von der MEG abgekauft hatte. Trotz des zwischenzeitlichen Eigentümerwechsels blieb 114 774 in Wittenberge stehen – und bleibt es durch die Übernahme ins Vereinseigentum jetzt auch dauerhaft.

Mit der Betriebsnummer 110 774-7 wurde die Lok im Februar 1975 im Bw Neuruppin in Dienst gestellt und war damit noch von den Bahnbetriebswerken Wismar, Güstrow, Hagenow Land und Wittenberge aus im Einsatz. Im Jahr 1985 erhielt sie einen Motor der Bauform AL 4, der eine Leistung von 1.500 PS brachte. Ursprünglich sollten die damit ausgerüsteten Lokomotiven die Baureihenbezeichnung 115 erhalten, was kurzzeitig auch geschah. Allerdings war diese Nummer bereits für eine LEW-Neubaulok mit elektrischer Zugheizung vorgesehen, sodass alle Maschinen mit einem 1.500 PS-Motor in die Baureihe 114 umgezeichnet wurden. So auch 110 774, die ab Januar 1985 als 114 774-3 vom Bw Rostock aus unterwegs war. Bis zur Ausmusterung im Oktober 2004 (als 204 774-4) kam die Lok noch viel herum und stand noch in Diensten der Bahnbetriebswerke Halberstadt, Nordhausen, Lutherstadt Wittenberg, Saalfeld, Erfurt, Magdeburg-Rothensee und Leipzig Hbf Süd. Unmittelbar nach ihrer Ausmusterung wurde 204 774 von der MEG GmbH übernommen und erhielt die Nummer 103. Nach der Abstellung aufgrund eines Getriebeschadens im Jahr 2012, gelangte die Lok – wie bereits anfangs erwähnt – als Leihgabe zum Dampflokfreunde Salzwedel e. V. in Wittenberge.

298 161

Zu den Lokomotiven des DB Museums gehört auch 298 161, die sich seit 2008 im Fahrzeugbestand des Außenstandortes Halle (S) befindet. Wie auch die in Halle (S) vorhandene 112 457, ist 298 161 ein Exponat mit einem besonderen technikhistorischem Wert. Als V 100 161 begann die Lok im Dezember 1969 im Bw Halle P ihre Laufbahn im Betriebsdienst, wurde 1970 EDV-gerecht in 110 161-7 umgezeichnet und erhielt 1978 im Raw Stendal als Erprobungsträgerin ein Strömungswendegetriebe GS 20-20/4,8 eingebaut, wie es zuvor nur bei 110 156 zum Einbau kam. Es waren die einzigen damit ausgerüsteten Lokomotiven, entsprechend wurden zahlreiche Probe- und Versuchsfahrten mit den Fahrzeugen unternommen. Im Jahr 1981 erfolgte bei 110 161 zudem im Raw Stendal der Umbau des Führerstandes und in diesem Zusammenhang auch des Führerhauses, um darin ein Bedienkonzept als reine Rangierlok – wie bei der Baureihe 106 (V 60) – zu erproben. Durch die dadurch notwendigen Änderungen am Führerhaus (Versetzung einer Tür, des Aufstiegs und des Luftverdichters) war die Lok auch äußerlich schnell zu erkennen. Erst 1985 erfolgte die Umzeichnung in die Baureihe 108, sodass die Lok ihre Dienste bis 1992 als 108 161-1 leistete, dann gab es die Umzeichnung in 298 161-1.

Noch vor ihrer Ausmusterung bei der Railion Deutschland AG Anfang 2009 – letzte Dienststelle war der Betriebshof Seddin – gelangte 298 161 in den Fahrzeugbestand des DB Museums.

Mit einem bei einer Überführungsfahrt der nicht betriebsfähigen Lokomotive entstandenen Getriebeschaden steht sie seit Jahren in Halle (S).

Was nach Redaktionsschluss geschah ...

Bahnbetrieb Gera GmbH (BBG)								
Typ	ex DB AG	Hersteller	Fabriknr.	Baujahr	Nr. bei EVU	Bemerkung	Motor	NVR-Nummer
V 100.1	202 265-5	LEW	12547	1970	V 100-03	seit 04/26 bei BBG	CAT 3512 DI-TA	98 80 3202 655-7 D-GERA

△ **Bild 464** • Am 25. April 2026 fuhr **V 100-03** der Bahnbetrieb Gera GmbH als „Lz" durch den Halleschen Hauptbahnhof. Die Lok war erst ca. zwei Wochen zuvor von der Firma erworben worden. AUFNAHME: MATTHIAS RÖSELER

Ein Buch über eine noch im Betriebsdienst stehende Baureihe zu erarbeiten, ist eigentlich nie abzuschließen. Speziell bei den privaten Eisenbahnunternehmen finden nahezu ständig Fahrzeugwechsel statt – so auch bei den V 100. Kurz vor Drucklegung dieses Buches kam es noch zu einem Eigentümerwechsel, in dessen Zusammenhang auch ein weiteres, in Bezug zur DR-V 100 bisher noch nicht aufgetretenes EVU in Erscheinung trat: die Bahnbetrieb Gera (BBG) GmbH.

Das Unternehmen wurde 2019 als Unternehmergesellschaft mit Sitz in Saalburg-Ebersdorf gegründet, diese Rechtsform 2020 in eine GmbH geändert und 2025 der Sitz nach Gera verlegt. Die BBG GmbH ist u. a. auf Schienengüter- und Personaldienstleistungen ausgerichtet. Im April 2016 erwarb die Firma die Lok V 100-03 von der Ilmebahn GmbH.